Chemie an der Universität Leipzig

Von den Anfängen bis zur Gegenwart

Chemie an der Universität Leipzig

Von den Anfängen bis zur Gegenwart

Herausgegeben von
Lothar Beyer,
Joachim Reinhold,
Horst Wilde

Mit Beiträgen von
Barbara Arndt, Stefan Berger, Lothar Beyer, Eckhard Buß, Werner Engewald, Fritz Dietz, Hans-Jörg Hofmann, Eberhard Hoyer, Dieter Kießling, Ulf Messow, Peter Nuhn, Helmut Papp, Joachim Reinhold, Christian Richter, Bärbel Schulze, Klaus Schulze, Rüdiger Szargan, Dietrich Wagler, Peter Welzel †, Gerhard Wendt, Gerhard Werner und Horst Wilde

Passage-Verlag

Die Herausgeber und Autoren danken sehr herzlich den großzügigen Sponsoren und Spendern, die es ermöglicht haben, dass das Buch „Chemie an der Universität Leipzig. Von den Anfängen bis zur Gegenwart" von den Absolventen, Studenten und allen an der Entwicklung der Chemie an der Universität Leipzig Interessierten zu einem moderaten Preis erworben werden kann:

Carl Bosch Museum Heidelberg gGmbH mit der Gründerin und Leiterin Frau Gerda Tschira, Heidelberg

Gesellschaft Deutscher Chemiker (GDCh) mit Geschäftsführer Prof. Dr. Klaus Koch und Dr. Gerhard Karger, Frankfurt a. Main

Universität Leipzig mit Kanzler Dr. Frank Nolden und Dr. Uwe Löser

FEW Chemicals GmbH, Bitterfeld-Wolfen, mit Geschäftsführer Dr. Heinz Mustroph

Passage-Verlag Leipzig mit dem Leiter Dipl.-Grafiker Thomas Liebscher, Leipzig

Freundeskreis der Fakultät für Chemie und Mineralogie der Universität Leipzig

Rechtsanwälte Lechner & Lechner mit Frau Andrea Lechner, Leipzig

Einhorn-Apotheke mit Frau Dr. Anne-Kathrin Habermann, Leipzig

Ahorn-Apotheke mit Frau Pirrko-Maria Schulze, Böhlen

sowie

Prof. Dr. Cornelius Weiss (Leipzig) und Helmut Erhardt (Markkleeberg)

Geleitwort

Die Universität Leipzig kann im Jahr 2009 auf eine 600-jährige Geschichte zurückblicken. Sie ist somit – nach Heidelberg – die zweitälteste deutsche Universität mit einem kontinuierlichen Lehrbetrieb seit ihrer Gründung. Das Jubiläum ist mithin ein Ereignis von nationaler und internationaler bildungsgeschichtlicher Bedeutung. Über die Jahrhunderte hinweg gehörte die Leipziger Universität außerdem zu den bedeutendsten Universitäten in Deutschland. An diese Tradition schließt sie heute und in Zukunft an.

Im Jubiläumsjahr ist es unser aller Anliegen, den Stellenwert der Alma mater Lipsiensis im Rückblick auf die Vergangenheit, aber auch in Hinsicht auf die Gegenwart und die Zukunft nachhaltig in die Öffentlichkeit zu rücken. In dieser Absicht hat sich die Fakultät für Chemie und Mineralogie unserer Universität die anspruchsvolle Aufgabe gestellt, eine Gesamtdarstellung zur historischen Entwicklung und zur aktuellen Situation der „Chemie" zu erarbeiten. Zur großen Freude und zum Nutzen der gesamten Universität liegt nunmehr das umfassende und anschaulich bebilderte Buch „Chemie an der Universität Leipzig. Von den Anfängen bis zur Gegenwart" vor, das die mehr als 300-jährige Geschichte der Chemie an der Universität Leipzig in einer detaillierten Darstellung umfasst. In der Zeit des stürmischen Wachstums der Chemie in der zweiten Hälfte des 19. Jahrhunderts bis weit in das 20. Jahrhundert hinein hatten sich hier hervorragende Wissenschaftler zusammengefunden, um die sich wiederum junge, kreative Studierende und Doktoranden scharten. Die Leipziger Schule der Physikalischen Chemie mit Wilhelm Ostwald und berühmte Ordinarien wie Hermann Kolbe, Johannes Wislicenus, Ernst Beckmann, Arthur Hantzsch, Max Le Blanc, Burckhardt Helferich und Karl Friedrich Bonhoeffer seien dafür als Beispiel genannt. Mehrere später mit dem Nobelpreis ausgezeichnete Gelehrte legten hier in Leipzig die Grundlagen für ihre überragenden Leistungen: Svante Arrhenius, Friedrich Bergius, Carl Bosch und Walther Nernst.

Schwerpunktmäßig befasst sich das vorliegende Werk mit dem 20. Jahrhundert, in dessen erster Hälfte zwei Weltkriege mit den schweren Nachkriegsjahren und in dessen zweiter Hälfte die Trennung Deutschlands mit zwei unterschiedlichen Gesellschaftssystemen sowie die Wiedervereinigung der beiden Teile auch die universitäre Chemie in Leipzig beeinflussten.

Wohl zum ersten Mal werden Lehre, Forschung und Wissenschaftsorganisation an einer ostdeutschen Universität nach dem zweiten Weltkrieg mit Bezug auf die Strukturen und Teilgebiete der Chemie umfassend dargestellt. Alle Autoren wirkten oder wirken seit langem an der Universität Leipzig, was eine authentische und durch Zeitzeugen belegte Darstellung dieser Periode gewährleistet und den besonderen Wert des Buches ausmacht. Damit richtet sich das Buch nicht nur an Absolventen der Leipziger Chemischen Institute oder Leipziger Universitätsangehörige, sondern auch an Fachkollegen in der gesamten Bundesrepublik, an Repräsentanten der Chemischen Industrie, an Historiker und an die breite, an Chemie interessierte Öffentlichkeit.

Meinen Dank und meine Anerkennung statte ich gerne den Herausgebern des Werkes, den Chemie-Professoren Lothar Beyer, Joachim Reinhold und Horst Wilde, sowie den Autoren des Bandes für ihre sehr gelungene und engagiert geschriebene Gesamtdarstellung der Geschichte der Chemie an unserer Universität ab.

Prof. Dr. iur. Franz Häuser
Rektor der Universität Leipzig

Februar 2009

Inhalt

Vorwort der Herausgeber

Die Universität Leipzig feiert im Jahre 2009 das 600. Jubiläum ihrer Gründung. Sie ist damit die zweitälteste ununterbrochen existierende Universität in Deutschland und wohl auch eine der ältesten der Welt. Aus diesem Anlass erscheint eine fünfbändige Festschrift, in der die Geschichte der Alma mater Lipsiensis in repräsentativer Form dargestellt wird. Band 4 dieser Festschrift ist der Geschichte der Fakultäten gewidmet, so auch der der Fakultät für Chemie und Mineralogie. Die Darstellung dieser Geschichte musste jedoch auf Grund des vorgegebenen begrenzten Umfangs der Festschrift in ihrer Ausführlichkeit und ihrer Tiefgründigkeit beschränkt bleiben.

Deshalb entschlossen sich die an der Festschrift beteiligten Autoren, unter Mitwirkung weiterer Kollegen, eine umfangreichere und mit zahlreichen Abbildungen untersetzte, eigenständige „Chemie an der Universität Leipzig" zu verfassen. Zwar gibt es in der älteren und jüngeren Vergangenheit bereits Ausführungen zu einzelnen Zeitabschnitten und Teilgebieten der Leipziger universitären Chemie, es fehlt aber bis jetzt eine zusammenfassende Darstellung, die insbesondere die Fortschritte und Schwierigkeiten bei der Entwicklung der Chemie im gesellschaftlichen Umfeld des vergangenen Jahrhunderts zum Inhalt hat. Dabei wird angestrebt, einen großen Kreis von Interessenten, insbesondere von Absolventen der Leipziger Universität, zu erreichen, was von der Festschrift, allein schon der Auflagenhöhe und des Verkaufspreises wegen, nicht zu erwarten ist. Die Großzügigkeit mehrerer Sponsoren und der Verzicht der Autoren auf jegliches Honorar haben es ermöglicht, dass der Passage-Verlag Leipzig diesen Jubiläumsbeitrag in einer ansprechenden und preisgünstigen Auflage vorlegen kann.

An der Erarbeitung der Konzeption und am Verfassen der Kapitel und Abschnitte waren 22 Autoren beteiligt. Zu ihnen gehören sowohl Professoren und langjährige Mitarbeiter, die vor und nach der Hochschulerneuerung Anfang der 90er Jahre in Leipzig lehrend und forschend tätig waren, als auch mit den Professoren Helmut Papp, Stefan Berger, Peter Welzel † solche, die danach aus Universitäten der alten Bundesländer nach Leipzig kamen. Diese Zusammensetzung ließ sowohl die Kenntnisse von den tatsächlichen Gegebenheiten durch integre „Zeitzeugen" einfließen als auch Sichtweisen hinzugekommener Wissenschaftler. Die Koordinierung und die Herausgabe übernahmen die Unterzeichnenden, die als erste demokratisch gewählte Leitung der am 14. Januar 1994 gegründeten Fakultät für Chemie und Mineralogie das Vertrauen des demokratisch gewählten 15-köpfigen Fakultätsrates erhalten hatten.

Für eine abgerundete Darstellung der Chemie an der Universität Leipzig konnten mit den Professoren Hans-Jörg Hofmann (Fakultät für Biowissenschaften, Pharmazie und Psychologie) für den Abschnitt Biochemie in den Naturwissenschaften und Peter Nuhn (früher Universität Leipzig, jetzt Universität Halle-Wittenberg) für den Abschnitt Pharmazeutische Chemie sachkundige Autoren gewonnen werden. Die neuere Chemie/Biochemie in der Medizin wurde nicht einbezogen, um den Bogen nicht zu überspannen und den Kollegen aus der Medizinischen Fakultät eine geschlossene Darstellung ihres Fachgebietes zu überlassen.

Die Autoren der einzelnen Kapitel bzw. Abschnitte sind im Inhaltsverzeichnis und im fortlaufenden Text unter dem jeweiligen Titel angegeben. Am Verfassen der Texte über die Entwicklung der Wissenschaftsgebiete nach 1945 (Anorganische Chemie, Analytische Chemie, Organische Chemie, Physikalische Chemie, Theoretische Chemie, Technische Chemie, Umweltchemie und Chemiedidaktik) waren jeweils zwei oder mehr Autoren beteiligt, um subjektive Sichtweisen einzelner Personen weitgehend zu vermeiden. Die einzelnen Kapitel bzw. größeren Abschnitte sollten für sich lesbar sein. Deshalb kommt es gelegentlich zu einigen Überschneidungen bzw. Wiederholungen von Sachverhalten oder bei der Charakterisierung von Personen, obgleich darauf geachtet wurde, dies möglichst gering zu halten.

In einem historischen Abriss bis 1930 werden die Anfänge der Chemie an der Universität Leipzig relativ kurz behandelt. Schwerpunkte dabei sind zum einen die Entwicklung der Leipziger universitären Chemie aus dem Schoße der Medizinischen Fakultät heraus und ihr Eigenständigwerden in der Philosophischen Fakultät unter Otto Linné Erdmann in der Zeit der großen Universitätsreform um 1830 und zum anderen ihr Erstarken unter Hermann Kolbe bis zur hohen Zeit der Leipziger Naturwissenschaften gegen Ende des 19. Jahrhunderts bis in das erste Drittel des 20. Jahrhunderts hinein, verbunden mit den großen Chemiker-Persönlichkeiten Johannes Wislicenus, Wilhelm Ostwald, Ernst Beckmann, Arthur Hantzsch, Max Le Blanc und anderen. Dem Zeitraum zwischen 1930 und 1945 mit Burckhardt Helferich, Karl Friedrich Bonhoeffer und Hans Kautsky ist ein eigenes Kapitel gewidmet. In einem darauf folgenden Abschnitt zur Nachkriegszeit geben die schriftlichen Nachlässe bzw. Aufzeichnungen von Zeitzeugen ein beeindruckendes, teilweise erschütterndes Bild von jenen schweren Jahren des Niedergangs und des Neubeginns. Dem folgen Abschnitte über allgemeine Aspekte von Strukturen, Organisation und Forschung in den Chemischen Instituten (bis 1968), ausführlich der Sektion Chemie (1968–1993) und der Fakultät für Chemie und Mineralogie (ab 1994).

Ein zentraler Schwerpunkt des Buches ist das umfangreiche Kapitel über die Entwicklung der Wissenschaftsgebiete von 1945 bis 2008. Der Lehre, dem Studium und der akademischen Graduierung ist ein eigenes Kapitel gewidmet, das besonders durch die Wiedergabe detaillierter Stundenpläne und Graduierungsrichtlinien in der wechselhaften Ausbildungslandschaft ausgewiesen ist. Mit diesen beiden Kapiteln wird exemplarisch und wohl erstmals so umfassend und konkret die Entwicklung der universitären Chemie an ostdeutschen Universitäten nach dem Zweiten Weltkrieg reflektiert.

Ein weiteres Kapitel ist den technisch-ökonomischen Bereichen und den Gebäuden/Laboratorien gewidmet, die für eine naturwissenschaftliche Einrichtung essenziell sind. Besondere Akzente setzen die im Kapitel „Aspekte" platzierten Essays über die Vereinigungen Leipziger Chemiker, beginnend 1887 mit der Gründung der Chemischen Gesellschaft zu Leipzig, und, eingebettet in die deutsche Chemikerzunft, die Situation der Chemikerinnen sowie die in fast anekdotenhafter Form skizzierten Anmerkungen zu Akteuren, prägenden Objekten und im Gedächtnis gebliebenen besonderen Ereignissen. Schließlich gestatten die umfangreichen Anhänge über Berufungen, Fakultäts- und Institutsleitungen, Ehrungen, Bücher, Tagungen und Eigenbaugeräte der Werkstätten ein konkretes, lexikalisch kurz gehaltenes und angestrebt vollständiges Abbild verschiedener Facetten der Leipziger Chemie.

Die Herausgeber danken dem Rektor der Universität Leipzig, Prof. Dr. iur. Franz Häuser, für die Aufnahme dieses Buchprojekts als Bestandteil der zentralen Universitätsvorhaben im Jubiläumsjahr 2009 und die damit verbundene Förderung durch die dafür zuständige Geschäftsstelle. Dem Dekan der Fakultät für Chemie und Mineralogie, Prof. Dr. Harald Krautscheid, und der Fakultätsleitung gilt Dank für die förderliche Begleitung des Vorhabens. Besonderer Dank der Herausgeber geht an die Autoren, die bereitwillig und mit großem Enthusiasmus über Monate hinweg Material zusammengetragen, verdichtet und aufbereitet haben. Dank gebührt dem Passage-Verlag Leipzig mit dem Verlagsleiter Diplom-Grafiker Thomas Liebscher für die jederzeit konstruktive Zusammenarbeit und die ansprechende Gestaltung des Buches. Weitere persönliche Danksagungen sind am Schluss aufgeführt. Ganz besonderer Dank gilt den großzügigen Sponsoren und den dabei aktiv gewordenen Personen.

Lothar Beyer, Joachim Reinhold, Horst Wilde

Von den Anfängen bis 1830

Lothar Beyer

Abbildung 1
Georgius Agricola
(1494–1555)
Bildnis von Karl Pintl

Bedeutende Universalgelehrte und Gelehrte auf dem Gebiet des Bergwesens, der Alchemie und deren Spezialisierung auf die Medizin, der Iatrochemie, die der universitär betriebenen wissenschaftlichen Chemie im 16./17. Jahrhundert vorangingen, waren an der Universität Leipzig als Studenten eingeschrieben: Georgius Agricola (1494 bis 1555) (Abb. 1) von 1514 bis 1518; Conrad Khunrath (1555–1614) im Jahr 1562, Heinrich Khunrath (1560–1605) von 1570 bis ~1588, Johannes Agricola (1590–1668) von 1638 bis 1644, Michael Ettmüller (1644–1683) und Gottfried Wilhelm Leibniz (1646–1716) von 1661 bis 1666. Gemeinsam ist ihnen, dass sie im wissenschaftlich-humanistischen Umfeld der Universität Ausbildung und aus deren reichem Buchbestand medizinisch-alchemistischer Schriften Anregungen erhalten haben, die sie später anderenorts zu ihren nachhaltig wirkenden Leistungen befähigten. Einige ihrer Hauptwerke, wie „Der re metallica" (G. Acricola), „Medulla Destillatoriae"(C. Khunrath) (Abb.2), „Amphitheatrum Sapientiae" (H. Khunrath), „Chymische Medicin (J. Agricola) (Abb.3) und „Chemia experimentalis atque rationalis curiosa" (M. Ettmüller), werden noch heute zitiert und als Faksimile aufgelegt. Wie an anderen deutschen Universitäten auch, entwickelte sich die Chemie in Leipzig im Schoße der 1415 gegründeten Medizinischen Fakultät als eine medizinische „Hülfswissenschaft". Schließlich bestand dort – als einer der vier traditionellen Fakultäten (Artistenfakultät, Medizinische, Juristische und Theologische Fakultät) – am 1438 eingerichteten Lehrstuhl für Therapie ein vitales Interesse an der Bereitung und Anwendung chemisch-medizinischer Präparate, was folgerichtig zu einer Spezialisierung des Faches Iatrochemie führte. Nach Göttingen, Heidelberg, Ingolstadt und Jena als fünfter Universität in Deutschland kam es auf Anordnung von Kurfürst Johann Georg II. (1613–1680) am 6. April 1668 zur Einrichtung einer außerordentlichen „Prof. extraordinarius chymiae" mit der Ernennung von Michael Heinrich Horn (1623 bis 1681) (Abb.4)[1]. Als „Leibmedicus des Ertz-Bischoffs zu Magdeburg" und des „Churfürsten zu Sachsen" und mit den in Zedlers „Universallexikon aller Wissenschaften und Künste" von 1735 vermerkten „Disputationes Medicus", als Ordinarius für Pathologie sowie Rektor 1677, als Besitzer der Dörfer Möckern

MEDULLÆ
DESTILLATORIÆ & MEDICÆ;
Das ist:
Der aus den Geheimnissen der Natur hervorgesuchten
unschätzbaren und höchstbewährten
Destillier- und
Artzeney-Kunst
Erster Theil/
Darinnen vorgestellet/ wie der SPIRITUS VINI durch
Mittel seines hinter ihm verlassenen Saltzes/ auch die allerköst-
lichsten Olitäten/ Spiritus, Salia und dergleichen/ aus mancherley Animalibus,
Mineralibus und Vegetabilibus, künstlich destillirt, und in quintam Essentiam zur
höchsten Exaltation gebracht/ auch vermittelst solcher Extractionum das Aurum Pota-
bile, ja die herrlichsten Medicamenta, Krafft- und Wund-Balsam/ Stich- und Bruch-Pfla-
ster/ Güldene Wasser praepariret/ und in den gefährlichsten Kranckheiten/ Wunden und Leibes-Gebre-
chen/ allemahl zur höchsten Vergnüglichkeit/ heilsamlich könne gebraucht werden.
Zu besserer Bedienung sind dem günstigen Liebhaber bey iedem
Theile drey nützliche und vollständige Register angefüget/ darinnen alle Species,
Kranckheiten/ Seuchen/ Wunden und Gebrechen/ und deren Curen ordentlich zu finden.
Allen dieser Kunst Liebhabenden/ Hohen und Niedrigen/ Reichen und
Armen/ Gesunden und Krancken/ Gelehrten und Ungelehrten/ sie seyn Medici, Apothe-
cker/ Chirurgi, Oculisten/ oder anders Wesens/ mit grossem Fleiß/ schweren Kosten/ aus langwieriger eige-
ner Erfahrung und gewissen Grunde zusammen colligiret/ und iedermänniglichen zum grossen Nu-
tzen in teutscher Sprache verfertiget/ und zum Druck hinterlassen
Von dem hochberühmten
CONRADO Khunrath/ Lipsiens.
Nebst einem Anhang von unterschiedlichen nutzbahren Phys. Medic. Chymic. und
Oeconomicis auch andern Curiosis, auffs neue mit Mühe und Fleiß durchsehen/ und in
vielen Stücken vollkommen vermehret von
L. C. H. P. T.
Mit Königl. Polnisch und Chur-Fürstl. Sächsischen allergnädigsten PRIVILEGIO.
Franckfurt und Leipzig/
In Verlegung Joh. Herbord Klossens/ Buchhändlers/ 1703.

Abbildung 2
Conrad Khunrath:
Medulla Destillatoriae & Medicae, 1703

und Gohlis sowie Lehnsherr in Großlehna hat er, trotz der Überlieferung, dass seine „chymischen“ Vorlesungen nur an den „heißen Hundstagen“ und vom Katheder herab stattfanden, einflussreich dazu beigetragen, dass die „chymia“ sich im Bewusstsein der Universität etablierte. Trotzdem vergingen nach seinem Tod 1681 noch einige Jahre, bis 1699 der Leipziger Johann Christian Schamberg (1667–1706) (Abb. 5)[1] von Friedrich August (1670–1733), König in Polen und Herzog in Sachsen, auf das vakante Extraordinariat berufen wurde. Schamberg hatte in Freiberg die „Probirkunst“ und an den damals bezüglich ihrer naturwissenschaftlichen Ausbildung bedeutenden Universitäten Altdorf bei Nürnberg und Leiden studiert und wurde 1689 in Leipzig mit einer chemisch-physiologisch orientierten Dissertation „“De gustu ...“ („Über den Geschmack ...“) zum Magister promoviert. Er war außerdem Ordinarius für Physiologie und Anatomie, hatte 1704 das berühmte „Theatrum Anatomicum“ im ersten Stockwerk des Mittelpaulinums[2] erbauen lassen, war 1702 Rektor und starb 1706 in seiner zweiten

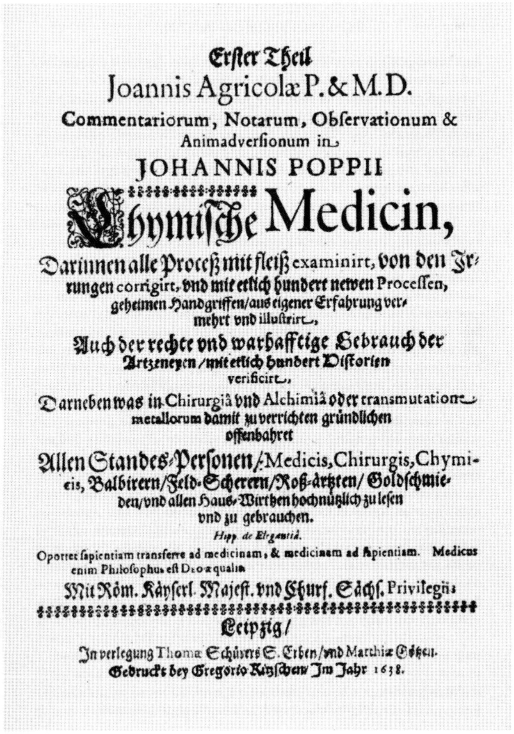
Erster Theil
Joannis Agricolæ P. & M.D.
Commentariorum, Notarum, Observationum &
Animadversionum in
JOHANNIS POPPII
Chymische Medicin,
Darinnen alle Proceß mit fleiß examinirt, von den Ir-
rungen corrigirt, vnd mit etlich hundert newen Processen,
geheimen Handgriffen/ aus eigener Erfahrung ver-
mehrt vnd illustrirt,
Auch der rechte vnd warhafftige Gebrauch der
Artzeneyen/ mit etlich hundert Historien
verificirt,
Darneben was in Chirurgiâ vnd Alchimiâ oder transmutatione
metallorum damit zu verrichten gründlichen
offenbahret
Allen Standes-Personen/ Medicis, Chirurgis, Chymi-
cis, Balbirern/ Feld-Scherern/ Roß-ärtzten/ Goldschmie-
den/ vnd allen Haus-Wirthen hochnützlich zu lesen
vnd zu gebrauchen.
Hipp. de Elegantiâ.
Oportet sapientiam transferre ad medicinam, & medicinam ad sapientiam. Medicus
enim Philosophus est Deo æqualis.
Mit Röm. Käyserl. Majest. vnd Churf. Sächs. Privilegiis
Leipzig/
In verlegung Thomæ Schürers S. Erben/ vnd Matthiæ Götzen.
Gedruckt bey Gregorio Ritzschen/ Im Jahr 1638.

Abbildung 3
Johannes Agricola:
Chymische Medicin, 1683

Abbildung 4
Michael Heinrich Horn
(1623–1681)

Abbildung 5
Johann Christian
Schamberg (1667–1706)

Amtsperiode als Rektor. In nur wenigen Jahren also gelang es ihm, einen entscheidenden Meilenstein für die Etablierung der Chemie in der Medizin zu setzen.

Martin Naboth (1675–1721) folgte ihm unmittelbar von 1707 bis an sein Lebensende 1721 auf das Extraordinariat. Eine bereits 1710 erfolgte Berufung von Johann Christoph Scheider (1681 bis 1713) auf ein Ordinariat für Chemie scheiterte bald, weil der Berufene seinen Plan, ein chemisches Universitäts-Laboratorium (er besaß ein Privatlabor) einzurichten, gegen den Widerstand einflussreicher Universitätskreise um den Theologen Gottfried Olearius (1672–1715) nicht durchsetzen konnte. Das endlich geschaffene und dauerhaft besetzte Ordinariat für Chemie an der Medizinischen Fakultät bekleideten danach Adam Friedrich Petzold (1679–1761) von 1722 bis 1761 und der 1720 in Leipzig geborene Anton Ridiger (1720 bis 1783)[3] von 1762 bis 1783. Über diesen, seine Lehrer und seine über Leipzig hinaus bekannten Leistungen auf dem Gebiet der Chemie enthält das Verzeichnis der Professores Publici Ordinarii der Alma mater Lipsiensis (Concilia Vetter[4]) recht konkrete Angaben.

Ridiger studierte ab 1740 an der Universität Leipzig Philosophie und Medizin, schloss beide Fächer mit dem akademischen Grad Baccalaureus ab und promovierte hier 1750. Unter seinen Hochschullehrern befanden sich mit Samuel Theodor Quellmalz und August Friedrich Walther auch zwei, welche, wie Ridiger selbst, in Johann Friedrich Gmelins (1748–1804) dreibändigem Standardwerk „Geschichte der Chemie" (Göttingen, 1798) zitiert werden[5, S. 624]: „Zu Leipzig zeigte Sam. Theod. Quellmalz die Behutsamkeit, welche bei der Bereitung des Knallgoldes nöthig ist, ... und beschrieb die Bereitung des rauchenden Salpetergeistes sowohl, als seine Entzündung mit Nelkenöl, er hinterließ auch eine Schrift über die Mittelsalze, und über den Arsenik, als Grundstoff der Metalle, ein anderer Lehrer dieser hohen Schule A. F. Walther suchte in mehreren Gesundbrunnen ein salpeterartiges Salz zu erweisen, Ant. Ridiger hatte das Blut zerlegt ..." Das Hauptwerk von Ridiger, „Systematische Anleitung zur reinen und überhaupt applicirten oder allgemeinen Chemie"[6] (Leipzig, 1756) (Abb. 6), geschrieben in deutscher Sprache auf mehr als 780 Seiten und in der Bibliotheca Albertina, der Universitätsbibliothek Leipzig, original erhalten, lässt erkennen, dass er aus genau beschriebenen chemischen Sachverhalten, wie Eigenschaften von Materialien und chemischen Reaktionen, stets und mit Erfolg nach Ordnungskriterien gesucht und verallgemeinert hat. Dies zeigt wohl am besten eine eingebundene „Tabelle der Verwandtschaften", angeordnet wie ein Periodensystem der Elemente, insbesondere die Spalte 11, wo es um das Verhalten von „Goldscheidewasser" in unterschiedlicher Verdünnung gegenüber Metallen geht, ein Vorläuferkonzept der „Spannungsreihe" (Abb. 7). Aus den vielen Detailbeschreibungen geht hervor, dass er chemisch experimentell gearbeitet haben muss, vielleicht in einem Privatlaboratorium. Ridiger war Mitglied der Bayerischen Akademie der Wissenschaften (1764) und der Leipziger Societät (1768). Lassen wir ihn selbst zu Wort kommen[6, Vorrede]: „Man kann daher das Bestreben der Gelehrten, neue und nützliche Entdeckungen in dem Reiche der Natur zu machen, nicht allein keineswegs tadeln, sondern man ist auch genöthigt, die Bemühungen derjenigen zu billigen, welche zum Aufnehmen und Wachsthum der Künste und Wissenschaften mehr allgemeine Gesetze, so bey Untersuchungen und Zusamensetzung der Cörper, wenn sie nützlich und brauchbar seyn sollen, zu beobachten sind, aus einer sattsamen Menge von Erfahrungen, und zugleich aus denen daher gemachten richtigen Vernunftschlüssen mit aller nur möglichen Vorsicht bestimmen [...] und wenn man bey solchem Nachforschen nicht blindlings auf ein gerathe wohl verfahren will, so muß man die Versuche nach gewissen Gesetzen und mit geübter Hand anzustellen wissen. Es sind aber besonders die reine Mathematik und die überhaupt applicirte oder allgemeine Chymie solche Wissenschaften, welche zeigen, wie alles, was noch in dem Reiche der Natur verborgen ist, nach gewissen Gesetzen, mit Wahrheit und auch zureichend durch Versuche zu entdecken sey".

Die Realisierung einer durch das Zitat aufgezeigten notwendigen Einrichtung für die universitäre Ausbildung und Forschung in Chemie gelang in politisch unruhiger Zeit schließlich erst am 30. Juni 1805 mit der Schlüsselübergabe zum ersten Chemischen Universitätslaboratorium, ein in dem Hofe

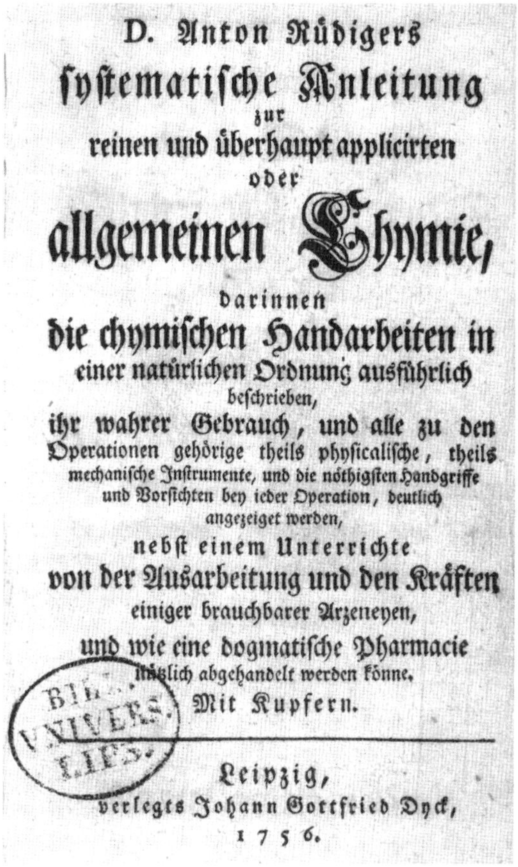
D. Anton Rüdigers
systematische Anleitung
zur
reinen und überhaupt applicirten
oder
allgemeinen Chymie,
darinnen
die chymischen Handarbeiten in
einer natürlichen Ordnung ausführlich
beschrieben,
ihr wahrer Gebrauch, und alle zu den
Operationen gehörige theils physicalische, theils
mechanische Instrumente, und die nöthigsten Handgriffe
und Vorsichten bey ieder Operation, deutlich
angezeiget werden,
nebst einem Unterrichte
von der Ausarbeitung und den Kräften
einiger brauchbarer Arzeneyen,
und wie eine dogmatische Pharmacie
möglich abgehandelt werden könne.
Mit Kupfern.

Leipzig,
verlegts Johann Gottfried Dyck,
1756.

Abbildung 6
Anton Ridiger: Systematische Anleitung zur reinen und überhaupt applicirten oder allgemeinen Chymie, 1756

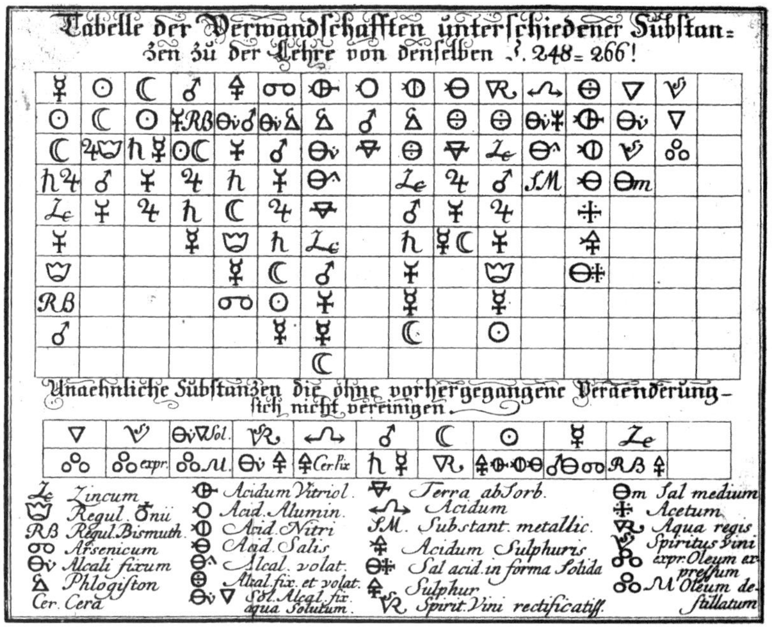

Abbildung 7
Anton Ridiger: Tabelle der Verwandschafften, 1756

Abbildung 8
Christian Gotthold
Eschenbach
(1753–1831)

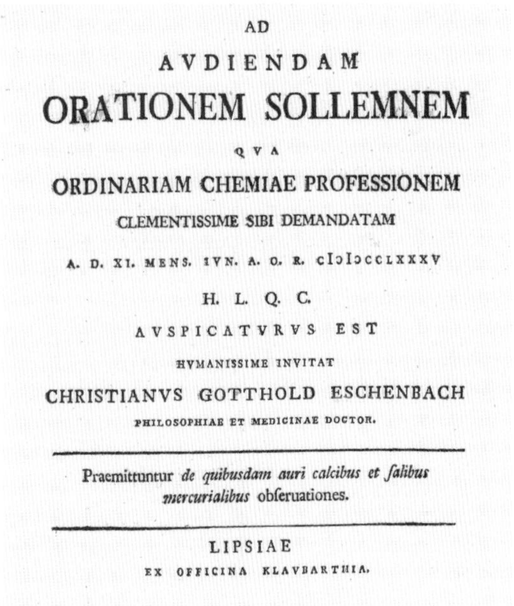

AD

AVDIENDAM

ORATIONEM SOLLEMNEM

QVA

ORDINARIAM CHEMIAE PROFESSIONEM

CLEMENTISSIME SIBI DEMANDATAM

A. D. XI. MENS. IVN. A. O. R. CIↃIↃCCLXXXV

H. L. Q. C.

AVSPICATVRVS EST

HVMANISSIME INVITAT

CHRISTIANVS GOTTHOLD ESCHENBACH

PHILOSOPHIAE ET MEDICINAE DOCTOR.

Praemittuntur *de quibusdam auri calcibus et ſalibus mercurialibus* obſeruationes.

LIPSIAE

EX OFFICINA KLAVBARTHIA.

Abbildung 9
Christian Gotthold
Eschenbach:
Antrittsrede, 1785

der Pleißenburg stehendes Gebäude, „Schankhaus" genannt, am Standort des heutigen Neuen Rathauses (s. Abschn. Gebäude). Seit 1668 – über 137 Jahre hinweg – mussten sich die mit Professuren an der Medizinischen Fakultät „geadelten" Chemiker als im heutigen Verständnis experimentell tätige Wissenschaftler mit Notbehelfen begnügen, während anderswo, wie zum Beispiel an der Universität Altdorf bei Nürnberg, bereits seit 1683 die chemische Experimentierkunst in voller Blüte stand.

Auch Christian Gotthold Eschenbach (1753 bis 1831) (Abb. 8)[7], der 1784 als fähigster von vier Bewerbern die Nachfolge von Ridiger antrat, musste, wie im Universitätsarchiv belegt ist, um diesen Vorzug lange Zeit energisch gegen Widerstände in der Universität, die sich vor allem gegen die Einrichtung des Laboratoriums im Paulinum richteten, und um Mittel kämpfen. 47 Jahre lang hat Eschenbach die Geschicke der Leipziger Chemie mit einem immensen Arbeitspensum bestimmt. Er gab 1801 das damals bedeutende Lehrbuch „System der Theoretischen und practischen Chemie" des Franzosen A. F. Fourcroy (1755–1809) in deutscher Sprache heraus. Die Bibliotheca Albertina bewahrt 39 seiner chemisch-medizinisch-pharmazeutisch gehaltenen Schriften, darunter einen Originaldruck seiner Antrittsvorlesung (Abb. 9). Ab 1805 hielt er viermal wöchentlich Grundvorlesungen in Experimentalchemie und -pharmazie und zweimal wöchentlich Vorlesungen über chemische Experimente. Eschenbach ist der Begründer der bis heute gepflegten chemischen Experimentalvorlesungen an der Universität Leipzig und der Wegbereiter für die synchron mit der Universitätsreform 1830 einsetzende eigenständige Wachstumsphase der Chemie.

Der Zeitraum von 1830 bis 1930/33

In diesem Abschnitt wird ein Zeitraum dokumentiert, der besonders die Entwicklung der Anorganischen, Organischen und Angewandten/Technischen Chemie an der Universität Leipzig zum Inhalt hat. Der Beginn fällt mit der grundlegenden Universitätsreform zusammen. Die Chemie löste sich von der Medizin inhaltlich und strukturell, und es begann eine eigenständige Entwicklung. Noch in Eschenbachs letzten Wirkungsjahren und daher von ihm mit in die Wege geleitet, deutete sich bereits 1827 mit der Berufung von zwei Extraordinarien – Otto Bernhard Kühn für Theoretische, Analytische und Gerichtliche Chemie an der Medizinischen Fakultät und Otto Linné Erdmann für Theoretische, Experimentelle und Technische Chemie an der Philosophischen Fakultät – dieser Entwicklungsschritt an. Während nach der Emeritierung von Eschenbach 1830 mit dessen Nachfolger Kühn ein Ordinariat für Allgemeine (Theoretische) Chemie an der Medizinischen Fakultät bis zu seinem Tod 1863 verblieb, wurde nach einigem Hin und Her zwischen beiden Fakultäten entschieden, dass das 1830 neu eingerichtete Ordinariat für Technische Chemie von Erdmann 1835 an die Philosophische Fakultät überzugehen hat. Damit wurde durch eine neue Organisationsstruktur der bis dahin und um diese Zeit vollzogenen stürmischen Entwicklung der Wissenschaft Chemie im nationalen und internationalen Rahmen an der Universität Leipzig Rechnung getragen.

Das Ordinariat für Allgemeine (Theoretische) Chemie an der Medizinischen Fakultät

Lothar Beyer

Otto Bernhard Kühn von 1830 bis 1863

Mit dem Eigenständigwerden der Chemie an der Universität Leipzig wurden ihre historischen Wurzeln in der Medizinischen Fakultät nicht gekappt. Mit Otto Bernhard Kühn (1800–1863) (Abb. 10), dem Sohn des angesehenen Ordinarius für Anatomie, Chirurgie und später Physiologie und Pathologie sowie Rektor der Alma mater Lipsiensis im Jubiläumsjahr 1809 Karl Gottlob Kühn (1754–1840), war 1830 ein fähiger Chemiker auf das Ordinariat für Allgemeine (Theoretische) Chemie berufen worden. O. B. Kühns akademischer Werdegang als Doktor der Medizin (1825) und Privatdozent (1825) und ao. Professor (1827) verlief zügig.

In seiner langen Amtszeit als Chemieprofessor hatte er sich zunächst 1827 ein Privatlaboratorium in der vierten Etage eines universitätseigenen Gebäudes in der heutigen Universitätsstraße eingerichtet, in dem Studenten der Medizin selbst chemisch-pharmazeutisch experimentieren konnten. Erstmals wurde damit an der Universität Leipzig ein Chemisches Praktikum etabliert[8, S. 18], wie dies kurz vorher 1824 schon Justus von Liebig (1803–1873) in Gießen vorgegeben hatte. Nach Erdmanns 1843 erfolgtem

Abbildung 10
Otto Bernhard Kühn
(1800–1863)

Abbildung 11
Otto Bernhard Kühn:
System der anorganischen Chemie, 1848

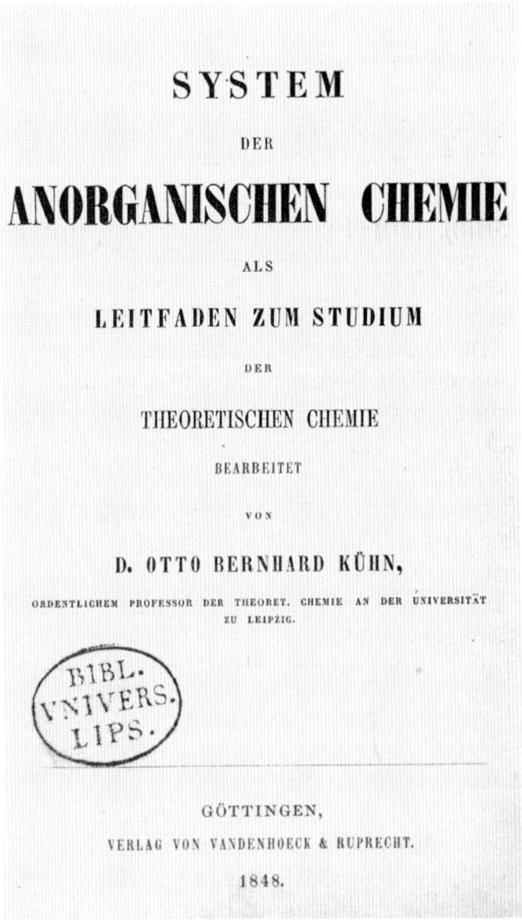

SYSTEM
DER
ANORGANISCHEN CHEMIE
ALS
LEITFADEN ZUM STUDIUM
DER
THEORETISCHEN CHEMIE
BEARBEITET
VON
D. OTTO BERNHARD KÜHN,
ORDENTLICHEM PROFESSOR DER THEORET. CHEMIE AN DER UNIVERSITÄT
ZU LEIPZIG.

GÖTTINGEN,
VERLAG VON VANDENHOECK & RUPRECHT.
1848.

Auszug übernahm er dessen Laboratorium in der Pleißenburg, wo er bis zu seinem Tode 1863 arbeitete. In ein von ihm geplantes neues Universitätslaboratorium, wiederum in der Universitätsstraße 15 gelegen, konnte er nicht mehr einziehen. Dieses belegte zunächst Christoph Heinrich Hirzel (1828–1908), später dann kurzzeitig Hermann Kolbe. Kühns Arbeitsmöglichkeiten waren finanziell beengt, wie er dies selbst und mehrfach in seinen wissenschaftlichen Publikationen andeutete: „[...] bestimmte mich, alle Bitterkalke, welche mir zu Gebote standen, zu untersuchen, um so mehr, als die kleinen Verhältnisse, zu denen ich verurtheilt bin, eine solche Untersuchung allenfalls zulassen..."[9, S. 363]. Seine wissenschaftliche Produktivität war beachtlich. Die Bücher „Lehrbuch der Stöchiometrie" (1837), „System der anorganischen Chemie" (Abb. 11) (1848) und die Monographie „Das Cyan und seine organischen Verbindungen" (1863) setzten Maßstäbe. Bei den experimentellen Untersuchungen galt das Augenmerk der Analytik von Erzproben und damals aktuellen Themen zum Uran und zu Sulfosalzen. Zusammen mit Erdmann festigte er den damals schon guten Ruf der Leipziger Chemie, welcher mit seinem Nachfolger Kolbe auf den Lehrstuhl, nun mit der Dedikation Chemie und an die Philosophische Fakultät übergegangen, augenfällig wurde.

Die Entwicklung der Ordinariate für Physiologische Chemie[10] an der Medizinischen Fakultät, beginnend 1854 mit Carl Gotthelf Lehmann (1812–1863), wird im Abschnitt „Die Biochemie in den Naturwissenschaften" beschrieben.

Die Ordinariate für Chemie an der Philosophischen Fakultät

Lothar Beyer

Es war ein Glücksfall für die Leipziger universitäre Chemie, dass mit Erdmann ein fähiger Wissenschaftler und eine durchsetzungsstarke Persönlichkeit die Zügel an der Philosophischen Fakultät in die Hand nahm. Er stand am Anfang einer Linie von bedeutenden Ordinarien für Chemie: Erdmann von 1835 bis 1869, Kolbe von 1865 bis 1884, Johannes Wislicenus von 1885 bis 1902, Arthur Hantzsch von 1903 bis 1927/30 und Burckhardt Helferich von 1930 bis 1945. Zusammen mit den später geschaffenen Ordinariaten für Physikalische und Angewandte Chemie und den Extraordinarien begründeten sie den viele Jahrzehnte währenden Weltruf der Leipziger Chemie.

Die Ordinariate für Chemie stehen zugleich für das jeweilige Erste (I.) Chemische Universitätslaboratorium. Diese Bezeichnung ist ab 1846 üblich und wurde 1868 durch Kolbe für das neue chemische Laboratorium in der Waisenhausstraße übernommen. Es war das wissenschaftliche Siegel für hervorragende Leistungen, mit welchem die Fachwelt die Namen ihrer Verfasser verband. Der Sammelbegriff Erstes Chemisches Universitätslaboratorium steht für die Institution und für die Gebäude, in denen sich die Ausbildung von Studenten der Chemie, Medizin, Pharmazie, Landwirtschaft und anderer sowie die Forschung vollzogen. Die Bezeichnung Zweites (II.) Chemisches Universitätslaboratorium galt zunächst für das Pleißenburg–Laboratorium, in dem Kühn verblieben war, später einige Zeit lang für das von Gustav Wiedemann geleitete Laboratorium im Fridericianum, danach für das von Wilhelm Ostwald von 1887 bis 1897 geleitete Laboratorium in den ehemaligen Laborräumen des Agriculturchemikers Wilhelm Knop im Erdgeschoss des Gebäudes in der Brüderstraße 34.

Otto Linné Erdmann von 1830 bis 1869

Otto Linné Erdmann (1804–1869) (Abb. 12)[11] hatte in Dresden und Leipzig Medizin studiert, wurde 1824 promoviert und habilitierte sich 1825, war 1826/27 kurzzeitig Leiter einer Nickelhütte im Harz und wurde 1827 a.o. Professor an der Medizinischen Fakultät in Leipzig. Von 1830 bis 1864 Ordinarius für Technische Chemie, ließ er von da an sein Ordinariat auf eigenes Betreiben beim Kultusministerium in Ordinariat für Chemie umwidmen. 1835 ging sein Ordinariat in die Philosophische Fakultät über. Erdmann wurde viermal zum Rektor gewählt (1848, 1854, 1855, 1862). Er war ein engagierter Hochschullehrer, Forscher und Wissenschaftsorganisator, der sich um die Stadt Leipzig und Sachsen verdient gemacht hat.

Abbildung 12
Otto Linné Erdmann
(1804–1869)

Erdmann wirkte im Sinne des fast gleichaltrigen Justus von Liebig in dem Bemühen, allseitig gebildete Chemiker als Absolventen in die Praxis zu entlassen und das partnerschaftliche Verhältnis von Lehrenden und Lernenden zu pflegen. In der 1861 veröffentlichten Schrift „Über das Studium der Chemie" resümierte er seine Erfahrungen einer praxisnahen, effizienten Chemieausbildung, die mit dem 1828 erschienenen „Lehrbuch der Chemie" (4. Auflage 1851) und dem 1833 erschienenen „Grundriß der Waarenkunde" (3. Auflage 1857) bereits in Büchern verankert waren. Der Briefwechsel mit Liebigs Freund Friedrich Wöhler (1800–1882), original erhalten in der Bibliotheca Albertina, diente dem Gedankenaustausch zu chemischen Fachfragen, speziell zur Aluminiumgewinnung. Die erfolgreiche Kooperation mit dem Hallenser Professor Richard Felix Marchand (1813–1850) galt der gewichtigsten Frontforschung dieser Zeit, der exakten Bestimmung von Atommassen, so der Elemente Kohlenstoff, Wasserstoff, Calcium, Schwefel, Quecksilber, Eisen und Kupfer. Zu diesem Zwecke nutzte er seine an Erzanalysen gewonnenen praktischen und theoretischen Erfahrungen. 1866 publizierte er die Synthese eines später nach ihm benannten Metallkomplexes, „Erdmannsches Salz", das für die Entwicklung von Alfred Werners (1866–1919) Koordinationslehre Bedeutung erlangte[12, S. 21]. In die Zeit passten auch die organisch–chemisch orientierten Untersuchungen zum Naturfarbstoff Indigo, Isatin, und zur Styphninsäure. Er begründete 1834 zusammen mit Franz Wilhelm Schweigger–Seidel (1795–1838) das traditionsreiche „Journal für practische Chemie", das bis zum Jahre 2000 Bestand hatte. Als Mitglied des Direktoriums der Leipzig–Dresdener–Eisenbahngesellschaft konnte der zunächst für Technische Chemie Berufene mit einem ökonomisch vertretbaren Verfahren zur Entschwefelung sächsischer Steinkohlen und Ascheverschlackung durch Zuschlag von Kalkhydrat aufwarten und damit den Import teurer englischer Steinkohle für die Heizkesselbefeuerung von Lokomotiven ablösen. Es leuchtet ein, dass für ein so gewaltiges Lehr- und Forschungspensum das oben geschilderte Pleißenburg-Laboratorium nicht ausreichte. Es gelang, einen Neubau durchzusetzen, der in den Planungen zunächst als „Chymikum" bezeichnet und 1843/43 als „Fridericianum" durch den Universitäts- und Stadtbaumeister Albert Geutebrück (1801–1868) an der Bürgerschule 3 realisiert wurde (s. Abschn. Gebäude). „Eine andere Aufgabe [verglichen mit der des Ordinariats für Allgemeine (Theoretische) Chemie, d. A.] dagegen ist die des Lehrstuhls der technischen Chemie [...] Bei diesem erscheint nicht der Unterricht der Studierenden der Medizin in einer Hilfswissenschaft ihres künftigen Berufs, sondern die selbständige Förderung eines der wichtigsten Zweige der Naturwissenschaft unmittelbar, sowie die Ausbildung derer, die sich der Chemie als Hauptstudium widmen wollen, als oberster Zweck, neben welchem diese Wissenschaft vorzüglich in ihrer wichtigen praktischen Beziehung auf Gewerbe aller Art gepflegt, durch größere und fortgesetzte Versuche bereichert und denen, welche dergleichen spezielle Zwecke suchen, gelehrt werden soll. Da nun namentlich die Versuche und Arbeiten für technische Zwecke wie Färberei, Bleicherei, Gerberei usw. größere Räume und Anlagen erfordern, so ist auf die Herstellung eines Laboratoriums für technische Chemie das Hauptmerk zu legen"[4a], so beschrieb das Königlich-Sächsische Kultusministerium im Vorfeld die Notwendigkeit des neuen Laboratoriums.

Hermann Kolbe von 1864 bis 1884

August Hermann Kolbe (1818–1884) (Abb. 13), ältestes von 14 Kindern eines Pfarrers aus Elliehausen bei Göttingen, studierte Chemie bei Friedrich Wöhler, war Assistent bei Robert Bunsen (1811–1899) in Marburg, ging 1845 nach der Promotion (1843) zu Lyon Playfair (1819–1898) nach London, editierte 1847–1851 in Braunschweig das „Handwörterbuch der reinen und angewandten Chemie" und arbeitete im Labor bei Franz Varrentrapp (1815–1877). Er erhielt 1851 den Ruf auf das Ordinariat für Chemie an der Universität Marburg als Nachfolger von Robert Bunsen.

Was mag Kolbe[13], den streitbaren Chemieprofessor, der sich bereits durch ausgezeichnete Entdeckungen, wie die erste Totalsynthese einer organischen Verbindung, Essigsäure aus Tetrachlorkohlenstoff (1845), die Synthese von Ethan durch Elektrolyse von Natriumacetat (1849), die Synthese der Salicylsäure aus Natriumphenolat und Kohlendioxid (1860)[12, S.28–39], einen bedeutenden Ruf in der internationalen Fachwelt erworben hatte, bewogen haben, den Ruf nach Leipzig auf ein Ordinariat für

Chemie an der Philosophischen Fakultät anzunehmen und in das bescheidene, von Kühn hinterlassene Labor in der Universitätsstraße zu wechseln? Es war der in Aussicht gestellte großzügige Neubau und das wissenschaftliche Umfeld in der Universität, um sich entfalten zu können. Der zugesagte Neubau wurde nach kurzer Bauzeit 1868 in der damaligen Waisenhausstraße (heute Liebigstraße), übergeben[14;12, S.249–258] (s. Abschn. Gebäude, Abb. 208). Kolbe stand im engen wissenschaftlichen Austausch mit dem von ihm hochverehrten Justus von Liebig in München und entfaltete nach dessen Vorbild eine weltweit bekannte und anerkannte Schule der Chemie in Leipzig. Es herrschte ein ausgezeichnetes wissenschaftliches Arbeitsklima, mit Kolbe, dem Patriarchen, an der Spitze, in dem später so bekannte Chemiker wie Theodor Curtius (1857–1928), der in seiner von Kolbe betreuten Dissertation die erste synthetische Peptidbindung realisierte, oder Constantin Fahlberg (1850–1910), der später den Süßstoff Saccharin® entdeckte, wissenschaftlich reiften.

Abbildung 13
Hermann Kolbe
(1818–1884)

Abbildung 14
Großer Hörsaal in Kolbes Universitätslaboratorium, Liebigstraße 18

Seine Lehrbücher zur Anorganischen und Organischen Chemie waren Chemie-Bestseller ihrer Zeit. Berühmt machten ihn seine optimierten Arbeiten zur Salicylsäuresynthese, später Kolbe-Schmitt-Synthese[12, S.28–39] genannt und Basis für die 1897 bei der Bayer AG in Gang gesetzte Produktion von Aspirin®, dem weltweit am häufigsten gebrauchten Medikament. Er suchte die interdisziplinäre Kooperation zum erfolgreichen medizinischen Einsatz der Salicylsäure und fand sie mit dem Chirurgen Carl Thiersch (1822 bis 1895), Direktor des Jakobshospitals und Schwiegersohn von Liebig. Mit der von Erdmann übernommenen Herausgeberschaft des Journals für praktische Chemie stand ihm auch ein gewichtiges Sprachrohr zur streitbaren Propagierung der von Jöns Jacob Berzelius (1779–1848) begründeten und von Liebig und ihm selbst vertretenen Radikaltheorie zur Verfügung. Der Präferenz der chemischen Arbeitsgebiete in der zweiten Hälfte des 19. Jahrhunderts folgend, stand die organische Synthese im Vordergrund. Kolbe besaß Gespür für die Praxisbezogenheit der Chemie und die Chance der Überführung von Forschungsergebnissen in die kräftig wachsende chemische Industrie. Sein Schwiegersohn ab 1876, Ernst von Meyer (1847–1916), der nach Kolbes Tod kurzzeitig *ad interim* das Erste Chemische Laboratorium führte, und Anton Weddige (1843–1932) vertraten die Technische Chemie in Lehre und Forschung mit Themen über Gasanalyse, Feuerwerkskörper und Vorlesungen zur technischen Großindustrie[15]. Beide hatten sich 1874 bei Kolbe habilitiert und wurden 1878 zu ao. Professoren ernannt. Von Meyer nahm 1893 einen Ruf auf das Ordinariat für Organische Chemie am Polytechnikum Dresden an und avancierte dort dreimal zum Rektor.

Johannes Wislicenus von 1885 bis 1902

Mit Johannes Wislicenus (1835–1902) (Abb. 15)[16] hatte die Philosophische Fakultät nach dem Tode von Kolbe einen potenten und würdigen Nachfolger für den Lehrstuhl für Chemie gewinnen können. Wislicenus entstammte einer Pfarrersfamilie, die über sieben Generationen in Folge hinweg in diesem

Abbildung 15
Johannes Wislicenus
(1835–1902)

Abbildung 16
Wappen der Familie
Wislicenus

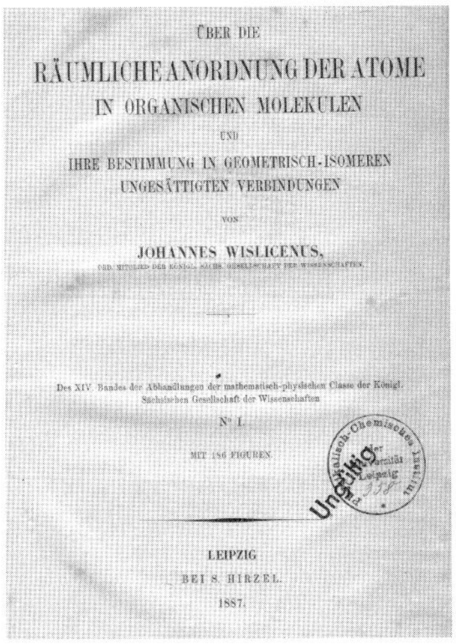
ÜBER DIE
RÄUMLICHE ANORDNUNG DER ATOME
IN ORGANISCHEN MOLEKÜLEN
UND
IHRE BESTIMMUNG IN GEOMETRISCH-ISOMEREN
UNGESÄTTIGTEN VERBINDUNGEN
VON
JOHANNES WISLICENUS,

Des XIV. Bandes der Abhandlungen der mathematisch-physischen Classe der Königl. Sächsischen Gesellschaft der Wissenschaften
N° I.
MIT 186 FIGUREN

LEIPZIG
BEI S. HIRZEL.
1887.

Abbildung 17
Johannes Wislicenus: Über die räumliche Anordnung der Atome in organischen Molekülen, 1887

Abbildung 18
Carl Bosch (1874–1940)

Abbildung 19
Julius Tröger
(1862–1942)
Gemälde von Gustav Hamann (1868–1933)

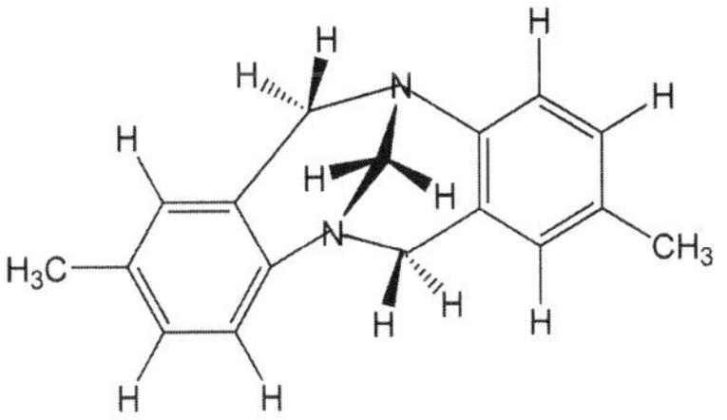

Abbildung 20
Die Strukturformel der Trögerschen Base

Beruf tätig war (Abb. 16). Ihn selbst zog es zur Chemie, und sein akademischer Weg verlief höchst erfolgreich über Zürich und Würzburg – dort war er im 300. Jubiläumsjahr der Universität deren Rektor magnificus – nach Leipzig. Seine selbst mit entwickelten und propagierten theoretischen Anschauungen[17] zur neuen Strukturlehre in der Organischen Chemie, basierend auf der räumlichen Anordnung der Atome und verbunden mit der Tetraedergestalt ausgehend vom vierwertigen Kohlenstoffatom, vertreten 1864/65 von August Kekulé (1829–1896), Jacobus H. van't Hoff (1852–1911) und Joseph A. Le Bel (1847–1930), kollidierten noch zu Lebzeiten Kolbes fast konträr mit dessen Radikaltheorie (Abb. 17). Ausgerechnet ein wissenschaftlicher Gegner Kolbes nahm nun dessen deutschlandweit berühmten Lehrstuhl ein. Bei seinem Amtsantritt, von E. von Meyer durch die Labors geführt, ließ der Pfarrersohn Wislicenus als erste Maßnahme die Inschrift in Kolbes Hörsaal „Gott hat alles nach Zahl, Maass und Gewicht geordnet"(Abb. 14) entfernen .

Unabhängig davon zollte er aber Kolbes Leistungen höchsten Respekt. Wislicenus war eine starke Persönlichkeit im Leben der Universität. Seine Meinung bei Berufungsangelegenheiten hatte an der Fakultät Gewicht. Auch er vertrat sowohl die Anorganische, Organische und Technische Chemie in der Lehre und scharte später berühmt gewordene Schüler und Assistenten um sich, wie zum Beispiel Ernst Beckmann, Arthur Hantzsch, den späteren Nobelpreisträger Carl Bosch (1874–1940) (Abb.18), Hans Stobbe, Berthold Rassow, Hans Bucherer (1869–1949) u. a. Wislicenus' Forschungen galten in erster Linie der Organischen Chemie, wo ihm mit der Entdeckung der *cis-trans*-Isomerie bei organischen Verbindungen (1888) am Beispiel der Fumar- und Maleinsäure ein Haupttreffer gelang. Wislicenus und seine Mitarbeiter trugen zum Ansehen der Universität Leipzig in hohem Maße bei. Nachhaltige Spuren haben beispielsweise die in Wislicenus' Erstem Chemischen Laboratorium entdeckte Beckmann-Umlagerung[12, S.75–87], Grundlage für die spätere Produktion der Nylonfaser, und die Stobbe-Kondensation[12, S.110–121] mit den daraus hervorgegangenen Stoffklassen der Fulgide und der Polyene hinterlassen. Genannt sei die in E. von Meyers Laboratorium von Julius Tröger (1862–1942) (Abb. 19) geglückte Synthese einer noch heute intensiv bearbeiteten Verbindung, der Trögerschen Base (Abb. 20)[12, S. 88–93; 18, S. 81–94].

Wislicenus wurden zahlreiche hohe Ehrungen zuteil (s. Anhang Ehrungen), so auch 1893 die Wahl zum Rektor der Universität Leipzig. Er fühlte sich als Bürger Leipzigs und vertrat die Interessen der Bürgerschaft als gewählter Stadtverordneter. Während der Amtszeit von Wislicenus am Ersten Chemischen Universitätslaboratorium und Wilhelm Ostwald am Zweiten Chemischen Universitätslaboratorium war die Chemie an der Universität Leipzig stark vertreten und in ihrer inneren Entwicklung fortgeschritten. Dies zeigte sich auch am Zulauf von Studenten, belegt durch die Immatrikulationszahlen für das Erste Chemische Laboratorium 1876/77: 130, 1880/81: 129, 1884/85: 130, 1888/89: 190, 1893/94: 169, 1898/99: 181 und für das Zweite Chemische Laboratorium 1876/77: 53; 1880/81: 65; 1884/85: 54; 1888/89: 61; 1893/94: 77, 1898/99: 99[19]. So gelang es, ein drittes Chemie-Ordinariat für Angewandte Chemie bei Fakultät, Universität und Königlich-Sächsischem Ministerium des Cultus und öffentlichen Unterrichts in Dresden durchzusetzen.

Arthur Hantzsch von 1903 bis 1927/30

Nach dem Tode von Wislicenus im Jahre 1902 hatte die Universität Leipzig mit dessen ehemaligem Doktoranden aus der Würzburger Zeit, dem gebürtigen Dresdener Arthur Rudolph Hantzsch (1857 bis 1935)[20] (Abb. 21), einen namhaften Gelehrten berufen können, der die Geschicke der Leipziger Chemie im 20. Jahrhundert prägte und am Anfang ausgewiesener Leipziger Traditionslinien, wie Koordinationschemie, Physikalisch-anorganische und Physikalisch-organische Chemie, stand und die organische Synthesechemie pflegte. Er gehört wie Kolbe zu den 100 herausragenden europäischen Chemikerpersönlichkeiten, welche anlässlich des Milleniums 2000 ausgewählt wurden, weil sie die Entwicklung der Chemie insgesamt am stärksten positiv beeinflusst haben[21]. In diesen Chemikerolymp wurden außerdem die mit Leipzigs Chemie eng verbundenen Carl Bosch und Peter Debye (1884–1966) gewählt.

Hantzsch hatte in Dresden und Würzburg Chemie studiert, 1880 einen post-doc-Aufenthalt bei August Wilhelm von Hofmann (1818–1892) absolviert, kam dann an Wiedemanns Lehrstuhl für

Abbildung 21
Arthur Hantzsch
(1857–1935)

Abbildung 22
Dienstwohnung von
Arthur Hantzsch,
Liebigstraße 18

Physikalische Chemie in Leipzig, wo er sich 1882 habilitierte. 28-jährig wurde er 1885 Ordinarius für Allgemeine Chemie an der ETH Zürich, wechselte 1893 als Nachfolger von Emil Fischer (1852–1919) nach Würzburg und kam schließlich 1903 nach Leipzig. Die Liste seiner herausragenden wissenschaftlichen Leistungen ist beeindruckend: Hantzsch-Pyridinsynthese (1882)[12, S.63–74] – Hantzschs Dihydropyridine dienen heute als Calcium-Antagonisten –, erstmalige Synthesen von Thiazolen und Oxazolen, Arbeiten zur Stereochemie[22]. Sein Züricher Doktorand Alfred Werner, Nobelpreisträger für Chemie 1913, begründete die Koordinationslehre. Hantzsch befasste sich mit der Synthese und der Aufklärung von Diazoverbindungen und physikalisch-chemischen Untersuchungen starker Säuren. Sein Leipziger Doktorand auf diesem Gebiet Friedrich Bergius (1884–1949) erhielt 1931 zusammen mit Bosch den Nobelpreis für Chemie. Hantzsch[23], der auf jedes Detail achtende Direktor des Ersten Chemischen Universitätslaboratoriums, trug dafür Sorge, dass der ursprüngliche Kolbe-Bau von 1868 sinnvoll um Praktikumplätze und Forschungslabors erweitert wurde[24].

Die im Jugendstil eingerichtete Dienstwohnung des Ordinarius war repräsentativ im Vorderhaus untergebracht (Abb. 22), Hausmeister- und Assistentenwohnräume ebenfalls. Das Ordinariat war in die Abteilungen für Organische Chemie, Anorganische Chemie und Technische Chemie gegliedert, die alle unter Hantzschs direktem Einfluss standen.

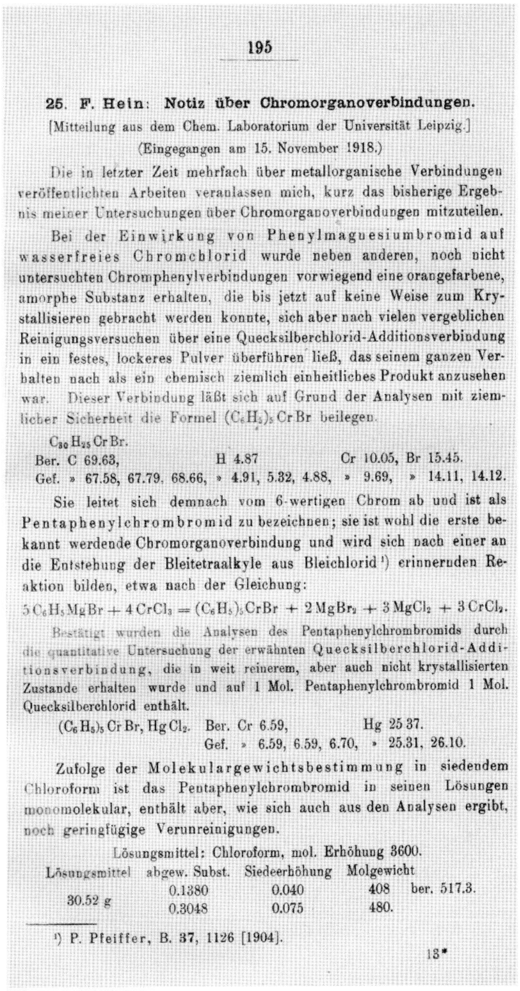
195

25. F. Hein: Notiz über Chromorganoverbindungen.

[Mitteilung aus dem Chem. Laboratorium der Universität Leipzig.]

(Eingegangen am 15. November 1918.)

Die in letzter Zeit mehrfach über metallorganische Verbindungen veröffentlichten Arbeiten veranlassen mich, kurz das bisherige Ergebnis meiner Untersuchungen über Chromorganoverbindungen mitzuteilen.

Bei der Einwirkung von Phenylmagnesiumbromid auf wasserfreies Chromchlorid wurde neben anderen, noch nicht untersuchten Chromphenylverbindungen vorwiegend eine orangefarbene, amorphe Substanz erhalten, die bis jetzt auf keine Weise zum Krystallisieren gebracht werden konnte, sich aber nach vielen vergeblichen Reinigungsversuchen über eine Quecksilberchlorid-Additionsverbindung in ein festes, lockeres Pulver überführen ließ, das seinem ganzen Verhalten nach als ein chemisch ziemlich einheitliches Produkt anzusehen war. Dieser Verbindung läßt sich auf Grund der Analysen mit ziemlicher Sicherheit die Formel $(C_6H_5)_5CrBr$ beilegen.

$C_{30}H_{25}CrBr$.

Ber. C 69.63, H 4.87 Cr 10.05, Br 15.45.

Gef. » 67.58, 67.79, 68.66, » 4.91, 5.32, 4.88, » 9.69, » 14.11, 14.12.

Sie leitet sich demnach vom 6-wertigen Chrom ab und ist als Pentaphenylchrombromid zu bezeichnen; sie ist wohl die erste bekannt werdende Chromorganoverbindung und wird sich nach einer an die Entstehung der Bleitetraalkyle aus Bleichlorid[1]) erinnernden Reaktion bilden, etwa nach der Gleichung:

$$5\,C_6H_5MgBr + 4\,CrCl_3 = (C_6H_5)_5CrBr + 2\,MgBr_2 + 3\,MgCl_2 + 3\,CrCl_2.$$

Bestätigt wurden die Analysen des Pentaphenylchrombromids durch die quantitative Untersuchung der erwähnten Quecksilberchlorid-Additionsverbindung, die in weit reinerem, aber auch nicht krystallisierten Zustande erhalten wurde und auf 1 Mol. Pentaphenylchrombromid 1 Mol. Quecksilberchlorid enthält.

$(C_6H_5)_5CrBr, HgCl_2$. Ber. Cr 6.59, Hg 25.37.

Gef. » 6.59, 6.59, 6.70, » 25.31, 26.10.

Zufolge der Molekulargewichtsbestimmung in siedendem Chloroform ist das Pentaphenylchrombromid in seinen Lösungen monomolekular, enthält aber, wie sich auch aus den Analysen ergibt, noch geringfügige Verunreinigungen.

Lösungsmittel: Chloroform, mol. Erhöhung 3600.

Lösungsmittel	abgew. Subst.	Siedeerhöhung	Molgewicht	
30.52 g	0.1380	0.040	408	ber. 517.3.
	0.3048	0.075	480.	

[1]) P. Pfeiffer, B. 37, 1126 [1904].

13*

Abbildung 23
Franz Hein: Notiz über Chromorganoverbindungen

Die Abteilung für Organische Chemie. Mit Hans Stobbe (1860–1938), ao. Professor für Organische Chemie von 1899 bis 1928, der sich neben der nach ihm benannten Stobbe-Kondensation[12, S.111–121] besonders auch der Photochemie organischer Verbindungen widmete und die „Photopolymerisation" aus der Taufe hob, und Gustav Reddelien (1882–1938), 1908 bei Stobbe promoviert, ab 1912 Privatdozent, ab 1915 Vorstand der Organisch-chemischen Abteilung und 1920 ao. Professor sowie 1924 Leiter der wissenschaftlichen Abteilung der IG Farben im Werk Wolfen, war die Organisch-chemische Abteilung kompetent besetzt. Reddelien arbeitete besonders über Diazo-Verbindungen[25], die Aldimin-Bildung und auf dem Gebiet von Farb- und Explosivstoffen.

Die Abteilung für Anorganische Chemie. Diese hatte ihre kompetenten Vertreter mit Heinrich Ley, Konrad Schäfer und Franz Hein. Heinrich Ley (1872–1937)[26] wurde 1895 in Würzburg promoviert und im selben Jahr Assistent bei Hantzsch, habilitierte sich 1899 und begleitete ihn 1903 als dessen Assistent nach Leipzig. Er wurde 1907 ao. Professor, forschte und lehrte produktiv auf dem Gebiet der Komplexchemie, speziell der inneren Komplexsalze und Stereoisomerie sowie der analytischen Chemie. Konrad Schäfer (1874–1922) wurde 1902 unter der Betreuung von Ley bei Hantzsch promoviert, habilitierte sich 1910 in Leipzig und bevorzugte als Methode die UV-Absorptionsspektroskopie zur Untersuchung von Lösungsgleichgewichten unter dem Aspekt des Zusammenhangs zwischen Konstitution und Farbe. Franz Hein (1892–1976), Sohn des Kunstmalers und Professors an der Akademie für Graphik und Buchgewerbe Leipzig Franz Hein sen. (1863–1927), hatte nach dem Chemiestudium in Leipzig 1917 bei Hantzsch und Schäfer promoviert und sich 1921 mit einer Arbeit über „Polyphenylchrombasen und ihre Salze" habilitiert[12, S. 184–192]. Diese Arbeit[27] (Abb. 23) war bahnbrechend und wurde 50 Jahre später im Zusammenhang mit den Ergebnissen zu Metallaromatenkomplexen von Ernst Otto Fischer (1818–2007) berühmt[28,29]. Hein wurde 1923 auf ein ao. planm. Extraordinariat für Anorganische Chemie berufen und war bis zu seinem 1942 erfolgten Wechsel auf ein Ordinariat an der Universität Jena Vorstand der Abteilung für Anorganische Chemie. Auf seinen Leistungen gründen sich wesentlich die Anorganisch-analytische Chemie und die Metallorganische Chemie in Leipzig.

Die Abteilung für Technologische Chemie. Die Technische Chemie, ursprünglich in Kolbes und Wislicenus' Ordinariat für Chemie beheimatet, war nicht in das 1897 neu geschaffene Ordinariat für Angewandte Chemie eingegliedert worden. Sie verblieb 1903 als Abteilung für Technologische Chemie unter Leitung von Berthold Rassow (1866–1954), der 1900/1901 zum ao. Professor für Chemische Technologie ernannt wurde (Abb. 24), im I. Chemischen Laboratorium bei Hantzsch im Souterrain des Gebäudes Liebigstraße 18. Rassow führte die Abteilung bis in die 30er Jahre und prägte die Technische Chemie in Leipzig nachhaltig[30]. Seine Bemühungen um die Errichtung eines eigenständigen Instituts scheiterten erstmals 1903. Ein erneuter Anlauf zur Bildung eines Instituts scheiterte 1913 aufgrund von Vorbehalten der Fakultät. Ein 1917 beschlossener Neubau kam wegen der politisch-finanziellen Gesamtlage nicht zustande. 1930 zog die Abteilung für Technologische Chemie in die Brüderstraße 34 um und blieb als solche zusammen mit der Abteilung für Pharmazie dem Chemischen Laboratorium (Helferich) unterstellt. Die Bedingungen für die Entwicklung der Technischen Chemie waren trotz des enormen Engagements von Rassow somit bescheiden, wohl auch in Hinblick auf die vom Ordinariat für Angewandte Chemie unter Beckmann und danach Carl Paal durchgeführten praxisorientierten Arbeiten. Unabhängig davon leistete Rassow mit wenigen Mitarbeitern ein umfangreiches Arbeitspensum. In der Lehre waren es die Vorlesungen zu chemischen Technologien von Brennstoffen, ein chemisch-technologisches Praktikum und das Anlegen einer umfangreichen Sammlung. Er forschte über Hydrazo-Verbindungen, Farbstoffe, die Chemie des Holzes und der Stärke. Das wissenschaftliche Schrifttum wurde bereichert durch das bekannte Lehrbuch der chemischen Technologie (Ost-Rassow). Ihm oblagen 1904 bis 1921 die Schriftleitung der Zeitschrift „Angewandte Chemie", 1911–1938 die Leitung der Redaktion „Jahresberichte über die Leistung der chemischen Industrie", und 1926–1940 fungierte Rassow als Herausgeber des „Journals für praktische Chemie". Er war 1907–1922 Generalsekretär des Vereins Deutscher Chemiker und 1908 bis 1938 Generalsekretär der Gesellschaft Deutscher Naturforscher und Ärzte.

Abbildung 24
Berthold Rassow
(1866–1954)

Im 500. Jubiläumsjahr der Universität Leipzig 1909 kündigte die „Illustrierte Zeitung Leipzig"[31, S. III–IV] am 22. Juli folgende Chemie-Lehrveranstaltungen (Vorlesungen) der Philosophischen Fakultät für das Winterhalbjahr 1909/10 am Lehrstuhl für Chemie an:

Hantzsch, Arthur: Organ. Chemie; Chem. Praktikum für Analytiker; Chem. Vollpraktikum für Vorgerückte (mit Profs. Stobbe, Rassow und Ley); Pharmaz.-chem.-toxik. Praktikum.
Stobbe, Hans: Die heterocyclischen Verbindungen mit besond. Berücksichtigung der Alkaloide; Mehrkernige aromatische Verbindungen; Chemisches Praktikum für Geübtere (mit Profs. Hantzsch, Rassow und Ley).
Rassow, Berthold: Chem. Technologie; organ. Betriebe mit Exkursion; Prakt. der Anwendung organ. Farbstoffe (Färberei und Zeugdruck); Chem.-technolog. Praktikum.
Ley, Heinrich: Analytische Chemie (Qualitative Analyse für Anfänger und Fortgeschrittene); Stereochemie.

1927 wurde Hantzsch im Alter von 70 Jahren emeritiert. Zu dieser Zeit war der Nachfolger noch nicht berufen, so dass sich Hantzsch bis 1930 selbst vertreten musste. In einer würdigen Festveranstaltung anlässlich des 70. Geburtstages wurde eine Bronzetafel mit seinem Porträt enthüllt. Dieses Relief sieht der heutige Besucher des Neubaus Chemie in der Johannisallee 29 vor dem großen Experimentierhörsaal, der den Namen Arthur Hantzschs trägt.

Die Ordinariate für Physikalische Chemie an der Philosophischen Fakultät

Ulf Messow

Die Physikalische Chemie gehört zu den Grenzwissenschaften. Sie stellt keine bloße Verknüpfung der beiden Grundlagenfächer Physik und Chemie dar. Im synergistischen Sinne unterliegt sie einem ständigen Wandel. In ihrer Gründungsphase im 19. Jahrhundert vereinte sie hauptsächlich Erkenntnisse der Thermodynamik, der Kinetik und der Elektrochemie, und die Frage nach der „Triebkraft einer Reaktion" stand im Mittelpunkt des Interesses. An der Universität Leipzig setzte die Hinwendung zu der neuen Wissenschaftsdisziplin um 1870 ein[8]. Auf Grund eines überzeugenden Separatvotums der Mathematiker Wilhelm Scheibner (1826–1908) und Carl Gottfried Neumann (1832–1925) hatte sich das Kultusministerium in Dresden im Rahmen der Berufungsverhandlungen für die Nachfolge der Erdmannschen Professur gegen den Vorschlag der Berufungskommission der Philosophischen Fakultät für die vollkommen neue Arbeitsrichtung der Physikalischen Chemie entschieden.

Abbildung 25
Gustav Wiedemann
(1826–1899)

Gustav Wiedemann von 1871 bis 1887

1871 erhielt Gustav Heinrich Wiedemann (1826 bis 1899) (Abb. 25) den ersten ordentlichen Lehrstuhl für Physikalische Chemie in Deutschland. Gleichzeitig wurde ihm die Leitung des Laboratoriums im Fridericianum übertragen. Wiedemann[8; 32] begann seine wissenschaftliche Laufbahn als Chemiker. 1847 wurde er in Berlin zu einer Arbeit über Harnstoff promoviert (Entdeckung des Biurets). 1850 habilitierte er sich zu dem Thema

„Über die Drehung der Polarisationsebenen des Lichtes der Metalle". 1851 ging Wiedemann nach Basel, er bekleidete von 1854 bis 1863 an der Universität Basel die ordentliche Professur für Physik. 1866 wechselte er nach Karlsruhe. Sein 1860 veröffentlichtes Lehrbuch „Die Lehre vom Galvanismus und Elektromagnetismus" wurde bald ein gefragtes Standardbuch. Während seiner Leipziger Zeit von 1871 bis 1887 beschäftigte sich Wiedemann weiter mit Fragen des Magnetismus und der Elektrizität. Die chemischen und physikalischen Arbeiten im Fridericianum wurden mehr oder weniger nebeneinander durchgeführt. Einer seiner letzten Assistenten Robert Behrend (1856–1926) führte später im Ostwaldschen Laboratorium die potentiometrische Titration als Analysenmethode ein. Nach dem Tode von Johann Christian Poggendorff (1796–1877) übernahm Wiedemann die Herausgabe der bedeutenden Fachzeitschrift „Annalen der Physik und Chemie" sowie der Beiblätter zu den Annalen. 1887 wechselte Wiedemann an das an der Ecke Liebigstraße/Talstraße gelegene Physikalische Institut. Der 72-jährige Direktor des Physikalischen Instituts Wilhelm Gottlieb Hankel (1814–1899) konnte wegen schwindender Sehkraft seine Vorlesungen nicht mehr halten, ein Amtswechsel war notwendig geworden.

Wilhelm Ostwald von 1887 bis 1906

Am 4. August 1887 erfolgte die Ernennung von Friedrich Wilhelm Ostwald (1853–1932) (Abb. 26) zum o. Professor für Physikalische Chemie und Direktor des Zweiten Chemischen Laboratoriums in der Brüderstrasse 34. Ostwald hatte an der Universität Dorpat neben Chemie auch Mathematik und Physik studiert. Mit der Berufung 1882 an das Baltische Polytechnikum zu Riga kehrte er in seine Heimatstadt zurück. Während der sechsjährigen Rigaer Zeit verfasste er etwa 30 Arbeiten zu Fragen der Affinität. Ostwald war bereits über die Grenzen seiner Heimatstadt bekannt, als er auf den vakant gewordenen Lehrstuhl in Leipzig berufen wurde. Mit drei etatmäßig bewilligten Assistentenstellen bildete Ostwald Abteilungen, in denen in der Brüderstrasse 34 namhafte Gelehrte und spätere Hochschullehrer wirkten:

Die Physikalisch-chemische Abteilung: Walther Nernst (1864–1941) von 1887 bis 1889, Svante Arrhenius (1859–1927) von 1889 bis 1890, Max Le Blanc von 1890 bis 1896, Georg Bredig von 1895/96 bis 1897 und ab 1897 Robert Luther.

Die Analytische Abteilung: Julius Wagner von 1887 bis 1901, ab 1901 Wilhelm Carl Böttger.

Die Pharmazeutische Abteilung: Ernst Beckmann von 1887 bis 1891, Theodor Paul von 1891/92 bis 1897.

Neben der Lehre und Forschung auf dem Gebiet der Physikalischen Chemie hatte Ostwald auch Lehraufgaben für die Grundausbildung der Chemiker, der Pharmazeuten und zukünftigen Lehrer wahrzunehmen. Mit Wagner und Beckmann verfügte er aber über zwei erfahrene Assistenten, die selbständig ihren Abteilungen vorstanden. So konnte sich Ostwald selbst ganz seinem Lieblingsgebiet, der Physikalischen Chemie, widmen.

Julius Wagner (1857–1924) wurde bereits 1883 bei Wiedemann mit einer Arbeit über die innere Reibung von Lösungen promoviert. Er verwendete bei seinen Messungen die zu dieser Zeit übliche Anordnung der waagerecht liegenden Kapillare. Als Mitarbeiter von Ostwald übernahm er das von ihm noch in Riga eingeführte Pipettenviskosimeter, in dem der hydrostatische Druck die treibende Kraft für das Fließen der Flüssigkeit ist. In seinem Beitrag anlässlich der Feier der vor 25 Jahren erfolgten Doktorpromotion von Ostwald 1903 resümierte Wagner, dass die an Salzlösungen vorgenommenen Viskositätsuntersuchungen keinen Hinweis auf die Besonderheit kolligativer Eigenschaften und damit auf den Grad der Dissoziation geliefert haben. Beeinflusst durch Ostwald befasste sich Wagner zunehmend mit lehrmethodischen Fragestellungen. Er entwickelte eine spezielle Fachdidaktik und erhielt 1901 ein Extraordinariat für das Gebiet „Didaktik der Chemie" (s. Abschn. Entwicklung der Chemiedidaktik).

Der die Pharmazeuten betreuende Ernst Beckmann konnte dagegen durch die zahlreichen ebullioskopischen und kryoskopischen Untersuchungen eindeutig den Nachweis erbringen, dass die beobachteten Temperaturänderungen verdünnter Lösungen nur von der Anzahl der gelösten Teilchen abhängen. Die zehn Jahre in der Brüderstraße 34 sind als „Zeit der Ionier" in die wissenschaftliche Literatur eingegangen. In vier Bänden „Arbeiten des physikalisch-chemischen Instituts der Universität Leipzig 1887–1896" sind die in verschiedenen Zeitschriften erschienenen und aus dem Zweiten Chemischen Laboratorium hervorgegangenen Beiträge noch einmal zusammengefasst worden. Sie zeugen von der hohen Schaffenskraft der Mitarbeiter und dem erfolgreichen Betreten wissenschaftlichen Neulands in jenen Jahren. Dass Freude an der Arbeit Voraussetzung für die sich einstellenden Erfolge war, dokumentierte der Zeitzeuge Svante Arrhenius[33], der Walther Nernst 1889 in der Physikalischen Abteilung ablöste: „Die Lokalitäten waren nicht besonders schön, ein altes landwirtschaftlich-chemisches Laboratorium war zum physikalisch-chemischen Institut umgewandelt. Aber der Geist war umso höher, und er fühlte sich durch keine materielle Kleinigkeit beschränkt. Man hatte den herrlichen Vorteil, ein jungfräuliches Feld von ungemeiner Fruchtbarkeit zu bearbeiten. Ostwald selbst führte seine große Arbeit über die Leitfähigkeit von Säuren aus. Nernst machte seine Hauptarbeit über die elektromotorische Wirksamkeit der Ionen, Beckmann erprobte die zweckmäßigste Konstruktion seiner Apparate zur Molekulargewichtsbestimmung und führte damit große orientierende Untersuchungen aus. Meyerhofer, Walker und Noyes machten da die ersten wichtigen Ansätze zu ihren wichtigen Lebenswerken. Der schnelle Erfolg gab eine enorme Zuversicht. Und überall behielt Ostwald die Übersicht und die Leitung der vielen umfangreichen Untersuchungen. Wenn überhaupt irgendwo Arbeitsfreude in höchstem Maße geherrscht hat, so war es da."

Abbildung 26
Wilhelm Ostwald
(1853–1932)

Verwendete Ostwald 1887/88 noch die korrekte Bezeichnung „Zweites Chemisches Laboratorium", so umging er diese bald und sprach im Weiteren vom „Physikalisch-chemischen Institut". Das Laboratorium in der Brüderstraße zog zahlreiche Wissenschaftler aus dem In- und Ausland an. Bald reichten die Arbeitsplätze nicht mehr aus. Im Herbst 1897 konnte ein neues Gebäude in der Linnéstraße 2 bezogen werden, das nunmehr offiziell den Namen „Physikalisch-chemisches Institut" erhielt. Es war ausschließlich für den Lehr- und Forschungsbetrieb der Physikalischen Chemie errichtet worden[34]. Im neuen Institutsgebäude wandte sich Ostwald verstärkt reaktionskinetischen und katalytischen Fragestellungen zu und beschäftigte sich mit der Nichtgleichgewichtsthermodynamik. Um die auf etwa 80 angestiegene Studentenzahl betreuen zu können, stellte er zusätzlich zu den genehmigten drei Etatstellen regelmäßig noch zwei bis drei Assistenten auf eigene Kosten ein.

Der Privatassistent Robert Luther (1868–1945), bekannt durch die „Luthersche Regel" zur Berechnung unbekannter Elektrodenpotentiale, hatte wie Ostwald ebenfalls an der Universität Dorpat studiert. 1896 wurde er über „Elektromotorische Kraft und Verteilungsgleichgewicht" promoviert, und 1899 folgte seine Habilitationsschrift „Die Verschiebung des Gleichgewichts zwischen den Halogenverbindungen des Silbers und dem freien Halogen durch das Licht". Im selben Jahr erschien seine Monographie „Die chemischen Vorgänge in der Photographie". 1901 wurde er zur Entlastung von

Ostwald Subdirektor des Physikalisch-chemischen Instituts. Georg Bredig (1868–1944) befasste sich in seiner Promotionsarbeit 1894 bei Ostwald mit der Ionenbeweglichkeit und Affinität von Basen und habilitierte sich mit der Schrift „Anorganische Fermente. Darstellung kolloidaler Metalle auf elektrischem Wege und Untersuchung ihrer katalytischen Eigenschaften"[12, S. 176–178]. Wilhelm Carl Böttger wurde im Institut mit einer Arbeit über die Grundlagen der potentiometrischen Maßanalyse promoviert. 1901 übernahm er die analytische Abteilung. Der Begründer der modernen Reaktionskinetik Max Bodenstein (1871–1942) war seit 1890 ebenfalls Privatassistent von Ostwald.

Um die Jahrhundertwende beobachtete Ostwald eine der ersten oszillierenden Reaktionen und publizierte über „Periodischen Erscheinungen bei der Auflösung des Chroms in Säuren". Mit seinem Namen sind auch heute noch wichtige Erkenntnisse und Phänomene verbunden: „Ostwaldsches Verdünnungsgesetz" (1888), Autokatalyse (1890), „Ostwaldsche Stufenregel" (1897), „Ostwald-Reifung" (1900), „Fließgleichgewicht" (1903). Seine maßgebend gebliebene Definition der Katalyse stellte er 1894 auf. Als erster Vorsitzender der „Deutschen Elektrochemischen Gesellschaft" von 1894 bis 1898, die 1902 in „Deutsche Bunsengesellschaft für angewandte physikalische Chemie" umbenannt wurde, gab er der Elektrochemie entscheidende Impulse. Unter Ostwald habilitierten sich in Leipzig Beckmann, Nernst, Wagner, Le Blanc, Bredig, Luther, Böttger, Bodenstein, Carl Drucker (1876–1959) und Herbert Freundlich (1880–1941). Von seinen insgesamt 45 erschienenen Büchern entstanden während der Leipziger Periode von 1887 bis 1906 u. a.: Lehrbuch der allgemeinen Chemie, Bd. 2. Verwandtschaftslehre (1887), Grundriß der allgemeinen Chemie (1889), Hand- und Hilfsbuch zur Ausführung physiko-chemischer Messungen (1893), Die wissenschaftlichen Grundlagen der analytischen Chemie (1894), Elektrochemie: ihre Geschichte und Lehre (1896), Grundlinien der anorganischen Chemie (1900), Vorlesungen über Naturphilosophie (1902), Die Schule der Chemie (1903/04).

1906 kam es zu einem Bruch mit der Universität, und Ostwald zog sich auf seinen Landsitz „Energie" in Großbothen bei Grimma zurück. Mit seinem Weggang verlor die Universität Leipzig ihre Führungsrolle auf dem Gebiet der Physikalischen Chemie. 1909 erhielt Ostwald für seine grundlegenden Arbeiten über chemische Gleichgewichtsverhältnisse und Reaktionsgeschwindigkeiten und die damit verbundene Klärung des Wesens der Katalyse den Nobelpreis für Chemie. Bezüglich der Leistungen des Universalgelehrten nicht nur als Chemiker, sondern auch als Wissenschaftstheoretiker, Biograph oder Naturphilosoph sei auf neuere Monographien verwiesen[32,35,36,37].

Abbildung 27
Max Le Blanc
(1865–1943)

Max Le Blanc von 1906 bis 1933

Nachdem Nernst die Nachfolge Ostwalds abgelehnt hatte und auf den Subdirektor Luther, womöglich durch den Einfluss von Ostwald, nicht zurückgegriffen wurde, hatte der Ordinarius für Elektrochemie/Physikalische Chemie an der Technischen Hochschule in Karlsruhe Max Julius Le Blanc (1865–1943) (Abb. 27) 1906 die Berufung nach Leipzig angenommen. Le Blanc war 1888 in Berlin bei August Wilhelm von Hofmann promoviert worden. 1891 hatte er unter Ostwald in Leip-

Abbildung 28
Professoren und Mitarbeiter des Physikalisch-chemischen Instituts, 1933.
Untere Reihe: Wolfgang Ostwald, C. Drucker, M. Le Blanc, F. Weigert, W. Böttger (v. l.).
Obere Reihe: R. Schingnitz, A. Kühn, H. Sachs, E. Lehmann, R. Richter, K. Fischer (v. l.)

zig seine Habilitationsschrift „Die elektromotorischen Kräfte der Polarisation" angefertigt. 1893 führte er die Wasserstoffelektrode zur Bestimmung des pH-Wertes ein, und 1895 erschien sein viel beachtetes „Lehrbuch der Elektrochemie". Seit 1895 ao. Professor, übernahm er 1896 die Leitung der elektrochemischen Abteilung in den Farbwerken Hoechst. Anlässlich der Berufungsverhandlungen nach Leipzig erhielt Le Blanc die Zusage von Mitteln zum Um- und Ausbau des Physikalisch-chemischen Instituts[38]. Le Blanc bekleidete 27 Jahre sein Amt als Institutsdirektor. Er hat besonders die Entwicklung der Elektrochemie mitgeprägt. So befasste er sich mit der Frage nach der Zersetzungsspannung von Elektrolytlösungen und fand experimentell, dass für jedes Ion eine charakteristische Abscheidungsspannung existiert. Auf ihn geht das Verständnis über das Reduktions- oder Oxidationsverhalten einer chemischen Reaktion durch das Standardredoxpotenzial zurück. Le Blanc war nicht nur seit 1907 o. Mitglied der Sächsischen Akademie der Wissenschaften zu Leipzig, sondern er bekleidete von 1919 bis 1937 auch das Ehrenamt des Sekretärs. Unter Le Blanc bestanden im Physikalisch-chemischen Institut folgende Abteilungen (Abb. 28):

Die Photochemische Abteilung: R. Luther (1906–1908, ab 1908 o. Prof. für Photographie an der Technischen Bildungsanstalt Dresden); Karl Schaum (1870–1947)[30], tätig von 1908 bis 1914, danach Berufung nach Gießen; Fritz Weigert (1876–1947), tätig von 1914–1935.

Die Chemische Abteilung: W. Böttger (1918–1937).

Die Physikalisch-chemische Abteilung: F. Weigert (1914–1935).

Die Kolloidchemische Abteilung: Wolfgang Ostwald (1922–1943).

Zusätzlich waren Johann F. C. Schall (1856–1939)[26] mit der Durchführung elektrochemischer Übungen und Martin Kröger (1894–1980)[26] mit Übungen über Katalyse betraut. Bis 1924 leitete Wagner das Lehrerpraktikum.

Im Wintersemester 1909/10 des Jubiläumsjahres der Universität wurden folgende Lehrveranstaltungen angeboten[31, S. III–IV]:

Le Blanc, M.: Physik. Chemie; Physik.-chem. Praktikum (mit Prof. Schaum und Drs. Drucker und Freundlich); Chem. Praktikum (mit Dr. Böttger); Physik.-chem. Einführungskurs (mit Drs. Schall und

Freundlich); Übungen in Elektroanalyse (mit Dr. Böttger); Physik.-Chem. Kolloquium (mit Prof. Schaum und Drs. Böttger, Drucker und Freundlich).

Wagner, J.: Experiment. Einführung in die Chemie; Chem. Praktikum für Lehrer; Didakt. Besprechung zum Chem. Prakt. für Lehrer.

Böttger, W. C.: Phasenlehre und ihre Anwendung auf neuere Probleme der Chemie.

Schall, J.: Ausgewählte Elektrosynthesen insbesondere organ.-chemischer Verbindungen.

Drucker, C.: Chemisches Rechnen

Freundlich, H.: Überblick über die Geschichte der Chemie.

Ostwald, W.: Die wichtigsten Ergebnisse der Kolloidchemie, mit bes. Berücksichtigung ihrer Anwendung in Biologie, Medizin, Mineralogie, Agrikulturchemie (für Naturwissenschaftler und Mediziner).

Anlässlich des 70. Geburtstages von Le Blanc würdigte Max Volmer (1885–1965) ausführlich das Lebenswerk seines Lehrers[39]. Volmer war 1910 bei Schaum promoviert worden und verteidigte 1913 seine im Institut angefertigte Habilitationsschrift „Die verschiedenen lichtelektrischen Erscheinungen am Anthracen, ihre Beziehungen zueinander, zur Fluoreszenz und Dianthracenbildung".

Die Ordinariate für Angewandte Chemie an der Philosophischen Fakultät

Lothar Beyer

Die Chemie an der Universität Leipzig hatte gegen Ende des 19. Jahrhunderts eine angesehene und innerhalb der Universität anerkannte Position erreicht. Die Studentenzahl nicht nur in der Chemie, sondern auch in den chemienahen Fächern wie Pharmazie, Lehramt Chemie u. a. hatte drastisch zugenommen[19]. Auch waren die räumlichen Voraussetzungen aufgrund des 1897 erfolgten Neubaus für das Physikalisch-chemische Institut und die damit erfolgte Freisetzung von chemischen Laboratorien im Gebäude Brüderstraße 34 außerordentlich günstig. All diese Faktoren beeinflussten positiv die Einrichtung eines dritten Chemie-Ordinariates mit der Widmung „Angewandte Chemie".

Abbildung 29
Ernst Beckmann
(1853–1923)

Ernst Beckmann von 1897 bis 1912

Auf das neugeschaffene Ordinariat wurde Ernst Otto Beckmann (1853–1923) (Abb. 29) berufen, der seit 1892 an der Universität Erlangen als Ordinarius für Pharmazeutische Chemie tätig gewesen war. Für die Universität Leipzig kein Unbekannter, wurde seine Berufung mit Nachdruck betrieben. Sie fand besonders in Wislicenus und Ostwald als beste Kenner von Beckmanns Wissenschaftlerpersönlichkeit starke Befürworter. Beckmann wurde nach einer dreijährigen Apothekerlehre bei Carl Remigius Fresenius (1818 bis 1897) in Elberfeld bei Kolbe in Leipzig 1878 promoviert, hatte sich anschließend in Braunschweig 1882 habilitiert und nach erneutem Wechsel in Kolbes Laboratorium in Leipzig umhabilitiert. 1886 gelangen ihm die schon erwähnte Beckmannsche Umlagerung und 1888, nun im Zweiten Chemischen Laboratorium, mit der Erfindung des Beckmann-Thermometers und der von ihm sukzessive ausgefeilten Methodik der kryoskopischen und ebullioskopischen Beckmannschen Molekulargewichtsbestimmung wissenschaftliche Glanzleistungen[12,S.94–109]. Ostwald nannte sie rückblickend im Jahre 1923 im gleichen Atemzug wie die eines Justus von Liebig. Beckmann war also auf Grund seiner hervorragenden, vielseitigen Forschungs- und Lehrleistungen auf den Gebieten der Organischen, Pharmazeutischen und Physikalischen Chemie die geeignete Persönlichkeit, um den Glanz der Leipziger Chemie zu mehren und das Ordinariat auszufüllen. Gerühmt wurden seine Experimentalvorlesungen, die ab 1902 im neu erbauten großen Experimentalhörsaal Brüderstraße 34, der ab 2002 nach erfolgter Rekonstruktion seinen Namen trägt, stattfanden. In den Jahren von 1903 bis 1905 wurde unter seinen bis ins Detail gehenden Vorstellungen die Rekonstruktion des alten „Agricultur=chemischen Laboratoriums und des ehemaligen II. Chemischen Laboratoriums" bei laufendem Lehr- und Forschungsbetrieb realisiert, das ein ganzes folgendes Jahrhundert den Ansprüchen genügte bzw. genügen musste (s. Abschn. Gebäude). Wie Beckmann 1908 schrieb[40], waren seine Mitarbeiter und Schüler, u. a. Hans Reckleben, Karl Beck, Georg Lockemann (1871–1959), Schüler, Freund und Biograf Beckmanns[41], Theodor Paul (1862–1928, Physikalische Chemie), Johannes Scheiber (1879–1961, Technische Chemie), Gustav Heller (1866–1946, Organische Chemie)[26] wesentlich daran beteiligt. Diese Assistenten bzw. ao. Professoren haben sich selbst einen Namen in der Wissenschaftsgeschichte gemacht. Die wissenschaftlichen Leistungen von Beckmann und seinen Mitarbeitern in der Leipziger Zeit von 1897 bis 1912 sind in 54 Publikationen belegt. Dabei nehmen vielseitige Arbeiten zu Molekulargewichtsbestimmungen, zu Aldoximen, Untersuchungen in der Campher-Reihe, Spektrallampen (der Demonstrationstisch für gefärbte Flammen erhielt eine Goldmedaille auf der Weltausstellung 1904 in St. Louis), jedoch besonders auch zu lebensmittelchemischen Problemen, wie Fuselgehalt alkoholischer Lösungen, Milchanalyse, Prüfung von Honig, Wein und Bier, Beurteilung von Gewürzen u. a. – im wahrsten Sinne der Nomination „Angewandte Chemie" – breiten Raum ein.

Im Wintersemester 1909/10 des Jubiläumsjahres der Universität wurden am Lehrstuhl für Angewandte Chemie folgende Vorlesungen und Praktika angezeigt[31, S. III–IV]:

Beckmann, E.: Anorganische Chemie mit bes. Berücksichtigung ihrer Anwendung; Chem. Praktikum; Arbeiten auf dem Gebiet der Nahrungsmittelchemie; Pharmazeutisch-toxikolog. Praktikum; Chem. Praktikum für Mediziner; Chem. Vollpraktikum f. Vorgerückte (mit Drs. Heller, Deußen, Scheiber u. Sieverts); Chem.-techn. Praktikum (mit Dr. Heller).

Heller, G.: Praxis des Farbenchemikers.

Deußen, Ernst (1868–1944) : Ausgewählte Kapitel der pharmazeutischen Chemie II. Teil.

Scheiber, J.: Die neueren Synthesen wichtiger organischer Naturprodukte.

Sieverts: Besprechung neuerer Arbeiten aus der anorganischen Chemie.

Seine Studenten und Mitarbeiter ließen Beckmann 1912 nicht gern nach Berlin gehen. Sie verabschiedeten ihn in beeindruckender Weise der Zuneigung. Nach einigem Zögern hatte Beckmann den Ruf als Gründungsdirektor des Kaiser-Wilhelm-Institutes für Chemie angenommen. Persönlichkeiten wie Richard Willstätter (1872–1942), Otto Hahn (1879–1968) und Lise Meitner (1878–1968) scharten sich dort um ihn.

Die Fakultät für Chemie und Mineralogie hält die Erinnerung an Ernst Beckmann durch die jährliche Vergabe des Ernst-Beckmann-Preises für den besten Bachelor-Abschluss und die Namensgebung einer studentischen Laboratoriumsetage im Institut für Anorganische Chemie wach. Die Auszeichnung des „Laboratoriums für Angewandte Chemie" in der Brüderstraße 34 als „Historische Stätte der Chemie" durch die Gesellschaft Deutscher Chemiker am 15. Mai 2009 würdigt besonders auch die Leistungen von Beckmann und seiner Schule.

Abbildung 30
Carl Paal (1860–1935)

Carl Paal von 1912 bis 1929

Es war für den Nachfolger einer solchen Koryphäe der chemischen Wissenschaft nicht leicht. Mit Carl Paal (1860–1935) (Abb. 30) wurde der Nachfolger Beckmanns auf dem Lehrstuhl für Pharmazeutische Chemie an der Universität Erlangen nun erneut sein Nachfolger in Leipzig. Paal hatte in München und in Berlin bei Karl Liebermann (1842–1914) Chemie studiert und wurde 1884 bei Emil Fischer in Erlangen über Acetophenon und seine Derivate promoviert. Er habilitierte sich 1890, wurde 1892 ao. Professor und schließlich 1897 dort Beckmanns Nachfolger.

Paal[42] hat Synthesen zu Pyrrol-, Thiophen-, Furan- und Chinazolin-Derivaten durchgeführt und besonders die pharmazeutischen Anwendungen in das Blickfeld der Untersuchungen am Ordinariat gerückt. Insoweit wurde mit Paal die Pharmazeutische Chemie an der Universität Leipzig, die seit der Abkoppelung der Chemie von der Medizinischen Fakultät unterrepräsentiert war, wieder stärker ins Visier genommen und damit die später erfolgte institutionelle Ablösung der Pharmazie und Pharmazeutischen Chemie unter Hugo Bauer von der Chemie vorbereitet. 1926 war nämlich dieser durch Umwidmung der verwaisten ao. Professur für Chemiedidaktik (Julius Wagner) auf ein neu errichtetes planmäßiges Extraordinariat für Pharmazeutische Chemie berufen worden, und 1930 erfolgte die Separierung vom Laboratorium/Ordinariat für Angewandte Chemie in ein selbständiges Institut für Pharmazie und Chemische Technologie, das bis 1938 dem Chemischen Laboratorium unter Helferich angegliedert war (s. Abschn. Helferich). Paals und seiner Mitarbeiter Forschungsarbeiten erlangten große Beachtung durch die Einführung von kolloidalen Metallen als Hydrier- bzw. Oxidationskatalysatoren für organische Synthesen[12, S. 173–175]. Damit wandte er sich einem noch heute hochaktuellen Gebiet zu, das auch durch die Arbeiten von Wolfgang Ostwald und Georg Bredig am Physikalisch-chemischen Institut beeinflusst wurde. In kollegialem Zusammenwirken mit Arthur Hantzsch konnte beiderseits hoffnungsvoller akademischer Nachwuchs, wie Franz Hein oder Conrad Weygand, gefördert werden.

Die Entwicklung der Chemiedidaktik

Barbara Arndt

Ein Blick auf die Entwicklung der Chemie an der Leipziger Universität schließt Betrachtungen zur Chemiedidaktik ein. Dies ist begründet in der jahrzehntelangen institutionellen Verbundenheit und vor allem in inhaltlichen Bezügen zur Chemie für die „Berufswissenschaft" eines Chemielehrers. Lagen die Wurzeln der namengebenden Wissenschaften für Chemiedidaktik bereits Anfang des 17. Jahrhunderts – 1609 erster Lehrstuhl für Chemie an der Universität Marburg und 1632 Johann Amos Comenius'(1592 bis 1671) „Didactica magna"– die Große Unterrichtslehre – entwickelte sich die Chemiedidaktik erst etwa 300 Jahre später im Spannungsfeld von Chemie, der Wissenschaft von den Stoffen und Stoffwandlungen, und Didaktik, der Theorie des Lehrens und Lernens. Chemiedidaktik ist gleichsam um „Übersetzung" der Inhalte, Denkweisen und Methoden der Wissenschaft Chemie in Lehr- und Lernstrukturen bemüht. Sie ist folglich eine relativ junge Disziplin, die sich in der Erforschung von tatsächlich ablaufendem Chemieunterricht, seiner Ziele, Inhalte, Voraussetzungen und Bedingungen sowie Folgen als Wissenschaftsdisziplin betätigen und bewähren kann. Sie löst sich damit von rein handlungsbezogenen Erfahrungsberichten und Handlungsanweisungen, wenngleich ihr eine geschlossene Theorie für ihre durch Analyse, Beobachtung und empirische Forschung gewonnenen Aussagen noch fehlt und ihre Untersuchungsergebnisse wegen der Vielzahl von Einflussfaktoren im konkreten Chemieunterricht nicht immer reproduzierbar sind.

Die Entwicklung der Chemiedidaktik ist unmittelbar verknüpft mit dem Einsetzen eines regulären Chemieunterrichts, der im 19. Jahrhundert zunächst ausschließlich an Realschulen erteilt wurde: z. B. gab Friedrich Wöhler praktischen Unterricht und Übungsunterricht an der Städtischen Gewerbeschule in Berlin und verfasste einen „Grundriß der Chemie"[43]. Der wesentliche Grund für den so praktizierten Experimentalunterricht war die Nützlichkeit der Chemie für ein späteres Berufsleben der Schüler „ [...] die praktische Entwicklung, die der Jüngling im Laboratorium findet [...] (wird) zum unschätzbaren Vortheile für die, welche zu ihrem Beruf derjenigen Kenntnisse und Fähigkeiten bedürfen, die hier (d. h. an der Gewerbeschule) erworben werden"[43, S. 25].

Anders war die Situation an Gymnasien, in denen Chemie im Fächerkanon, da nicht als bildungsrelevant, sondern allenfalls von lebenspraktischer, instrumentaler Bedeutung angesehen, eine absolute Randstellung bis ins 20. Jahrhundert einnahm. Auch deshalb führten Reformbestrebungen zur Gründung von Realgymnasien und Oberrealschulen, die mit naturwissenschaftlichem Unterricht zur Hochschulreife führten. Ausgebildete Chemielehrer und ein von didaktischen Überlegungen durchdrungener Experimentalunterricht wurden benötigt. Dass sich Chemie dennoch nicht als geachtetes Unterrichtsfach in der Auseinandersetzung um die Inhalte humanistischer und realistischer Bildung darstellen konnte, verwundert zu der Zeit, in der sich die chemische Industrie zur Großindustrie und zum bedeutenden Wirtschaftsfaktor entwickelte und in der herausragende Forscherpersönlichkeiten der Chemie weltweite Anerkennung erfuhren.

Abbildung 31
Julius Wagner
(1857–1924)

ÜBER DEN

ANFANGSUNTERRICHT IN DER CHEMIE

VON

JULIUS WAGNER.

NACH DER
AM 28. FEBRUAR 1903 IN DER AULA ZU LEIPZIG
GEHALTENEN ANTRITTSVORLESUNG.

LEIPZIG, 1903.
VERLAG VON JOHANN AMBROSIUS BARTH.

Abbildung 32
Julius Wagner: Über den Anschauungsunterricht in der Chemie, 1903

Mit der Gründung von Fachverbänden (1891 Deutscher Verein zur Förderung des mathematisch-naturwissenschaftlichen Unterrichts; 1868 Gesellschaft Deutscher Naturforscher und Ärzte; 1876 Allgemeiner Deutscher Realschulmännerverein) wurde eine solide Grundlage geschaffen, naturwissenschaftliche Bildung in der Schule bezüglich ihrer Ziele und Inhalte zu erörtern. Die 1905 unterbreiteten Meraner Vorschläge der Gesellschaft Deutscher Naturforscher und Ärzte bildeten dafür einen stichhaltigen Ansatz[44].

Es ist ein Verdienst Wilhelm Ostwalds, die Notwendigkeit eines guten Chemie-Unterrichtens in der Schule erkannt und sich für die dafür erforderliche Lehrerausbildung engagiert eingesetzt zu haben. Erlebte er doch zunächst an der Philosophischen Fakultät der Universität Leipzig zum Ende des 19. Jahrhunderts, „[...] wie der dringend notwendige, aber von den um ihr Monopol besorgten Philologen immer wieder hintertriebene Lehrstuhl der Unterrichtslehre schließlich geschaffen und besetzt wurde. Der aus bestimmten Gründen Gewählte verstand nicht allzu viel davon und half sich dadurch, dass er Geschichte der Pädagogik las [...] statt irgendeines bestimmten Teils der wissenschaftlichen Unterrichtslehre“[45, S.58]. Das chemische Praktikum am Physikalisch-chemischen Institut besuchten auch angehende Lehrer, für die es Ostwald als „Übelstand“ bezeichnete, „dass die künftigen Schullehrer mit den übrigen Chemikern im gewöhnlichen Unterrichtsgang vorwiegend zu Analytikern ausgebildet wurden, was für ihre Unterrichtstätigkeit keinen vernünftigen Zweck hatte“[45, S.43].

Ostwald erkannte in dem examinierten Gymnasiallehrer und seit 1883 als Unterrichtsassistent am Physikalisch-chemischen Institut tätigen Julius Wagner (Abb. 31) einen, der mit pädagogischem Geschick chemische Erkenntnisse weiterzugeben in der Lage war. „Der Ausbildung der Lehrer hatte ich besondere Sorge zugewendet und für sie eine eigene Abteilung gegründet, die von J. Wagner sachgemäß verwaltet und entwickelt wurde“[45, S.268]. Ostwald veranlasste Wagner zu „einem besonderen

Unterricht in der sicheren und zweckmäßigen Ausführung von Schulversuchen [...] einer Tätigkeit, die dann der heranwachsenden Jugend zugute gekommen ist"[45]. Mit einem von Beckmann unterzeichneten Schreiben vom 21.12.1900 an das Königlich-Sächsische Ministerium des Cultus und öffentlichen Unterrichts beantragte die Philosophische Fakultät der Universität Leipzig auf Initiative Ostwalds, dem „Privatdocenten Dr. Julius Wagner einen Lehrauftrag für Didaktik der Chemie zu ertheilen und ihn gleichzeitig zum außerordentlichen Professor zu ernennen"[46]. Das Ministerium stimmte dem am 26.3.1901 zu. Damit war die erste Professur für Chemiedidaktik an einer deutschen Universität geschaffen[47,48,49]. Die Antrittsvorlesung Wagners[49] titelte „Über den Anfangsunterricht in der Chemie" (Abb. 32). Wagner wandte sich in seinen Vorlesungen auch der Analyse Rudolf Arendts (1828–1902)[50,51] methodisch orientiertem Unterrichtsgang in der Chemie zu und folgte nicht der damals üblichen Systematik der chemischen Elemente, auf die sich die akademischen Vorlesungen gründeten. Wagners Beiträge auf dem Gebiet der Didaktik zeigen, dass er eine starke Orientierung des Chemieanfangsunterrichts auf physikalisch-chemische Gesetzmäßigkeiten anstrebte („Einführung in die Chemie auf physikalischer Grundlage mit Versuchen"; „Didaktische Besprechungen zu den chemischen Übungen für Lehrer: Elektrochemie"). In späteren Einschätzungen wurde festgestellt, die didaktischen Entscheidungen richteten sich vornehmlich an der Beschaffenheit des „zu Lehrenden", nicht an der des „Lernenden" aus. Als bemerkenswert wird zu Beginn des 20. Jahrhunderts resümiert, dass „ein Hochschullehrer seinen Stoff so anordnen will, wie es den Anforderungen der Mittelschule entsprechen würde"[52, S.311]. Das bedeutete, den künftigen Schulpraktikern fachdidaktisches Rüstzeug für ihren Experimentalunterricht zu vermitteln. Die Fakultät betonte jedenfalls damals ausdrücklich, der Unterricht werde von den Lehramtskandidaten mit großem Eifer besucht und sei in der Prüfungsordnung „Übung in der Anstellung von Schulversuchen" verankert.

Nach dem Ausscheiden Ostwalds aus der Fakultät setzte Wagner seine Lehrtätigkeit unter Le Blanc fort. So verdienstvoll Wagners wissenschaftliches Wirken zu schätzen ist, gelang es ihm nicht, der Chemiedidaktik die Position zu verschaffen, die es ermöglichte hätte, die Professur in Leipzig fortzuführen. Mit seinem Tod 1924 fiel das Extraordinariat mit der Widmung Pharmazeutische Chemie an das Ordinariat für Angewandte Chemie. Damit verzichtete die Fakultät auch auf die von ihr bahnbrechend für Deutschland eingeleitete universitäre fachdidaktische Befähigung von Gymnasiallehrern. An die Entwicklung der Chemiedidaktik konnte erst im Jahre 1946 angeknüpft werden (s. Abschn. Chemiedidaktik).

Der Zeitraum von 1930/33 bis 1945/46

Die Jahre von 1933 bis 1945 gehören zu den finstersten Kapiteln deutscher Geschichte mit drastischen Auswirkungen auf die Universitäten in Lehre, Forschung, Studenten- und Hochschullehrerschaft sowie Gebäude und Ausstattung. Davon betroffen waren auch die naturwissenschaftlichen Einrichtungen der Universität Leipzig. Eine sogenannte „Deutsche Chemie" war im Vergleich zur „Deutschen Physik" oder der berüchtigten „Rassenlehre" von ihrer ideologischen Substanz her und der Einflussnahme von geringerem Gewicht. Der Chemie kam im sogenannten Dritten Reich als wesentliche Funktion die der Erzeugung von Roh- und Werkstoffen, wie Mineralölen, Kautschuk, Leichtmetallen, aber auch speziellen Materialien, wie Lebensmittelersatzstoffen, Giftgase, Explosiv- und Schutzstoffen usw. zu, welche der Kriegsvorbereitung und -durchführung dienten und sowohl der Sicherung der „Wehrbereitschaft" wie auch dem Schutz vor feindlichen Angriffen galten. Der Beitrag der Chemie und der Chemiker zur Systemstabilisierung war also vorwiegend auf die chemische Praxis orientiert. Wenn diese Rolle auch in erster Linie von den produzierenden Chemiebetrieben wie IG Farben wahrgenommen wurde, so griff diese Aufgabenstellung besonders und zunehmend im Zusammenhang mit der aktiven Kriegsvorbereitung und -führung und dem Luftschutz auf die chemischen Universitätslaboratorien durch. In der „vertraulich" abgefassten Denkschrift „Über die Notlage der Kolloidwissenschaft an deutschen Hochschulen" weist z. B. Wolfgang Ostwald im Kapitel „Wehrwissenschaft" bereits 1934 konkret auf die wehrwissenschaftliche Bedeutung seines Spezialgebietes hin: „Sprengstoffe wie Nitrozellulose, Dynamit usw. sind Gele oder Gemenge von Gelen mit feinen, pulverförmigen Körpern. Die physikalische Chemie der Gaskampfstoffe ist zu einem erheblichen Teile Kolloid- und Grenzschichtforschung. Die Aufnahme gasförmiger Kampfstoffe durch lebendes Gewebe, aber auch durch Gasmasken erfolgt auf dem Wege der Adsorption. Kampfgase treten aber auch auf in Form von Nebeln, sogenannten Aerosolen, deren Erzeugung wie Vernichtung wiederum besondere Probleme der Kolloidforschung und Grenzschichtforschung darstellen. Ebenfalls hierher gehören die Fragen der künstlichen Vernebelung wie Nebelzerstörung, der geregelten Kondensation von Gasen zu Aerosolen, wie die Zerstäubung von Flüssigkeiten zu feinsten Nebeln. Zur Kolloidphysik gehören die Probleme der infraroten Photographie durch Nebel, der Optik der Scheinwerfer durch Nebel usw. In der Kriegschirurgie stellen natürliches Katgut und ähnliche Nähfaden typische Gele dar. Kollargol und andere kolloide Präparate werden zur Wunddesinfektion verwendet. Die Verfahren zur Herstellung plastischer Massen für Prothesen benutzen kolloides Material und sind dementsprechend kolloidchemischer Natur." Dies findet man in einer Schrift im Archiv der Wilhelm-Ostwald Gedenkstätte Großbothen.

Die Einbeziehung der Grundlagenforschung im Falle eines Krieges sollte bald Realität sein. So hat das Kriegsministerium mit Ausbruch des Zweiten Weltkrieges den Chemischen Instituten in Leipzig verschiedene „kriegswichtige" Forschungsthemen übertragen. Im Physikalisch-chemischen Institut wurden unter anderem Aufträge zur Untersuchung von Eisflächen und zur Verhinderung der Bildung tragfähiger Eisflächen, zur Untersuchung von Leuchtstofflampen sowie zur Entschäumung von Flugmotorenschmieröl bearbeitet. Mitarbeiter waren mit der Herstellung von schwerem Wasser beschäftigt.

Einen dramatischen Einschnitt stellte das „Gesetz zur Wiederherstellung des Berufsbeamtentums vom 7.4.1933" dar, das Anlass war, hochverdiente Wissenschaftler am Physikalisch-chemischen Institut, wie die Staatsbürger jüdischer Herkunft, die Professoren Fritz Weigert und Carl Drucker, trotz Protesten von aufrechten Fakultätsmitgliedern vom Dienst zu suspendieren und in die Emigration nach England bzw. Schweden zu treiben. Ein weiterer Eingriff in die Personalstrukturen erfolgte durch die „Versetzung" von Professoren von anderen und an andere deutsche Universitäten, wie dies den Bürokraten und Ideologen in den Kultusministerien opportun erschien. Dies betraf zum Beispiel Hans Kautsky in der Anorganischen Chemie. Das waren keine „Berufungen", sondern als zweckmäßig erachtete Personenverschiebungen. Mit Kriegsbeginn wurden Studenten und Assistenten zum Wehrdienst eingezogen, viele von ihnen kehrten nicht zurück. Blickt man in das Chemie-Vorlesungsverzeichnis von 1944, dann wird aus den Bekanntgaben vom „Heldentod" der Aderlass an hoffnungsvollen Chemiestudenten und Mitarbeitern überdeutlich. Die vom Wehrdienst Befreiten versuchten, den Lehrbetrieb unter schwierigen Bedingungen aufrecht zu erhalten, wovon ein erhalten gebliebenes Protokollbuch über stattgefundene Diplomprüfungen von 1938 bis1945 Zeugnis gibt[53].

Am 4. Dezember 1943 versetzte ein mörderischer nächtlicher Bombenangriff auf Leipzig den Chemischen Instituten und insgesamt dem „Akademischen Viertel" im Areal Liebigstraße/Linnéstraße fast den Todesstoß. Das unter Kolbe erbaute und von Hantzsch und Helferich erweiterte Erste Chemische Laboratorium in der Liebigstraße 18 wurde bis auf die Grundmauern und einige Reste des Seiten- und Hörsaaltraktes (später „Ruine" genannt) zerstört. Das Physikalisch-chemische Institut in der Linnéstraße 2 wurde bis auf den Nordflügel zur Ruine. Das Mineralogische Institut in der Talstraße sank in Schutt und Asche. Das Physikalische Institut in der Linnéstraße 4 brannte weitgehend aus. 1944/45 drängte sich die Chemie zusammen mit anderen Bereichen im erhalten gebliebenen „Alten Chemischen Institut" in der Brüderstraße zusammen, das ebenfalls durch Angriffe aus der Luft in Mitleidenschaft gezogen worden war. Unter ungünstigsten Umständen wurde in den letzten Kriegsjahren weitergearbeitet (s. Abschn. Nachkriegszeit).

Abbildung 33
Burckhardt Helferich
(1887–1982)

Das Ordinariat für Chemie

Lothar Beyer

Burckhardt Helferich von 1930 bis 1945

Burckhardt Helferich (1887–1982) (Abb. 33) war der letzte Ordinarius in Leipzig, der die Anorganische, Organische und Technische Chemie gleichermaßen vertrat. Er selbst bevorzugte die Organische Chemie in Forschung und Lehre. Helferich[54] gehörte als Nachfolger von Hantzsch zu den großen, einflussreichen Chemikerpersönlichkeiten seiner Zeit in Deutschland. Er hatte in Lausanne, München und Berlin Chemie studiert und wurde 1911 bei Emil Fischer zur „Synthese einiger neuer Glucoside" promoviert. Das Vorbild des Doktorvaters und die zweijährige Privatassistenz bei ihm waren prägend für sein gesamtes Forscherleben. So wandte er sich vornehmlich der organischen Naturstoffchemie zu. Wenn man so will, erlebte und erlebt diese Forschungsrichtung in Schülergenerationenfolge eine Renaissance an der Fakultät für Chemie und Mineralogie. Es gehörte zweifellos zu Helferichs Verdiensten, neben der organischen

Abbildung 34
Heinrich Wienhaus
(1882–1959)

Chemie mit Heinrich Wienhaus, Conrad Weygand und Hellmut Bredereck in Leipzig besonders auch die Entwicklung der Anorganischen Chemie mit Arthur Schleede und Hans Kautsky bzw. der Anorganisch-analytischen Chemie mit Franz Hein und Heinrich Carlsohn gefördert zu haben. Die dem Chemischen Laboratorium von 1930 bis 1938 zugeordnete Abteilung für Pharmazie wurde von Hugo Bauer (1874–1944) geleitet und ab 1938 als selbständiges Institut für Pharmazie aus dem Ordinariat für Chemie entlassen (s. Abschn. Pharmazeutische Chemie). Berthold Rassow leitete von 1930 bis 1936 die Abteilung für Chemische Technologie. Johannes Scheiber übernahm 1938 diese Abteilung bis 1945.

Die Organisch-chemische Abteilung. Helferich und seine Doktoranden leisteten grundlegende Beiträge zu Zucker- und Glycosidsynthesen. Die Oxyaldehyde und die enzymatische Glycosidspaltung wurden Forschungsschwerpunkte: Methodik der Verknüpfung von Zuckermolekülen zu definierten Glycosiden; Synthese des ersten natürlichen Diglycosids, der Gentobiose, sowie der Meliobiose, Primverose und Vicianose; Synthese von Halogenzuckern und deren Folgeprodukten sowie von stabilen Glykoglycosidanhydriden. Es gelang die Einführung des Tritylrestes in die Kohlenhydratchemie. Mit Hilfe des Fermentsystems Süßmandelemulsin wurden Struktur-Wirkungs-Beziehungen bei der enzymatischen Spaltung von natürlichen und synthetischen Glycosiden gefunden. Auch anorganisch-chemische Themen wurden von ihm bearbeitet, wie zum Beispiel solche über das Dimesyl-imid, über Bis(alkylsulfonsäure)imide und zur Einwirkung von Fluorwasserstoff auf Kohlenhydrate.

Abbildung 35
Conrad Weygand
(1890–1945)

Heinrich Wienhaus (1882–1959)[55] (Abb. 34) setzte die von ihm zwischen 1925 bis 1930 als Leiter des wissenschaftlichen Laboratoriums der „Fabrik etherischer Öle, Riechstoffe und Essenzen Schimmel & Co." in Miltitz bei Leipzig begonnenen Arbeiten zu Terpenen und etherischen Ölen als zum 1.10.1930 als planm. ao. Professor berufener und bestellter Vorstand der Organischen Abteilung des Chemischen Laboratoriums erfolgreich fort und begründete die in Folge über Wilhelm Treibs, Manfred Mühlstädt, Klaus Schulze, Peter Welzel und Athanassios Giannis bis heute andauernde, höchst nützliche wissenschaftliche Kooperation mit dieser zum US-Konzern gehörenden, potenten Firma Bell Flavours & Fragrances in Miltitz. In der Berufungsliste stand 1930 Weygand an zweiter und der spätere Nobelpreisträger Karl Ziegler (1898–1973) an dritter Stelle.

Abbildung 36
Hellmut Bredereck
(1904–1981)

Conrad Weygand (1890–1945)[12, S. 217–226] (Abb. 35) wurde 1935 beim Wechsel von Wienhaus an das Institut für Pflanzenchemie und Holzchemie der TH Dresden sein Nachfolger. Weygand hatte ab 1910 in Leipzig Chemie studiert und bei Reddelien und Hantzsch geforscht. Seine wissenschaftliche Laufbahn wurde durch die Kriegsteilnahme ab 1914 mit anschließender Gefangenschaft bis 1920 empfindlich verzögert. So folgten erst 1921 Promotion, 1925 Habilitation und 1930 eine ao. Professur. 1933/34 war er Professor und Direktor des Chemischen Laboratoriums an der Universität Ankara/Türkei. Er gilt neben Daniel Vorländer (1867–1941) als der Pionier auf dem Gebiet der Flüssigkristalle, welche heute für Flüssigkristall-Bildschirme (LCD), Displays auf Handys usw. nicht mehr wegzudenken sind. Ein weiteres Arbeitsfeld betraf die organische Mikroelementaranalyse, die er in Monographien und durch eigenständige Entwicklungen förderte. Das von ihm verfasste Standardwerk der organischen Chemie „Organisch-chemische Experimentierkunst" hat über seinen bei den Kämpfen um Leipzig im April 1945 erfolgten Tod hinaus bis in die 80er Jahre Neuauflagen als „Weygand-Hilgetag" erlebt. So bleibt bei diesem wissenschaftlich bedeutenden Chemiker das Befremden über sein zeitweises Mitwirken in einer von dem Hallenser Physikochemiker Karl-Lothar Wolf (1901–1969) geführten Gruppe, welche die Chemie in Deutschland als „Deutsche Chemie als Lehre vom Stoff" in Abgrenzung insbesondere zu der weit früher von Charles Adolphe Wurtz (1817–1884) für Frankreich insgesamt vereinnahmten Chemie profilieren wollte. Weygands intensive Beschäftigung mit der Morphologie, der Polymorphie organischer Verbindungen, mit Molekülbau und Kristallgestalt, wie überhaupt sein Lebensweg mögen dazu beigetragen haben. Von ihm stammt der Begriff „Molekülgesellschaftung (molecular society)". 1948 wurde Weygand postum vom damaligen Dekan Ernst Hölder (1901–1990) bescheinigt, Mitläufer, aber nicht Aktivist des nationalsozialistischen Systems gewesen zu sein.

Hellmut Bredereck (1904–1981)[56] (Abb. 36) war zusammen mit seinem Doktorvater Helferich nach Leipzig gekommen, wo er sich hier 1933 habilitierte und von 1939 bis 1941 als ao. Professor wirkte. 1941 ging er als Ordinarius für Organische Chemie und Biochemie an die Universität Jena, ab 1947 in gleicher Position an die TH Stuttgart. Er schuf sich einen Namen auf dem Gebiet der Nucleinsäuren, zu Beiträgen über die Purinreihe und führte Formamid als Synthon in die präparative Chemie ein.

Anorganisch-chemische Abteilung. Arthur Schleede (1892–1977)[57] (Abb. 37) war seit 1925 in Greifswald als leitender Anorganiker tätig gewesen. Er kam 1930 als planmäßiger Extraordinarius für Anorganische Strukturchemie an das Chemische Laboratorium in Leipzig. Schleede führte hier die Untersuchungen zur Stereochemie von Platin(II)-Komplexen zusammen mit F. Rosenblatt im Sinne von Hantzsch fort und widmete sich zusammen mit M. Wellmann der Anwendung der Debye-Scherrer-Methode zur Strukturaufklärung namentlich von Grafitintercalationsverbindungen, speziell C_8K und $C_{16}K$[57b]. Mit Peter Debye, der zur selben Zeit am benachbarten Physikalischen Institut der Universität Leipzig wirkte, gab es dafür den Ansprechpartner. Schon vorher (1926/28) hatte Karl Fredenhagen (1877–1949), nach seiner Leipziger Zeit nunmehr in Greifswald tätig, zusammen mit Gustav Cadenbach über die Produkte

Abbildung 37
Arthur Schleede
(1892–1977)

Abbildung 38
Hans Kautsky
(1891–1966)

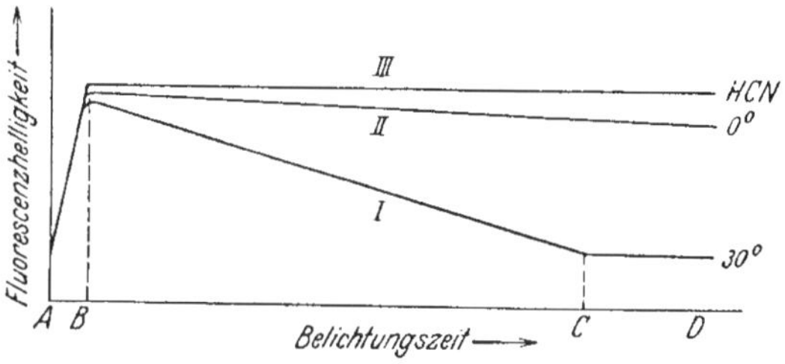

Abbildung 39
Die Kautsky-Kurve.
Änderung der Fluoreszenzhelligkeit von Blättern nach Einsetzen der Belichtung mit UV-Licht (I) bei 30°C

der Einwirkung von Alkalimetallen auf Grafit berichtet[58]. Die Ergebnisse von Fredenhagen und Schleede sind Grundlage für die in neuerer Zeit erschlossene umfangreiche Nutzung von C_8K als Reduktionsmittel und für die heute nicht mehr wegzudenkenden Lithium-Ionenbatterien. Schleedes Forschungen an Calciumphosphaten/Apatiten[57c] führten in die Bioanorganische Chemie und die Arbeiten über Zinkoxid[57d] in das Gebiet lumineszierender Materialien.

Hans Wilhelm Kautsky (1891–1966)[57a] (Abb. 38) war zum 1.4.1936 von der Universität Heidelberg an die Universität Leipzig versetzt worden, geschuldet der Wegberufung von Schleede als Ordinarius für Anorganische Chemie an die TH Berlin am 1.10.1935. Das Wirken Kautskys war ein Glücksfall für die Leipziger Chemie, denn in seiner zehnjährigen Tätigkeit hier konnte er seine Entdeckungen des Singulettsauerstoffs $^1O_2$ und der Chlorophyll-Fluoreszenz (CF) begründen und die Problematik der CO_2-Assimilation ausbauen. Der „Kautsky-Effekt" und die „Kautsky-Kurve" (Abb. 39) haben ein neue Spezialisierungsrichtung begründet[12, S.207–216], die noch heute und sehr praxisorientiert an der Universität Leipzig im Institut für Biologie I durch den Pflanzenphysiologen Christian Wilhelm gepflegt wird. Singulettsauerstoff ist besonders für die organische Synthesechemie wertvoll. Kautsky wurde im Juni 1945 nach Weilburg evakuiert (s. Abschn. Nachkriegszeit). Noch im April 1946 bat er von dort aus das Rektorat um Freihaltung seiner Stelle in Leipzig. Schließlich wurde Kautsky 1949 o. Professor für Siliciumchemie an der Universität Marburg.

Die Anorganisch-analytisch-chemische Abteilung. Franz Hein (1892–1976)[57a,59,12, S.184–192] (Abb. 40) (s. Abschn. Hantzsch) war von 1923 bis 1942 planm. Extraordinarius für Anorganische Chemie. Er widmete sich in den 30er Jahren vorwiegend der Metallanalytik mit α,α'-Dipyridyl und Permanganaten und führte die Inertgastechnik ein, ohne die sich die Chemie der Metallorganoverbindungen nicht

Abbildung 40
Franz Hein (1892–1976)

Abbildung 41
Heinrich Carlsohn
(1899–1958)
Bleistiftzeichnung von
S. Mahdihassan, 1936.

betreiben lässt. Heinrich Carlsohn (1899–1958)[26] (Abb. 41), der bis 1930 der Organisch-chemischen Abteilung angehört hatte, wurde 1938 nichtplanm. ao. Professor. Ihm oblagen besonders das Anorganisch-chemische Praktikum und Vorlesungen zur Analytischen Chemie. Bevorzugt arbeitete er über das positiv einwertige Iod und über Reineckate (s. Abschn. Nachkriegszeit). Ab Dezember 1933 war Carlsohn neben seinen Lehr- und Forschungsverpflichtungen in der Anorganisch-analytischen Chemie lehrend und schreibend auf dem Gebiet des Luftschutzes tätig. Er hielt als Fachreferent für Chemie der Bezirksgruppe Leipzig des Reichslehrerbundes Schulungen ab und übernahm 1933/34 die Vorlesung „Chemie und Luftschutz" für Hörer aller Fakultäten und schrieb auch Kapitel zu „Die Grundlagen des Luftschutzes" (chemische Kampfstoffe, Brandbomben, Einzelschutz gegen chemische Kampfstoffe u. a.). Er war Herausgeber der Sammlung „Chemie und Technik der Gegenwart", die im S. Hirzel Verlag Leipzig erschien.

Abbildung 42
Johannes Scheiber
(1879–1961)

Die Abteilung für Chemische Technologie. Der Abteilung Chemische Technologie, im Gebäude Brüderstraße 34 untergebracht, stand bis zu seiner Emeritierung 1935 Rassow[30] vor (s. Abschn.Hantzsch). In einem Interregnum bis 1938 hielt Alfred Rieche (1902–2001) Vorlesungen zur Technischen Chemie, ehe dann 1938 Johannes Scheiber (1879–1961)[30] (Abb. 42) eine ao. Professur für Chemische Technologie erhielt, die er bis zu seiner Entlassung 1945 wahrnahm. Er betätigte sich auf dem Gebiet der Fettanalyse und besonders der Chemie und Technologie künstlicher Harze sowie Lacke. 1943 erschien das von ihm verfasste Standardwerk „Chemie und Technologie der künstlichen Harze". In die Literatur eingegangen ist das „Scheiber-Öl" als Ausgangsstoff für Alkydharze. Seit 1930 war Leopold Wolf in der Chemischen Technologie tätig (s. Abschnitte Nachkriegszeit, Anorganische Chemie).

Die Ordinariate für Physikalische Chemie

Ulf Messow

Wilhelm Böttger (kommissarisch) von 1933 bis 1934

Die Wiederbesetzung des durch die Emeritierung von Le Blanc 1933 frei gewordenen Lehrstuhls verzögerte sich, kommissarisch wurde Wilhelm Carl Böttger (1871–1949) (Abb. 43) als Institutsdirektor eingesetzt und Martin Kröger mit der Grundvorlesung für Physikalische Chemie betraut. Nach Beendigung seiner Promotion 1897 bei Ostwald und einem Aufenthalt in Göttingen bei Otto Wallach (1847–1931) war Böttger 1899 nach Leipzig zurückgekehrt. Er wurde am Physikalisch-chemischen Institut wieder als Assistent eingestellt. 1902 gab er das Lehrbuch „Grundriß der qualitativen Analyse vom Standpunkt der Lehre der Ionen" heraus. In der 1903 vorgelegten Habilitationsschrift „Löslichkeitsstudien schwer löslicher Stoffe" verwendete Böttger die Leitfähigkeit zur Bestimmung der Löslichkeit. Nach einem weiteren Aufenthalt in Boston 1904/05 nahm er 1906 erneut seine Lehrtätigkeit in Leipzig auf. Als ao. Professor ab 1910 bzw. o. Professor ab 1922 für Analytische Chemie übertrug er physikalisch-chemische Erkenntnisse auf analytische Problemstellungen. 1938 wurde er emeritiert. Böttger führte die Fixanallösungen in die Analysenpraxis ein und überwachte ihre Herstellung bis zu seinem Lebensende 1949.

Abbildung 43
Wilhelm Carl Böttger
(1871–1949)

Im zeitlichen Zusammenhang mit der erforderlichen Neubesetzung des Lehrstuhls hatte der Leiter der kolloidchemischen Abteilung, Wolfgang Ostwald (1883–1943), am 20. Januar 1933 ein Schreiben an das Ministerium für Volksbildung in Dresden gesandt und um Verbesserung seiner Arbeitsbedingungen gebeten[60]. Sein Gesuch hatte er zuvor den Mitgliedern der Berufungskommission für die Nachfolge von Le Blanc, Debye, Helferich und Karl-Hermann Scheumann (1881 bis

1964) zur Kenntnisnahme vorgelegt. Wolfgang Ostwald hatte 1907 die Redaktion der späteren „Kolloid-Zeitschrift" übernommen. Seit 1922 war er der 1. Vorsitzende der in der Linnéstraße gegründeten Kolloidgesellschaft. Schon 1909 erschien sein umfangreiches Lehrbuch „Grundriss der Kolloidchemie". Je nach dem Aggregatzustand des Dispersionsmittels und dem des dispersen Anteils nahm er erstmalig eine Einteilung der kolloid-dispersen Systeme in neun Klassen vor.[61] Weitere Monographien folgten: „Die Welt der vernachlässigten Dimensionen" (1915), „Kleines Praktikum der Kolloidchemie" (1920) und „Handbuch der Kolloidwissenschaft in Einzeldarstellungen, Bd. I Licht und Farbe in Kolloiden" (1924). Trotz der äußeren Einflussnahme durch Johannes Stark (1874–1957), Präsident der Physikalisch-Technischen Reichsanstalt in Berlin, für ihn wählte die Fakultät als Nachfolger Le Blancs den Haber-Schüler Bonhoeffer. Wolfgang Ostwald wurde 1935 als o. Professor für Kolloidchemie berufen.

Abbildung 44
Karl Friedrich Bonhoeffer
(1899–1957)

Karl Friedrich Bonhoeffer von 1934 bis 1946

Karl Friedrich Bonhoeffer (1899–1957)[62] (Abb. 44) wurde 1922 bei Nernst in Berlin mit der Arbeit „Photosensibilisierung und das Einsteinsche Äquivalentgesetz" promoviert. Seit 1929 war er ao. Professor an der Universität Berlin und ab 1930 o. Professor an der Universität Frankfurt. Bonhoeffer galt schon in jungen Jahren als ein außerordentlich fähiger und erfolgreicher Physikochemiker, was mit der Entdeckung des o- und p-Wasserstoffs 1925 und substanziellen Beiträgen u. a. über Deuterium belegt ist. Das Interesse an der Photochemie bewahrte er sich seit seiner Promotion. In Zusammenarbeit mit Paul Harteck (1902–1985) erschien 1933 das Lehrbuch „Grundlagen der Photochemie". Während der Leipziger Zeit von 1934 bis 1947 standen Reaktionsmechanismen und -kinetik in schwerem Wasser, Radikalreaktionen, die Diffusion von Wasserstoff und Deuterium in Palladium, die Kinetik elektrochemischer Phasengrenzreaktionen sowie die Reizleitung in Nerven im Mittelpunkt seines wissenschaftlichen Interesses. Während seiner Amtszeit am Physikalisch-chemischen Institut behielt er die unter Le Blanc entstandenen Abteilungen bei.

Bonhoeffer stand als Institutsdirektor im Spannungsfeld[63] seiner wissenschaftlichen Kompetenz mit dem traditionsreichen Direktorat und internationaler Anerkennung einerseits und seiner familiären Einbindung in die Bonhoeffer-Dohnanyi-Familie andererseits, welche ihren Widerstand gegen das NS-Regime mit Verhaftung und Tod seiner jüngeren Brüder Dietrich Bonhoeffer (1906–1945) und Klaus Bonhoeffer (1901–1945) sowie seiner Schwäger Hans von Dohnanyi (1902–1945) und Rüdiger Schleicher (1895 bis 1945) büßen musste. Er stand im stillen Widerstand und war einer ständigen psychischen Belastung ausgesetzt. Es gelang Bonhoeffer, sich schützend vor jüdische Mitarbeiter zu stellen.

Abbildung 45
Friedrich Wilhelm Jost
(1903–1988)

Abbildung 46
Theodor Förster
(1910–1974)

Die Physikalisch-chemische/Photochemische Abteilung. In dieser Abteilung war mit Fritz Weigert (1876–1947)[64] (Abb. 28) ein Physikochemiker präsent, der in der Leipziger Tradition der Photochemie (Hantzsch, Stobbe) stand und international einen hervorragenden Ruf genoss. Als jüdischem Hochschullehrer wurde ihm 1935 die Lehrbefugnis nach § 6 des „Gesetzes zur Wiederherstellung des Berufsbeamtentums" entzogen, was einer Entlassung gleichkam. Gegen seine Entlassung hatten sich Mitglieder der Fakultät, letztlich erfolglos, engagiert. Weigert emigrierte nach England und verstarb dort 1947.

Die Kolloidchemische Abteilung. Unter Leitung von Wolfgang Ostwald (s. Abb. 28), der als Pionier der Kolloidchemie gilt, wurden mit Hans Erbring (1903–1982) und zahlreichen Doktoranden die Grundlagen- und angewandten Untersuchungen zur Kolloidchemie fortgesetzt, die heute unter neuen Aspekten von Nanodimension, -materialien, -technologie eine Renaissance erfahren[12, S.163–183,61]. Wolfgang Ostwalds Haltung zum NS-Regime war ambivalent: Er passte sich in das System ein, aber wahrte menschlichen Anstand. Nach seinem Tod 1943 übernahm sein ehemaliger Doktorand Erbring 1949 den Vorsitz der Kolloid-Gesellschaft.

Die Analytische Abteilung/Abteilung für Angewandte physikalische Chemie. Die Analytische Abteilung unter Böttger wurde nach dessen Emeritierung 1938 mit der neuen Bezeichnung Abteilung für Angewandte physikalische Chemie geführt. Mit deren Leitung wurde Friedrich Jost (1903–1988)[65] (Abb. 45) beauftragt, der 1943 nach Marburg berufen wurde. Jost ist einer der Großen der Physikalischen Chemie, der sich in Leipzig besonders mit „Explosions- und Verbrennungsvorgängen in Gasen" (Monografie 1939) befasste. Carl Schall (1856–1939)[26] arbeitete selbständig über elektrochemische Probleme, besonders galvanische Effekte, Salzeffekte und die Aktivitäten von Elektrolyten. Theodor Förster (1910–1974) (Abb. 46), der 1942 an die Universität Posen berufen wurde, befasste sich mit optischen Methoden in der Chemie und der Fluoreszenz organischer Verbindungen. Bemerkenswert ist, dass heute Jost und Förster mit Namensvorlesungen der Gesellschaft Deutscher Chemiker geehrt werden, ebenso Wolfgang Ostwald seitens der Kolloidchemischen Gesellschaft. Damit wird die Nachhaltigkeit ihrer wissenschaftlichen Leistungen in besonderer Weise anerkannt.

Das Lehrprogramm. Eine Auswahl von Vorlesungen aus dem Verzeichnis für das Sommersemester 1941 reflektiert das Lehrangebot: Physikalische Chemie (Atomistik)/Bonhoeffer; Grenzschicht-, Film und Fadenforschung/Wo.Ostwald; Einführung Chem. Thermodynamik/Magnus; Physikalische Chemie für Pharmazeuten/Jost; Techn. Anwendungen der Kolloidchemie/Erbring; Optische Methoden in der Chemie/Förster; Physikalisch-chem. Praktikum für Chemiker/Bonhoeffer mit Assistenten; Einführung in die Physikal. Chemie/Bonhoeffer mit Assistenten; Kolloidchem. Einführungskurs/Wo. Ostwald mit Erbring; Physikalisch-chem. Seminar für Anfänger/Bonhoeffer, u. a.

Die Entwicklung der Strukturen von 1945 bis 2008

Die Nachkriegszeit

Lothar Beyer

Quellen von Zeitzeugen

Die Zeitspanne zwischen der Zerstörung des Großteils der chemischen Laboratorien in Leipzig durch den verheerenden anglo-amerikanischen Luftangriff am 4.12.1943 und dem Bezug des auf den Grundmauern des Kolbe-Baus neu errichteten Laborgebäudes Liebigstraße 18 am 8.1.1951 war die wohl schwierigste Etappe in Leipzigs universitärer Chemie und Mineralogie. Um diese aus der Sicht des Jahres 2008 nur annähernd realistisch beschreiben zu können, waren die Dokumente und Briefe mit darin enthaltenen Berichten und Lagebeschreibungen unverzichtbar, die trotz des Infernos der letzten Kriegsjahre gerettet und von den Nachkommen der Beteiligten und den Mitarbeitern des Universitätsarchivs Leipzig als Zeugnisse dieser siebenjährigen Phase bewahrt worden sind. In diesem Abschnitt werden deshalb weitgehend Originalzitate daraus wiedergegeben, um die Authentizität ungefiltert zu verdeutlichen. Solche Originaldokumente oder Kopien davon wurden dem Historischen Archivbestand der Fakultät für Chemie und Mineralogie dankenswert überlassen. Heinrich Carlsohns Sohn, Dr. Burghardt Carlsohn (Pulheim), überbrachte im März 2007 Dokumenten- und Fotokopien, besonders das Weilburger Exil 1945/46 betreffend[66]. Frau Dr. Johanna Holzapfel überließ einen Schmalfilm über die Beseitigung der Trümmer des Chemischen Laboratoriums in der Liebigstraße, gedreht von ihrem Gatten[67], Heinz Holzapfel, und schilderte aus eigenem Erleben die damalige Situation[68]. Hans Kautskys Sohn, Prof. Hans Kautsky jun. (Hamburg), überließ wertvolle zeitnahe Dokumente, Skizzen und Gemälde seines Vaters und berichtete als Zeitzeuge über das Geschehen an jenem Dies ater, dem „Schwarzen Tag", und über das Weilburger Exil[69]. Herbert Staudes Sohn, Prof. Eberhard Staude (Schlangenbad), übersandte im Dezember 2004 die Originale des 1945 privat-dienstlich geführten Briefwechsels zwischen Karl Friedrich Bonhoeffer und Herbert Staude[70]. Conrad Weygands Sohn, Dipl.-Ing. Ulrich Weygand (Leipzig), übergab im August 2004 zahlreiche Publikationen, Bücher sowie Originale und damals gefertigte Schreibmaschinenkopien des privat geführten Briefwechsels von Conrad Weygand mit seinem Freund Kögel, Zoologe an der TU München, beginnend 1941 und endend mit dem letzten Brief Weygands am 12.4.1945, wenige Tage vor seinem Tod[71]. Einige Dokumente aus dem Nachlass von Leopold Wolf befinden sich im Historischen Archivbestand der Fakultät[72]. Im Universitätsarchiv werden Dokumente zu Herbert Staude[73], Wilhelm Treibs[74] und Leopold Wolf[75] aufbewahrt. Dank einer 1996 von Prof. Gerald Wiemers, dem Leiter des Universitätsarchivs, persönlich vorgenommenen Zusammenstellung von Archivdokumenten, die universitäre Leipziger Chemie betreffend[76a], wurden weitere Dokumente erschlossen. G. Wiemers publizierte zudem im Universitätsjournal einen Beitrag über das „Weilburger Exil", besonders den damaligen Dekan der Mathematisch-Naturwissenschaftliche Abteilung der Philosophischen

Fakultät, Heinrich Schmitthenner (1887–1957), und dessen Lagebericht betreffend[76b]. Das Gesamtbild bereicherten Ulf Messow und Konrad Krause bezüglich der Situation im Physikalisch-chemischen Institut im Buch „Physikalische Chemie in Leipzig" (1998)[8] und Renko Geffarth mit einem eindrucksvollen Porträt von Karl Friedrich Bonhoeffer im Spannungsfeld zwischen Wissenschaft und Widerstand[63]. Ein Brief-Bericht von Feinmechaniker Heinz Kaluscha (1931–?)[77] und die 2007 übergebene Niederschrift des Feinmechanikerobermeisters Helmut Ehrhardt[78], beide langjährig und sehr verdienstvoll tätig gewesen, lassen den Neuanfang der Werkstattbereiche lebendig werden.

Eine 1950 zu Papier gebrachte Rückbesinnung des 1945 als Verwaltungsassistent am Chemischen Laboratorium eingesetzten H. Reimann[79] und die 1994/95 in Buchform niedergeschriebenen „Erinnerungen" von Prof. Egon Uhlig[80] (Jena), der das Chemiestudium im Jahre 1948 in Leipzig aufnahm, ergänzen die Zeitgeschichte aus persönlicher Sicht. Notizen aus einem 2007 geführten Gespräch mit Dr. Helmut Wagner (Markkleeberg), gleichfalls Immatrikulationsjahrgang 1948[81], berührten bisher wenig beachtete Details zum chemischen Praktikum Ende der 40er Jahre.

Die chemischen Laboratorien am Ende des Krieges

Mit der Verschärfung der personellen und materiellen Situation in den letzten Kriegsjahren 1944/1945, gekennzeichnet durch den verlustreichen Rückzug der deutschen Truppen und die Mobilisierung letzter „Reserven", sowie die einsetzenden schweren Bombardements besonders auf Großstädte und Industriegebiete wurden Lehre und Forschung auf ein Minimum reduziert. Die durch Freistellung vom aktiven Wehrdienst im Universitätsdienst verbliebenen Hochschullehrer und Assistenten mussten sich auf Arbeiten konzentrieren, welche die Kriegsführung und Verteidigung unterstützen sollten, wie zum Beispiel Luftschutz, Entwicklung von Gasmasken-Füllstoffen usw. Nähere Angaben zur Forschung sind in den vorangehenden Abschnitten über Bonhoeffer und Helferich dargestellt. Dabei war man dem zuständigen Reichsministerium in Berlin rechenschaftspflichtig. Die Lehre wurde notdürftig aufrechterhalten. Das Vorlesungsverzeichnis im Wintersemester 1944/45 kündigte die im Abschnitt Lehre und Studium aufgeführten Vorlesungen an[82]. Die Vordiplom- und Hauptprüfungen fanden statt und wurden im gemeinsam geführten Prüfungsbuch des Chemischen Laboratoriums[53] im Zeitraum von Juni 1939 bis 1946 (dazu vier Einträge 1949/51 bei Hauptprüfungen) exakt handschriftlich protokolliert und die erzielten Noten von den prüfenden Professoren Bonhoeffer (Physikalische Chemie), Carlsohn (Anorganische Chemie und Praktikum 1944/45), Hein (Anorganische Chemie, bis 1942/43), Helferich (Organische und Anorganische Chemie), Kautsky (Anorganische Chemie und Praktikum), Weygand (Organische Chemie und Praktikum, letzte Prüfungsabnahme: 13.4.1945, er starb am 16.4.), Scheiber (Technische Chemie), Wolf (Technische und Anorganische Chemie, 1945; 1949/51), Gerhard Hoffmann (Physik, bis 1.6.1944) und Friedrich Hund (Physik 1944/45) durch Unterschrift bestätigt. Dieses Dokument stellt somit eine zuverlässige Quelle für die Zahl der Abschlüsse im Jahresvergleich dar (m= männliche Studierende; w = weibliche Studierende):

	1939		1940		1941		1942		1943		1944		1945		1946	
	m	w	m	w	m	w	m	w	m	w	m	w	m	w	m	w
Vorprüfungen	17	2	16	–	5	1	5	–	4	5	9	12	5	4	–	1
Summe	19		16		6		5		9		21		9		1	
Hauptprüfungen	3	–	15	1	11	–	8	1	3	–	10	4	2	2	–	–
Summe	3		16		11		9		3		14		4		–	

Im Prüfungsbuch finden sich nach den jeweiligen Eintragungen zu erfolgreichen Prüfungen auch solche von späterer Hand dazugeschrieben: Rieke, Werner, gefallen 1944; Walke, Ernst, gefallen am 25.10.1941 im Osten; Uffen, Heinrich, gefallen am 19.2.1943 vor Leningrad; Kühnel, Rudolf (in amerikanischer Gefangenschaft); Enrique Lafosse (zurück nach Peru, April 1942; das hing mit der Allianz der Staaten Südamerikas gegen Hitler-Deutschland zusammen, die zur Ausweisung von Deutschen aus Peru führte und solche Gegenreaktionen auslöste, d. A.).

Den Bombardements fielen etwa 3/4 aller naturwissenschaftlichen Institute der Universität Leipzig zum Opfer[83, S.136] (Abb. 47), (Abb. 48). Der damalige Chemiestudent Hans Kautsky jun. schrieb[84]: „Während eines Fronturlaubs im Dezember 1943 habe ich selbst den schweren Bombenangriff auf Leipzig erlebt. Wir wohnten in Markkleeberg und sind dann sofort zum Institut (I. Chemisches Laboratorium, Liebigstraße 18, d. A.) gegangen, das im oberen Teil in Flammen stand. Ich konnte unter Einsatz eines CO_2-Löschers die Flammen im Treppenhaus soweit zurückdrängen, dass wir Zeit gewinnen konnten, um aus den Räumen im Untergeschoss (nämlich seines Vaters Bereich, d. A.) wichtige Dinge zu bergen". Dazu gehörte u. a. die große „Kautsky-Porzellanschale", die 2000 von Kurt Dehnicke aus Marburg erfreulicherweise nach Leipzig zurückgeführt wurde.

Abbildung 47
Zerstörtes Chemisches Laboratorium Liebigstr. 18 im Jahre 1944

Abbildung 48
Zerstörtes Physikalisch-chemisches Institut Linnéstraße 2

Alle Chemischen Institute, dazu die Institute für Mineralogie und Petrographie, das Pharmazeutische Institut sowie die Anatomie, wurden zunächst im Areal Brüderstraße/Talstraße untergebracht, die Chemie selbst in der Brüderstraße 34. Die räumliche Beengtheit erforderte, noch nach weiteren Ausweichmöglichkeiten zu suchen. Eine solche erschloss Carlsohn, indem das Anorganisch-analytische Grundpraktikum seit Winter 1943/44 in Labors der Staatlichen Versuchs- und Forschungsanstalt für Tierernährung Leipzig-Möckern untergebracht wurde. Das geht aus einem Schreiben des Direktors dieser Anstalt vom 12.9.1945 an den Kurator der Universität Leipzig[85] hervor:

„Betr. Unterbringung der Anorganischen Abteilung des Chemischen Laboratoriums der Universität Leipzig. Wie bekannt, hat die Anorgan. Abteilung des Chemischen Laboratoriums seit Winter 1943/44 unter Leitung von Prof. Dr. Carlsohn in den Laboratoriumsräumen der hiesigen Anstalt Aufnahme gefunden. Da Prof. Carlsohn durch die alleinige Inanspruchnahme der Hauptlaboratorien der Forschungsanstalt die experimentellen Arbeiten aus dem Aufgabenkreis der Anstalt völlig unterband, wurden nach Abschluß der Kriegsereignisse und Einstellung der Arbeiten der Anorganischen Abteilung zwei andere Räume zur Verfügung gestellt. Diese dienen nach Abtransport der wichtigsten Einrichtungen von Prof. Carlsohn der Unterbringung von Glasgeräten und Chemikalien, während die Arbeiten völlig stillgelegt sind. In Hinblick auf die Wiederaufnahme der Forschungsarbeiten entstehender Mehrbedarf an Arbeitsräumen möchte ich bitten, das Chemische Laboratorium anzuweisen, die beiden Räume zur anderweitigen Verwendung freizumachen. Die von dem Chemischen Laboratorium noch belegten beiden Kellerräume können noch weiterhin zur Verfügung gestellt werden. Sofern diese nicht ausreichen, etwa abzustellende Glasgeräte usw. unterzubringen, werde ich gerne im Zuge der Freimachung der Arbeitsräume Abstellräume an anderer Stelle der Anstalt zuweisen. Ich darf die vorstehende Bitte Ihnen vortragen, da nach dem seinerzeitigen Weggang von Prof. Carlsohn und der Entlassung seiner Mitarbeiter und Mitarbeiterinnen aus dem Dienste der Anorganischen Abteilung keine Person anwesend ist, mit der ich die Verhandlungen führen kann. gez. Werner, Direktor."

In Weygands sehr privat gehaltenen Briefen an seinen Freund A. Kögel (Weihenstephan)[71] finden sich Sätze bzw. Satzfragmente, die die schier unerträgliche Situation des Jahres 1945 im Institut erkennen lassen. Die Briefe sind gekennzeichnet durch einen pragmatischen Sarkasmus. Einige Abschnitte der Briefe zeugen von dem Versuch, dieser Misere ideell in literarisch-schöngeistige Welten zu entfliehen.

Im Brief vom 2.3.1945 heißt es: „Ich habe mir in der verhältnismäßig gut erhaltenen Mikroanalyse den Kohlenklau angemacht und meditiere über einen Ausspruch des heute zufällig anwesenden Institutsdirektors: Dass Leben sei nicht sowohl (wie ich meinte) einigermassen mühsam geworden, [...] das Leben, meinte dieser, sei nicht sowohl mühsam, als vielmehr sinnlos geworden". Im Brief vom 7.3.1945 steht: „Wir, das heisst hier meine Soldatenschüler, während ich zusah, haben in der vergangenen Woche den Laden wiederhergestellt, gestern haben wir noch selbst gemauert und heute haben wir denn Gas, Wasser und Dampf. Nun rückt das Weibervolk mit den Scheuerlappen an und stellt einen äusserst trügerischen Normalzustand her. Mit dem Unterschied, dass man durch Rollglas nicht hindurch sehen und auch nicht gesehen werden kann, ists das alte. Wir sollten wohl das alte nicht so sorgfältig immer wieder herstellen, weil es von Mal zu Mal doch nur dürftiger wird? Ich habe gestern den ganzen Vormittag, der unverständlicherweise alarmfrei war, Geschäfts- und Dienstkorrespondenz verfasst, alles wegen Wiederherstellung des alten Zustandes mit unzureichenden Mitteln [...] Ich sollte wohl eigentlich jetzt meinen Jahresbericht für das Reichsamt verfassen. Gräuliche Papiervergeudung, Wiederholung der ewig gleichen Floskeln [...] Wie stirbt man heute noch anständig? In Dresden wurde man nicht gefragt. Dort war der Tod wieder einmal in einer apokalyptischen Pose zu sehen. Dort hat der nach George heilige Krieg Zehntausende namenlos gerafft und fortgeblasen. Aehnliches kann uns nicht mehr passieren, weil im zerklüfteten Steinbruch unserer Stadt rechte Flächenbrände kaum noch die nötige Nahrung finden." Im Brief vom 8.3.1945 heißt es: „Zu meiner totalen Verblüffung fand ich wenige Minuten danach unsere gestern sorgfältig gereinigten Labors wieder mit Dreck verschmiert. Eine Luftmine hat uns in der Nacht alles Glas so ziemlich wieder zerteppert und das Rollglas zerfetzt. Sonst ist wieder einmal nichts geschehen. Ich war in der Nacht bereits auf dem Wege hierher, nachdem man einige Brände bemerkte. Ich drehte aber bald um, weil die Richtung nicht auf hier wies und dachte einfach an nichts Böses mehr." Im Brief vom 12.4.1945 steht: „Dass man kurz vor Ostern, um zu seiner Familie nach Eisenach zu kommen, angibt, dort eine Ausweichstelle für sein Institut begründen zu wollen, ist leicht verschoben. Wenn man Pech hat und von Eisenach nicht mehr zurückfindet, ist es peinlich. So tat aber mein eigener Institutsdirektor und hinterließ mir den in allen Fugen krachenden und zerbröckelnden, von ihm schon nur noch widerwillig besorgten, Laden hier. Wir arbeiten noch immer, mit den gutwilligen Weiblein, denen die Nähe eines als ziemlich dauerhaft geltenden alten Kellers die nötige Ruhe gibt. Unser Alarmbetrieb kommt allmählich in leichte Verwirrung, man weiß nicht mehr recht, was eigentlich gerade los ist, wenn man nicht dauernd am Drahtfunk sitzt. Schlacht- und Tiefflieger sind tagsüber Stammgäste, ich habe sie noch nicht in Aktion erlebt. Die letzten Bomberangriffe waren sehr schwer und machen den Verkehr fast unmöglich. Es gehen noch einige Etappen der Straßenbahn, zusammenhängende Strecken gibt es nicht mehr [...] Noch immer gibt es Prüfungen und Abwicklungen [...] Es schwirren die Gerüchte von Annäherung der Panzerspitzen auf etwa 40 km vom Stadtrand, aber es gibt auch ernstere Anzeichen dafür, dass uns in Bälde das anscheinend Unvermeidliche bevorsteht". Am 16. April 1945 – zwei Tage vor der Einnahme Leipzigs durch die Amerikaner – fiel Conrad Weygand im Alter von 55 Jahren bei einem Volkssturmeinsatz im Rosental.

Das Weilburger Exil

Der Abtransport. Nach der Zerstörung der Laboratorien und dem Schwinden des Personals im Verlaufe des Krieges war die Zwangsumsiedlung der meisten Professoren, mehrerer Wissenschaftler und spezialisierter Techniker naturwissenschaftlicher Institute, der Medizin und Veterinärmedizin durch die amerikanischen Besatzungstruppen am 23. und 26. Juni 1945 die zweite gravierende Belastung, welche das Fortbestehen der Alma mater Lipsiensis und speziell der hier ansässigen Naturwissenschaften existenziell bedrohte.

Am 18. April 1945 waren amerikanische Truppen in Leipzig einmarschiert. Im Zuge der Abmachungen der Alliierten räumten sie gegen Ende Juni 1945 Leipzig wieder, das dann am 24. Juni 1945 von sowjetischen Truppen besetzt werden sollte. Am 13.6.1945 fand eine Dienstbesprechung bei Dekan Schmitthenner[86, S.15–20] statt, an der u. a. die Professoren Bonhoeffer, Helferich, Hund, Kautsky und Scheumann teilnahmen[87]. Von einer bevorstehenden Evakuierung war nicht die Rede. Die zu schildernde Aktion war geheim vorbereitet worden und lief plötzlich ab. Das geht aus einer fragmentarisch erhalten gebliebenen Kopie des Schreiben eines bisher nicht bekannten Verfassers an den Rektor hervor, in dem es um „die Verschickung der Herren Professoren nach dem Westen" geht[88]:

„Hrn. Professor H e l f e r i c h war am Freitag, d. 22.6.45 vorm. mitgeteilt worden, dass er sich ab Sonnabend, d. 23.6.45 früh 8 Uhr, marschbereit gen Westen zu halten habe. Absolutes Stillschweigen wurde gefordert. Hr. Prof. Helferich sprach vor seinem Weggang am Freitag Nachm. kurz mit mir über die Angelegenheit, nachdem ich ihm ebenfalls Stillschweigen versprochen hatte. Er übergab mir einen Brief an Prof. Wolf, den ich nach einigen Tagen – wenn sich die Situation äusserlich geändert hätte – abgeben sollte. Hr. Prof. Helferich bat Hrn. Professor W o l f , während seiner Abwesenheit, das Institut zu betreuen. Ausserdem gab er mir einen Brief für Spektabilis S c h m i t t h e n n e r und fügte hinzu: „Das Rektorat wird von den Amerikanern direkt benachrichtigt". Diesen Brief gab ich am Montag Hrn. Professor B o e h m, dem derzeitigen Dekan der mathematisch-naturwissenschaftlichen Fakultät."

Leopold Wolf gehörte ebenfalls zu den zwangsweise Verschickten, den es in einer zweiten Aktion betraf. Unmittelbar nach seiner Rückkehr nach Leipzig beschrieb er dem Rektorat der Universität am 4.10.1945 seine dramatisch verlaufene Deportierung, nachfolgend ungekürzt wiedergegeben[75, B. 278]:

„Betrifft: Prof. Dr. phil. habil. Leopold Wolf, von der amerikanischen Militärregierung nach Westdeutschland verbracht am 27. Juni 1945, aus eigenem Entschluss zurückgekehrt am 2. Oktober 1945.

Von der am 22. Juni 1945 beginnenden Überführung Leipziger Hochschullehrer nach Westdeutschland seitens der amerikanischen Militär-Regierung bin ich bis zum 25. Juni 1945 – als diese Aktion bereits abgeschlossen schien – unbehelligt geblieben. Ich habe in diesen Tagen auf zahlreiche Anfragen von Institutsangehörigen erklärt, daß ich auf jeden Fall in Leipzig verbleiben und am Chemischen Laboratorium der Universität Leipzig weiterarbeiten würde. Am 25. Juni 1945 erhielt ich im Laufe des Vormittags in meiner Wohnung (Fabricestraße 13/jetzt Rudi-Opitz-Str. 13, d. A.) die fernmündliche Anfrage eines Beauftragten der amerikanischen Militärregierung, warum ich mich nicht im Institut zum Abtransport zur Verfügung halte. Ich lehnte das Ansinnen, von Leipzig wegzugehen, höflich aber unmissverständlich ab, und es schien dabei sein Bewenden zu haben. Etwa 10 Minuten später wurde ich in meiner Wohnung verhaftet und dem CIC zum Verhör zugeführt. Ich betonte hierbei erneut, dass ich mich dem Abtransport Leipziger Wissenschaftler keinesfalls freiwillig anschliessen würde und wies darauf hin, dass ich keinerlei Grund für eine Verhaftung in solchem Falle erblicken könne, da mir ja weder kriminelle noch irgendwelche politische Vorhalte gemacht werden könnten. Man gab dies zwar rundheraus zu. Warf mich jedoch wegen Fluchtverdacht kurzerhand ins Gefängnis. Am 26. Juni genehmigte man mir unter Bewachung einen 2-stündigen Ausgang aus dem Gefängnis nach dem Institut, Brüderstrasse 34. Ich erklärte dort der Verwaltung, sowie den Institutsangehörigen, dass ich verhaftet sei und nur gezwungen Leipzig verliesse. Während meines Aufenthalts im Institut übergab mir die

Verwaltung ein dort deponiertes Handschreiben von Herrn Prof. Dr. B. Helferich, das ich in der Anlage abschriftlich beilege. Nach meiner Rückkehr ins Gefängnis wurde ich noch drei weiteren Verhören unterzogen, in denen ich wiederum auf die Unrechtmässigkeit meiner Verhaftung hinwies und meine Haltung noch dahingehend verstärkte, dass ich mich auch mit Rücksicht auf das mir zu diesem Zeitpunkt völlig ungewisse Schicksal meiner Familie, welche sich ausserhalb Leipzigs auf russischem Occupations-Gebiet evakuiert befand, niemals zu einem freiwilligen Fortgang entschliessen könne. In diesen Verhören suchte man von mir hartnäckig Auskunft über den Verbleib von Hrn. Professor Dr. Hund zu erhalten. Ich sagte, dass ich hierüber nichts wüsste. Am 27. Juni 1945 nachmittags wurde ich im Kraftwagen aus dem Gefängnis nach meiner Wohnung gebracht, wo ich etwas Mundvorrat und Wäsche aufgriff, alsdann nach der Polizei-Kaserne WIEDERITZSCH überführt und von dort in besonderem Kraftwagen noch am selben Tag mit einem Transport von etwa 150 Wissenschaftlern und Technikern nach St. GOARSHAUSEN / Rh. und RETTERSHEIM in Marsch gesetzt. Vor der Occupation des Kreises St. GOARSHAUSEN/Rh. durch französische Truppen wurde ich mit etwa 210 weiteren mitteldeutschen Wissenschaftlern und Technikern in den Kreis USINGEN gebracht und erhielt zuletzt Quartier in der Gemeinde ARNOLDSHAIN im Taunus. Ich versuchte seit längerer Zeit nach einer Gelegenheit nach Leipzig zurückzukehren, was mir am 2. Oktober 1945 gelang. Ich melde mich hiermit bei der Universität Leipzig zurück und bitte annehmen zu wollen, dass ich mich weder eigenmächtig, noch aus irgendwelchen anderen Pflichtversäumnissen entfernt habe und dass sich eine frühere Rückkehr nicht ermöglichen liess. Meinen Lebensunterhalt habe ich aus eigenen Barmitteln betreiben müssen, nur die Zimmermiete ist von der Gemeinde ARNOLDSHAIN bestritten worden. Ich habe mich in der Zeit der Abwesenheit, so gut es anging, mit einem theoretischen Problem meines Arbeitsgebiets beschäftigt. Prof. Dr. L. Wolf".

In einem am 26.6.1945 datierten Brief von Dekan Schmitthenner an seine Brüder, für den Abdruck im Journal der Universität Leipzig von seiner Tochter, Frau Charlotte Lösche geb. Schmitthenner, zur Verfügung gestellt[76b], wurde die Verfahrensweise für ihn und weitere Kollegen ähnlich geschildert. Die Aktion betraf nach Schmitthenners Angaben insgesamt 105 Personen[76b, S.19]. Von der Chemie und Mineralogie waren die Professoren Carlsohn (Anorganische Chemie), Helferich (Chemie), Kautsky (Anorganische Chemie), Kröger (Physikalische Chemie), Scheumann (Mineralogie und Petrographie), Erich Strack und Karl Thomas (beide Physiologische Chemie) und Wolf (Technische Chemie), die Assistenten Dr. Joachim Goerdeler, Dr. Annemarie Fretzdorf, Dr. Helmut Schnorr, Dipl.-Chem. Juhrich, Frl. Dipl.-Chem. Liselotte Moss, Dipl.-Chem. Vera Haase, Dipl.-Chem. Dürkes, Frl. cand. chem. Johanna Wartner, Gotthold Illner, Mechanikermeister Kurt Mittag und der Hausmeister im Physikalisch-chemischen Institut Max Schädlich (dieser kehrte bald zurück) betroffen[66,89].

Bonhoeffer hatte am 15.6.1945 handschriftlich den Rektor um Beurlaubung gebeten[36, Bl. 84]: „Hiermit bitte ich, mich für eine Fahrt nach Friedrichsbrunn im Ost-Harz zu beurlauben. Ich beabsichtige, Institutsinstrumente, die ich seinerzeit wegen der Luftangriffe dorthin verlagert habe zurückzuholen und den Rücktransport meiner Familie hierher zu organisieren. Meine Frau mit ihren vier Kindern und einer gehbehinderte Mutter sowie einem gelähmten Hauslehrer ist nicht in der Lage, den Rücktransport allein durchzuführen". Rektor Bernhard Schweitzer gewährte den Urlaub am 16.6. für eine Gesamtdauer von 14 Tagen, und so blieb Bonhoeffer von der zwangsweisen Deportierung verschont.

Der Physiker Friedrich Hund (1896–1997) riskierte es, trotz Aufforderung zur Bereithaltung zum Abtransport, zeitweise unterzutauchen. Seine Familie wurde am 24.6. mit den übrigen Zwangsumsiedlern am Platz vor dem damaligen Gebäude des Reichsgerichts auf LKWs zusammengebracht, durfte aber dann doch in Leipzig bleiben[76 b, S.20]. Hein, bereits 1942/43 nach Jena berufen und dort tätig, weilte in diesen Tagen bei seiner Familie in Leipzig und wurde ebenfalls mitgenommen. Die Frauen und Kinder der Betroffenen konnten mit wenigem Gepäck – je Person waren zwei Koffer zugestanden worden – an der Odyssee gen Westen teilnehmen, die für die meisten in Weilburg/Lahn endete. Dort unterstanden die Zwangsumgesiedelten zunächst der VII. US-Armee. Um die Unterbringung in Weilburg hatte sich

Prof. Dr. E. Y. Hartshorne, vor dem Armeedienst Soziologe an der Harvard University, USA, bemüht. Dass das Central Intelligence Corps (CIC) in die Aktion eingebunden war und diese veranlasst habe, wurde vermutet, aber von US-amerikanischen Offizieren gegenüber den Betroffenen bestritten[89].

Abbildung 49
Stempel-Abdruck der Weilburg-Gruppe

Der Aufenthalt in Weilburg. Der unfreiwillige Aufenthalt in Weilburg zog sich für viele der Verbrachten über mehr als ein Jahr hin. Die Unterbringung bzw. Einquartierung der „Leipziger Universität u. Industrie-Gruppe Weilburg/L" – so die Bezeichnung auf einem Stempel[66] (Abb. 49) für offizielle Schreiben (oder auch die: „Evakuierte Wissenschaftler Gross-Hessen Oberlahnkreis"[66]) – wurde in Bürgerhäusern bzw. einem Hotel veranlasst. So wohnte etwa die Familie Kautsky in Weilburg, Gartenstraße 5[84]. Schmitthenner berichtete[76b], dass die Aufnahme durch die Bevölkerung des Ortes sehr freundlich und hilfsbereit erfolgte, was zweifellos der moralischen Verfassung guttat. In diesem Sinne war auch der Zusammenhalt der Exilierten förderlich, der sich zum Beispiel in der Abhaltung von „Fakultätssitzungen" unter Leitung des im Exil gewählten Dekans Schmitthenner äußerte, festgehalten in einem Protokollbuch vom 25.7.1945 bis 15.4.1946[76b, S. 19]. In Leipzig indessen war am 12.11.1945 Bonhoeffer als Dekan der Mathematisch-naturwissenschaftlichen Abteilung der Philosophischen Fakultät gewählt worden.

Ein außergewöhnlicher Beleg für befohlene Tätigkeiten der Weilburger Exilanten ist in Heinrich Carlsohns Nachlass in Form einer Liste der „Aufteilung der Holzfällergruppen"[66] überkommen (Abb. 50). Es wurde eine Aufteilung in 14 Gruppen verfügt, die sich aus jeweils drei Personen („Aktive") und diesen zugeordneten zwei Personen („Inaktive") zusammensetzten; außerdem gab es noch „Zusätzliche Hilfen". Als Soll waren pro Person zwei (vom Dekan drei) Kubikmeter Holz einzuschlagen. Die Liste enthält 94 Namen, darunter die der oben Genannten; der aufgeführte Dr. Wolf ist nicht mit Prof. Leopold Wolf identisch. Es fehlt der Name von Helferich. An anderer Stelle[66] gibt es einen Beleg für den Aufenthalt der Familie Helferich in Weilburg, in dem Carlsohn am 30.10.1946 einen Erlass bzw. die Stundung des Schulgeldes für die drei Töchter Helferichs sowie für seinen Sohn Carlsohn beantragte (Abb. 51). Auf der Liste der „Holzfäller-Gruppen" ist auch der Name des Feinmechanikermeisters Kurt Mittag aufgeführt, dessen Leben in Weilburg auf tragische Weise endete. Mittag war bis 1936 bei Debye am Physikalischen Institut der Universität Leipzig tätig gewesen und hatte dort u. a. um 1929 die erste Röntgen-Gaskamera nach Debye konstruiert, mit der dann der Doktorand Ludwig Bewilogua (1906–1983) erstmals die Röntgenstruktur eines Gases (Tetrachlorkohlenstoff) ermittelte[12, S. 193–204]. Nach Debyes Übersiedlung nach Berlin übernahm Mittag die Mechanikermeisterstelle bei Bonhoeffer am Physikalisch-chemischen Institut. Wie Feinmechanikerobermeister Ehrhardt[90] überliefert bekam, wurde Mittag nach einem Holzfällereinsatz bei der Rückkehr ins Hotel unglücklich in eine Drehtür eingeklemmt. Er erlitt einen Riss der Halsschlagader, den auch ein anwesender Arzt der Gruppe nicht verschließen konnte, so dass er verblutete und starb. Berichtet wurde auch, dass es Einbrüche in Wohnungen mit Körperverletzungen gab.

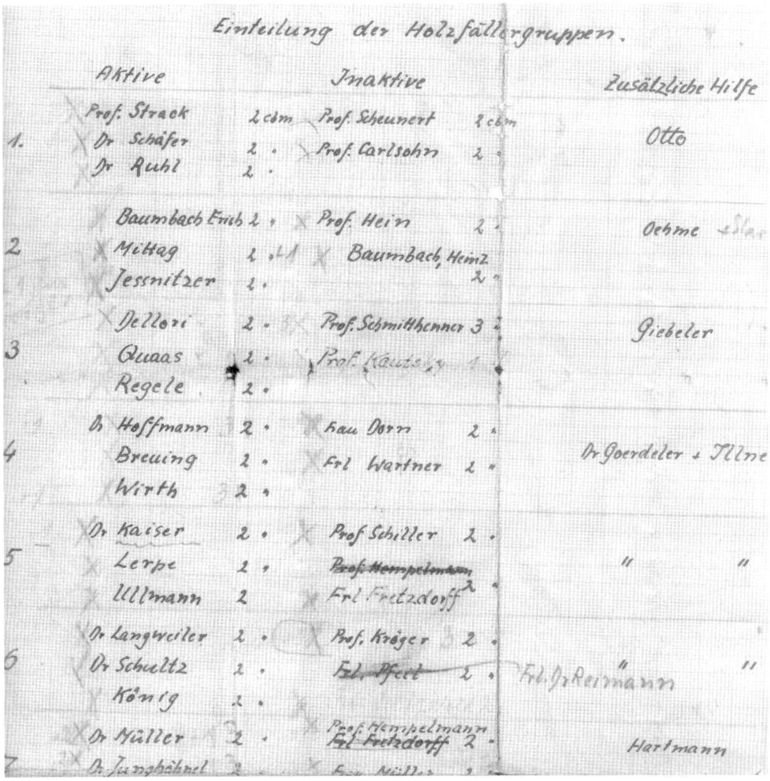

Einteilung der Holzfällergruppen.

	Aktive		Inaktive		Zusätzliche Hilfe
1.	Prof. Strack	2 cbm	Prof. Scheunert	2 cbm	Otto
	Dr Schäfer	2 .	Prof. Carlsohn	2 .	
	Dr Ruhl	2 .			
2	Baumbach Erich	2 .	Prof. Hein	2 .	Oehme
	Mittag	2 .	Baumbach, Heinz	2 .	
	Jessnitzer	2 .			
3	Dellori	2 .	Prof. Schmitthenner	3 .	Giebeler
	Quaas	2 .	Prof. Kautsky	1	
	Regele	2 .			
4	Dr Hoffmann	2 .	Frau Dorn	2 .	Dr Goerdeler + Illne
	Breuing	2 .	Frl Wartner	2 .	
	Wirth	2 .			
5	Dr Kaiser	2 .	Prof Schiller	2 .	" "
	Lerpe	2 .	~~Prof. Hempelmann~~ Frl Fretzdorff	2 .	
	Ullmann	2			
6	Dr Langweiler	2 .	Prof. Kröger	2 .	" " Frl. Dr Reimann
	Dr Schultz	2 .	~~Frl. Pfeil~~	2 .	
	König	2 .			
	Dr Müller	2 .	Prof. Hempelmann ~~Frl Fretzdorff~~	2 .	Hartmann
7	Dr Junghähnel	2	Frau Müller	[illegible]	

Abbildung 50
Einteilung der deportierten Wissenschaftler in „Holzfällergruppen" unter ihnen Erich Strack, Heinrich Carlsohn, Franz Hein, Kurt Mittag, Heinrich Schmitthenner, Hans Kautsky, Frl. Fretzdorf, Martin Kröger, Dr. Goerdeler.

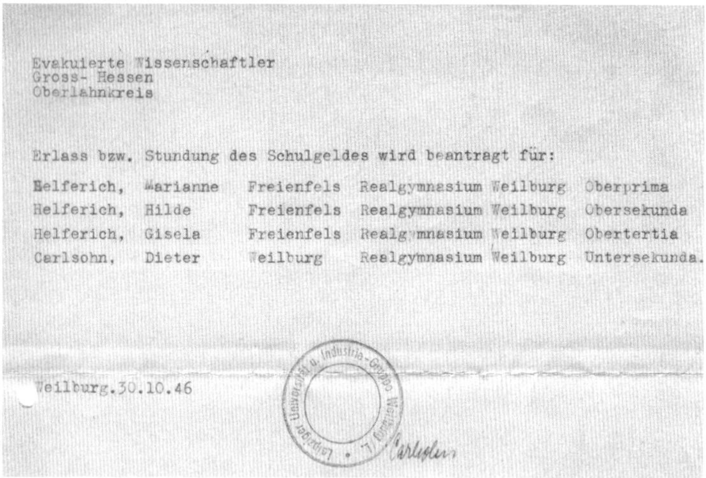

Evakuierte Wissenschaftler
Gross- Hessen
Oberlahnkreis

Erlass bzw. Stundung des Schulgeldes wird beantragt für:

Helferich,	Marianne	Freienfels	Realgymnasium Weilburg	Oberprima
Helferich,	Hilde	Freienfels	Realgymnasium Weilburg	Obersekunda
Helferich,	Gisela	Freienfels	Realgymnasium Weilburg	Obertertia
Carlsohn,	Dieter	Weilburg	Realgymnasium Weilburg	Untersekunda.

Weilburg.30.10.46

Carlsohn

Abbildung 51
Antrag auf Schulgelderlass für die Kinder der Familien Carlsohn und Helferich in Weilburg/L.

Natürlich war das Hauptproblem für alle zu lösen, wie es beruflich und privat weitergehen würde. Zunächst wurde von vielen der Verbliebenen eine Rückkehr nach Leipzig in Erwägung gezogen, zumal sich die Leipziger Nachkriegs-Rektoren, der Archäologe Bernhard Schweitzer (1892 bis 1966) in der Amtszeit vom 16.5.1945 bis 5.1.1946, der Philosoph Georg Gadamer (1900 bis 2002) in der Amtszeit vom 21.1.1946 bis 30.10.1947[76b] und der Jurist Erwin Jacobi (1884 bis 1965) in der Amtszeit vom 31.10.1947 bis 30.10.1948 für ihre Rückkehr einsetzten. So wurden im August 1945 Anträge an den Stadtkommandanten, Generalleutnant Trufanow und im November 1945 an die deutsche Zentralverwaltung in Dresden auf Rückführung gestellt. Auch die Landesregierung Sachsen war an der Rückkehr interessiert, so wurde etwa Bonhoeffer noch im November 1946 angeregt, anlässlich einer Dienstreise nach Göttingen diesbezüglich Kontakt mit den „exilierten Herren" aufzunehmen. Die Rückkehr war aber deshalb nicht unproblematisch, weil man wusste, dass auch von den sowjetischen Besatzungstruppen Zwangsumsiedlungen in Richtung Osten erfolgt waren und die Gefahr bestand, bei der Rückkehr erneut erfasst und deportiert zu werden. Ein anderer Grund zur Besorgnis bestand darin[76b], dass die strikt erfolgte und andauernde Entnazifizierung in der sowjetischen Besatzungszone bei der Rückkehr für einige die Entlassung bedeutet hätte, da die Mitgliedschaft in der NSDAP oder ein systemnahes Verhalten ein Entlassungsgrund war. Tatsächlich war einigen der Weilburger Exilanten dann auch bereits während ihres dortigen Aufenthaltes von der Universität Leipzig die Entlassung aus dem Universitätsdienst übermittelt worden. Außerdem scheuten sich manche, entgegen dem amerikanischen Befehl, der sie festhielt, die Zonengrenze zu überschreiten. Diese Unsicherheit bewog dazu, sich entweder nach einer Stelle an einer Universität oder in der Industrie in den westlichen Besatzungszonen umzusehen oder zu versuchen, offiziell und mit einer gewissen Sicherheitsgarantie versehen zurückzukehren. Nur Wolf war es gelungen, am 2. Oktober 1945 nach Leipzig zurückzukehren. Deshalb gingen Anfragen zur Ausstellung von Entlastungspapieren und zur Rückkehr an ihn und sogar an den lange emeritierten Rassow, wie sich an der Übersendung solcher Schreiben an Carlsohn im Frühjahr 1946 belegen lässt[66]. Es existiert ein Brief von Dekan Bonhoeffer an den Rektor vom 18.6.1946, aus dem hervorgeht, dass die Herren Scheiber und Carlsohn entlassen worden seien[75]. Letztlich kehrten von den genannten Chemie-Professoren nur Strack und Wolf (beide nach Leipzig) sowie Hein (nach Jena) dauerhaft zurück. Helferich hatte seine Rückkehr lange Zeit bis zur Kenntnis über seine Ernennung am 16.1.1948 auf einen Lehrstuhl an der Universität Bonn offengehalten, ehe er dies am selben Tag in einem offiziellen Schreiben, versehen mit dem Briefkopf des Chemischen Instituts der Universität Bonn, dem Dekan der Mathematisch-naturwissenschaftlichen Abteilung der Philosophischen Fakultät der Universität Leipzig, dem Mathematiker Ernst Hölder, mitteilte. Bis dahin hatte er sich, wie er schrieb, als Mitglied der Leipziger Fakultät gefühlt[91]. Im übrigen waren ihm zuvor mehrere Gesuche zur Erteilung eines Interzonenscheins für eine Fahrt nach Leipzig zu bekommen, von den Amerikanern abschlägig beschieden worden. Kautsky wurde Professor an der Universität Marburg. Auch Schmitthenner erhielt am 1.8.1946 eine ordentliche Professur an der Universität Marburg. Carlsohn ging in die Industrie nach Wupperthal-Barmen und arbeitete dort in der Lack-Fabrik Dr. Kurt Hernberts & Co. Martin Kröger, der sich in der NS-Zeit mehr als andere systemnah positioniert und als Denunziant agiert hatte[26], arbeitete zunächst als freier beratender Forscher und spezialisierte sich auf dem Gebiet der Synthesegase und der großtechnischen Gewinnung von Cyclopentadien, zusammen mit der Heinrich Coppers GmbH in Essen. Scheumann wurde wie Helferich Professor an der Universität Bonn.

Der Neubeginn

Die Universität Leipzig wurde am 5. Februar 1946 offiziell wieder eröffnet. Anlässlich der Wiederaufnahme des Chemiestudiums hielt L. Wolf die hier ungekürzt wiedergegebene beeindruckende Rede[92]:

„Damit ist der Vorhang nunmehr auch bei uns aufgegangen, und ich darf Sie hiermit im Chemischen Laboratorium der Universität zu Beginn des ersten Semesters in neuer Zeit aufs herzlichste willkommen heißen, zu einem gemeinsamen Studium. Lassen Sie uns dankbar sein, dass wir uns hier zusammenfinden können. Das Bombenrauschen rings um diesen alten Hörsaal ist verklungen, und es sind andere Klänge in Ruf und Antwort, denen wir unsere Aufmerksamkeit schenken dürfen und widmen wollen. Dieses Institut, das ehemalige Laboratorium für angewandte Chemie, ist leidlich verschont geblieben in dem Inferno jener grauenvollen Experimentalchemie des Kriegs, jener gegen Menschenwohl angewandten Chemie, jener gegen Menschenwohl aufgepeitschten chemischen Kräfte, die von Verblendeten entfesselt sich schliesslich wild genug auch in den Mauern unserer Stadt ausgetobt haben. Der stille Experimentiertisch wartet nun wieder auf ein gezügeltes Element, auf eine massvolle Antwort der chemischen Kräfte auf massvolle Fragen zur Erweiterung und Vertiefung unserer Erkenntnisse.

Das sogenannte I. Chemische Laboratorium der Universität in der Liebigstrasse ist im wesentlichen Ruine, nur mehr vier oder fünf kleine Räume sind benutzbar. Noch stärker verwüstet ist das Physikalisch-chemische Institut in der Linnéstrasse. So ist denn die ganze Chemie: die anorganische, die organische, die physikalische Chemie und die chemische Technologie in diesem Hause zusammengezogen, und Schmalhans ist auch hier Küchenmeister in all unseren Laboratoriumsräumen geworden; er braucht es darum nicht auch in unseren Köpfen zu sein. Wir hoffen auch, dass es nicht schwer fallen wird, uns hier so eng beieinander einzurichten: Wir wohnen hier ja seit alters her in der Brüderstrasse. Aber wir teilen mit ihnen, ja, wir wägen sogar ab, und erwarten zu jedem das volle Gewicht. Und denken wir, wenn wir beginnen, ein wenig an die Widerstände und Unbeirrbarkeit, die Justus von Liebig fand, einer der Grössten in der Chemie, bis er 1826/27 in einem alten Giessener Wachtlokal das erste chemische Unterrichtslaboratorium ins Dasein rief.

Lassen Sie uns in diesen Räumen vergessen, was uns alle an Bitterem über die Vergangenheit bewegen mag! Die Verwandtschaft, die chemische Verwandtschaft, ist ein fundamentaler Begriff, eine beherrschende Grösse in der Welt der chemischen Vorgänge, deren exakter Festlegung Jahrzehnte der Forschung gegolten haben – die affinitas, attractio electiva, der alte Grundsteinleger unseres Faches, wie die Alten die chemische Triebkraft nannten – lassen Sie uns beim Studium in der Pflege der Wissenschaft, auch unsere Verwandtschaft, die menschlichen Verwandtschaften entdecken und recht frei werden von all dem, was Menschen einander Feind machen kann, finden und entdecken, was uns einander nahe bringt. Wenn uns die Naturerkenntnis hierzu verhilft, dann wird die Wissenschaft alle Zeit der Menschheit helfen können; dann kann unser Studium auch heute ein frohes und zuversichtliches sein, dann braucht in den kühlen, ja oft eisigen Zonen der strengen wissenschaftlichen Bemühungen auch das Herz nicht zu erstarren.

Wir sind froh, Sie begrüssen zu dürfen. Seien Sie, wenn Sie hier eintreten, eingedenk, dass, in dem Rahmen und in dem Umfange, in dem Sie hier Chemie studieren können, dies zur Zeit an keiner anderen deutschen Hochschule möglich ist. Dass wir in diesem Institut wieder ans Werk gehen können, danken wir der besonderen Unterstützung der sowjetrussischen Militäradministration. Danken möchte ich heute aber auch allen Institutsangehörigen und nicht zuletzt unseren rührigen Handwerkern, die während der letzten Monate von früh bis abends geschuftet haben, nicht um das Institut auf Schönheit der Arbeit zu frisieren, sondern um Ihnen und uns einen bescheidenen aber brauchbaren Arbeitsplatz zurechtzumachen. Das wird auch Ihrer Hände Hilfe noch zuweilen bedürfen. In dem Roman mit dem wahrhaft chemischen Titel: „Die Wahlverwandtschaften" spricht Goethe: „Wir blicken so gern in die Zukunft, weil wir das Ungefähre, das sich in ihr hin und her bewegt, so gern zu unserem Gunsten heranleiten möchten". Nun, einen ganz klaren Blick können wir weit voraus in die Zukunft werfen:

Dasjenige nämlich, was sich gewaltig in ihr hin- und herbewegt und bewegen wird, wird die Arbeit sein; möchten wir diese zu unseren Gunsten heranleiten können; in diesem Institut trägt sie den Namen die Chemie und an diese wollen wir uns ohne weitere Umschweife begeben."

Authentisch lassen sich die vorangegangene und andauernde Aufbauphase der chemischen Laboratorien und die damit verbundenen Schwierigkeiten anhand der hier wiedergegebenen Auszüge aus Originaldokumenten einigermaßen nachvollziehen. In einem Schreiben vom vertretungsweise als Direktor des Chemischen Laboratoriums zeichnenden Wolf an den Dekan, datiert am 10.1.1947, heißt es auszugsweise wörtlich[93]:

„Das Chemische Laboratorium der Universität Leipzig, C1, Liebigstraße 18, wurde durch den Luftangriff am 4. XII. 43 sehr schwer getroffen und brannte in seinen wesentlichen Teilen aus. Wenige kleine Arbeitsräume, Werkstatt und Chemikalienlager blieben erhalten und sind nach genügender Isolierung gegen Witterungseinflüsse auch in Zukunft benutzbar. An einen Neuaufbau des Institutes ist zur Zeit nicht gedacht.

Der Institutsbetrieb des Chemischen Laboratoriums siedelte nach dem 4. XII. 43 in das Institutsgrundstück Brüderstraße 34, Erdgeschoss, über, welches seit 1930 bereits die Abteilung für Chemische Technologie des Chemischen Laboratoriums beherbergte, obwohl auch dieses Grundstück (das alte „Institut für Angewandte Chemie") am 4. XII. 43 beträchtliche Verwüstungen erlitten hatte. Auch in dem neuen Quartier hat das Chemische Laboratorium späterhin noch (27. II. und 6. IV.45) durch Luftangriffe z. T. erheblichen Materialschaden erlitten. Der Wiederaufbau und die Instandsetzung nach der Besetzung Leipzigs durch die Amerikaner am 18. IV. 45 unverzüglich begonnen, kann zur Zeit etwa als abgeschlossen gelten. Alle Laboratoriumsräume nebst grossem Hörsaal sind überholt und für Unterricht und Forschung wieder recht brauchbar geworden. Seit der Wiedereröffnung der Universität am 12. II. 46 konnten die Vorlesungen und Uebungen in dem früheren Umfange wieder aufgenommen werden.

Als vornehmlichste Aufgabe wird im Chemischen Laboratorium der Universität Leipzig derzeit der Unterricht behandelt, und zwar werden folgende Uebungen und Vorlesungen abgehalten:

Experimentalchemie I und II, Spezielle organische Chemie, Spezielle anorganische Chemie, Chemische Technologie, Anorganisch-chemisches Praktikum, Organisch-chemisches Praktikum, Chemisches Praktikum für Studierende der Medizin, Zahn-und Veterinärmedizin, Forst- und Landwirtschaft,

Agrikulturchemisches Praktikum, Praktikum in Tüpfelanalyse, Technologische Besichtigungen, Chemisches Kolloquium.

Derzeitiger wissenschaftlicher Personalstand: 1 apl. Professor der Chemie, 1 Dozent für Chemie, 1 Lehrbeauftragter, 10 Assistenten.

Obwohl der Büchereibestand am 4. XII. 43 durch Feuer beträchtliche Einbuße erlitten hat, ist der Zeitschriftenanteil erfreulicherweise weitgehend erhalten geblieben. Neuerwerbungen, insb. Monographien, Hand- und Lehrbücher erfolgen laufend."

Bezüglich des Büchereibestandes war in Beantwortung einer Aufforderung durch den Rektor vom 27.10.1945 und 23.11.1945 von „Prof. Leopold Wolf für den Direktor des Chemischen Laboratoriums der Universität Leipzig" dem Dekan im Dezember 1945 mitgeteilt worden: „Im Chemischen Laboratorium der Universität Leipzig, Brüderstraße 34, befindet sich kein nazistisches Schrifttum"[94, Bl. 14]. Neben den personellen und materiellen Problemen gab es also auch solche immateriellen zu beachten. Nazistisches Schrifttum sollte auf Grund einer von der Sowjetischen Militäradministration erteilten Genehmigung an die Universitätsbibliothek abgeliefert und dort unter Verschluss genommen werden.

Der verbliebene Personalbestand war nach der am 22./25. Juni 1945 erfolgten Verbringung der Professoren sowie der wissenschaftlichen und technischen Mitarbeiter nach Weilburg am 27.6.1945 ermittelt worden[95, Bl. 58] (Wiedergabe von Namen und Angestelltenverhältnis ungekürzt, d. A.):

Physikalische Chemie: Dipl.-Chem. Hans-Günter Langhammer, wiss. Ass. (z. Z. Döbeln); Dipl.-Chem. Vera Haase, wiss. Hilfskraft; Gotthardt Winkler, Amtstechniker; Erich Schröder, Laborant (vorübergehend dem Pharmakol. Institut zugeteilt); Helmut Hesse, Heizer; Fritz Neumann, Mechanikerlehrling; Lothar Lindner, Mechanikerlehrling; Charlotte Helle, Schreibkraft; Frau Müller, Reinigungsfrau; Frau Keil, Reinigungsfrau; Dr. Hoyer, Erlbach i. Vogtl., Forststr. 24 ((handschriftlich angefügt))

Anorganische und organische Chemie: Frl. Dr. Hase, wiss. Ass. (z. Z. in Oschatz); Dr. Zedlitz, wiss. Ass. (z. Z. beurlaubt nach Eschwege); Dr. Didaskali, wiss. Ass. (Grieche, z. Z. beurlaubt); Dr. Frank, wiss. Ass. (z. Z. Soldat); Dipl.-Chem. Lotichius, wiss. Ass. (z. Z. in Seelitz bei Rochlitz); Dipl.-Chem. Reimann, Vertreter einer wiss. Assistentenstelle; Frl. Schlegel, wiss. Hilfskraft; Frl. Hirn, wiss. Hilfskraft; Frl. Schneider, wiss. Hilfskraft; Frau Wenger, Hilfsarbeiterin; Frau Bauer, Kanzleiangestellte, 1/2 tägig; Frl. Valär, Kanzleiangestellte, 1/2 tägig bei Prof. Carlsohn; Frl. Winkler, Laborantin; Trültzsch, Laborant; Schönbach, Laborant; Berger, Obermechaniker-Meister; Martin, Laborant; Jochen Schaffenger, Laborantenlehrling; Frau Grieske, Reinigungsfrau; Frau Illing, Reinigungsfrau; Frau Polland, Reinigungsfrau; Frl. Rudolf

Chemische Technologie: Dipl.-Chem. Heinrichs, wiss. Ass. (z. Z. beurlaubt); Dipl.-Chem. Zaphiroff, wiss. Ass. (Bulgare); Frl. Kalch, Kanzleiangestellte 1/2 tägig; Frau Schönherr, Reinigungsfrau

Mineralogie: Stud. Rat Stein, z. Z. Leiter des Institutes; Dr. Schüller, wiss. Ass. (z. Z. in Klingenthal); John, Zeichner; Frl. Schöppe, chem.-techn. Ass.; Frl. Funk, Verw.-Sekretärin; Schüler, Institutsgehilfe; Nagel, Institutsgehilfe; Frau Stieler, Reinigungsfrau

Geologie und Paläontologie: Frl. Heitmann, Verw.-Sekretärin; Frl. Börner, Reinigungsfrau; Frau Lindner, Reinigungsfrau; Dr. Ackermann, wiss. Ass. (z. Z. Soldat); Dr. Matthes, wiss. Ass. (z. Z. Soldat)"

Zu diesem Zeitpunkt war kein einziger Hochschullehrer der Chemie und Mineralogie mehr im Personalbestand. Die meisten der aufgeführten wissenschaftlichen Assistenten befanden sich entweder in Kriegsgefangenschaft (z. Z. Soldat) oder außerhalb Leipzigs. Verblieben waren wissenschaftliche Hilfskräfte, Sekretärinnen sowie Hilfs- und Reinigungspersonal. Aus der Erinnerung verfasste fünf Jahre später H. Reimann einen handschriftlich unterzeichneten Bericht über die Situation im Jahre 1945[79]:

„Am 1. August 1945 übernahm ich den Posten eines Verwaltungsassistenten am Chemischen Laboratorium. Es herrschten dort damals chaotische Zustände. Sämtliche Professoren waren durch die Amerikaner abtransportiert worden. Fast das ganze übrige wissenschaftliche Personal hatte gleichzeitig das Institut verlassen. Weiter befand sich das gesamte Chemische Laboratorium in der Brüderstrasse 34, wo sich vorher nur die Technologische Abteilung des Chemischen Laboratoriums befunden hatte, in einem trostlosen Zustand. Durch Bombenschaden schwer mitgenommen, war das Institut fast völlig unbrauchbar. Es gelang mir innerhalb kurzer Zeit, die uns zur Verfügung stehenden Räume bis zum Einbruch des Winters wetterfest zu machen. Es glückte mir 100 qm Fensterglas zu kaufen, die ausreichten den Hörsaal, die Arbeitssäle, die Bücherei und verschiedene Laboratorien zu verglasen. Durch Hinzuziehung einer Tischlerei wurden die Türen schliessbar und die Arbeitstische in Ordnung gebracht. Die Chemische Bücherei war zum grossen Teil vernichtet worden, ein Teil der Bücher war in feuchten Kellern ausgelagert gewesen, sämtliche Bände wurden im 2. Stockwerk im Gebäude Angewandte Chemie mit der Bücherei des Pharmazeutischen Institutes vereinigt. Es hiess nun Regale heranschaffen, dieses alles wurde erreicht, ohne dass es dem Staat viel Geld kostete.

In den Trümmern (Liebigstr. 18) wurden alle Sachen herausgeholt. So wurden dort Labortische, Abzüge, Ausgussbecken, Armaturen und vieles Andere sichergestellt. Alles Holz, was als Nutzholz Verwendung finden konnte, wurde unter Verschluss gebracht. Der Einbau dieser Sachen in die Räume des Erd- und Kellergeschosses in der Brüderstrasse 34 konnte daraufhin erst erfolgen, denn viele Kellerräume waren leer und konnten nunmehr ausgebaut werden. Ferner wurden die Räume des Erdgeschosses, die dem einsetzenden Strom der Studierenden nicht mehr gewachsen waren, durch Einbauen von weiteren Labortischen in ihrer Arbeitskapazität erweitert. So wurden in folgenden Räumen zusätzliche Arbeitsmöglichkeiten geschaffen: Zimmer Nr. 14, Nr. 15, Nr. 41, Nr. 42, Nr. 43, Nr. 44, Nr. 63a, Nr. 68, Nr. 69 und Nr. 74. In der schwersten Zeit wurden Chemikalien, Säuren, Laugen und Lösungsmittel herangeschafft (viele Restbestände der Firmen Merck und Schering aufgekauft). Die Vermehrung der Sitzgelegenheiten im grossen Hörsaal war nur möglich durch den Einbau von sichergestelltem Hörsaalgestühl. Wertvolle Kupferleitungen wurden seit 1945 aufbewahrt, zum Teil wurden diese Leitungen in der Brüderstrasse zur Verstärkung und Vermehrung des dort unzureichenden Stromnetzes (Einbau von Wechselstrom) wieder verwandt. Ein grosser Teil des Kupferkabels konnte jetzt dem Neubauamt der Universität zur Verfügung gestellt werden Zwei wertvolle Bronzereliefs (Prof. Kolbe und Prof. Hantzsch) wurden gleichfalls gerettet (Während das Bronzerelief von Arthur Hantzsch erhalten geblieben ist, konnte bisher über den Verbleib des erwähnten Bronzereliefs von Hermann Kolbe nichts ermittelt werden, d. A.) . Auch altes Bleirohr ist noch vorhanden, eine grosse Menge davon ist in den Jahren 1945–1949 beim Bau der oben erwähnten Labortische wieder mit verbraucht worden. Ca. 30 Kleiderspinde sind ebenfalls nach Durchreparatur ihrer ursprünglichen Verwendung wieder zugeführt worden. Viele Abzüge sind in der Brüderstrasse neu eingebaut worden, die aus den Trümmern des alten Institutes geborgen worden waren.

Seit Beginn des Wiederaufbaues des Chemischen Laboratoriums in der Liebigstr. bin ich massgeblich an der Entwerfung der Pläne und deren Verwirklichung beteiligt. Ich habe meine ganze Kraft eingesetzt, damit Leipzig wieder eines der modernsten chemischen Institute in ganz Deutschland erhält. Es ist mir eine grosse Genugtuung an leitender Stelle, dieses Wiedererstehen des Gebäudes mit zu erleben."

Keine Erwähnung zum Verbleib oder zur Rückführung finden in diesem Bericht die im Schreiben des Direktors der Staatlichen Versuchs- und Forschungsanstalt für Tierernährung Möckern[85] vom 12.7.1945 genannten dort eingelagerten und dem I. Chemischen Laboratorium (Carlsohn, Anorganisch-analytisches Praktikum) gehörenden Glasgeräte und Chemikalien.

Das Physikalisch-chemische Institut in der Linnéstraße war in einem 20-minütigen Angriff am 4.12.1943, in den Angriffen 1944 und besonders schwer am 6.4.1945 getroffen und wie das benachbarte Physikalische Institut[83, S.62] im Inferno weitgehend untergegangen. Dazu heißt es in einem Briefbericht der im Physikalischen Institut wohnhaften Augenzeugen und ersten Katastrophenhelfer, des Physikers Robert Döpel und seiner Frau, der Physikerin K. Döpel (die später bei dem Luftangriff am 6.4.1945 unter den Trümmern des Physikalischen Instituts begraben wurde, d. A.), vom 12.12.1943 an Werner Heisenberg (1901–1976; Kopie in[83, S.139]): „Praktisch vollkommen zerstört ist das Chemische Institut (Liebigstraße 18, d. A.), doch sollen die Vorlesungen im Chemisch Technischen Institut weiter geführt werden ... das Physikalisch Chemische ist höchstens im Sockelgeschoss und einigen Teilen des Erdgeschosses brauchbar" Das Physikalisch-chemische Institut musste also ebenfalls zeitweise in der Brüderstraße 34, und zwar in der 2. Etage, untergebracht werden. Dort begannen im Frühjahr 1946 sieben Studenten ihr physikalisch-chemisches Praktikum, und Heinz Gerischer, Walther Jaenicke und Günter Langhammer promovierten bei Bonhoeffer im gleichen Jahr. Aus der Rückbesinnung im Jahre 1986 schrieb der Feinmechanikermeister Heinz Kaluscha über die damalige Situation[77]:

„Wie sah nun die damalige Lage aus: Das Gebäude in der Linnéstraße war weitgehend zerstört. Benutzbar waren nur die Räume im Erdgeschoß, die Kellerräume samt Heizung, die Hausmeisterwohnung. Während meines Wissens die Vorlesungen bereits im Herbst 1945 begannen, im großen Hörsaal in der Brüderstraße, hatten wir die Aufgabe, möglichst viele Geräte wieder verwendbar zu machen. Diese befanden sich im Keller in großen Schränken. Allerdings würden heute die meisten Geräte von damals gerade für ein Instrumentenmuseum gut genug sein. Zum Teil standen noch Geräte herum, wie Widerstände, Galvanometer, Kalorimeter etc., die noch aus Ostwalds Zeiten stammten. Man hätte eigentlich einige Geräte aufheben sollen. Aber wo gibt es eine solche Weitsicht. Im Spätherbst 1946 verlies Prof. Bonhoeffer Leipzig und ging nach Berlin. Seine Vertretung übernahm Dr. Franck, auch Dr. Peter schied aus. Um die gleiche Zeit verstarb Herr Winkler (der vordem tätige Mechanikermeister, d. A.). Ich bewarb mich um seine Stelle und erhielt sie. Meine Tätigkeit bestand nun darin, möglichst rasch neue Geräte zu beschaffen. Es trat der paradoxe Zustand ein, dass zwar Geld vorhanden war, aber Geräte gab es keine. Mitunter gab es einen ‚Volksauflauf', wenn eine neue Analysenwaage oder gar ein Quarzspektrograph ankamen. Inzwischen kehrten auch die ausgelagerten Bücher wieder zurück. Sie waren in Döbeln und teilweise im Völkerschlacht-Denkmal eingelagert gewesen. Ich hatte nun die für mich ungewohnte Aufgabe, eine wissenschaftliche Bibliothek einzurichten, zunächst in der Brüderstraße, später in der Linnéstraße. In der Brüderstraße, Eingang Stephanstraße, befand sich unser Institut im zweiten Stock; im ersten Stock arbeiteten die Pharmazeuten, im Erdgeschoß die Chemiker. Wie ich schon erwähnte, wurde mit Fleiß alles Brauchbare wieder arbeitsfähig gemacht und die Räume in der Brüderstraße für wissenschaftliche Mitarbeiter sowie für ein Praktikum eingerichtet. Dabei musste vieles improvisiert werden, weil es mit vielen kleinen Materialien im Argen lag. Alles aufzuzählen wäre nutzlos. Es kann nur rückblickend gesagt werden. Wir schafften es. Zwei Ereignisse aus jenen Tagen finde ich erwähnenswert. Etwa Mitte 1946 erschien ein Herr bei mir, namens Prof. Böttcher, vormals Oberassistent bei Prof. Bonhoeffer. Er brachte im Auftrage von Prof. Bonhoeffer die Platinbestände aus Hannover zurück, die er (Prof. Böttcher) sicher gestellt hatte. Das waren Platingeräte im Gewicht von etwa 800 g. Die andere Sache: Es erschienen zwei sowjetische Offiziere, die wissen wollten, wo sich der Behälter mit dem schweren Wasser befände. Kein Mensch im Institut wusste davon. Nach einigen Tagen kehrten die Offiziere zurück in Begleitung eines Herrn Dr. Geib aus Leuna. Dieser führte uns in den Keller unter der ehemaligen Villa (Linnéstraße 2, d. A.). Hier stand eine Art Benzintonne. Die Offiziere entnahmen eine Probe. Nach einigen Tagen erschienen einige Soldaten mit einem LKW und schafften die Tonne weg. Es muß sich also doch um schweres Wasser gehandelt haben. Noch eins finde ich erwähnenswert. In der Zeit des Aufbauens und Improvisierens herrschte im PCI ein sehr gutes kollegiales Verhältnis. Ohne Murren wurde da und dort angepackt. Unsere Aufräumarbeiten in der Linnéstraße waren natürlich nur relativ gering. Als dann von Seiten der Stadt überall mit Eifer an die Beseitigung der Trümmer gegangen wurde, kamen auch die Trümmerbahn und der Bagger zur Linnéstraße, sodaß hier schnell aufgeräumt werden konnte. Meines Wissens war auch das PCI das erste Institut, welches wieder aufgebaut wurde. Das war auch dringend notwendig, denn inzwischen waren die ersten Engpässe überwunden, Praktikanten und Diplomanden drängten zum Institut, sodaß der Wiederaufbau in der Linnéstraße zur rechten Zeit kam. Dies geschah im Jahre 1950."

1946 verzeichnete das zentrale Universitätsregister[96a] 107 Immatrikulationen von Chemiestudenten, darunter 23 von solchen, die schon vor 1945 an der Universität Leipzig eingeschrieben waren und insgesamt 31 Chemiestudentinnen. Zum Immatrikulationsjahrgang 1946 gehörten u. a. Hans-Joachim Bittrich, Helmut Dorn, Margarete Hirn, Joachim Liebig, Hans Lohmann, Werner Schroth, Kurt Stürzer und Leberecht Weichsel. Von diesen ersten 107 beendeten 20 im Jahre 1949, 37 im Jahre 1950 und 25 im Jahre 1951 das Chemiestudium (eingetragene Exmatrikulation). 1951 verzeichnete die zentrale Statistik[96b] der Universität bereits 382 Chemiestudenten, davon 57 im Lehrerstudium Chemie-Biologie.

Die Situation im Chemiestudium zwischen 1948 und 1951 beschrieb Egon Uhlig sehr detailliert in seinen „Erinnerungen"[80]. Einige Passagen seien hier ungekürzt wiedergegeben, um die damaligen fachlichen Anforderungen und die Arbeitsbedingungen authentisch zu verdeutlichen: „Die Studienbewerbung für die Universität Leipzig (ein guter Sachse ging an seine Landesuniversität) war lange abgeschickt ... Endlich im Oktober kam telegraphisch der endgültige Zulassungsbescheid [...] Die Formalitäten waren schnell erledigt. Ich erhielt den Studienausweis und eine Aufenthaltsgenehmigung für Leipzig [...] In der anorganischen Chemie fand die Zuweisung der Praktikumsplätze statt. Der meine befand sich im ‚Saal VI' in der Brüderstraße [...] Die wichtigsten Vorlesungen im 1. Semester waren – Anorganische Chemie (5-stündig an vier Tagen) bei Leopold Wolf. Ich sah ihn erstmals bei der Praktikumseinweisung. Er fiel mir gleich durch sein von Oberlungwitz her eingefärbtes Sächsisch auf und durch den gelbbraunen Kalfaktermantel, den er später nie mehr trug. – Experimentalphysik bei Waldemar Ilberg (5-stündig an vier Tagen, das Beste für einen Studenten, der Physik als Nebenfach zu betreiben hatte). – Einführung in die Mathematik für Naturwissenschaftler (3 Stunden) bei Dr. Estel. Er war gelernter Physiker, hatte schon an einer Oberschule unterrichtet und blieb daher einem gutwilligen und strebsamen Chemiker verständlich. – Struktur der Materie bei Christian Fischer (2 Stunden) [...] Das Chemiestudium war 1948 in der sowjetischen Besatzungszone offiziell noch nicht zugelassen. Eigentlich hätten wir nur Lehrer werden dürfen und daher pädagogische Vorlesungen besuchen müssen [...] Wir taten es nicht und das war richtig. 1949 wurde nämlich das Chemiestudium mit dem Diplomabschluss wieder hoffähig. Chemie zu studieren hieß schon immer, kontinuierlich Leistungen zu erbringen, vor allem auf experimentellem Gebiet. An den Anfang war das gnadenlose Sieb der qualitativen und quantitativen Analysen gestellt, in Leipzig mit 38 qualitativen Analysen ausgestattet, davon 8 Gesamtanalysen und als Abschluss die K8, die in 8 Stunden zu absolvieren war, die Toleranz lag bei einem Fehler. Dem folgten fünf gravimetrische Einfachbestimmungen, 4 Zweifachtrennungen, 1 Dreifachtrennung, zahlreiche Titrationen und die Analyse eines Gesteins und einer Legierung. Wenn man von den letzten beiden Aufgaben absieht, betrug die Fehlergrenze 1%. Wir erhielten nur eine Probe, eigentlich analytischen Gepflogenheiten widersprechend. Ich erinnere mich, dass an der Dreifachbestimmung Studenten ein Jahr lang gefriemelt haben [...] Die Analysen und die Gattermänner waren das Pflichtprogramm; die Physikversuche (immerhin 50!) und die Versuche zur Physikalischen Chemie notwendiges Beiwerk [...] Der experimentelle Schraubstock veranlasste mich, täglich von 10.00 Uhr bis 17.00 Uhr im Praktikum zu stehen [...] 17.00 Uhr verließ ich eiligst das Labor. [...] hatte Kartoffeln gekocht. Die aß ich mit wenig Beilage, soviel eben die Schwerarbeiterkarte hergab. Studenten waren per definitum ‚Schwerarbeiter' (In diesem Zusammenhang ist zu erwähnen, dass Wilhelm Treibs am 18.12.1947 den Antrag auf eine Schwerarbeiterkarte an den Dekan u. a. mit der Begründung stellte, dass „ die ja heute meinen jüngsten Studenten mit einem Bruchteil an geistiger und körperlicher Arbeit im Vergleich zur meinigen gewährt wird."[74, Bl. 132]) Dann hüllte ich mich in die braune, schillernde Decke ein, die einst auf meinem Kinderwagen gelegen hatte. Diese Vorkehrung war bitter nötig; ich heizte auch im Winter an Wochentagen nicht. Bis 22.00 Uhr kniete ich mich in den Vorlesungsstoff hinein und schrieb ihn in verständlicher Form nieder. Besonders wichtig war das im Falle der physikalischen Chemie [...] Der Abzug in unserem ‚Saal VI' wurde, wie in allen anderen Labors [...] in der Brüderstraße, mit einer Lockflamme betrieben, und der Zug hätte besser sein können. Als wir dann qualitativ analysierten und vor jeder neuen Tat mit konzentrierter Schwefelsäure abzurauchen pflegten – dabei sehnlichst hoffend, es möge sich kein Molybdänblau zeigen – da stand, selbst wenn wir die Abzugsfenster geschlossen hielten, ein leichter weißer, scharf riechender Nebel im Raum und darüber hinaus [...] Mittlerweile waren wir in den Saal III umgezogen, den Rundbau, ein heller Raum, dicht mit Studenten belegt. Dem Saal III war ein kleiner Raum angefügt, der Wurmfortsatz. Besser konnte man die räumlichen Verhältnisse eigentlich nicht beschreiben. 1949/50 hieß aber dieser Raum vorübergehend ‚Kreml'. [...] Im Januar 1950 begann ich mit den Mühen der Gravimetrie. Zuerst musste auf irgendeinem Wege eine Porzellanfritte (Royal Berlin) besorgt werden; bei uns gab es nur Glasfritten (Schott, Jena). Damit konnte selbst Geue in jenem Keller einer Ruine in der Hohen Straße, der sonst alles für präparative und analytische Chemie parat hatte, nicht dienen [...] Ich bin an der Zweifachtrennung Pb^{2+}/Mn^{2+} fast verzweifelt (Eberhard Hoyer ging es ähnlich mit der Trennung Pb^{2+}/ Fe^{3+}/Ba^{2+}, d. A.) und wollte ob meiner experimentellen Unfähigkeit Lehrer werden [...] Aber alle Mühen haben ein Ende, auch in der Ebene. Ich konnte nun präparative Chemie betreiben, zunächst 10 anorganische Präparate bei Günter Schott, dann 20 Gattermänner bei Gottfried Franke. Es war dies eigentlich die schönste Zeit im Studium. Man wusste, es geht voran, und es war Frühlingszeit".

Einige Studenten des Immatrikulationsjahrgangs 1948 – Hans Röder, Helmut Wagner, Günter Heinze, Rudolf Münze, Dieter Naumann, Ralph Stöhr und Günter Opel – lösten für sich das Problem der beengten Praktikumsplätze im Anorganisch-analytischen Grundpraktikum in der Brüderstraße 34 dadurch, dass sie mit Unterstützung durch die Kreisleitung der Freien Deutschen Jugend (FDJ) im Kellergeschoss des Hinterhauses der Färberstraße 13 (Nähe Waldplatz) drei ehemals als Waschküche benutzte Räume als Labor einrichteten, das als „FDJ-Labor" bezeichnet wurde[81]. Eine Trennwand riss man heraus, Wasser- und Gasleitungen sowie Arbeitstische wurden mit Hilfe eines Klempners notdürftig installiert und Glasgeräte organisiert. Einen Abzug gab es nicht. Das Abrauchen mit Schwefelsäure geschah vor dem Fenster, und der Kippsche Apparat wurde im Vorraum betätigt. Das destillierte Wasser wurde nach der Vorlesung jeden Tag in die Färberstraße mitgenommen. Anfangs gab es gegen den improvisierten Labor-

Abbildung 52
Die 1950 verhafteten und deportierten Chemiestudenten Otto Bachmann, Rolf Grünberger, Günther Herrmann, Karl Mirtschischk, Hans-Dieter Scharf (v. l.)

betrieb Proteste, aber L. Wolf gab nachdrücklich seine Erlaubnis, weil er keine Fälschungsmöglichkeit bei den Analysen sah und die Praktikumssituation für die übrigen Studenten sich dadurch verbesserte. Die genannten Studenten hatten den Vorteil, auch sonnabends und sonntags praktisch arbeiten zu können, allerdings ließ sich das quantitative Praktikum wegen des Fehlens einer Analysenwaage dort nicht mehr realisieren.

Zur gleichen Zeit setzten die Machthaber in der damaligen Sowjetischen Besatzungszone bzw. in der 1949 gegründeten DDR ihre Indoktrination mit aller Härte durch. Am 6.10.1950 wurden die Chemiestudenten des dritten Semesters Otto Bachmann, Rolf Grünberger, Günther Herrmann, Karl Mirtschischk und Hans-Dieter Scharf (Abb. 52) während bzw. nach Beendigung ihres Chemiepraktikums in der Brüderstraße 34 unter mysteriösen Umständen von Sicherheitsorganen verhaftet, in das Polizeipräsidium Wächterstraße gebracht und Tage später in ein sowjetisches NKWD-Militäruntersuchungsgefängnis nach Dresden verbracht und dem sowjetischen KGB überstellt. Wegen angeblicher Bildung einer antisowjetischen Widerstandsgruppe (Gruppe Belter) verurteilte ein sowjetisches Militärtribunal am 21.2.1951 Hans-Dieter Scharf zu 10 Jahren Arbeitslager und die vier anderen Chemiestudenten zu je 25 Jahren Arbeitslager und fünf Jahren „Ehrverlust". Sie wurden in ein Arbeitslager nach Workuta/Sibirien am nördlichen Polarkreis gebracht. Drei von ihnen kamen nach dem Tod Stalins 1953 nach Deutschland zurück und erreichten in einer Odyssee am 28.12.1953 Leipzig; die anderen beiden kamen erst 1955 frei. Hans-Dieter Scharf (1930–1998), Professor für Organische Chemie an der TH Aachen, schrieb später (1992) seine Erinnerungen an diese für ihn und die anderen furchtbaren Jahre unter dem Titel „Zweimal Faschismus – und zurück. Ein Schicksalsbericht aus den frühen Jahren des ersten deutschen Arbeiter- und Bauernstaates auf deutschem Boden. 1950–1954"[97] nieder. Er erhielt 1996 die Ehrendoktorwürde der Fakultät für Chemie und Mineralogie der Universität Leipzig (s. Abschn. Organische Chemie).

Die Hochschullehrer

Nach dem Krieg und der Verbringung zahlreicher Universitätsangehöriger entstand ein Vakuum, das nur Schritt für Schritt durch den leidenschaftlichen Aufbauwillen der Verbliebenen und Zurückgekehrten gefüllt werden konnte. Ohne fähige wissenschaftliche Köpfe an der Spitze war jedoch eine universitäre Wiederbelebung von Lehre, Forschung und Wissenschaftsorganisation nicht denkbar. Deshalb ist es aufschlussreich, die Situation der Hochschullehrer für Chemie in diesem Nachkriegszeitraum näher zu beleuchten. Sie war u. a. gekennzeichnet durch die unmittelbare Verflechtung der handelnden Personen bei den zu bewältigenden Aufgaben und durch kommissarisch bedingte Unterstellungs- und Abhängigkeitsverhältnisse, zum Beispiel beim Abfassen von Berufungsgutachten (Bonhoeffer für

H. Staude, L. Wolf für W. Treibs, H. Staude für L. Wolf und W. Treibs). Die Diskontinuitäten in den Fakultäts-, Universitäts- und Landesleitungen komplizierten die Beauftragungs-, Leitungs- und Berufungsprozesse. Formale bürokratische Hürden erschwerten mehrfach rasch und notwendig durchzuführende praktikable Entscheidungen. Die herausgehobene Stellung von Bonhoeffer und Helferich in ihrer Einflussnahme auf Berufungsangelegenheiten an der Universität Leipzig, selbst aus der Ferne, war augenscheinlich.

Karl Friedrich Bonhoeffer. Von den Ordinarien war nur der Physikochemiker Bonhoeffer (1899–1957) in Leipzig verblieben. Auf ihm lag zunächst die Last der Verantwortung und Leitung für das Physikalisch-chemische Institut sowie der vertretungsweisen operativen Leitung für das Chemische Laboratorium (vordem Helferich), das Pharmazeutische Institut (vordem Theodor Boehm), das Institut für Mineralogie und Petrographie (vordem Scheumann), das Geologisch-paläontologische Institut (vordem Rudolf Heinz), das Botanische Institut (vordem Wilhelm Ruhland) und das Zoologisch-zootomische Institut (vordem beauftragt Ruhland). Das geht auch aus einer Notiz hervor, wonach er während einer Dienstreise nach Berlin (30.11.–4.12.45) L. Wolf bat, seine Vertretung bei den genannten Instituten wahrzunehmen[98, Bl. 91]. Er war zudem am 11.11.1945 zum Dekan der Mathematisch-naturwissenschaftlichen Abteilung der Philosophischen Fakultät gewählt worden. Bonhoeffer musste deshalb bestrebt sein, wissenschaftlich qualifizierte und im Sinne des neuen gesellschaftlichen Systems unbedenkliche Hochschullehrer für die anstehenden Aufgaben zu haben bzw. zu gewinnen. Mit dem fast 80-jährigen Berthold Rassow, bereits 1936 emeritiert, wurde ein Chemiker für Vorlesungen in Technischer Chemie reaktiviert. Einen Lehrauftrag für spezielle chemische Technologie übernahm ab 1946 auch Eberhard Leibnitz, der hauptberuflich als Leiter des Werkes Lacke und Farben in Leipzig-Leutzsch tätig war. Damit konnten aber die anstehenden Aufgaben nicht bewältigt werden. Die Aufbauarbeit musste von anderen übernommen werden. Hinzu kam, dass Bonhoeffer bereits am 14.1.1946 einen Ruf auf den ordentlichen Lehrstuhl für Physikalische Chemie an der Universität Berlin erhielt, um das völlig zerstörte Institut in Nachfolge seiner verehrten Lehrer Walther Nernst und Max Bodenstein wieder aufzubauen. Die Landesverwaltung Sachsen genehmigte am 29.4.46[98, Bl. 109] Bonhoeffer, neben seinen Verpflichtungen in Leipzig als kommissarischer Direktor des Physikalisch-chemischen Institutes an der Universität Berlin ab 30.4.1946 tätig sein zu können und sich jeden Monat für eine Woche in Berlin aufzuhalten. Am 8.10. teilte er der Landesregierung Sachsen die Rufannahme mit und am 22.10. bat er dann, ihn zum 31.12.1946 von allen seinen Verpflichtungen an der Universität Leipzig zu entbinden: „Ich scheide ungern und mit dankbarer Erinnerung aus dieser Stellung, in der es mir gelang, über ein Jahrzehnt trotz widerwärtiger politischer Zustände im engen Kreis befreundeter Fachkollegen mein Leben der Wissenschaft zu widmen."[98, Bl. 70] Er wurde von der Universität Leipzig durch Rektor G. Gadamer ehrenvoll verabschiedet.

Leopold Wolf. Die Rückkehr von L. Wolf nach Leipzig war von großer Bedeutung für die weitere Aufbauarbeit. L. Wolf (1896–1973)[75], Anorganiker und Technischer Chemiker, hatte sich 1937 mit der Schrift „I. Über die Stromausbeute bei der Abscheidung des Chroms aus Chromsäurelösungen und ihre Bedeutung für die Theorie und Praxis der Verchromung. II. Über den Nachweis des passiven Zustandes der Metalle durch ihre Detektorwirkung. Beitrag zur chemischen Passivität der Metalle Chrom, Eisen und Nickel" habilitiert, 1938 wurde ihm die Dozentur für das Fach Chemie verliehen. Das Gutachten dazu verfasste Helferich. 1939 folgte auf Antrag von L. Wolf die Ernennung zum „Dozenten neuer Ordnung". Am 9.1.1945 wurde er mit dem begründenden Antrag der Professoren Helferich und Scheiber zum nichtbeamteten außerplanmäßigen Professor ernannt. Am 7.10.1946 bat Bonhoeffer in einem Schreiben an Rektor Gadamer, ihn von der stellvertretenden Leitung des Chemischen Laboratoriums zu entbinden und diese L. Wolf zu übertragen[75, Bl.108]. Im Brief vom 18.10.1946 kam der Rektor diesem Antrag nach und schrieb an L. Wolf: „Im Einvernehmen mit dem Herrn Dekan der Philosophischen Fakultät, Mathematisch-naturwissenschaftliche Abteilung, übertrage ich Ihnen ab sofort die Stellvertretende Leitung des Chemischen Laboratoriums. gez. H.-G. Gadamer" (Abb. 53). Aus einem Schreiben von Gadamer an die Landesverwaltung betreffend L. Wolf vom 31.10.1946[75, Bl. 109] geht zudem hervor, dass dieser nunmehr der einzige berufene Vertreter für die Abhaltung des chemischen und chemisch-pharmazeutischen Unterrichts ist und ihm die stellvertretende Leitung des Chemischen Laboratoriums und des Pharmazeutischen Institutes übertragen worden sei, was Ministerialdirektor Prof. Dr. Arthur Simon (1893–1962) von der Landesregierung Dresden im Antwortbrief vom 6.11.1946[75, Bl.110] bestätigte. Diese Ausführlichkeit bezüglich der Stellvertretung ist für die spätere Entwicklung bedeutsam. Am 25.3.1947 regte Rektor Gadamer den inzwischen zum Dekan gewählten Mathematiker Ernst Hölder an, L. Wolf für die Dauer der Leitung des Chemischen Laboratoriums mit der Vertretung eines planmäßigen Extraordinariats zu betrauen, wobei er sich auf ein vorangegangenes Schreiben von Hölder und ein befürwortendes Schreiben des wissenschaftlichen Personals bezog[75,Bl.112,114]. Dieser Anregung folgte der Dekan am 27.3.1947 mit einem Antrag an die zuständige Landesregierung. Dem wurde zunächst mit Rücksicht auf eine eventuelle Rückkehr von Helferich nicht stattgegeben. Helferich hatte offengelassen, ob er nach Leipzig zurückkehren würde oder nicht. Am 16.1.1948 teilte er dem Dekan dann aber mit, dass er den Ruf auf einen Lehrstuhl an der Universität Bonn angenommen habe[75, Bl.125].

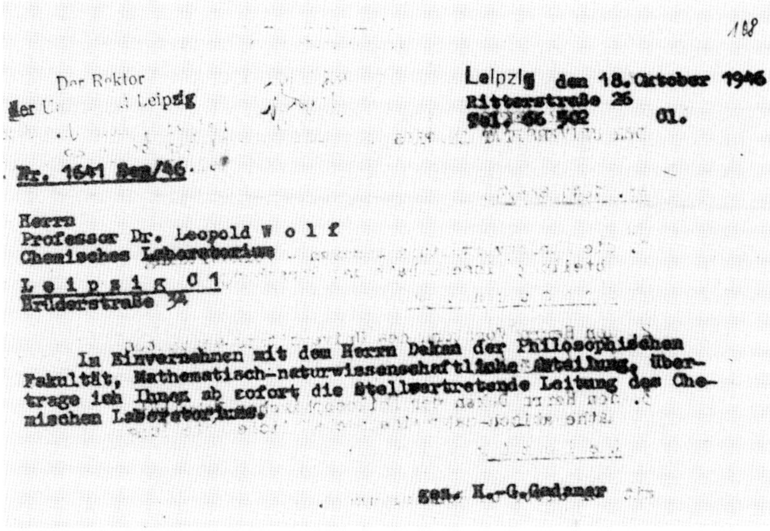
Der Rektor
der U... Leipzig

Leipzig den 18. Oktober 1946
Ritterstraße 26
Tel. 66 502 01.

Nr. 1641 Sem/46.

Herrn
Professor Dr. Leopold W o l f
Chemisches Laboratorium
L e i p z i g C 1
Brüderstraße 34

Im Einvernehmen mit dem Herrn Dekan der Philosophischen Fakultät, Mathematisch-naturwissenschaftliche Abteilung, übertrage ich Ihnen ab sofort die Stellvertretende Leitung des Chemischen Laboratoriums.

gez. H.-G. Gadamer

Abbildung 53
Beauftragung von Leopold Wolf mit der kommissarischen Leitung des Chemischen Laboratoriums, 1946

Diese neue Situation und eine im Zusammenhang mit dem Schriftverkehr zwischen Institut-Rektorat-Abteilung Hochschulen über den meldepflichtigen Verlust einer Platinelektrode durch einen Studierenden L. Wolf bekannt gewordene Randnotiz auf einem Schreiben der Abteilung Hochschulen und Wissenschaft: „Im übrigen weist die Abteilung Hochschulen und Wissenschaft darauf hin, dass Professor Wolf von ihr nicht zum Direktor des Chemischen Laboratoriums der Universität, sondern mit der Vertretung des planmässigen Extraordinariats an diesem Laboratorium kommissarisch betraut wurde", regten ihn wegen der offenkundigen Ungerechtfertigkeit dieser Aussage (s. oben) derart auf, dass er am 16.2.1948 in einem ausführlichen Schreiben an den Rektor alle seine vertretungsweise übernommenen Leitungsämter zur Verfügung stellen wollte[75, Bl.126–128]: „In völliger Unkenntnis über jene kommissarische Betrauung bzw. über die von meiner Kenntnis abweichende Führung meiner Stellung beim Ministerium für Volksbildung habe ich nichts anderes für meine Pflicht halten können, als nach meiner Rückkehr aus dem Westen und nach Wiedereröffnung der Universität sowie in der Zeit meiner stellvertretenden Institutsleitung im Rahmen meiner schlichten Dozentur zu schaffen und zu helfen, so gut es anging und wo es irgend anging, um – unterstützt von meinen Herren Kollegen und Mitarbeitern – den ausserordentlich rege und schwierig gewordenen Studienbetrieb im Chemischen Laboratorium möglichst reibungslos befriedigen zu können".

Wie aus einem Schreiben L. Wolfs vom 8.3.1948 an den Rektor Erwin Jacobi hervorgeht[75, Bl. 133], fand am 21.2. eine klärende Besprechung beider statt mit dem Hinweis, dass der frühere Rektor Gadamer nicht befugt gewesen sei, L. Wolf die stellvertretende Leitung des Chemischen Laboratoriums zu übertragen, obwohl diese durch Ministerialdirektor Simon bestätigt worden war (s. oben). L. Wolf schrieb weiter: „Darf ich schließlich noch darauf hinweisen, daß bei Andauern der Unsicherheit in der Institutsführung mir persönlich daran gelegen sein möchte, meine Tätigkeit gänzlich auf meine Dozentur zu beschränken oder an eine andere Arbeitsstätte zu verlegen".

Eine daraufhin am 12.3. in Leipzig stattgefundene Aussprache mit dem Ministerialdirektor Simon hatte zur Folge, dass sich Rektor Jacobi notierte, den Antrag auf eine planmäßige Professur (mit vollem Lehrauftrag, Nachfolge Rassow) für Chemische Technologie für L. Wolf stellen zu lassen[75, Bl.147,148]. Am 23.3. sandte Dekan Hölder den Antrag an die Landesregierung[75, Bl.149]. Im selben Schreiben heißt es: „Für die Zeit, wo die Direktorstelle des Chemischen Laboratoriums unbesetzt ist, beantragt die Philosophische Fakultät, Prof. Wolf mit der Wahrnehmung der Geschäfte des Lehrstuhls für Chemie an der Universität Leipzig zu betrauen, insbesondere soll Prof. Wolf zum kommissarischen Direktor des Instituts werden, dem in verwaltungstechnischer Hinsicht also auch die organische Abteilung unterstellt ist. Insbesondere soll er über den Etat verfügen. Prof. Wolf soll die Geschäfte der anorganisch-analytischen Abteilung wahrnehmen und die Vorlesungen ‚experimentelle anorganische Chemie' abhalten. Er und seine Mitarbeiter sollen Spezialvorlesungen auf dem Gebiet der anorganischen Chemie halten. Herrn Prof. Treibs bittet die Philosophische Fakultät, vorbehaltlich eines späteren, weitergehenden Antrages, zum Vorstand der organischen Abteilung zu machen und ihm die Abhaltung der Vorlesungen ‚experimentelle organische Chemie' zu übertragen. Er hat an mindestens 4 Tagen jeder Woche der Universität Leipzig zur Verfügung zu stehen".

Das Ministerium für Volksbildung in Dresden mit Oberregierungsrat Rocholl verwies am 16.4. auf eine mündliche Verabredung, wonach gleichzeitig ein Antrag für W. Treibs gestellt werden sollte[75, Bl.158]: „Es liegt nämlich der Abt. Hochschulen und Wissenschaft recht viel daran, eine Mißstimmung zwischen beiden Herren, die durch die Ernennung nur eines von ihnen hervorgerufen werden könnte, zu vermeiden."

Am 5.4. hatte L. Wolf erneut an den Rektor geschrieben, auszugsweise hieß es[75, Bl. 151]: „Ich sehe mich nunmehr, mangels jeglicher Legitimierung, zu meinem Bedauern außerstande, die Verantwortung für das Chemische Laboratorium der Universität einschließlich der besonderen Verantwortung der Abt. Wissenschaft und Technik bei der SMA Sachsen sowie anderen sowjetischen Dienststellen gegenüber mit Beginn des Sommersemesters weiterhin tragen zu können und stelle meine Tätigkeit hiermit zur Verfügung ... Nach dem neuerlichen Besuch sowjetischer Kontrollkommissionen am 17.3.48 und 25.3.48 ist dem Institut nunmehr am 2.4.48 auch die Bestätigung der Anerkennung als Forschungsinstitut und die offizielle Registrierung zugegangen. Es ist damit nach dem Zusammenbruch und seit der Wiedereröffnung des Studiums auch in der Wiederbelebung des Fachs Chemie und der chemischen Forschung an der Universität Leipzig ein erster Schritt glücklich zurückgelegt. Ich darf hiermit meine Tätigkeit in der Institutsführung aus dem oben genannten Grund als beendet ansehen".

Immerhin waren zu diesem Zeitpunkt schon 250 (!) „Praktikanten" im Chemischen Laboratorium tätig[75, Bl. 153], nicht einbezogen die Nebenfächler. Am selben 5.4.1948 wurde im Ministerium in Dresden das Berufungsschreiben für L. Wolf mit der Ernennung zum Professor mit vollem Lehrauftrag für Chemische Technologie mit Wirkung vom 1.4.1948 und der gleichzeitigen Wahrnehmung der Geschäfte des Lehrstuhls für Chemie an der Universität Leipzig und zum kommissarischen Direktor des Instituts ausgefertigt. Aus dem Datenvergleich folgt, dass das Ministerium das Ernennungsschreiben offenbar rückdatiert hatte.

Am 28.4. hatte sich L. Wolf in einer persönlichen Besprechung mit Oberregierungsrat Rocholl bereit erklärt, die stellvertretende Leitung des Chemischen Laboratoriums beizubehalten bzw. offiziell das kommissarische Direktorat zu übernehmen, „unter der Zusage der schleunigen Berufung von Herrn Kollegen Prof. Dr. Franz Hein, Jena, als Direktor auf das hiesige Ordinariat für Chemie; ich habe in der genannten Unterredung auch bereits angedeutet, daß ich andernfalls schon aus Entlastungsgründen ein mir von Jena zugehendes Angebot vorziehen dürfte"[75, Bl.162].

Tatsächlich erhielt er am 2.6. von der Landesregierung Thüringen auf Vorschlag der Mathematisch-Naturwissenschaftlichen Fakultät der thüringischen Landesuniversität Jena eine Berufung als Professor mit vollem Lehrauftrag auf den dortigen Lehrstuhl für Technische Chemie, „welche ich unter dem 14.6.1948 prinzipiell auch angenommen habe [...] Der mir angebotene Lehrstuhl für Technische Chemie an der Friedrich-Schiller-Universität Jena ist übrigens mit einem selbständigen Institut verknüpft so daß ich in die Lage versetzt werde, voll und ganz auf meinem Fachgebiet tätig sein zu können"[75, Bl.162]. Das teilte er dem Rektor und der Landesregierung Sachsen am 20.8. mit, als diese sich mit Schreiben vom 5.8. über eine im Thüringer Tageblatt vom 15.7. aufgefundene Notiz verwundert zeigte. Allerdings war eine vertragliche Zusage wohl noch längere Zeit in der Schwebe gehalten worden, denn am 2.5.1949 wurde der am 1.3.1949 zum Ordinarius für Physikalische Chemie ernannte Herbert Staude dem Dekan gegenüber aktiv und setzte sich für das Verbleiben von L. Wolf in Leipzig ein[75, Bl. 165,166]: „Für die Universität Leipzig wäre das ein großer Verlust [...] Ich halte es unter allen Umständen für notwendig, Herrn Prof. Wolf an Leipzig zu binden, da ein weiterer Weggang von Naturwissenschaftlern in Bezug auf die Ausbildung der Studenten untragbar ist." In der Fakultätssitzung am 11.5. schlug H. Staude vor, für L. Wolf ein Ordinariat für Chemische Technologie zu schaffen und fertigte dafür ein Gutachten[75, Bl. 188] an. Nachdem der übliche Amtsweg durchlaufen war, wurde L. Wolf mit Wirkung vom 1.7.1949 zum Professor mit Lehrstuhl für chemische Technologie an der Universität Leipzig ernannt[75,Bl.195].

Abbildung 54
Leopold Wolf,
Burckhardt Helferich,
Wilhelm Treibs (v. l.)

Noch immer aber war das Ordinariat für Chemie zugleich mit der offiziellen Leitung des Chemischen Laboratoriums vakant und musste kommissarisch von L. Wolf wahrgenommen werden. Am 26.7.1950 ersuchte L. Wolf nun erneut den Dekan, ihn mit Wirkung vom 30.9. davon zu entbinden[75, Bl. 203]: „Darf ich mit Blick auf die ungewissen Aussichten der derzeitigen Berufungsverhandlungen und im Interesse der Gewinnung eines Nachfolgers in der Institutsleitung vorschlagen, für die Übernahme des Lehrstuhls für Chemie und des Direktorates auch Herrn Kollegen Prof. Dr. W. Treibs in die engere Wahl zu ziehen. In Hrn. Prof. Treibs steht eine nicht nur wissenschaftlich, sondern auch gesellschaftlich hochqualifizierte Persönlichkeit zur Verfügung". Darauf reagierte die Universitätsleitung zunächst mit der Ankündigung, zum 1.1.1951 einen Verwaltungsdirektor für das Chemische Laboratorium einzustellen, um damit den Institutsdirektor zu entlasten, und Dekan Anton Ahrland ersuchte L. Wolf, die Institutsleitung weiterhin kommissarisch wahrzunehmen[75, Bl. 202].

Schließlich kam es zu einer dauerhaften Lösung mit dem Antrag des Dekans vom 19.10.1950 an die Landesregierung Sachsen[75, Bl.206], das bis dahin bestehende traditionsreiche Chemische Laboratorium der Universität Leipzig mit dem Ordinariat für Chemie (vordem Helferich) aufzusplitten in ein Institut für Anorganische Chemie mit dem Ordinarius für Anorganische Chemie L. Wolf und in ein Institut für Organische Chemie mit dem Ordinarius W. Treibs (Abb. 54). Diesem Antrag wurde stattgegeben. Das Staatssekretariat für Hochschulwesen in Berlin ernannte L. Wolf mit Wirkung vom 1.1.1951 zum Professor mit Lehrstuhl für das Fach Anorganische Chemie und zum Direktor des Anorganisch-chemischen Instituts der Universität Leipzig[75, Bl. 210].

Herbert Staude (1901–1983)[73], Physikochemiker, hatte eine ganz andere Entwicklung genommen. Er habilitierte sich 1939 auf dem Gebiet der Farbphotographie an der TH Berlin–Charlottenburg, im Institut für Physikalische Chemie und Elektrochemie, das von Max Volmer, einem Absolventen der Universität Leipzig, geleitet wurde. Er erhielt auf dessen Initiative 1943 dort eine Dozentur. Als gegen Vollmer ab März 1944 ein Verfahren schwebte, sollte H. Staude die Leitung des Institutes übernehmen und die

Hauptvorlesungen halten. Doch der Reichsdozentenführer Willing willigte nicht ein, da er politisch nicht zuverlässig sei[70]. Das Institut wurde in der letzten Kriegsphase nach Schmölln, dem Geburtsort H. Staudes, umgelagert und unter dessen Leitung gestellt[73, Bl. 20]. Von Januar bis April 1945 wurde H. Staude als Sanitäter im Volkssturm verpflichtet. Nach Kriegsende im Mai 1945 wurde er kommissarischer Leiter der Deutschen Oberschule Schmölln, gab Mathematik- und Chemieunterricht und half als Dolmetscher bei der Militäradministration. Er war außerdem kommissarischer Bürgermeister der Stadt Schmölln. Über seine Bemühungen, an der Universität Leipzig Fuß zu fassen, wobei er sehr engagiert von Bonhoeffer im Interesse besonders des Fachgebietes Physikalische Chemie unterstützt wurde, geben die Personalakte im Universitätsarchiv[73] und ergänzend dazu der dienstlich und privat geführte Briefwechsel zwischen beiden[70] recht gut Auskunft. Die privaten Briefe zeugen darüber hinaus beredt von der äußerst schwierigen Mangelsituation in der unmittelbaren Nachkriegszeit. Bereits am 2.10.1945 hatte H. Staude einige Unterlagen an Bonhoeffer geschickt und bekundet, dass „ich Ihnen gern zur Verfügung stehe und gern bereit bin Vorlesungen über anorganische Chemie zu halten"[70, Bl. 1]. Das erledigte sich alsbald wegen der Rückkehr von L. Wolf, und nun orientierte sich H. Staude mit Brief vom 13.10. auf den Lehrstuhl, den F. Weigert innegehabt hatte, in der Ausrichtung auf Photochemie und Thermochemie[70, Bl. 2]. Dieser war jedoch damals gestrichen worden. Dem folgte am 20.11. ein offizielles Schreiben von H. Staude an den Rektor, urschriftlich weitergeleitet und wärmstens befürwortet vom Dekan Bonhoeffer[73, Bl. 1]: „Ich glaube, daß Herr Dr. Staude zur Zeit eine ausgezeichnete Stütze für unsere Fakultät wäre und möchte mich mit den Fachkollegen wegen Erteilung eines Lehrauftrages für das Wintersemester 1945/46 in Verbindung setzen". Kurz darauf folgte am 29.11. der offizielle Antrag an die Landesverwaltung Sachsen, Abt. Inneres und Volksbildung, H. Staude für das kommende Semester einen Lehrauftrag für physikalische Chemie zu erteilen[73, Bl. 2]: „Seinem äußeren Fortkommen hat in den vergangenen Jahren seine politische Charakterfestigkeit geschadet. Die Pflege des genannten Spezialgebietes (Photochemie, wissenschaftliche Photographie, d. A.) würde in Leipzig an eine wissenschaftliche Tradition anknüpfen, die im Jahre 1933 durch die Entlassung Weigerts abgebrochen wurde, [...] würde dem augenblicklichen Mangel an Dozenten wirksam abhelfen."

Im Brief Bonhoeffers an H. Staude vom 9.12. heißt es[70, Bl. 4]: „Die Frage Ihres Heranziehens an unsere Universität wird z. Z. in Dresden im Ministerium bearbeitet. Wir hoffen alle bestimmt, dass etwas daraus wird, und ich freue mich schon darauf, jemand hier her zu bekommen, mit dem man sich über fachliche Dinge unterhalten kann. Seit Jost's Weggang (1943, d. A.) war mir das nicht mehr möglich".

Der Vorgang zog sich bis Juli 1946 hin, weil geklärt werden musste, ob H. Staude neben der Vorlesungstätigkeit seine Stellung an der Deutschen Oberschule Schmölln beibehalten wolle – er entschied sich dazu – und wegen der eigentlich notwendigen Umhabilitierung von der TH Berlin nach Leipzig. Dafür gab es jedoch noch keine gültigen Verordnungen. Schließlich erfolgte am 23.7.1946 die Ernennung als Dozent für Physikalische Chemie an der Universität Leipzig. Inzwischen hatte H. Staude im Sommersemester 1946 Vorlesungen gehalten, und nun ging es am 1.8. zügig weiter mit einem Antrag des Dekans Bonhoeffer zur Erteilung einer nichtplanm. ao. Professur für Photochemie und der Rückäußerung der Landesregierung Sachsen, dass nach der formal noch gültigen Habilitationsordnung von 1939 (!) eine Ernennung zum Professor in der Regel eine Wartezeit von sechs Jahren nach der Dozentur erfordere und auf diese Weise ein Präzedenzfall geschaffen würde. Bonhoeffer reagierte darauf am 8.10. mit dem Bestehen auf seinem Antrag mit der Begründung „Wiedergutmachung"[73, Bl. 31], was H. Staude in seinem eingereichten Lebenslauf zunächst nicht explizit angegeben hatte, nun aber nachreichte. Schließlich erhielt H. Staude am 6.12.1946 die Ernennungsurkunde als apl. Professor.

Immer noch war H. Staude in Schmölln als kommissarischer Schulleiter tätig und trat nun nach dem definitiven Weggang von Bonhoeffer Ende Dezember 1946 selbst mit Ministerialdirektor A. Simon in Dresden in Verhandlung um die Besetzung eines planm. Extraordinariats. Dekan E. Hölder stellte am 13.2.1947 den fälligen Berufungsantrag für eine planm. ao. Professur der Speziellen physikalischen

Abbildung 55
Herbert Staude und Mitarbeiter
sitzend:
Günther, Winkler, Nens, Dr. Haase, Brauer (v. l.)
Joachim Liebig, Plank, Junghans, Dr. Bosdorf, Prof. Staude, Bischoff, Dr. Langhammer, Peger, Sommerschuh (v. l.)

Chemie"[73, Bl. 50–52]. Das Ministerium teilte H. Staude mit, dass er ab 1.4. die Stellung in Schmölln aufzugeben habe und mit der kommissarischen Leitung des Physikalisch-chemischen Institutes betraut würde (Abb. 55). Nachdem es noch um zu lösende Stellenplan-Probleme ging, erfolgte schließlich mit Schreiben von A. Simon vom 31.7. die Ernennung zum ao. Professor mit vollem Lehrauftrag für Physikalische Chemie mit Wirkung vom 1.10.1947[73, Bl. 61], vorbehaltlich der Zustimmung der Sowjetischen Militäradministration. Sie wurde am 1.10. erteilt. Die Antrittsvorlesung am 12.11.1947 war dem Thema „Physikalisch-chemische Methoden der Bodenkunde" gewidmet. H. Staude hatte zusätzlich zur Leitung des Physikalisch-chemischen Institutes am 8.9.1947 noch kommissarisch die des Institutes für Mineralogie und Petrographie und des Geologisch-Paläantologischen Institutes übertragen bekommen, die bis dahin L. Wolf[75, Bl. 166] innegehabt hatte. Außerdem nahm er noch in Dresden die Vorlesungsvertretung zur Photographie war (er hatte dort schon früher unter Robert Luther gearbeitet, d. A.). Als ihm nun noch im Sommer 1948 von der Jenenser Universität die Berufung auf den dortigen Lehrstuhl für Physikalische Chemie angeboten worden war und die Landesregierung Sachsens auf eine Anfrage der Thüringer Landesregierung geantwortet hatte, H. Staude in Leipzig halten zu wollen, regte dieselbe nun in einem an Rektor, Kurator und zuständigen Dekan der Leipziger Universität gerichteten Schreiben vom 10.12.1948 an, für H. Staude ein Ordinariat zu beantragen. Das geschah nach einer am 26.1.1949 zustimmenden Sitzung der Gesamtfakultät und Antrag des Dekans E. Hölder vom 27.1., so dass schließlich die Ernennung von H. Staude zum 1.3.1949 als Professor mit Lehrstuhl für Physikalische Chemie und zum Direktor des Physikalisch-chemischen Institutes erfolgte. Nicht verschwiegen sei, dass der vorher konsultierte Bonhoeffer Zweifel äußerte und eher für ein persönliches Ordinariat plädiert hatte. Gleichzeitig wurde H. Staude von seinen Vorlesungsverpflichtungen in Dresden entbunden.

Wilhelm Treibs (1890–1978)[74], Organiker, hatte sich 1944 an der Universität Leipzig mit der Schrift „Zur Kinetik der Grignardreaktion und deren Verwendung für stereochemisch-diagnostische Zwecke" habilitiert. Das Hauptgutachten schrieb Helferich[74, Bl.62–64]. Die Ernennung zum Dozenten mit der Lehrbefugnis für das Fach Chemie wurde mit Wirkung vom 17.8.1944 erteilt. In seiner Bewerbung vom 20.3.1944 zur Erlangung der Lehrbefugnis hatte W. Treibs geschrieben, dass er „beabsichtigt, lediglich eine Verbindung zwischen Industrie und Universität herzustellen" und dadurch keine wirtschaftlichen Vorteile erlangen wolle. Er hatte nach der Promotion bei Heinrich Wienhaus in Göttingen und mehreren Jahren der Tätigkeit in der Industrie ab 1.1.1943 einen Vertrag mit der Firma Schimmel & Co AG in Miltitz bei Leipzig als freischaffender Wissenschaftler in dortigem eigenen Laboratorium, wo er besonders über natürliche Öle und deren Inhaltsstoffe arbeitete. Der Nutzen einer solchen Kooperation in der Person von W. Treibs war von Helferich bei der Unterstützung der Bewerbung auf die Dozentur ausdrücklich kundgetan und später von ihm bekräftigt worden. Nach Kriegsende nahm W. Treibs, der in Miltitz wohnte, erstmals aktenkundig offiziellen Kontakt mit der Universität auf. In einem Schreiben an den Rektor A. Schweitzer, datiert vom 22.8.1945 heißt es[74, Bl. 100–101]: „Nachdem durch den Heldentod des Hrn. Prof. Weygand der Lehrstuhl für organische Chemie unbesetzt ist und da ich als einziger Vertreter für das eigentliche Chemiefach zurückblieb, erklärte ich mich auf die Aufforderung des Dekans der Philosophischen Fakultät, Prof. Dr. Boehm, hin gern bereit, die mit diesen verbundenen Lehr- und Praktikumspflichten zu übernehmen." Er bat um Berücksichtigung bei der Wiederbesetzung des Lehrstuhls für Organische Chemie und äußerte, dass er keine Wünsche pekuniärer Art habe. Bonhoeffer, i. V. des Direktors des Chemischen Laboratoriums, stellte am 22.9. über Dekan Böhm an den Rektor den Antrag, W. Treibs für das kommende Wintersemester einen Lehrauftrag für Organische Chemie zu erteilen. In einer folgenden, undatierten anonymen Aktennotiz steht[74, Bl. 104], dass W. Treibs mit einer Vertretung des Weygandschen „Lehrstuhls" (planm. Extraordinariat, d. A.) rechne und mit dem Rektor darüber geredet habe, der damit einverstanden sei. Der Bonhoeffersche Antrag vom 22.9. an den Dekan war am 3.10. an den Rektor weitergeleitet worden[74, Bl. 103], aber offenbar im Rektorat liegengeblieben, denn am 9.1.1946 erinnerte Bonhoeffer, nunmehr selbst Dekan, daran, dass auf den Antrag seines Amtsvorgängers vom 3.10.1945 hin, in dem gebeten wurde, den Doz. Dr. habil. W. Treibs mit der Vertretung des durch das Ableben von Prof. Weygand freigewordenen planm. Extraordinariats (Organische Chemie) zu betrauen, eine Genehmigung bisher nicht eingegangen sei. Der nunmehr stellv. Rektor Schweitzer wies in seiner Antwort am 12.1. auf diese Diskrepanz hin und erklärte, dass der Antrag vom 22.9./3.10. auf Erteilung eines Lehrauftrages an die Landesverwaltung so weitergereicht worden wäre (eine Aktennotiz dazu besagt allerdings, dass dies erst am gleichen Tag, dem 12.1., vorgenommen wurde, d. A.) und bezüglich der Vertretung des planm. Extraordinariats ein abgeänderter Antrag zu stellen sei. Bonhoeffer teilte dem Rektor am 17.1. mit, dass es bei der Erteilung des Lehrauftrages für Organische Chemie bleiben soll, der daraufhin am 6.2. von der Zentralverwaltung für Wissenschaft, Kunst und Erziehung über den Universitätsrat widerruflich für das am 5.2. beginnende Sommersemester erteilt wurde[74, Bl. 113].

Nun wurde W. Treibs wieder in eigener Sache aktiv, indem er sich am 8.2. direkt an die Zentralverwaltung mit der Bitte wandte, ihn bei einer endgültigen Wiederbesetzung des Lehrstuhls bevorzugt zu berücksichtigen und dies ausführlich, u. a. als Systemgegner Hitler-Deutschlands, begründete[74, Bl. 115]. Für die beim Rektor angeforderten Stellungnahme durch die Zentralverwaltung, erklärte Dekan Bonhoeffer dem Rektor gegenüber[74, Bl. 114]: „Es empfiehlt sich nicht, Koll. Treibs irgendwelche Zusagen zu machen, oder auch nur in Aussicht zu stellen, bezüglich der Wiederbesetzung des in Frage kommenden Lehrstuhls. Ich glaube, dass die Fakultät zu gegebener Zeit, wenn die Lehrstuhlbesetzung in Betracht kommt, andere Pläne haben wird. Bevor auf die Angelegenheit weiter eingegangen werden kann, muß zunächst die Frage der Rückkehr des Kollegen Helferich entschieden sein".

Die Erteilung des Lehrauftrags wurde nun semesterweise bis zum Sommersemester 1947 beantragt. Der neue Dekan Ernst Hölder beantragte am 16.10.1947 aufgrund eines positiven Gutachtens von

H. Staude („trotzdem die übliche Zeit nach der Ernennung zum Dozenten noch nicht verflossen ist") bei der Landesregierung die Ernennung von W. Treibs zum apl. Professor mit Lehrauftrag mit der Begründung, ihn in Leipzig und bei der Fa. Schimmel halten zu wollen – zwischenzeitlich war Erich Thilo (1898–1977) in Berlin an W. Treibs herangetreten bzgl. eines Lehrstuhl für Organische Chemie in Berlin, und er stand an der Frankfurter Universität auf einer Vorschlagsliste –, wobei aber die Ansichten von Bonhoeffer und Ministerialdirektor Simon hinsichtlich des Nicht-Vorgriffs auf das planmäßige Extraordinariat zu berücksichtigen seien. Am 4.11.1947 schließlich wurde W. Treibs zum apl. Professor mit Lehrauftrag für Organische Chemie an der Universität Leipzig ernannt Die Antrittsvorlesung hielt er am 19.1.1949 zum Thema „Stellung und Methodik der neueren organischen Chemie". Am 2.11.1947 hatte W. Treibs noch Kontakt mit Anton Lissner an der Bergakademie Freiberg aufgenommen und sich für den dortigen Lehrstuhl für Organische Chemie interessiert. „Wenn Sie den definitiven Ruf (nach Freiberg, d. A.) haben, kann die Philosophische Fakultät vielleicht mehr tun"[74, Bl. 131], schrieb Dekan Hölder an W. Treibs am 17.11., denn nach wie vor war die Rückkehr von Helferich ungewiss. Am 5.5.1948 wurde W. Treibs zum Vorstand der Organischen Abteilung des Chemischen Instituts ernannt und ihm die Abhaltung von Vorlesungen über experimentelle Organische Chemie übertragen, wobei von der Landesregierung erwartet wurde, dass er mindestens vier Tage in der Woche zur Verfügung zu stehen habe (Abb. 56).

Abbildung 56
Wilhelm Treibs mit Assistent Wolfgang Forberg im Großen Chemischen Hörsaal, 1950

Schließlich beantragte und begründete L. Wolf mit Schreiben vom 13.10.1950 an den Dekan die Übertragung eines Ordinariats für Organische Chemie an W. Treibs[74, Bl. 148]: „Es wäre durchaus zu begrüßen, wenn Herr Prof. Treibs, welcher mehrfach Berufungen an andere Hochschulen abgeschlagen hat, der Universität Leipzig für dauernd verbunden werden könnte durch Übertragung eines Ordinariates für Organische Chemie". Dekan Anton Ahrland stellte am 19.10.1950 den Antrag an die Landesregierung auf Schaffung eines Lehrstuhls für Anorganische Chemie und eines Lehrstuhls für Organische Chemie anstelle der Wiederbesetzung des Lehrstuhls für Chemie. W. Treibs wurde mit Wirkung vom 1.12.1950 zum Professor mit Lehrstuhl für Organische Chemie und am 8.1.1951 zum Direktor des Institutes für Organische Chemie ernannt.

Die chemischen Institute von 1951 bis 1968

Horst Wilde

Es bleibt das unvergessene Verdienst der im vorangehenden Abschnitt gewürdigten K. F. Bonhoeffer, L. Wolf, W. Treibs und H. Staude mit ihren Mitarbeitern, Studenten und Doktoranden, nach dem Kriegsende innerhalb weniger Jahre die universitäre Chemie in Leipzig mit der Aufnahme des Lehrbetriebs in der Brüderstraße 34 und der Forschung, vorrangig in der Zusammenarbeit mit den Chemiewerken des mitteldeutschen Raums, wieder zum Leben erweckt und in geordnete Bahnen gelenkt zu haben. Das Anfang 1951 bezogene, auf den Grundmauern des zerstörten Kolbe-Baus unter erheblichen Anstrengungen 1948–1950 errichtete neue Laborgebäude in der Liebigstraße 18 (s. Abschn. Gebäude) verfügte zunächst nur über den Vordertrakt, später einen Seitenflügel, der zwei Säle mit je fünfzig Arbeitsplätzen für die Praktikanten in der Anorganischen und Organischen Chemie schuf. Der rückwärtige Trakt und der große Hörsaal verblieben als Ruinen. Nach der Fertigstellung des Neubaus verfügte Staatssekretär Gerhard Harig (1902–1966) am 8.1.1951 die Aufteilung des bisherigen Chemischen Laboratoriums in ein Institut für Anorganische Chemie mit dem Gründungsdirektor L. Wolf und ein Institut für Organische Chemie mit dem Gründungsdirektor W. Treibs. In den Jahren 1949/50 konnte auch der teilweise Aufbau des Ostwaldschen Institutes mit einem Hörsaal, drei Praktikums- und 24 Laborräumen realisiert werden. Damit war der schrittweise Umzug des Physikalisch-chemischen Institutes unter Direktor H. Staude und seiner Mitarbeiter aus der Brüder- in die Linnéstraße 1951/52 abgesichert. Die in der Liebigstraße zur Verfügung stehenden ca. 250 Arbeitsplätze erwiesen sich in Kürze als unzureichend, zumal 1952 insgesamt 360 Neuimmatrikulationen (das sogenannte „Mammutsemester") unter der Voraussetzung eines geplanten großen Neubaues erfolgten. Für letzteren fehlten jedoch die materiellen und finanziellen Voraussetzungen. Unter schwierigen Bauverhältnissen erfolgte deshalb von 1954 bis 1956 mit einem Kostenaufwand von 1,5 Mio Mark eine Aufstockung des Gebäudes Liebigstraße 18 als Erweiterungsbau vornehmlich für die Organische Chemie mit 192 neuen Arbeitsplätzen. Dem Institut für Technologische Chemie standen in der Brüderstraße nach wie vor nur wenige Plätze zur Verfügung. Eine fundierte Ausbildung war noch nicht möglich, besserte sich aber durch die Mitnutzung der Labors des Institutes für Verfahrenstechnik, Permoserstraße, das von Eberhard Leibnitz geleitet wurde (s. Abschn. Technische Chemie). Somit waren Mitte der 50er Jahre für alle Chemischen Institute die für Lehre und Forschung erforderlichen materiellen Voraussetzungen geschaffen. Die personelle Ausstattung konnte in den Folgejahren gleichfalls deutlich verbessert werden:

	1949	1959	1969
Professoren	4	3	9
Dozenten	1	3	9
Oberassistenten	2	12	24
Assistenten	10	43	79

Die 60er Jahre sind durch einen geregelten Studienbetrieb gekennzeichnet (s. Kap. Lehre, Studium und akademische Graduierung). In der Forschung erfolgten mit steigender Mitarbeiterzahl ein Ausbau der Grundlagenforschung und eine Erweiterung der Kooperationen mit der Industrie und anderen Forschungseinrichtungen. Die Forschungsarbeiten befassten sich hauptsächlich mit der Trennung Seltener Erden und der Koordinationschemie (Abschn. Anorganische Chemie), mit der Synthese neuer organischer Verbindungen, wie der Azulene, und mit der Chemie von Naturstoffen (Abschn. Organische Chemie), sowie mit der Photo-, Kolloid- und Elektrochemie (Abschn. Physikalische Chemie). Nachhaltige Leipziger Profillinien der Analytischen Chemie (Abschn. Analytische Chemie) und der Quantenchemie (Abschn. Theoretische Chemie) wurden in jenen Jahren begründet.

Die Sektion Chemie von 1968 bis 1990

Horst Wilde

Die Strukturen

Die 3. Hochschulreform im Jahre 1968 führte zu einer grundlegenden strukturellen und inhaltlichen Neugestaltung von Lehre und Forschung in der DDR. Die seit 1951 bestehenden Fakultäten der Universität verloren an Bedeutung und wurden in 15 Sektionen überführt. Die Gründung der Sektion Chemie (Abb. 57) erfolgte am 15. Juni 1968 mit dem Organiker Siegfried Hauptmann als Direktor (Abb. 58), dem Physikochemiker Armin Meisel als stellv. Direktor für Erziehung, Aus- und Weiterbildung sowie dem Anorganiker Heinz Holzapfel als stellv. Direktor für Forschung.

Mit dieser gravierenden Umstrukturierung verloren die Ordinarien ihren dominierenden Einfluss. Ziel und Folge dieser Umstrukturierung war die organisatorische Trennung von Lehre (Einrichtung von Lehrkollektiven) und Forschung (Bildung von Forschungskollektiven anstelle der Institute und Lehrstühle).

Mit der Gründung der Sektion (Abb. 59, 60) wurde eine neue Leitungsstruktur geschaffen. An der Spitze der Sektion stand als verantwortlicher Einzelleiter der Sektionsdirektor, der direkt dem Rektor der Universität unterstellt war. Er führte regelmäßige Dienstbesprechungen mit der Sektionsleitung durch. Ihr gehörten die beiden stellvertretenden Direktoren für Forschung sowie für Erziehung und Ausbildung, die Sekretäre der Sozialistischen Einheitspartei Deutschlands (SED) und der Freien Deutschen Jugend (FDJ), der Vorsitzende der Betriebsgewerkschaftsleitung (BGL), der wissenschaftliche Sekretär des Direktors und der Leiter der technisch-ökonomischen Abteilung (TÖA, Werkstätten, technisches Personal, Verwaltung, Bibliothek usw.) an.

Als beratendes Organ des Sektionsdirektors fungierte der Rat der Sektion, dem außer den Mitgliedern der Sektionsleitung Studenten, Arbeiter, Angestellte und Wissenschaftler angehörten. Der Rat nahm die demokratischen Rechte aller Sektionsangehörigen wahr und beriet vierteljährig grundlegende Fragen der Entwicklung der Sektion.

Die konstituierende Sitzung des Rates der Sektion fand am 10. Februar 1969 statt. Ihm gehörten an: Prof. Siegfried Hauptmann, Prof. Heinz Holzapfel, Prof. Armin Meisel, Prof. Hermann Neels (Mineralogie, Kristallographie), Prof. Arthur Lösche (Physik), Dr. Rolf Schöllner, Dr. Philipp Thomas, Dr. Klaus Dittrich, Dr. Achim Hantschmann, Dr. Peter Lange, Dr. Richard Mahrwald, Dr. Gerhard Werner, Dr. Wehling (Marxismus-Leninismus), Dr. Klaus Stopperka (Filmfabrik Wolfen), Dr. Gerhard Wolniczak (Chemiekombinat Böhlen), Dr. Siegfried

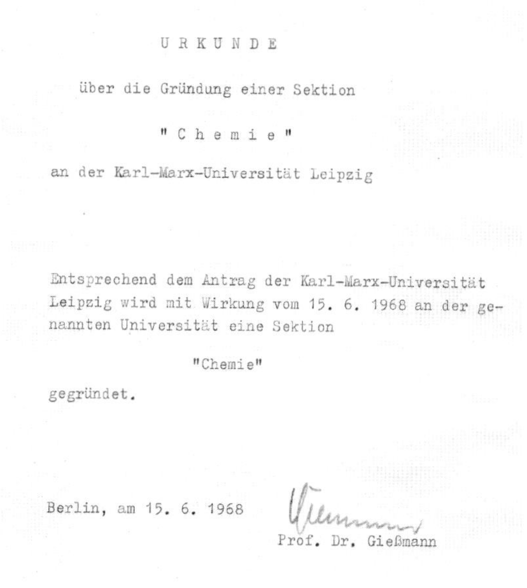

U R K U N D E

über die Gründung einer Sektion

" C h e m i e "

an der Karl-Marx-Universität Leipzig

Entsprechend dem Antrag der Karl-Marx-Universität Leipzig wird mit Wirkung vom 15. 6. 1968 an der genannten Universität eine Sektion

"Chemie"

gegründet.

Berlin, am 15. 6. 1968

Prof. Dr. Gießmann

Abbildung 57
Die Gründungsurkunde der Sektion Chemie, 1968

Abbildung 58
Siegfried Hauptmann, erster Direktor der Sektion Chemie

Abbildung 59
Gründungsveranstaltung der Sektion Chemie im großen Hörsaal Brüderstraße 34 am 15.6.1968
Mittelblock: 1. Reihe v. l. Rektor Ernst Werner, 2.Reihe: Cornelius Weiss, 3. Reihe: v. l. Manfred Mühlstädt, Werner Schroth; 4. Reihe: v. l. Manfred Scholz, Ehrenfried Butter; 5. Reihe: v. l. Klaus Schulze, Rolf Borsdorf

Abbildung 60
Am Eingang zur Sektion Chemie, Liebigstraße 18.
Bärbel Schulze, Horst Remane mit Doktorhut, Mai 1970

Nowak (Akademie der Wissenschaften der DDR), DC Hans-Jürgen Viehrig, DC Eva-Maria Werner, Maria Thierfeld (Verwaltung), Gisela Bär (Laborantin), Helmut Ehrhardt Werkstätten) sowie die Studenten Werner-Heinz Petzke, Froboese und Binas.

Die Leiter der Forschungskollektive unterstanden dem Direktor der Sektion und wurden in seinem Auftrag vom stellvertretenden Direktor für Forschung angeleitet und kontrolliert. Die Leiter der Lehrkollektive unterstanden gleichfalls dem Sektionsdirektor und wurden vom stellvertretenden Direktor für Erziehung und Ausbildung angeleitet und kontrolliert. Die zugeordnete Studienabteilung bearbeitete alle Studienangelegenheiten, die über den Rahmen eines Lehrkollektives hinausgingen, z. B. Im- und Exmatrikulationen, Zeugnisse und Stipendienzahlung.

Strukturell-organisatorische Basis der Forschung waren zunächst fünf Forschungskollektive, ab 1972 insgesamt 14 Arbeitsgruppen und ab 1.10.1981 schließlich acht Wissenschaftsbereiche. Die Forschungskollektive und Arbeitsgruppen waren ausschließlich forschungsorientiert und entsprachen dem Wissenschaftstrend zunehmender Spezialisierung und Differenzierung sowie der wachsenden Zahl von Vertragspartnern in der Forschung.

Am 8./9.5.1980 stattete der Wissenschaftliche Beirat für Chemie beim Ministerium für das Hoch-und Fachschulwesen (MHF) der Sektion Chemie einen Arbeitsbesuch ab. In Auswertung dieser Beratung wurde festgestellt, dass das Bestehen 14 selbständiger Arbeitsgruppen die Zuordnung zu bestimmten Lehrkollektiven erschwert und teilweise zu Dreifachunterstellungen führt. Zugleich würden die Leitungsprozesse erschwert, da die Sektionsleitung 14 relativ selbständige Arbeitsgruppen als Partner hat, die im Wesentlichen geschlossene Einheiten darstellten und sich vorzugsweise nebeneinander entwickelten. Empfohlen wurde deshalb die Aufhebung der Trennung von Lehre und Forschung.

Entsprechend den Richtlinien des Ministers für Hoch- und Fachschulwesen zur Leitung der Sektionen vom 28.9.1976 wurden deshalb am 1.10.1981 acht Wissenschaftsbereiche gebildet. Die Leiter wurden auf Vorschlag des Direktors der Sektion vom Rektor berufen. Mit der Bildung der WB wurden Struktureinheiten geschaffen, die Lehre und Forschung in optimaler Einheit wahrnehmen sollten. Den WB wurden ihrem Fachgebiet entsprechende Ausbildungsabschnitte des Grundstudiums, der Fachrichtungen, der Nebenfachausbildung und der postgradualen Weiterbildung zugewiesen. Für die Hochschullehrer schuf diese neue Struktur bessere Möglichkeiten zur Wahrnehmung des Berufungsauftrages, für den wissenschaftlichen Nachwuchs bedeutete sie die Überwindung der Enge der Arbeitsgruppen und somit eine qualifiziertere fachliche Ausbildung. Die Leiter der WB konnten, wenn sie die Leitung von Forschungsthemen nicht selbst übernahmen, Themenverantwortliche einsetzen. Diese waren dann für die Aufstellung und Durchsetzung der auf der Grundlage der Forschungskonzeption erarbeiteten Verträge und Pflichtenhefte sowie für die Berichterstattung und Zuarbeit zur Geräte- und Finanzplanung verantwortlich. Die Wissenschaftsbereiche hatten bis zur Neugründung der Institute am 2.12.1993 Bestand.

Forschungskollektive (FK) 1968–1972 (Leiter)	**Arbeitsgruppen (AG) 1972–1981 (Leiter)**	**Wissenschaftsbereiche (WB) 1981–1993 (Leiter)**
Festkörperchemie und Kristallographie (E. Butter)	Festkörperchemie (E. Butter)	Anorganische Chemie (E. Hoyer)
	Koordinationschemie (E. Hoyer)	
Heterocyclen und Metall-Chelate (E. Hoyer/M. Weißenfels)	Heterocyclenchemie (S. Hauptmann/M. Weißenfels)	
Aliphaten und Alicyclen (M. Mühlstädt)	Organische Synthese (M. Mühlstädt)	Organische Chemie (M. Weißenfels/ K. Schulze)
	Technische Chemie (R. Schöllner)	Technische Chemie (R. Schöllner/K.-H. Steinberg)
Chemische Bindung und Zwischenmolekulare	Thermodynamik (K. Quitzsch)	Physikalische Chemie (A. Meisel/P. Bräuer)
Wechselwirkungen (G. Geiseler)	Röntgenspektroskopie (A.Meisel)	
	Molekülspektroskopie (G. Geiseler/J. Fruwert)	
	Kinetik (W. Lorenz)	Theoretische physikalische Chemie (W. Lorenz/J. Reinhold)
	Quantenchemie (M. Scholz/C. Weiss)	
Spurenanalyse (H. Holzapfel)	Strukturanalytik (R. Borsdorf)	Analytische Chemie (G. Werner)
	Anorganische Analytik (H. Holzapfel/G. Werner)	
	Fachbereich Kristallographie (H. Neels/P. Paufler)	Kristallographie (P. Paufler)
	Methodik des Chemieunterrichts (H. Möhle/P. Lange)	Methodik des Chemieunterrichts (P. Lange)

Die Parteiorganisation der SED an der Sektion nahm dominanten Einfluss auf die Struktur, die Lehre und Forschung und insbesondere auf die Auswahl der „Kader" für Leitungsfunktionen (Kaderentwicklungsprogramme), Hochschullehrerberufungen und die Einstellung der Mitarbeiter.

Zu Sektionsdirektoren wurden nach S. Hauptmann ernannt (Abb. 61): Rolf Schöllner (Technische Chemie, 1972–1976), Manfred Weißenfels (Organische Chemie, 1976–1980), Ehrenfried Butter (Anorganische Chemie, 1980–1988), Gerhard Werner (Analytische Chemie, 1988–1990).
Stellvertretende Direktoren für Erziehung, Aus- und Weiterbildung waren: Armin Meisel (6/68–8/71), Klaus Schulze (9/71–1/81), Gerhard Mann (2/81–8/84), Jürgen Hoffmann (9/84–1/89), Philipp Thomas (2/89–10/90).
Stellvertretende Direktoren für Forschung waren: Heinz Holzapfel (6/68–8/70), Gerhard Werner (9/70 bis 8/74), Horst Hennig (9/74–8/80), Manfred Mühlstädt (9/83–8/85), Klaus Schulze (9/85–3/90), Cornelius Weiss (4/90–10/90).

Als Rektoren bzw. Prorektoren der Universität wirkten in der Zeit bis 1990 die Chemiker Horst Hennig, Prorektor für Naturwissenschaften von 1980 bis 1986 und Rektor von 1987 bis 1990 (Abb. 62), Siegfried Hauptmann, Prorektor für Forschung von 1973 bis 1980 sowie der Mineraloge Hermann Neels (1913 bis 2002), Prorektor für Forschung von 1961 bis 1965 und der Chemiedidaktiker Horst Möhle, Prorektor für Studienangelegenheiten von 1958 bis 1966 und Erster Prorektor von 1968 bis 1974.

Abbildung 61
Die Direktoren der Sektion Chemie Siegfried Hauptmann, Rolf Schöllner, Prorektor Horst Hennig, Gerhard Werner, Manfred Weißenfels, Ehrenfried Butter (v. l.)

Die Forschung

Im Rahmen der Hochschulreform wurde die angewandte Forschung vorrangig gefördert. Im Mittelpunkt standen dabei neben der gezielten und erkundenden Grundlagenforschung konkrete Beiträge zur Erfüllung von Aufgabenstellungen des „Staatsplanes Wissenschaft und Technik". Am 2.12.1968 legte der Rektor dem Konzil die „Grundsätze zur Ausarbeitung der Gesamtkonzeption zur Weiterführung der 3. Hochschulreform" vor, die in der Sitzung dieses Gremiums im Februar 1969 abschließend beraten und beschlossen wurde. Bezüglich der Forschung wurde eine kompromisslose Konzentration auf die Hauptprofillinien der Universität festgelegt. Dadurch sollte die Entwicklung einer echten Partnerschaft in der Großforschung und die vollständige Einbeziehung der Studenten in die Forschungsarbeit durch ein wissenschaftlich-produktives Studium vom 1. Studienjahr an erreicht werden.

Auf der Grundlage der Strukturpolitik für die Volkswirtschaft der DDR und der Prognose über die Wissenschaftsentwicklung sowie des Beschlusses über die Aufgaben der Gesellschaftswissenschaften bis 1975 wurden für die Universität sechs Profillinien bestimmt: Marxismus-Leninismus, Marxistisch-leninistische Organisationswissenschaft, Lehrerbildung, Chemie-Physik, Tierproduktion und Veterinärmedizin, Medizinische Wissenschaften. Die geplante rasche Chemisierung der Wirtschaft durch eine beschleunigte Entwicklung der chemischen Industrie sah für den Raum Halle–Leipzig den weiteren Ausbau von Zentren der Petrolchemie vor. Deshalb sollten sich Chemie und Physik im Zeitraum 1971/75 auf die Molekülforschung konzentrieren, wobei Abgrenzungen hinsichtlich des Forschungsgegenstandes, der Stoffsysteme, der Methodik und der Vertragspartner vorzunehmen waren. Zu bestimmen war zugleich die Entwicklung der Theoretischen Chemie und Physik sowie der Mathematik mit der Angewandten Analysis als Schwerpunkt. Der Komplex Chemie/Physik sollte den Kern in der Hauptpraxisbeziehung der Universität mit dem Kombinat Böhlen bilden.

Eine an der Sektion Chemie eingesetzte Prognosekommission erarbeitete unter dieser Zielstellung insgesamt sieben Varianten der Forschungsprofilierung. Am 20.1.1969 wurde beschlossen, das Profil der Sektion auf die Schwerpunkte Petrolchemie, Aufzeichnungsmaterialien und Halbleiter auszurichten. Dabei wurde angenommen, dass die beiden letzteren Schwerpunkte sich zu einer gemeinsamen Thematik „Speichermaterialen" unter Federführung der Physik entwickeln. Für den Schwerpunkt „Petrolchemie" wurde in stofflicher Hinsicht eine Konzentration auf niedermolekulare Kohlenwasserstoffe (C_3–C_6) vorgesehen, um für die in Böhlen laufende Erdölpyrolyse wissenschaftlichen Vorlauf zu schaffen. Die wissenschaftlich-technische Konzeption „Aufzeichnungsverfahren" umfasste die Bereiche Film, Photopapier, Magnetband und Nichthalogensilbermaterialien. Der Schwerpunkt der Halbleiterforschung lag mit der optoelektronischen Datenspeicherung in der Sektion Physik. Der Beitrag der Chemie hatte Epitaxie-Untersuchungen an Galliumarsenid-Halbleitern zum Forschungsgegenstand.

Aus dieser Profilierung ergaben sich zwangsläufig die entsprechenden Praxispartner: der VEB Kombinat „Otto Grotewohl" Böhlen für die Petrolchemie, die VVB Film- und Faserstoffe für Aufzeichnungsmaterialien und die VVB Bauelemente und Vakuumtechnik für die Halbleiter. In Übereinstimmung mit dieser geforderten Konzentration der Forschung waren im Februar 1969 insgesamt 117 Wissenschaftler der Sektion wie folgt zugeordnet: 52 (44 %) dem Schwerpunkt Erdölverarbeitung, 25 (22 %) dem Schwerpunkt Aufzeichnungsmaterialien und 18 (15 %) dem Schwerpunkt Festkörperchemie und Halbleiter sowie 22 (19 %) der Großgeräteabteilung. Die vertraglichen Vereinbarungen mit den ausgewählten Praxispartnern wurden noch 1969 abeschlossen.

Abbildung 62
Rektor Horst Hennig, anlässlich der Investitur am 2.12.1987

Die generelle Gestaltung derartiger Verträge ist aus dem „Beschluss über Grundsätze für die Gestaltung ökonomischer Beziehungen der Kombinate der Industrie mit den Einrichtungen der Akademie der Wissenschaften sowie des Hochschulwesens" des Ministerrates vom September 1985 ersichtlich. Danach erfolgte die Forschungskooperation auf der Grundlage verbindlicher Wirtschaftsverträge, die zwischen den Generaldirektoren der Kombinate und den Rektoren der Universitäten abgeschlossen wurden. Vertragsformen waren langfristige Koordinierungsverträge über die Hauptgebiete der Forschung und die Gestaltung der Forschungskooperation insgesamt. Für die einzelnen konkreten Forschungsarbeiten wurden Leistungsverträge erstellt, wobei in sogenannten Pflichtenheften Vereinbarungen über zu lösende Aufgaben, Termine, ökonomische Ergebnisse, Kosten und Geheimnisschutz fixiert wurden. Die geschlossenen Forschungskooperationen wurden Bestandteil des Planes Wissenschaft und Technik der Kombinate sowie des jeweiligen Fünfjahresplanes der Grundlagenforschung.

Auf der Grundlage dieser Pläne gestaltete sich dann auch die Finanzierung der universitären Forschung. Hauptweg war die Bezahlung durch die Kombinate nach Abschluss der vertraglich vereinbarten Forschungsaufgaben und Verteidigung der Ergebnisse. Dafür wurden Vereinbarungspreise gebildet, die die notwendigen Forschungskosten und einen normativ festzulegenden Forschungszuschlag enthielten. Letzterer diente der planmäßigen Bildung von Prämien-, Kultur- und Sozialfonds zur Stimulierung von Kollektiv- und Einzelleistungen sowie zur Verbesserung der Arbeits- und Lebensbedingungen. Für die erkundende Grundlagenforschung erhielt das Ministerium für Hoch- und Fachschulwesen Mittel zugewiesen. Für komplexe, wirtschaftlich übergreifende Aufgaben des Staatsplanes Wissenschaft und Technik finanzierte das Ministerium für Wissenschaft und Technik weitere aufgabengebundene Forschungsarbeiten.

Für die Gestaltung eines einheitlichen Planes Grundlagenforschung der DDR wurden Wissenschaftliche Räte für festgelegte Hauptforschungsrichtungen (HFR) gebildet. Die Sektion Chemie der Universität Leipzig war deshalb bemüht, alle Forschungsaufgaben in die Programme „Stoffwandlung" bzw. „Halbleiterphysik" zu integrieren. Dies betraf die HFR I: Physikalische Chemie (Stofftrennung, methodische Grundlagen der Analytik), HFR III: Photo- und Elektrochemie, HFR IV: Organische Chemie und die HFR VII: Anorganische Chemie. Zwecks thematischer Zusammenführung langfristiger Forschungsvorhaben unter Beteiligung mehrerer Arbeitsgruppen wurden an der Sektion vier Problemkommissionen gebildet: Aufzeichnungsverfahren (M. Weißenfels), Wechselwirkung Gas-Fest (R. Schöllner), Halbleiter (E. Butter) und Analytik (G. Werner). Dadurch sollte gesichert werden, dass neben Beiträgen zur Entwicklung des Wissenschaftsgebietes überführungsreife Leistungen für die Vertragspartner erreicht wurden. Mitte der 70er Jahre traf dies besonders auf die Industriepartner VEB Kombinatsbetrieb „Otto Grotewohl" Böhlen, VEB Filmfabrik Wolfen, VEB Leuna-Werke „Walter Ulbricht", VEB Chemisches Kombinat Bitterfeld, VEB Halbleiterwerke Frankfurt/Oder und VEB Bauelemente und Vakuumtechnik Dresden zu. Damit waren das gesamte Forschungspotential der Sektion im Plan Grundlagenforschung bzw. im Plan Wissenschaft und Technik gebunden.

Als besonders hinderlich für eine effektive Forschungsarbeit erwiesen sich zunehmende Einschränkungen für den Import von Geräten, Chemikalien und Literatur aus dem nichtsozialistischen Wirtschaftsgebiet (NSW). „Neuerervereinbarungen" sollten in Abstimmung mit den Werkstattmeistern durch Neubau bzw. Optimierung von Geräten Abhilfe schaffen.

Ende der 70er Jahre war die Forschungskonzentration auf Schwerpunktvorhaben hinsichtlich der konzeptionellen Arbeit weitgehend abgeschlossen. In Vorbereitung auf die Forschungsentwicklung nach 1980 konstituierten sich neue Problemkommissionen, die in einer Forschungskonzeption für den Zeitraum bis 1990 fünf Profillinien mit unterschiedlichen Kapazitäten für Forschung und Entwicklung fixierten: Analytik und Spektroskopie (27 % F/E-Kapazität), Synthese- und Fotochemie (26 %), Technische und Angewandte Physikalische Chemie (20 %), Festkörperchemie und Kristallographie (16 %) und Theoretische Chemie (11 %). Eine zentrale Rolle wurde der Analytischen Chemie und Spektroskopie zugeordnet, die sich als Querschnittsdisziplin im Analytischen Zentrum der Universität, gegründet am 19.1.1977, entwickelte (s. Abschn. Analytische Chemie).

Die personelle Forschungskapazität der Sektion lag zu Beginn der 80er Jahre bei ca. 130 Vollbeschäftigteneinheiten (VBE) Beschäftigte, davon ca. 80 VBE Wissenschaftler, außerdem ca. 60–70 VBE Studenten. Wie der Plan der Sektion Chemie für das Jahr 1990 ausweist, traten in dieser Hinsicht nur geringe Änderungen ein: 142 VBE Fachpersonal, 67 VBE Studenten und weitere 7 VBE im wissenschaftlichen Gerätebau. Dabei entfielen ca. 60 % dieser Forschungskapazität auf die Vertragsforschung und die verbleibenden ca. 40 % auf die Grundlagenforschung. Die ausgewiesenen studentischen Forschungskapazitäten resultierten dabei aus vier Quellen: Diplomarbeiten, Betriebspraktikumsarbeiten (12 Wochen im 4. Studienjahr), Leistungen im Rahmen von Jugendobjekten (3. und 4. Studienjahr), Leistungen aus obligatorischen Praktika (2. und 3. Studienjahr, Forschungschemikalien und Messdaten).

Entsprechend dem Profil der Sektion entwickelte sich die Vertragsforschung neben den Hauptpartnern auch zu weiteren Betrieben, z. B. VEB Chemisches Kombinat Miltitz, VEB Chemieanlagenbaukombinat Leipzig-Grimma (CLG), VEB Kombinat GISAG, Institut für Sekundärrohstoffe Berlin, Brennstoffinstitut Freiberg, Institut für Hygiene und Mikrobiologie Bad Elster, VEB Carl Zeiss Jena, VEB Fahlberg List u. a. Besonders nennenswert ist dabei die Kooperation mit dem VEB Chemieanlagenbau Leipzig–Grimma, in die neben der Technischen insbesondere die Analytische Chemie einbezogen war.

Am 2.5.1985 wurde zwischen dem VEB Chemieanlagenbaukombinat Leipzig–Grimma und der Karl-Marx-Universität Leipzig ein Vertrag über die Einrichtung eines „Zentrallabors für Kohleanalytik" abgeschlossen. Zielstellung war die Entwicklung und Anwendung analytischer Methoden für die Prozesse der Gewinnung von Kraftstoffen aus Braunkohle. Der dafür benötigte Neubau (Technikum–Analytikum) begann im Jahr 1985 in der Linnéstraße. Anfang April 1986 fand die Grundsteinlegung statt, am 29.4.1988 konnte Richtfest gefeiert werden, die offizielle Übergabe an die Universität erfolgte am 26.10.1990 (s. Abschn. Gebäude). Mit der Inbetriebnahme des Technikum–Analytikum wurde der Vertrag mit dem Chemieanlagenbau zum 1.1.1990 aufgehoben, die 28 wissenschaftlichen und technischen Mitarbeiter des Zentrallabors wurden einschließlich Grundmitteln in Höhe von 2,5 Mio Mark in das „Analytische Zentrum" der Sektion Chemie integriert.

Mit der politischen Wende erfolgte in den Neuen Bundesländern zugleich ein drastischer Strukturwandel in der chemischen Industrie. Die Volkseigenen Betriebe und Kombinate wurden aufgelöst, die mit der Sektion Chemie vereinbarten Forschungsverträge fanden in der Regel keine Fortsetzung. Stellvertretend für diesen Prozess sei ein Schreiben der ORWO Filmfabrik Wolfen AG vom 11.9.1990 angeführt:

„Sehr geehrter Herr Rektor! Aufgrund der angespannten finanziellen Situation der Filmfabrik AG müssen wir Ihnen leider mitteilen, dass die Vertragsforschung nicht weitergeführt werden kann und ab sofort eingestellt werden muss. Sofern eine Änderung der Unternehmenslage zu verzeichnen ist, finden im November dieses Jahres Verhandlungen über die Aufnahme neuer Verträge für 1991 mit Ihrer Einrichtung statt. Wir bitten um Ihr Verständnis für die von uns notwendig eingeleitete Maßnahme und hoffen auf weitere gute Zusammenarbeit für die Zukunft. Hochachtungsvoll Filmfabrik Wolfen AG.

Vorstandsmitglied Dr. Watzke, Vorstandsmitglied Herr Schubert".

Eine weitere Zusammenarbeit fand allerdings nicht mehr statt.

Die Bildung der Fakultät für Chemie und Mineralogie

Horst Wilde

Die strukturelle Neuordnung

Das Jahr 1989 geht in die Geschichte Ostdeutschlands als das Jahr der selbst erkämpften Demokratie ein. Höhepunkt war zweifellos der 9. Oktober 1989 in Leipzig, der Tag der friedlichen Revolution. Der Drang der Menschen nach mehr Freiheit und Demokratie erfasste natürlich auch die Universität. Bereits Mitte Oktober 1989 verfassten Studenten einen Aufruf zur Reform der FDJ und zur Gründung eines Studentenrates als Vertretung aller Studenten. Gleichzeitig forderten sie, dass Marxismus-Leninismus, Fremdsprachen und Sport nur noch fakultativer Bestandteil des Studiums sind.

Die Einleitung des demokratischen Wandels an der Sektion Chemie begann am 27.2.1990 mit einem Schreiben des Sektionsdirektors Gerhard Werner an die ordentlichen Professoren der Sektion Chemie (Historischer Archivbestand der Fakultät): „Sehr geehrter Herr Kollege! Die rasanten Veränderungen in unserem Lande haben neben inhaltlichen Erneuerungen auch Neubestimmungen von Strukturen und Funktionen zur Folge. Die bevorstehenden Maßnahmen zur Verwaltungsreform und zur stärkeren Übertragung von Arbeitsaufgaben auf die wissenschaftlichen Grundeinheiten machen nach meiner Ansicht neben einer Entwicklung von Kollegialorganen eine Bestätigung des Konsens zwischen den Hochschullehrern und dem Sektiondirektor erforderlich. Der Rektor der Karl-Marx-Universität, Magnifizenz Hennig, hat die Erwartung ausgesprochen, dass bis zum neuen Studienjahr alle Universitätskörperschaften eine demokratische Legitimation haben Ich wende mich mit diesem Brief an alle ordentlichen Professoren der Sektion Chemie mit der Bitte um Beratung zu folgenden Fragen: 1. Sollte der Sektionsdirektor die Vertrauensfrage stellen? 2. Sollte eine Wahl des Sektionsdirektors aus dem Kreis der ordentlichen Professoren erfolgen? Für beide Fragen käme nach meiner Meinung der Kreis der B-Promovierten bzw. Habilitierten als Wahlgremium in Frage. Ich bitte Sie um Ihre Meinung und gegebenenfalls um eine Bereitschaftserklärung, für das Amt des Sektionsdirektors zu kandidieren. Für eine Antwort wäre ich Ihnen bis Montag, den 5.3.1990 mittags dankbar, da wir diese Fragen im Rat der Sektion behandeln wollen. Mit freundlichen Grüßen, Prof. Dr. G. Werner."

Auf diesen Brief antworteten elf (von 16) o. Professoren: R. Borsdorf, P. Bräuer, E. Butter, S. Hauptmann, E. Hoyer, W. Lorenz, M. Mühlstädt, P. Paufler, D. Rehorek, R. Schöllner und M. Weißenfels. Sie brachten in den schriftlichen Meinungsäußerungen direkt oder indirekt das Vertrauen zu G. Werner zum Ausdruck. Sollte es dennoch zu einer Wahl eines Sektionsdirektors kommen, dann plädierte man unisono für einen aus dem Kreis der o. Professoren und als Wahlberechtigte mehrheitlich auf eine Beschränkung auf den Kreis der B-Promovierten. Wenige sprachen sich für eine darüber hinausgehende Beteiligung von ausgewählten weiteren Personen aus. Eine Rückantwort enthielt die Alternative mit dem Vorschlag zur Wahlberechtigung aller fest angestellten (unbefristeten) wissenschaftlichen Mitarbeiter.

Am 21. und 22.3.1990 fanden an der Sektion Chemie zunächst Wahlen zum Personalrat als Interessenvertretung aller Beschäftigten statt. Gewählt wurden acht Mitglieder: Elke Altmann (Ing. für Laboratoriumstechnik), Dr. Marina Dörre (Vogel) (Organische Chemie), Doz. Dr. Reinhard Kirmse (Anorganische Chemie), Dipl.-Ing. Alexander Kopczynski (Werkstätten), Tamara Meinel (Chemielaborantin), Dr. Roland Pfestorf (Physikalische Chemie), Brigitte Reichel (Studienabteilung) und Dipl-Chem. Michael von Szombathely (befristeter Assistent). Am 8.5.1990 trat die Leitung der Sektionsgewerkschaft (SGL) zurück. Ihre Aufgaben übernahm die Vollversammlung der Gewerkschaftsvertrauensleute (Leitung: Klaus-Dieter Schulze, Rüdiger Szargan), die gemeinsam mit dem Personalrat das Mitspracherecht in Personal- und Strukturfragen wahrnahm.

Mit dem Ziel der demokratischen Erneuerung der Universität schlug das Konzil am 5.7.1990 vor, dass alle Leiter und deren Stellvertreter von Einrichtungen der Universität bis zur Ebene von Fachbereichen, Instituten und Kliniken verpflichtet sind, die Vertrauensfrage zu stellen. Der Senat fasste noch am gleichen Tage einen entsprechenden Beschluss mit dem 15.9. als Endtermin. Stimmberechtigt waren alle Beschäftigten der entsprechenden Einrichtung. Das Verfahren wurde von demokratisch gewählten Vertretern der Beschäftigten (Vertrauensleute/Personalrat) durchgeführt, die dazu eine Wahlkommission bildeten. Vorgesehen war eine Stellungnahme der in Frage stehenden Personen zu ihrer fachlichen und politischen Tätigkeit während der Vergangenheit, sowie einer Darstellung des Konzeptes für die zukünftige Entwicklung der Einrichtung in einer Vollversammlung aller Stimmberechtigten mit anschließender geheimer Abstimmung.

Der amtierende Direktor der Sektion Chemie G. Werner erhielt in einem ersten Schritt das Vertrauen aller ordentlichen Professoren, stellte sein Amt jedoch zur Verfügung. Somit stand die Wahl eines neuen Sektionsdirektors an. Von der amtierenden Sektionsleitung, dem Personalrat und dem Studentenrat wurde gemeinsam eine Wahlkommission berufen. Ihr gehörten an: Prof. Dr. Konrad Quitzsch (Vorsitzender), Doz. Dr. Bärbel Schulze (Stellv. Vorsitzende), Dr. Klaus-Dieter Schulze, W. Nowack, Michael von Szombathely (Personalrat), A. Grimm (Studentenrat). Die Wahlkommission war für die Durchführung der Wahl und die Festlegung einer Wahlordnung zuständig. Die Wahlordnung wurde am 24.9.1990 bekannt gegeben und enthielt u. a. folgende Festlegungen:

- Der Direktor der Sektion Chemie wird für eine einjährige Amtszeit in geheimer Abstimmung gewählt.
- Zur Kandidatur sind alle habilitierten bzw. B-promovierten Wissenschaftler der Sektion aufgerufen. In der konstituierenden Sitzung am 28.8. war der Kandidatenkreis noch auf Professoren, einschließlich außerordentliche Professoren, eingeschränkt worden.
- Wahlberechtigt sind alle Angehörigen der Wissenschaftsbereiche (einschließlich der Mitarbeiter von Applikationsgruppen, der Forschungsstudenten und der Aspiranten), alle Angehörigen der Technisch-ökonomischen Abteilung und alle Studierenden vom 1. bis zum 5. Studienjahr. Jeder Studierende beteiligt sich mit einem Anteil von 0,25 Stimmen.

Abbildung 63
Rektor Cornelius Weiss, 1996

- Für die Wahl des Sektionsdirektors ist die einfache Mehrheit aller abgegebenen gültigen Stimmen erforderlich.

In einer Versammlung der Wahlberechtigten stellten sich am 4.10. als Kandidaten die außerordentlichen Professoren Klaus Dittrich (Analytische Chemie) und Cornelius Weiss (Theoretische Chemie) vor. Beide schlugen den außerordentlichen Dozenten Dr. Horst Wilde (Organische Chemie) als ihren Stellvertreter vor. Die öffentliche Auszählung der Stimmen erfolgte am 9.10. An der Wahl beteiligten sich 267 (76 %) Mitarbeiter, Forschungsstudenten und Aspiranten sowie 41 (13 %) Studenten. Für C. Weiss stimmten 72 %, für K. Dittrich 26 %. Wenige der abgegebenen Stimmen (2 %) waren ungültig. Damit waren C. Weiss als neuer Sektionsdirektor und H. Wilde als sein Stellvertreter gewählt.

Nach der Wahl durch das Konzil der Universität am 13.2.1991 wurde C. Weiss (Abb. 63) im März 1991 Rektor der Universität Leipzig. In seiner Nachfolge wurde H. Wilde mit Wirkung vom 7.3.1991 kommissarischer Direktor der Sektion Chemie. Stellvertreter wurden Prof. Dr. Rolf Borsdorf (Analytische Chemie) und Prof. Dr. Konrad Quitzsch (Physikalische Chemie).

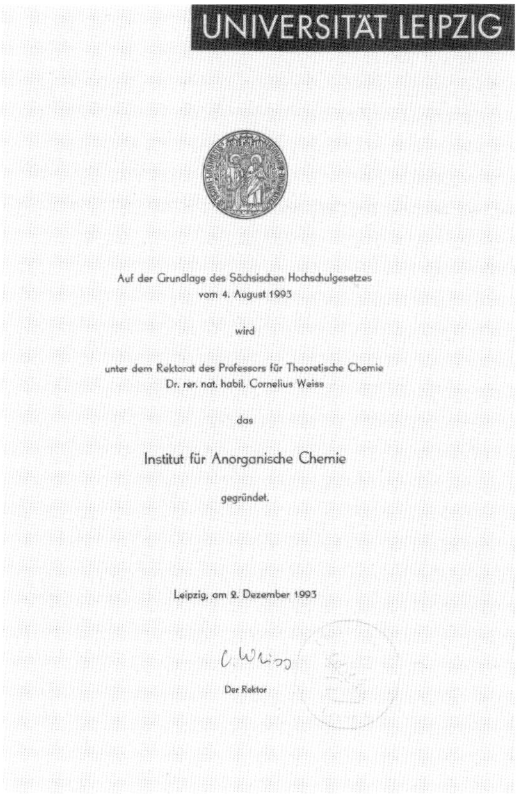
UNIVERSITÄT LEIPZIG

Auf der Grundlage des Sächsischen Hochschulgesetzes
vom 4. August 1993

wird

unter dem Rektorat des Professors für Theoretische Chemie
Dr. rer. nat. habil. Cornelius Weiss

das

Institut für Anorganische Chemie

gegründet.

Leipzig, am 2. Dezember 1993

C. Weiss

Der Rektor

Abbildung 64
Die Gründungsurkunde des Instituts für Anorganische Chemie, 1993

Am 5.12.1990 stellte der neu gewählte Sektionsdirektor an das amtierende Rektoratskollegium den Antrag auf Bildung eines Fachbereiches für Chemie und Kristallographie sowie die Neugründung der Institute ab 1.1.1991. Dieser Antrag wurde mit Schreiben vom 14.2. abschlägig beschieden, da für solche Strukturentscheidungen allein der Minister zuständig sei. Ungeachtet einer offiziellen Bestätigung führte die bisherige Sektion als Mitglied der Konferenz der Fachbereiche Chemie nunmehr die Bezeichnung „Fachbereich Chemie".

Die von der letzten DDR-Regierung unter Ministerpräsident Lothar de Maiziere am 18.9.1990 erlassene „Verordnung über Hochschulen" wurde im Zuge der deutschen Wiedervereinigung am 3.10.1990 außer Kraft gesetzt. Die grundlegende Hochschulerneuerung in akademischer Selbstverwaltung, personeller Zusammensetzung, Lehre und Forschung basierte auf den von der Sächsischen Staatsregierung erlassenen Gesetzen: „Sächsisches Hochschulerneuerungsgesetz" (SHEG, 25.7.1991); „Sächsisches Hochschulstrukturgesetz" (SHSG, 10.4.1992) und „Sächsisches Hochschulgesetz" (SHG, 4.8.1993).

Am 2.12.1993 wurden aus den bis dahin bestehenden Wissenschaftsbereichen wieder Institute gegründet (Abb. 64) und vom Rektor kommissarische Direktoren eingesetzt: Institut für Anorganische Chemie: Lothar Beyer; Institut für Organische Chemie: Klaus Schulze; Institut für Physikalische und Theoretische Chemie: Konrad Quitzsch; Institut für Analytische Chemie: Gerhard Werner; Institut für Technische Chemie: Helmut Papp; Institut für Mineralogie, Kristallographie und Materialwissenschaft: Klaus Bente; Interdisziplinäres Institut für Natur- und Umweltschutz: Klaus Kabisch. Als gleichrangige Struktureinheiten wurden der Bereich Chemiedidaktik mit der Leiterin Dr. Barbara Arndt und die Betriebseinheit Technisch-ökonomischer Bereich (TÖB) mit dem Leiter Dr. Christian Richter gebildet.

Mit der Gründung von insgesamt 14 Fakultäten wurde die 1951 gebildete Mathematisch-Naturwissenschaftliche Fakultät (letzter Dekan: Franz Jacobs, Geophysik) mit Wirkung vom 17.1.1994 in vier Fakultäten

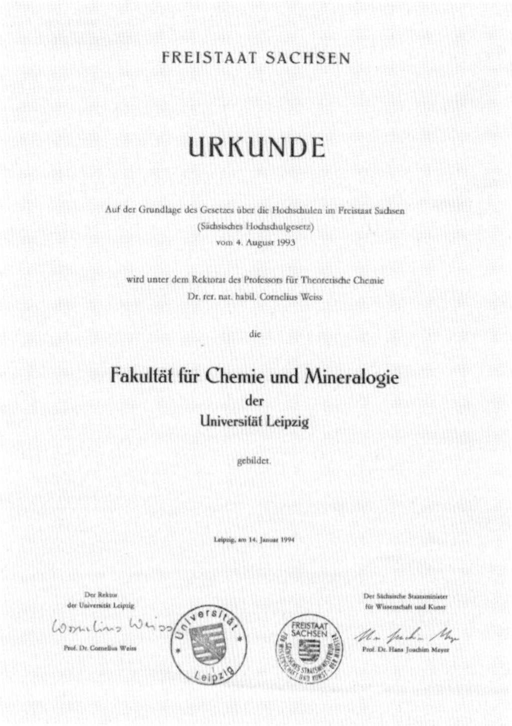

FREISTAAT SACHSEN

URKUNDE

Auf der Grundlage des Gesetzes über die Hochschulen im Freistaat Sachsen
(Sächsisches Hochschulgesetz)
vom 4. August 1993

wird unter dem Rektorat des Professors für Theoretische Chemie
Dr. rer. nat. habil. Cornelius Weiss

die

Fakultät für Chemie und Mineralogie
der
Universität Leipzig

gebildet.

Leipzig, am 14. Januar 1994

Der Rektor
der Universität Leipzig
Prof. Dr. Cornelius Weiss

Universität Leipzig

FREISTAAT SACHSEN

Der Sächsische Staatsminister
für Wissenschaft und Kunst
Prof. Dr. Hans Joachim Meyer

Abbildung 65
Die Gründungsurkunde der Fakultät für Chemie und Mineralogie der Universität Leipzig, 1994

aufgegliedert: Fakultät für Chemie und Mineralogie (Abb. 65) ; Fakultät für Physik und Geowissenschaften; Fakultät für Mathematik und Informatik; Fakultät für Biowissenschaften, Pharmazie und Psychologie. In Vorbereitung darauf erfolgte Ende 1993 die geheime Wahl zum Fakultätsrat (s. Anhang Fakultätsräte), dieser wählte am 14.1.1994 in geheimer Abstimmung die neue Fakultätsleitung für die Dauer von drei Jahren: Gründungsdekan Joachim Reinhold (Theoretische Chemie), Prodekan Lothar Beyer (Anorganische Chemie), Studiendekan Horst Wilde (Organische Chemie) (Abb. 66). In den Folgejahren wurden unten stehende Fakultätsleitungen gewählt:

Die Naturwissenschaften Chemie und Mineralogie erlangten so ab 1994 erstmals in ihrer mehr als dreihundertjährigen Geschichte strukturelle Selbständigkeit an der Universität Leipzig und erhielten die Promotions- und Habilitationsrechte sowie das Recht zur Vergabe von Ehrenpromotionen.

Die Struktur der Fakultät für Chemie und Mineralogie im Jahre 2008 ist aus dem nachfolgenden Schema ersichtlich.

	1994–1996	1996–1999	1999–2002	2002–2005	2005–2008
Dekane:	J. Reinhold	H. Papp	P. Welzel/E. Hey-Hawkins	H. Morgner	H. Papp/H. Krautscheid
Prodekane:	L. Beyer	J. Reinhold	H. Papp/P. Welzel	E. Hey-Hawkins	H. Krautscheid/C. Schneider
Studiendekane:	H. Wilde	H. Wilde P. Schreiter	H. Morgner P. Schreiter	R. Hoffmann K. Bente	S. Berger

Abbildung 66
Erste Leitung der neugegründeten Fakultät für Chemie und Mineralogie: Prodekan Lothar Beyer, Dekan Joachim Reinhold, Studiendekan Horst Wilde (v. l.), 1996

Der Fakultätsrat besteht aus 15 Mitgliedern, davon acht Hochschullehrern, drei akademischen Mitarbeitern, drei von der Fachschaft delegierten Studenten und einem Mitglied aus der Gruppe der sonstigen Mitarbeiter. Dem Fakultätsrat obliegt die Beschlussfassung über alle Angelegenheiten, für die nicht die Zuständigkeit des Dekans allein oder eine andere Zuständigkeit bestimmt ist. Er ist insbesondere zuständig für

- die Koordinierung der Lehre und Forschung
- die Verteilung der von der Universität zugewiesenen Personalstellen, Finanzmittel und Räume innerhalb der Fakultät
- die Beschlussfassung über Ordnungen
- Graduierungen
- Berufungsvorschläge.

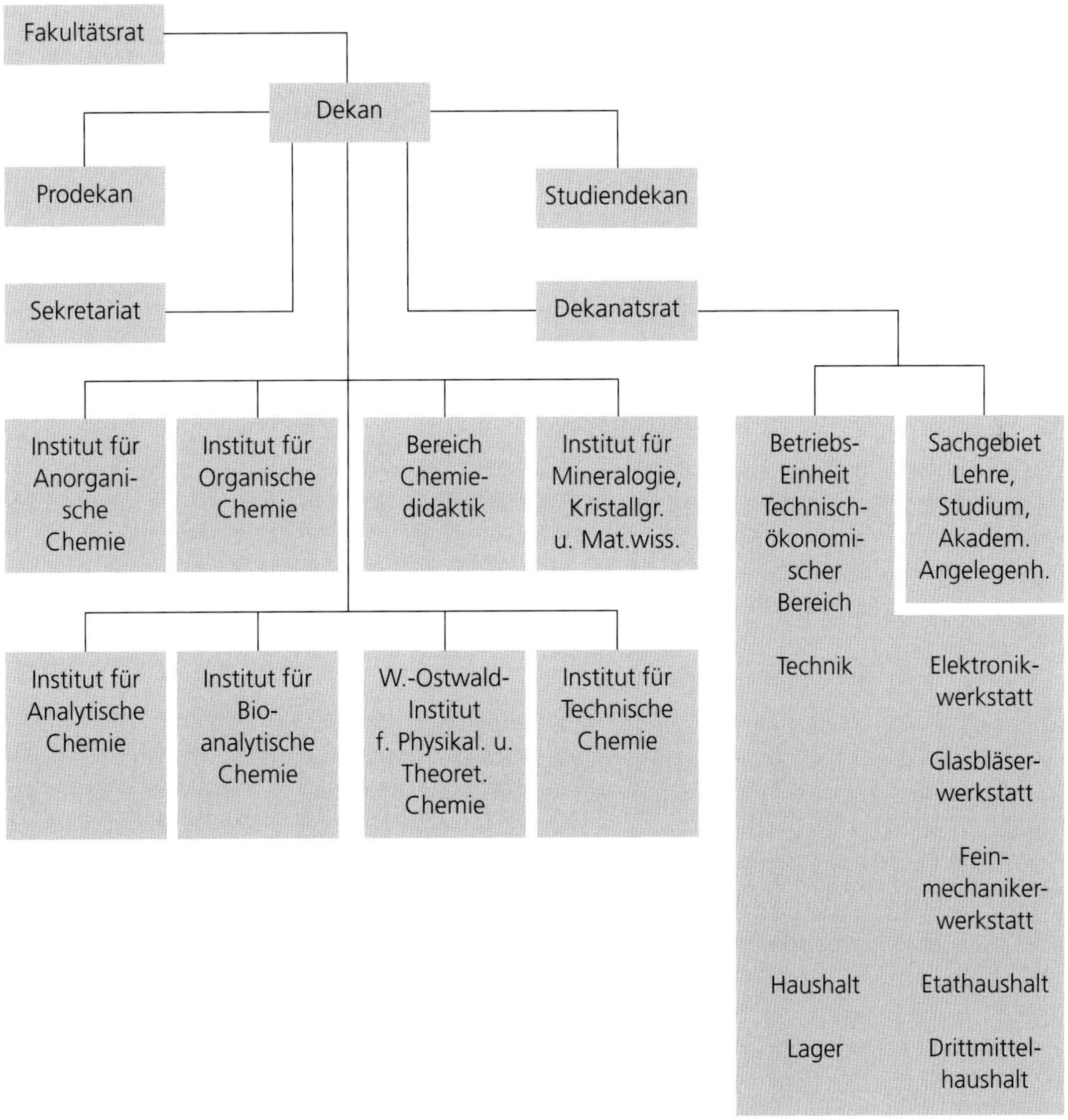

Zur Vorbereitung seiner Entscheidungen setzt der Fakultätsrat Haushalts-, Bibliotheks-, Studien-, Prüfungs- sowie Promotions-, Habilitations- und Berufungskommissionen ein.

Der Dekan vertritt die Fakultät innerhalb der Universität und führt die Geschäfte der Fakultät in eigener Zuständigkeit. Er ist Vorsitzender des Fakultätsrates und wird von diesem aus dem Kreis der ihm angehörenden acht Professoren gewählt. Auf Vorschlag des Dekans wählt der Fakultätsrat einen Professor als Prodekan und einen oder mehrere Professoren als Studiendekan. Der Dekanatsrat führt im Auftrage des Dekans die Geschäfte der laufenden Verwaltung der Fakultät und ist kein gewähltes Mitglied des Fakultätsrates.

Nach 1990 wirkten die Chemiker Cornelius Weiss als Rektor von 1991 bis 1997 und Helmut Papp als Prorektor für Forschung und wissenschaftlichen Nachwuchs von 2001 bis 2004.

Die personelle Neuordnung

An der Sektion Chemie waren mit Stand vom 1.1.1991 insgesamt 193 Wissenschaftler tätig, davon 25 Professoren, 20 Dozenten, 17 Habilitierte, 77 Promovierte und 54 Diplomierte. Der Bereich der technischen Mitarbeiter und des nichtwissenschaftlichen Personals umfasste 110 Personalstellen. Für die zu gestaltende neue Struktur wurden der Sektion Chemie vom Sächsischen Staatsministerium für Wissenschaft und Kunst (SMWK) in Dresden insgesamt 88 Stellen für Wissenschaftler (13 C4- und 9 C3-Professorenstellen, 3 C2-Dozentenstellen, 63 Stellen für wissenschaftliche Mitarbeiter) und 78,5 Planstellen für nichtwissenschaftliches Personal zugewiesen. Diese Stellen waren auf Grundlage der oben angeführten Gesetze neu zu besetzen. Gemäß „Achter Abschnitt. Reform und Erneuerung des wissenschaftlichen und künstlerischen Personals" des SHEG hatte unverzüglich eine Überprüfung der persönlichen Eignung sowie eine Überprüfung der erforderlichen fachlichen Kompetenz der Hochschullehrer und des wissenschaftlichen Personals zu erfolgen. Zuständig für diese Aufgabe waren Personal- und Fachkommissionen. Aufgabe der Personalkommission war es, die persönliche Eignung der Hochschullehrer, des wissenschaftlichen und des nichtwissenschaftlichen Personals zu prüfen. Als nicht geeignet war dabei einzustufen, wer gegen die Grundgesetze der Menschlichkeit oder Rechtsstaatlichkeit, z. B. durch eine Tätigkeit für das Ministerium für Staatssicherheit der DDR, verstoßen hat. Für die Personalkommission Naturwissenschaft und Technik der Universität berief der Staatsminister Hans-Joachim Meyer Mitte September 1991 als ständige Mitglieder: Dr. Volker Riede (Physik) Prof. Eberhard Zeidler (Mathematik), Dr. Fritz Dietz (Chemie) und Dipl.-Ing. Thomas Braatz (Rechenzentrum). Darüber hinaus wirkten in den Personalkommissionen jeweils nichtständige Mitarbeiter mit, die bei der Überprüfung der jeweils betroffenen Struktureinheiten hinzugezogen wurden. Im Ergebnis der Tätigkeit der Personalkommissionen wurden fünf Professoren abberufen.

Die Wahl der nichtständigen Mitglieder der Sektion Chemie wurde am 20.9.1991 durchgeführt. Wahlberechtigt waren 56 Hochschullehrer (Professoren und Dozenten sowie habilitierte Mitarbeiter mit Facultas docendi), 115 wissenschaftliche Mitarbeiter sowie 121 nichtwissenschaftliche Mitarbeiter. Im Ergebnis der Wahl wurden berufen: Prof. Rolf Borsdorf, Doz. Dr. Bärbel Schulze, Dr. Achim Hantschmann, Dr. Klaus-Dieter Schulze, Dipl.-Ing. Alexander Kopczynski und die Ingenieurin für Laboratoriumstechnik Elke Altmann.

Die Überprüfung der fachlichen Kompetenz und persönlichen Eignung oblag der Fachkommission. § 80 SHEG legte fest: „Eine Fachkommission besteht aus sechs Hochschullehrern, von denen mindestens drei nicht der gleichen Hochschule angehören dürfen, zwei Vertretern der wissenschaftlichen Mitarbeiter und einem Vertreter der Studenten. Die Kommission wählt einen Hochschullehrer zum Vorsitzenden". Die Wahl der vorzuschlagenden Kandidaten der Sektion erfolgte am 8.10.1991, wahlberechtigt waren 56 Hochschullehrer und 115 wissenschaftliche Mitarbeiter. Mit Schreiben vom 11.3.1992 bestätigte der Sächsische Staatsminister für Wissenschaft und Kunst, Hans-Joachim Meyer, die Fachkommission Chemie in folgender personeller Zusammensetzung: Prof. Karlheinz Ballschmitter (Ulm); Prof. Reinhard W. Hoffmann (Marburg, Vorsitz); Prof. i. R. Heinrich Kriegsmann (ehemals Akademie der Wissenschaften Berlin); Prof. Fritz Fetting (Darmstadt), Prof. Konrad Quitzsch (Leipzig); Doz. Dr. Joachim Reinhold (Leipzig), Dr. Volker Gottschalch (Leipzig), Dr. Matthias Heuchel (Leipzig) und die Studentin Christa Lauterbach (Leipzig). Die Kommission bestätigte durch einstimmigen Beschluss vom 28.4.1992 für 150 Personen die notwendige fachliche Kompetenz und persönliche Eignung für die gegenwärtigen und künftigen wissenschaftlichen Aufgaben. Abberufungen bzw. Kündigungen wurden nicht empfohlen.

Als erste Übergangsregelung beauftragte Minister Meyer zum 3.10.1991 ca. 130 Wissenschaftler und Wissenschaftlerinnen mit der Wahrnehmung eines Professorenamtes „neuen Rechts" an den Hochschulen Sachsens. Damit war für den in § 49 Absatz 1 des Hochschulerneuerungsgesetzes aufgeführten Personenkreis – dazu gehörten C. Weiss als Rektor und H. Wilde als Fachbereichsleiter – die gesetzeskonforme Tätigkeit gesichert: „Das Amt eines Rektors, eines Prorektors, eines Dekans, eines Prodekans sowie eines Leiters eines Fachbereichs kann nur durch einen Professor neuen Rechts [...] wahrgenommen werden. Gleiches gilt für die Mitwirkung in Verfahren zur Berufung von Hochschullehrern." Am 7.4.1992 wurde auf Basis von § 48 SHEG die Durchführung verkürzter Berufungsverfahren durch außerordentliche Berufungskommissionen verordnet. Vorschläge dafür wurden vom Rektor im Zusammenwirken mit Mitgliedern von Personal- und Fachkommissionen sowie des Senats unterbreitet. Bewerbungen waren ausgeschlossen. Auf diesem Wege wurden mit Wirkung vom 1.6.1992 an der Universität Leipzig 75 Professoren „neuen Rechts" („Eckprofessuren") berufen, darunter in der Chemie: Rolf Borsdorf (Analytische Chemie), Konrad Quitzsch (Physikalische Chemie), Rüdiger Szargan (Physikalische Chemie), Cornelius Weiss (Theoretische Chemie), Horst Wilde (Organische Chemie) und Gerhard Wendt (Technische Chemie). Alle weiteren Professuren standen innerhalb eines kurzen Zeitabschnittes zur Disposition. Sie wurden öffentlich ausgeschrieben und als normale Berufungsverfahren durchgeführt. Einen Überblick über die Erst- und Folgeberufungen vermittelt nachfolgende Übersicht.

Die aus den alten Bundesländern erstberufenen Hochschullehrer erhielten in der Regel großzügige Berufungsmittel und starke Unterstützung vom Fonds der Chemischen Industrie. Damit war ein guter Start gesichert. Ihre Besoldung und die Übernahme in den Beamtenstatus erfolgten in der in den alten Bundesländern üblichen Weise. Erst- und Wiederberufene aus den neuen Bundesländern erhielten dagegen in der Regel keine oder vergleichsweise geringfügige Berufungsmittel. Ihre Besoldung wurde nach dem neu geschaffenen Bundesangestelltentarif Ost (BAT-O) vorgenommen und lag bei gleicher Einstufungs-Kategorie C4 bzw. C3 und gleichen Arbeitsleistungen deutlich niedriger als die ihrer aus den alten Bundesländern berufenen Kollegen in der Fakultät. Der Übernahme in den Beamtenstatus mit daraus resultierenden Pensionsansprüchen war im Freistaat Sachsen ein Lebensalterlimit von 50 Jahren (zum Zeitpunkt der Wiedervereinigung) gesetzt. Trotz solcher Unterschiede herrschten in jenen Jahren der Hochschulerneuerung ein erfreulich konstruktives Miteinander und ein „Zusammenwachsen" bei der Bewältigung der immensen Aufgaben in Lehre, Forschung, Wissenschaftsorganisation und der Planung und Realisierung des Neubaus Chemie. Man zog „an einem Strang" im Bewusstsein des Geschenks der Wiedervereinigung und der gewonnenen Freiheit von Lehre und Forschung.

Als „Professoren bisherigen Rechts" verblieben bis zum Eintritt in den Ruhestand die Hochschullehrer Manfred Weißenfels (1993), Manfred Mühlstädt (1994), Siegfried Hauptmann (1996), Eberhard Hoyer (1996), Klaus Schulze (1999), Horst Hennig (2002) und Rainer Herzschuh (2002).

Am 25.7.1992 wurden mit einer Bewerbungsfrist bis zum 7.8. insgesamt 60 Stellen für Assistenten, Oberassistenten, wissenschaftliche Mitarbeiter und Lehrkräfte für besondere Aufgaben am Fachbereich Chemie öffentlich ausgeschrieben. Gemäß § 11 SHSG erfolgte die Besetzung der Stellen für die wissenschaftlichen Mitarbeiter vorrangig aus dem Personal der Sektion Chemie sowie der Institute der ehemaligen Akademie der Wissenschaften. Verantwortlich für die Stellenbesetzung war eine vom Minister bestätigte Auswahlkommission, die am 24.8. unter der Leitung von Prof. Kurt Dehnicke (Marburg)

Berufungen 1992–2008 (Monat/Jahr der Berufung – Monat/Jahr des Ausscheidens)

Anorganische Chemie	
C4 Anorganische Chemie (Koordinationschemie/ Bioanorganische Chemie	Lothar Beyer (4/93–3/02)
C4 Anorganische Chemie (Festkörperchemie/ Materialwissenschaft)	Harald Krautscheid (4/02)
C4 Anorganische Chemie (Photochemie/Organometallchemie	Evamarie Hey-Hawkins (4/93)
C3 Anorganische Chemie (Festkörperchemie/Halbleiterchemie)	Joachim Sieler (11/92–9/04)
C3 Anorganische Chemie/Koordinationschemie/Supramolekulare Chemie	Berthold Kersting (10/04)
C3 Anorganische Chemie (Strukturchemie/Spektroskopische Methoden)	Reinhard Kirmse (11/92)
Analytische Chemie	
C4 Analytische Chemie (Konzentrationsanalytik)	Gerhard Werner (11/92–9/97)
C4 Analytische Chemie (Konzentrationsanalytik)	Jose A.C.Broekaert (4/98–3/02)
C4 Analytische Chemie (Konzentrationsanalytik)	Detlev Belder (8/07)
C4 Analytische Chemie (Strukturanalytik)	Rolf Borsdorf (6/92–3/97)
C4 Analytische Chemie (Strukturanalytik)	Stefan Berger (9/97)
C3 Analytische Chemie (Trennverfahren/ Chromatographie)	Werner Engewald (9/93–9/02)
Organische Chemie	
C4 Organische Chemie (Heterocyclen/Aminosäure- und Peptidchemie)	Klaus Burger (11/93–9/03)
C4 Organische Chemie (Organische Synthese)	Christoph Schneider (10/03)
C4 Organische Chemie (Naturstoffchemie)	Peter Welzel (11/93–9/02)
C4 Organische Chemie (Naturstoffchemie)	Athanassios Giannis (5/02)
C4 Organische Chemie (Regio- und stereoselektive Synthesen)	K. Schulze (bis 4/99),Wandlg. W2
W2 Organische Chemie (Katalyse)	Christian Stark (10/07)
C3 Organische Chemie (Heterocyclenchemie)	Horst Wilde (6/92–3/04)
W2 Organische Chemie (Chemische Diversität und Funktion)	Rolf Breinbauer (11/05–9/07)
C2 Organische Chemie (Synthese bioaktiver Verbindungen)	Bärbel Schulze (4/93–2/07)
Physikalische Chemie	
C4 Physikalische Chemie (Mischphasen und kolloiddisperse Systeme)	Konrad Quitzsch (6/92–3/98)
C4 Physikalische Chemie	Harald Morgner (4/99)
C3 Physikalische Chemie (Zeitaufgelöste Spektroskopie)	Ortwin Brede (1/97–2/07)
W3 Physikalische Chemie (Reaktionsdynamik)	Bernd Abel (6/08)
C3 Physikalische Chemie (Elekronen- und Röntgenspektroskopie)	Rüdiger Szargan (6/92–9/06)
W2 Physikalische Chemie (Oberflächen)	Reinhard Denecke (1/07)
C2 Physikalische Chemie (Grenzflächenchemie)	Thomas Chassé (4/93–4/03)
Theoretische Chemie	
C4 Theoretische Chemie (Molekulare Systeme)	Cornelius Weiss (6/92–9/99)
C3 Theoretische Chemie (Theorie chemischer Reaktionen)	Joachim Reinhold (10/92–3/06)
W3 Theoretische Chemie	Barbara Kirchner (5/07)
Technische Chemie	
C4 Technische Chemie (Thermische Stofftrennprozesse)	Helmut Papp (4/93–3/07)
C4 Technische Chemie (Heterogene Katalyse)	Roger Gläser (8/07)
C3 Technische Chemie (Heterogene Katalyse und Chemische Reaktionstechnik)	Gerhard Wendt (6/92–3/04)
W2 Technische Chemie (Reaktionstechnik)	Kai-Olaf Hinrichsen (11/05–12/06)
Chemiedidaktik	
C3 Chemiedidaktik	Rebekka Heimann (6/04)
Bioanalytik	
C4 Bioanalytik	Ralf Hoffmann (5/02)
C4 Struktur von Biopolymeren	Norbert Sträter (5/02)

tagte. Die Besetzung der Stellen des nichtwissenschaftlichen Personals erfolgte grundsätzlich ohne Bewerbungen oder Interessenbekundungen. Durch Beschluss des Senats und des Rektoratskollegiums wurde am Fachbereich eine Besetzungskommission unter Leitung von H. Wilde gebildet. Die Besetzung der präzise beschriebenen Stellen des neuen Stellenplanes erfolgte am 8.9.1992. Nach Abschluss der Arbeit der Auswahl- und Besetzungskommission musste auf Grundlage des Einigungsvertrages „mangels Bedarf" am 29./30.9.1992 insgesamt 22 wissenschaftlichen Mitarbeitern und 10 Personen aus dem wissenschaftlich-technischen Bereich die Kündigung ausgesprochen werden.

Die vom Freistaat Sachsen verfügten Stellenreduzierungen im Hochschulwesen führten in der Folgezeit zu wiederholten Stellenkürzungen, so dass die Fakultät 2007 nur noch über 69 Stellen im wissenschaftlichen und 55,5 Stellen im wissenschaftlich-technischen Bereich verfügte.

Laut Einigungsvertrag zwischen den Regierungen der BRD und der DDR vom 31.8.1990 wurde der Wissenschaftsrat mit einer Begutachtung öffentlich getragener Forschungseinrichtungen der DDR beauftragt. Ziel war die Erneuerung von Wissenschaft und Forschung bei Erhaltung leistungsfähiger Einrichtungen. Zu deren Verwirklichung beschloss die Bund-Länder-Kommission für Bildungsplanung und Forschungsförderung das Hochschul-Erneuerungs-Programm (HEP). Darin enthalten war ein Wissenschaftler-Integrations-Programm (WIP), ausgelegt auf den Zeitraum von 1992 bis 1996. In diesem Rahmen wurden zum 1.1.1994 insgesamt 42 dafür evaluierte Mitarbeiter in Leipzig ansässiger Akademie-Institute befristet eingestellt, der Fakultät für Chemie zugeordnet und den übrigen Mitarbeitern gleichgestellt. Das WIP lief zum 30.6.1997 aus. Mangels Planstellen konnten nur zwei Wissenschaftler (Dietrich Wagler, Thomas Zimmermann) dauerhaft an der Fakultät weiterbeschäftigt werden. Unterstützt vom Ministerium, der Universität und der Fraunhofer Management Gesellschaft wurde am 1.7.1997 das An-Institut „Nichtklassische Chemie e. V." (Direktor Helmut Papp) mit Sitz in der Permoserstraße gegründet (s. Abschn. Technische Chemie).

Aus dem Potenzial der ehemaligen Leipziger Akademieinstitute wurden das Umweltforschungszentrum Leipzig–Halle GmbH (UFZ) und u. a. das Leibniz-Institut für Oberflächenmodifizierung Leipzig (IOM) e.V., das Institut für Interdisziplinäre Isotopenforschung an der Universität Leipzig (IIF) e. V. und das Institut für Troposphärenforschung Leipzig (IfT) e. V. gebildet. Mit diesen Einrichtungen wird seit ihrem Bestehen eine intensive wissenschaftliche Kooperation gepflegt, die sich in Forschungsprojekten, gemeinsamen Berufungen der Professoren Klaus Dittrich (C4-Prof, 1991, UFZ), Ulrich Stottmeister (C4-Prof.,1995, UFZ), Michael Buchmeiser (W3-Prof., 2004, IOM), Jörg Steinbach (C4-Prof., 2001, IIF) und den Honorarprofessoren Gerrit Schüürmann (UFZ), Frank-Dieter Kopincke (UFZ) und Reiner Mehnert (IOM) sowie Mitgliedschaften im Fakultätsrat (Hartmut Herrmann, IfT) und in der Beteiligung an der Lehre, der Diplomanden- und Doktorandenausbildung widerspiegelt.

Die Neuordnung der Forschung

Mit der politischen Wende erfolgte in den Neuen Bundesländern zugleich ein drastischer Strukturwandel in der chemischen Industrie. Die Volkseigenen Betriebe und Kombinate wurden aufgelöst. Die mit der Sektion Chemie vereinbarten Forschungsverträge fanden keine Fortsetzung. Die Grundlagenforschung wurde verstärkt wahrgenommen. Ihre Finanzierung erfolgt vorrangig durch Einwerbung von Drittmitteln über die Deutsche Forschungsgemeinschaft (DFG), die Bundesministerien, die Europäische Union (EU), das Bundesministerium für Bildung und Forschung (BMBF), den Freistaat Sachsen und über neue Industriekooperationen. Neben zahlreichen Einzel-, Schwerpunkt- und EU-Projekten sind das Innovationskolleg „Chemisches

DFG	Normalanträge	8.707.474 Euro
	Graduiertenkolleg	3.322.872 Euro
	Innovationskolleg	1.414.982 Euro
	Sonderforschungsbereich	491.072 Euro
Bundesministerien		7.365.285 Euro
Sonstige		4.518.478 Euro

Signal und biologische Antwort" (1996–2001) sowie die Graduiertenkollegs „Physikalische Chemie der Grenzflächen" (1993–2003) und „Mechanistische und Anwendungsaspekte nichtkonventioneller Oxidationsreaktionen" (1997–2006) zu nennen. So wurden in den Jahren von 1998 bis 2007 insgesamt über 25 Mio Euro eingeworben (s. Tab. S. 87).

In welch starkem Maße die Forschung von diesen Drittmitteln abhängt, zeigt die für den gleichen Zeitraum erfolgte Zuweisung aus Haushaltsmitteln einschließlich der Berufungszusagen seitens der Universität in Höhe von insgesamt knapp 3 Mio Euro, die im Wesentlichen für die Absicherung der Praktika benötigt wurden. Diese Zuweisung basiert in den letzten Jahren auf der Zahl der Mitarbeiter, der Zahl der Studenten sowie den eingeworbenen Drittmitteln, und sie sank von 370.552 Euro im Jahr 1998 auf 278.862 Euro im Jahre 2007.

Für die Förderung des wissenschaftlichen Nachwuchses erlangte das Internationale Promotions-Programm (IPP, 2002–2006), angesiedelt auf „Grenzgebieten der Chemie", mit Unterstützung von DAAD und DFG Bedeutung. Die Finanzierung des Wissenschaftler- und Studentenaustauschs zur Gestaltung und Entwicklung der internationalen Forschungskooperation und der Auslandsstudien (Ein- und Ausreisen) erfolgte im Wesentlichen über die Programme des Deutschen Akademischen Austauschdienstes (DAAD).

Das Forschungsprofil der Fakultät war 2007 durch folgende Schwerpunkte gekennzeichnet: Chemie/Biowissenschaften im Grenzgebiet von Chemie, Biowissenschaften und Medizin, Chemie der Grenzflächen, Materialforschung sowie Umweltchemie in Kooperation mit dem Umweltforschungszentrum Leipzig/Halle. Detaillierte Angaben zu den Forschungsaktivitäten sind aus den Ausführungen der Institute ersichtlich.

Die Entwicklung der Wissenschaftsgebiete von 1945 bis 2008

Die Anorganische Chemie

Lothar Beyer, Eberhard Hoyer

Die Anorganische Chemie in den ersten Nachkriegsjahren

Abbildung 67
Leopold Wolf
(1896–1973)

Die Neufindung und der Wiederbeginn der universitären Leipziger Chemie nach dem schweren alliierten Bombardement Leipzigs am 4. Dezember 1943 und in den ersten Nachkriegsjahren wurden im vorhergehenden Kapitel besonders anhand von Zeitzeugenberichten geschildert. In dieser Zeit hatte die Lehre neben der Existenzsicherung Priorität, zumal Forschungsmittel erst nach und nach angeschafft werden konnten und die wenigen verbliebenen Fachkräfte mit der Durchführung von Praktika, Vorlesungen, Seminaren, Testaten und Prüfungen voll ausgelastet waren. Besonders Leopold Wolf (Abb. 67) war mit der Organisation und Leitung des Wiederaufbaus der Chemischen Laboratorien und den Vorlesungen zur Anorganischen, Organischen und Technischen Chemie mehr als andere beansprucht. Dennoch wurden industrienahe Aufgabenstellungen, besonders zur Korrosion, bearbeitet, die auch akademische Graduierungen zum Diplom zuließen. So sind im Protokollbuch über Verbandsprüfungen an den Chemischen Instituten zwischen 1944 und 1950/51 nur wenige (15), aber erfolgreich abgeschlossene, anorganisch-chemisch orientierte Diplomarbeiten vermerkt, so u. a. von Lieselotte Moss (12.2.1945), Günther Schott (1948 „Über die Einwirkung von seleniger Säure auf Kupfer"[99]), Wolfgang Forberg (1950) und Kurt Stürzer (1951). Von 1944 bis 1949 sind insgesamt nur 19 Promotionen, die gesamte Leipziger Chemie betreffend, registriert[100]. Trotz dieser heute kaum vorstellbaren Bedingungen wurde publiziert (Beispiele siehe[101–103]). Bereits zur „Wissenschaftlichen Tagung der ostdeutschen Chemiedozenten" vom 29.9. bis 1.10.1949 in Halle/Saale, die insgesamt 800 Teilnehmer zählte, trugen L. Wolf[104a] und Heinz Holzapfel Forschungsergebnisse[104b] vor.

Abbildung 68
Roselinde Kühne, Ursula Pötschke (v. l.) in der Analysenausgabe, 1961

Abbildung 69
Abtestat von Leopold Wolf zu einer Prüfungsanalyse „K_8", 1957

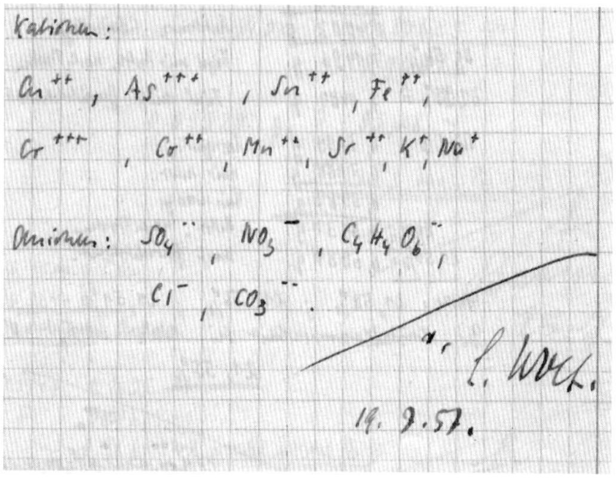

Eberhard Hoyer brachte die nun folgenden Zeilen über seine Anorganisch-analytische Ausbildung zu Papier, die die „Erinnerungen" von E. Uhlig (s. Abschn. Neubeginn) ergänzen: „Das Erdgeschoss und die Kellerräume in der Brüderstraße 34 dienten der Chemieausbildung. Im Dachgeschoss befand sich das Dienstzimmer des Direktors L. Wolf. Dort nahm er bis 1949/50 die sogenannten „Biltz-Prüfungen" der Chemiestudierenden ab. Die räumliche Kapazität war insgesamt sehr beschränkt, was auf einen *de facto numerus clausus* hinauslief. Er wurde bestimmt durch die Zahl der Laborarbeitsplätze im Rundbau. In der Tat betrug die jährliche Immatrikulationszahl ca. 30 (s. Kap. Lehre, Studium und akademische Graduierung). Beeindruckend immerhin war, wie unter dem Zwang der beengten räumlichen Verhältnisse die Ausbildung im Prinzip dennoch gewährleistet wurde. Dies ist, was die Chemie betrifft, nicht zuletzt der ordnenden Hand L. Wolfs zu danken".

Bis in die 50er Jahre hinein umfasste das Anorganisch-chemische Pensum bis zum Vordiplom zunächst das einführende „Biltz-Praktikum", bei dem in den ersten Studienmonaten die im Praktikumsbuch „Experimentelle Einführung in die anorganische Chemie" von Heinrich Biltz – Wilhelm Klemm – Werner Fischer[105] alle detailliert beschriebenen Versuche nachzuvollziehen und die Erläuterungen zu verinnerlichen waren. Dieses Pensum wurde vom Saalassistenten mittels Testaten streng überprüft und, geadelt durch die abschließende „Biltz-Prüfung" beim Professor, abgeschlossen. Die bestandene Prüfung berechtigte zum Beginn des Anorganisch-qualitativ-analytischen Praktikums, das immerhin mit Stand 1949/50 die Ausführung von 36 Analysen (Stand 1956/57: 24), geordnet nach Trennungsgängen, im Schwierigkeitsgrad zunehmend und bezeichnet von A bis K, umfasste: A Vorproben: 4 (1956/57: 3); B HCl-Gruppe: 2; C H_2S- Gruppe: 4 (1956/57: 2); D NH_3- Gruppe: 2; E $(NH_4)_2S$-Gruppe: 3 (1956/7: 2); F Anionen-Analysen: 5 (1956/57: 4, davon F_3 als Anhiebsanalyse); G $(NH_4)_2CO_3$-Gruppe: 3 (1956/57: 2); H Alkalimetallionen: 3 (1956/57: 2); I bzw. K Voll- bzw. Gesamtanalysen: 9, einschließlich 1 Glas (K_4), 1 Gestein, 1 Legierung (K_6) (1956/57: 5 I, davon I_2 als Legierung, I_4 als Gestein und I_5 als Anhiebsanalyse). Die Anzahl der Analysen wurde also schon ab Mitte der 50er Jahre reduziert, und dieser Trend setzte sich fort. Wurde eine Analyse fehlerhaft beim Assistenten „abgegeben", dann musste der Praktikant den/die Fehler durch erneutes Analysieren auffinden. Gelang ihm das nicht im ersten Versuch, wurde ihm *zusätzlich* eine Übungsanalyse („Strafanalyse") aufgebürdet. War auch diese falsch, kamen weitere

Übungsanalysen dazu. Dieses Procedere öffnete die Schere zwischen findungsreichen Analytikern und den weniger geübten bzw. glücklichen und ließ letztere gelegentlich fast verzweifeln. Zusätzlich ging ein wiederholtes „rep" *(repetitio)* – pro „rep" 20 Pfennige konstant bleibend bis zur Einführung des Euro – an den schmalen Geldbeutel der Studierenden. Die zu entrichtenden Obuli häuften sich in einer blechernen „Winterhilfsbüchse" in der legendären, geheimnisumwitterten „Analysenausgabe" an, in der die Chemotechnikerin Ursula Pötschke (Abb. 68) ab 1951 langjährig der ruhende Pol war, assistiert von Assistenten und meist Hilfsassistenten, die im Analysenausgabelabor neben der Einstellung und Überprüfung der Maßlösungen und der Ausgabe von Analysen an ihren akademischen Graduierungen arbeiteten. Später wirkten hier die Laborantinnen Roselinde Kühne, Christa Felchner und Regina Zäbe. Der Härtetest fand seine Krönung mit der in acht Stunden zu absolvierenden Prüfungsanalyse K_8, vom Professor persönlich an- und abtestiert (Abb. 69), wobei das Gespräch wiederum mit einigen „Sachfragen" verbunden war. Eine auf Anhieb bestandene K_8 war Grund genug zum Feiern. Sie eröffnete den Zugang zum Anorganisch-quantitativ-analytischen Praktikum, dann schon meist im 3. Semester, mit 15 gravimetrischen Bestimmungen, davon 1949/50 (1956: 12): Kristallwasser, 6 „Einfache", 4 „Zweifache", inclusive 1 Übergangsanalyse; 1 „Dreifache" und 3 elektrolytisch-gravimetrischen Analysen, 16 Titrationen (darunter Stickstoff nach Kjeldahl), 1 colorimetrische Analyse, je 1 Legierungs- und Gesteinsanalyse (qualitativ und quantitativ) und 10 Präparate.

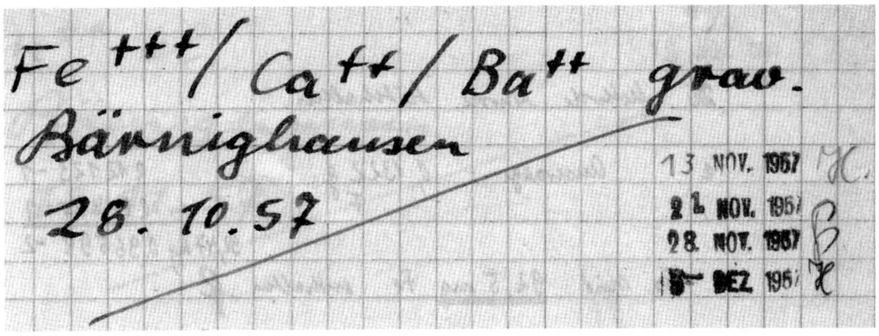

Abbildung 70
Antestat von Hartmut Bärnighausen für eine „Dreifache", 1957

Wie aus einem erhaltenen gebliebenen und kürzlich ausgewerteten historischen Dokument[106] von 1900/01 zu entnehmen ist, wurden bereits damals im Chemischen Laboratorium der Universität Leipzig qualitativ-analytische Gruppenfällungen im Praktikum durchgeführt. Da der „Biltz-Klemm-Fischer" ab Anfang der 60er Jahre als „West-Import" nicht mehr zur Verfügung stand, verfasste eine Assistentengruppe unter Leitung von Heinz Holzapfel am Institut für Anorganische Chemie in Leipzig einen Manuskriptdruck und erprobte das Material im Praktikum, woraus später das Buch „Einführung in das Praktikum der anorganischen Chemie" (H. Holzapfel, W. Tischer, 1963) entstand.

Überhaupt waren die zu bewältigenden Laborpraktika in Anorganischer Chemie, Organischer Chemie und Physik bis zum Vordiplom sehr aufwändig. Besonders die gravimetrischen Analysen erwiesen sich neben den Anforderungen an Sorgfalt, Präzision und Umgang mit der analytischen Waage als eine Willens- und Charakterschule. Höhepunkt war die sogenannte Dreifache (Abb. 70). Besonders enttäuschend war, wenn wiederholt zwei der drei Werte richtig waren, der dritte aber falsch. Sie hatten synchron richtig zu sein. Fast ein Vierteljahr an der Dreifachen zu laborieren, brachte einen schon ins Grübeln, und Selbstzweifel kamen auf. Es wurden später nicht die schlechtesten Chemiker, die an dieser Hürde fast ins Straucheln gerieten. Chemie bedeutete, mit Misserfolgen fertig zu werden und zu leben. Auch in dieser Hinsicht ist bemerkenswert, welcher Wertewandel sich vollzog von zunächst weitgehend empirisch determinierten Aufgabeninhalten bis zur Betonung des theoretischen Hintergrundes und der instrumentellen Differenziertheit heutzutage. Natürlich regte sich auch ob des harten Programms Widerspruch, und der Jugendverband Freie Deutsche Jugend (FDJ) wurde vor den Karren gespannt, in dem auch mancher nicht eben leistungsorientierte Studierende saß. „Wir wollen Chemiker werden, keine Köche" stand an der Wandzeitung. Das Pensum wurde verkürzt, und der Studienschwerpunkt verschob sich zur aufkommenden Theorie. Noch später, in der Phase der 3. Hochschulreform, wurde dem Lehrkörper von administrativer Seite aufgetragen, er solle den Studierenden Erfolgserlebnisse vermitteln und verschaffen. Das klang gut, war aber für die Chemie differenziert anzuwenden. Hier galt und gilt es, ständig mit Misserfolgen leben zu lernen: *per asperas ad astras.*

Abbildung 71
Günter Schott,
Heinz Holzapfel,
Johanna Holzapfel geb. Kunze (v. l.)

Das Institut für Anorganische Chemie von 1951 bis 1968

Das Institut für Anorganische Chemie wurde am 8.1.1951 gegründet. Die Anorganische Chemie profilierte sich rasch und in bemerkenswerter Weise unter dem Direktorat von L. Wolf. Dies ist insgesamt dem Enthusiasmus und dem unbedingten Aufbauwillen dieser Generation trotz misslicher materieller Bedingungen zuzuschreiben. Zu den Lehrenden der ersten Jahre gehörten die Oberassistenten Günther Schott (1921–1985; 1955 o. Prof. Univ. Rostock)[107] (Abb. 71), der sich den Heteropolysäuren und der Siliciumchemie widmete, Heinz Holzapfel (1914–1986; 1961 Prof. mit Lehrauftrag, 1964 o. Prof., Abb. 71)[32], der die Analytische Chemie in Vorlesungen und Übungen vertrat (s. Abschn. Analytische Chemie), Joachim Massonne (1958, danach Kali-Chemie Hannover), Egon Uhlig (1961 o. Prof. Univ. Jena)[108a], Eberhard Hoyer (1961 Doz., 1968 Prof. mit Lehrauftrag, 1969 o. Prof.)[108b], Erhard Uhlemann (1932–1998; 1964 Doz., 1967 Prof. PH Potsdam)[109], Gerhard Werner (1969 Doz., 1976 o. Prof., 1992 C4-Prof.), Rudolf Hering (1965 Doz., 1969 o. Prof. PH Güstrow), Eva-Maria Kirmse (1965 Prof. PH Köthen), Ehrenfried Butter (1972 o. Prof.) und Werner Tischer (Doz. TH Leipzig).

Der Gesamtstundenplan für die 1948 immatrikulierten Chemiestudenten ist im Kapitel Lehre, Studium und akademische Graduierung verzeichnet. Er wurde bereits für die 1949 Immatrikulierten und in der Folge weiter variiert. Die wöchentlich vierstündige Vorlesung (4 h) „Anorganische Experimentalchemie“ (L. Wolf) im 1. Semester mit Seminaren und ganztägigem Praktikum wurde durch eine zweistündige Vorlesung „Prinzipien der analytischen Chemie“ (H. Holzapfel) ergänzt. [1956/57: 1. Sem. 4 h Anorg. Exp. Chemie; 1 h Analyt. Chemie; 2. Sem. 2 h Anorg. Exp. Chemie, 2 h Chemische Valenzlehre: E. Hoyer; 1 h Analyt. Chemie].

Die 1805 von Eschenbach begründete Leipziger Tradition der Experimentalvorlesungen wurde in eindrucksvoller Weise fortgeführt, sie wird bis heute im Institut für Anorganische Chemie gepflegt. Nach dem fordernden Praktikum, das sich bis zum Ende des 4. Semesters und oft darüber hinaus erstreckte, und den theoretischen Unterweisungen (1957/58: 3. Sem. 2 h Spezielle Anorganische Chemie: L. Wolf) kam die Anorganische Chemie erst im 4./5. Studienjahr mit den „Vertiefungspräparaten“, die vom Professor als Vorbereitung der Diplomarbeit ausgegeben und abgezeichnet wurden, einem Tüpfelanalyse-Praktikum (H. Holzapfel), zwei Vorlesungen „Spezielle anorg. Chemie“ (1959/60: 2 h L. Wolf) und „Koordinationschemie“ (1959/60: 2 h E. Uhlig) und dem Anorganisch-chemischen Kolloquium (1959/60: 2 h) sowie der Diplomarbeit wieder zum Zuge. Der komplette Stundenplan und die Prüfungen für die 1960 immatrikulierten Studenten mit den Namen der Vorlesenden sind im Kapitel Lehre, Studium und akademische Graduierung wiedergegeben. Die Nebenfachausbildung in Allgemeiner und Anorganischer Chemie nebst Praktika, u. a. für ca. 800 Medizinstudenten, wurde außerdem wahrgenommen. L. Wolf übertrug dafür die Verantwortung den Oberassistenten R. Hering und E. Uhlemann. Für die Medizinerpraktika gab es Honorare, weshalb diese Ausbildungsverpflichtungen durchaus bereitwillig übernommen wurden.

1951/52 war mit der Übernahme der Feitschen Sammlung von Seltenen Erden (SE) unter der Leitung von L. Wolf, dann nach dessen Emeritierung ab 1961 von G. Werner, ein etwa fünfzehn Jahre lang bearbeitetes Forschungsprojekt begonnen worden, das die Trennung und Reindarstellung der Seltenerd-Elemente beinhaltete[12, S.227–240]. Diese besitzen strategische Bedeutung, denn sie entstehen bei der Kernspaltung radioaktiver Elemente. Wegen ihres sich abzeichnenden multivalenten Einsatzes besonders in der optischen Industrie war eine Kooperation mit dem Stickstoffwerk Piesteritz und den dort betreuten Doktoranden, wie Herfried Richter, der später Direktor für Forschung wurde, und Otto König, dem späteren Generaldirektor, gegeben. Als besonders vorteilhaft erwiesen sich dabei auch die Weiterentwicklung der seit Hantzsch in Leipzig betriebenen Koordinationschemie und die erforderlichen methodischen Entwicklungen: Optische Spektroskopie, pH-potentiometrische Methoden, Röntgenographische Strukturbestimmung. Als wesentliches Trennverfahren der Seltenen Erden wurde der Ionenaustausch an Harzen mit komplexbildenden Eluenten von J. Massonne weiterentwickelt, und Ionenaustauscherharze mit chelatbildenden Ankergruppen wurden erfolgreich eingesetzt. Letztere hatte R. Hering in seiner Habilitationsschrift (1963) bearbeitet. Mitte der 50er Jahre befasste sich die Mehrzahl der abgeschlossenen Promotions- und Diplomarbeiten mit der Thematik Seltene Erden. E. Kirmse habilitierte sich 1964 über Scandiumkomplexe. Eine Krönung war die Ausrichtung eines Internationalen Symposiums zur Chemie der Seltenen Erden im September 1956 in Leipzig, an dem u. a. der Pionier auf dem Gebiet der Valenzverbindungen der Edelgase, Rudolf Hoppe (Münster), die Rhenium-Entdecker Ida Noddack-Tacke (1896–1978) und Walter Noddack (1893–1960) beide aus Bamberg, und Wilhelm Klemm (1896–1985, Münster) teilnahmen. Die Instituts-Kolloquien, zu denen L. Wolf so bekannte Chemiker wie Joseph Goubeau (Stuttgart) und Georg Brauer (1908–2001, Freiburg) einlud, waren gut besucht und boten ein Forum für fachliche und allgemein interessierende Diskussionen.

Dem anorganisch-technischen Forschungsprofil L. Wolfs entsprechend, wurde die Kooperation mit dem Elektrochemischen Kombinat Bitterfeld über Promotionsaspiranten, so Winfried Menzer (Prom.

Abbildung 72
Professoren und Assistenten des Instituts für Anorganische Chemie anlässlich des 65. Geburtstages von Leopold Wolf, 1961
E. Butter, E.-M. Kirmse, G. Werner, H. Weinelt, E. Uhlemann, R. Hering, R. Wagener, E. Fritzsche, H. Lüttge, L. Beyer, L. Wolf, R. Drechsel, H. Erhardt, H. Holzapfel, K. Lessing, H. Schreiber, W. Tischer, H. Schwab, W. Halang, W. Matzel, K.-H. Linke, H. Hennig (v. l.)

1955, später Direktor an der Metallgesellschaft Frankfurt a. M.), Klaus Törpel (Prom. 1955), Wolfgang Baronius (Prom. 1959, basische Zirkoniumverbindungen), Christof Tröltzsch (Prom. 1960, Zirkonium-β-Diketonate, später Prof. Univ. Greifswald) und Wolfgang Spichale (Prom. 1959) gepflegt. Die Diplomanden Kurt Dehnicke (1967 o. Prof. Univ. Marburg), Gottfried Kempe (später o. Prof. TH Leuna–Merseburg) und Hermann Scheler (später o. Prof. TU Dresden), sowie Paul Christofzik (später im Ministerium für Chemische Industrie der DDR) entstammen ebenfalls der Schule von L. Wolf.

Die Koordinationschemie mit den Schwerpunkten Synthese und Komplexstabilität war neben der Seltenerd-Chemie ein zweites Bearbeitungsfeld. E. Uhlig habilitierte sich 1960 über das komplexchemische Verhalten der 2,5-Diaminoterephthalsäure und ihrer Derivate. E. Hoyer habilitierte sich im gleichen Jahr mit „Basenstärke und Komplexstabilität bei N-substituierten 1,2-Diaminoäthanen". E. Uhlemann habilitierte sich 1963 über Chelate von 2-Picolylketonen. Zahlreiche Doktoranden, unter ihnen Manfred Beer (Prom. 1958, Ferrocenderivate), Ehrenfried Butter (Prom. 1962, Nickel(II)-ß-Diketonate), Reiner Drechsel (Prom.1963, Halbester der Nitrilotriessigsäure), Hartmut Franz (1937–1992; Prom.1962, Ferrocenchemie, später o. Prof. Univ. Witten-Herdecke), Horst Hennig (Prom. 1964, Ferrocen-β-Diketonate, s.u.), Hans-Joachim Jahn und Dorotheé Stather (Prom.1955, β-Diketonate), Ernst-Gottfried Jäger (1936–2006; Prom.1959, Ketiminate, 1991 o. Prof. Univ. Jena)[110 a], Erhard Körting (Prom. 1965, Basenstärke/Komplexe von 1,2-Diaminoethanen), Erna Fritzsche/Käthe Lessing (Prom. 1965, SE-β-Diketonate), Günther Kretzschmann (später Prof. TH Zittau), Wolfgang Matzel (Prom. 1962, Extraktion von Yttererden, später Prof. Landwirtschaftliche Versuchsanstalt Leipzig-Möckern), Hans Schreiber (Prom.1962, Extraktion von Ceriterden) Herbert Weinelt (Prom 1962., Umchelatisierung), G. Werner (Prom. 1960, Komplexchemie von β-Diketonderivaten) und Klaus Wetzel (Prom.1956, Komplexe von β-Ketosäure-aryliden, später Prof. an der Akademie der Wissenschaften, Leipzig) bereicherten das Profil der Leipziger Koordinationschemie (Abb. 72).

Die Röntgenkristallstrukturanalytik in Leipzig wurde durch Hartmut Bärnighausen (Diplom 1955 bei L. Wolf; 1967 o. Prof. Univ. Karlsruhe)[111] und nachfolgend Heinz Schwab (Prom.1963, Tb/Y- und Tb/Er-Mischoxide) mit Joachim Sieler (Prom.1966, Strukturen von Titanaten und Zirkonaten der Seltenen Erden) am Untersuchungsobjekt Seltenerd-Oxide aufgebaut. H. Bärnighausen verließ im Mai 1958, wachsendem politischen Druck geschuldet, Leipzig. Seine bereits weit fortgeschrittene Dissertation konnte er bei Georg Brauer in Freiburg beenden. Ihm erging es *mutatis mutandis* ähnlich wie J. Massonne, dessen weitere akademische Laufbahn in Leipzig wegen politischer Zwänge verbaut war.

Im Jahre 1961 erfolgte ein Wechsel im Institutsdirektorat. Ab 1.12.1961 wurde H. Holzapfel zunächst kommissarisch und ab 1.9.1964 offiziell Institutsdirektor. Unter seiner Leitung wurde die Anorganisch-analytische Chemie betont (s. Abschn. Analytische Chemie) und besonders durch G. Werner und Klaus Dittrich (1938–1992; 1971 HDoz., 1987 ao. Prof., 1992 C4-Prof.) umgesetzt. Während G. Werner die Analytik der Seltenen Erden vertiefte und elektroanalytische Methoden einführte, wurde durch K. Dittrich die Atomabsorptionspektroskopie etabliert. Die Spurenanalyse und Ultramikroanalyse (mit Peter Nenning) war durch die ersten Anfänge der Forschung auf dem Gebiet der Halbleiter gefordert. Diese Richtung hatte der Habilitand E. Butter (1971, Spektroskopie an Seltenerdchelaten mit hoher Koordinationszahl) eingeführt. Die Kosten für diese neue Forschungslinie waren beträchtlich. Die Koordinationschemie wurde durch E. Hoyer erfolgreich weitergeführt. Er wandte sich ab Mitte der 60er Jahre bevorzugt schwefelhaltigen Ligandsystemen zu. Unter dem Direktorat von H. Holzapfel war die Koordinationschemie nicht mehr profilbestimmend.

Die technischen Mitarbeiterinnen Ingeburg Burckhardt, Christa Felchner, Gutta Jach, Erika Köhler, Roselinde Kühne, Ursula Noske, Monika Ohle, Ursula Pötschke, Eva-Maria Schneider, Monika Uhlig und die Mitarbeiter Jürgen Anton, Volkmar Wedel, Klaus Wienhold und Joachim Wolf unterstützten über viele Jahre hinweg Forschung und Lehre.

Die Anorganische Chemie an der Sektion Chemie

Die Einpassung der mit der Anorganischen Chemie Befassten in die Sektionsstruktur erfolgte von 1968 bis 1972 in drei Forschungskollektive (FK). Das FK „Heterocyclen und Metallchelate (E. Hoyer/M. Weißenfels) bestand aus Koordinationschemikern und Organikern. Damit war in der Tat ein synergistischer Effekt für die Forschung verbunden, denn die betriebene Koordinationschemie war hauptsächlich auf den Einsatz organischer Liganden fokussiert, von denen manche durch diese Konstellation verfügbar wurden und zu neuen Forschungsansätzen in Kooperation mit dem VEB Filmfabrik Wolfen führten. Speziell galten die in „Pflichtenheften" geplanten Forschungsleistungen der Entwicklung von Farbfilmen (AGFA-Color, später ORWO-Color). Da Farbfilme auf der Basis von Silberhalogenid mit ihrem Schichtenaufbau, Kupplern, spektralen und „chemischen" Sensibilisatoren aus Palladium- und Goldkomplexen, Filtern u. a. ein chemisches Wunderwerk sind, eröffnete sich trotz Applikationszwang ein universitär vertretbares Forschungsfeld. Die verordnete Geheimhaltungstaktik führte zu Patentanmeldungen, und erst verspätet oder überhaupt nicht zu Veröffentlichungen. Das FK Festkörperchemie und Kristallographie (E. Butter) mit dem Forschungsschwerpunkt Halbleiterchemie ging eine Dreiecksbeziehung zwischen Chemikern, Kristallographen und Physikern und deren methodischem Inventar ein. Es entstand die übersektionelle Arbeitsgemeinschaft A(III)B(V)-Halbleiter. Die enge Industriebindung an den VEB Bauelemente und Vakuumtechnik Frankfurt/Oder unterlag strengster staatlicher Geheimhaltung. Das FK Spurenanalyse (H. Holzapfel) verselbständigte sich zunächst aus der Anorganischen Chemie heraus mit dem Schwerpunkt Halbleiteranalytik, ehe es dann in der nächsten Strukturierungsphase mit dem „Analytischen Zentrum" und einer „Großgeräteabteilung" in Fusion mit dem VEB Kombinat Chemieanlagenbau Leipzig-Grimma für die Stoff- und Strukturanalytik Eigenständigkeit erlangte (s. Abschn. Analytische Chemie).

Zwischen 1972 und 1981 waren unter 14 gebildeten Arbeitsgruppen (AG) der Sektion immerhin vier mit Beteiligung von Anorganikern bzw. anorganisch-chemischen Inhalten: Die AG Koordinationschemie (E. Hoyer, H. Hennig), die AG Festkörperchemie (E. Butter), die AG Quantenchemie (J. Reinhold) und die AG Anorganische Analytik (H. Holzapfel, G. Werner, K. Dittrich). In der dritten Strukturierungsphase von 1981 bis März 1991 wurde die Anorganische Chemie in drei Wissenschaftsbereichen (WB) von insgesamt acht gepflegt: Anorganische Chemie (E. Hoyer), WB Analytische Chemie (G. Werner) und WB Theoretische physikalische Chemie (W. Lorenz). Die anorganisch-chemisch relevanten Sachverhalte in Forschung und Lehre der Analytiker bzw. Theoretiker werden in den Abschnitten über Analytische Chemie bzw. Theoretische Chemie ausführlich dokumentiert.

Die Neuformierung des Chemiestudiums 1970 mit einem einheitlichen Grundstudium und den drei sich daran anschließenden Fachrichtungen „Verfahrenschemie", „Synthesechemie" und „Theoretische und Physikalische Chemie" ließ die „klassischen" Lehrgebiete in Lehrabschnitte mit Querschnittscharakter eingehen. Dies entsprach einem chemiedidaktischen Modellversuch im großen Stil. Die Anorganische Chemie war im Grundstudium maßgeblich beteiligt an „Aufbau und Eigenschaften der Stoffe" (E. Hoyer, J. Sieler, E. Butter), „Chemische Gleichgewichte" (G. Werner) und „Reaktionsverhalten und Syntheseprinzipien" (E. Hoyer, E. Butter). Alle Professoren und Dozenten mit Dedikation Anorganische Chemie waren im 6./7. Semester im Lehrabschnitt „Anorganische und organische Synthesechemie" sowie im 8.–10. Semester in der wahlobligatorischen Ausbildung und an der Betreuung der Studenten im zwölfwöchigen Betriebspraktikum beteiligt. Das „Lehrwerk Chemie" mit sieben Lehr- und sieben Praktikumsbüchern war ein auf den Studienplan abgestimmtes Unterrichtsmaterial mit hohem theoretischen Anspruch und konkreten Anleitungen für Kurspraktika, gültig für alle Chemiesektionen der DDR. Obwohl auch der Tatsache geschuldet, dass ein Lehrbuchimport in Lizenzauflagen und daher kaum möglich war und nur wenige Hochschullehrbücher von hiesigen Autoren zur Auswahl und Verfügung standen (Anorganikum, Organikum u. a.), machte die Umgestaltung des Chemiestudiums dieses Vorhaben zwingend notwendig. Sie bedeutete aus heutiger Sicht eine Pionierleistung bezüglich der Wahrneh-

Abbildung 73
Das Lehrwerk Chemie: Aggregierte Systeme und Stoffsystematik, Band 2

mung der Chemie durch die Studenten als eine integrierende Wissenschaft und der Herausarbeitung von Querschnittsaspekten sowie der Abstimmung zwischen Lehrinhalten und Praktika. (Abb. 73) Die Leipziger Anorganiker E. Hoyer als fachlicher Leiter und Koordinator des gesamten Lehrwerks (unterstützt von Joachim Finster), J. Sieler und G. Werner als federführende Autoren bzw. E. Butter und Karl Schöne als Koautoren einzelner Bände (s. Anhang Bücher) sowie L. Beyer in der Kommission der „Endredaktion" waren beteiligt. G. Kempe (TH Leuna-Merseburg), der in Leipzig studiert und bei L. Wolf diplomiert hatte, wirkte wesentlich am Gesamtkonzept mit. Dem immanenten Auftrag an jeden Professor zur Verdichtung seiner Lehrerfahrungen kamen in jeweils mehrfach aufgelegten Hochschullehrbüchern (Abb. 74) weiterhin nach: E. Hoyer (federführender Autor) „Säuren und Basen-Lehrprogrammbuch" (1970), H. Hennig (mit M. Weißenfels, H. Franz/Dieter Sicker, Juliane Franz) „Grundlagen der Chemie für Mediziner" (1976/2002) und L. Beyer, „Anorganische Chemie-Grundkurs" (1978) (s. Anhang Bücher).

Abbildung 74
Hochschullehrbücher aus der Anorganischen Chemie

Die Vorlesungen und Praktika in Allgemeiner und Anorganischer Chemie für Lehrerstudenten wurden zuerst von W. Tischer, danach von Roland Wagener und L. Beyer mit Assistenten, unter ihnen Roland Benedix (1993 C3-Prof. HTWK Leipzig) und Uwe Löser (derzeit Dezernent Haushalt der Universität), realisiert. Für die Chemievorlesungen und Praktika der Mediziner war H. Hennig jahrelang zuständig.

Abbildung 75
Eberhard Hoyer, 1995

Überblickt man die anorganisch-chemischen Forschungsprofile und -leistungen, ergibt sich insgesamt ein beachtlich positives Gesamtbild. Es ist besonders das Verdienst von E. Hoyer (Abb. 75), neue zukunftsträchtige Arbeitsrichtungen für die Anorganische Chemie, besonders die Koordinationschemie, aufgetan und in den Labors der Liebigstraße 18, Brüderstraße 34 und Talstraße 33 gestaltet zu haben.

Die *Röntgenkristallstrukturanalyse* mit J. Sieler (1978 Doz., 1992 C3-Prof.), Rainer Richter (Prom. 1973, 1997 apl. Prof.) und Johannes Kaiser (1940 bis 1982; Prom. 1969), organisatorisch der AG Festkörperchemie zugeordnet, wirkte für die Koordinationschemie in einer für DDR-Verhältnisse unikaten Stellung, denn nur hier gab es das Wissen um die praktische Anwendung und längerfristig die mühselig beschaffte Gerätetechnik mit dem einzigen für das Hochschulwesen der DDR verfügbaren Vierkreisdiffraktometer (Abb.76). Es war im Kellergeschoss der Talstraße 33 installiert. J. Sieler hatte sich 1977 über „Intra- und intermolekulare Wechselwirkungen in Metallchelaten" und R. Richter 1988 über „Röntgenkristallstrukturanalytische Untersuchungen an N-Chalcogenoacyl- und N-Imidoacylthioharnstoffen und deren Metallkomplexen" habilitiert. Günther Fitzl (Prom. 1981), Rhett Kempe (Prom. 1992, Struktur von Nickelorganylen, später C4-Prof. Univ. Bayreuth), Peter Prokop (Prom.1969) und Gernot Zahn (Prom.1987) komplettierten zeitversetzt die Gruppe. International wurde kooperiert u. a. mit Oliver M. Lindquist (Univ. Stockholm) und N. Struchkov (AdW Moskau).

Die *EPR-Spektroskopie an Koordinationsverbindungen* mit dafür geeigneten Zentralatomen wurde weitsichtig und unikat im DDR-Hochschulwesen installiert. Reinhard Kirmse (Prom.1972 bei E. Hoyer; 1983 Doz., 1992 C3-Prof.) (Abb. 77), über EPR- und Elektronen-Spin-Gitter-Relaxationsuntersuchungen an Übergangsmetallchelaten (1978) habilitiert, baute eine kleine, feine Schule mit Ulrich Abram (Prom. 1986, später Prof. TU Berlin), Klaus Köhler (Prom.1988, später Prof. TU München), Joachim Stach (Prom. 1980 bei E. Hoyer, 1986 habilitiert über EPR-, Mehrfachresonanz- und Massenspektrometrie an Übergangsmetallkomplexen, 1988 Hon.-Doz.) auf. Die Monographie „Elektronenspinresonanz-Spektroskopie. Anwendungen in der Chemie" (1985, in Polnisch 1994) von R. Kirmse und J. Stach bereitete die gewonnenen Erfahrungen frühzeitig für die Chemiker auf. Kooperation wurde gepflegt mit Semjon A. Altschuler (Univ. Kasan), Igor N. Marov (Vernadski-Institut Moskau), Kees Keysers und Jan J. Steggerda (beide Univ. Nijmegen).

Die *Theoretische anorganische Chemie* war mit dem bei Armin Uhlmann in der Theoretischen Physik diplomierten Joachim Reinhold (Prom.1969 bei E. Hoyer, Habil. 1980, 1983 Doz., 1992 C3-Prof.) weitsichtig installiert und nachhaltig für die Theoretische Koordinationschemie national und international ausstrahlend (s. Abschn. Theoretische Chemie).

Abbildung 76
Joachim Sieler am
Vierkreisdiffraktometer,
2008

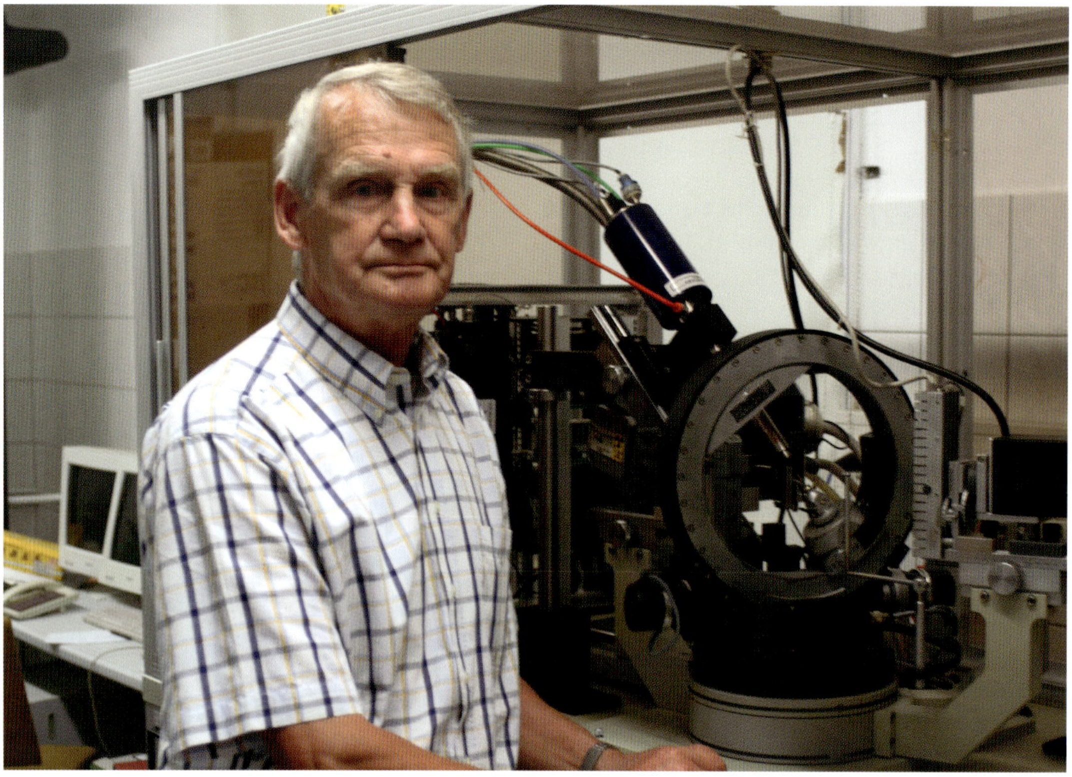

Abbildung 77
Reinhard Kirmse am
EPR-Spektrometer, 2008

Die *Komplexchemie in wässrigen Lösungsmittelgemischen* wurde bezüglich der pH-potentiometrischen Bestimmung von Komplexstabilitäten, aufbauend auf den Erfahrungen von Manfred Beer, E. Hoyer, E. Uhlig, E. Uhlemann und Dietrich Wagler (Prom.1969 bei E. Hoyer) durch Frank Dietze (Prom.1971 bei E. Uhlemann) mit Diplomanden betrieben und durch die Titrationskalorimetrie von Johannes Lerchner (Prom.1974 bei E. Hoyer) mit von ihm selbst konstruierten und gebauten Präzisions-Messgeräten ergänzt. J. Lerchner wechselte später in die Universitätsabteilung „Wissenschaftlicher Gerätebau" und führte an der Bergakademie Freiberg als Privatdozent die thermochemischen Arbeiten in Richtung Sensorik fort.

Das so entwickelte Methodenreservoir wäre ohne das Primat der *Synthese von innovativen Ligand- und Metallkomplexsystemen* ohne Fundament geblieben. E. Hoyer selbst und die Habilitanden L. Beyer (Prom.1965 bei E. Hoyer, 1986 Prof. TH Leipzig, 1992 Prof. HTWK Leipzig, 1993 C4-Prof.) zur Komplexchemie von 1,3-Dichalkogeno-Verbindungen und Cobalt(III)pentaamminen (1978), Wolfgang Dietzsch (Prom.1969, Doz. 1987) zur Koordinationschemie ungesättigter geminaler und vicinaler Dichalkogenoligenden (1981), Günter Kühn (Prom. 1966, Ionenaustauscher, später Prof.), Jürgen Hartung extern von der TH Leipzig mit Reaktionen an metallkoordinierten Liganden (1989) sowie zahlreiche Diplomanden und die Doktoranden trugen dazu bei, unter ihnen Bernd Lorenz (Prom. 1969, Diselenocarbamate), Karl Schlosser (Prom.1971, Diiminchelate), Ralf Heber (Prom. 1971, Chelate von Ethylendithiolderivaten), Angela Seifert (Prom.1972, Komplexonate), Janos Kollmann (Prom.1973), Klaus Wienhold (Prom.1975), Günther Steimecke (Prom.1977, Isotrithione, Steimecke-Umlagerung)[12, S 243–245], Peter Eckstein (Prom.1979, Dichalcogenato-Komplexe), Helga Wagler (Prom.1980, Analytik mit Dithizon), Falk Richter (Prom.1982, Goldbäder), Ruth-Maria Olk (Prom.1985, Tetrathiafulvalene), Tschö Hjong Wan (Prom.1986, Cobaltchelate) Ronald Köhler (Prom.1989, N-Acylthioharnstoffderivate) und Andreas Berlineanu (Prom 1989, Komplexe der Systeme Dithiolen/Dithiolium/Dithiazolium). Sie erschlossen erfolgreich Neuland, das auch für die akademische Ausbildung nützlich war und blieb. Wissenschaftliche Forschungskooperation gab es u. a. mit Patrick Cassoux (Univ. Toulouse), J. Galsböl (Univ. Aarhus), Steinar Husebye (Univ. Bergen), Vadim I. Nefedov (Kurnakov-Inst. Moskau), Carlos R. Piriz Mac Coll (Univ. Montevideo), Claus Schäffer (Univ. Kopenhagen) und José Shiftar (Univ. Ljubljana). Die regelmäßig stattgefundenen Symposien zur Koordinationschemie vereinigten die Komplexchemiker der DDR mit Gästen aus dem Ausland, wobei sich die Leipziger aktiv in die Programmgestaltung und Organisation einbrachten.

Für die *Photographische Chemie an Silberhalogenid-Aufzeichnungsmaterialien* (AgX), speziell zur chemischen Sensibilisierung in der Gelatine-Matrix, wurden von E. Hoyer und Mitarbeitern im Auftrag der Filmfabrik Wolfen anwendungsorientierte Beiträge auf synthetischem und methodischem Gebiet geleistet, die zugleich Gegenstand von Dissertationen, u. a. von Roland Boran (1972, Gelatinematrix), Matthias Friese (1986, Pd- und Au-Sensibilisierung in AgX-Filmen), Dietlind Hanrieder (1985, Kalorimetrie an AgX-Adsorbaten, später Prof. FH Köthen), Jürgen Hartung (1992, Palladiumsensibilisierung) und Winfried John (1985, EPR an dotierten AgX-Einkristallen), meist mit dem staatlich verordneten Geheimhaltungsvermerk VS bzw. GVS versehen, waren. Die Doktoranden richteten sich unter Leitung der Chem.-Techn. Assistentin Helgard Böttcher eine „Filmteststrecke" ein, die als Laborgelass neben dem großen Treppenaufgang zum heutigen Beckmann-Hörsaal gelegen war.

Mit der *Photochemie von Koordinationsverbindungen,* eine lange Leipziger Tradition zur Photochemie in der Linie Hans Stobbe – Fritz Weigert – Herbert Staude aufnehmend, befasste sich seit 1972 Horst Hennig (1972 Doz., 1977 o. Prof.) (Abb. 78). Er hatte sich klassisch-komplexchemisch über NH-acide Ligandensysteme (1971) habilitiert. Im Vordergrund seiner neuen Forschungsrichtung standen photokatalytische Prozesse im Zusammenhang mit lichtempfindlichen Nichthalogensilbermaterialien (NHS) unter mechanistischen und applikativen Aspekten. Detlev Rehorek (1981 Doz., 1989 o. Prof.) habilitierte sich über die Anwendung der Spin-Trapping-Methode in postulierten Reaktionskaskaden (1979) und Roland Wagener (1984 Doz.) zur Photochemie von Elementorganylchromaten(VI) (1984). R. Benedix

Abbildung 78
Horst Hennig, 1971

Abbildung 79
Ehrenfried Butter, 1977

habilitierte sich zu Charge-Transfer-Übergängen in Metallkomplexen (1989) und Philipp Thomas (1972 Doz, 1982 ao. Prof). mit Liganden vom Cuproin-Typ und deren Metallkomplexen (1974). Die Mitarbeiter Joachim Tauchnitz (Prom.1971), Heinz Spindler (Prom.1973), Reinhard Sarodnik (Prom. 1974), Kristina Hempel (Prom. 1975), Ekkehard Nagorsnik (Prom.1975), Monika Benedix (Prom. 1980, derzeit Gleichstellungsbeauftragte der Universität), Astrid Rehorek (Prom.1982, später Prof. FH Köln), Jürgen Salvetter (Prom.1980), Peter Scheibler (Prom.1981), Dagmar Schmidt (Prom.1983), Roland Billing (Prom. 1985), Andreas Seidel (Prom.1985), Thomas Berthold (Prom.1987), Rainer Stich (Prom.1988, 2006 Prof. HTWK Leipzig), Frank Weinelt (Prom.1988) und Martin Ecke (Prom.1991) gehörten ebenfalls langjährig zur „Photorunde"[112a] (1972–1992), an der unter Leitung von H. Hennig[112b] insgesamt 106 Diplomanden und 23 Doktoranden sowie Wissenschaftler aus anderen Bereichen, wie Helmut Knoll, beteiligt waren. Synthese, thermochemische und photochemische Untersuchungen an Octacyanometallaten, Azido- und Oxalatometallkomplexen, Gemischtligandenkomplexen und Ionenpaarassoziaten wurden in den akademischen Graduierungsarbeiten bearbeitet. Die Labors befanden sich im Gebäude Brüderstraße 34, u. a. in einem ehemals als Garderobe genutzten Raum unter dem heutigen Beckmann-Hörsaal. In der Monografie „Photochemische und photokatalytische Reaktionen von Koordinationsverbindungen" (1987) von H. Hennig und D. Rehorek sind die Arbeiten verdichtet beschrieben. Kooperiert wurde u. a. mit Ronald D. Archer (Univ. Massachusetts), Derk J. Stufkens (Univ. Amsterdam), Zofia Stasicka (Univ. Krakov). Auch während seiner Amtszeiten als Prorektor (1982–1985) und Rektor (1986 bis 1990) leitete H. Hennig diese Forschungsarbeiten.

Die *Anorganische Festkörperchemie* unter Leitung von E. Butter (Abb. 79) befasste sich mit epitaktisch erzeugten Halbleitern bei betont applikativer Zielstellung und Verzahnung mit der Spurenanalytik. Die Habilitanden Klaus Jacobs (Prom.1971, später o. Prof. Humboldt-Univ. Berlin) „Zur Dotierung von A(III)B(V)-Halbleitern bei der Gasphasenepitaxie" (1981) und Werner Seifert (Prom.1970, 1985 Doz., später Gastprof. Univ. Lund) „Zur Kinetik der Gasphasenabscheidung von A(III)B(V)-Halbleitern im A-Halogenid-B-Hydrid-System" (1982) sowie die Doktoranden Reiner Andrae (1971), Brigitte Jacobs (1971), Gernot Knobloch (1972; 1942–2000), Peter Kramer (1972), Volker Gottschalch (1973), Werner-Heinz Petzke (1973), Helmut Herrnberger (1985), Reiner Franzheld (1986) und Stacia Schwedlick (1986) arbeiteten an A(III)B(V)-Verbindungen, wie GaAs, GaN. Die *Metal-Organic Vapour-Phase Epitaxy* (MOVPE) und das Schichtwachstum bedurften spezieller Gerätetechnik, höchsten Reinheitsanforderungen und besonderen Sicherheitsbedingungen. Letztere wurden nachdrücklich evident bei einem Havariefall, verursacht durch Dimethylquecksilber, bei dem ein Student auf tragische Weise ums Leben kam. Das Ziel der Arbeiten war die Herstellung lumineszierender Dioden. Ursprünglich in der Liebigstraße 18 im dafür als Labor umfunktionierten („geschliffenen") kleinen Hörsaal untergebracht, verbesserten sich Ende der 80er Jahre die Arbeitsbedingungen für diese Forschungsgruppe wesentlich im Neubau Technikum Analytikum. Die Halbleiterforschung genoss in staatlichen Planungen an der Universität Leipzig Priorität. Die industrienahen Forschungsergebnisse wurden mit der Verleihung des Nationalpreises der DDR an E. Butter, Brigitte und K. Jacobs gewürdigt.

Resümierend erlebte das Profil der Leipziger Anorganischen Chemie mit der Koordinationschemie der Übergangsmetalle und der Photochemie von Metallkomplexen eine Renaissance und Weiterentwicklung, besonders auch in der Methodenpflege. Die Anorganische Festkörperchemie war speziell auf A(III)B(V)-Halbleiter orientiert. Dafür war die Anorganische Chemie anderer Hauptgruppenmetalle unterrepräsentiert. Professoren- und Dozentenstamm ging systembedingt aus Hausberufungen hervor, was der geforderten und erwünschten sogenannten Schulenbildung nicht abträglich war, jedoch die Einbringung anderen wissenschaftlichen Gedankengutes und Erfahrungsschatzes über den Berufungsweg hinderte.

Das Institut für Anorganische Chemie ab 1993

Es kam 1989/90 zur politisch-gesellschaftlichen Wende und der deutschen Einheit mit dem an der Universität Leipzig im Zuge der Hochschulerneuerung kurz darauf einsetzenden „Elitenaustausch", der an der Leipziger Chemie vergleichsweise *sine ira et studio* verlief. „Um in der Chemie zu bleiben: Es war wie im Rückflusskolben, es ist vieles von unten nach oben gespült worden und umgekehrt. Es war oft arg demütigend, und man merkte die Absicht und war mehr als verstimmt", wie einer der Autoren (E. H.) hier formuliert. Andererseits konnten vor 1989 vorgenommene partei- und kaderpolitisch verursachte Karrieresprünge und fachlich nicht gerechtfertigte Benachteiligungen korrigiert, Personalstrukturen aufgebrochen und neues wissenschaftliches Blut eingebracht werden, wie beide Autoren (L. B. und E. H.) zu Papier bringen.

Der Wissenschaftsbereich Anorganische Chemie stand bis zum 31.3.1993 unter Leitung von E. Hoyer. Der zum 1.4.1993 als C4-Professor für Anorganische Chemie/Koordinationschemie, Bioanorganische Chemie berufene Lothar Beyer (Abb. 80) wurde vom Fachbereichsdirektor mit der kommissarischen Leitung, welcher der Fachbereichsrat am 19.4. zustimmte, beauftragt. Mit ihm und der am 1.4.1993 als C4-Professorin für Anorganische Chemie/Photochemie, Organometallchemie berufenen Evamarie Hey-Hawkins (Prom. 1983 bei K. Dehnicke, Privatdozentin TU Karlsruhe) (Abb. 81) sowie mit J. Sieler (1992 C3-Prof. für Anorganische Chemie/ Festkörperchemie, Halbleiterchemie) (Abb. 76) und R. Kirmse (1992 C3-Prof. für Anorganische Chemie/Strukturchemie) (Abb. 77) gab es vier Professoren „neuen Rechtes", die als Leiter von Bereichen fungierten, und mit E. Hoyer (1996 emeritiert, Abb. 75) und H. Hennig (2003 emeritiert, Abb. 62, 78) zwei Professoren bisherigen Rechtes. L. Beyer wandte sich in einem Schreiben

Abbildung 80
Lothar Beyer, 2000

Abbildung 81
Evamarie Hey-Hawkins, 2000

an die Mitglieder des Wissenschaftsbereichs: „Um diese verantwortungsvolle Aufgabe wahrnehmen zu können, wähle ich eine Leitungsform, die die aktive Einflussnahme der Hochschullehrer neuen Rechts, erfahrener wissenschaftlicher Mitarbeiter und des technischen Personals sichert und außerdem in beratender Form die fachliche Kompetenz der Professoren alten Rechts einbezieht sowie die Interessen der Diplomanden und Frauen berücksichtigt". Er bildete einen „Wissenschaftsbereichsrat" und berief mit dem zitierten Schreiben[113] am 22.4. die Professoren Evamarie Hey-Hawkins, R. Kirmse, J. Sieler, H. Hennig, E. Hoyer, die wissenschaftlichen Mitarbeiter F. Dietze, V. Gottschalch, R.-M. Olk und R. Richter (gleichzeitig Sekretär des WB), die Laborantin Annelies Scholz und cand. chem. Robert Ruloff. „Die von Ihnen gewählte Leitungsform begrüße ich und bin zur Mitarbeit gern bereit", so antwortete zum Beispiel V. Gottschalch am 30.4.1993. Ein Finanzausschuss, dem Sprecher F. Dietze sowie R. Billing, R. Richter und Peter Strauch angehörten, unterbreitete Vorschläge an den beschlussfähigen Wissenschaftsbereichsrat. L. Beyer wurde von Rektor Cornelius Weiss zum Gründungsdirektor des am 2.12.1993 wieder gebildeten Institutes für Anorganische Chemie (s. Abb. 64) ernannt und fungierte daneben von 1994 bis 1996 als Prodekan in der ersten gewählten Fakultätsleitung.

In demokratischer Weise wurde 1994 in Anlehnung an die Relationen im Wissenschaftsbereichs- und Fakultätsrat ein zunächst kommissarischer 11-köpfiger Institutsrat gebildet, dem die sechs Professoren, drei bzw. zwei wissenschaftliche Mitarbeiter, ein Angehöriger des technischen Personals (Ingenieure, Laborantinnen, Sekretärinnen) und ein bzw. zwei Vertreter der Diplomanden/Doktoranden angehörten. Die Vertreter der drei zuletzt genannten Gruppen wurden aus deren Mitte geheim gewählt. Der Institutsrat hatte nach der Institutsordnung (s. u.) Beschlussrecht über alles das Institut betreffende Wesentliche (Lehraufgaben, Forschungskoordinierung, Personalstellen, Finanzmittel, Räume) mit der erforderlichen Mehrheit der Professoren und der Mehrheit der anwesenden Mitglieder des Institutsrates. Bis Ende 1996 fanden 17 Beratungen statt. Den Vorsitz führte der Gründungsdirektor. Der Vorstand des Institutes bestand aus den vier Professoren neuen Rechts und einem (gewählten) wissenschaftlichen Mitarbeiter. Diese Institutsordnung[114] wurde als „vorläufige" vom Fakultätsrat bereits am 18.4.1994 bestätigt. Mit Wirkung vom 20.1.1997 trat eine neue Institutsordnung in Kraft[122]. Das beschlussfähige Leitungsgremium war nun allein der Vorstand der vier Professoren „neuen Rechtes". Er wählte aus seiner Mitte einen Geschäftsführenden Direktor (GD) für eine Amtszeit von im Regelfall zwei Jahren. Der Institutsrat wurde zwar nominell noch als beratendes Gremium weitergeführt, verlor jedoch in den folgenden Jahren an Bedeutung und erlosch schließlich im Jahre 2002. Die vier Bereiche waren bzw. sind bezüglich Lehre, Forschung und Wissenschaftsorganisation gleichberechtigt. Ein wesentlicher Unterschied wurde mit der Aussage festgeschrieben: Die Verteilung der personellen und finanziellen Mittel nach Haushaltkennziffern orientiert sich laut Institutsordnungen von 1994 und 1997 primär an den Kategorien C4 bzw. C3. Das Mittelverhältnis betrug real C4:C3 wie 2:1. Diese Relation wurde auch bezüglich der Laborkapazität annähernd so beibehalten. Innerhalb der Bereiche konnten sich Arbeitskreise (AK) formieren. Seit etwa 2003 bezeichnen sich die Bereiche auch selbst als Arbeitskreise, wodurch die Unterscheidung entfiel.

Abbildung 82
Ehrenpromotion
Kurt Dehnicke, 1996
Dekan J. Reinhold,
K. Dehnicke,
Rektor C. Weiss (v. l.)

In chronologischer Reihenfolge fungierten nach L. Beyer (Gründungsdirektor 1993–1997) die Geschäftsführenden Direktoren E. Hey-Hawkins (1997–1999), L. Beyer (1999–2001), J. Sieler (2001 bis 2003), R. Kirmse (2003–2006) und Berthold Kersting (ab 2007). Ihnen standen Constanze Klemm und Brisca Kretzschmar als Sekretärinnen und zeitweilig Dr. Petra Kränke (für ein Graduiertenkolleg) zur Seite. Die langjährig beschäftigten technischen Mitarbeiterinnen Chem.-Ing. Elke Altmann, Gisela Bär, Bärbel Haase, Roselinde Kühne, Hannelore Morgner, Beate Petzold, Annelies Scholz, Monika Uhlig, Annette Zacharias, Regina Zäbe und Ing. (FH) Michael Seitz, wurden nun vorzugsweise in den studentischen Praktika, in der Vorlesungsvorbereitung (E. Altmann, A. Zacharias), im Arbeitsschutz (E. Altmann) sowie bei der Lehrlingsausbildung (zwei Lehrlinge pro Jahr) wirksam und unterstützten in der verbleibenden Zeit die Forschung.

Eine gravierende Zäsur nach der Wiedergründung war die Übersiedlung des Institutes in den am 2.9.1999 übergebenen Neubau Chemie in der Johannisallee 29[12, S. 263–271]. An den enormen Anstrengungen zur Bewilligung, Planung und Ausführung seit 1993 waren maßgeblich die zentrale Fakultäts-Baukommission mit F. Dietze, C. Richter und H. Wilde und von Seiten des Institutes für Anorganische Chemie die Professoren L. Beyer und E. Hey-Hawkins mit F. Dietze und R.-M. Olk beteiligt. Anlässlich der akademischen Einweihungsfeier am 17.2.2000 überreichte der auf Initiative der Professoren des Instituts für Anorganische Chemie als Ehrendoktor der Fakultät 1997 ausgezeichnete Kurt Dehnicke (Abb. 82) (Marburg) an den Geschäftsführenden Direktor L. Beyer in symbolhafter Geste der Rückführung eine große Abdampfschale aus der Hinterlassenschaft von Hans Kautsky, der 1945 als Professor für Anorganische Chemie nach Weilburg verbracht worden war und später an der Universität Marburg lehrte.

Das Institut für Anorganische Chemie belegt den Nordflügel mit zwei Forschungsetagen, benannt nach Franz Hein (3. Etage) und Leopold Wolf (2. Etage), zwei Etagen für die Laborpraktika der Chemiestudenten, benannt nach Ernst Beckmann (1. Etage) und Otto Linné Erdmann (Erdgeschoss), sowie das helle Souterrain für die Chemiepraktika der Nebenfächler.

Nachfolger von L. Beyer nach dessen Emeritierung 2002 wurde ab 1.4.2002 Harald Krautscheid (C4-Prof. für Anorganische Chemie/Festkörperchemie, vorher Priv.-Doz. Univ. Karlsruhe) (Abb. 83). Nachfolger von J. Sieler nach dessen Emeritierung 2004 wurde ab 1.10.2004 Berthold Kersting (C3-Prof. für Anorganische Chemie/Koordinationschemie, Supramolekulare Chemie, vorher Priv.-Doz. Univ. Freiburg) (Abb. 84).

Abbildung 83
Harald Krautscheid, 2008

Abbildung 84
Berthold Kersting, 2008

Die knapp bemessenen Haushaltmittel wurden vorwiegend für die Ausrüstung der Praktika und einige Geräteanschaffungen genutzt. Für die Finanzierung der Forschung war die Einwerbung von Drittmitteln notwendig. Zahlreiche DFG- und BMBF-bewilligte Forschungsprojekte[116] sicherten die Personalmittel für Doktoranden und ermöglichten den Ankauf von Spezialchemikalien, die Installierung von Inertgasausrüstungen in Labors und die Anschaffung von Geräten. Der Bestand wurde durch großzügige Förderung vor allem in den 90er Jahren mit Neuanschaffungen leistungsfähiger Großgeräte[117] erweitert. Unabhängige Gutachter würdigten damit auch vorher erbrachte Forschungsleistungen. Eine Auswahl neuer Geräte ist: Vierkreisdiffraktometer, EPR-Spektrometer, NMR-Spektrometer, Titrationskalorimeter, UV-VIS-Spektrometer, IR-Spektrometer, Lumineszenzspektrometer, Atomabsorptions-Spektrometer, Magnetometer, elektrochemische Messplätze, MOVPE-Anlagen, Flüssig-Phasen-Epitaxie-Anlage, Plasma-CVD-Anlage. Gemeinsam mit anderen Instituten wurden fakultätsübergreifend weitere Großgeräte, u. a. Massen- und NMR-Spektrometer, CHN-Analyzer beantragt und beschafft. Ein Graduiertenkolleg „Mechanistische und Anwendungsaspekte nichtkonventioneller Oxidationsreaktionen" (1997 bis 2006), ein Internationales Promotions-Programm „Forschung in Grenzgebieten der Chemie" (2002 bis 2006) und eine Graduiertenschule „Building with Molecules and Nanoobjects" (ab 2007, Koordinatorin Dr. Dorrit Luppa) brachten zusätzliche Mittel besonders für Doktorandenstipendien und begünstigten wissenschaftsorganisatorisch die intra- und interfakultäre Kooperation sowie die internationale Zusammenarbeit. Wesentlichen Anteil an der Einwerbung und Leitung dieser über den Rahmen des Institutes hinausgehenden Kollegs hatte E. Hey-Hawkins. Unter ihrer Leitung wurden zahlreiche Doktorandenworkshops mit nationaler und internationaler Beteiligung ausgerichtet. Sie und L. Beyer brachten sich im Vorbereitungskomitee aktiv in die inhaltliche und organisatorische Vorbereitung der Chemiedozententagung 2001 in Leipzig ein.

Im Grundstudium des Studiengangs Chemie-Diplom (ausführlich im Kap. Lehre, Studium und akademische Graduierung) wurde die vierstündige Experimentalvorlesung „Anorganische Chemie I" mit Seminar und Praktikum jährlich alternierend gehalten (L. Beyer, J. Sieler). Im Hauptstudium standen die 4-stündige Vorlesung „Anorganische Chemie II" (jährlich alternierend E. Hey-Hawkins, R. Kirmse) mit Praktikum und die Vorlesungen „Anorganische Chemie III" (J. Sieler), Spezielle Koordinationschemie (L. Beyer mit F. Dietze, H. Hennig und R. Kirmse), Organometallchemie (E. Hey-Hawkins), Homogene Katalyse (H. Hennig, E. Hey-Hawkins), Anorganische Photochemie (H. Hennig), Bioanorganische Chemie (L. Beyer), Röntgenkristallstrukturanalyse (R. Richter) und ein Anorganisch-chemisches Vertiefungspraktikum (alle Professoren) im Studienplan. Die umfangreiche theoretische und praktische Ausbildung in Allgemeiner und Anorganischer Chemie für Lehramtskandidaten und Biologen wurde von Rainer Richter, der 1997 zum apl. Professor ernannt wurde (Abb. 85), und von R. Kirmse wahrgenommen. Die Chemie für Bauingenieur-Studenten lasen alternierend L. Beyer/J. Sieler, das zugehörige Praktikum übernahm F. Dietze. Die von H. Hennig langjährig alternierend gemeinsam mit einem Beauftragten des Institutes für Organische Chemie verantwortlich wahrgenommene Chemieausbildung für Medizinstudenten erlosch 2003 mit dem Übergang von H. Hennig in den Ruhestand. J. Sieler und R. Kirmse waren in Aufbaustudiengängen beteiligt. Tragende Kräfte für die Durchführung der beaufsichtigungspflichtigen Praktika waren R.-M. Olk für die Chemiker und R. Richter für die Lehramtskandidaten, dazu F. Dietze und Dietrich Wagler. Nach der schrittweisen Umstellung des Chemiestudiums ab 2002 vom Studiengang Chemie-Diplom zum dreijährigen Bachelor- und daran anschließend einem zweijährigen Master-Studiengang mit Pflichtmodulen, Wahlpflichtmodulen und Wahlpflicht-Praktikumsmodulen (s. Kap. Lehre, Studium und akademische Graduierung) gibt es derzeit folgende Lehrveranstaltungen und Lehrende bezüglich der Anorganischen Chemie (2007/2008):

Abbildung 85
Rainer Richter, 2000

Bachelor-Studiengang Chemie: Vorlesungen mit Praktikum: Allgemeine und anorganische Chemie (H. Krautscheid); Chemie der Übergangselemente (E. Hey-Hawkins); Festkörper- und Organometallchemie (H. Krautscheid, E. Hey-Hawkins); Vertiefende anorganische Chemie (H. Krautscheid, E. Hey-Hawkins).

Master-Studiengang Chemie: Pflichtmodul: Vertiefende Anorganische Chemie (Hochschullehrer). Wahlpflichtmodule: (aus 18 Angeboten): Anorganische Strukturanalytik (E. Hey-Hawkins, R. Kirmse, B. Kersting, R. Richter); Festkörperchemie für Fortgeschrittene (H. Krautscheid, V. Gottschalch); Anorganische Strukturchemie (R. Richter, H. Krautscheid). Wahlpflichtpraktikumsmodule (aus 24 Angeboten): Vertiefungspraktika in: Anorganische Chemie (H. Krautscheid), Metallorganische Chemie (E. Hey-Hawkins), Koordinationschemie (R. Kirmse), Supramolekulare Koordinationschemie (B. Kersting), Homogene Katalyse (E. Hey-Hawkins), Bioanorganik (E. Hey-Hawkins), Nanochemie (B. Kersting).

Studiengang Chemie an Mittelschulen und Gymnasien sowie Polyvalenter Bachelor-Studiengang Lehramt: Vorlesungen in Allgemeine und Anorganische Chemie (R. Richter); Praktikumseinführung und

Rechenübungen (R. Richter); Chemie der Hauptgruppenelemente (R. Kirmse, R. Richter); Anorganische Chemie II (B. Kersting). Die Praktika und Seminare zu den Vorlesungen wurden von R. Richter durchgeführt.

Master-Studiengang Lehramt: Anorganische Chemie III: Festkörper und Organometallchemie (H. Krautscheid, E. Hey-Hawkins).

Bachelor-Studiengang Biochemie: Allgemeine und Anorganische Chemie mit Praktikum (B. Kersting).

Im folgenden Abschnitt werden die Forschungsprofile der Bereiche und Arbeitskreise dokumentiert. Im *Bereich Koordinationschemie* (L. Beyer bis 2002; E. Hoyer bis 1996) wurden Metallkomplexe schwefel- und stickstoffhaltiger organischer Liganden von den Doktoranden Ronald Köhler (1989), Karen Rosenbaum (1991), Stefan Bender (1994), Jens Piotraschke (1995), Gunnar Baginski (1996), Thomas Ristau (1998), Uwe Schröder (1999), Ulrike Drutkowski (1999) und Wilfredo Hernandez (2005) synthetisiert und Reaktionen an metallkoordinierten Liganden durchgeführt. Die Flüssig-Flüssig-Extraktion von Edelmetallionen war mit F. Dietzes langjähriger Erfahrung und den Doktoranden Michael Petrich (1993), Sylke Schmidt (1993), Lutz Quas (1999) und Bernd Schröder (2000) Gegenstand praxisnaher Forschung mittels potentiometrischer und titrationskalorimetrischer Messungen sowie dafür entwickelter Computerprogramme. Die Elektrochemie von Metallkomplexen mit ligandmodifizierten Kohlepasteelektroden war, geführt von Karl-Heinz Lubert (Prom. 1973 bei Wolfgang Lorenz) mit Markus Guttmann (Prom. 1997) Gegenstand zahlreicher Publikationen. Komplexgleichgewichte in Lösungen von Metall-polyaminopolycarboxylaten mit elektrochemischer Methodik bearbeiteten unter Leitung von L. Beyer und Roland Meier die Doktoranden Matthias Hecht (1993), Martin Boddin (1996) und Steffi Mitzenheim (1997). Der Koordinationschemie von Ferrocenderivaten mit chelatbildenden Substituenten widmeten sich die Doktoranden Oliver Seidelmann (1999) und Petra Prokop (2000), von Übergangsmetallen mit chiralen Aminosäuren Frank Leßmann (1999) und von Seltenen Erden mit Polyaminopolyessigsäuren Manuela Wagner (Prom. 1995 bei E. Hoyer) und Robert Ruloff (1997). Solche Seltenerdmetallkomplexe eignen sich als Kontrastmittel in der Magnetresonanztomographie. In Kooperation mit Klaus Arnold und Wilfried Gründer vom Institut für Medizinische Physik und Biophysik und der Schering AG Berlin entstanden praxisnahe Patente. Abgeschlossen wurden die Habilitationen von P. Strauch (1997) zur Koordinationschemie der schwefelreichen Thiooxalate (Prom. 1986 bei E. Lippmann, jetzt C3-Prof. Univ. Potsdam) und Roland Meier (Prom. 1986 bei G. Werner, jetzt Priv.-Doz. Univ. Erlangen-Nürnberg) über Komplexbildungs- und Protolysereaktionen von Eisen(III)-Komplexen (2003). Die Forschungskooperation war auf Gruppen von der Iberischen Halbinsel und Südamerika fokussiert mit Jorge Angulo (Univ. San Marcos Lima), Enriqueta Antico (Univ. Girona), Jaume Gispert Casabo (Univ. Aut. Barcelona), Julio Criado (Univ. Salamanca), Vicente Fernández (Univ. Aut. Madrid), Wilfredo Hernandez (Univ. de Lima), José Losada (Univ. Politecnica Madrid), Ana Sastre (Univ. Politecnica Barcelona), Beatriz Sienra (Univ. Montevideo), Manuel Ribeiro da Silva (Univ. Porto), Evgenia Spodine (Univ. Santiago de Chile) sowie mit Karsten Gloe (TU Dresden), Günter Heil (FH Aachen), Steinar Husebye (Univ. Bergen), Kurt Kalcher (Univ. Graz), Klaus Koch (Univ. Stellenbosch) und Andre Merbach (Univ. Lausanne)[116]. Zahlreiche Praktikanten, Diplomanden und Doktoranden aus Spanien und Südamerika frequentierten die Labors. Das Leipziger Treffen Koordinationschemie 1997 vereinte mehrere Kooperationspartner (Abb. 86). L. Beyer erhielt 2000 die Ehrendoktorwürde der San Marcos Universität Lima. Nach ihrer Emeritierung befassten sich L. Beyer und E. Hoyer verstärkt mit der Geschichte der universitären Leipziger Chemie (s. Anhang Bücher).

Im *Bereich/Arbeitskreis Organometallchemie-Photochemie* (E. Hey-Hawkins, H. Hennig bis 2002) waren die Forschungsgebiete des AK Hey-Hawkins 1993–1999 folgende[115]: Synthetische Metallorganische/Anorganische Chemie; Reaktivität von Übergangsmetallkomplexen mit funktionalisierten Liganden der Elemente der 13. und 15. Gruppe; Alkali- und Erdalkalimetallphosphanide; Bor-, Aluminium- und Phosphorverbindungen; heterodinukleare Zweikernkomplexe; homogene Katalyse; spektroskopische (IR, UV-Vis, NMR, MS) und röntgenstrukturanalytische Methoden. Die Bearbeitung dieser Gebiete wurde fortgesetzt, und neue Schwerpunkte kamen hinzu[116]: Anorganische Molekülchemie,

Abbildung 86
Teilnehmer am Symposium Koordinationschemie 1997 in Leipzig – Untere Reihe: L. Beyer, T. Ristau, N.N., E. Hoyer, R. Richter, O. Seidelmann, F. Leßmann, T. Knoblauch (v. l.) – Mittlere Reihe: Klaus Koch (Kapstadt), N.N, L. Ihlo, N.N., Günter Heil (Aachen), N.N., N. N., L. Quas, U. Drutkowski, P. Prokop, B. Wenzel, M. Guttmann (v. l.) – Obere Reihe: N.N., K. Gloe (Dresden), R. Kirmse, U. Schröder, R.-M. Olk, B. Lorenz, K.-H. Lubert, N.N., N.N., N.N., Michael Schuster (München), N.N., R. Ruloff, N. N., B. Habermann, A.Voigt, D. Luppa. (v. l.)

Bioorganometallchemie, Organometallchemie, Synthetische Metallorganische/Anorganische Chemie, biologisch aktive Carbaborane, (chirale) Phosphorverbindungen, heteronukleare Mehrkernkomplexe, präparative HPLC luftempfindlicher Verbindungen. Dazu trugen die wissenschaftlichen Mitarbeiter Dr. Victor Balema, Dr. Christian Drost, Dr. Peter Lönnecke und die Doktoranden Al Masri Harbi (2003), Jens Baldamus (2008), Christiane Berghoff (2007), Steffen Blaurock (2000), Reinhard Felsberg (2000), Sebastian Fritzsche (2004), Christof Frenzel (1998), Abdul Hadi, Thilo Hahn (2001), Ulrike Helmstedt (2006), Alexandra Hildebrand (2006), Mike Hildebrand (2008), Thomas Höcher (2004), Thomas Koch (1999), Sarah Kohn (2006), Olaf Kühl (1999), Stefan Kurz (1994), Frank Lindenberg (1994), Ilham Maulana (2005), Felicité Majoumo (2004), Hannes Oesen, Rainer Papp (2000), Uwe Polster (2007), Andrea Schisler (2003), Michael Schley (2007), Ulrike Segerer (1999), Uwe Senff, René Sommer (2002), Sven Stadlbauer (2008), Matthias Stender (2000), Anke Sterzik (2003), Alexander Stranzky (2006), Steffen Tschirschwitz (2007) und Robert Wolf (2005) bei. Die internationale Forschungskooperation ist territorial breit gefächert, so mit Moris Eisen (Technion Haifa), Andrey Karasik u. a. (Arbuszov-Institut Kasan), Evgeny Rys (INEOS Moskau), Cameron Jones (Univ. Cardiff), Bruce S. Wild

(Univ. Canberra), Klaus Theopold (Univ. Delaware), Mehmet Karakus (Pamukkale Univ. Kinikli), Mehmet Sommer (Koc Univ. Istanbul), Peter C. Junk, Glen Deacon (Monash Univ. Australien), Luminita Silaghi (Babeds-Bolyai Univ. Cluy-Napoca), Barry Steele (Nat. Hellenic Found.), Antonio Garcia (Univ. de Castilla, La Mancha), Klaus Koch (Univ. Stellenbosch) und Michael P. Jensen (Ohio Univ. Athens).

Der *AK Fotochemie* (H. Hennig) befasste sich in Fortsetzung der oben beschriebenen Forschungsprojekte mit photokatalytischen und photo- und sonochemischen Reaktionen an Koordinationsverbindungen. Die Dissertationen von Jördis Behling (1994), Katrin Hofbauer (1997), Mathias Hofbauer (1996), Kerstin Jurkschat (1994), Athanassios Kokorakis (2000), Stephan Knoblauch (1998), Doritt Luppa (1998), Frank Tschwatschal (1994), Frank Schumer (2001), Jens Schönewerk (1999), Ekkehard Stehfest und Kornelia Zeckert (2002) resultierten daraus. Kooperation bestand mit Charles Kutal (Univ. Athens) und Max Roundhill (Texas Univ. Lubbock).

Der *Bereich Festkörperchemie/Halbleiterchemie* (J. Sieler bis 2004, R. Richter) mit dem AK Halbleiterchemie (V. Gottschalch bis 2002, danach im Arbeitskreis H. Krautscheid) widmete sich der Synthese und Strukturbestimmung von Aluminiumalkoxiden, der Aufklärung von Zwischenprodukten der Kolbe-Schmitt-Synthese und ihrem Mechanismus und der Lösung von Röntgenkristallstrukturen anorganisch- und organisch- chemischer Verbindungen, die aus den synthetisch arbeitenden Gruppen des Institutes, der Fakultät und von außerhalb bereitgestellt wurden und an denen sich die Doktoranden Rhett Kempe (1992, jetzt C4-Prof. Univ. Bayreuth), Maren Pink (1997), Thomas Gelbrich (1998), Peter Jörchel (1998) und Jens Hunger (2006) qualifizierten. Der Bereich unterhielt zahlreiche nationale und internationale Kontakte, u. a. zu Victor Skopenko und Konstantin V. Domasevitch (beide Univ. Kiew).

Im *AK Halbleiterchemie* stand die A(III)B(V)-Halbleiterepitaxie mit Untersuchungen zum Einsatz alternativer Quellen bei der MOVPE von Laserstrukturen, δ-artigen und geordneten Schichtstrukturen im Vordergrund, mitbearbeitet von Helmut Herrnberger und den Doktoranden Martin Gerhardt, Gerrit Kirpal (2000), Fred Pietag und Ines Pietzonka (1999). Hohe Drittmittelsummen von Bund und Industrie sowie die enge Kooperation mit den Physikalischen Instituten ermöglichten eine effektive Bearbeitung.

Der *Bereich/Arbeitskreis Festkörperchemie-Materialwissenschaften* (H. Krautscheid ab 2002) erbrachte eine prinzipielle Neuausrichtung der Festkörperchemie mit der Orientierung auf die Synthese und strukturelle Charakterisierung von mehrkernigen und polymeren Halogeno-, Pseudohalogeno- und Chalkogenokomplexen (als Übergänge zwischen Komplex und Festkörperphase) und auf Komplexe von schweren Hauptgruppenelementen mit engen Bezügen zu den Materialwissenschaften. Die Anorganische Chemie der Hauptgruppenelemente bekam damit eine starke Wichtung. Ein neues Gebiet wurde mit der Synthese und Charakterisierung von Koordinationspolymeren *(metal organic frame-works,* MOFs) im Hinblick auf die heterogene Katalyse aufgegriffen. Die Kooperation mit K. V. Domasevitch (Univ. Kiew) wurde fortgesetzt. und mit S. Konchenko (Russische Akademie der Wissenschaften Novosibirsk) aufgenommen. Wesentliche Charakterisierungsmethode ist die Röntgenkristallstrukturanalyse. In das Gebiet der Synthese von Halbleitermaterialien führten molekulare Chalkogenidverbindungen als Vorstufen für $CuInSe_2$ und verwandte Verbindungen. Zur Promotion wurden bisher Stefan Gerber (2004) und Martin Schmidtke geführt. Der AK Halbleiterchemie (V. Gottschalch) konzentrierte sich zur Fortführung der oben beschriebenen Thematik nunmehr auf die Plasma-unterstützte chemische Gasphasenabscheidung von dielektrischen Schichten und die Charakterisierung des gezüchteten Materials für die Anwendung in Solarzellen-, Detektor- und Laserbauelementen. Neue Prekursoren mit niedriger Toxizität waren ebenso Schwerpunkt wie die Herstellung von Nanodrähten und -röhren auf GaP-, GaAs- und InP-Basis. Kooperiert wurde mit Jaroslav Kovac (Univ. Bratislava), Matthias Schubert (Univ. Nebraska, Lincoln) und Frantiszek Uherek (Laser-Center Bratislava).

Der *Bereich/Arbeitskreis Strukturchemie* (R. Kirmse) setzte die Forschungsthematik aus früheren Jahren (s.o.) kontinuierlich fort mit der Ausrichtung auf die Synthese paramagnetischer Übergangsmetallkomplexe mit speziellem Interesse für EPR-, ENDOR-, ESEEM- und HYSCORE-Untersuchungen. Dabei spielen Gemischtligandenkomplexe mit vornehmlich Rhenium und Kupfer als Zentralatom die Hauptrolle. Synthesen und Strukturaufklärungen von Metallkomplexen von mehrzähnigen N-Acylthioharnstoffen wurden aufgegriffen. Komplexe, die paramagnetische „molekulare Quadrate" enthalten, wurden in Hinblick auf magnetische Austauschwechselwirkungen einbezogen. R.-M. Olk und die Doktoranden Jan Griebel (2008), Martina Hanner (2004), Lars Ihlo (1999), Michael Kampf (2005), Einar Möller (1997), Grit Teschmit (2000), Ekkehard Unger (1997), Andreas Voigt (2000), Michael Wagner (1995), Barbara Wenzel (2001) und Stefan Zeltner (1996) bearbeiteten das Gebiet. Mit Hilfe des Methodenarsenals richteten sich die Aktivitäten in neuester Zeit auf paramagnetische Koordinationspolymere dreidimensionaler Netzwerke, d. h., auf die bereits genannten MOFs. Kooperationspartner sind U. Abram (FU Berlin), Engbert de Boer (Univ. Nijmegen), Ljubo Golic (Univ. Ljubljana), Anna Maslejova (TU Bratislava), Ed J. Reijerse (MPI Mühlheim) und Thomas Rüffer (TU Chemnitz).

Der *Bereich/Arbeitskreis Koordinationschemie-Supramolekulare Chemie* (B. Kersting ab 2004) setzt in inhaltlicher Nachfolge die koordinationschemische Leipziger Traditionslinie A. Hantzsch – L. Wolf – E. Hoyer/H. Hennig – L. Beyer mit neuer Schwerpunktsetzung auf Supramolekulare Koordinationschemie, Nanochemie, Molekularen Magnetismus und Bioanorganische Chemie fort, neue zukunftsträchtige Entwicklungen aufgreifend. Es wurde die Wirt-/Gast-Chemie von metallierten Container-Molekülen weiterentwickelt. Die Synthese von Rezeptoren für die Verkapselung von Duftstoffen, die Katalyse von Diels-Alder-Reaktionen in hydrophoben Bindungstaschen, Polymerisationsreaktionen an zweikernigen Palladiumkomplexen sowie der Aufbau molekularer Käfige bis in den Nanometerbereich interessieren ebenso wie Struktur-Magnetismus-Beziehungen vierkerniger Nickel(II)-Verbindungen und das „Einzel-Molekül-Magnet-Verhalten" in Hinblick auf Bausteine für die Daten-Speicherung in der Nano-Technologie. Modellverbindungen und -reaktionen für die biomimetische Fixierung von CO_2 an zweikernigen Nickelkomplexen führen in das Gebiet der enzymatischen Katalyse. Promoviert wurden Steffen Käss (2007) und Mathias Gressenbuch (2008). Kooperiert wird mit Vasile Lozan (Univ. Minsk) und J. J. Girerd, Y. Journeaux (Univ. Paris).

Die Analytische Chemie

Gerhard Werner, Stefan Berger

Die Analytische Chemie von 1945 bis 1968

Blättert man in den Vorlesungsverzeichnissen der Universität Leipzig ab 1945, so findet sich das Wort „analytisch" bereits ganz am Anfang, obwohl eine eigene Abteilung für Analytische Chemie noch lange auf sich warten ließ. „Anorganisch-chemische Übungen (analytisch und präparativ)" wurden von Helferich zusammen mit Kautsky und Carlsohn bereits 1945 angekündigt, allerdings nicht abgehalten, denn die drei genannten Professoren wurden von den amerikanischen Besatzungstruppen nach Kriegsende nach Weilburg/Lahn verbracht. 1947 wurden „Physikalisch-chemische Methoden in der analytischen Chemie" von Ulrich Franck, wissenschaftlicher Assistent am Physikalisch-Chemischen Institut angeboten. Ab 1949 hielten verschiedene Assistenten des Chemischen Laboratoriums (Wolfgang Zedlitz, Hans-Martin Barchet, Hans Lohmann, Heinz Holzapfel) Vorlesungen zur analytischen Chemie. Mit der Gründung der Institute für Anorganische und Organische Chemie (1951) wurde deren Zuständigkeit für die Ausbildung geklärt: die Anorganiker übernahmen die klassische Analytik, die Organiker die Elementaranalyse und zunehmend die für die Synthesekontrolle erforderlichen instrumentellen Methoden. H. Holzapfel las von 1952 bis 1969 über „Prinzipien der analytischen Chemie", „Maßanalyse und Photometrie" und „Analytische Chemie der seltenen Elemente". In der Physikalischen Chemie wurden „Physikalische Trennverfahren" sowie „Elektrische und optische Methoden in der analytischen Chemie" angeboten. In der Organischen Chemie wurde die theoretische und praktische Ausbildung in der Elementaranalyse nacheinander von Fritz Falk, Klaus Seiffarth, Joachim Riemer und Martin Mietasch

Abbildung 87
Heinz Holzapfel
(1914–1986), 1962

durchgeführt. Ein Anorganisches mikroanalytisches Praktikum (Tüpfelanalyse) führte 1953 Günther Schott ein, es gehörte (seit 1955 unter H. Holzapfel) bis 1969 zum Pflichtprogramm der Anorganiker. H. Holzapfel (Abb. 87) habilitierte sich 1955 mit einer Arbeit über anorganische Stickstoffverbindungen und deren Analytik und wurde im gleichen Jahr Dozent für Analytische Chemie. Eine Berufung zum Professor schloss sich 1960 an. Man sieht: Die wissenschaftliche Lehre der Analytischen Chemie kam rasch in Gang. Am Lehrangebot – analytisch-chemische Vorlesungen und Praktika eingebettet in die Anorganische Chemie sowie mikroanalytische Praktika in der Organischen Chemie – änderte sich in den nächsten Jahren nichts Wesentliches. Ab 1959 gab es für das 5. Studienjahr „Moderne Methoden der Analytischen Chemie für Fortgeschrittene und Diplomanden" (H. Holzapfel), „Chemie des Ionenaustauschs" (Rudolf Hering) und „Spektroskopische Methoden in der organischen Chemie" (Manfred Scholz und Rolf Borsdorf). Dies war für die damalige Zeit eine bewundernswerte Neuerung, die nur an wenigen Orten in Westdeutschland nachvollzogen wurde. 1961 wurde zum ersten Mal eine „Einführung in die Gaschromatographie" (Rolf Hickethier) angeboten (bis 1968). 1965 lehrte Rainer Herzschuh die Dünnschichtchromatographie. Ab 1967 wurden Praktika zur Flammenphotometrie (Klaus Dittrich), Emissionsspektrographie (Joachim Pritzkow) und Polarographie (Oswald Gürtler) durchgeführt. Dieses Lehrangebot blieb über die nächsten Jahre stabil und die Analytische Chemie war zwischen zwei Kernfächer aufgeteilt.

Eine eigenständige Forschung zur Analytischen Chemie gab es in diesen Jahren nur am Institut für Anorganische Chemie, dessen Direktor seit 1961 H. Holzapfel war. Er arbeitete mit seinen Doktoranden Claus Richter, Peter Nenning, Rosemarie Sattler über quaternäre bororganischen Verbindungen und anderen Reagenzien zur Alkalimetallanalytik, befasste sich mit der Ionenaustauschtrennung von Elementen der 1. und 2. Hauptgruppe des Periodensystems (Helmut Ehrhardt, Werner Tischer) und mit speziellen spurenanalytischen Problemen, die zu einer engen Kooperation mit der chemischen Industrie führten (Böhlen, Leuna, Bitterfeld, Piesteritz). Zu den ersten Doktoranden von H. Holzapfel gehörten Wolfgang Dedek, Klaus Dittrich, Oswald Gürtler, Safa Al-Murab, Günter Conradi (experimentelle Bearbeitung bei Miloslav Kopanica in Prag), Horst Schößler, Karl Schöne (1935–2006), Ulrich Stottmeister, Manfred Genzel und Rudhard Klaus Müller. Letzterer war am Institut für Gerichtsmedizin beschäftigt. Er habilitierte sich 1977 an der Akademie der Wissenschaften, wurde 1982 Dozent, 1989 ao. Professor und 1992 C3-Professor für Forensische Toxikologie an der Medizinischen Fakultät. Er hat sich große Verdienste bei der Entwicklung der Chemischen Toxikologie in Deutschland erworben. Von 1992 bis 2006 war R. K. Müller Leiter des Instituts für Dopinganalytik Dresden in Kreischa.

Die von L. Wolf geleitete Seltenerdforschung ging nach dessen Emeritierung (1961) stärker in eine analytisch-chemische Richtung über und wurde von Gerhard Werner (Promotion B 1971) fortgeführt. Doktoranden auf diesem Gebiet waren Le Viet Lan, Ilias Kolowos (Betreuer Ehrenfried Butter), Rolf Altendorf und Kieu Dinh.

Es ist das Verdienst von H. Holzapfel, dass das Institut für Anorganische Chemie zunehmend als ein Kompetenzzentrum für analytische Fragen betrachtet wurde. Das führte zur Anfrage staatlicher Stellen, in Leipzig ein Zentrum für Analytische Chemie aufzubauen. Obwohl bereits Räume am Bayrischen Platz/

Windmühlenstraße vorgesehen waren und umfangreiche Konsultationen mit Vertretern der chemischen Industrie erfolgten, verliefen diese Bemühungen aus finanziellen Gründen schließlich zunächst im Sande. H. Holzapfel unterhielt vorzügliche internationale Kontakte zu den führenden europäischen Analytikern, die sich für die kommende Entwicklung positiv auswirken sollten.

Im Institut für Organische Chemie wurde ein Labor für Gaschromatographie aufgebaut (nach R. Hickethier und Franz-Josef Strüber, ab 1968 von Werner Engewald), R. Herzschuh betrieb nach seiner Promotion (1964) über ein präparatives Thema unterschiedliche instrumentelle Methoden (Polarographie und erste Ansätze zur Massenspektroskopie) und R. Borsdorf befasste sich nach seiner Habilitation (1965) über MO-Berechnungen an Pseudoazulenen mit der IR-Spektroskopie zur Konformationsanalyse. Er wurde 1967 zum Dozenten für Organische Chemie berufen.

Im Bereich der Physikalischen Chemie lag in analytischer Hinsicht der Schwerpunkt auf der IR- und Raman-Spektroskopie sowie auf röntgenspektroskopischen Methoden. Da die Leipziger Physik dominierend in der NMR-Spektroskopie war, wurde diese Methode, trotz ihrer Bedeutung für die Organische und Anorganische Chemie, zunächst nur in der Physik betrieben. Deshalb war es von Vorteil, dass Adolf Zschunke nach seinem Diplom in Organischer Chemie 1962 in die Arbeitsgruppe von Arthur Lösche an das Physikalische Institut wechselte, 1966 bei A. Lösche und Manfred Mühlstädt promovierte und sich 1971 habilitierte. Auf diesem Weg konnten zahlreiche Strukturprobleme der Chemiker in gemeinsamen Arbeiten gelöst werden. 1971 wurde A. Zschunke Dozent an der Universität Halle und 1984 o. Professor für Analytische Chemie an der Humboldt-Universität Berlin (1992 Rektor dieser Universität). Er hielt enge wissenschaftliche und persönliche Verbindungen zu seiner Alma mater Lipsiensis, nicht zuletzt durch Weiterbildungsveranstaltungen zur Qualitätssicherung im analytischen Labor.

Die Analytische Chemie an der Sektion Chemie

Mit der 3. Hochschulreform erfolgte eine grundlegende Veränderung der Universitätsstruktur, der Studienprogramme und der Forschungsorientierung. Die nur 17 Jahre existierenden Institute wurden abgeschafft, und an ihre Stelle trat die Sektion Chemie.

In der Chemieausbildung war die Analytische Chemie in den Lehrgebieten Chemische Gleichgewichte und Strukturaufklärung vertreten. Für das Fachstudium erhielt die Leipziger Universität den Zuschlag für alle drei Fachrichtungen: Synthesechemie, Verfahrenschemie sowie Theoretische und Physikalische Chemie.

Im Lehrabschnitt „Chemische Gleichgewichte" wurde die die klassische Chemie wässriger Lösungen mit ihren analytischen Applikationen in der Maßanalyse, Gravimetrie, Photometrie und Elektroanalytik gelehrt. Für dieses Lehrgebiet erhielt Leipzig die Koordinierungsfunktion für alle Chemiesektionen der DDR. Der Koordinator war G. Werner, der die Vorlesungen hielt und das Praktikum leitete. Es entstanden das Lehr- und das Arbeitsbuch „Elektrolytgleichgewichte und Elektrochemie" (Leipziger Koautoren: G. Werner und K. Schöne), die in mehreren Auflagen und auch im Verlag Chemie, Weinheim, erschienen. Die Ausbildung im Fach „Methoden der Strukturaufklärung" übernahm R. Borsdorf. Die drei Fachrichtungen hatten laut Plan unterschiedliche Ausbildungsinhalte: Synthesechemie (Stoff- und Strukturanalytik), Verfahrenschemie (Prozessanalytik), Theoretische und Physikalische Chemie (Physikalisch-chemische Messmethoden). Nach einer kurzen Übergangsphase entschied der Rat der Sektion, entgegen den zentralen Vorgaben für das 5. und 6. Semester in Leipzig eine einheitliche Analytikgrundausbildung für alle Fachrichtungen durchzuführen, auf der in den Fachrichtungen im 7. Semester weitere analytische Vorlesungen aufbauten. Die Vorlesungen hielten: Grundausbildung in Analytik (96 Stunden Vorlesung und Seminar): G. Werner, R. Borsdorf und K. Dittrich; Analytik II für Synthesechemiker (52 Stunden): R. Borsdorf, W. Engewald, R. Herzschuh, K. Dittrich; Analytik II für Verfahrenschemiker (52 Stunden): Helmut Müller, W. Engewald. Die Vorlesungen Analytik II für die Fachrichtung Theoretische und Physikalische Chemie wurden von Angehörigen der Arbeitsgruppen Molekülspektroskopie (Johanna Fruwert), Röntgenspektroskopie (Armin Meisel) und Quantenchemie (Fritz Dietz, Dietmar Heidrich, Hans-Joachim Köhler) gehalten. Neben den theoretischen Unterweisungen wurde ein instrumentelles Praktikum durchgeführt (80 Stunden). Diese umfangreiche analytische Ausbildung wurde zu einem besonderen Kennzeichen des Leipziger Chemiestudiums.

Im Rahmen der Verantwortung für das Lehrgebiet „Chemische Gleichgewichte" führte die Leipziger Sektion ab 1980 einen studentischen Leistungsvergleich aller Chemiesektionen mit einer Klausur und einer praktischen Aufgabe („Wetttitrieren") ein, der bis 1989 reihum von allen Chemiesektionen organisiert wurde. Die Leipziger Studenten belegten dabei meist vordere Plätze. Dieser „Studentenwettstreit" orientierte sich am in Jugoslawien gegründeten „International Competition on Analytical Chemistry". Nach mehreren vergeblichen Versuchen gelang 1980 unsere erstmalige Teilnahme. Leipzig beschickte diesen Wettstreit jährlich bis 1990 (Jugoslawien, Ungarn, Tschechoslowakei). Unsere Studenten belegten nur mittlere Plätze. Insbesondere die Studenten aus Ungarn, die stabsmäßig auf diese Wettbewerbe vorbereitet wurden, erwiesen sich stets hoch überlegen Die wenigen westlichen Teilnehmer spielten keine Rolle.

Mit der Sektionsbildung entstanden für das Gebiet der Analytischen Chemie 1968 das Forschungskollektiv (FK) Spurenanalyse (Leiter: H. Holzapfel) mit den Hochschuldozenten G. Werner (1969), O. Gürtler (1970), K. Dittrich (1971) und aus dem Geräte- und Personalbestand des Instituts für Organische Chemie die „Großgeräteabteilung" (Leiter: R. Borsdorf) mit den Hochschuldozenten R. Herzschuh (1971) und W. Engewald (1978) als Serviceeinrichtung für die gesamte Sektion. Im Gegensatz zu Universitäten in den Ländern der BRD, wo mehr oder weniger jeder Ordinarius sein „eigenes" Großgerät, etwa ein Massen- oder NMR-Spektrometer beantragte, war dies in Leipzig aus ökonomischen Gründen, wenn überhaupt, nur zentral möglich. Die logische Konsequenz war die Schaffung entsprechender Professuren, wie einer Professur für Strukturanalytik, für die es in den alten Bundesländern kaum Parallelen gab. Die nächste Umstrukturierung führte 1972 zu den Arbeitsgruppen (AG) Anorganische Analytik (H. Holzapfel) und Strukturanalytik (R. Borsdorf), die sich 1975 mit den AG Röntgenspektroskopie (A. Meisel) und Molekülspektroskope (Gerhard Geiseler) in der „Problemkommission Analytik und Spektroskopie" zusammenfanden. Diese Entwicklung fand in der Sektion eine breite Zustimmung, so dass sich einige „gelernte" Anorganiker, Organiker und Physikochemiker entschlossen, den weiteren akademischen Entwicklungsweg in der Analytik zu suchen. Bei H. Holzapfel promovierten in den ersten Jahren nach der Sektionsgründung Peter Gründler, Werner Katzung, Roger Kliche, Volkmar Wedel, Dieter Fürtig und Milen Jowtschew. Die neuen Dozenten G. Werner, O. Gürtler, K. Dittrich, R. Herzschuh und später W. Engewald und H. Müller übernahmen zunehmend eigene Doktoranden. So promovierten bei O. Gürtler bzw. K. Dittrich die vietnamesischen Aspiranten Chu Xuan Anh und Pham Luan, die Professoren an der Chemischen Fakultät der Universität Hanoi wurden. Bei G. Werner wurden auf dem Gebiet der nass-chemischen Analyse Gundula Schön und Peter Kramer II promoviert.

Im Rahmen der Forschungsorganisation der DDR, die über die Akademie der Wissenschaften auch für die Hochschulen gelenkt wurde, entstand Anfang der 70er Jahre das Programm „Stoffe und Stoffwandlungen" (später einfacher „Chemie" genannt). Für die einzelnen Teilgebiete gab es Koordinatoren, die meist in Akademieinstituten angesiedelt waren. Vom Ministerium für das Hoch- und Fachschulwesen erhielt die Sektion Chemie 1972 die Aufgabe, für das Gebiet „Analytik und Prozesskontrolle" die Koordinierung der Arbeiten des Hochschulwesens vorzunehmen. In diesem Programm waren Aufgaben enthalten, die wegen ihrer methodischen Orientierung bzw. der umfassenden Anwendungsmöglichkeiten ihrer Ergebnisse zentral zusammengefasst wurden. Für kein anderes Gebiet erhielt die Leipziger Chemie eine solche Aufgabe, so dass sich hieraus eine gewisse Sonderrolle der Analytischen Chemie ableitete. Diese Entwicklung wurde von den meisten Kollegen auch der anderen Disziplinen nicht ungern gesehen, ergab sich doch hierdurch die Möglichkeit, einer zu engen Orientierung auf einzelne Produktionszweige zu entgehen.

Abbildung 88
Rolf Borsdorf

Abbildung 89
Gerhard Werner

Eine weitere Stärkung des analytisch-chemischen Profils der Leipziger Chemiesektion erfolgte durch die Einführung des Postgradualstudiums (Aufbaustudiums) „Analytik und Spektroskopie"[118] durch R. Borsdorf, welches eine vertiefende Ausbildung in allen Teilbereichen der Analytik ermöglichte. In acht einwöchigen Kursen über den Zeitraum von jeweils zwei Jahren wurden die weit gefächerten Aspekte der Analytischen Chemie angeboten. Im Prinzip besteht dieses Aufbaustudium trotz zahlreicher Veränderungen noch heute und ist in seinem Kern unverändert, wenn auch in modernerem Gewand. Dies zeigt die Bedeutung und die Richtigkeit des 1974 begonnenen Unternehmens. Ebenfalls 1974 entstand die Idee, mit den „Analytiktreffen" eine Tagungsreihe zu gründen, die es möglich machte, die Analytiker aus der DDR mit den internatonalen Tendenzen auf dem Fachgebiet bekannt zu machen, eigene Forschungsergebnisse vorzustellen und mit den international führenden Analytikern ins Gespräch zu kommen. Dieser Gedanke fand sehr große Resonanz, sowohl bei den Analytikern der DDR wie auch bei den Gästen aus der BRD und dem westlichen Ausland, die sehr gern der Einladung zu Vorträgen folgten. Manche der Tagungen hatte mehrere Hundert Teilnehmer und nahmen den Charakter einer internationalen Großveranstaltung an bzw. waren Bestandteile internationaler Tagungsreihen (Tabelle). Dabei blieb die Organisation immer in der Hand der Leipziger Analytiker, denn nur so konnten Restriktionen, die insbesondere von der Akademie der Wissenschaften ausgingen, weitgehend vermieden werden.

Durch die Berufungen von R. Borsdorf (1975, o. Prof. für Analytik und Strukturaufklärung) (Abb. 88) und G. Werner (1976, o. Prof. für Analytische Chemie) (Abb. 89) war eine kontinuierliche Entwicklung gegeben. H. Holzapfel, der in den letzten Berufsjahren große gesundheitliche Probleme hatte, wurde 1979 emeritiert.

Eine weitere Neuerung im Hochschulwesen der DDR erfolgte schließlich 1977 mit der Gründung von Methodisch-Diagnostischen Zentren (MDZ), so z. B. zur Hochfrequenzspektroskopie an der Sektion Physik. An der Sektion Chemie wurde das „Analytische Zentrum" gegründet (Leiter: G.Werner), das sich vor allem auf eine inhaltliche Zusammenführung der in den verschiedenen Arbeitsgruppen Arbeitenden konzentrierte und insbesondere auf eine einheitliche Außenwirkung bedacht war. Die Selbständigkeit der verschiedenen Hochschullehrer und ihrer Arbeitsgruppen blieb bestehen.

Analytiktreffen von 1974–1991

Thema der Tagung		Veranstaltungsort	Teilnehmerzahl	Tagungsleitung
1974	Komplexbildung in der analytischen Chemie	Friedrichroda	120	G.Werner, H. Müller
1975	ESCA – Anwendung auf analytische, Struktur- und Oberflächenprobleme	Reinhardsbrunn	150	A. Meisel
1976	Fortschritte in der Gas- und Flüssigkeitschromatographie	Leipzig	300	W. Engewald
1977	Experimentelle Methoden der Molekülphysik	Reinhardsbrunn	120	G. Werner, H. Kriegsmann, H. Pfeifer
1978	Atomspektroskopie – Fortschritte und analytische Anwendungen	Finsterbergen	300	K. Dittrich
1979	Fortschritte in der elektro-chemischen Analytik – Theorie und Anwendungen	Neubrandenburg	240	G. Werner, H. Müller
1980	Schwingungsspektroskopie Fortschritte und analytische Anwendungen	Neubrandenburg	200	J. Fruwert, R. Salzer
1981	Strukturanalytische Methoden in der Stereo-Chemie	Leipzig	130	R. Borsdorf
1982	Atomspektroskopie – Fortschritte und analytische Anwendungen	Neubrandenburg	450	K. Dittrich
1983	Fortschritte in der Gas- und Flüssigkeitschromatographie	Neubrandenburg	420	W. Engewald
1984	Molekülspektroskopie	Eisenach	300	R. Borsdorf
1985	Elektrochemische Analysenmethoden	Neubrandenburg	350	G. Werner, P. Gründler
1986	Analytische Atomspektroskopie (IX. Conference on Analytical Atomic Spectrometry CANAS)	Neubrandenburg	600	K. Dittrich
1987	Massenspektroskopie	Neubrandenburg	300	R. Herzschuh
1988	Molecular Spectroscopy – Theory and Applications	Neubrandenburg	250	R. Salzer, H. Kriegsmann
1989	7th Danube Symposium on Chromatography	Leipzig	750	W. Engewald
1990	Analytische Atomspektroskopie	Neubrandenburg	450	K. Dittrich
1991	Elektrochemische Analysenmethoden	Leipzig	120	G. Werner, H. Emons

Die wissenschaftliche Arbeit der Analytiker war neben der starken Bindung an die Industrie, zunächst an das Fotochemische Kombinat Wolfen, das Chemiekombinat Böhlen, und die Kombinate in Bitterfeld und Leuna, vor allem im „Zentralen Thema" Analytik des Ministeriums für das Hoch- und Fachschulwesen zusammengefasst. Dadurch ergab sich die besondere Möglichkeit, methodische Entwicklungen relativ langfristig zu verfolgen.

Unterstützend kam hinzu, dass die jüngeren Mitarbeiter in großer Zahl zu mehrmonatigen Arbeitsaufenthalten ins Ausland gingen und dort wichtige Anregungen für ihre kommenden Tätigkeiten in Leipzig und für ihre Promotion oder Habilitation (Promotion B) erhielten. P. Nenning arbeitete bei A. I. Busev in Moskau über organische Reagenzien. K. Dittrich und H. Müller gingen nach Kiew, wo letzterer 1972 bei K. B. Jazimirsky die katalytischen Analysenmethoden kennen lernte, die dann in Leipzig zu einer theoretisch besser durchdrungenen Methodik entwickelt wurden und für die durch zahlreiche instrumentelle Verbesserungen eine gut anwendbare Technik entstand. H. Müller, M. Otto und G. Werner schrieben die Monographie „Katalytische Methoden in der Spurenanalyse". R. Herzschuh und W. Engewald waren mehrere Monate in Moskau und W. Engewald arbeitete seitdem sehr erfolgreich auf dem Gebiet der Adsorptionsgaschromatographie. Matthias Otto und Jürgen Mattusch arbeiteten in Sofia beim späteren Ostwald-Professor P. R. Bontchev über katalytische Methoden und M. Otto 1981/82 an der TU Graz mit Wolfhard Wegscheider über den Computereinsatz in der Analytik. Schließlich erhielt P. Gründler in Moskau bei P. K. Agasjan wichtige Anregungen für seine späteren Arbeiten zur Präzisionscoulometrie. Carla Wischnewski (Vogt) arbeitete sich am Akademie-Institut für Analytische Chemie in Brno in die Kapillarelektrophorese ein. Die Doktorandinnen Sibylle Mothes und Jutta Funk waren mehrere Monat am Vernadsky-Institut für Geochemie und Analytische Chemie in Moskau bei J. A. Zolotov. Diese Auslandsaufenthalte haben sich in allen Fällen für die Mitarbeiter, aber auch insgesamt für die Analytik in Leipzig bewährt und zu sehr stabilen wissenschaftlichen Beziehungen geführt.

Abbildung 90
Klaus Dittrich
(1938–1993)

Eine besondere Rolle in der Leipziger Analytik spielte seit Anfang der 70er Jahre die *analytische Atomspektroskopie,* die von Klaus Dittrich[119] aufgebaut und geleitet wurde (Abb. 90). Ohne akademischen Lehrer auf diesem Gebiet und mit bescheidensten apparativen Voraussetzungen erzielte er bis zu seinem frühen Tod (1993) zunächst mit Eigenbaugeräten und später mit einem Hochleistungsinstrumentarium international sehr geschätzte Resultate, die in vielen Fällen zu wesentlichen Erweiterungen der verschiedensten atomspektroskopischen Techniken (Atomemission, -absorption, -fluoreszenz), neuen Entwicklungen in den Anregungstechniken und nicht zuletzt zu wichtigen praktischen Anwendungen führten. Er nutzte seine vielfältigen internationalen Kontakte, seine Beziehungen zur gerätebauenden Industrie trotz zeitweiliger Ausreisesperre für westliche Länder. Besondere Beachtung fanden seine Arbeiten zur Laserverdampfung und der Graphit-Ofen-Atomspektroskopie von Gallium und Indium. Er wurde 1971 zum Dozenten und 1987 zum ao. Professor berufen. Bei ihm promovierten Wieland Zeppan, Knut Niebergall, Helmut Rößler, Rainer Wennrich, Rainer Zschocke, Wolfgang Mothes, Veronika Richter, Bernd Vorberg, Hagen Brauer, Hans-Joachim Stärk und Holger Fuchs.

Die *chromatographische Gruppe* wurde von Werner Engewald (1978 Dozent, 1985 ao. Prof.) geleitet (Abb. 91). Zunächst standen Untersuchungen über Zusammenhänge zwischen Molekülstuktur und Retentionsverhalten in der Gas-Liquid-Chromatographie im Vordergrund, später kam die Trennung isomerer Verbindungen mittels Kapillar-Gaschromatographie und nach dem Gastaufenthalt bei Prof. A. V. Kiselev an der Moskauer Lomonosov-Universität die Gas-Adsorptionschromatographie dazu. Später umfasste sein Arbeitsgebiet die chromatographische Vielkomponenten- und Spurenanalyse organischer Verbindungen und Gemische (u. a. Anreicherungstechniken und Probenvorbereitung, Kopplungstechniken, GC-MS, HPLC-MS) sowie die problem- und matrixorientierte Anwendung chromatographischer Methoden zur Spurenanalyse umweltrelevanter Verbindungen in Luft, Wasser und Boden. Besonders einsatzfreudig und ideenreich war Thomas Welsch, der nach seiner Promotion (1971) in Organischer

Abbildung 91
Werner Engewald

Chemie wesentlichen Anteil an der erfolgreichen Arbeit dieser Gruppe hatte. Hier promovierten: Luise Wennrich, Jürgen Pörschmann, Ute Billing, Fawaz Hemedi, Johaina Dib, Harald Frank, Dietmar Lerche, Torsten Maurer, Ute Teichmann, Andras Kalman und Robert Reinhardt. Apparativ war man zunächst auf die Geräte der Firma Giede (später VEB Chromatron) angewiesen. Auch hier war viel Eigenbau gefragt, bzw. durch gute Kontakte auf den Leipziger Messen hielten Sektionsangehörige Kurse mit „Leihgeräten" westlicher Firmen ab, durch die eine gewisse Zeit moderne Technik zur Verfügung stand. Für seine wissenschaftlichen Leistungen wurde W. Engewald 1979 mit dem Friedrich-Wöhler-Preis der Chemischen Gesellschaft der DDR ausgezeichnet, und im Mai 1989 erhielt T. Welsch für seine Arbeiten über Glaskapillaren den renommierten internationalen Kurt-Grob-Gedächtnis-Preis.

1968 erhielt die Sektion als erstes Gerät für die Großgeräteabteilung das Magnetsektorfeld-Massenspektrometer VARIAN MAT CH 6. Es diente zur massenspektrometrischen Fragmentierung der von den Organikern synthetisierten Verbindungen, aber zunehmend auch zur Lösung allgemeiner analytischer Fragen. Die Leitung dieser Gruppe *Massenspektroskopie* hatte Rainer Herzschuh (1971 Dozent, 1985 o. Prof.) (Abb. 92). Das Gerät wurde von dem Chemotechniker Lothar Goetz sehr gepflegt, so dass sich über zwei Jahrzehnte die Varian-Vertreter bei den Leipziger Messen hochachtungsvoll wunderten, dass ihr Oldtimer noch immer läuft. An diesem Gerät bearbeitete u. a. ab 1970 Horst Remane Probleme der Mineralölanalytik (1978 Promotion B). Er wechselte später zur Chemiegeschichte und ging über das Karl-Sudhoff-Institut an die PH Halle (1987 Doz., 2004 apl. Prof. Universität Halle-Wittenberg). Doktoranden bei R. Herzschuh waren Wolfgang Hein, Angelika Mleinek, Peter Lepom, Monika Möder, Thomas Sourisseau, Diana Schneider, Thomas Birkenfeld und Horst Lehmann. Im Zusammenhang mit der stärkeren Zuwendung zur Analytik der Kohleveredlung und der Kooperation mit dem Kombinat Chemieanlagenbau wurde 1988 das Doppelt-fokussierende Massenspektrometer VG ZAB HSQ angeschafft, mit dem anspruchsvolle analytische Aufgaben, z.B. in der Dioxinanalytik bearbeitet wurden.

In der von Rolf Borsdorf geleiteten *Strukturanalytik* war der Gerätebestand zunächst gleichfalls bescheiden. Zwar waren IR-Spektrometer von Zeiss Jena vorhanden, die hohen Ansprüchen genügten, aber eben nur, wenn die zu lösenden Probleme dazu passten. Die viel aussagekräftigere Hochfrequenzspektroskopie war den Chemikern nur durch Kooperation mit den Physikern zugänglich. Dort wurde diese Technik vordergründig nicht für die Lösung chemischer Strukturprobleme eingesetzt, sondern sie diente mehr dem Studium physikalischer Phänomene. Dennoch bestand eine kollegiale Zusammenarbeit, so dass mit einigen Wartezeiten der dringende Routinebedarf der Synthetiker einigermaßen befriedigt werden konnte. Eine eigenständige methodische Forschung war nur schwer möglich. In der Strukturanalytik promovierten Angelika Antonowa, Erich Kleinpeter, Siegfried Ferner, Matthias Kretschmer, Claus Clausnitzer, Rainer Haeßner, Reinhard Meusinger und Frank Thunecke. 1981 konnte sich E. Kleinpeter habilitieren (1982–1985 Gastprofessor in Äthiopien, anschließend Doz. in Halle und 1992 Prof. für

Analytische Chemie in Potsdam). Für die Routineanalytik trat eine Verbesserung ein, als in den 80er Jahren nacheinander zwei Tesla-Geräte aus der Tschechoslowakei angeschafft wurden. Allerdings erwiesen sie sich als sehr wartungsbedürftig. Um die Wartung dieser Geräte hat sich Rainer Haeßner sehr verdient gemacht. Er wurde 1982 von R. Borsdorf aus der Filmfabrik Wolfen an die Sektion geholt. 1990 ging er als gerätetechnischer NMR-Experte an das Institut für Organische Chemie der TU München.

Abbildung 92
Rainer Herzschuh

In der Gruppe von Gerhard Werner wurde die *Konzentrationsanalytik* in großer Breite betrieben. Zunächst nahm Helmut Müller eine besondere Rolle ein. Er erwarb den Grad Dr.sc. mit einer Arbeit über kinetisch-katalytische Methoden, wurde 1980 in Leipzig Dozent für Analytische Chemie und 1981 auf das Ordinariat des Instituts für Analytische Chemie der TH Leuna-Merseburg berufen. Zur Gruppe gehörte auch Matthias Otto, der sich zu einem Experten auf dem Gebiet der Chemometrik entwickelt hatte. Nach seiner Promotion B wurde er 1884 zum Dozenten an die Bergakademie Freiberg berufen (1987 o. Prof.). Katalymetrische Untersuchungen wurden in Leipzig von 1973 bis 1990 durchgeführt. Doktoranden waren M. Otto, Hartwig Schurig, Barbara Stach, Jürgen Mattusch, Michael Hanrieder, Reiner Scholz, Gerfried Kaftan und Jörg Rentsch. Nach M. Ottos Weggang wurde der gelernte Quantenchemiker Heinz Zwanziger aus dem Chemielabor der Leipziger Zahnklinik geholt, um die Ausbildung in Chemometrik zu übernehmen und generell die Leipziger analytischen Arbeiten mathematisch-statistisch besser zu durchdringen. Er legte die Promotion B 1988 ab und wurde 1989 Dozent für Analytische Chemie an der TH Leuna-Merseburg. Nach seiner Berufung zum Professor avancierte er zum Rektor der Hochschule Merseburg (FH). Zu den B-promovierten Mitarbeitern auf diesen Gebieten gehört auch J. Mattusch (1991), der photo-katalytische Effekte für analytische Zwecke nutzte. Die analytische Nutzung von Komplexbildungsgleichgewichten bearbeiteten in ihren Dissertationen Frank Ehrentreich und Roland Meier, der sich 2003 in Anorganischer Chemie habilitierte.

Die *elektrochemische Analytik* wurde von Oswald Gürtler (Prom. B 1974, später Professor an der Univ. Duisburg), Karl Schöne und insbesondere Peter Gründler (Prom. B 1984 zur chemischen Präzisionsanalyse, 1985 Doz. in Leipzig, 1988 o. Prof. Univ. Rostock) und G. Werner betrieben. Entsprechende Arbeiten für die Filmfabrik Wolfen führten zu den Promotionen von Waldemar Hofmann und Barbara Werner. Im Jahr 1983 organisierte die Sektion Chemie die Konferenz Junger Chemiker, bei der Hendrik Emons aus Halle mit seiner Dissertation über Adsorptionseffekte an Elektroden den ersten Preis gewann. Er wurde nach Leipzig geholt und arbeitete künftig auf dem Gebiet der analytischen Nutzung dieser Phänomene. Zwischenzeitlich war er als Postdoc in Brüssel und wurde nach der Promotion B (1988) im Jahr 1989 Dozent für Analytische Chemie. Die apparative Ausstattung auch auf diesem Gebiet war bescheiden. Es gab einige Geräte aus der Tschechoslowakei und Ungarn, sowie überdimensionierte und damit störanfällige Apparaturen aus der DDR, wie den Gleich- und Wechselstrom-Polarographen GWP und das Multifunktionsgerät ECM 700 aus Adlershof. Die Dissertationen von Jörg Noack und Gabriele Schmidt befassten sich mit Fragen der elektrochemischen Detektion in Fließsystemen, die von

Thomas Schmidt mit der Elektroanalytik von Phospholipiden und Proteinen. Zur Analytik der Braunkohle und von Umweltproblemen dienten die Dissertationen von Carla Wischnewski, Gerd Huschek und Dietmar Krengel.

Folgerichtig hatte die hochschulpolitische Entwicklung 1981 schließlich zur Bildung eines eigenen Wissenschaftsbereiches (WB) Analytische Chemie geführt, in dem die Professoren G. Werner und R. Borsdorf führend waren. Zum WB gehörten die Dozenten K. Dittrich, W. Engewald und R. Herzschuh sowie als promovierte unbefristete Oberassistenten und Assistenten P. Gründler, E. Kleinpeter, I. Kolowos, K. Niebergall, M. Otto, Irene Priboth (Stopp), K. Schöne, Joachim Stach, T. Welsch, Luise Wennrich und Reiner Wennrich. Weiterhin waren sechs Assistenten befristet beschäftigt. Der Wissenschaftsbereich hatte 16 technische Mitarbeiter.

Eine besondere Ausrichtung erhielt die Leipziger Analytik 1985 durch den Vertrag zwischen dem VEB Chemieanlagenbaukombinat Leipzig-Grimma und der Karl-Marx-Universität über die Einrichtung eines „Zentrallabors für Kohleanalytik". Zielstellung war die Entwicklung und Anwendung analytisch-chemischer Methoden für die Prozesse der Gewinnung von Kraftstoffen aus Braunkohle. Dieses Labor war zunächst in einem Gebäude des Chemie-Anlagenbaus am Leipziger Wilhelm-Leuschner-Platz (früher Altes Grassimuseum, jetzt Stadtbibliothek) untergebracht. Zum Professor und Leiter wurde R. Herzschuh berufen, Stellvertreter waren J. Stach und Dieter Michel (Sektion Physik). Diese Einrichtung, in der etwa 30 Mitarbeiter tätig waren, wurde mit modernen Geräten ausgestattet und betrieb insbesondere massenspektrometrische und chromatographische Methoden. H. Zwanziger baute eine chemometrische Gruppe auf, und Werner Hauthal beschäftigte sich mit physikalisch-chemischen Stoffdaten.

Im Rahmen dieser Entwicklung ist auch der 1985 gefasste Beschluss zum Bau eines neuen Gebäudes, des Technikum Analytikum (TA), zu sehen (s. Abschn. Gebäude). Zu dieser Zeit durften im Hochschulwesen der DDR nur Wohnheime und Technika gebaut werden. Es ist beachtlich, dass es unter diesen Bedingungen gelang, ein reines Laborgebäude zu konzipieren.

Zusammenfassend lässt sich feststellen, dass gegen Ende der achtziger Jahre die Leipziger Analytik durch ihren Umfang, ihre Leistungen in der Aus- und Weiterbildung, ihre wissenschaftlichen Ergebnisse, ihre Ausstrahlung als Veranstalter der wichtigsten analytischen Tagungen und durch die Heranbildung zahlreicher Hochschullehrer durch eine große Zahl von Habilitationen (Promotionen B) (Tabelle) im nationalen und internationalen Rahmen eine vorzügliche Bewertung erfuhr.

Mit der politischen Wende 1989/1990 ergaben sich viele Veränderungen. Neben den neuen Möglichkeiten der wissenschaftlichen Arbeit durch das Einwerben von Drittmitteln, der Beschaffung von modernen Geräten im Rahmen von Programmen der DFG und anderer Fördereinrichtungen stand vor allem die Notwendigkeit, den Personalbestand zu reduzieren.

Zunächst kam es allerdings zu einer weiteren Zunahme des Personals, da am 1.1.1990 die Mitarbeiter des Zentrallabors für Kohleanalytik von der Sektion übernommen werden mussten, die zum großen Teil in den WB Analytik kamen. Auch die Grundmittel des Kohlelabors kamen an die Sektion. Später kamen aus den ehemaligen Akademie-Instituten nochmals einige Mitarbeiter befristet hinzu.

Im Jahre 1991 wurde K. Dittrich in Personalunion mit seiner Position als Professor an der Universität zum Leiter der Sektion Analytik im Umweltforschungszentrum Leipzig/Halle (UFZ) berufen. Er rekrutierte das Personal zum guten Teil aus Leipziger Analytikern, z. B. R. Wennrich, J. Mattusch, J. Stach (später Bruker Saxonia), Hans-Joachim Stärk und Monika Möder. H. Emons ging als Humboldt-Stipendiat nach Cincinnatti und danach über das Forschungszentrum Jülich nach Geel, Belgien, wo er bei der Europäischen Kommission im Institute for Reference Materials and Measurements die Abteilung Referenzmaterialien leitet. Außerdem wurde er Honorarprofessor an der Universität Essen. T. Welsch erhielt 1991 einen Ruf auf eine C3-Professur an die Universität Ulm. Einige Mitarbeiter gingen in den Vorruhestand, andere fanden Anstellungen in der freien Wirtschaft. 1992 wurden die Professoren Borsdorf (C4 im verkürzten Verfahren) sowie nach erneuter Ausschreibung der Stellen K. Dittrich (C4+UFZ), G. Werner (C4) und W. Engewald (C3) zu Professoren „neuen Rechts" berufen. R. Herzschuh blieb Professor „bisherigen Rechts".

Habilitationen/Promotionen B an der Mathematisch-Naturwissenschaftlichen Fakultät bzw. der Fakultät für Chemie und Mineralogie der Leipziger Universität zu analytisch-chemischen Themen

Heinz Holzapfel (Institut für Anorganische Chemie) 1956
1. Analytische Studien an Systemen von Ammoniak, Hydroxylamin und Hyponitrit. 2. Der Zerfall des Hydroxylamins in stark alkalischer Lösung. Reaktionskinetik u. -Mechanismus. 3. Über eine praktische Methode der Auswertung photometrischer Messungen bei Abweichungen vom Beer'schen Gesetz

Rudolf Hering (Institut für Anorganische Chemie) 1964
Über die Komplexchemie und Anwendbarkeit von chelatbildenden Ionenaustauscherharzen auf Polystyrolbasis

Wolfgang Dedek (Institut für Angewandte Radioaktivität der ADW, Leipzig) 1966
Beiträge zur Analytik systemischer insektizider Phosphorsäureester in biologischen Medien mit Hilfe 32P-markierter Verbindungen

Christof Tröltzsch (Institut für Anorganische Chemie) 1967
Über arylsulfonierte 1.3-Diphenylpropandione-(1.3) : Ihre Darstellung, Chelatbildung mit Seltenen Erden und ihre analytischen Aspekte

Adolf Zschunke (Sektion Physik) 1970
Zuordnung von Diastereomeren durch 1H-NMR-spektroskopische Konformationsanalyse

Gerhard Werner (AG Anorganische Analytik) 1971
Untersuchungen zur Flüssig-Flüssig-Verteilung und Extraktionschromatographie der Seltenen Erden

Oswald Gürtler (AG Anorganische Analytik) 1974
A. Beiträge zur Polarographie organischer Verbindungen mit ketten- und ringförmigen π-Elektronensystemen. B. Über den Anionenaustausch an Wofatiten in wässrigem, gemischt wässrig-organischem und organischem Medium

Heinz Schaffernicht (Institut für Arbeitshygiene, Universität Leipzig) 1976
Methoden der Analyse gesundheitsschädlicher Substanzen im Atembereich exponierter Personen

Klaus Dittrich (AG Anorganische Analytik) 1977
Untersuchungen zur atomspektroskopischen Spurenanalyse in anorganischen Mikroproben

Werner Engewald (AG Strukturanalytik) 1978
Zu einigen Beziehungen zwischen Molekülstruktur und Retentionsverhalten bei der Gas-Verteilungs- und Gasadsorptionschromatographie

Helmut Müller (AG Anorganische Analytik) 1978
Beiträge zur Anwendung katalytischer Bestimmungsverfahren in der Spurenanalytik

Horst Remane (AG Strukturanalytik) 1978
Spektroskopische und massenspektrometrische Untersuchungen zum Nachweis intramolekularer Wechselwirkungen in ausgewählten Heterocycloalkanderivaten

Rainer Herzschuh (AG Strukturanalytik) 1979
Anwendung der Massenspektrometrie in der Kohlenwasserstoffanalytik

Erich Kleinpeter (WB Analytik) 1981
Bestimmung von Konfiguration, Konformation und molekularer Beweglichkeit ausgewählter organischer Verbindungen unter Verwendung der 1H-und 13C-NMR-Spektroskopie

Matthias Otto (WB Analytik) 1983
Modelle zur Optimierung von Ein- und Mehrkomponentenanalysen am Beispiel der Katalymetrie und der Hochdruckflüssigchromatographie

Peter Gründler (WB Analytik) 1984
Chemische Präzisionsanalyse: Neue Wege und Methoden

Helmut Bredel (Bezirkshygiene-Institut Leipzig) 1984
Untersuchung und Überwachung der Luftverunreinigung in kommunalen Ballungsgebieten unter besonderer Berücksichtigung des Energieträgers Braunkohle: dargestellt an der Stadtregion Leipzig

Thomas Welsch (WB Analytik) 1987
Trennsäulen in der Hochleistungschromatographie

Michael Jänchen (Medizinische Akademie Dresden) 1987 Amperometrische Elektroden unter besonderer Berücksichtigung von Enzymelektroden zur Bestimmung ausgewählter klinisch-chemisch wichtiger Substanzen und Enzymaktivitäten
Hendrik Emons (WB Analytik) 1988 Grenzflächenphänomene an Elektroden und deren analytische Nutzung
Heinz Zwanziger (WB Analytik) 1988 Mustererkennung und Mehrkomponentenanalytik mit multivariaten chemometrischen Methoden
Ingrid Kämpfer (Radiologisches Institut) 1989 Entwicklung von 99mTc-markierten Verbindungen zur Untersuchung der Leberfunktion
Jürgen Pörschmann (Institut für Biotechnologie der ADW, Leipzig) 1990 Einsatz der Kapillar-Gaschromatographie in ausgewählten Gebieten von Biotechnologie und Abproduktnutzung
Jürgen Mattusch (WB Analytik) 1991 Modifizierte Arbeitselektroden: Wege zur Verbesserung elektroanalytischer Methoden in stationären und fließenden Lösungen
Udo Gaunitz (Institut für Physiologie, Universität Leipzig) 1991 Beiträge zur Detektion in der Flüssigkeitschromatographie
Reinhard Meusinger (WB Analytik) 1997 Quantifizierung von Struktur-Eigenschaftsbeziehungen in komplexen Systemen mit Hilfe der NMR-Spektroskopie
Carla Vogt (Institut für Analytische Chemie) 2000 Selektivität in der Kapillarelektrophorese durch Komplexbildung und Detektion
Gunther Wittstock (Institut für Physikalische und Theoretische Chemie) 2001 Lokale Charakterisierung und Manipulation elektrochemischer und enzymatischer Oberflächenreaktivitäten
Frank-Michael Matysik (Institut für Analytische Chemie) 2001 Hydrodynamische Elektrochemie: Neue Entwicklungen und Anwendungen für die Analytik
Andrea Sinz (Institut für Analytische Chemie) 2005 Strukturelle und funktionelle Charakterisierung von Proteinen mittels massenspektrometrischer Methoden
In anderen Einrichtungen habilitierten sich weitere Leipziger Absolventen mit analytisch-chemischen Arbeiten: Promotion B: R. Klaus Müller (Akademie der Wissenschaften), Bertram Nagel (Akademie der Wissenschaften), Peter Lepom (Akademie der Landwirtschaftswissenschaften) Habilitation: Tobias Werner (Univ. Regensburg), Heiko Borsdorf (Univ. Kiel)

Von einer Kommission des Wissenschaftsrats wurde im April 1992 festgestellt, dass es in Leipzig „ eine stark ausgebaute Analytische Chemie gab, die sich auch der Methoden- und Geräteentwicklung widmete." Der Wissenschaftsrat empfahl eine Straffung der organisatorischen Gliederung des Fachbereichs, wobei die Analytische Chemie entweder in das Institut für Anorganische Chemie oder in das für Physikalische Chemie einzubeziehen sei. Der Rat des Fachbereichs folgte glücklicherweise dieser Empfehlung nicht. So wurde am 2.12.1993 das Institut für Analytische Chemie gegründet, dem G. Werner bis zu seiner Emeritierung 1997 als Direktor vorstand. Interessanterweise kam der Wissenschaftsrat im Jahre 2007 bei der Beurteilung der Forschungsleistungen auf dem Gebiet der Chemie zu folgendem Schluss:

„Die Analytische Chemie fest an die Anorganische Chemie zu koppeln, wie es traditionell üblich war und heute noch an vielen Standorten der Fall ist, ist nicht mehr zeitgemäß. Sie kann an Profil gewinnen und eigenständiger werden, wenn die Öffnung hin zur organischen Analytik und den Life Sciences vorangetrieben wird."[120] Damit wird die Richtigkeit des in Leipzig seit 1968 beschrittenen und auch für die Zukunft geplanten Wegs bestätigt.

Nach der Wende konnten die bereits 1981 geknüpften guten Beziehungen zu amerikanischen Universitäten ausgebaut werde. Gunter Wittstock (Promotionsstudent von 1991–1994) arbeitete ein Jahr bei William R. Heineman in Cincinnati, baute dort ein elektrochemisches Rastermikroskop auf und promovierte über die Analytik von Biosensorkomponenten. Anschließend wechselte in das Institut für

Physikalische Chemie und habilitierte sich mit einer Arbeit über elektrochemische und enzymatische Oberflächenreaktivitäten. 2001 ging er als C4-Professor an die Universität Oldenburg. Auch Carla Vogt, die sich nach der Braunkohleanalytik zur Kapillarelektrophorese orientiert hatte, arbeitete einige Zeit bei W. R. Heineman. Sie habilitierte sich im Jahre 2000 und ist seit 2001 C3-Professorin für Analytische Chemie an der Universität Hannover.

Hoch dotierte Drittmittelprojekte bestimmten die Forschung der Jahre ab 1991. Außerdem erhielt die Zusammenarbeit mit außeruniversitären Einrichtungen einen neuen Stellenwert. Unter der Leitung von W. Engewald, R. Herzschuh, K. Dittrich und G. Werner wurden Arbeiten mit starkem Umweltbezug durchgeführt, darunter Untersuchungen über die Analytik von Pflanzenschutzmitteln, die Schadstoffbelastung durch Braunkohlefeuerung im Hausbrand, Sprengstoffaltlasten in Gewässern und Böden, Untersuchung der Vorgänge beim Plasmaätzen und beim Aluminium-Recycling, Beurteilung der Schwermetallsituation im Gewässersystem der Elbe, Saale und Mulde, Immissionsmessungen an ostdeutschen Baudenkmälern (Naumburger Dom). Neben diesen auftragsbezogenen wurden in einem breiten Umfang methodische Arbeiten durchgeführt

Doktoranden bei W. Engewald waren Sabine Müller, Peter Hennig, Uta Lewin, Thomas Bittner, Thomas Anspach, Therese Koal, Elke Zwanziger, Katrin Bahl, Daniela Baumann Angelika Steinborn, Cornelia Struppe, Katja Schulz, Arndt Asperger, Jörg Teske, Khemissi Babes, Katja Dettmer, Heiko Michael, Uta Ceglarek und Andre Schreiber. In methodischer Hinsicht konzentrierte sich W. Engewald auf Probenahme- und Dosiertechniken sowie Methodenkombinationen.

Bei R. Herzschuh promovierten Jochen Rohloff, Matthias Pelzing, Heiko Borsdorf, Katrin Pietzsch, Uwe Thuß, Bernd Feist, Grit Laue, Steffen Heinig und Holm Frauendorf. Mit diesen Arbeiten wurden wesentliche Resultate über Fullerene und zur Analyse massenspektrometrischer Zerfallsmechanismen erhalten.

In der Gruppe von G. Werner standen die Kapillarelektrophorese und die elektrochemische Detektion in Fließsystemen im Mittelpunkt. Außerdem mussten nach dem Tod von K. Dittrich die begonnenen atomspektroskopischen Arbeiten weitergeführt werden. Hier promovierten in der Elektroanalytik: Frank-Michael Matysik, Frank Hißner, Ulli Backofen, Antje Meister; über Kapillarelektrophorese: Susanne Conradi, Katja Heinig, Stephen J. Gluck und Holm Wittrisch sowie die Habilitation von Carla Vogt; in der Atomspektroskopie: Toralf Franz, Maritta Lohse, Silke Tutschku, Antje Mroczek, Annette Walther, Dirk Schlegel, Ulf Narewski, Jan Büge; in gemeinsamen Arbeiten mit dem Umweltforschungszentrum, dem Institut für Troposphärenforschung, dem Geographischen Institut, dem Bereich Geochemie und der Firma Schering, Jena: Uwe Raschke, Anett Krüger, Marina Schwanz, Ute Gottschalch, Anett Georgi, Birgit Schneider, Jörg Plugge, Tobias Kind..

R. Borsdorf konnte mit einem der Chemie gehörenden NMR-Spektrometer und mit Matthias Findeisen, der 1985 an der Sektion Physik auf dem NMR-Gebiet promoviert hatte und danach an der Akademie der Wissenschaft tätig war, erfolgreich auf dem Gebiet der dynamischen NMR bei der Untersuchung stereochemischer Probleme viel beachtete Resultate vorlegen. Es promovierten nach 1993: Uwe Himmelreich, Jens Klein, Martin Gußmann, Susanne Knoll und Solvig Neels. Aus der Gruppe von R. Borsdorf habilitierte sich 1997 Reinhard Meusinger und wurde Privatdozent an der TU Darmstadt. Jens Meiler, der die Gruppe nach dem Diplom verließ, bekleidete seit 2005 eine Assistenzprofessur an der Vanderbilt University in Nashville.

Von 1990 bis zur Einführung des Bachelorstudiengangs Chemie war die Analytische Chemie intensiv im Diplomstudiengang und im reformierten Diplomstudiengang vertreten. Die Ausbildung begann mit einer vierstündigen Vorlesung im 2. Semester zur quantitativen Analytik, einer zweistündigen Vorlesung zur Molekülspektroskopie im 3. und 4. Semester, einer zweistündigen Vorlesung zur instrumentellen Analytik im 5. Semester sowie einer zweistündigen Vorlesung zu Trennverfahren im 6. Semester. Alle diese Vorlesungen waren begleitet von Seminaren und Praktika. Separate Vorlesungen wurden für die Lehramtsstudenten gehalten. Im Schwerpunktfach Analytik des 7. und 8. Semesters gab es zahlreiche

Spezialvorlesungen, wie z. B. Chemische Sensoren, Radioanalytik oder Spurenanalyse. Agenturen, wie sie 2007 zur Akkreditierung von Studiengängen ertragen werden mussten, hätten dieses phantastische Angebot als nicht studierbar zurückgewiesen; es war aber studierbar und hat ausgezeichnet ausgebildete Chemiker hervorgebracht.

Das Institut für Analytische Chemie ab 1993

Im Jahre 1995 wurde von der Deutschen Forschungsgemeinschaft erstmals die Analytische Chemie als eigenständiges Fach mit eigenen Fachgutachtern etabliert. Neben Karlheinz. Ballschmiter (Ulm) wurde G. Werner gewählt. Nach Ablauf der Wahlperiode erhielten 1999 und 2003 mit J. A.C. Broekaert und S. Berger zwei weitere Leipziger Analytiker das Votum der *scientific community.*
Die Nachfolge von R. Borsdorf[121] trat 1997 Stefan Berger als C4-Professor für Analytische Chemie/ Strukturaufklärung an (Abb. 93). Er hatte in Tübingen promoviert, sich 1981 in Marburg habilitiert, war dort seit 1988 apl. Professor und setzte als NMR-Experte in Leipzig seine bewährte ständige Reihe von GDCh-Fortbildungskursen zur NMR-Spektroskopie fort, die seitdem in der Regel zweimal im Jahr stattfanden. Ebenfalls zweimal jährlich finden seit 1997 „Mitteldeutsche Resonanztreffen" (MDR) in Leipzig statt, bei denen sich NMR-Spektroskopiker der Regionen Berlin, Dresden, Jena, Halle und Leipzig treffen. Mit der Berufung von S. Berger entstand in Leipzig ein internationales Kompetenzzentrum für diese wichtigste Methode der Strukturaufklärung in Chemie, Biologie und Medizin. Im Mittelpunkt seiner Arbeiten stehen Methodenentwicklungen für die NMR-Spektroskopie, Entwicklung von Pulssequenzen mit selektiven Pulsen und Feldgradienten, mechanistische Untersuchungen im Bereich der Physikalisch-organischen Chemie und der Metallorganischen Chemie, Konformationsuntersuchungen an Peptiden und Proteinen mittels 2D- und 3D-NMR und Untersuchungen zur Solvatation und Diffusion organischer Moleküle. Bei S. Berger promovierten seit 1990 Matthias Michael Jank, Nils Schlörer, Christoph Hawat, Marco Ackermann, Claudia Peikert, Karsten Seeger, Rakesh Kumar Bhat, Katja Rohr, Jörg Fröhlich, Torsten Brand, Andreas Oßmann.

Als Nachfolger für den 1997 ausgeschiedenen Professor für Konzentrationsanalytik G. Werner[122] wurde 1998 José Alfons Clement Broekaert (Abb. 94) aus Dortmund berufen, der aber bereits 2002 nach Hamburg wechselte. Aus der kurzen Leipziger Zeit von J.A.C. Broekaert stammen häufig zitierte Arbeiten über Mikrowellenplasmen in der Atomspektroskopie. Unter seiner Leitung promovierten in Leipzig Martin Wende, Burcu Özmen und Iwan Hastiawan. W. Engewald konzentrierte sich in seinen Arbeiten zur chromatographischen Spuren- und Multikomponentenanalyse auf die Entwicklung neuer Techniken zur Probenahme und Anreicherung. Unter seiner Leitung fanden in Fortsetzung der früheren Aktivitäten nun im Rahmen der GDCh mehrere Kurse zur Chromatographie statt. R. Herzschuh setzte seine erfolgreichen Untersuchungen zur Umweltanalytik und zur Analytik technischer Prozesse in der Halbleiterindustrie fort. Eine starke Stütze, sowohl für studentische Ausbildung wie für die Aufrechterhaltung der Forschung zur Konzentrationsanalytik war Frank-Michael Matysik, der sich 2001 habilitierte. Er arbeitete sehr erfolgreich über neue elektrochemische Detektionstechniken in miniaturisierten Kapillarelektrophoresesystemen. Im Zuge des laufenden Stellenabbaus wurden 2002 die Professuren für Massenspektrometrie (R. Herzschuh) und Chromatographie (W. Engewald[123]) nicht wieder neu besetzt bzw. zu Bioanalytik umgewidmet.

Für die Massenspektrometrie wurde am Institut für Analytische Chemie eine apparativ sehr gut ausgestattete Servicegruppe unter der Leitung von Claudia Birkemeyer eingerichtet. Im Rahmen des neu errichteten Biotechnologisch-Biomedizinischen Zentrums (BBZ) der Universität Leipzig gelang es 2002, Andrea Sinz als Nachwuchsgruppenleiterin für Leipzig zu gewinnen. Sie war Mitglied des Instituts für Analytische Chemie und betreute das neue FT-ICR Massenspektrometer. A. Sinz habilitierte sich 2007 und wurde 2008 auf den Lehrstuhl für Pharmazeutische Chemie an der Universität Halle berufen.

Abbildung 93
Stefan Berger

Abbildung 94
José Alfons Clement Broekaert

2002 wurde der Bachelor-Studiengang Chemie, ab 2005 der Master-Studiengang Chemie eingeführt. Die Analytische Chemie ist in diesen Studiengängen gerade noch angemessen vertreten. Während die qualitative Analyse traditionsgemäß von der Anorganischen Chemie im 1. Semester bestritten wird, folgt im 2. Semester eine Vorlesung mit sieben Stunden Praktikum „quantitative Analyse", gehalten zunächst von J. Broekaert und nach seinem 2002 erfolgten Wechsel nach Hamburg durch seine Vertretungsdozenten Torsten Hoffmann, Nicolas Bings und Uta Pyell. Im 3. und 4. Semester schließt sich die Molekülspektroskopie an, mit Schwerpunkt auf der NMR-Spektroskopie, gehalten durch S. Berger. Die instrumentelle Analytik im 5. Semester und die Trennmethoden im 6. Semester (T. Hoffmann) schließen die analytisch-chemische Ausbildung im Bachelor-Studium ab. Das Master-Studium beginnt mit einer Pflichtvorlesung zur zweidimensionalen NMR-Spektroskopie (S. Berger) und offeriert verschiedene Vertiefungspraktika und Spezialvorlesungen zu ausgewählten analytischen Themen

Ein besonderer Beweis für die Leistungsfähigkeit und die internationale Wertschätzung der NMR-Gruppe ist der Zuschlag für den ersten europäischen Studiengang auf dem Gebiet der Chemie. S. Berger gelang es, den englischsprachigen Master-Studiengang „Advanced Spectroscopy in Chemistry", der im Rahmen von Erasmus Mundus von der EU großzügig finanziert wird, nach Leipzig zu holen und ab 2008 gemeinsam mit den Universitäten Bologna, Lille, Madrid, Krakow, Bergen und Helsinki zu betreiben.

Zum 1.8.2007 wurde Detlev Belder (vorher W2-Prof. Univ. Regensburg) als W3-Professor für Konzentrationsanalytik berufen (Abb. 95). Seine Arbeiten, die wegen der bevorstehenden Rekonstruktion des Technikum Analytikum in einer Außenstelle in Plagwitz durchgeführt werden müssen, bringen mit der Analytik auf einem Chip eine neue Forschungsrichtung. F.-M. Matysik erhielt 2008 einen Ruf als W2-Professor an die Universität Regensburg. Er beschließt damit vorläufig eine beeindruckende Liste von Berufungen aus Leipzig, die einem *brain drain* gleichkommt und auf ihre Weise die Erfolge der Leipziger Analytischen Chemie zeigt.

Abbildung 95
Detlev Belder

Abbildung 96
Ralf Hofmann

Abbildung 97
Norbert Sträter

Die Analytische Chemie, zum Zeitpunkt der Wende auf dem Höhepunkt ihrer Entwicklung in Leipzig, befindet sich seitdem in einer ständigen, aber sinnvollen Diskussion um die Balance mit den anderen Bereichen der Fakultät. Ihre wissenschaftlichen Leistungen müssen für sich selbst sprechen. Die analytisch-chemische Ausbildung von Chemikern wird ein zentrales Anliegen eines jeden Chemie-Studiengangs bleiben.

Das Institut für Bioanalytik

Mit der Gründung des Institutes für Bioanalytik am 1.9.2006 wurde institutionell der sich in den letzten Jahren eng verzahnten Entwicklung von Medizin, Biowissenschaften und Chemie (life science) an der Universität Leipzig für unsere Fakultät Rechnung getragen. Vorausgegangen waren die Gründung des Biotechnologisch-Biomedizinischen Zentrums (BBZ)[124] und die Neubauten der Biocity Leipzig in unmittelbarer Nähe zur Deutschen Nationalbibliothek und zu den naturwissenschaftlichen Fakultäten. Gemeinsam mit dem BBZ wurden die Professoren Ralf Hofmann (2002 C4-Prof. für Bioanalytik) (Abb. 96) und Norbert Sträter (2002 C4-Prof. für Strukturanalytik von Biopolymeren) (Abb. 97) an die Fakultät berufen. R. Hofmann war vorher Leiter des Analytischen Zentrallabors am Biologisch-Medizinischen Forschungszentrum der Universität Düsseldorf. Seine Forschung bezieht sich auf die Strukturaufklärung glykosidischer Metabolite des pflanzlichen Stoffwechsels, die Entwicklung massenspektroskopischer Methodik und die Analytik von Peptiden und Proteinen. Hier promovierten Daniela Volke und Tobias Langrock. N. Sträter hat sich nach einem längeren Arbeitsaufenthalt an der Harvard University 2002 an der Freien Universität in Berlin habilitiert. Sein Arbeitskreis befasst sich mit der Röntgenkristallstrukturanalyse von biologischen Makromolekülen, besonders pharmakologisch und biotechnologisch relevanten Proteinen und Metalloenzymen.

Die Organische Chemie

Bärbel Schulze, Klaus Schulze, Peter Welzel†, Horst Wilde

Die Organische Chemie von 1945 bis 1968

Das Ordinariat für Allgemeine, Anorganische und Organische Chemie in Leipzig, das Burckhardt Helferich[125] (1887–1982, Abb. 98) bis 1945 leitete, wurde 1946 von Leopold Wolf übernommen.

Wilhelm Treibs (1890–1978), der sich 1943 bei Helferich habilitiert hatte, setzte sich als Dozent (1943) seit der Wiedereröffnung der Universität nach dem Zweiten Weltkrieg mit viel Energie für den Aufbau des Lehr- und Forschungsbetriebes in den zerstörten Institutsgebäuden ein. Er wurde 1949 Professor mit Lehrauftrag in der Organischen Chemie und hatte wesentlichen Anteil am 1949 bis 1951 auf den Grundmauern des „Kolbeschen" Instituts in der Liebigstraße 18 errichteten Neubau und seiner Aufstockung von 1954 bis 1956[126]. An den Abrissarbeiten und bei der Beseitigung der Trümmer haben sich in den 50er Jahren viele Studentengruppen mit hohem Engagement beteiligt (Abb. 99).

Am 8.1.1951 erfolgte die Trennung des Ersten Chemischen Laboratoriums in zwei gleichrangige Institute für Anorganische Chemie (Direktor L. Wolf) und für Organische Chemie (Direktor W. Treibs) (Abb. 100) an der Mathematisch-Naturwissenschaftlichen Fakultät, die kurz danach am 7.4.1951 gegründet wurde.

Die Lehrtätigkeit nach dem Zweiten Weltkrieg begann im Sommersemester 1946 aus dem Chaos heraus. Die Hörsäle und Laboratorien der Chemie in der Liebigstraße waren völlig zerstört, d. h. es fehlte an Laborausrüstungen und Chemikalien. Die ersten organisch-chemischen Praktika mussten deshalb in der Brüderstraße 34 durchgeführt werden. Laut Vorlesungsverzeichnis begann das Sommersemester 1946 in der Organischen Chemie mit einer vierstündigen Vorlesung „Experimentalchemie II (Organische Chemie) für Chemiker, Naturwissenschaftler und Pharmazeuten", die bis 1948 von L. Wolf und ab 1949 alternierend mit einer Vorlesung „Spezielle Organische Chemie" von W. Treibs gelesen wurde. Durch die Fertigstellung des Neubaus in der Liebigstraße und die nachfolgende Erweiterung um ein Stockwerk verbesserten sich die Studienbedingungen für die Studenten, Diplomanden und Doktoranden der Organischen und Anorganischen Chemie beachtlich, so dass der auf Grund des „Chemieprogramms" der DDR sehr große Immatrikulationsjahrgang 1952 mit 360 Studenten ansprechende materielle Voraussetzungen vorfand. Zur Betreuung dieser Studenten standen 1952 neben den beiden Oberassistenten und Lehrbeauftragten Gottfried Franke und Roland Mayer auch die wissenschaftlichen Assistenten Ernst Alder, Walter Heyer, Manfred Mühlstädt, Heinz Reinheckel, Kurt Stürzer und Fritz Uhlig zur Verfügung.

Ab 1951 gab es Seminare zu den großen organisch-chemischen Vorlesungen. In den höheren Studienjahren wurden in den Folgejahren von jungen Dozenten und Habilitanden (R. Mayer, M. Mühlstädt, Siegfried Hauptmann, G. Franke, K. Stürzer u. a.) jeweils drei bis fünf Vorlesungen zu speziellen Kapiteln der Organischen Chemie angeboten. Zu den Themen dieser Vorlesungen gehörten u. a.: Neue synthetische und physikalische Methoden in der Organischen Chemie, Naturstoffchemie, Katalyse, Spektroskopie, HMO-Methoden, Stereochemie und bioaktive Verbindungen. Weiterhin fanden ein organisch-chemisches Grund- und Vertiefungspraktikum (30 Grundpräparate, 15 Literaturpräparate, davon drei anorganische, und fünf Vertiefungspräparate) sowie ein mikroanalytisches Praktikum statt, und zehn Identifizierungen, davon zwei zweifache, mussten gelöst werden. In einem Praktikumslabor arbeiteten meist Studenten verschiedener Studienjahre zusammen, wodurch praktische Erfahrungen nahtlos weitergegeben werden konnten. Die eingesetzten Betreuerassistenten führten regelmäßig bis zu zwei Stunden dauernde so genannte „Gattermann"-Testate[127] durch, die die Studenten zwangen, sich ausführlich vorzubereiten, aber auch die Assistenten enorm weiterbildeten. Während der Semesterpausen wurde ein achtwöchiges Betriebspraktikum durchgeführt. Dieser Vorlesungs- und Praktikumsplan hatte mit Abwandlungen bis 1968 Gültigkeit[128]. Darüber hinaus hatte das Institut noch die Verantwortung für die Ausbildung in Organischer Chemie von Lehrerstudenten und im Nebenfach. Dazu gehörte u. a. die Ausbildung von bis zu 800 Medizinstudenten in Vorlesungen, Seminaren, Praktika und mündlichen Prüfungen[129].

W. Treibs[130–132] hatte schnell einen großen Arbeitskreis (Abb. 101) um sich versammelt und wurde bald zu einem international bekannten Organiker. Er war ordentliches Mitglied der Deutschen Akademie der Wissenschaften zu Berlin, Mitglied der Sächsischen Akademie der Wissenschaften und der Deutschen Akademie der Naturforscher Leopoldina. Seine hervorragenden Verdienste wurden durch zahlreiche Auszeichnungen und Ehrungen gewürdigt, u. a. mit der Kekulé-Medaille der Chemischen Gesellschaft der DDR, dem Nationalpreis der DDR (1954) und dem Titel „Hervorragender Wissenschaftler des Volkes". Er war Mitherausgeber der Chemischen Berichte und im Redaktionskollegium mehrerer internationaler Fachzeitschriften. Seine Vorlesungen wurden gern besucht, sie vermittelten solide Fakten der Organischen Chemie, stets mit industriellen Bezügen und schon frühzeitig unter Einbeziehung moderner reaktionstheoretischer Vorstellungen. Er erkannte sehr bald die Bedeutung der modernen Methoden zur Strukturaufklärung organischer Verbindungen und holte eines der ersten IR-Spektrometer (1957) und ein leistungsfähiges UV/VIS-Gerät nach Leipzig. Die Polarographie wurde schon zu Beginn der 50er Jahre im Routinebetrieb eingesetzt, alle bekannten Verfahren der Chromatographie wurden angewandt und ein Isotopenlabor (1958, Achim Schmidt, Cornelius Weiss) zum Arbeiten mit markierten Verbindungen eingerichtet. Die Forschungsthemen seines Instituts waren sehr vielfältig. Er bearbeitete eingehend die Chemie der Naturstoffe, besonders der ätherischen Öle, der Riechstoffe und

Abbildung 98
Wilhelm Treibs,
Burckhardt Helferich
(v. l.)

deren Inhaltsstoffe, der Terpene, in enger Kooperation mit der Chemischen Fabrik Miltitz, wo ihm ein eigenes unabhängiges Labor zur Verfügung stand, arbeitete über Azulene, Tropolone und andere nichtklassische Aromaten und untersuchte die Autoxidation unterschiedlichster Substanzklassen[133]. Erste quantenchemische Rechnungen zur theoretischen Interpretation nichtbenzoider Aromaten wurden durchgeführt. In den ersten Jahren hatte W. Treibs bis zu 50 Diplomanden allein parallel betreut, er verlangte sehr viel, vor allem neue Verbindungen bzw. Reaktionen oder mehrfache Absicherung bislang negativer Ergebnisse. Das führte zu Diplomarbeitszeiten von bis zu zwei Jahren. Jeder Diplomand wartete auf die Entscheidung von W. Treibs, die Laborarbeiten beenden und die Ergebnisse „zusammenschreiben" zu können. Das wurde deshalb dann auch immer ausgiebig gefeiert. Erst auf Drängen der Universitätsleitung und durch den Einsatz von Zwischenbetreuern konnte Ende der 50er Jahre die Diplomarbeitszeit auf etwa ein Jahr verkürzt werden. W. Treibs hat aber auch selbst gern mit seinen Mitarbeitern aus den verschiedensten Anlässen wie z. B. Exkursionen, Tagungen, runde Geburtstage oder Fasching (Abb. 102) gefeiert.

W. Treibs hat eine wissenschaftliche Schule gegründet, 300 Diplomarbeiten betreut, über 150 Studenten bis zur Promotion geführt und mehr als 270 Publikationen, Übersichtsartikel und Bücher geschrieben. Hervorzuheben ist in diesem Zusammenhang die völlig überarbeitete Neuherausgabe des Standardwerkes „Die ätherischen Öle" von Eduard Gildemeister und Friedrich Hoffmann in sieben Bänden in Zusammenarbeit mit Konrad Bournot, Dieter Merkel und unter Mitarbeit von Klaus Schulze.

Ein beredter Beweis der bedeutenden Stellung von W. Treibs ist auch die beeindruckende Liste von über 20 Berufungen zu Professoren aus seiner Arbeitsgruppe. An andere Universitäten und Hochschulen wurden zu Professoren berufen: Roland Mayer[134] (1958 Institut für Pflanzenchemie und Holzforschung Tharandt und 1961 TU Dresden), Gerhard Kempter (1965 PH Potsdam), Werner Schroth (1966 Univ. Halle-Wittenberg), Adolf Zschunke (1971 Univ. Halle-Wittenberg und 1984 Humboldt-Univ. Berlin) und Jörg Beger (1972 Berg-

Abbildung 99
Chemie-Studenten beim Enttrümmern in der Liebigstraße 18, 1953

Abbildung 100
Wilhelm Treibs
(1890–1978)

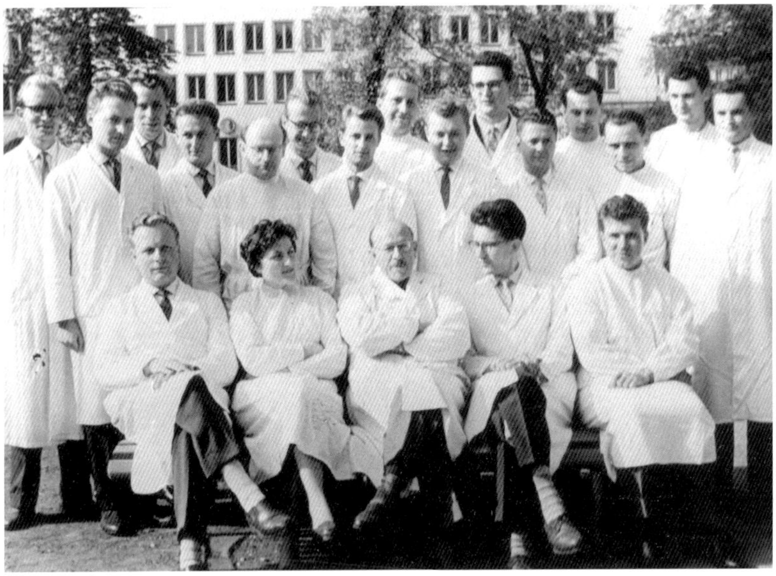

Abbildung 101
Wilhelm Treibs und Mitarbeiter, 1960
W. Schroth, B. Streckenbach, W. Treibs, M. Weißenfels, S. Hauptmann (sitzend v. l.)
C. Weiss, R. Borsdorf, M. Wahren, G. Franke, M. Mühlstädt, J. Riemer, A. Hantschmann, J. Beger, M. Zeiler, G. Fischer, M. Scholz, R. Schöllner, G. Mann, K. Schulze, G. Wolniczak. (stehend v. l.)

akademie Freiberg). In Leipzig wurden Treibs-Schüler u. a. zu Wegbereitern und Initiatoren neuer Institutionen, wie z. B. Rolf Borsdorf (Prof. 1975), Werner Engewald (Prof. 1985) und Rainer Herzschuh (Prof. 1985) in der Analytischen Chemie, Manfred Scholz (Doz. 1967) und Cornelius Weiss (Prof. 1989) in der Theoretischen Chemie, Rolf Schöllner (Prof. 1970) in der Technischen Chemie sowie Karl-Heinz Lohs (Prof. 1966), Gerhard Zimmermann (Prof. 1969), Gerhard W. Fischer (1971) und Manfred Wahren (Prof. 1983) in den Instituten der Akademie der Wissenschaften.

Am Institut für Organische Chemie in Leipzig führten die folgenden Professoren seine Forschungslinien und Lehrauffassungen nach 1961 (s. u.) weiter: Manfred Mühlstädt[135] als Nachfolger und Direktor des Organischen Instituts von 1962 bis 1968, Siegfried Hauptmann[136] als erster Direktor der Sektion Chemie (1968–1972) nach der 3. Hochschulreform und Prorektor (1972–1976), Manfred Weißenfels als Sektionsdirektor (1976 bis 1980) und Wissenschaftsbereichsleiter (1980–1989) sowie Gerhard Mann (Arbeitskreis-Leiter) und Klaus Schulze als Wissenschaftsbereichsleiter (1989–1993).

Nach dem Bau der Mauer 1961 erfolgte ein jäher Abbruch der großen Schaffensperiode von W. Treibs in Leipzig, er kehrte von einer Dienstreise nach Heidelberg nicht zurück und erhielt dort von Georg Wittig (1897–1987) eine Gastprofessur, wo er noch viele Jahre bis 1978 erfolgreich arbeitete. In Leipzig übernahm 1961 Dozent M. Mühlstädt (Abb. 103) zunächst kommissarisch die Leitung des Instituts für Organische Chemie. Da Hans Beyer aus Greifswald als Nachfolger von W. Treibs in Leipzig nach längeren Verhandlungen absagte, wurde M. Mühlstädt 1962 zum Professor mit Lehrauftrag und gleichzeitig zum Direktor des Instituts für Organische Chemie sowie 1965 zum Professor mit vollem Lehrauftrag berufen.

Im Mittelpunkt der wissenschaftlichen Arbeiten M. Mühlstädts stand die organische Synthesechemie. Seine Forschungsergebnisse auf dem Gebiet der Azulenchemie u. a. mit den Doktoranden Jörg Beger, Manfred Reimann, Hermann Franke, Cornelius Weiss und Ernst Bordes, der Mannich-Reaktion u. a. mit Walter Werner, Klaus Walter, Tran Nguyen Trien, Dieter Franke, Gunter Goldbach, Martin Mietasch, Reinhard Broddack, Johannes Zschiedrich, Hoang van Phiet, Hansjürgen Meinhold, Bärbel Schulze und Helmut Luther, der Chemie der Terpene und der ätherischen Öle u. a. mit Rolf Hickethier, Karl Ebert, Fred Schlimper, Phan ton Son, Wolfgang Schmidt, Günther Loßner und Hans-Peter Korthals sowie neuartiger schwefelorganischer Verbindungen als S,N-haltige Synthesebausteine und bioaktive Wirkstoffe u. a. mit Peter Schneider, Dieter Martinetz, Rosmarie Kemmler (Martin), Reinhard Fahnert, Christian Schubert, Irene Priboth (Stopp), Andreas Seifert, Kerstin Hollmann, Raad Muslih, Lutz Weber, Heike Franke (Schumann), Martin Ecke, Jochen Heinicke und Bernd Habermann sind in fast 300 Originalpublikationen und nahezu 90 Patenten niedergelegt.

Abbildung 102
Einladungskarte zum Organikerfasching, 1960

Abbildung 103
Manfred Mühlstädt

Siegfried Hauptmann (Habilitation 1961, 1964 Prof. mit Lehrauftrag, 1969 o. Prof.) war ein Hochschullehrer mit großem methodisch-didaktischen Geschick und hohem fachlichen Anspruch. Er konnte Kompliziertes anschaulich vermitteln, stellte das Experiment in den Mittelpunkt und entwickelte neue Demonstrationsversuche. Seine Lehrbücher zu zentralen Themen der Organischen Chemie prägten die universitäre Chemieausbildung. Seine Forschungsthemen waren Dicarbonsäuren und N-Heterocyclen u. a. mit den Doktoranden Horst Wilde, Gerd Blattmann, Eva-Maria Lorenz, Gunter Ostermann, Kamal Atta, Alfredo W. Pöge, Klaus Hirschberg, Karl Moser, Peter Hunger, Joachim Weißflog, Angelika Antonowa und Ekkehard Unger.

Weitere wichtige Forschungsthemen am Institut für Organische Chemie ergaben sich aus den Forschungsgebieten der vielen in den nächsten Jahren (1964–1971) sich habilitierenden Treibs-Schüler wie z. B. G. Kempter (Habilitation 1964, Heterocyclen aus Aminoketonen u. a. mit den Doktoranden Sigrid Hirschberg (Goldenberg) und Martin Schwalba), W. Schroth (1965, Ringschlussreaktionen mit 1,4-Dihalogenbut-2-enen, Synthesen und Reaktionen von En-bis-thiolen u. a. mit den Doktoranden Frank Billig, Jürgen Peschel und Gerhard W. Fischer), M. Weißenfels (1965, Synthesen von 1,5-Benzodiazepinen aus β-Ketoaldehyden sowie Versuche zur Synthese von 1,5-Benzoxepinen und 1,5-Benzothiazepinen u. a. mit den Doktoranden Manfred Pulst und Hans-Jörg Hense), R. Borsdorf (1966, MO-Berechnungen an Pseudoazulenen, s. Abschn. Analytische Chemie), M. Scholz (1966, Untersuchung von Substituenteneffekten durch spektroskopische und quantenchemische Methoden, s. Abschn. Theoretische Chemie), R. Schöllner (1967, Analytik niedermolekularer und linearer, besonders ölmodifizierter Polyester, s. Abschn. Technische Chemie), G. Mann (1967, Synthese, Eigenschaften und Konformation von Alkanen und Cyclanen mit den Doktoranden Horst Werner und Jürgen Braband), Eberhard Lippmann (1969, Beiträge zur Chemie 1,5- und 2,5-disubstituierter Tetrazole und ihrer photographischen Eigenschaften als Klarhalter im Entwicklungsprozess) und K. Schulze (1971, Acetylen-Allen-Umlagerung u. a. mit den Doktoranden Uwe Pfüller, Wolfgang Dietrich, Werner Mai und Achim Hiller). Somit war das Themenspektrum in der Forschung sehr breit gefächert.

M. Mühlstädt förderte auch die bis 1968 zur Organischen Chemie gehörende analytische Abteilung im Bereich der Elementaranalyse [Rudolf Martin (1913–1979)], IR- und UV-Spektroskopie (R. Borsdorf und M. Scholz, die seit 1959 Vorlesungen zu „Spektroskopischen Methoden in der Organischen Chemie" hielten), Gaschromatographie (R. Hickethier (1932–1970), Franz Strüber und später W. Engewald, erste Vorlesungen wurden ab 1961 gehalten) und Polarographie organischer Verbindungen (R. Herzschuh). 1968 wurde das erste Massenspektrometer, ein Magnetsektorfeldgerät VARIAN MAT CH 6 von R. Herzschuh mit Untersuchungen zur massenspektrometrischen Fragmentierung organischer Verbindungen im Institut in Betrieb genommen, an dem ab 1970 Horst Remane (Habilitation 1978, 1987 Doz. PH Halle, 2004 Prof. Univ. Halle-Wittenberg) zur Mineralölanalytik forschte.

Die Organische Chemie an der Sektion Chemie

Im Jahre 1968 kam es im Rahmen der 3. Hochschulreform zu einer Neuordnung des Studiums sowie zu grundlegenden strukturellen Veränderungen durch neue Leitungsstrukturen. Die zwar auch weiterhin bestehenden Fakultäten waren nur noch beratende und empfehlende Organe bezüglich der Wissenschaftsentwicklung und der Personalpolitik. Die neuen Struktureinheiten waren die Sektionen, die disziplinübergreifende Projekte in Forschung und Lehre schaffen sollten. An der Chemie wurden die sechs selbstständigen Institute einschließlich des Institutes für Organische Chemie aufgelöst, und am 15.6.1968 wurde die Sektion Chemie mit dem Organiker S. Hauptmann (Abb. 58, 104) als erstem Sektionsdirektor gegründet. Fünf fächerübergreifende Forschungskollektive (FK), die bis 1972 bestanden, wurden gebildet. Die Organische Chemie war in zwei Forschungskollektiven in Kooperation mit der Anorganischen Chemie und der Quantenchemie sowie mit der Technischen Chemie tätig: FK Heterocyclen und Metallchelate (Eberhard Hoyer, M. Weißenfels) und FK Aliphaten und Alicyclen (M. Mühlstädt, R. Schöllner).

Aus den fünf Forschungskollektiven entstanden 1972 dann 14 Arbeitsgruppen (AG), von denen zwei organisch-chemisch ausgerichtet waren: AG Heterocyclen (M. Weißenfels) (Abb. 104) und AG Organische Synthese (M. Mühlstädt). Sehr enge wissenschaftliche Kooperation bestand zur AG Strukturanalytik (R. Borsdorf), AG Koordinationschemie (E. Hoyer) und AG Quantenchemie (M. Scholz, C. Weiss). Der AG Heterocyclen gehörten die Dozenten G. Mann (1929–1996) und E. Lippmann (1930–1995) sowie die Oberassistenten Achim Hantschmann, M. Pulst, H. Wilde und Jürgen Ziegner (ab 1981) an, der AG Organische Synthese der Dozent K. Schulze, die Oberassistenten Jürgen Graefe (bis 1975, dann Doz. Univ. Jena), Christian Duschek (ab 1975), H. Meinhold, B. Schulze, H. Remane (von 1972 bis 1980) und Günter Haufe (ab 1980) sowie die unbefristeten Assistenten Peter Kuhl (von 1971 bis 1978) und Roland Widera (von 1977 bis 1986). Diese AG bestanden bis 1981.

Im Rahmen der 3. Hochschulreform kam es in Leipzig bereits ab 1968 nach zentralen Vorgaben zur Verkürzung des Studiums auf vier Jahre mit einem Grund- und einem Vertiefungsstudium von jeweils vier Semestern einschließlich Diplomarbeit. Im Grundstudium fand sich die Organische Chemie zusammen mit der Anorganischen Chemie in den Vorlesungen, Seminaren und Praktika (zwölf Präparate) „Struktur und Bindung" und „Reaktionsverhalten und Syntheseprinzipien" wieder. Im Fachstudium gab es drei Fachrichtungen: Synthese-, Verfahrens- und Theoretische Chemie. In Leipzig wurden alle drei Fachrichtungen gelehrt. Die organisch-chemisch interessierten Studenten absolvierten die organische Synthesechemie in Vorlesung, Seminar und Praktikum. Sie mussten fakultativ analytische, technische und theoretische Vorlesungen hören und aus einer großen Anzahl angebotener Spezialvorlesungen auswählen. Detaillierte Studienpläne zu den Vorlesungen und Praktika sind aus dem Kapitel Lehre, Studium und akademische Graduierung ersichtlich.

Durch Einführung des Forschungsstudiums ab 1968 erfolgte eine schnelle Qualifizierung (Promotion A) hervorragender Studenten nach 13, später 14 Semestern. Unter den ersten sieben Forschungsstudenten waren ab 1968 in der Organischen Chemie Eva-Maria Dietrich (1975 Forschungsleitzentrum des Ministeriums für Chemische Industrie), Thomas Welsch (1991 C3-Prof. Analytische Chemie, Univ. Ulm) und Peter Kuhl (1992 C3-Prof. Biochemie, TU Dresden). Immatrikulationszahlen von über 200 Studenten mit einem Frauenanteil von ca. 40 % waren 1970 und 1971 zu verzeichnen.

In den Jahren von 1968 bis 1972 wurden zur Verbesserung der Lehre im Zusammenhang mit den gestiegenen Immatrikulationszahlen sowie der Kooperation mit der chemischen Großindustrie an der Sektion Chemie sechs Professoren und 16 Dozenten zusätzlich berufen. Darunter waren vier neu berufene Organiker: M. Weißenfels (1969 o. Prof.), K. Schulze (1969 Doz., 1979 ao. Prof.), E. Lippmann (1969 Doz.) und G. Mann (1970 Doz., 1977 ao. Prof.).

Seit 1968 war neben hohen Leistungen in Forschung und Lehre der Erwerb der Facultas docendi (Lehrbefähigung) eine Voraussetzung der Berufung zum Hochschullehrer. Dies setzte im Regelfall eine wissenschaftliche Tätigkeit und einen internationalen Studienaufenthalt insbesondere in der Sowjetunion voraus. Unter dieser Zielstellung sind die längerfristigen Aufenthalte von Nachwuchswissenschaftlern einzuordnen: Univ. Leningrad (B. Schulze, 1971, drei Monate und A. Hantschmann, 1975, ein Jahr), Univ. Kiew (M. Pulst und H. Wilde, 1970, sechs Monate), Univ. Norwich (H. Wilde, 1974/75, neun Monate), Univ. Oulu (B. Schulze, 1975, drei Monate), Univ. Lyon (G. Haufe, 1986, sechs Monate) und Univ. Moskau (Marina Vogel, 1987, vier Monate).

Die fundierte Ausbildung der Studenten in Organischer Chemie wurde durch eine Reihe von mehrfach aufgelegten, didaktisch exzellenten Lehrbüchern aus der Feder von S. Hauptmann gefördert. Dazu gehörten u. a.: „Organische Chemie", „Chemie der Heterocyclen" mit Theophil Eicher, „Stereochemie" mit G. Mann und „Aufgaben zur Organischen Chemie" mit A. Hantschmann und G. Mann (s. Anhang Bücher).

Die Forschung konzentrierte sich seit der Sektionsgründung 1968 verstärkt auf die Zusammenarbeit mit der chemischen Industrie bezüglich gezielter und erkundender Grundlagenforschung zur Erfüllung des Staatsplanes Wissenschaft und Technik. Schon in den 60er Jahren wurden Chemische Kombinate, die gleich nach Kriegsende den chemischen Instituten geholfen hatten, zu unmittelbaren Partnern in einer Vertragsforschung, die in den folgenden 20 Jahren nicht nur patentreife Ergebnisse für die Industrie (insgesamt wurden nahezu 200 Patente angemeldet), sondern auch wichtige Ergebnisse der Grundlagenforschung brachte. Für die Organische Chemie betraf dies die vertraglichen Kooperationen mit folgenden Partnern: Der erste Vertragspartner war der VEB „Otto Grotewohl" 1963 bis 1967 zur Synthese von Testsubstanzen für die gaschromatographische Analytik (G. Mann) und 1967 bis 1972 zur Isobutenchemie in Zusammenhang mit dem Bau der Ethylenanlage (K. Schulze, M.Mühlstädt). Sehr intensiv wurden die Isobutenchlorierung (K.Schulze mit den Doktoranden Hartmut Richter, Hans Krüger und Günther Winkler) sowie die Allylumlagerungen bearbeitet (K. Schulze mit den Doktoranden E.-M. Dietrich, Christian Richter, Martina Rentsch (Dannhauer) und Frank Richter). Es folgten 1970 das PCK Schwedt zur Pinenisomerisierung mit speziellen Basensystemen (B. Schulze mit Christine Schweser; M.Mühlstädt) und später von 1972 bis 1990 der VEB Chemiekombinat Bitterfeld zur Synthese O-, N- und S-haltiger potentieller Pflanzenschutzmittel (M.Mühlstädt mit den Doktoranden R. Widera, Horst Grüner, Bernhard Olk und Karsten Pritzkow; B. Schulze unter Mitarbeit der Doktoranden Reiner Brämer und Jens Hilbig; K. Schulze; H. Meinhold).

Abbildung 104
Siegfried Hauptmann, Manfred Weißenfels (v. l.)

Bei dieser Zusammenarbeit mit den großen Chemiekombinaten kam jedoch die Naturstoffforschung, ehemals unter Helferich und W. Treibs ein Aushängeschild der Leipziger Forschung, zu kurz. Erst ab 1978 gab es wieder eine enge Zusammenarbeit mit dem Chemischen Werk Miltitz zur Terpenfunktionalisierung (K. Schulze mit den Doktoranden Günther Köhler und Heiner Trauer)

und ab 1982 zu synthetischen Sandelriechstoffen (K. Schulze mit den Doktoranden M. Rentsch (Dannhauer) und Kerstin Wyßuwa).

Ab 1987 gab es eine vom Rektor veranlasste Forschung (Rektorforschung) „Anwendung biochemischer Methoden für die chemische Stoffwandlung" zur Verstärkung der Forschungen auf dem Naturstoffgebiet und zur Vertiefung der Zusammenarbeit mit biochemischen Arbeitsgruppen, die von G. Haufe unter Mitwirkung von M. Vogel, L. Weber und den Doktoranden Holger Hofmann, Ulrike Rolle, Ulrich Schwarz-Linek, Andreas Krödel und Alexander Schulze sehr erfolgreich bearbeitet wurde.

Im Rahmen der Vertragsforschung mit der Filmfabrik Wolfen befasste sich der Arbeitskreis S. Hauptmann, G. Mann, H. Wilde in den Jahren 1970–1990 mit der Synthese, analytischen Charakterisierung und oxidativen Farbstoffbildung von Gelb-, Purpur- und Blaugrünkupplern für silbersparende Aufzeichnungsverfahren. Auf diesem Gebiet promovierten Udo Sydow, Frank Höppner, Joachim Lehmann, Dieter Labus, Manfred Naumann, Gunter Weber, Lothar Hennig, Dieter Sicker, Peter Lepom, Dieter Greif, Petra Hofmann, Detlef Bendler und Jörg Hofmann. In den 70er Jahren gab es zu diesem Thema ein sektionseigenes Filmtestlabor unter der Leitung von Dipl.-Ing. (FH) Helgard Böttcher. Mitte der 80er Jahre wurden als neue Forschungsgebiete die Chemie biotechnologisch erzeugter Oxocarbonsäuren (H. Wilde, D. Sicker mit den Doktoranden Mohamed Khodja, Ahcene Tabet, Ralf-Rainer Schnelle, Zusammenarbeit mit der Akademie der Wissenschaften), von Calixarenen mit den Doktoranden Frank Weinelt und Mario Alva Astudillo aufgenommen.

Im Mittelpunkt der Untersuchungen des Arbeitskreises M. Weißenfels, M. Pulst, A. Hantschmann von 1970 bis 1990 standen strukturelle Probleme auf dem Gebiet der schwefelhaltigen organischen Verbindungen, insbesondere heterocyclischer Farbstoffe und deren Vorstufen, wie z. B. β-Thioxoaldehyde und Enaminothioketone. Es gelang die Synthese einer Vielzahl von 2-Formylmethylen-2H-thiopyranen, denen in der Polymethinfarbstoffchemie als Zwischenprodukte eine hervorragende Bedeutung zukommt. Zahlreiche langwellig absorbierende Polymethinfarbstoffe mit mindestens einer peripheren Thiopyrangruppe wurden synthetisiert und haben in der modernen Farbstoffchemie als so genannte „funktionelle Farbstoffe" eine große Bedeutung. Diese Themen haben u. a. folgende Doktoranden erfolgreich bearbeitet: Hans-Jörg Hense, Jürgen Punkt, Bernhard Ulrici, Hans-Jürgen Viehrig, Steffen Kaubisch, Frank Kropfgans, Jens Teichert, Thorsten Steinführer, Tobias Werner, Monika Hambsch, Bernd Hollborn, Matthias Müller, René Hoffmann und Michael Pietsch.

Der Arbeitskreis E. Lippmann beschäftigte sich mit heterocyclischen Stabilisatoren u. a. mit den Doktoranden Marina Vogel, Ronald Dörre, Dorit Steiner, Andreas Könnecke und Eva Tober.

Da die Heterocyclenchemie schon seit W. Treibs eine große Tradition in der Leipziger Organischen Chemie hatte, wurden von 1973 bis 1988 sechs Heterocyclentagungen mit internationaler Beteiligung auch aus westeuropäischen Ländern in Kühlungsborn durchgeführt. Hauptorganisator aus Leipzig war E. Lippmann.

Im Rahmen von vertraglichen internationalen Vereinbarungen pflegten Wissenschaftler der Organischen Chemie auch enge Forschungskooperationen zu den Chemieeinrichtungen der Universitäten Kiew (F. S. Babitschev), Moskau (Pjotr B. Terentjev), Ljubljana (Miha Tisler, Branko Stanovnik), Salford (Hans Suschitzky, Feodore Scheinmann, Brian Iddon), Norwich (Alan Katrizky), Jyväskylä (Jakko Paasivirta, Katri Laiha, Tuula Asunta), Turku (Kalevi Pihlaja), Oulu (Hans Krieger), Lyon (André Laurent), Montevideo (E. Onetto) und Santiago de Chile (Hermann M. Niemeyer). Höhepunkt bei der langjährigen Zusammenarbeit mit der Chemischen Fakultät Leningrad (Irina K. Korobizina (1919–1990), Ludmila L. Rodina, Valeri A. Nikolaev) waren zwei gemeinsam organisierte „Mikrosymposien" zur Chemie ungesättigter Verbindungen 1987 in Leningrad und 1991 in Leipzig (Gastdozenten waren L. L. Rodina, Vjacheslav V. Rasin und Rafael R. Kostikov)[137]. Diese Kooperation wurde durch dreijährige Forschungsprogramme auf der Grundlage einer Universitätsvereinbarung auch nach der politischen Wende sehr erfolgreich fortgeführt (L. L. Rodina, B. Schulze, K. Schulze).

Da sich der vierjährige Studienplan als nicht zweckmäßig erwies, insbesondere die praktische Ausbildung zu kurz kam, war der Immatrikulationsjahrgang 1975 mit 69 Studenten, darunter 29 Frauen, wieder der erste fünfjährige Studiengang mit je fünf Semestern Grund- und Fachstudium unter Beibehaltung der drei Fachrichtungen (Synthese-, Verfahrens- sowie (ab 1975) Theoretische und Physikalische Chemie) einschließlich eines zwölfwöchigen Betriebspraktikums und einer einjährigen Diplomarbeit.

Zu Beginn der 80er Jahre verteidigten vier Kolleg(inn)en in der Organischen Chemie ihre Promotion B zum Dr. sc. nat. und wurden anschließend nach Erwerb der Facultas docendi zur Verstärkung der Lehre zu ao. Dozenten ernannt: H. Wilde (Prom. B 1980, 1985 ao. Doz., 1992 C3-Prof.), B. Schulze (1984, 1986, 1990 Hochschuldoz., 1993 apl. Prof.), M. Pulst (1985, 1989) und G. Haufe (1985, 1988, 1985 Wöhlerpreis der Chemischen Gesellschaft der DDR, seit 1991 C3-Prof. Univ. Münster). B. Schulze ist die erste von zwei Frauen, die nach 1968 an der Sektion Chemie zum Dr. sc. promovierten.

Die Gründung von acht Wissenschaftsbereichen (WB) aus den vorherigen 14 Arbeitsgruppen (AG) erfolgte im Oktober 1981. Für die Organische Chemie bedeutete dies eine Konzentration der AG Heterocyclen und AG Organische Synthese zu einem Wissenschaftsbereich unter der Leitung von M. Weißenfels bis 1989 und anschließend von K. Schulze bis 1993. In der Organischen Chemie waren im Wintersemester 1989/1990 fünf Professoren, fünf Dozenten, drei Oberassistenten, sieben unbefristete und acht befristete Assistenten tätig. Als Honorarprofessor wirkte Werner Walter (Photochemisches Kombinat ORWO Wolfen).

Nach der politischen Wende 1989/90 erfolgte im Rahmen der Hochschulerneuerung ein tief greifender Wandel in Forschung und Lehre. Die Vertragsforschung mit den DDR-Kombinaten entfiel. Bei der Umorientierung zu mehr Grundlagenforschung, finanziert durch Drittmittel insbesondere der DFG und des Fonds der Chemischen Industrie, haben vor allem die Professoren Hans-Dieter Scharf[97] (Aachen, 1930 bis 1998) und Reinhard W. Hoffmann (Marburg) sehr wertvolle Unterstützung geleistet. Ab 1991 leitete der Organiker H. Wilde (Abb. 105, s. auch Abb. 66) als Leiter des Fachbereichs Chemie und Mineralogie mit Sachverstand die großen Veränderungen in der Struktur und bei der Besetzung aller wissenschaftlichen und nichtwissenschaftlichen Stellen sowie die Neuordnung der Lehre. Sehr bald zeigten sich erste Verbesserungen in Forschung und Lehre. Die Renovierung von Laboratorien begann, und durch die eingeworbenen Drittmittel waren die Anschaffung von Sicherheitstechnik, Computern, Literatur, Messinstrumenten und Laborausrüstungen sowie auch eine intensivere Grundlagenforschung möglich.

Abbildung 105
Horst Wilde, 2000

In der Lehre wurden neben den Laborausstattungen auch die Wichtung und die Abfolge des Stoffs deutlich verändert. Mit der Umgestaltung auf den klassischen Diplom-Studiengang (21.3.1993) mit einer Regelstudienzeit von zehn Semestern gab es in der Organischen Chemie eine 60-stündige organisch-chemische Grundvorlesung mit 30 Stunden Seminar, eine 60-stündige organisch-chemische Vorlesung im Hauptstudium sowie die Naturstoffvorlesung, alternierend von M. Mühlstädt, M. Weißenfels, S. Hauptmann und K. Schulze gehalten. Daneben gab es mehrere Spezialvorlesungen und -seminare. Hohen Einsatz

Abbildung 106
Klaus Schulze, 2000

verlangten auch weiterhin die umfangreichen organisch-chemischen Praktika für Studierende der Medizin, der Biologie und im Lehramt.

Parallel zu allen diesen Aktivitäten liefen auf Vorschlag einer Kommission des Wissenschaftsrates anlässlich eines Besuches am Fachbereich Chemie in Leipzig (1991) die Planungen zu einem Neubau für die Institute der Anorganischen und Organischen Chemie in der Johannisallee 29. Die ersten Vorstellungen und Planungen für das Institut für Organische Chemie erarbeiteten K. Schulze und A. Hantschmann.

Mit der Gründung der Fakultät für Chemie und Mineralogie am 14.1.1994 und der Wiedergründung des Institutes für Organische Chemie am 2.12.1993 mit dem vom Rektor kommissarisch eingesetzten ersten Direktor K. Schulze (Abb. 106) wurden auch die Voraussetzungen für die neu zugestaltende wissenschaftsorganisatorische Arbeit geschaffen. In den ersten Jahren nach der politischen Wende habilitierten sich in der Organischen Chemie: D. Sicker (1991, seit 1997 apl. Prof.), D. Greif (1992, seit 1992 Prof. FH Zittau/Görlitz) und L. Weber (1993, 1991 Hoffmann LaRoche AG, Basel).

Das Institut für Organische Chemie ab 1993

Nach langem erfolgreichen Lehren und Forschen sowie hohem Engagement in verschiedenen Funktionen in der Wissenschaftsorganisation gingen die Professoren M. Weißenfels (1993), M. Mühlstädt (1994) und S. Hauptmann (1996) in den Ruhestand. Als Hochschullehrer am Institut arbeiteten weiterhin H. Wilde, B. Schulze und K. Schulze.

Die Berufungen von Klaus Burger (Abb. 107) von der TU München und Peter Welzel (Abb. 108) von der Ruhr-Universität Bochum auf zwei C4-Professuren für Organische Chemie/Heterocyclenchemie bzw. Organische Chemie/Naturstoffchemie zum 15.12.1993 markierten einen weiteren Fortschritt zu international anerkannter Grundlagenforschung. Peter Welzel (1937–2008) kam mit 15 Doktoranden aus Bochum. Forschungs- und Praktikumslabors wurden hergerichtet und in ihrer Einrichtung modernen Standards angepasst und moderne Spektrometer angeschafft. Der Bibliotheksbestand wurde ergänzt, teilweise durch sehr großzügige Spenden z. B. von Prof. Wolfgang Steglich (Univ. Bonn). Zur gleichen Zeit wurden die Voraussetzungen zur Teilnahme am „Intersächsischen Dokumenten-Schnelllieferdienst" und später am „Subito-Dokumentenbestellsystem" geschaffen und ein Computernetz aufgebaut, das an das Universitätsrechenzentrum angebunden war. Darüber hinaus konnte der Beilstein-Server erworben werden. Insgesamt haben dafür P. Welzel und K. Burger als aus den alten Bundesländern berufene Professoren über 200.000 DM aus Berufungsmitteln und Mitteln des Fonds der Chemischen Industrie zur Verfügung gestellt. An den Kosten der CrossFire-Datenbank, die regelmäßig auf den neuesten Stand zu bringen war, beteiligten sich nach Absprache mit dem Universitäts-Bibliotheksdirektor Dr. Ekkehard Henschke auch die Universitäten Dresden, Chemnitz und Freiberg.

Abbildung 107
Klaus Burger, 2000

Abbildung 108
Peter Welzel
(1937–2008), 2000

Bei der Organisation und der weiteren Umgestaltung der Lehre zogen alle Hochschullehrer an einem Strang. Inhalte von Vorlesungen und Praktika wurden auf den neuesten Stand gebracht. Die Praktika wurden dem aktuellen Forschungsstand angepasst, im Grundstudium (15 Präparate) vor allem durch K. Burger, K. Schulze und M. Pulst. In der Fortgeschrittenausbildung bauten P. Welzel und A. Hantschmann ein modernes Praktikum auf, und der Unterricht in Naturstoffchemie wurde zur Biochemie hin geöffnet. Das Praktikum zur Strukturanalytik wurde entsprechend der vorhandenen neuen Analysengeräte erweitert. In der Endphase des Studiums haben die Studierenden dann im 7. und 8. Semester in den von ihnen gewählten Fächern Praktika abgeleistet und sich damit auf die Durchführung der Diplomarbeit vorbereitet. Die Mittel für diese Maßnahmen kamen aus Drittmittelprojekten von K. Burger und P. Welzel sowie vom Fonds der Chemischen Industrie. Der Unterricht wurde von K. Burger (Grundstudium, Heterocyclenchemie), P. Welzel (Fortgeschrittenausbildung, Naturstoffchemie), K. Schulze (Grundstudium, Fortgeschrittenenausbildung, Naturstoffchemie, Biologenausbildung), H. Wilde (Lehramt- und Biologenausbildung), B. Schulze (Umweltchemie, Heterocyclenchemie, Lehramt- und Medizinerausbildung) und D. Sicker (Lehramt- und Medizinerausbildung) getragen. In den Jahren 1994–2005 wurde das Lehrangebot durch Jürgen Scherkenbeck (Bayer AG) als Honorarprofessor (ab 2002) in Leipzig besonders im Bereich der Wirkstoffchemie bereichert. Er hat auch sehr interessante Exkursionen für die Studierenden zur Bayer AG durchgeführt. Auf Seiten der wissenschaftlichen Mitarbeiter haben sich in der Aufbauphase neben den o. g. vor allem auch die Doktoren Marina Vogel, Norbert Sewald, Lothar Hennig, sowie Christian Richter (Dekanat), Jürgen Böhm (Technische Chemie), Matthias Kudra (Theoretische Chemie) und Matthias Findeisen (Analytische Chemie) und die Mitarbeiter(innen) Hannelore Andrae, Katrin Hengst, Brigitte Heinrich, Katrin Hoffmann, Tamara Meinel und Günter Wünsche verdient gemacht.

Von Anfang an haben sich die neu berufenen Professoren mit interessanten, international anerkannten Forschungsthemen und -ergebnissen im Institut eingebracht sowie in der Wissenschaftsorganisation und bei der Einwerbung von Drittmitteln erfolgreich engagiert.

Peter Welzel[138] hat in Bonn Chemie studiert und bei Rudolf Tschesche über Strukturaufklärung von Naturstoffen promoviert. Danach war er als Postdoc in London am Imperial College bei Derek Barton, der wenig später den Nobelpreis für seine Arbeiten zur Konformation und Stereochemie organischer

Moleküle erhalten hat. Nach Habilitation in Bonn wurde P. Welzel 1973 als C3-Professor an die Universität in Bochum berufen, wo er 20 Jahre lang tätig war. 1993 kam er nach Leipzig, hier hat er der Naturstoffchemie, die nach Helferich und W. Treibs im Zusammenhang mit der Vertragsforschung bis 1982 etwas in den Hintergrund getreten war, zu neuer Blüte verholfen. Er hat die Synthese und biochemische Fragestellungen von herzaktiven Steroiden mit den Doktoranden Uta Glufke, Thomas Staroske und Jörg Zotzmann, Strigol mit der Doktorandin Angelika Kranz, Forskolin mit den Doktoranden Dirk Behnke und Stefan Hamm sowie das Steroid Ecdyson bearbeitet. Der Struktur, Biochemie und Totalsynthese der hochaktiven Antibiotikumfamilie Moenomycin galt sein besonderes Interesse, diese Thematik haben die folgenden Doktoranden erfolgreich bearbeitet: Astrid Donnerstag, Gerhard Range, Olaf Ritzeler, Dirk Weigelt, Kirsten Endler, Uwe Kempin, Ralf Kosmol, Naser Said M. El-Abadla, Falk-Thilo Ferse, Sylvia Riedel, Urs Schuricht, Andrij Buchynsky, Uwe Eichelberger, Katherina Stembera, Stefan Vogel, Jalal Ahmad Yosef Zahra, Khalid Abu Ajaj, Anna Galkina, Madina Mansourova, Guangbin Yang, Svetlana Zakharova, Mohammed S. A. Dagish, Dietmar Knoll und Ines Neundorf. P. Welzel hat insgesamt ca. 100 Diplomanden, Doktoranden und Postdoktoranden betreut. Dabei haben ihn auch die technischen Mitarbeiterinnen Irene Pulst, Karin Richter und Renate Herold intensiv unterstützt. P. Welzel erhielt 1997 die erste Leipziger Universitätsmedaille für sein großes Engagement bei der Weiterentwicklung der Universität Leipzig. 1999 wurden seine international anerkannten Forschungsarbeiten auf den unterschiedlichsten Naturstoffgebieten und sein großer Einsatz für die Entwicklung der Chemie mit der Otto-Wallach-Plakette der Gesellschaft Deutscher Chemiker gewürdigt. Die Forschung wurde sehr intensiv durch Drittmittel gefördert und speziell in Leipzig sehr breit angelegt. Viele Ergebnisse wurden mit chemischen, physikalischen, biologischen und medizinischen Arbeitskreisen zusammen erarbeitet (s. SciFinder Scholar).

Klaus Burger studierte an der Technischen Universität München (1957–1962) Chemie und hat 1965 bei Friedrich Weygand mit einer Arbeit auf dem Gebiet der Aminosäure- und Peptidchemie promoviert. Während eines Postdoc-Aufenthalts 1967–1968 im Arbeitskreis von Robert N. Haszeldine (UMIST/Manchester) befasste er sich intensiv mit den besonderen Eigenschaften fluormodifizierter organischer Verbindungen. Nach seiner Rückkehr an die TU München begann er einen eigenen Arbeitskreis aufzubauen. Es entstanden die ersten Arbeiten über trifluormethyl-substituierte Heterocyclen. 1972 erfolgte die Habilitation (Mentor: Ivar Ugi), 1977 wurde er zum C3-Professor ernannt. Für die Zeit von 1988 bis 1989 übernahm er die Vertretung des Lehrstuhls I für Organische Chemie an der Universität München (Huisgen-Lehrstuhl), bis die Nachfolge durch Wolfgang Steglich gesichert war. Er ging an die TU München zurück und folgte schließlich 1993 dem Ruf auf den Lehrstuhl für Organische Chemie/Heterocyclenchemie an der Universität Leipzig. Seine wissenschaftlichen Interessen waren breit gefächert. Die Hauptarbeitsgebiete erstreckten sich von der Methodenentwicklung in der Heterocyclen-, Fluor-, Aminosäure- und Peptidchemie einschließlich Peptid-Modifikation bis zu orbitalsymmetrie-kontrollierten Reaktionen und kleinen fluorierten, therapeutisch interessanten Molekülen. Zusammen mit seinen Mitarbeiter(inne)n (ca. 65 Doktoranden und Postdoktoranden sowie H. Böttcher) publizierte er mehr als 350 Originalarbeiten, davon erschienen ca. 150 in der Leipziger Zeit, sechs Beiträge zu Monographien sowie mehrere Übersichtsartikel und Patente. Die folgenden Doktoranden haben die angegebenen Themen erfolgreich bearbeitet: Matthias Körner, Thomas Michel, Christina Maria Dahl, Annett Müller, Frank Schumann, Jan Spengler, Thomas Rühl, Sven Thust, Natalia N. Sergeeva, Torsten Lange, Gabor Radics und Pavel Tsouker (Aminosäure-/Peptidchemie), Andreas Feindt, Uwe Eilitz, Volkmar Winkler, Hartmut Schedel, Marco Fioroni, Christoph Böttcher und Ksenia Pumpor (Fluorchemie), Susanne Röhrig und Volkmar Wendisch (Orbitalsymmetrie-kontrollierte Reaktionen) sowie Annett Fuchs (Heterocyclen).

Die am Institut nach der Wende verbliebenen Arbeitskreise von K. Schulze, B. Schulze und H. Wilde konnten ihre Forschungsthemen unter den neuen Bedingungen effektiver bearbeiten.

Klaus Schulze hat Synthesen und regiochemische Fragestellungen von Heterocyclen wie 1,3-Thiazine, 1,3-Thiazole und 1,2,4-Triazoline/1,3,4-Thiadiazoline sowie den Mechanismus der Triazolinthionbildung durch Kohlenwasserstoff-Eliminierung aus tetrasubstituierten Triazolidinthionen (Doktorarbeiten von Annette Hobert und Steffen Ernst) bearbeitet, sich mit synthetischen Sandelriechstoffen, der Verwendung von α-Pinen als Ausgangsverbindung für neue Riechstoffe und der Synthese von Fencholen-, α-, β, apo- und homo-Campholenverbindungen unter erfolgreicher Mitarbeit der Doktoranden Holger Uhlig, Anne-Katrin Habermann, Kerstin Wyßuwa und Ines Sprung beschäftigt und die stereoselektiven Synthesen enantiomerenreiner Carbonylverbindungen aus α-Pinen über stereoselektive Umlagerung, diastereoselektive Epoxidierung und Chiralitätsübertragung (Katrin Beutmann (Anhalt), Cornelia Döge (Prehn) sowie Uwe Wahren) untersucht. Er hat insgesamt 95 Diplomanden, Doktoranden und Postdoktoranden betreut und mit zahlreichen in- und ausländischen Partnern kooperiert. Dabei haben ihn insbesondere A. Hantschmann, C. Richter, Martina Dannhauer, Gertraude Richter und Elke Möbius intensiv unterstützt. Er hat in mehreren zentralen wissenschaftlichen Funktionen der Universität und Fakultät gearbeitet.

Im Arbeitskreis Horst Wilde/Dieter Sicker wurden in Kooperation mit dem Umweltforschungszentrum Leipzig-Halle die Untersuchungen zur synthesechemischen Veredlung mikrobiell erzeugter Oxocarbonsäuren mit dem Ziel neuer Heterocyclen, von nichtnatürlichen Zuckeraminosäuren sowie neuartigen Zuckertensiden unter Mitarbeit der Doktoranden Torsten Blitzke und Stephan Schmidt fortgeführt. Begonnen wurden Arbeiten zur Isolierung und Synthese von Getreideinhaltsstoffen; Doktoranden waren Holger Hartenstein, Michael Kluge, Carlos Escobar und Jens Andersch. Fortgesetzt wurde die Wirt-Gast-Chemie auf der Basis von Calix(4)arenoctolen (Tino Lippmann und Katrin Müller) und aus Formamidinen und Harnstoffen dargestellten Makrocyclen (Christoph Kuhnert). Weitere Projekte waren der Synthese potentiell anticancerogener 1,2,4-Benzotriazine (Heiko Schwesinger) sowie dem chemischen und mikrobiellen Abbau von 1,2,4-Triazinen, speziell der Photolyse von Metribuzin (Uwe Raschke), gewidmet. Die Mitarbeiterinnen Irene Pulst, Katrin Hoffmann, Sigrid Hartmann und Heike Petzold haben sie dabei intensiv unterstützt. H. Wilde erhielt für seine Verdienste um die Erneuerung der Universität Leipzig nach der Wende die Caspar-Borner-Medaille.

Abbildung 109
Bärbel Schulze, 2000

Bärbel Schulze (Abb. 109) hat als Forschungsschwerpunkte die O,S- und N-Funktionalisierung ungesättigter Verbindungen zur Synthese von S,N-Heterocyclen via sequentieller Reaktionen und Ringtransformationen zur Entwicklung neuer Leitstrukturen für Wirkstoffe untersucht. Folgende Doktoranden haben diese Themen erfolgreich bearbeitet: Sabine Kirrbach, Ulrike Dietrich, Barbara Friedrich, Antje Noack, Vsevolod V. Nikolaev und Melinda Wüst. Weiterhin wurden S,N-heteroaromatische Kationen in Oxidationsreaktionen für hydroperoxy-funktionalisierte Sultame und Sultime als Sauerstofftransferreagenzien unter Mitarbeit der Doktoranden Katrin Illgen, Arne Kolberg, Christine Hartung, Kathleen Taubert, Anja Siegemund-Eilfeld und des Postdoktoranden Feyissa Gadissa Gelalcha beschrieben. Des weiteren sind funktionalisierte N,N'-Bisazaheterocyclen mit Sulfonamid-Struktur (Valeriya Zakharova) sowie die Oxidation chiraler Isothiazoliumsalze und S,N-heterocyclische Salze zur Synthese von Isothiazol-

Abbildung 110
Dieter Sicker mit Studenten

3-yl-morpholinen und -piperazinen (Janine Wolf) untersucht worden. Sie betreute 67 Diplomanden, Doktoranden und Postdoktoranden; dabei wurde sie durch ihre Mitarbeiterin Gisela Kirsten aktiv unterstützt. Von 1994 bis 2005 war B. Schulze Gleichstellungsbeauftragte der Fakultät für Chemie und Mineralogie. 2006 erhielt sie als erste Frau eine Ehrenprofessur der Chemischen Fakultät der Staatlichen Universität St. Petersburg für ihr sehr erfolgreiches internationales Engagement bei der „Entwicklung der chemischen Wissenschaft und der höheren chemischen Bildung sowie der fruchtbaren Zusammenarbeit auf wissenschaftlichem Gebiet"[139].

In diesem Zeitraum sind aus dem Institut für Organische Chemie vier Hochschullehrer als wissenschaftlicher Nachwuchs hervorgegangen: Marina Vogel (2002 Prof. Fachhochschule für Technik und Wirtschaft, Dresden), Norbert Sewald (Habilitation 1998, 1999 C4-Prof. Univ. Bielefeld), Uwe Pfüller (1998 Prof. Univ. Witten-Herdecke) und Beate Koksch (2004 C3-Prof. FU Berlin).

Im April 1996 nahm das von P. Welzel konzipierte und geleitete DFG-Innovationskolleg „Chemisches Signal und biologische Antwort" seine Arbeit auf, das neun Arbeitsgruppen aus den Fakultäten für Chemie und Mineralogie, Biowissenschaften, Pharmazie und Psychologie sowie der Medizinischen Fakultät vereinte. Aus dem Institut für Organische Chemie waren die Arbeitskreise P. Welzel, K. Burger und N. Sewald beteiligt. Das von 1996 bis 2001 geförderte Innovationskolleg entwickelte sich schnell zu einem bedeutenden wissenschaftlichen Unternehmen mit enormer Ausstrahlung auf Forschungs- und Lehrstrukturen, wissenschaftliche Zusammenarbeit und Ausnutzung vorhandener Ressourcen, Verlauf von Berufungsverfahren, gemeinsame Forschungsanträge sowie Durchführung von Tagungen und Veranstaltungen. Im Gefolge des Innovationskollegs wurde von Arbeitsgruppen aus den gleichen drei

Fakultäten das Graduiertenkolleg „Mechanistische und Anwendungsaspekte nichtkonventioneller Oxidationsreaktionen" geplant und erarbeitet. Vom Institut für Organische Chemie haben die Arbeitskreise P. Welzel, B. Schulze, K. Schulze, M. Vogel, N. Sewald und Athanassios Giannis mitgearbeitet. Das Studienprogramm des Graduiertenkollegs (Förderung von 1997 bis 2007, Sprecherin: Evamarie Hey-Hawkins, Institut für Anorganische Chemie) zusammen mit den wissenschaftlichen Aktivitäten im Innovationskolleg garantierte den Hochschullehrern, Doktoranden und Studenten eine enorm stimulierende und wissenschaftlich produktive Atmosphäre durch gemeinsame Publikationen und eine große Anzahl von organisierten Vorträgen und Tagungen. Ein weiterer unschätzbarer Vorteil der beiden Forschungsverbunde war es, dass Beantragung und Anschaffung vieler analytischer Mittel- und Großgeräte (IR-Geräte, 600-MHz-NMR-Spektrometer, MALDI-Tof-Massenspektrometer Voyager (Perceptive), Beteiligung an der Beschaffung eines Tesla-Ionencyclotronresonanz-Massenspektrometers, eines CD-Gerätes und von GC-MS-Geräten) ermöglicht wurde, die wesentlich dazu beitrugen, die Fakultät in kurzer Zeit national und international konkurrenzfähig zu machen.

Es war erklärtes Ziel des Innovationskollegs, seine Zielrichtung und die gewachsenen Strukturen gemeinsamer Arbeit in die Antragstellung für einen Sonderforschungsbereich (Thema: „Bioaktive Liganden kommunikativer Proteine: Sonden zur Strukturerkennung und Funktionsanalytik") fließen zu lassen. Der Antrag fand aber trotz der positiven Begutachtung nicht die notwendige Mehrheit im Bewilligungsausschuss der DFG. Die DFG erlaubte jedoch, das in diesem Antrag enthaltene 700-MHz-NMR-Gerät unabhängig zu beantragen, und dieser Antrag wurde positiv bewertet.

Als 2000 der Ausbau der Bio- und Gentechnologie im Freistaat Sachsen in die Wege geleitet wurde, waren die Voraussetzungen so gut, dass sich die Universität Leipzig durch die Aktivität der Prorektoren Tilmann Butz und Helmut Papp an der Realisierung der Initiative beteiligen und eines der beiden Bioinnovationszentren für sich beanspruchen konnte, wozu sechs Professuren gehörten. Die Fakultät für Chemie und Mineralogie erhielt eine Professur für Bioanalytik und eine für Strukturanalytik und war speziell durch das Institut für Organische Chemie (P. Welzel) an der Ausarbeitung der wissenschaftlichen und strukturellen Konzeption von Anfang an involviert.

Laboreinteilung und -ausgestaltung für das Institut für Organische Chemie im Neubau Johannisallee 29 wurden auch von K. Burger und vor allem von P. Welzel beeinflusst. Intensiv haben sich besonders H. Wilde mit C. Richter und Dietmar Hentschel (Dekanat) sowie Frank Dietze (Anorganische Chemie) um den gesamten Neubau in der Planungs-, Entscheidungs- und der Bauphase gekümmert. Der Neubau konnte im September 1999 bezogen werden und gilt noch heute in ganz Deutschland als eines der schönsten und eindrucksvollsten Chemieausbildungsgebäude. Im Organischen und im Anorganischen Institut wurden die Hörsäle und Laboretagen nach berühmten Leipziger Chemikern benannt. Die Hörsäle tragen die Namen von Arthur Hantzsch und Johannes Wislicenus. Die Organische Chemie arbeitet in den drei Forschungsetagen Wilhelm-Treibs-, Burckhardt-Helferich- und Theodor-Curtius-Laboratorien sowie den Hermann-Kolbe-Laboratorien für die Chemiestudenten im Erdgeschoss (42 Arbeitsplätze) (Abb. 110) und den Ernst-Beckmann-Laboratorien (18 Arbeitsplätze).

Abbildung 111
Wolfgang Steglich, Werner Schroth (v. l.)

Das „Journal für Praktische Chemie" war seit seiner Gründung (1828) durch Erdmann mit der Leipziger Chemie eng verbunden. Immer wieder

Abbildung 112
Ehrenpromotion Hans-Dieter Scharf (1930–1998) 1996

Abbildung 113
Ehrenpromotion Horst Kessler 2002

fungierten Leipziger Professoren (Hermann Kolbe, Ernst von Meyer, Berthold Rassow, Burckhardt Helferich, Eberhardt Leibnitz und Peter Welzel) als Herausgeber. 2000 ging das traditionsreiche Journal als Folge der Neuordnung auch im Verlagswesen mit geänderter, fokussierter Thematik in die Zeitschrift „Advanced Synthesis and Catalysis" über. Vom letzten Herausgeber P. Welzel gibt es eine Abschiedsnotiz im Heft 8 des Jahres 2000[140].

Aus dem Institut für Organische Chemie waren H. Wilde und P. Welzel als Mitglieder der Studienreformkommission aktiv an der Ausarbeitung der Bachelor-/Master-Studiengänge beteiligt. Die dabei gesammelten Erfahrungen flossen in eine intensive Studienreformdiskussion der Fakultät für Chemie und Mineralogie ab 1998 ein. Beginnend mit dem Wintersemester 2002/03 wurde der konsekutive Bachelor-/Master-Studiengang eröffnet, im Wintersemester 2005 und erneut 2008 wurden die präzisierten modularisierten Bachelor-/Master-Studiengänge eingeführt.

Das Institut für Organische Chemie war immer an einer fruchtbaren nationalen und internationalen Zusammenarbeit interessiert, davon zeugen die vielen Forschungskooperationen, zahlreiche Einladungen international bekannter und ausgezeichneter Organiker (Abb. 111) zu Kolloquiumsvorträgen (bis zu 40 Vorträge jährlich) sowie die große Anzahl von Angehörigen des Institutes organisierter Tagungen und Veranstaltungen. Dazu gehören u. a. das 4. Deutsche Peptidsymposium (1999, K. Burger, B. Koksch, N. Sewald), das 30th International Symposium on Essential Oils gemeinsam mit Bell Flavors & Fragrances Duft und Aroma GmbH Leipzig-Miltitz (1999, K. Schulze, P. Welzel, Raymond Heinz), die Chemiedozententagung (2001, mitorganisiert von K. Burger, P. Welzel), vier gemeinsame Symposien (YSCOS) mit St. Petersburg (1994–2005, L. L. Rodina, B. Schulze), drei Mitteldeutsche Naturstofftreffen (P. Welzel), zwei Leipziger Symposien Advances in Chemistry, Biology and Medicine (A. Giannis), acht Gedenk- bzw. Festveranstaltungen u. a. anlässlich des 100. Geburtstages von W. Treibs (G. Mann) am 6.11.1990, der Ehrenpromotionen von Hans-Dieter Scharf (RWTH Aachen) (Abb. 112) am 6.12.1996 und Horst Kessler (TU München) (Abb. 113) am 5.7.2002 sowie 24 Workshops.

Angehörige des Instituts für Organische Chemie haben sich auch in der Öffentlichkeitsarbeit engagiert. Insbesondere hat D. Sicker (Abb.110) Experimentalvorträge in Schulen, auf Tagungen, bei

Weiterbildungsveranstaltungen und anlässlich der Tage der offenen Hochschultür gehalten. Auch bei Diskussionen und Interviews in Tageszeitungen, Radio und Fernsehen hat er zur Aufklärung über die Chemie sowie deren Nutzen und Gefahren beigetragen und für das Chemiestudium geworben. Er hat es damit verstanden, die Wissenschaft Chemie durch das unmittelbare Erleben der Experimente einer breiten Öffentlichkeit zugänglich zu machen.

Nach dem Ausscheiden von K. Schulze (1999), P. Welzel (2002), K. Burger (2003), H. Wilde (2004) und B. Schulze (2007) umfasst das Institut für Organische Chemie durch Umwidmung von Hochschullehrerstellen im Wintersemester 2007/08 noch zwei C4-Professuren (A. Giannis, Naturstoffchemie/Bioorganische Chemie und Christoph Schneider, Heterocyclenchemie) und zwei W2-Professuren (Rolf Breinbauer, Chemische Diversität und Funktion und Christian Stark, Moderne Katalysechemie).

Athanassios Giannis (Abb. 114) stammt aus Drama (Griechenland). Nach dem Abitur kam er nach Deutschland. Von 1972 bis 1980 studierte er Chemie (Diplom 1980) und von 1978 bis 1988 Medizin (ärztliche Approbation 1988) an der Universität Bonn. Nach einer Diplomarbeit bei Manfred T. Reetz hat er über die Synthese von C-Glykosiden bei Konrad Sandhoff promoviert (1986). Nach Beendigung des Medizinstudiums begann er seine Habilitationsarbeit an der Universität Bonn. Er habilitierte sich 1992 für Organische Chemie und Biochemie mit einer Arbeit zur Synthese von chiralen Bausteinen aus D-Glucosamin-Hydrochlorid und von Inhibitoren des Glykosphingolipid-Stoffwechsels. 1997 nahm er den Ruf auf eine C3-Professur für Organische Chemie an der Universität Karlsruhe an. Im Mai 2002 wurde er als Nachfolger von P. Welzel an die Universität Leipzig berufen. Seine Forschungsgebiete umfassen die Organische Chemie und Biochemie sowie Medizinische Chemie: Synthese von bioaktiven Naturstoffen und deren Analoga, wie z. B. Alkaloide, Peptidmimetika, ATP-Analoga und Sphingolipide. Insbesondere beschäftigt sich A. Giannis zusammen mit den Doktoranden Ralf Mazitschek, Axel Huwe und Patrick Baumhof mit dem rationellen Design und der Synthese von Inhibitoren der Angiogenese, sowie mit Inhibitoren der Sphingomyelinase und der Ceramidbildung als Modulatoren sowohl der Apoptose (Veit Wascholowski), als auch der Signaltransduktion. Die Entwicklung von Inhibitoren Histon-modifizierender Enzyme und von Kinesinen zählen außerdem zu seinen Forschungsgebieten. Diese Themen haben u. a. die folgenden Doktoranden erfolgreich bearbeitet: Marcel Mülbaier, Claudia Gey, Michael Heydel, Marcus Christian Biel und Sandra Borrmann (Histon-modifizierte Enzyme) sowie Nils Sunder-Plassmann, Michael Gartner und Agnes Schulze (Kinesine).

Abbildung 114
Athanassios Giannis, 2004

Christoph Schneider (Abb. 115) studierte Chemie in Göttingen und hat 1992 bei Lutz F. Tietze mit einer Arbeit über Naturstoffsynthese promoviert. Es folgte ein knapp zweijähriger Postdoc-Aufenthalt an der Harvard University bei David A. Evans, während dessen er sich mit asymmetrischer Katalyse beschäftigte. Anschließend habilitierte er sich 1998 in Göttingen über eine neue Variante der Cope-Umlagerung und ihre Anwendung in der Synthesechemie. Nach verschiedenen Gastprofessuren u. a. in Szeged, Toronto und Saarbrücken folgte er im Oktober 2003 einem Ruf an

Abbildung 115
Christoph Schneider, 2004

Abbildung 116
Anlässlich eines Kolloquiumsvortrages von Francoise Diederich: A. Giannis, C. Schneider, F. Diederich, A. Beck-Sickinger, P. Welzel (v. l.),

die Universität Leipzig als Nachfolger von K. Burger. Der Arbeitskreis C. Schneider forscht mit 12 Doktoranden und Postdoktoranden auf dem Gebiet der synthetischen Organischen Chemie und beschäftigt sich vor allem mit der Entwicklung effizienter und nachhaltiger Reaktionen, die unter hoher Stereokontrolle verlaufen. In diesem Zusammenhang werden sowohl metallorganische Verbindungen, kleine rein organische Moleküle als auch Enzyme als chirale Katalysatoren eingesetzt und in verschiedenen enantioselektiven C-C-, C-O- und C-N-Verknüpfungsreaktionen verwendet, die in der Synthese einer breiten Palette interessanter Zielstrukturen in optisch reiner Form Anwendung finden. Darüber hinaus werden diese Methoden auch zur Totalsynthese komplexer, biologisch aktiver Naturstoffe eingesetzt (Makrolide, Polyen-Polyol- und Polydesoxypropionat-Naturstoffe). Diese Themen haben u. a. die Doktoranden Michael Riedel, Jan Mollitor, Enzo Mai, Markus Hansch und Andreas Tschöp erfolgreich bearbeitet.

Seit 2005 vergibt das Institut für Organische Chemie den Burckhardt-Helferich-Preis für Bioorganische Chemie[141]. Helferich war von 1930 bis 1945 Professor für Chemie in Leipzig und der Prototyp eines Wissenschaftlers, der mit Methoden der organischen Synthese biologische Probleme löst. Den Preis erhielten bisher die Professoren Konrad Sandhoff (Univ. Bonn), Horst Kessler (TU München) und Francois Diederich (ETH Zürich) 2005 (Abb. 116), Kyriacos C. Nicolaou (Scripps Research Institute, La Jolla, CA) 2006, Jean-Marie Lehn (Univ. L. Pasteur, Strasbourg) 2007 und Dr. Peter Gölitz (Chefredakteur Angewandte Chemie) 2008.

Im Jahre 2005 wurde Rolf Breinbauer (Abb. 117) vorher Juniorprofessor in Dortmund als Nachfolger von H. Wilde nach Leipzig berufen. Die von seiner Gruppe (3 Doktoranden) bearbeiteten Forschungsthemen umfassten die Kombinatorische Synthese von Verbindungsbibliotheken am polymeren Träger, Übergangsmetall-katalysierte Reaktionen, die Modfizierung von Biopolymeren und die Synthese von Proteinbindern, die für die Aufklärung von Biosynthesewegen eingesetzt werden sollen. Diese Themen hat u. a. der Doktorand Matthias Mendel erfolgreich bearbeitet. R. Breinbauer nahm 2007 einen Ruf als Vorstand des Instituts für Organische Chemie an die TU Graz

Abbildung 117
Rolf Breinbauer

Abbildung 118
Christian Stark

an. Gegenwärtig wird diese Stelle von Priv.-Doz. Stefan Immel (vorher Univ. Darmstadt, Heidelberg) vertreten. Im Oktober 2007 nahm Christian Stark (Abb. 118) – Promotion bei H. Martin R. Hoffmann in Hannover und Postdoc in der Biochemie in Cambridge bei Peter F. Leadlay und Jim Staunton, dann Juniorprofessor FU Berlin – den Ruf auf die Nachfolge von B. Schulze an. Einen zeitgleich erhaltenen Ruf auf eine Professur an der Universität Marburg lehnte er ab. Die Forschungsthemen der Arbeitsgruppe (10 Doktoranden) von C. Stark konzentrieren sich auf verschiedene Aspekte der modernen Katalysechemie, wobei insbesondere Oxidationsreaktionen zur gezielten Funktionalisierung organischer Verbindungen im Zentrum des Interesses stehen. Die konzeptionell und methodisch ausgerichteten Projekte werden zudem von Syntheseanwendungen aus dem Bereich biologisch aktiver Naturstoffe ergänzt.

Die Physikalische Chemie

Ulf Messow, Rüdiger Szargan

Die Physikalische Chemie von 1945 bis 1968

Für das Sommersemester 1945 waren im Vorlesungsverzeichnis der Universität Leipzig neben Karl Friedrich Bonhoeffer und Martin Kröger noch der Thermodynamiker Alfred Magnus und Karl-Hermann Geib (mit einer Vorlesung über „Physikalisch-chemische Grundlagen technischer Prozesse") ausgewiesen. M. Kröger hatte nach der Entlassung aus dem Heeresdienst seinen Dienst an der Universität Leipzig im Mai 1944 wieder aufgenommen. Zusätzlich zu seiner Vorlesung Katalyse übernahm er im Wintersemester 1944/45 auch die der Kolloidchemie. Nur noch teilweise konnte der Lehrbetrieb aufrecht erhalten werden, war doch bei dem vielleicht schwersten Luftangriff auf Leipzig am 4.12.1943 das Institut in der Linnéstraße fast völlig zerstört worden (Abb. 48). In der Festschrift anlässlich der 550-Jahr-Feier der Universität Leipzig beschrieb Armin Meisel die Zerstörung des Physikalisch-chemischen Instituts wie folgt:[142] „Bis auf drei Räume im Erdgeschoß und zwei im Keller war alles zusammengestürzt und ausgebrannt. Hörsaal, Praktikumsraum, die meisten Arbeitsräume, der größere Teil der Bücherei – etwa 2000 Bände, hauptsächlich gebundene Zeitschriften – und die meisten Apparate für Vorlesungen, Praktikum und Forschung waren vernichtet."

Mit der Wiedereröffnung der Universität am 5.2.1946 stand von den ehemaligen Professoren des Instituts nur noch Bonhoeffer zur Verfügung. Der vorangegangenen Deportation durch die Amerikaner im Juni 1945 war er zufällig entkommen. Dies gelang jedoch nicht dem 1944 zum etatmäßigen ao. Professor ernannten M. Kröger und dem Dozenten K.-H. Geib. Ende 1946 kehrte K.-H. Geib aus Weilburg/Lahn nach Leipzig zurück. Für ihn erfolgte aber erneut eine Zwangsumsiedlung, diesmal in die Sowjetunion. Spätere Nachforschungen über seinen Aufenthalt blieben ergebnislos. Der dem NS-System sehr nahe stehende M. Kröger bemühte sich nicht um die Rückkehr nach Leipzig. Als aktives Mitglied der NSDAP seit 1937 hatte er mehrmals gegen Bonhoeffer politische Vorwürfe erhoben und so den Direktor des Instituts in große Gefahr gebracht.

Schon im Jahre 1946 konnten die Promotionsarbeiten von Heinz Gerischer (1919–1994) „Die periodischen Vorgänge bei der elektrolytischen Auflösung von Kupfer in Salzsäure", Günter Langhammer (1919–1994) „Periodische Aktivierung von passivem Eisen in Salpetersäure im Hinblick auf die Modelleigenschaften für rhythmische Erregung am Nerv. Zur Kenntnis des Ostwald-Lillieschen Modells der Nervenleitung" und Walther Jaenicke „Potentialverlauf und Stromdichten bei Lokalelementen" abgeschlossen werden. Sie sind Zeugnis der unter Bonhoeffer während der Kriegsjahre am Institut durchgeführten Forschungen.

W. Jaenicke (Univ. Erlangen-Nürnberg, Autor der Monographie „100 Jahre Bunsengesellschaft") verfügte während der Studienzeit lediglich über einen Hörerschein. Wegen seiner jüdischen Mutter hatte er sich von der Universität Leipzig exmatrikulieren lassen müssen. Er erinnert sich rückblickend an den Beginn seiner wissenschaftlichen Laufbahn in Leipzig: „Prof. Bonhoeffer hat mich in vollem Bewusstsein meiner Probleme in seinem Institut arbeiten lassen, so dass ich eine Veröffentlichung produzieren konnte, die dann nach dem Krieg als Dissertation anerkannt wurde."[143]

Abbildung 119
Herbert Staude
(1901–1983)

Für erste experimentelle Arbeiten stand der Physikalischen Chemie eine in der Brüderstrasse 34 zugewiesene Etage zur Verfügung. Im Sommersemester 1946 nahm Bonhoeffer seine Vorlesung zur Physikalischen Chemie mit dem Abschnitt „Reaktionskinetik" wieder auf. Darüber hinaus bot Ulrich Frohwalt Franck eine analytisch orientierte Vorlesung an, und Herbert Staude las über „Photochemie" und hielt die Übungsstunde „Physikalisch-chemische Referier- und Rechenübungen". U. F. Franck wurde 1941 bei Hans Kautsky im Chemischen Laboratorium über Chlorophyllfluoreszenz und Kohlensäureassimilation promoviert. Zeitweise wurde er als kommissarischer Direktor des Instituts eingesetzt. Zum Jahresende entschied sich Bonhoeffer für einen Wechsel nach Berlin und wurde ab 1.1.1947 Ordinarius für Physikalische Chemie an der Berliner Universität und gleichzeitig Direktor des Kaiser-Wilhelm-Instituts in Berlin-Dahlem (seit 1948 Fritz-Haber-Institut der Max-Planck-Gesellschaft). Die Leitung des Instituts in Leipzig wurde ab 1.1.1947 H. Staude übertragen (Abb. 119, s. auch Abb. 55). Dieser hatte sich 1939 an der Technischen Hochschule Berlin-Charlottenburg mit einer Arbeit zum Thema „Beitrag zur Kenntnis des Entwicklungsvorganges. Die Rolle der Oxydationsprodukte" habilitiert und dort seit 1943 eine Dozentur für Physikalische Chemie an dem von Max Volmer geleiteten Physikalisch-chemischen Institut wahrgenommen.[144] Von Bonhoeffer übernahm H. Staude den nach dem Krieg verbliebenen Assistenten U. F. Franck, der jedoch schon 1948 an das MPI Göttingen wechselte. Dennoch wuchs die kleine Gruppe um H. Staude durch das Verbleiben junger Wissenschaftler schnell. Ab 1948 setzte G. Langhammer die von Wolfgang Ostwald begründete kolloidchemische Arbeitsrichtung fort.[145] Insbesondere interessierte ihn die Diffusion und Thermodiffusion makromolekularer Substanzen in Lösungen. Schnell fanden bewährte Methoden zur Charakterisierung kolloidaler Systeme (Ober- und Grenzflächenspannung, Löslichkeit, osmotischer Druck, Elektrophorese und die Viskosität) wieder Eingang in den experimentellen Fundus. Ulrich von Weber kam 1949 hinzu und befasste sich bis zu seiner Berufung 1953 nach Rostock mit mischphasenthermodynamischen Problemstellungen. Zu den ersten Diplomanden des Physikalisch-chemischen Instituts (PCI) nach dem Zweiten Weltkrieg gehörten Joachim Liebig, Hermann Stiehler, Helmut Junghanß und Werner Junghans (Abb. 55).

Auf Grund der zunehmenden Zahl von Studenten reichte bald der Platz für die physikalisch-chemischen Arbeiten in der Brüderstraße 34 nicht mehr aus. Seit etwa 1947 ging schrittweise der Wiederaufbau bzw. Umbau der Ruine in der Linnéstraße 2 (Abb. 120) voran. Mit dem vollständigen Umzug 1951/52 aus der Brüderstraße 34 in die Linnéstraße 2 verfügte das Physikalisch-chemische Institut an historischer Stätte wieder über einen Hörsaal mit 136 Plätzen, über drei Praktikums- und 24 Laborräume[142]. Semesterweise teilte H. Staude die Grundvorlesung zur Physikalischen Chemie in vier Abschnitte (Aufbau der Materie/Chemische Kinetik/Chemische Thermodynamik/Elektrochemie) ein. Physikalisch-chemische Versuche wurden im Institut nicht nur angehenden Diplom-Chemikern, sondern auch Landwirten, Medizinern sowie Lehramtskandidaten angeboten. 1956 hat G. Langhammer in seinem Lehrbuch „Versuche zur Physikalischen Chemie" 244 im Institut erprobte Versuche anschaulich beschrieben. Im Zeitraum von 1946 bis 1959 wurden unter H. Staude 63 Diplom- und 30 Promotionsarbeiten angefertigt.[142] Vom 10.2.1948 bis zum 12.7.1959 prüfte er mehr als 500 Studenten im Fach „Physikalische Chemie" im Rahmen der Diplom-Hauptprüfung.[146] Zur Diplomprüfung gehörten weiterhin die Examina in den Fächern „Anorganische Chemie" (Leopold Wolf), „Organische Chemie" (Wilhelm Treibs) und „Technische Chemie" (Eberhard Leibnitz).

Ausgelöst durch Befürchtungen wegen Haftbarmachung für die „Republikflucht" einer Reihe von Institutsangehörigen verblieb H. Staude 1959 nach einer Dienstreise im westlichen Teil Deutschlands. Ihm gebührt das besondere Verdienst des Wiederaufbaus des Instituts für Physikalische Chemie und des Aufbaus einer breiten Forschungskooperation mit der chemischen Industrie. Am 1.9.1959 übernahm der in den Leuna-Werken tätige Gerhard Geiseler kommissarisch die Institutsleitung (Abb. 121). Im Frühjahr 1960 wurde er offiziell Direktor des Physikalisch-chemischen Instituts. Er hatte am PCI seit 1956 als Honorardozent die Spezialvorlesung „Probleme der Angewandten physikalischen Chemie" gehalten und verfügte über eine fast 20jährige Industrieerfahrung. 1963 erschienen unter seiner Federführung die Bände I und II „Ausgewählte physikalische Methoden der organischen Chemie". Die Absolventenzahl der Diplom-Chemiker stieg auf jährlich über 100.[146] Zu den ersten Mitarbeitern von G. Geiseler gehörten der Honorarprofessor Robert Grießbach (bekannt durch die in der Farbenfabrik Wolfen entwickelten Kunstharz-Ionenaustauscher „Wofatite"), der Dozent Wolfgang Lorenz

Abbildung 120
Wiederaufbau des Nordflügels des Physikalisch-chemischen Institutes, 1949

Abbildung 121
Gerhard Geiseler
(1915–1999)

Abbildung 122
Armin Meisel

und die Oberassistenten Armin Meisel und Konrad Quitzsch. W. Lorenz (1961 Prof. mit Lehrauftrag, 1974 o. Prof.) war 1952 bei H. Staude mit der Arbeit „Zur Theorie des elektrolytischen Kristallwachstums“ promoviert worden. Nach seiner Habilitation 1955 entstand am Institut eine elektrochemisch und theoretisch-kinetisch orientierte Arbeitsgruppe. W. Lorenz wandte sich der Adsorptionskinetik organischer Stoffe an Metallelektroden zu und führte 1961 den Begriff des partiellen Ladungsübergangs ein. 1968 habilitierte sich der wissenschaftliche Aspirant Günter Salié mit der Arbeit „Experimentelle Untersuchung von Zwischenzuständen elektrochemischer Amalgamreaktionen“.

G. Geiseler förderte als Institutsdirektor insbesondere die Abteilungen „Kinetik“ (Klaus Scherzer, Jürgen Hoffmann), „Thermodynamik“ (K. Quitzsch) und „Molekülspektroskopie“ (Johanna Fruwert) und richtete die Grundlagenforschung auf industrielle Problemstellungen und Bedürfnisse aus. So wurden in der Abteilung Kinetik die in den Leuna-Werken begonnenen Untersuchungen über die Pyrolyse reaktionsfähiger Alkanderivate fortgesetzt (Promotionen von Wolfgang König 1963, K. Scherzer 1964, J. Hoffmann 1966, Helga Friedrich 1967, Peter Herrmann 1968, Helmut Knoll 1970 und Dieter Plarre 1971). Aus dem in Leuna betriebenen Aromatenextraktionsverfahren „DIFEX“ leitete sich die 1964 von K. Quitzsch beendete Habilitationsschrift „Thermodynamische Studien zum Verhalten homologer Formamide in binärer Mischung“ ab. In seinem Beitrag „Zur Entwicklung der thermodynamischen Forschung zwischen 1953 und 1978“ zitiert K. Quitzsch allein 167 Publikationen und Graduierungsarbeiten, die in diesem Zeitraum aus dem Institut hervorgingen.[147] Hierzu zählen u. a. die Promotionsarbeiten von Manfred Rätzsch 1963, Winfried Büchner, Hans-Günter Vogel, Rainer Hüttig, Dietrich Hessel und Rolf Jannasch 1964, Harry Köhler, Jochen Hesselbach, Kurt Schmidt und Poldi Winkler 1965, Heinz Schaffernicht 1966 und Wolfgang Stephan 1967, Hans-Jürgen Rauh und Joachim Sawistowski 1969. In enger Verbindung zur thermodynamischen Forschungstätigkeit an homologen Alkoholen, Oximen und Formamiden und deren Gemischen standen infrarotspektroskopische Messungen mit dem Ziel der Charakterisierung zwischenmolekularer Wechselwirkungen (Promotionen u. a. von Huldreich Zimmermann und Lothar Ratz 1964, Günter Hanschmann und Gisela Hotz 1966, Eberhard Mehnert 1968, Andras Janossy und Dieter Dombrowski 1969, Reiner Salzer, Bertram Nagel, Werner Schmidt, Siegfried Lück, Heinz Seidel, Ibrahim Barry I und Heinz Böhlig 1971). J. Fruwert legte 1967 ihre Habilitationsschrift zum „Schwingungsverhalten von stellungsisomeren geradkettigen n-Oktanderivaten" vor.

Noch bei H. Staude wurde A. Meisel 1956 zum Thema „Röntgenographische Untersuchungen an Braunkohlenfilteraschen" promoviert. Mit den von den Werkstätten für Feinmechanik und Elektronik gebauten Spektrometern legte er den Grundstein für die Arbeitsgruppe Röntgenspektroskopie (Abb. 122). Der Einfluss der chemischen Bindung auf das Röntgenemissionsspektrum konnte als Verschiebung der charakteristischen Diagrammlinien nachgewiesen werden. 1964 legte er die Habilitationsschrift „Über den Einfluss der chemischen Bindung auf das Röntgen-K-Emissionsspektrum der Elemente der ersten Übergangsreihe" vor. Mit den ersten Promovenden Dieter Köstler 1964, Joachim Finster 1967, Siegfried Hähle 1968, Gunter Leonhardt 1969 und Rüdiger Szargan 1970 entwickelte A. Meisel in diesen Jahren neue Konzepte zur theoretischen Interpretation der Röntgenspektren, die nicht nur für die Elementaranalyse, sondern auch für die Aufklärung von Struktur und Bindung in Festkörpern weltweit zunehmend genutzt wurden. Hervorzuheben ist hier der Beitrag von Vadim Ivanovich Nefedov (Abb. 123), der nach seinem Diplomabschluss 1962 bei A. Meisel der Leipziger Gruppe in den folgenden Jahrzehnten in enger Zusammenarbeit verbunden blieb (von 1984 bis zu seinem Tode 2008 Professor am Kurnakov-Institut in Moskau, ab 1990 Mitglied der Russischen Akademie der Wissenschaften, Ostwald-Professur in Leipzig 1987, Humboldtpreis und Forschungsarbeit in Leipzig 2000).

Abbildung 123
Wadim I. Nefedov
(1937–2008)

Im Rahmen von zahlreichen weiteren internationalen Kontakten der schnell wachsenden Forschungsgruppe wurden die Diplomanden Erhard Döring und Peter Streubel 1966 in Moskau und Harald Sommer 1971 in Rostow/Don promoviert. Die röntgenspektroskopischen Untersuchungen der Leipziger Physikochemiker veranlassten 1965 mehr als 100 Wissenschaftler aus elf Ländern, der Einladung von A. Meisel zur Internationalen Konferenz „Röntgenspektren und Chemische Bindung" in Leipzig zu folgen.

Die Physikalische Chemie an der Sektion Chemie

G. Geiseler wurde nach Gründung der Sektion Chemie und der damit verbundenen Auflösung des Instituts am 15.6.1968 die Leitung des daraus hervorgegangenen Forschungskollektivs „Chemische Bindung und zwischenmolekulare Wechselwirkungen" übertragen. Es bestand aus den Forschungsgruppen „Kinetik" (W. Lorenz), „Molekülspektroskopie" (G. Geiseler, J. Fruwert), „Thermodynamik" (K. Quitzsch) und „Röntgenspektroskopie" (A. Meisel). 1972 erhielten die Forschungsgruppen den Status eigenständiger Arbeitsgruppen. In Auswirkung der 3. Hochschulreform und der gestiegenen Studentenzahlen erhöhten sich die Anforderungen sowohl an die Lehre als auch an die Forschung. Die Zahl der Diplomanden stieg und Assistenten wurden neu eingestellt. Im Jahr 1968 setzte sich der Lehrbereich Linnéstraße 2 – offizielle Bezeichnung für das ehemalige PCI – aus 16 befristeten und vier unbefristeten Assistentenstellen, drei Oberassistenten-Stellen, einer Dozentur (A. Meisel) und den Professuren von

Abbildung 124
Gerhard Geiseler neben den neu berufenen Professoren Johanna Fruwert und Konrad Quitzsch (im Hintergrund R. Salzer), 1970

G. Geiseler und W. Lorenz zusammen. Berufen bzw. ernannt wurden A. Meisel (1968), J. Fruwert und K. Quitzsch (1970) zum Professor (Abb. 124), K. Scherzer und J. Hoffmann (1970) sowie P. Streubel (1973) zum Dozenten.

Aus dem Immatrikulationsjahrgang 1961 erhielten allein elf promovierte Chemiker eine unbefristete Stelle an der Sektion Chemie, darunter H. Knoll, B. Nagel, Klaus Sühnel und R. Szargan am Physikalisch-chemischen Institut. 1969 wurden die parallel zur Vorlesung Physikalische Chemie angebotenen klassischen Praktikumsabschnitte Atomistik/Spektroskopie, Elektrochemie, Kinetik, Thermodynamik und Kolloidchemie aufgegeben, durch die neu formierten Teile „Thermodynamik" und „Kinetik" ersetzt und in das Gebäude Liebigstraße 18 verlegt. Die bisherigen Praktikumsräume in der Linnéstraße 2 standen damit den Diplomanden zur Verfügung. Besonderes Interesse fand ein noch im PCI durchgeführtes Praktikum, in dem als Teil des sogenannten „Wissenschaftlich-Produktiven Studiums" (WPS) kleinere Forschungsaufgaben, vorrangig aus dem Petrolchemischen Kombinat Böhlen, zu bearbeiten und im Rahmen eines Kolloquiums vor Vertretern des Auftraggebers zu verteidigen waren (Abb. 125). Ab 1969/70 wurden den aus etwa 12 bis 16 Studenten bestehenden Seminargruppen regelmäßig Seminare angeboten.

Neben der Feinmechanischen Werkstatt mit dem Obermeister Helmut Ehrhardt (1950 bis 1992) wurde 1968 im PCI eine selbständige elektronische Werkstatt mit Dipl.-Ing. Alexander Kopczynski als Leiter (1968 bis 2004) gebildet (s. Abschn. Werkstätten). Von großem Nutzen war in dieser Zeit auch ein Photolabor, in dem Heinz Kaluscha und ab 1979 Gerhild Wiedemann druckreife graphische Vorlagen für Manuskripte, Vorträge u. a. anfertigten.

Abbildung 125
Konrad Quitzsch , Ulf Messow mit Studenten, 1969

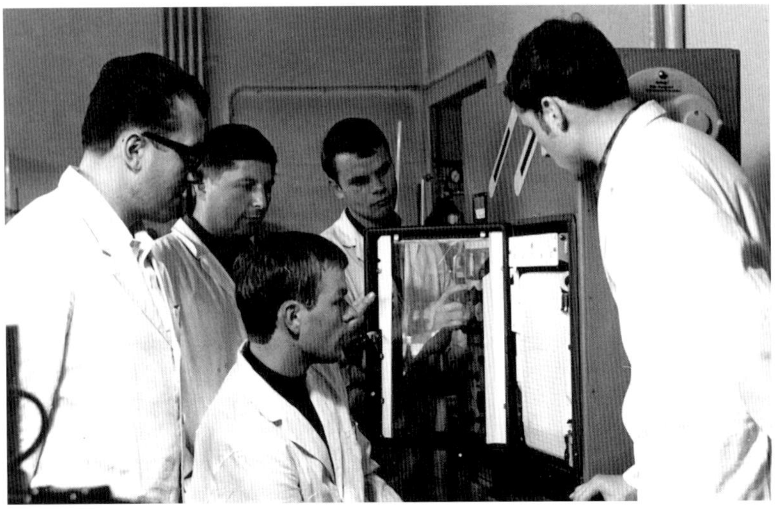

Eine Grundvorlesung zur Physikalischen Chemie gab es nicht mehr. Stattdessen wurden physikalisch-chemische Lehrinhalte bis 1989 in unterschiedlichem Maße in der neu konzipierten Grundlagenausbildung und den drei Fachrichtungen Verfahrenschemie, Synthesechemie sowie Theoretische und Physikalische Chemie gelehrt. Nach dem zweijährigen Grundstudium folgte z. B. die fachrichtungsspezifische Ausbildung „Verfahrenschemie" mit dem Lehrgebiet „Angewandte Physikalische Chemie" und den Teilabschnitten „Chemische und Mischphasenthermodynamik", „Chemische Kinetik", „Oberflächenchemie" und „Reaktionstechnik und Modellierung". Bei der inhaltlichen Gestaltung der neuen Fachrichtung Theoretische und Physikalische Chemie hatte sich W. Lorenz maßgeblich engagiert.

Die *AG Thermodynamik* entwickelte sich unter der Leitung von K. Quitzsch (Abb. 126) in den 70er Jahren zu einer leistungsstarken, vorwiegend experimentell arbeitenden Gruppe, die zahlreiche mischphasenthermodynamische Problemstellungen aus der Leipzig umgebenden chemischen Industrie (Hydrierwerk Zeitz, Mineralölwerk Lützkendorf, Leuna-Werke, Chemiekombinat Bitterfeld-Wolfen, Sächsische Olefinwerke Böhlen) im Rahmen von Vertragsforschung untersuchte. Die Themenkomplexe dieser Forschungskooperationen standen teilweise in enger Beziehung zu den Promotionen von Hans-Peter Hofmann und Roland Pfestorf 1968, Wolfgang Renker und Roderich Kopp 1969, Marcus Pedraza 1970, Ulf Messow und Klaus Sühnel 1971, Hannelore Lux, Gertraud Niese (Quitzsch) und Jörg Bär 1972, Jochen Winkelmann 1973, Sabine Krumbach, Johannes Lerchner, Axel Schaue und Jürgen Schmelzer 1974, Ullrich Seyffert, Hermann Utschick und Erika Brüggemann 1975, Doris Kuchenbecker 1977, Gudrun Hofmann und Angelika Schümichen 1978, Lothar Möhle und S. Van Pham 1983, Sven Olaf Obst 1988 und Ahmad Al-Hallak 1989 und den Habilitationsschriften (Promotionen B) von U. Messow 1978, Werner Hauthal (Leuna-Werke) 1981, K. Sühnel und J. Winkelmann (1986 Prof. TH Merseburg) und Roland Pfestorf (1994 Prof. HTWK Leipzig) 1982, Jürgen Schmelzer (1993 Prof. HTW Dresden) 1985, Rudolf Hennig (Hydrierwerk Zeitz) 1988 sowie Günter Ließmann (Petrolchemisches Kombinat Böhlen) 1990. Zur Gruppe gehörte auch Ingrid Lieberwirth (Bunge). Ergebnisse der Arbeiten sind unter anderem in dem Fachbuch „Modellierung von Phasengleichgewichten als Grundlage von Stofftrennprozessen" 1981 publiziert worden und fanden Eingang in verschiedensten internationalen Zeitschriften und Tabellenbüchern.

Abbildung 126
Konrad Quitzsch

Auf Grund ihrer Arbeiten über das Sorptionsverhalten gesättigter und ungesättigter Kohlenwasserstoffe an zeolithischen Adsorbenzien wurden Volker Kläß und Hubert Kasperski 1973, Wolfgang Geyer 1976 sowie Rolf Harlfinger 1980 promoviert. In der Regel wurden von den Doktoranden die Messapparaturen mit Hilfe der Institutswerkstatt und den Glasbläsern selbst gebaut. Zunehmend kamen aber in den 70er Jahren käuflich erworbene Messgeräte hoher Präzision wie das Lösungs- und Titrationskalorimeter LKB 8700 (1972) und das Sorptionskalorimeter LKB 2107 (1975) zum Einsatz.

Von 1981 bis 1991 bestand auf dem Gebiet „Phasenzustände, Phasengleichgewichte und Enthalpieeigenschaften von Mischsystemen mit anionischen Tensiden (E 30-Projekt) eine enge Zusammenarbeit mit Hermann G. Hauthal (Leuna-Werke), und 1985 bis 1990 wurden Phasengleichgewichte in Produktgemischen der Kohlehydrierung untersucht (Vertragspartner Chemieanlagenbaukombinat Leipzig-Grimma). 1983 wurde Peter Bräuer (Abb. 127) als Dozent berufen (Prom. 1968 Univ. Moskau, Habil. 1979 Univ. Jena, von 1989 bis 1994 Prof. Univ. Leipzig), der im Weiteren in der AG Thermodynamik maßgebend die zu bearbeitenden Themenkomplexe auf dem Gebiet der Adsorption bestimmte (Promotionen u. a. von Matthias Heuchel 1988, Michael von Szombathely 1989). In Zusammenarbeit mit U. Messow entstanden zahlreiche experimentell orientierte Diplomarbeiten, die der Bestimmung von Immersionswärmen im BATCH- und FLOW-Regime an porösen Festkörpern und der Vermessung und Auswertung von Adsorptionsexzessisothermen gewidmet waren. Die texturelle Charakterisierung der Adsorbenzien erfolgte durch die Aufnahme von Gasadsorptionsisothermen zunächst mit Hilfe einer elektronischen Hochvakuum-Mikrowaage. Wissenschaftliche Kontakte wurden vor allem zu Mietek

Abbildung 127
Peter Bräuer

Jaroniec (Lublin, Polen, später Kent USA), Andrzej Dabrowski (Lublin), Luuk K. Koopal (Wageningen) und Francois Rouquérol (Marseille) gepflegt. Nach seinem Weggang 1994 förderte P. Bräuer weiterhin die Arbeiten von Grit Kalies zur Vorausberechnung von Adsorptionsgleichgewichten bis zu ihrer Habilitation 2005.

Das Forschungspotential der *AG Röntgenspektroskopie* nahm nach der Sektionsbildung 1968 auch auf Grund der wachsenden internationalen Kooperationsbeziehungen stetig zu. Der Austausch von Nachwuchswissenschaftlern mit anschließender Promotion in Leipzig auf der Grundlage vertraglicher Vereinbarungen mit den Universitäten Rostow/Don (Igor Topol 1973, Alexei Kosakov 1976, Karl-Heinz Hallmeier 1980) und Leningrad (Bernd Schlarbaum 1977) sowie zur Promotion in Moskau (Rainer Fiedler 1985, Tobias Reich 1988, 2002 Prof. Univ. Mainz) schuf die Basis für ertragreiche langjährige Verbindungen (Mikhail A. Blochin, Vadim I. Nefedov, Tatjana M. Zimkina, Alexander S. Vinogradov, Alexander S. Shulakov). 1973 wurde eine siebenstellige Valuta-Summe für das im damaligen Sprachgebrauch „unersetzliche" Instrumentarium VG ESCA 3 bewilligt, dessen Funktionsprinzip in den 50er und 60er Jahren im Arbeitskreis des späteren Nobelpreisträgers Kai Siegbahn in Uppsala entwickelt und zu einem Universalwerkzeug von „Electron Spectroscopy for Chemical Analysis" (ESCA) auch in Leipzig wurde. Die Arbeit mit der neuen Technik führte alsbald neben den bereits genannten zu einer Reihe von weiteren Promotionen und Habilitationen

- über Spektreninterpretation und Eigenschaften von Festkörpern, dünnen Schichten und Clustern: Hubert Keilacker 1973, Joachim Tilgner 1973, Hans-Joachim Bilz 1978, Dieter Schulze 1984, Andreas Reif 1986, Angela Weiß 1989; Habilitation G. Leonhardt 1976 (1983 Prof. HU Berlin),
- über Oberflächenchemie: Norbert Meusel 1976, Peter Müller 1976, Petra Lorenz 1980, Frank Thiel 1981, Dieter Flamm 1983, Wilfried John 1985, Andreas Hofmann 1987; Habilitation J. Finster 1981 (1988 Prof. Univ. Rostock),
- über Spektreninterpretation und Struktur von Molekülen und Koordinationsverbindungen: Roland Scheibe 1977, Irina Uhlig 1989; Habilitation R. Szargan 1982 (1992 Prof. in Leipzig) sowie
- über methodische Entwicklungen in der Augerspektroskopie zur quantitativen Analyse und zur Gewinnung chemischer Informationen bei der Untersuchung von Festkörperoberflächen: Helga Berndt 1981, Ralf Fellenberg 1983, Badr Al-Araj 1990, Rainer Franke 1991, Habilitation 2000; Habilitation P. Streubel 1984.

Die Arbeiten entstanden teilweise in Zusammenarbeit mit Quantenchemikern (Joachim Reinhold) und Physikern (Konrad Unger, Eberhard Hartmann). Obwohl Auslandreisen in die westliche Hemisphäre in dieser Zeit grundsätzlich nur in Ausnahmefällen möglich waren, konnten dort längerfristige Gastprofessuren (A. Meisel, Lyon 1974 und Paris IV 1985) und andere mehrmonatige Studienaufenthalte wahrgenommen werden: G. Leonhard, Uppsala 1971; J. Finster, Moskau 1973, Turku 1981; R. Szargan, Gastdozentur Turku 1974/75 und 1990/91; Sabine Karthe (Voigt), Turku 1990/91; Karl-Heinz Hallmeier,

Andreas Reif und Dieter Schulze, Novosibirsk zwischen 1979 und 1988; Thomas Chassé, Riken-Institut/Tokio 1988. Eine besondere Bedeutung hatten hierbei die ersten Experimente mit Synchrotronstrahlung, die in dieser Zeit nur in wenigen Großforschungseinrichtungen des Auslandes möglich waren. Auf Grund der restriktiven Bewilligung von Auslandsreisen konnte mit diesen Strahlungsquellen zunächst nur in Novosibirsk (VEPP2-M, VEPP3, Förderung durch Gennadi N. Kulipanov, Efim S. Gluskin; Institut für Kernphysik) und Erewan (ARUS) experimentiert werden. Erst Ende der 80er Jahre und insbesondere nach 1990 wurde der regelmäßige Zugang zur unverzichtbaren Messdatenquelle Synchrotronstrahlung mit mehrwöchigen Messserien ermöglicht.

Ein Höhepunkt in der wissenschaftlichen Arbeit der inzwischen unter der Bezeichnung „Elektronen- und Röntgenspektroskopie" geführten Forschungsgruppe war 1984 die Veranstaltung der Internationalen Konferenz „X-Ray and Inner-Shell Phenomena in Atoms, Molecules and Solids" (X-84) in Leipzig. Sie wurde zu einer Plattform des Erfahrungsaustausches und zugleich Ausgangspunkt für wissenschaftliche Zusammenarbeit für mehr als 350 Fachkollegen aus 29 Ländern, unter ihnen Nobelpreisträger Kai Siegbahn und die Pioniere der Röntgenspektroskopie Yvette Cauchois, Mikhail A. Blochin, Igor B. Borovski und Alfred Faessler (Abb. 128). Neben den Tagungsbänden über diese und eine bereits 1975 von der Leipziger Gruppe in Reinhardsbrunn veranstaltete internationale Konferenz über Photoelektronenspektroskopie erschien 1977 von A. Meisel, G. Leonhardt und R. Szargan die Monographie „Röntgenspektren und Chemische Bindung", die nach ihrer Übersetzung (russisch 1981 und englisch 1989) weite Verbreitung fand.

G. Geiseler und J. Fruwert leiteten ab 1968 gemeinsam die *AG Molekülspektroskopie* und betreuten zusammen mit den weiter unten aufgeführten späteren Habilitanden u. a. die Promotionsarbeiten von Joachim Galli, Ernst Kowasch und Monika Ackermann 1973, Wilfried Müller-Sachs 1976, Karla Punkt 1977, Renate Müller 1979, Siegfried Ferner 1981, Petra Handschuh und Thomas Stock 1982, Egbert Hahn 1984, Thomas Hensel 1985 und Ekkehard Geidel 1989 auf dem Gebiet der Infrarotspektroskopie. 1977 erschien die Monographie „Die Wasserstoffbrückenbindung" von G. Geiseler und H. Seidel. Auskunft über die molekülspektroskopische Forschung in den 70er und 80er Jahren geben vor allem die Habilitationsschriften von R. Salzer 1979 (1990 Prof. TU Dresden) über „Spezifische Wechselwirkungen und Konformationen bei Alkanderivaten", von B. Nagel 1984 über „Schwingungsanalyse und Struktur von Sulfiden, Sulfoxiden und Sulfonen" und von H. Böhlig 1990 über „Kraftfelder in der Schwingungsspektroskopie" sowie die Monographie von G. Geiseler und H. Böhlig über „Molekülschwingungen und Kraftkonstanten" 1988. Nach dem frühen Tod von J. Fruwert 1984 rückte unter der Leitung von J. Hoffmann gruppenübergreifend die kinetische „Zeolith-Forschung" immer mehr in den Mittelpunkt. Ein Beleg für diese Arbeiten sind besonders die Habilitationsschriften von D. Dombrowski 1986, von Achim Barth 1988 und von Bernd Hunger 1990.

In der *AG Kinetik* übernahmen K. Scherzer (1977 Prof. TH Leuna-Merseburg) und J. Hoffmann (1988 Prof. Univ. Leipzig) zusammen mit G. Geiseler die Betreuung der Promovenden Hartmut Tilgner 1970, Achim Barth, Bernd Hunger, Hagen Steudel und Harald Voß 1973, Sabine Appelt und Gerald Appelt 1974, Reinhard Schliebs 1975, Uwe Löser und Ibrahim Barry (II) 1977, Ute Streller und Ralf Bauermeister 1988 sowie Nabil Al-Bani 1989. K. Scherzer und J. Hoffmann hatten sich 1975 bzw. 1981 mit ihren Arbeiten zur Thermolyse aliphatischer Ketone bzw. zur Charakterisierung von Zeolith-Katalysatoren habilitiert. Nach dem Weggang von K. Scherzer wurden neben den Arbeiten über Zeolithe Untersuchungen zur Kinetik von Elementarreaktionen in homogener Gasphase von H. Knoll (6 Monate Studienaufenthalt 1976/77 bei Tibor Bérces, Univ. Szeged) bis 1981 fortgeführt und mit einer Habilitationsschrift über die radikalische Addition an C=O Bindungen abgeschlossen. H. Knoll widmete sich danach in Zusammenarbeit mit Horst Hennig (WB Anorganische Chemie) kinetischen Untersuchungen photochemischer Reaktionen anorganischer Komplexverbindungen in Lösung. Diese Arbeiten wurden insbesondere durch Kooperation mit Mikhail G. Kuzmin, Univ. Moskau, und mehrmonatige Arbeiten bei Derk J. Stufkens, Univ. Amsterdam, zwischen 1988 und 1991 gefördert.

Abbildung 128
Armin Meisel mit Nobelpreisträger Kai Siegbahn und Igor B. Borovski (v. l.), 1984

Nach dem Eintritt von G. Geiseler in den Ruhestand 1980 waren in dem darauf folgenden Jahr die drei Arbeitsgruppen Thermodynamik, Molekülspektroskopie und Röntgenspektroskopie in dem experimentell ausgerichteten Wissenschaftsbereich (WB) „Physikalische Chemie" unter der Leitung von A. Meisel zusammengeführt worden. Die AG Kinetik wurde dabei aufgeteilt, die vorwiegend experimentell arbeitenden Mitarbeiter wie A. Barth, B. Hunger und J. Hoffmann wechselten in die AG Molekülspektroskopie. W. Lorenz leitete den neuen Wissenschaftsbereich „Theoretische Physikalische Chemie", der aus dem verbleibenden Teil der AG Kinetik und der AG Quantenchemie gebildet wurde. Nachfolger von W. Lorenz als WB-Leiter wurde 1991 J. Reinhold.

Aktiv betätigten sich Mitarbeiter des Wissenschaftsbereiches „Physikalische Chemie" innerhalb der Bezirks- bzw. Ortsverbände (G. Geiseler 1969 bis 1972, J. Fruwert 1977 bis 1979) und der verschiedenen Arbeitsgemeinschaften und Arbeitskreise der Chemischen Gesellschaft der DDR: AG Thermodynamik (gegründet 1966), AG Chemische Kinetik (gegründet 1972 in Leipzig mit K. Scherzer als Leiter), AG Molekülspektroskopie (gegründet 1980 auf dem 7. Analytiktreffen in Neubrandenburg mit R. Salzer als Sekretär), AG Elektronen- und Röntgenspektroskopie (Leiter P. Streubel, erstes Diskussionstreffen 1988 in Leipzig). Die themenorientierten Hefte der Mathematisch-Naturwissenschaftlichen Reihe der Wissenschaftlichen Zeitschrift der Karl-Marx-Universität „Anwendung der Photoelektronenspektroskopie" (1976), „Adsorption und heterogene Katalyse" (1981), „Molekültheorie" an der Karl-Marx-Universität (1981) und „Stoffdaten für Kohleveredlungsprozesse" (1986) enthalten zahlreiche praxisorientierte Forschungsergebnisse und sind Zeugnis der engen Zusammenarbeit jener Jahre zwischen den Mitarbeitern der Wissenschaftsbereiche „Physikalische Chemie", „Theoretische Physikalische Chemie", „Technische Chemie" und der Sektion Physik.

Von 1968 bis 1990 wurden in der Physikalischen Chemie etwa 100 Promotionen und 20 Habilitationsarbeiten abgeschlossen.

Die Physikalische Chemie ab 1990

Im Oktober 1990 wurde die Struktur des Wissenschaftsbereichs geändert und P. Bräuer zum Leiter des aus drei neu formierten Forschungsgruppen (FG) bestehenden WB „Physikalische Chemie" gewählt.

Die *FG Physikalische Chemie der Grenzflächen* studierte unter der gemeinsamen Leitung von P. Bräuer und J. Hoffmann poröse Festkörper und deren Verwendung für Stoffwandlungsprozesse sowohl mit thermodynamischen, kinetischen als auch molekülspektroskopischen und molekulartheoretischen Methoden (Promotionen von Adnan Al-Habach 1989, Mohamed M. K. Salem 1995, G. Kalies und Karsten Koch 1997, Nils Neugebauer 1999). Eine besondere Rolle bei der Charakterisierung von Adsorbenzien spielte dabei das automatische volumetrische Gasadsorptionssystem ASAP 2010. Diese Gruppe wurde 1993 umbenannt in „Bereich Grenzflächenthermodynamik und -kinetik/Adsorbatstruktur" und nahm die Mitglieder der AG Molekülspektroskopie (Promotionen von Karin Buchheit 1997 und Olaf Klepel 1998) mit ihren experimentellen Methoden und Erfahrungen auf. P. Bräuer betreute nach seinem Ausscheiden 1994 die oben genannten Doktoranden, unterstützt durch Forschungsprojekte von K. Quitzsch, U. Messow und P. Harting. Bis zur Auflösung der Forschungsgruppe 1998 wurde sie von H. Böhlig geleitet.

Die *FG Thermodynamik* wandte sich unter der Leitung von K. Quitzsch (s. Abb. 126) der physikalisch-chemischen Charakterisierung von Tensidsystemen und dem Studium mizellarer Strukturen und Mikroemulsionen bei gleichzeitiger Behandlung der Phasengleichgewichte zu: Promotionen von Ute Bauermeister 1991, Simone König 1993, Kerstin Grätz, Reinhard Vöckler und Heike Kahl 1996, Jörg Schulte 1998, Dirk Häntschel 1999 und Tharcisse Ngiruwonsanga 2000. Weiterhin wurden Flüssigkeit-Dampf-Gleichgewichte studiert (Promotionen von Eckhardt Butz und Maria Kietz 1991, Steffen Partzsch 1992 und Jens Pusch 1993). Mit Grenzflächeneigenschaften befassten sich die Arbeiten von Ralf Knapikowski 1995 und Junji Liu 2000. Fragen der Schadstoffbeseitigung behandelten die Dissertationen von Joachim Germanus 1994, Sylke Ritter und Michael Fleig 1995 sowie Holger Lippold 1999. Auf Grund der veränderten Forschungsinteressen und des strukturellen Wandels im Rahmen der Institutsgründung 1993 gab sich die FG „Thermodynamik" zunächst den Namen „Bereich Mischphasen/Kolloidchemie" und später „Bereich Mischphasen/Kolloiddisperse Systeme/Biomembranen".

K. Quitzsch und seine Mitarbeiter nutzten die nach der Wiedervereinigung mögliche direkte Kontaktaufnahme zu universitären Einrichtungen der „alten" Bundesländer. 1990 stellten sie ihre Arbeiten an der Universität Bielefeld (Fakultät für Chemie, Wilhelm Knoche) und an der Universität Kaiserslautern (Lehrstuhl für Technische Thermodynamik, Gerd Maurer) vor. Längerfristige Forschungskooperationen mit entsprechenden Arbeitsaufenthalten, u. a. auch mit dem „Institut for Kemiteknik" in Lyngby (Dänemark) zum Thema „Experimentelle Untersuchung und Modellierung von Mikroemulsionen" waren die Folge. Neue Industriebeziehungen eröffneten sich z. B. mit Henkel KGaA (Düsseldorf), PREUSSAG Energie GmbH (Lingen) und Dr. W. Kolb AG Chemische Fabrik Hedingen/Schweiz. Zahlreiche Förderprojekte konnten eingeworben werden.

Abbildung 129
Rüdiger Szargan , 2000

Die *FG Elektronen- und Röntgenspektroskopie* wurde nach dem Eintritt von A. Meisel in den Ruhestand 1991 von R. Szargan (Abb. 129) übernommen. In dieser Zeit vollzog sich durch Wegfall der Reisebeschränkungen im wiedervereinigten Deutschland und durch großzügige Forschungsförderung ein Wandel auch in der Arbeit dieser Gruppe. Mit Hilfe neuer Instrumentarien für die Spektroskopie, die Elektronenbeugung, die Rastertunnel- und Rasterkraftmikroskopie konnten die Arbeiten wesentlich erweitert werden und den aktuellen Trends der Oberflächenwissenschaften folgen. Besonders der nunmehr freie Zugang zur Synchrotronstrahlung in den Laboratorien in Berkeley (ALS), Grenoble (ESRF), Lund (MAXlab), Madison (SRC/Aladdin), Hamburg (DESY/DORIS), Berlin (BESSY I und II, Förderung durch Wolfgang Gudat und Walter Braun) und Bonn (ELSA) schuf in einer höchst kreativen Atmosphäre einen regen wissenschaftlichen Austausch und langjährige fruchtbare Verbindungen, in Bonn bereits im Jahr 1990 mit Josef Hormes und Klaus Wandelt. Promotions- und Habilitationsarbeiten mit hohem

Abbildung 130
Reinhard Denecke, Ronald Hesse (v. r.) am Photoelektronen-spektrometer, 2008

Anwendungspotential in der Katalyse, der Halbleiter- und Sensorforschung wurden abgeschlossen über

- Reaktivität und Struktur modifizierter Halbleiteroberflächen und -dünnschichtsysteme: Sabine Karthe (Voigt) 1992, Christoph Hennig 1995, Heiko Peisert 1997, Peggy Roßbach 1998, Stephan Schömann 1998, Andrea Schaufuß (Berlich) 1999, Dirk Mayer 1999, Dominic Zerulla 2000, Alexei Preobrajenski 2001, Kerstin Gebhardt 2001, Sergei Krasnikov 2004, Alexander Demund 2008, Daniel Wett 2008, T. Chassé (2002 Prof. Univ. Tübingen) Habilitation 1992,
- elektrochemische Vorgänge auf mikrostrukturierten Festkörperoberflächen im Kontakt mit Elektrolyten: Stefan Kunze 2002, Thomas Wilhelm 2002, Thomas Treutler 2002, Stefan Sauter 2004, Gunther Wittstock (2001 Prof. Univ. Oldenburg) Habilitation 2001,
- methodische und technische Aspekte der spektroskopischen und mikroskopischen Oberflächenanalyse: Ronald Hesse 2006.

In den 90er Jahren stieg die Zahl der in international angesehenen wissenschaftlichen Journalen veröffentlichten Originalarbeiten und der Vortragseinladungen aus dem Ausland im WB „Physikalische Chemie" um ein Vielfaches. Dies ergab sich aus der besonders in den Anfangsjahren großzügigen Unterstützung durch Land, Bund und EU, die mit den Förderinstrumenten des BMBF, der DFG, des DAAD, von INTAS u .a. eine Ausrüstung mit zeitgemäßen Instrumentarien, angemessene Studienreisen und Tagungsbesuche zahlreicher Mitarbeiter, aber auch die Einladung von Gästen (Vadim I. Nefedov, Oleg A. Bashenko, Viktor G. Yarzhemski, Moskau, Andrei A. Pavlytchev, Maria V. Alexeeva und Ekaterina P. Sokolova, St. Petersburg) zu langfristigen gemeinsamen Forschungarbeiten in Leipzig möglich machte. Allein in den Jahren 1991 bis 1993 wurden Geräteinvestitionen in Millionenhöhe für ein Photoelektronenspektrometer ESCALAB 220iXL (Abb. 130), ein Elektrochemisches Impedanzmesssystem IM5d, ein Volumetrisches Gasadsorptionssystem ASAP 2010, ein UV-VIS-NIR-Spektrometer Lambda 19, ein FT-IR- und NIR-FT-Raman-Spektrometer, System 2000 R, ein Prozessortensiometer K 12, ein Spinning-drop-Tensiometer SITE 40 und ein Kontaktwinkelmeßsystem G10 getätigt.

Im Rahmen der bestehenden und zahlreicher neuer wissenschaftlicher Kontakte entwickelte sich in dieser relativ kurzen Zeit folgerichtig eine weitgefächerte Zusammenarbeit mit Partnern im In- und Ausland, die auch reges Interesse des wissenschaftlichen Nachwuchses insbesondere aus Osteuropa, Afrika und Asien an dem von 1993 bis 2003 geförderten Graduiertenkolleg „Physikalische Chemie der Grenzflächen" mit den Sprechern P. Bräuer, K. Quitzsch und R. Szargan zur Folge hatte. Mit ihren Dissertationen und dem umfassenden Weiterbildungsprogramm des Kollegs schufen sich viele Doktoranden eine solide Basis für eine weltweit erfolgreiche wissenschaftliche Karriere. Das Kolleg vereinte in drei Bearbeitungsschwerpunkten interdisziplinäre Forschungsthemen von 18 Hochschullehrern der Fakultäten für Chemie (15) und Physik (3) und finanzierte die Arbeit von insgesamt 50 Stipendiaten, die in der Regel mit Dissertationen in den Themenbereichen „Grenzflächen poröser Festkörper", „Halbleitergrenzflächen" und „Fluidgrenzflächen" abgeschlossen wurden. Im Zusammenhang mit einer Serie von Kolloquien und Symposien sowie einem sorgfältig abgestimmten Ausbildungsprogramm bot das Kolleg hervorragende Bedingungen für umfassende Qualifizierung und für Austausch und Umsetzung kreativer Ideen aus allen Forschungsgruppen (Abb. 131).

Abbildung 131
Doktorand Junji Liu am Blasendrucktensiometer, 1998

Am 2.12.1993 entstand aus den beiden Wissenschaftsbereichen Physikalische Chemie und Theoretische Physikalische Chemie das Institut für Physikalische und Theoretische Chemie. Direktor wurde K. Quitzsch. Personell verfügte das neu gegründete Institut über 6 Hochschullehrer, 31 Mitarbeiter und 26 Drittmittelbeschäftigte.[8] Im Rahmen des Wissenschaftler-Integrationsprogrammes wurden dem Institut die Arbeitsgruppen „Hochdruckforschung" (Peter Harting, 2001 apl. Prof.) und „Theoretische Reaktionskinetik" (Wolfgang Stiller, nach seinem frühen Tod 1995 wurde Wolfgang Naumann sein Nachfolger) mit je drei Mitarbeitern angegliedert. Maßgeblich engagierte sich P. Harting 1996/97 beim Aufbau und der Gründung des Instituts für Nichtklassische Chemie e.V. an der Universität Leipzig. Assoziiert wurde zunächst die 1992 von der Max-Planck-Gesellschaft eingerichtete Arbeitsgruppe „Zeitaufgelöste Spektroskopie" unter der Leitung von Ortwin Brede (1993 Prof. Univ. Leipzig) (Abb. 132). Sie ging aus einer „Abteilung für Strahlenchemie" des ehemaligen Instituts für Isotopen- und Strahlenforschung der Akademie der Wissenschaften der DDR hervor. 1995 hatte sie 21 Beschäftigte und bearbeitete mit hochentwickelten Instrumentarien der Pulsradiolyse bzw. Laserphotolyse, darunter Elektronenbeschleuniger, Nano- und Picosekunden-Impulslaser sowie magnetischen Resonanzmethoden zwischenmolekulare Wechselwirkungen und molekulare Bewegungsprozesse.[149] 1997 erfolgte die Eingliederung als interdisziplinäre Arbeitsgruppe in die Fakultät für Chemie und Mineralogie. Die von der Gruppe mit Hilfe hochdotierter Forschungsprojekte des SMWK, der DFG und der EU bearbeiteten Themenkomplexe fügten sich zum Teil in Aufgabenstellungen ein, die im Institut für Physikalische und Theoretische Chemie bearbeitet wurden. Hierzu zählte insbesondere das Studium der Kinetik von Elektronentransfer- und Radikalreaktionen bei Ionisation und Oxidation organischer Substanzen und der Wirkungsweise von Antioxidanzien in niedermolekularen Systemen und Polymeren. Auch die Untersuchung oxidativer Prozesse in Lipiden und Modellmembranen und die methodische Weiterentwicklung von Verfahren zur Aufnahme von zeitaufgelösten Spektren gehörten zum Arbeitsgebiet der Gruppe. Ihre Mitglieder

Abbildung 132
Ortwin Brede, 2000

(O. Brede, Dieter Beckert (1999 apl. Prof.), Ralf Hermann) bereicherten das Vorlesungsangebot innerhalb des Schwerpunktstudiums und hielten Spezialvorlesungen. So beteiligten sich ab Oktober 1997 Klaus-Dieter Schulze, O. Brede, B. Hunger und H. Knoll an dem neu gebildeten Studiengang „Umweltchemie". Im Jahre 2004 wurde dieser Studiengang eingestellt. Für das schon seit 1974 bestehende Aufbaustudium „Analytik und Spektroskopie", in dessen Kurse zur Atom- und Molekülspektroskopie sowie Elektroanalytik H. Böhlig, O. Brede, H. Knoll, K.-D. Schulze, A. Meisel, R. Szargan und H. Morgner einbezogen wurden, besteht noch heute ein ungemindertes Interesse.

Im Jahre 1998 wurde dem Institut der Name „Wilhelm-Ostwald-Institut für Physikalische und Theoretische Chemie" gegeben. Anlass war der 100. Jahrestag der Einweihung des ersten in Deutschland erbauten Physikalisch-chemischen Instituts, das durch den Namensgeber in Leipzig gegründet wurde (Abb. 133, Abb. 134).

Nach der Verabschiedung von K. Quitzsch in den Ruhestand wurde das Institut 1998 in die drei Bereiche Physikalische Chemie I, Physikalische Chemie II und Theoretische Chemie gegliedert. Die Bereiche I und II haben ihren Sitz im Technikum Analytikum, Linnéstr. 3, und im rekonstruierten Institutsgebäude in der Linnéstr.2, der Bereich Theoretische Chemie in einer Büroetage des Neubaus Chemie in der Johannisallee 29. Das Sekretariat wird von Kerstin Schleinitz geführt, die auch seit langem die Jahresberichte der Fakultät zusammenstellt.

Den Bereich *Physikalische Chemie I* leitet als Nachfolger von K. Quitzsch seit 1999 Harald Morgner (Physikstudium Univ. Köln und Univ. Freiburg, Promotion bei A. Niehaus 1976 und Habilitation 1984 an der Univ. Freiburg, seit Wintersemester 1986 Inhaber des Lehrstuhls für Experimentalphysik an der Privaten Univ. Witten/Herdecke). Das Hauptarbeitsgebiet von H. Morgner (Abb. 135) liegt auf dem Gebiet der Untersuchung von Flüssigkeitsoberflächen mit Methoden der vakuumgestützten Oberflächenanalytik. Mehrere große Apparaturen, die eigens zu diesem Zweck entwickelt worden waren, hielten Einzug in die Labors in Leipzig. Die Methoden umfassen MIES (Metastable Induced Electron Spectroscopy), NICISS (Neutral Impact Collision Ion Scattering Spectroscopy) und ARXPS (Angular Resolved X-ray Photoelectron Spectroscopy) und zusätzlich die bekannteren Spektroskopien UPS, XPS, EELS. Der spektroskopische Zugang zur Struktur von Flüssigkeitsoberflächen gab dem Gebiet der bisher mit traditioneller Grenzflächenthermodynamik bearbeiteten fluiden Grenzflächen neue Impulse. In dieser Situation war es sehr hilfreich, dass Gunther Andersson (Promotion 1998 Witten/Herdecke bei H. Morgner) gewonnen werden konnte, von einer Postdocstelle in den Niederlanden an das Wilhelm-Ostwald-Institut zu wechseln. Hierdurch entwickelte sich die Kombination von Oberflächenspektroskopie und thermodynamischen Betrachtungen in sehr fruchtbarer Weise. Erstmalig konnte die Gibbs'sche Gleichung genutzt werden, um ohne Modellannahmen das chemische Potential von Tensiden als Funktion ihrer Konzentration zu bestimmen. Weiterhin wurde eine neue strukturelle Beschreibung der Oberfläche von Lösungen gefunden, die auch für die Theorie der Computersimulation von Flüssigkeiten nützlich war.

Abbildung 133
Namensgebung: Wilhelm-Ostwald-Institut für Physikalische und Theoretische Chemie am 10.1.1998.
a) Gerhard Ertl (Nobelpreis 2008)
b) Übergabe der Urkunde von Rektor V. Bigl an K. Quitzsch (v. l.)

Das Arbeitsgebiet ist immer noch in lebhafter Entwicklung. Die experimentellen Methoden wurden inzwischen nicht nur auf die Oberflächen von Lösungen angewandt, sondern auch auf die Untersuchung von Grenzflächen anderer Soft-Matter-Systeme. Dazu gehören Polyelektrolyt-Multischichten (PEM's), deren Wachstumsverhalten zusammen mit Gregory van Patten von der Partneruniversität Ohio University (Athens, Ohio) charakterisiert werden konnte, aber auch Metall-Nanopartikel, die als Katalysatoren in einen dünnen Film aus Soft Matter eingelagert sind (Kooperation mit der AG Lercher, TU München). Seit einiger Zeit wird auch das Oberflächenverhalten von ionischen Flüssigkeiten untersucht, deren Oberflächenstruktur in der Grundlagenforschung und für Anwendungen von Interesse ist. G. Andersson hat nach seiner Habilitation in Leipzig im Jahre 2007 einen Ruf an die Flinders Universität Adelaide angenommen, wo er die in Leipzig erarbeiteten Forschungsthemen weiter entwickelt. Seit 2007 hat Manuela Reichelt die Leitung des Forschungsbereichs Flüssigkeitsgrenzflächen übernommen.

Das Forschungsinteresse des Bereichs schließt neben der Untersuchung von fluiden Grenzflächen aber auch die Untersuchung von Festkörperoberflächen ein. Zu diesem Zweck steht eine gut ausgestattete Apparatur zur Verfügung, die die Methoden MIES, UPS, XPS, AES und SpA-LEED beinhaltet. Das Oxidationsverhalten von Metalloberflächen wurde schon in der Wittener Zeit studiert, ebenso wie die Selbstorganisation von Alkanthiolfilmen. In Leipzig wurde die Appara-

Abbildung 134
Namenszug am Gebäude Linnéstraße 2

Abbildung 135
Harald Morgner, 2000

tur dann eingesetzt, um an die Oxidationsexperimente anzuknüpfen. Gegenwärtig werden oxidgeträgerte Heterogenkatalysatoren untersucht. Die Entwicklung der oberflächenempfindlichen Spektroskopie MIES zu einer quantitativen Methode ermöglichte es, die notwendigerweise inhomogenen Grenzflächen eines Heterogenkatalysators detailliert im Hinblick auf seine elektronischen Eigenschaften zu studieren. Seit Anfang 2008 ist im Rahmen des Sonderforschungsbereiches 762 „Funktionalität Oxidischer Grenzflächen" die von Andrea Berlich wahrgenommene Aufgabe dazugekommen, die Methode MIES zu einer Spektroskopie auszubauen, die eine oberflächenempfindliche Analyse der Elektronenspins ohne Intensitätsverlust ermöglicht.

Die bei Dienstantritt von H. Morgner in Bearbeitung befindlichen Habilitationsverfahren wurden bis zum Abschluss unterstützt. Sabine Enders hatte sich 2000 mit dem Thema „Phasen- und Grenzflächenverhalten von komplexen fluiden Systemen" habilitiert und 2005 einen Ruf an die TU Berlin angenommen. „Thermodynamische Vorausberechnung von Adsorptionsgleichgewichten mehrkomponentiger flüssiger Mischungen mittels Exzeßgrößen" war das Habilitationsthema von G. Kalies 2005.

Die aktuellen Forschungsrichtungen spiegeln sich wider in den Promotionen von Frank Knoll und Andreas Hoffknecht 2001, Guy Clotaire Nana 2005, Rico Rockmann, Yanchun Liu, Hui Zong und Thomas Krebs 2007 sowie in den Habilitationen zum Thema „Die molekulare Struktur von Flüssigkeitsoberflächen: Untersuchungen mittels Elektronenspektroskopie und Computersimulation" (Jens Oberbrodhage 2001, seit 2004 J. Gabke), und „Experimentelle Untersuchung von Grenzflächen weicher Materie: Molekulare Struktur von Metall/Polymer-Grenzflächen und Flüssigkeitsoberflächen" (G. Andersson 2006).

Im Bereich Physikalische Chemie I arbeiteten seit 1998 auch einige Mitarbeiter des ehemaligen Bereichs „Grenzflächenthermodynamik". B. Hunger studierte die Wechselwirkung von Sondenmolekülen an Zeolithen unterschiedlichsten Typs mittels temperaturprogrammierter Desorption im Zusammenhang mit schwingungsspektroskopischen Untersuchungen (in Kooperation mit H. Böhlig) sowie Computersimulationen und quantenmechanischen Rechnungen. H. Knoll (2006 apl. Prof., Abb. 136) betrieb photokinetische Experimente mit Sondenmolekülen in wässrigen mikrodispersen (mizellaren und vesikularen) Lösungen mit dem Ziel, Wechselwirkungen zwischen amphiphilen Mikrostrukturen und Sondenmolekülen aufzuklären (Promotionen von Thomas Kluge 1996, Katrin Gille 1998, Rongbiao Wang 2001 und Shaoying Wen 2004). Dabei wurden neben O. Brede auch Partner aus dem Institut für Experimentelle Physik I (J. Kärger, M. Helmstedt) einbezogen. Zum Bereich gehört auch Karin Kirmse.

Im *Bereich Physikalische Chemie II* (Leiter bis 2006 R. Szargan) wurden die Arbeiten auf dem Gebiet der Elektronen- und Röntgenspektroskopie und der Oberflächenanalytik fortgesetzt. In Zusammenarbeit mit Fachkollegen (Eberhard Umbach, Würzburg; Clemens Laubschat und Jörg Fink, Dresden; Karsten Horn und Josef Kaindl, Berlin; Eero Suoninen, Turku; Jerzy Mielczarski, Nancy; Anna Marabini, Rom; G. Michael Bancroft und Wayne Nesbitt, London/Ontario; V. I. Nefedov, Moskau; A. S. Shulakov, A. S. Vinogradov, St. Petersburg) wurden in Leipzig überregionale Projekte koordiniert, die wie das Vorhaben „Surface Phenomena in Flotation – New Methods and Reagents" von der Europäischen

Abbildung 136
Wolfgang Lorenz, Helmut Knoll (v. l.)

Union, vom Bundesministerium für Bildung und Forschung und der Deutschen Forschungsgemeinschaft mit bedeutenden Summen gefördert wurden. Hinzu kamen hochdotierte Teilprojekte im Innovationskolleg „Phänomene an den Miniaturisierungsgrenzen" (Sprecher Wolfgang Grill, Institut für Experimentelle Physik II, Leipzig), im DFG-Schwerpunktprogramm „Grundlagen der elektrochemischen Rastermikroskopie" (Sprecher Ulrich Stimming, München) und in der DFG-Forschergruppe „Oxidische Grenzflächen" (Sprecher Henning Neddermeyer, Ingrid Mertig, Halle). Diese Projekte erschlossen neue instrumentelle Möglichkeiten (Elektronenstrahlverdampfung, LEED, Techniken der Rastermikroskopie wie AFM, STM und SECM) und Erkenntnisse über die Adsorption sowie über elektrochemische und enzymatische Reaktionen an lateral strukturierten Halbleiteroberflächen und -grenzflächen im Elektrolyt. Sie wurden von T. Chassé und G. Wittstock entworfen und im Zusammenwirken mit ihren Doktoranden sehr erfolgreich und zielführend vorangebracht. T. Chassé hatte sich 1992 mit einer Arbeit zum Thema „Chemische Bindung und elektronische Struktur in Phosphorverbindungen und an Halbleitergrenzflächen" habilitiert. Die Habilitation von G. Wittstock mit der Arbeit „Lokale Charakterisierung und Manipulation elektrochemischer und enzymatischer Oberflächenreaktivitäten" erfolgte 2002. Zu einem unentbehrlichen Werkzeug für die photoelektronenspektroskopische Oberflächenanalyse wurde bereits in den 90er Jahren das von Ronald Hesse (Promotion 2006) in Zusammenarbeit mit T. Chassé entwickelte und inzwischen weltweit eingesetzte Rechnerprogramm UNIFIT. Seit 1998 untersuchte H. Böhlig im Bereich PC II die Wechselwirkung von Sondenmolekülen mit Zeolithen an Hand von Adsorbatstrukturen mit Hilfe der Reflexionsspektroskopie und Neutronendiffraktometrie sowie begleitender GF-Matrix- bzw. quantenchemischer Rechnungen (Promotion von Ilir A. Beta 2000).

Die internationale Kooperation im Rahmen von umfangreichen Messreihen und Studien im Ausland (G. Wittstock, Cincinnati 1997; Andrea Schaufuß (Berlich) und Irina Uhlig, London Ontario, 1998; T. Chassé, Princeton 1998; I. Beta, Cambridge 2000) trug auch in den 90er Jahren wesentlich zu Projekterfolgen bei, die Erkenntnisse zur Lokalisierung elektrochemischer Oxidationsprozesse und zur Strukturabhängigkeit der Oberflächenoxidation von III-V-Halbleitern und von Übergangsmetall-Chalkogeniden in Mikro- und Nanodimensionen brachten.

Im Jahr 2001 erhielt die spektroskopische Oberflächenforschung am Wilhelm-Ostwald-Institut im Rahmen des umfangreichen Verbundprojektes „Wachstumskern INNOCIS – Prozess- und Schichtoptimierung von transparenten leitfähigen Oxidschichten und Cu-(In,Ga)-(Se,S)-Solarabsorberschichten (CIGSSe) für neuartige flexible Dünnschicht-Solarzellen mit Röntgenanalytik" neue Instrumentarien (RFA, Photoelektronenspektrometer), die zur Optimierung von Präparationsbedingungen in den Beschichtungsanlagen der Solarion GmbH Leipzig beitragen konnten. Die in dieser Zeit begonnene Habilitationsarbeit von Igor Konovalov zum Thema „Banddiskontinuitäten an Heterogrenzflächen mit Indiumsulfidhalbleitern" wurde 2008 eingereicht und trug in diesem Zusammenhang zur Klärung von Aspekten des Ladungstransports in Halbleiterheterostrukturen mit Banddiskontinuitäten bei.

Zu Höhepunkten wurden in den 90er Jahren einige hochrangige internationale Tagungen, die Mitarbeiter aller Bereiche des Instituts in dem Bemühen vereinten, den teilweise mehr als 500 Gästen einen angemessenen Rahmen für den wissenschaftlichen Austausch zu bieten. P. Bräuer trug gemeinsam mit den Hochschullehrern des Instituts die Verantwortung für die 92. Hauptversammlung der Deutschen Bunsengesellschaft für Physikalische Chemie. Diese „Bunsentagung" in Leipzig 1993 wurde so wie ihre zahlreichen Vorgänger zur wichtigsten Plattform für den Erfahrungsaustausch der Physikochemiker des deutschen Sprachraumes und schuf in der Folge viele Ansätze für eine fruchtbare Zusammenarbeit. R. Szargan organisierte 1994 zusammen mit A. Meisel und K. Wandelt die „European Conference on Surface Science", die als ECOSS 14 wie ihre jährlich stattfindenden Vorläufer zu einem bedeutenden Forum für Oberflächenwissenschaftler des Kontinents wurde. Die im Jahr 2000 veranstaltete Tagung „Angewandte Oberflächenanalytik" führte nahezu 200 Wissenschaftler in Leipzig zusammen und setzte als AOFA 12 die von Hubertus Nickel (Jülich) und Hans Oechsner (Kaiserslautern) begründete Tradition zweijähriger internationaler Zusammenkünfte der Oberflächenanalytiker mit großem Erfolg fort (Tagungsband 2001, Appl. Surf. Sci. Vol.179, herausgegeben von H. Böhlig, P. Streubel und R. Szargan). 1994 hielt K. Quitzsch den Eröffnungsvortrag zu der in Leipzig stattfindenden Jahrestagung der Gesellschaft für thermische Analyse e.V. (GEFTA'94) und H. G. Hauthal organisierte gemeinsam mit dem Institut für Physikalische und Theoretische Chemie den „Tag der Tenside".

Einige Deutsch-Russische Symposien zur Röntgen- und Elektronenspektroskopie, von R. Szargan gemeinsam mit V. I. Nefedov (Moskau) und Veranstaltern in Voronezh 1996 (Evelina Domazhevskaya), Berlin 1997 (Karsten Horn und Uwe Becker, Fritz-Haber-Institut der MPG) bzw. Ekaterinburg 1999 (Ernst Kurmaev) organisiert, erbrachten neue fruchtbare Kontakte für weit über 100 Teilnehmer und waren Ausgangspunkt für eine ganze Reihe gemeinsamer Arbeiten von deutschen und russischen Wissenschaftlern im Bundesgebiet. Herausgegeben von R. Szargan und V. I. Nefedov erschien 1998 der Sonderband J. Electron Spectrosc. Relat. Phenom. Vol. 69 mit den Tagungsbeiträgen. Auch die seit den 70er Jahren engen Beziehungen zwischen dem Lehrstuhl für Physikalische Chemie der Chemischen Fakultät der Universität St. Petersburg und der Thermodynamik-Gruppe unter der Leitung von K. Quitzsch wurden durch die in Leipzig veranstalteten gemeinsamen Forschungsseminare 1991 und 1996 gepflegt.

Die Lehrtätigkeit für die Ausbildung der Diplomchemiker in der Physikalischen Chemie verteilte sich 1991 nach einem neuen Studienplan wie folgt[148]: R. Szargan/K. Quitzsch/J. Hoffmann und lasen jeweils die Teilabschnitte Aufbau und Eigenschaften der Stoffe/Thermodynamik/Kinetik. H. Böhlig (Priv.-Doz. seit 1995) hatte eine Vorlesung zur Molekülspektroskopie mit einem speziellen Praktikum übernommen. A. Meisel hielt letztmalig die Vorlesung Röntgen- und Elektronenspektroskopie. P. Bräuer nahm bis 1994 eine Vielzahl von Vorlesungen im Hauptstudium (Phänomenologische Thermodynamik/Statistische Thermodynamik/Elemente der Thermodynamik irreversibler Prozesse/Chemische Kinetik) sowie Spezialvorlesungen für Chemiker wahr. Im Rahmen des Graduiertenkollegs wurden spezielle Weiterbildungsveranstaltungen durchgeführt. Auch für die Gestaltung der Praktika setzte Anfang der 90er Jahre eine Neuorientierung ein. Aus den Forschungspraktika im Fachstudium „Verfahrenschemie" und „Theoretische und Physikalische Chemie" entstand das mit neuen Grundgeräten versehene und modernisierte PC I Praktikum im Grundstudium (U. Messow, ab Wintersemester 2005 K.-D. Schulze), und unter der Leitung von B. Hunger wurde das PC II Praktikum völlig neu aufgebaut. Das von U. Messow vertretene Spezialgebiet der grenzflächenchemischen Charakterisierung durch Oberflächen- und Grenzflächenspannungen sowie Randwinkelmessungen fand Eingang in neue Versuchsvorschriften. Bei deren Erprobung bewährte sich die übernommene Betreuung von angehenden Chemielaboranten, die zugleich durch die Ausführung praktischer Arbeiten eine Hilfe darstellten. Ebenso förderlich erwies sich die langjährige Kooperation mit der Gerätefirma Krüss GmbH, Hamburg, insbesondere durch zahlreiche gemeinsam durchgeführte Weiterbildungsveranstaltungen zur Ermittlung von Ober- und Grenzflächenspannungen. Seit 2008 leitet K.-D. Schulze gegenwärtig auch das PC II Praktikum. Aktiv hat er bis zu diesem Zeitpunkt neben seinen Praktikumsaufgaben ionenspektroskopische Untersuchungen an Flüssigkeitsoberflächen durchgeführt und mehrere Drittmittelprojekte gemeinsam mit H. Morgner bearbeitet.

Ab dem Sommersemester 1999 übernahm H. Morgner die bisher von K. Quitzsch gehaltenen Vorlesungen PC I im 2. Semester und PC II im 3. Semester. Eine Veränderung in dieser Abfolge trat mit dem Immatrikulationsjahrgang Wintersemester 2002/03 und der Einführung eines 6-semestrigen Basisstudiums (Abschluss: Bachelor of Science) mit dem sich anschließenden 4-semestrigen Schwerpunktstudium (Abschluss: Master of Science) ein. Die Vorlesungen PC I und PC II im Studiengang Lehramt hielt R. Szargan. Er hatte dafür 1988 das Lehrbuch „Chemie für Lehrer" verfasst. Seit dem Wintersemester 2000/01 waren die Privatdozenten H. Böhlig, B. Hunger, H. Knoll (2005 apl. Prof.) und U. Messow (1998 apl. Prof.) in die Ausbildung von Studenten der Human- und Zahnmedizin eingebunden. Im Studienjahr 2004/05 (mit dem ersten Jahrgang des modularisierten Studienganges zum Bachelor bzw. Master of Science) wurden zum Beispiel folgende Vorlesungen gehalten:

Wintersemester 2004/05 (Bachelor-Studiengang): 1. Semester PC I: H. Morgner; 3. Semester PC III: H. Morgner; Kinetik von Radikalreaktionen: O. Brede; PC I Praktikum: U. Messow und Mitarbeiter; 5. Semester PC V: R. Szargan; 7. Semester Pflichtvorlesungen im Schwerpunktstudium (Diplom-Studiengang): Elektronenspinresonanz-Spektroskopie: D. Beckert; Oberflächen- und Dünnschichtanalyse: R. Szargan; 7. und 9. Semester Wahlpflichtveranstaltungen im Schwerpunktfach Physikalische Chemie: Wechselwirkung von Gasen mit Festkörperoberflächen: B. Hunger; Kurzzeitspektroskopie: R. Hermann.

Bezüglich weiterer Vorlesungen für die „Chemie der Grenzflächen", für das Aufbaustudium „Analytik und Spektroskopie", „Umweltchemie" sowie die fakultativen Lehrveranstaltungen und die Vermittlung der „Chemie für andere Studiengänge" sei auf das Vorlesungsverzeichnis 2004/05 bzw. auf das Kapitel Lehre, Studium und akademische Graduierung verwiesen.

Sommersemester 2005: 2. Semester PC II: H. Morgner; Kinetik: K.-D. Schulze; Optische Molekülspektroskopie: H. Böhlig; 4. Semester Statistische Mechanik und Computersimulation: H. Morgner, K.-D. Schulze/Jens Gabke; 6. Semester PC II Praktikum: B. Hunger und Mitarbeiter.

Im Schwerpunktstudium Physikalische Chemie (Diplom-Studiengang) wurden darüber hinaus zahlreiche fakultative Spezialvorlesungen angeboten, die das Gesamtspektrum der Forschungsgebiete des Instituts nahezu vollständig darstellten.

Ab 2006 gingen mit den Hochschullehrern J. Reinhold (Institutsdirektor 1998–2002), F. Dietz, R. Szargan (Institutsdirektor 2003–2006) und O. Brede auch die langjährigen habilitierten Mitarbeiter U. Messow und H. Knoll in den Ruhestand. B. Hunger verstarb 2008. In wenigen Jahren ergab sich so ein weitgehender Generationswechsel.

Abbildung 137
Festkolloquium „50 Jahre Spektroskopie mit Röntgenstrahlung", 2006
T. Chassé, J. Reinhold, R. Szargan, H. Morgner, A. Meisel (v. l.)

Im September 2006 blickten die Mitarbeiter des seit 2006 von H. Morgner geleiteten Instituts anlässlich des 80. Geburtstages von A. Meisel und der Verabschiedung von R. Szargan in den Ruhestand auf eine 50jährige Erfolgsbilanz der Spektroskopie mit Röntgenstrahlung zurück (Abb. 137). Mit den Vorträgen „Lage für Lage – Röntgen- und Elektronenspektroskopie an dünnen Schichten" (T. Chassé) und „Photo-Elektronenspektroskopie von Adsorbaten" (K. Wandelt) wie auch mit dem Festvortrag „Modelle für die Heterogene Katalyse: atomare Einblicke" (Hans-Joachim Freund, Berlin) anlässlich der Promotion von Klaus Wandelt, Bonn, zum Ehrendoktor der Fakultät für Chemie und Mineralogie 2007 wurden Anliegen und erreichte Ziele einer anspruchsvollen Forschungsarbeit deutlich gemacht (Abb. 138).

Gegenwärtig wird die weitere Entwicklung des Wilhelm-Ostwald-Instituts auf längere Sicht durch eine Nachfolge vorangebracht, die Kontinuität und zugleich Innovation durch neue Ideen sichert. Reinhard Denecke (s. Abb. 130, Promotion 1996 bei Lothar Ley, Erlangen, Habilitation 2004 Erlangen) bearbeitet als Nachfolger von R. Szargan seit 2007 das Gebiet der Oberflächenforschung mit Blickrichtung auf Festkörpereigenschaften und Mechanismen der heterogenen Katalyse. Barbara Kirchner (Promotion 1999 bei Hanspeter Huber, Basel, Habilitation 2006 Bonn) hat 2007 den Bereich Theoretische Chemie von J. Reinhold übernommen und geht neue Wege in Richtung quantenchemischer Analyse und molekulardynamischer Simulation zwischenmolekularer Wechselwirkungen in kondensierter Phase. Bernd Abel (Abb. 139) (Promotion 1990 bei Jürgen Troe, Göttingen, Habilitation 1999 Göttingen) füllt ab 2008 das Forschungsgebiet von O. Brede mit neuen Ansätzen bzw. Projekten zur molekularen Dynamik und Photonik komplexer Systeme insbesondere auf der Nanometerskala mit Femtosekundenauflösung aus.

Abbildung 138
Ehrenpromotion Klaus Wandelt, 2007 mit Rektor Franz Häuser

Abbildung 139
Bernd Abel

Die Theoretische Chemie

Joachim Reinhold, Fritz Dietz

Die Theoretische Chemie bis 1991

In Leipzig wurde bereits zu einem vergleichsweise frühen Zeitpunkt mit quantenchemischen Arbeiten begonnen. Initiator war Manfred Scholz (1931–1981), der 1961 die erste MO-theoretische Arbeit publizierte.[150] In der Folge wurden von M. Scholz und Rolf Borsdorf (Prom. 1961) sowie Cornelius Weiss (Prom. 1964), allesamt Schüler von Wilhelm Treibs am Institut für Organische Chemie, Hückelsche MO-Rechnungen zu speziellen Problemen der Chemie nichtbenzoider Aromaten, insbesondere Azulenen, durchgeführt. Einen starken Impuls für die Entwicklung der Quantenchemie in der gesamten DDR gab es durch den Postgradualkurs „Quantenchemische Methoden in der organischen Chemie" mit den Gastlektoren Jaroslav Koutecky und Rudolf Zahradnik aus Prag, der 1965 in Leipzig stattfand. Erste Doktoranden von M. Scholz waren Fritz Dietz und Dietmar Heidrich (Prom. 1969), es folgten Hans-Joachim Köhler (Prom. 1970) sowie Hans-Jörg Hofmann (Prom. 1971). Unabhängig davon initiierte Eberhard Hoyer am Institut für Anorganische Chemie eine ähnliche Entwicklung. Sein Doktorand Joachim Reinhold, der aus der Theoretischen Physik kam (Diplomarbeit bei Armin Uhlmann in Leipzig), begann 1965 mit Arbeiten zur Ligandenfeldtheorie und zur MO-Theorie von Koordinationsverbindungen (Prom. 1969). 1967 wurde in Antonshöhe im Erzgebirge eine Winterschule „Einführung in die Ligandenfeldtheorie" mit den Gastlektoren Claus Erik Schäffer und Sven Harnung aus Kopenhagen organisiert.

Die Rechnungen wurden anfangs am Zeiss-Rechenautomaten ZRA 1 ausgeführt, dem ersten, noch röhrenbetriebenen Großrechner des Universitätsrechenzentrums, der im Untergeschoss des Carl-Ludwig-Instituts in der Liebigstraße untergebracht war, danach am Robotron-Rechner R300, bevor deutlich leistungsfähigere Rechner verfügbar wurden; genannt seien die amerikanische CDC 3600 im „Stahlinstitut" in der Bosestraße, die sowjetische BESM 6 im Institut für Energetik in der Torgauer Straße und die Rechner der ESER-Reihe im Rechenzentrum der Universität. Das Niveau der Methoden erhöhte sich ausgehend von den reinen HMO-Rechnungen: zum einen die π-Elektronen-basierte PPP-Methode, zum zweiten die auf der ZDO-Näherung beruhenden Allvalenzelektronenmethoden CNDO, INDO, MNDO und NDDO, zum dritten die EHT-, SCCC- und Fenske-Hall-Methoden und schließlich die ersten ab-initio-Methoden. Die Programme wurden entweder selbst geschrieben oder – auf erstaunlich unkomplizierte Weise – vom Quantum Chemical Program Exchange in Indianapolis zur Verfügung gestellt.

Die Quantenchemie in Leipzig entwickelte sich also nicht – wie andernorts zumeist – aus der Physikalischen Chemie heraus, sondern entstand aus dem wachsenden Bedürfnis der Synthesechemiker nach theoretischer Interpretation experimenteller Sachverhalte. Konsequenterweise wurden alle Quantenchemiker 1968 im Zuge der Neustrukturierung im Rahmen der Hochschulreform in das Forschungskollektiv „Heterocyclen und Metallchelate" integriert, aus dem heraus dann 1972 die Arbeitsgruppe „Quantenchemie" gebildet wurde, die zunächst von M. Scholz (1967 Doz. für Organische Chemie) und dann von C. Weiss (1970 Doz. für Chemische Bindung und Molekülstruktur) (Abb. 140) geleitet wurde. Die Breite der bearbeiteten Forschungsthematik spiegelt sich in den Habilitationsthemen (bzw. Themen der Dissertationen zur Promotion B) wider: Untersuchung von Substituenteneinflüssen durch spektroskopische und quantenchemische Methoden (M. Scholz 1966), Studien zum Anwendungsbereich quantenchemischer Reaktivitätsindizes (C. Weiss 1973), Quantenchemische Untersuchungen an Cyaninfarbstoffen und deren Aggregaten (F. Dietz 1977), Quantenchemische Beiträge zum Mechanismus des elektrophilen Angriffs auf ungesättigte Systeme (D. Heidrich 1977), Eine quantenchemische Untersuchung der trans-Wirkungen in Platin(II)-Komplexen (J. Reinhold 1980), Quantenchemische Studien zur Struktur und Stabilität von klassischen und nichtklassischen Carbokationen (H.-J. Köhler 1980), Beiträge zur quantenchemischen Konformationsanalyse konjugierter Moleküle in der Gasphase und in

Abbildung 140
Cornelius Weiss

Abbildung 141
Wolfgang Lorenz
(1925–2007)

Lösung unter Berücksichtigung biologisch aktiver Verbindungen (H.-J. Hofmann 1982, nach seinem Wechsel an die Sektion Biowissenschaften).

Parallel dazu wurden in der von Wolfgang Lorenz (1925–2007, Prom. 1952, Habil. 1955: Elektrochemische Methoden zur Untersuchung von Metalloberflächen, 1955 Doz., 1961 Prof. mit Lehrauftrag, 1974 o. Prof. für Physikalische Chemie) (Abb. 141) geleiteten Arbeitsgruppe „Kinetik", die aus der Physikalischen Chemie hervorging, neben experimentellen zunehmend auch theoretische Arbeiten durchgeführt. Sie umfassten zunächst die Kinetik elektrochemischer Prozesse an Metallelektroden mit Einführung des Konzepts des partiellen Ladungsübergangs (Promotionen von Günther Salié 1964, Karl-Heinz Lubert 1973, Klaus-Dieter Schulze und Roland Siegemund 1977 u. a. sowie Habilitation von G. Salié 1968), experimentell unterstützt durch den Bau einer hochempfindlichen Impedanzmessbrücke. Ende der siebziger Jahre begannen Arbeiten zu elektrochemischen und photoelektrochemischen Prozessen an Halbleiter-Elektrolyt-Systemen sowie an Biomembranen, bei denen kinetische Modelle zur Beschreibung von Ladungstransport und Ladungstransfer durch Grenzflächen in Kombination von experimentellen Befunden und theoretischen Modellierungen entwickelt wurden (Promotionen von Cornelia Engler 1980, Michael Handschuh 1981, Bertram Wolf 1983, Helmut Herrnberger 1985, Christian Aegerter 1986, Thomas Katterle 1987, Thomas Friedrich 1988 (später Leiter des Universitätsrechenzentrums), Ramona Sourisseau und Kerstin Rommel (Möhle) 1989, Olaf Heitzsch 1990, Frank Bergmann 1996 sowie Promotion B von Cornelia Engler 1990 (Beiträge zur quantentheoretischen Behandlung kinetischer Elementarprozesse in kondensierten Systemen, insbesondere an Halbleitergrenzflächen) und Habilitation von Klaus-Dieter Schulze 1992 (Anwendung von physikalisch-chemischen Modellvorstellungen zur Beschreibung des Ionentransportes durch erregbare Biomembranen).

1981 wurde im Rahmen einer erneuten Strukturreform aus der Arbeitsgruppe „Quantenchemie" und den theoretisch Arbeitenden der Arbeitsgruppe „Kinetik" der Wissenschaftsbereich „Theoretische Physikalische Chemie" gebildet, dessen Leitung W. Lorenz übernahm.

Mit der Fertigstellung des neuen Universitätshauptgebäudes am ehemaligen Karl-Marx-Platz im Jahre 1971 konnten die – bis dahin versprengt und unbefriedigend untergebrachten – Quantenchemiker (aus damaliger Sicht) moderne Arbeitsräume in der 5. Etage dieses Gebäudes beziehen. Die äußeren Bedingungen für Forschung und Lehre verbesserten sich deutlich. 1970 waren im Zuge der Hochschulreform wahlobligatorische Spezialisierungsrichtungen für das Vertiefungsstudium eingeführt worden, die über zwei volle Jahrzehnte bis 1991 Bestand hatten. In der unter wesentlicher Beteiligung von W. Lorenz konzipierten Fachrichtung „Theoretische und physikalische Chemie" nahm die Quantenchemie einen zentralen Platz ein. Jeweils im Frühjahrssemester begann J. Reinhold mit „Quantentheorie" (5 Wochenstunden), im Herbstsemester folgten C. Weiss mit „Quantenchemie" (4 h) und W. Lorenz mit „Festkörpertheorie" (1 h) (beipielhaft aus den Vorlesungsplänen 1982/83). Dazu kamen Vorlesungen zu spektroskopischen Methoden mit stark theoretischem Bezug: „Röntgenspektroskopie" (Armin Meisel), „Molekülspektroskopie" (Johanna Fruwert/Heinz Böhlig), „UV-Spektroskopie" (F. Dietz), „NMR-Spektroskopie" (H.-J. Köhler, D. Heidrich) sowie zur theoretischen Kinetik und Thermodynamik (W. Lorenz, Helmut Knoll und Peter Bräuer).

Neben der studentischen Lehre wurden von 1971 bis 1977 in Limbach bei Oschatz einwöchige Weiterbildungslehrgänge „Quantenchemie für Synthesechemiker" durchgeführt, um den bereits in der Praxis Tätigen entsprechende Grundkenntnisse zu vermitteln (s. Anhang Tagungen). Diese Kurse waren sehr gut besucht von Teilnehmern aus Akademie- und Universitätsinstituten, Behörden und aus der Industrie. Die Ausrichtung der Themen (Hückelsche MO-Methode und ihre Anwendungen, PPP-Verfahren zur Spektreninterpretation, Allvalenzelektronen-MO-Verfahren) war der Entwicklung der Computertechnik angepasst. Aber auch unmittelbar praxisrelevante Themen zur theorieorientierten Interpretation von Forschungsergebnissen spielten eine Rolle.

Basierend auf dieser umfangreichen Lehrtätigkeit entstand eine Reihe von Lehrbüchern, die zur Behebung des Mangels an geeigneter Studienliteratur beitrugen (s. Anhang Bücher); genannt seien insbesondere das Taschenbuch von P. Birner, H.-J. Hofmann und C. Weiss (1979) sowie die Beiträge von M. Scholz und H.-J. Köhler sowie von J. Reinhold zum 3000 Seiten umfassenden fünfbändigen Lehrwerk „Quantenchemie – Ein Lehrgang", das zwischen 1973 und 1987 beim Deutschen Verlag der Wissenschaften Berlin und bei Hüthig in Heidelberg erschien.

Auf dem Gebiet der quantenchemischen Forschung in der DDR nahm die personell relativ große Leipziger Gruppe eine führende Position ein. Aus ihr ging die größte Zahl von Diplom- und Doktorarbeiten sowie Schriften zur Promotion B hervor. H.-J. Köhler wechselte an das Organisations- und Rechenzentrum (ORZ) der Universität (1980 Doz. für Maschinelle Rechentechnik in den Naturwissenschaften, 1981 Leiter des ORZ, 1987 o. Prof. für Angewandte Informatik), H.-J. Hofmann in die Biowissenschaften (1985 Doz. für Allgemeine und Theoretische Biochemie, 1992 Prof. für Biophysikalische Chemie). Auch die Promovenden auf dem Gebiet der Quantentheorie der Koordinationsverbindungen Heinz Zwanziger (1973) und Roland Benedix (1977) schlugen die Hochschullehrerlaufbahn ein: H. Zwanziger wechselte zur Analytischen Chemie (Prom. B 1988, 1989 Doz. TH Leuna-Merseburg, 1993 Prof. Hochschule Merseburg (FH), seit 2000 Rektor dieser Hochschule) und R. Benedix (Prom. B 1989) zur Bauchemie (1992 Prof. HTWK Leipzig).

Weitere Promovenden der siebziger und achtziger Jahre in der Quantenchemie waren: Peter Birner 1972, Sabine Becker und Ulrich Ziegler 1974, Maria Grimmer und Frank Höppner 1975, Roland Held 1978, Christl Zwanziger 1979, Wilfried Förster, Annelie Siegemund und Wilfried Wettengel 1980, Gisela Boeck, Christian Glier, Gerd Kluge und Alia Tadjer 1981, Barbara Illek, Arndt Jenichen und Christine Krebs (Bartzsch) 1982, Dietmar Volkmann 1983, Christine Nieke und Rainer Thieme 1984, Martin Bölke 1985, Frank Achenbach 1986, Matthias Schüler 1988, Dieter Bayer, Gabriele Pohle und Klaus Schenk 1989 sowie Frank Haase 1990.

Von den insgesamt 15 „Arbeitstagungen über Probleme der Quantenchemie in der DDR", die zwischen 1966 und 1989 zunächst zweimal in Mönchenfrei bei Freiberg und danach in den Ostseebädern Heiligendamm bzw. Kühlungsborn veranstaltet wurden und die die Plattform für die wissenschaftliche Zusammenarbeit mit westdeutschen und ausländischen Fachkollegen bildeten, wurden fünf von der Leipziger Arbeitsgruppe organisiert (s. Anhang Tagungen). Mittler für diese Zusammenarbeit waren insbesondere Nikolai Tyutyulkov (Sofia, 1979 Ostwald-Gastprofessor in Leipzig) und Rudolf Zahradnik (Prag, nach der politischen Wende Präsident der tschechischen Akademie der Wissenschaften). Von den Fachkollegen „aus dem Westen", die über lange Jahre – auch unter widrigen Umständen – Kontakte zur Leipziger Quantenchemie pflegten, sind Oskar E. Polansky (Wien, Mülheim), Werner Kutzelnigg (Bochum) und Reinhard Ahlrichs (Karlsruhe) hervorzuheben.

Die Theoretische Chemie ab 1991

1993 wurde aus den beiden Wissenschaftsbereichen „Physikalische Chemie" und „Theoretische Physikalische Chemie" (dessen Leitung nach der Emeritierung von W. Lorenz[151] im Jahre 1991 J. Reinhold (Abb. 142) übernommen hatte) das „Institut für Physikalische und Theoretische Chemie" gebildet (seit 1998 „Wilhelm-Ostwald-Institut für Physikalische und Theoretische Chemie"). Der ehemalige Wissenschaftsbereich „Theoretische Physikalische Chemie" bildete innerhalb des Instituts zunächst den Bereich „Quantenchemie/Elektroden- und Membrankinetik" (Leitung F. Dietz), bis 1998 eine Umbenennung in Bereich „Theoretische Chemie" (Leitung J. Reinhold) erfolgte. Die Arbeitsräume des Bereichs befinden sich seit 1999 in einer abgeschlossenen Büroetage im Gebäudekomplex Johannisallee 29.

Abbildung 142
Joachim Reinhold, 2000

Im Zuge der Neustrukturierung der Universität nach der politischen Wende wurden 1992 zwei Professuren (C4/C3) für Theoretische Chemie geschaffen; auf die C4-Professur wurde C. Weiss[152] (seit 1989 ao. Prof.), auf die C3-Professur J. Reinhold (seit 1983 HDoz. für Quantenchemie) berufen. C. Weiss wurde 1991 erster demokratisch gewählten Rektor der Universität Leipzig (s. Abb. 63); dieses Amt hatte er über zwei Wahlperioden bis zu seiner Emeritierung 1998 inne. Praktisch stand also nur die Professur von J. Reinhold zur Verfügung, die andere wurde mit dem Ausscheiden von C. Weiss auch formal abgebaut. J. Reinhold war von 1994 bis 1996 erster Dekan der neugegründeten Fakultät für Chemie und Mineralogie und von 1998 bis 2002 Direktor des Wilhelm-Ostwald-Instituts. Der Bereich Theoretische Chemie umfasste drei weitere habilitierte Wissenschaftler: F. Dietz (1992 apl. Prof.) (Abb. 143) und D. Heidrich (1984 ao. Doz., 2000 apl. Prof.) (Abb. 144) sowie die Privat-Dozentin C. Engler. Zur Theoretischen Chemie gehört seit 1999 auch der promovierte Mathematiker Matthias Kudra, der sich insbesondere um die Hard- und Software des Bereichs kümmert.

Seit 1990 konnten endlich die Symposien für Theoretische Chemie besucht werden, die jähr-

Abbildung 143
Fritz Dietz, 2000

Abbildung 144
Dietmar Heidrich

lichen Fachtagungen der Theoretiker aus Deutschland, Österreich, der Schweiz und anderen Ländern. Der Leipziger Gruppe wurde als erster „im Osten" übertragen, ein Symposium auszurichten, das dann als 29. der Reihe im Jahre 1993 in Oberwiesenthal stattfand.

Es gelang 1991, die Theoretische Chemie als eigenständiges obligatorisches Lehrgebiet im Basisstudium des Diplom-Studiengangs Chemie zu etablieren (J. Reinhold, 6 h). Dazu kamen als wahlobligatorische Lehrveranstaltungen im Vertiefungsstudium „Grundlagen der Quantentheorie" (J. Reinhold, 2 h), „Quantenchemische Rechenverfahren" (F. Dietz, 1 h), „Theorie der chemischen Reaktionen und Einführung in die Quantentheorie der Festkörper" (D. Heidrich, C. Engler, 1 h), „Theoretische Anorganische Chemie" (J. Reinhold, 1 h), „Theoretische Organische Chemie" (F. Dietz, 2 h), „Theorie der Grenzflächenphänomene" (C. Engler, 1 h) sowie ein Methoden- und ein Forschungspraktikum (6 bzw. 10 h). Als Lehrmaterial diente insbesondere die 1994 erschienene „Quantentheorie der Moleküle" von J. Reinhold. Dazu kamen Vorlesungen für Zahnmediziner (F. Dietz), Biologen (D. Heidrich), Lehramtsstudenten (C. Engler, J. Reinhold) und im Aufbaustudium „Analytik und Spektroskopie" (F. Dietz) sowie Seminare bei den Medizinern (C. Engler, D. Heidrich) und Praktika in der Physikalischer Chemie (C. Engler, M. Kudra).

Mit der Einführung der Bachelor-/Master-Studiengänge im Jahre 2005 wurde das Modulsystem eingeführt. Im Bachelor-Studiengang gibt es eine obligatorische Lehrveranstaltung (Vorlesung mit Übungen) „Einführung in die Theoretische Chemie" (5 h) und ein Wahlpflichtmodul „Vertiefte Theoretische Chemie" (4 h), im Master-Studiengang Chemie ein Modul „Moderne Methoden der Theoretischen Chemie" (4 h) und ein Praktikum (10 h).

Die Forschung umfasste die folgenden Themen: J. Reinhold: Elektronische und geometrische Struktur sowie Stabilität und Reaktivität von Ein- und Mehrkern-Koordinationsverbindungen; Mechanismen von Reaktionen an Übergangsmetallzentren; Struktur, Stabilität und Reaktivität von Adsorbatkomplexen von Molekülen an Oberflächen; Bindungsanalyse von Mehrkernkomplexen durch Zerlegung von Elektronen- und Energiedichteverteilungen in Orbitalbeiträge. F. Dietz: Struktur, Energiespektren und magnetische Eigenschaften von eindimensionalen (1-D Stapel) und zweidimensionalen (adsorbiert auf Graphit) molekularen Ensemblen von ausgedehnten aromatischen Kohlenwasserstoffen mit Defekten und Polymethinradikalen vom Wurster- und Weitz-Typ; Nicht-Kekulé-Polymethinradikale. D. Heidrich: Potentialflächenanalyse chemischer Systeme (in Kooperation mit Wolfgang Quapp, Mathematisches Institut); Interpretation chemischer Reaktionen und Schwingungsspektren; Ionenpaarbildung in H-Brückensystemen und Rolle von π- und σ-Komplexen im Mechanismus der elektrophilen aromatischen Substitution. C. Engler (in Kooperation mit A. Jenichen, ehemals Wissenschaftler-Integrationsprogramm): ternäre und quaternäre A(III)-B(V)-Halbleitermischkristalle (Reaktionsmechanismen beim MOVPE *(metal organic vapour phase epitaxy)*-Wachstum, Stabilität, strukturelle und elektronische Eigenschaften); A(III)-B(V)-Nanonadeln (Reaktionsmechanismen beim katalysatorgestützten VLS *(vapour-liquid-solid)*-Wachstum, Stabilität und Morphologie der Nanonadeln).

Promovenden nach 1990 waren Birgit Müller, Andrea Acker und Ralf Neumann 1994, Elke Hunstock 1995, Jan Lukowczyk und Anna Schleitzer 1996, Galia Madjarova 1997, Dörte Göske (Kurz), Uwe Richter und Ronald Beust 1998, Alexander Hofmann und Henryk Vogel 1999, Beate Flemmig 2000,

Abbildung 145
Ehrenpromotion Nikolai Tyutjulkov, 2000
N. Tyutyulkov, Dekan P. Welzel, Rektor V. Bigl (v. l).

André Barthel 2001, Jens Dittmar 2003, Michael Hirsch 2004, Aleksandar Staykov 2006 sowie Nedko Drebov 2007. F. Dietz und D. Heidrich traten als Coautoren von Monographien über Polymethinfarbstoffe bzw. über Reaktionswege auf Potentialflächen hervor (s. Anhang Bücher). Besonders enge wissenschaftliche Zusammenarbeit über längere Zeiträume erfolgte mit N. Tyutyulkov (Sofia, seit 2000 Ehrendoktor der Fakultät für Chemie und Mineralogie der Universität Leipzig[153a]) (Abb. 145) und Carlo Mealli (Florenz).

Im Jahre 2003 ging D. Heidrich, im Jahre 2006 F. Dietz[153b] in den Ruhestand. Nach dem Ausscheiden von J. Reinhold[153b] (2006) führte C. Engler die Geschäfte, bis 2007 Barbara Kirchner auf die Professur für Theoretische Chemie (W3) berufen wurde.

Abbildung 146
Barbara Kirchner

Mit der Berufung von B. Kirchner (Prom. 1999 bei Hanspeter Huber in Basel, Habilitation 2006 in Bonn) (Abb. 146) erfolgte eine methodische Neuausrichtung der Forschungsarbeit auf first-principles-Simulationen. Ziel der Forschungsarbeiten ist die Entwicklung, Bereitstellung und Anwendung eines theoretischen Chemielabors (ThCL), welches die Arbeitsgruppe in die Lage versetzt, theoretische Untersuchungen an chemisch komplexen Systemen durchzuführen, d. h., es sollen die mikroskopischen Abläufe chemischer Prozesse in übergroßen Systemen und in kondensierter Phase, also unter Bedingungen, die denen im Labor möglichst ähneln, mit Hilfe des Computers beschrieben werden. Daher reicht das Arbeitsgebiet B. Kirchners von der traditionellen Molekulardynamik (MD) auf der Basis klassischer Kraftfelder bis hin zur first-principles-Quantenchemie (QC). Ein wichtiges Bindeglied zwischen beiden Methoden stellt die Car-Parrinello-Molekulardynamik (CPMD) dar. Die Quanten-Cluster-Equilibrium-Methode (QCE) schlägt eine Brücke zwischen isolierten Molekülrechnungen der QC und der kondensierten Phase. Beide Methoden (CPMD und QCE) repräsentieren entscheidende Säulen der Forschungsarbeit. Methodische Entwicklungen finden derzeit in der Erweiterung der Born-Oppenheimer-Molekulardynamik auf die explizite Beschreibung der Relativistik mittels der Douglas-Kroll-Hess-Methode und der Erweiterung des QCE-Modells zur Beschreibung von Mehrphasensystemen statt. Damit wird die Erforschung von neoterischen und assoziierten Flüssigkeiten, z. B. von ionischen Flüssigkeiten, von Wasser oder von überkritischen Flüssigkeiten im Kirchnerschen ThCL vorangebracht. Einen besonderen Stellenwert nehmen die Studien an katalytischen Prozessen, etwa an der N_2-Fixierung und zur Aktivierung kleiner Moleküle (CO_2 und CH_4) ein. Die nähere Betrachtung von Lösungsmitteleffekten betrifft Wasserstoffbrücken, hydrophobe Solvatation und Salzeffekte. In der Supramolekularen Chemie konnten bereits Templateffekte und molekulare Maschinen verstanden werden. Prozesse in kondensierter Phase, nämlich die Beschreibung von Kristallwachstum, Schmelzen und weitere dynamische Prozesse, gehören zu den besonders intensiv bearbeiteten Schwerpunkten. Wissenschaftliche Kooperation besteht gegenwärtig mit Koen Binnemans (Leuven), Jürg Hutter (Zürich), Markus Reiher (Zürich), Ari P. Seitsonen (Paris) und Tom Welton (London).

Die Technische Chemie

Helmut Papp, Dieter Kießling, Gerhard Wendt

Die Technische Chemie von 1945 bis 1968

Der Beginn der Lehrtätigkeit im Sommersemester 1946 war durch zahlreiche Probleme gekennzeichnet.[15,30] Eine große Zahl von Hörsälen und Laboratorien war zerstört, und auch die notwendigen Sachmittel, Laborausrüstungen und Bücher waren nur in unzureichendem Maße vorhanden. Die Vorlesungen, Praktika und Forschungsarbeiten im Fach Chemie mussten für alle Disziplinen in den früher allein der Abteilung für Chemische Technologie zugeordneten Räumen der Brüderstraße 34 stattfinden.

In dieser komplizierten Situation erklärte sich der seit langem emeritierte Berthold Rassow (1866 bis 1954), damals im Alter von 79 Jahren, bereit, die Vorlesungen für das Lehrgebiet Chemische Technologie im Sommersemester 1946 zu übernehmen (Abb. 24). Er hielt diese bis zum Jahre 1951. Die Vorlesungen zur Technischen Chemie wurden in dieser Zeit darüber hinaus auch von Leopold Wolf (1896 bis 1973; 1949 Prof. mit Lehrstuhl für Chemische Technologie) und Eberhard Leibnitz (1910–1986) gehalten[154] (Abb. 147). E. Leibnitz bekam 1946 einen Lehrauftrag für spezielle Chemische Technologie. Er hielt Vorlesungen über die Chemie der Kunststoffe und setzte damit die von Johannes Scheiber begründete Lehrtätigkeit auf diesem Gebiet fort.

Im Jahre 1951 wurde E. Leibnitz mit der Wahrnehmung der Professur für Chemische Technologie betraut und gleichzeitig zum kommissarischen Direktor des Instituts für Chemische Technologie ernannt. Erst 1961 erfolgte seine Berufung zum Professor mit Lehrstuhl für Chemische Technologie und zum Direktor des Instituts für Chemische Technologie. Bis zu diesem Zeitpunkt gab es in der Fakultät für Mathematik und Naturwissenschaften Gegner einer Berufung von E. Leibnitz, da mit seiner Vertreibung

Abbildung 147
Wilhelm Treibs, Leopold Wolf, Eberhard Leibnitz (v. l.), 1957
vor der Bronzetafel von Arthur Hantzsch

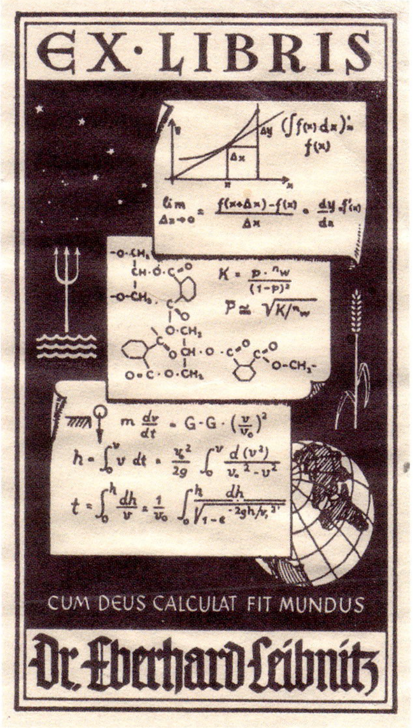

Abbildung 148
a) Eberhard Leibnitz (1910–1986), 1948
b) Ex libris Leibnitz

von der TH Berlin Charlottenburg auf Grund der Rassengesetze der Nationalsozialisten trotz vorhandener Habilitationsschrift zum Thema „Über die Tragfähigkeit von Schmierölen" kein Habilitationsverfahren eingeleitet worden war. Von 1951 bis 1965 hielt E. Leibnitz für alle Chemiestudenten die Vorlesung Chemische Technologie.

Während durch den Neubau der Chemie in der Liebigstraße 18 gute Möglichkeiten für die Ausbildung der Studenten in Anorganischer und Organischer Chemie geschaffen wurden und auch die Physikalische Chemie in das teilweise wieder hergestellte Gebäude in der Linnéstraße 2 umziehen konnte, standen dem Institut für Chemische Technologie in der Brüderstraße 34 nur wenige Arbeitsplätze zur Verfügung. Eine fundierte Ausbildung im Fach Chemische Technologie war nicht möglich. Auch aus perspektivischer Sicht war erkennbar, „dass beim heutigen Stand der chemischen Industrie die in der Brüderstraße gegebenen Möglichkeiten auch einer neuzeitlichen wissenschaftlichen Betätigung auf dem Gebiet der chemischen Technologie kaum mehr nutzbar gemacht werden können" (E. Leibnitz 1959[155]) und „dass ein modern eingerichtetes Institut für Technologie mit dazugehörigem Lehrstuhl eine unabdingbare Notwendigkeit für die Universität Leipzig ist" (Wilhelm Treibs[156, S. 478]).

Im Jahre 1950 erhielt E. Leibnitz vom Ministerium für Steine und Erden den Auftrag, ein zentrales Forschungsinstitut für die chemische Industrie in Leipzig aufzubauen und Untersuchungen zur Nutzung von Produkten der Braunkohleveredlung durchzuführen. Die Gründung des Instituts für Verfahrenstechnik der Organischen Chemie war von großer Bedeutung für die Ausbildung der Studenten im Fach Chemische Technologie an der Karl-Marx-Universität. Das Institut in der Permoserstraße wurde später in die Akademie der Wissenschaften der DDR überführt.

Im Rahmen der komplexen Aufgabenstellung Braunkohleveredlung wurden unter Einbeziehung von Diplomanden und Doktoranden der Universität Leipzig grundlegende Forschungsarbeiten zur Oxidation langkettiger Paraffine zu Fettsäuren, zur Untersuchung von Schwitzvorgängen von aus Braunkohlenteeren gewonnenen Paraffinen, zur Reinigung von Abwässern der Braunkohleveredlungsindustrie und zur thermischen Spaltung von Gatschen und Mittelölparaffinen der Fischer-Tropsch-Synthese aus Schwarzheide durchgeführt. Später erfolgten Untersuchungen zur biotechnologischen Herstellung von Vitamin B_{12}, Dextran und Eiweiß sowie zur Hochtemperaturpyrolyse von Erdölfraktionen unterschiedlicher Zusammensetzung für die Herstellung von niedermolekularen Olefinen. Im Zusammenhang mit diesen Arbeiten war es auch notwendig, Grundlagenuntersuchungen zur analytischen Charakterisierung der komplex zusammengesetzten Kohlenwasserstoffgemische vorzunehmen. Ein Zeugnis dieser Arbeiten war u. a. das von E. Leibnitz gemeinsam mit Hans Georg Struppe herausgegebene „Handbuch der Gaschromatographie“[157]. Im Zeitraum von 1946 bis 1959 wurden unter Betreuung von E. Leibnitz und Mitarbeitern in Zusammenarbeit mit der Universität Leipzig 195 Diplomarbeiten und 32 Doktorarbeiten angefertigt (Abb. 148).

Abbildung 149
Rolf Schöllner (1930–2007), 1977

In etwa 450 Veröffentlichungen fanden die Ergebnisse der Arbeiten von E. Leibnitz ihren Niederschlag. Die unter seiner Leitung durchgeführten Forschungsarbeiten hatten auch einen unmittelbaren Einfluss auf die Entwicklung einer Reihe von Verfahren der chemischen Industrie. E. Leibnitz war neben seiner Tätigkeit in der Deutschen Akademie der Wissenschaften als Gutachter und Leiter von Kommissionen für Projekte der chemischen Industrie wirksam. In Würdigung seiner Verdienste erhielt E. Leibnitz viele staatliche Auszeichnungen, u. a. schon im Jahre 1959 den Nationalpreis der DDR. Darüber hinaus war er viele Jahre gemeinsam mit Burckhardt Helferich (1887–1982) und Arthur Simon (1893–1962) Herausgeber der Zeitschrift „Journal für praktische Chemie“. Für seine Verdienste in Lehre und Forschung wurde E. Leibnitz im Jahre 1960 die Ehrendoktorwürde der TH für Chemie Leuna-Merseburg und im Jahre 1984 die Ehrendoktorwürde der Karl-Marx-Universität Leipzig verliehen.

Mit der Einstellung von Rolf Schöllner (1930–2007; 1968 Doz. für Chemische Technologie) (Abb. 149) wurde die Ausbildung der Studenten im Fach Chemische Technologie deutlich verbessert. R. Schöllner war ein Schüler von W. Treibs. Er promovierte im Jahre 1961 mit einer Arbeit über die Autoxidation von organischen Verbindungen und habilitierte sich 1967 zu Untersuchungen über die Analytik niedermolekularer Polyester. Die Promotionen von Peter Löhnert (1971), Christian Hellwig (1971) und Falko Winn (1974) folgten. In dieser Zeit wurde ein Praktikum für Chemische Technologie aufgebaut; zunächst in den Räumen der Akademieinstitute in der Permoserstraße und ab 1968 im Institut für Chemische Technologie in der Brüderstraße 34. Es wurden vorwiegend Versuche zur Chemischen Verfahrenstechnik und Reaktionstechnik aufgebaut. Ab 1966 hielt R. Schöllner die Grundvorlesung zur Chemischen Technologie. Unter der Leitung von R. Schöllner standen auch die obligatorischen Betriebspraktika aller Chemiestudenten und die einwöchigen Betriebsexkursionen.

Im Vergleich zur personellen Entwicklung in den Instituten für Anorganische, Organische und Physikalische Chemie wuchs die Zahl der Mitarbeiter im Institut für Chemische Technologie nur geringfügig. Zeitweise wurden Spezialvorlesungen von Kurt Thinius (1903–1994; 1963 Honorarprof.) über Makromolekulare Chemie und von Hans-Günther Könnnecke (1959 Doz., 1963 Honorarprof.) über Verfahrenstechnik und über die Chemie und Technologie flüssiger Brennstoffe gehalten.

Die Technische Chemie an der Sektion Chemie

Die 3. Hochschulreform der DDR im Jahre 1968 führte zur Beseitigung der klassischen Universitätsstruktur. Mit der Auflösung der Institute und der Gründung der Sektion Chemie wurde die Technische Chemie dem Forschungskollektiv „Aliphaten und Alicyclen" zugeordnet. Parallel dazu entstanden Lehrkollektive, die für bestimmte Lehrabschnitte die Verantwortung trugen. Im Jahre 1972 wurde die Arbeitsgruppe „Technische Chemie" gebildet. Sie stand unter der Leitung von R. Schöllner, der 1970 zum o. Prof. für Technische Chemie berufen worden war. Von 1972 bis 1976 war R. Schöllner gleichzeitig auch Direktor der Sektion Chemie (Abb. 61). Aus der Arbeitsgruppe „Technische Chemie" entstand im Jahre 1981 der gleichnamige Wissenschaftsbereich, der bis 1990 von R. Schöllner und danach von Gerhard Wendt (1984 Hochschuldoz. für Technische Chemie; 1992 C3-Prof. für Technische Chemie) geleitet wurde.

Die 3. Hochschulreform hatte auch Auswirkungen auf die Studienorganisation und -inhalte. Der neue Studienplan verankerte die Ausbildung in Verfahrenschemie[158] im fünfsemestrigen Grundstudium und explizit als eine von drei Vertiefungsrichtungen neben der Synthesechemie und der Theoretischen und Physikalischen Chemie. Die Verantwortung für die Ausbildung der Studenten in der Fachrichtung Verfahrenschemie an der Universität Leipzig trugen hauptsächlich die Forschungsgruppen (Wissenschaftsbereiche) der Technischen Chemie, Physikalischen Chemie und Analytischen Chemie. „Charakteristisch für dieses Studium (der Verfahrenschemie, d. A.) ist die enge Verknüpfung von Technischer Chemie und Angewandter physikalischer Chemie. Im Interesse einer soliden Ausbildung auf den Gebieten Chemische Kinetik und Reaktionstechnik und Chemische Thermodynamik und Mischphasenthermodynamik, die auf die Planung, Durchführung und Auswertung von Experimenten zur Ermittlung von Auslegungs- und Optimierungsunterlagen bei Reaktionen und Stofftrennverfahren orientiert ist, müssen Abstriche hinsichtlich der präparativen Fertigkeiten hingenommen werden" (Wilhelm Pritzkow)[159]. Im Rahmen dieser Ausbildung war auch ein 12-wöchiges Betriebspraktikum zu absolvieren.

Die neuen Aufgaben bei der Gestaltung der Lehre in der Fachrichtung Verfahrenschemie hatten zur Folge, dass sich die Zahl der Hochschullehrer und wissenschaftlichen Mitarbeiter in der Arbeitsgruppe (Wissenschaftsbereich) Technische Chemie beträchtlich erhöhte. Im Jahre 1971 wurden Claus Bode (später Prof. HTWK Leipzig) zum Hochschuldozenten für Chemische Verfahrenstechnik und Wolfgang Flock (1935–1986) zum Hochschuldozenten für Chemische Reaktionstechnik berufen. Es folgten Richard Mahrwald (1976 ao. Prof. für Technische Chemie, zuvor Direktor des Werkteiles Böhlen im Petrolchemischen Kombinat Schwedt), Karl-Hermann Steinberg (1977 Hochschuldoz. für Technische Chemie; 1981 o. Prof. für Technische Chemie, später Minister für Umwelt, Naturschutz, Energie und Reaktorsicherheit in der Regierung de Maiziere), G. Wendt und Wladimir Reschetilowski (1988 Hochschuldoz. für Technische Chemie, 1990 Abteilungsleiter für Technische Chemie am Karl-Winnacker-Institut der DECHEMA in Frankfurt/Main, 1994 Honorarprof. für Technische Chemie in Leipzig, später C4-Prof. für Technische Chemie an der TU Dresden). Als Honorarprofessoren bzw. -dozenten hielten Vorlesungen: Hermann G. Hauthal (Leuna-Werke) über „Organische Zwischenprodukte", Robert Kunze (Chemieanlagenbau Leipzig-Grimma) über „Verfahrenstechnik" und Hans Siegel (Chemieanlagenbau Leipzig-Grimma) über „Technische Umweltchemie".

Es erfolgten eine Neugestaltung des Praktikums in Technischer Chemie im Rundbau des Gebäudes Brüderstraße 34 und der Aufbau eines Vertiefungspraktikums in Technischer Chemie. Das verfahrenschemische Praktikum umfasste Versuche zur Stofftrennung, Reaktionstechnik, Katalyse und zur angewandten Physikalischen Chemie. Das Vertiefungspraktikum wurde methodisch orientiert unter Betreuung der Hochschullehrer in den Forschungsgruppen durchgeführt. Die Studentenpraktika und Forschungsarbeiten fanden hauptsächlich im Erdgeschoss und in den Kellerräumen der Brüderstraße 34 statt. Trotz der in der Nachkriegszeit vorgenommenen Renovierungsarbeiten waren die Möglichkeiten für eine effektive Lehre und Forschung in diesen Räumlichkeiten begrenzt.

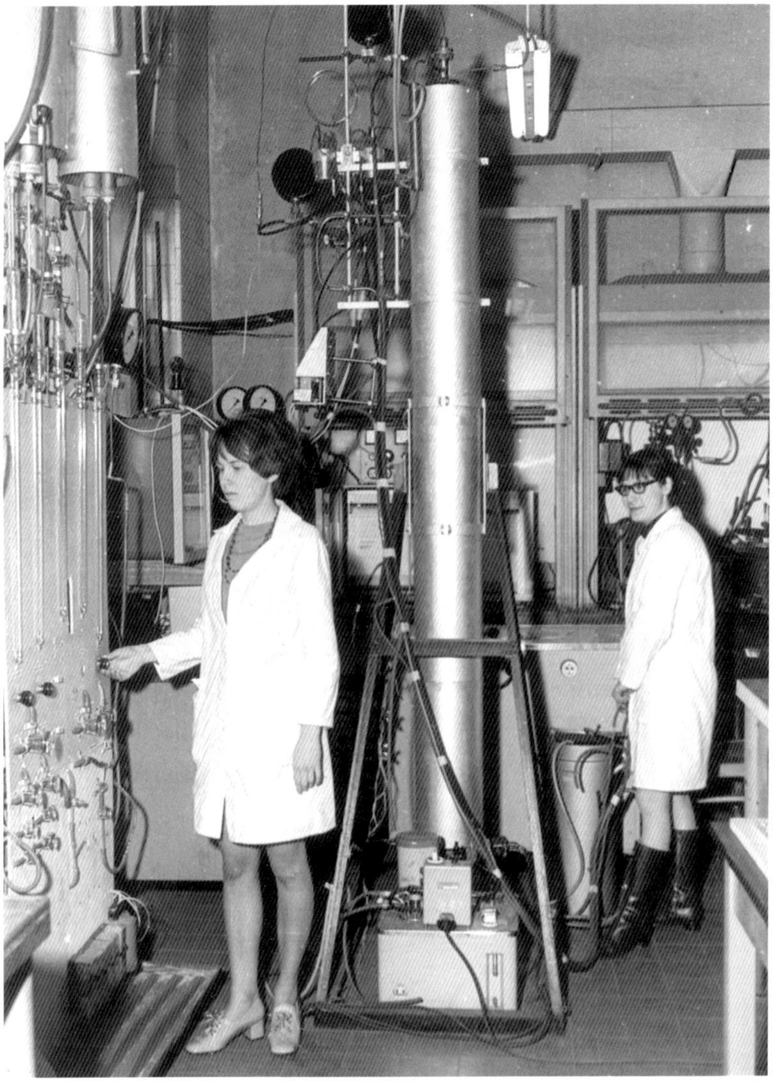

Eine wesentliche Verbesserung der Arbeitsbedingungen ergab sich durch den Bau des Technikum Analytikum in der Linnéstraße 3. Anfang des Jahres 1989 konnte der Wissenschaftsbereich Technische Chemie die ersten Räume in der 5. Etage des Gebäudes beziehen. Nach Beendigung des Umzuges etwa Mitte des Jahres 1989 erhielt damit die Technische Chemie eine gesicherte Basis für die Ausbildung der Studenten und für die Forschung.

Ende der 60er Jahre gab es eine enge Zusammenarbeit mit dem VEB Farben- und Lackfabrik Zwickau zur Entwicklung von Alkyd- und Acrylharzlacken (Promotion Dieter Kießling 1971).

Zu Beginn der 70er Jahre wurden die Voraussetzungen für den Aufbau der Forschungsgebiete Adsorption und Heterogene Katalyse geschaffen. Im Jahre 1968 wandte sich R. Schöllner in Zusammenarbeit mit dem Petrolchemischen Kombinat Schwedt/Böhlen der C_4-Chemie zu (Abb. 150). Im Mittelpunkt des Interesses standen dabei Arbeiten zur adsorptiven Trennung der C_4-Fraktion an modifizierten A-Zeolithen (Promotionen Lothar Läbisch 1973, Dieter Hoppach (1932–1991) 1974, Petra Nötzel 1975, Gabriele Ulber 1978, Klaus Platzdasch 1978, Ute Müller 1984, Reiner Schaller 1987) sowie zur heterogen katalysierten Umsetzung der Inhaltstoffe der C_4-Fraktion (Alkylierung von Paraffinen mit Olefinen; Promotion Horst Hölzel 1972, Dimerisierung, Oligomerisierung und Isomerisierung von Butenen an sauren Katalysatoren) und zur selektiven Dehydratisierung von 2-Butanol an ThO_2-Katalysatoren (Promotion Hans Siegel 1976; 1988 Honorarprof.).

Abbildung 150
Apparatur zur adsorptiven Trennung der C4-Fraktion mit Rosemarie Richter und Erna Brettner (v. l.)

Die Untersuchungen zur Beweglichkeit von einwertigen Kationen in A-, X- und Y-Zeolithen, zum Diffusionsverhalten niederer Aliphaten und Olefine in A-Zeolithen, zur Bestimmung von Kationenpositionen in A-Zeolithen (Promotionen Eva Angelé 1975, Hansjörg Herden 1977, Bernd Kuhlmann 1983, Bärbel Wolf 1985) dienten der Entwicklung von adsorptiven Trennprozessen der butadienfreien C4-Fraktion. In weiteren Arbeiten wurden von R. Schöllner und Mitarbeitern (Promotionen Eckhard Buß 1988, Annelie Meinicke 1989, Cornelia Bayer 1990, Jens-Peter Hrapia 1992, Dietmar Klank 1993, Thomas Franke 1992) Arbeiten zur Entwicklung und Charakterisierung von Adsorbentien (Zeolithe, Aktivkohlen, Kohlenstoffmolekularsiebe) für die adsorptive Abtrennung von N_2 oder O_2 aus Luft, zur CH_4/CO_2-Trennung (Biogas), zur Gewinnung von H_2 aus Synthesegas sowie zur Gewinnung von H_2 und CO_2 aus Dampfreforming-Spaltgasen mittels der Druck-Wechsel-Adsorptionstechnologie durchgeführt. In Zusammenarbeit mit C. Bode wurden Arbeiten in kleintechnischen Anlagen zur Wirbelschichtaktivierung von Zeolithen sowie zur Lufttrennung durch Druck-Wechsel-Adsorption im Zusammenhang mit der Obstlagerung durchgeführt. Zu speziellen Problemen des Bindemitteleinflusses bei der Herstellung von 5A-Zeolithpellets arbeitete auch R. Mahrwald

(Promotion Frank Zehmisch 1984). Ein weiterer Schwerpunkt der Arbeiten von R. Schöllner waren Untersuchungen zur adsorptiven Stofftrennung in der Flüssigphase (Olefin/Paraffin-Gemische längerer Kettenlänge, Glucose/Fructose, Gemische von Alkoholen) an X- und Y-Zeolithen (Promotionen Wolf-Dietrich Einicke 1982, Evelyn Volkmann 1983).

K.-H. Steinberg führte Forschungsarbeiten zur Zeolithkatalyse durch. Dabei standen Arbeiten zur Charakterisierung (Promotion Frank Rößner 1983, s. u.) von Zeolithen (Y-Zeolithe, Erionit, Mordenit) für verschiedene Kohlenwasserstoffumwandlungsreaktionen (Isomerisierung und Spaltung von n-Paraffinen, formselektives Reformieren von Vergaserkraftstoffen, Umwandlung von Methan und Ethan) im Mittelpunkt (Promotionen Andreas Mösch 1986, Josefine Meusinger 1986, s. u., Heiko Kalies 1990, Joachim Liers 1994, Anke Hagen 1994, später Prof. Techn. Univ. Lyngby). Ein weiterer Schwerpunkt der Arbeiten von K.-H. Steinberg und Mitarbeitern waren Untersuchungen zur Bedeutung des Spillover-Effektes für die heterogen katalysierte Umwandlung von Kohlenwasserstoffen (Promotion Uwe Mroczek 1993).

Zur katalytischen Umwandlung von Kohlenwasserstoffen arbeitete bis zu seinem frühen Tod im Jahre 1986 auch W. Flock. Er und seine Mitarbeiter (Promotionen Joachim Hoffmann 1975, Steffi Breitschuh 1978, Dieter Rullmann 1980) beschäftigten sich vorwiegend mit der Modellierung der Kinetik komplexer Reaktionen (Hydrospalten von n-Paraffinen unter technischen Bedingungen, Hydrospalten von Vakuumdestillaten). Dazu wurden Untersuchungen in einem Integralreaktor unter erhöhtem Druck durchgeführt.

G. Wendt beschäftigte sich mit Arbeiten zur Dimerisierung von Olefinen an NiO-Al_2O_3-SiO_2-Katalysatoren (Promotionen: Dietmar Hentschel 1982, Knut Hagenau 1986). Von technischem Interesse ist dabei besonders die koordinative Dimerisierung der n-Butene zu niedrig verzweigten Oktenen als Ausgangsprodukt für die Herstellung von PVC-Weichmachern. In weiteren Arbeiten wurden von ihm im Zusammenhang mit der stoffwirtschaftlichen Nutzung von Erdgas Untersuchungen zur oxidativen Dehydrodimerisierung von Methan zu Ethen sowie zur oxidativen Dehydrierung von Ethan und Propan an verschiedenen Mischoxid- und Phosphatkatalysatorsystemen durchgeführt (Promotionen Claus-Dieter Meinicke 1988, Dorit Wolf 1991, Steffen Schaffarczyk 1992).

W. Reschetilowski arbeitete in Leipzig hauptsächlich über die Synthese zeolithischer Molekularsiebe (Promotion Brit Meier 1992) durch hydrothermale Kristallisation mit und ohne Strukturbildner und der isomorphen Substitution von Si durch Al und andere Elemente sowie mit der Charakterisierung und Wirkungsweise bifunktioneller Metall/Zeolith-Katalysatoren.

Einen wesentlichen Anteil bei der Durchführung der Forschungsarbeiten hatten die zahlreichen Doktoranden und Diplomanden, die nach 1968 ihre Qualifizierungsarbeiten durchführten. Einen Einblick in die Forschungsarbeiten des Wissenschaftsbereiches Technische Chemie geben auch die Arbeiten zur Promotion B (Habilitation) in der nachfolgenden Übersicht.

Von großer Bedeutung für die Realisierung der Forschungsarbeiten auf dem Gebiet der Adsorption und Heterogenen Katalyse war die wissenschaftliche Zusammenarbeit mit den Arbeitsgruppen Thermodynamik (Konrad Quitzsch), Strukturanalytik (Werner Engewald, Rainer Herzschuh), Röntgenspektroskopie (Armin Meisel) und Kristallographie (Werner Schmitz, Günther Kühn (1939–2004)). Weiterhin bestand eine enge Zusammenarbeit mit der NMR-Arbeitsgruppe der Sektion Physik (Harry Pfeifer (1929–2008), Dieter Freude, Jörg Kärger), wobei auch Promotionen gemeinsam betreut wurden (Jürgen Caro 1977, 1991 C4-Prof. für Physikalische Chemie, Univ. Hannover; Uwe Hong 1993).

Ein großer Teil der Forschungsarbeiten des Wissenschaftsbereiches Technische Chemie erfolgte im Auftrag oder in Kooperation mit der chemischen Industrie der DDR. Neben dem Petrolchemischen Kombinat Schwedt waren das die Leuna-Werke, das Chemiekombinat Bitterfeld und das Kombinat Chemieanlagenbau Leipzig-Grimma. Der Wissenschaftsbereich Technische Chemie entwickelte auch zahlreiche internationale Beziehungen zu Arbeitsgruppen in Osteuropa, in der Sowjetunion und auch in Westeuropa. Dies waren im Wesentlichen: Kliment Ohridski Universität Sofia (Christo Dimitrov), Jagiellonen Universität Krakau (Krystina Dyrek), Marie Curie-Sklodowska Universität Lublin, Akademie der Wissenschaften der

Promotionen B (Habilitationen) in Technischer Chemie ab 1969

Wolfgang Flock (1972) Modellierung komplexer, hochexothermer heterogen-katalytischer Reaktionen am Beispiel der partiellen Oxydation von o-Xylol zu Phthalsäureanhydrid
Gerhard Wendt (1982) Dimerisierung von Olefinen an Nickeloxid-Siliciumdioxid- und Nickeloxid-Aluminiumoxid-Siliciumdioxid-Katalysatoren
Hans-Jörg Herden (1985) Zur Charakterisierung der Flüssigphasenadsorption von Olefinen und Paraffinen an Molekularsieben
Hans Siegel (1987) Zur Untersuchung adsorptiver und struktureller Eigenschaften von Zeolithen mit thermoanalytischen, mikrokalorimetrischen und röntgenstrukturanalytischen Methoden
Joachim Hoffmann (1989) Beiträge zur mathematischen Modellierung des Hydrospaltens von Modellkohlenwasserstoffen und technischen Einsatzfraktionen
Wolf-Dietrich Einicke (1990) Untersuchungen zur Flüssigphasenadsorption von binären Alkohol-Wasser-Gemischen an hochsilikatischen Molekularsieben
Frank Rößner (1993) Struktur-Eigenschaftsbeziehungen von synthetischem Erionit
Josefin Meusinger (1996) Aktivierung und Spaltung kovalenter Bindungen an aciden Molekularsieben
Cornelia Breitkopf (2006) Sulfatierte Zirconiumdioxide – eine katalytische und transiente Studie
Olaf Klepel (2007) Beiträge zur templatgestützen Synthese von Kohlenstoffmaterialien

UdSSR, Institut für Organische Chemie (Khabib Minachev), Akademie der Wissenschaften der UdSSR, Institut für Katalyse Novosibirsk (Georgii Boreskov), Universität Claude Bernard Lyon I (Gerard Pajonk), Technische Universität Wien (Heinrich Noller), Reichsuniversität Gent (Gilbert Froment).

Der seit dem Jahre 1989 eingeleitete politische Umbruch („Wende“) und die Wiedervereinigung Deutschlands im Jahre 1990 hatten wesentliche Veränderungen an der Universität Leipzig zur Folge. Nach dem Ende des Jahres 1992 abgeschlossenen strukturellen Umbau wurden der Technischen Chemie zwei Professuren, zwei Stellen für unbefristete und vier für befristete wissenschaftliche Mitarbeiter sowie vier und eine halbe Stelle für technische Mitarbeiter zugeordnet.

Es wurde der neue Studienplan für den Diplom-Studiengang Chemie eingeführt. Die obligatorische Ausbildung in Technischer Chemie fand im Hauptstudium (5.–8. Semester) statt. Danach konnten die Studenten die Technische Chemie als Viertes Fach für eine vertiefte Ausbildung bzw. als Schwerpunktfach wählen. In diesem Zusammenhang wurden die Vorlesungen und Praktika für die Grundausbildung in Technischer Chemie im Hauptstudium sowie für das Vierte Fach und für das Schwerpunktfach Technische Chemie im Hauptstudium neu konzipiert. Die Grundausbildung in Technischer Chemie im 5. und 6. Semester erfolgte auf der Grundlage der Empfehlungen des DECHEMA-Unterrichtsausschusses für Technische Chemie in den drei Teilbereichen: Chemische Prozesskunde, Chemische Reaktionstechnik sowie Mechanische und Thermische Grundoperationen. Folgende Vorlesungen wurden für die vertiefte Ausbildung bzw. im Schwerpunktfach Technische Chemie angeboten: Chemische Reaktionstechnik, Oberflächenchemie und Adsorption, Heterogene Katalyse, Organische Zwischenprodukte, Technische Silikate und Oxide sowie Umweltchemie und -technologie. Besondere Anstrengungen erforderte die Umgestaltung der Praktika. Die dafür notwendigen Geräte und auch das Verbrauchsmaterial stellten in beträchtlichem Umfang Laborgerätefirmen sowie Betriebe der chemischen Industrie zur Verfügung.

Im Jahre 1992 wurden erstmalig DECHEMA-Weiterbildungskurse „Technische Chemie I (Grundoperationen)", „Technische Chemie II (Chemische Reaktionstechnik)" und „Adsorption" durchgeführt. Der Kurs „Technische Chemie I" findet bis in die heutige Zeit nahezu jährlich statt.

Durch die Anschaffung von neuen Geräten aus Haushaltsmitteln und in beträchtlichem Umfang aus Drittmitteln konnten die Forschungsarbeiten und damit verbunden die Ausbildungsmöglichkeiten der Diplomanden und Doktoranden wesentlich verbessert werden.

Das Institut für Technische Chemie ab 1993

Am 2.12.1993 wurde das Institut für Technische Chemie zusammen mit den anderen Instituten im Fachbereich Chemie neu gegründet, und am 1.4.1993 wurde Helmut Papp zum C4-Professor für Technische Chemie berufen (Abb. 151). H. Papp promovierte 1972 an der Friedrich-Alexander Universität Erlangen-Nürnberg in Physikalischer Chemie mit einer Arbeit zur Adsorption von CO und H_2 an Ni-Filmen. Er habilitierte sich 1980 ebenfalls in Physikalischer Chemie zu Untersuchungen der Adsorption von CO an Übergangsmetall-Einkristalloberflächen. Nach der Institutsgründung wechselten sich G. Wendt und H. Papp bei der Leitung des Instituts ab, wobei die Hauptlast bei G. Wendt lag, da H. Papp für längere Zeit zum Dekan und Prodekan der Fakultät für Chemie und Mineralogie sowie zum Prorektor für Forschung und wissenschaftlichen Nachwuchs der Universität Leipzig gewählt wurde.

Im Wintersemester 1995/96 wurde im Hauptstudium neben der Studienrichtung Chemie die Studienrichtung Umweltchemie eröffnet. Das Institut für Technische Chemie beteiligte sich an dieser Studienrichtung intensiv in der Lehre mit Vorlesungen (Technische Umweltchemie I (Abluft, Abwasser), II (produktionsintegrierter Umweltschutz) und III (feste Abprodukte, Deponien)) und im Praktikum (integriertes umweltchemisches Praktikum), dass von Wolf-Dietrich Einicke (1997 apl. Prof.) organisiert wurde.

Im Oktober 1997 wurde ein neuer Studiengang eingerichtet, das berufsbegleitende zweijährige Aufbaustudium „Umweltchemie" unter Leitung von G. Wendt (Abb. 152). Das Studium vermittelte in acht einwöchigen Studienkursen die wichtigsten Grundlagen der Umweltchemie, wurde aber 2004 wieder eingestellt.

Ab Wintersemester 2002/03 wurde ein neuer konsekutiver Studiengang mit einem sechssemestrigen Bachelor-Studiengang mit BSc-Abschluss und viersemestrigen Master-Studiengängen mit MSc-Abschluss eingerichtet. Das Institut für Technische Chemie beteiligt sich mit Vorlesungen und Praktika sowohl im Bachelor- als auch in den Master-Studiengängen.

Durch die gemeinsame C4-Berufung mit dem Umweltforschungszentrum (UFZ) Leipzig-Halle von Ulrich Stottmeister (Abb. 153) als Professor für Biotechnologie am 1.3.1995 wurde die Lehre in diesem Bereich erweitert. U. Stottmeister promovierte 1968 in Leipzig mit einer Arbeit über „Beiträge zur analytischen Chemie einiger Kohlensäure-Schwefel-Derivate". In seiner Promotion B (Habilitation) im Jahre 1986 beschäftigte er sich mit der Wirkung des Sauerstoffs auf aerobe, mikrobielle Produktsynthesen. U. Stottmeister hielt Vorlesungen zur Biotechnologie und betreute Diplom- und Doktorarbeiten zu biotechnologischen Fragestellungen. Seit 1992 bis zu seinem Eintritt in den Ruhestand im Dezember 2004 war er Leiter der Sektion Sanierungsforschung des UFZ. Auch die Honorarprofessoren Frank-Dieter Kopinke (UFZ), Klaus Peter Kantzer (Berlin) und Hans Siegel (Grimma) bereicherten das Lehrangebot auf dem Gebiet der Technischen Umweltchemie.

Zum 1.8.2007 wurde Roger Gläser (Nachfolge H. Papp) als W3-Professor für Technische Chemie berufen (Abb. 154). R. Gläser promovierte in Stuttgart mit einer Arbeit zur Aromatenalkylierung an mikroporösen Molekularsiebkatalysatoren in überkritischer Reaktionsphase und habilitierte sich 2007 zum Thema „Überkritisches CO_2 als Medium für die Herstellung und Nutzung von Pt-Trägerkatalysatoren".

Abbildung 151
Helmut Papp

Abbildung 152
Gerhard Wendt

Abbildung 153
Ulrich Stottmeister

Abbildung 154
Roger Gläser

Im Jahre 1999 wurde das Teilprojekt „Virtuelles Praktikum Technische Chemie" im Rahmen des BMBF-Leitprojektes „Vernetztes Studium Chemie" für eine Laufzeit von fünf Jahren genehmigt. Entscheidenden Anteil an diesem Projekt hatte Dipl.-Ing. Ralf Moros. Die damit verbundenen finanziellen Mittel erlaubten es, die Ausstattung des Praktikums für Technische Chemie deutlich zu verbessern und fünf fernsteuerbare Praktikumsversuche, wovon einer an der Carl v. Ossietzky Universität Oldenburg stationiert ist, in Betrieb zu nehmen. Die Ergebnisse finden international Anerkennung (Abb. 155).

Im Wintersemester 2003/04 beginnend, wurde, organisiert vom Institut für Technische Chemie, im Rahmen von ConneCat (Competence network Catalysis) der Mitteldeutsche Katalyse Lehrverbund gegründet. Im Rahmen dieses Lehrverbundes werden Vorlesungen zu allen Gebieten der Katalyse (homogene, heterogene und Biokatalyse) von Hochschullehrern der Universitäten Chemnitz, Dresden, Halle, Jena, Leipzig und Magdeburg für Doktoranden in den unterschiedlichen Arbeitskreisen angeboten. Der erfolgreiche Besuch wird durch ein Zertifikat des Mitteldeutschen Lehrverbundes bestätigt.

Die materiellen Bedingungen für die Forschung verbesserten sich nach 1993 durch die Ausstattungsmittel zur Berufung von H. Papp und durch die Einwerbung von Geräten aus dem Hochschulbauförderungfonds (HBFG-Geräte) (Abb. 156) sowie einer Vielzahl von Drittmittelprojekten bei unterschiedlichen Projektträgern und ermöglichen so eine moderne Forschungstätigkeit. Etwa ein Fünftel der Drittmittel der Fakultät für Chemie und Mineralogie wurden durch das Institut für Technische Chemie eingeworben.

Die Arbeitsgruppe von H. Papp beschäftigte sich mit der heterogen katalytischen Umsetzung von Kohlenwasserstoffen an unterschiedlichen Feststoffen. Die Spaltung und die Isomerisierung von n-Alkanen an zeolithischen Katalysatoren (Promotion Torsten Neubauer 1997) wurde auch im Rahmen des im

Abbildung 155
Praktikumssaal mit Versuchsanlagen zur Extraktion und Rektifikation

Abbildung 156
Apparatur zur
Oberflächenanalytik

Zeitraum 1994 bis 2002 laufenden Sonderforschungsbereiches (SFB) 294 „Moleküle in Wechselwirkung mit Grenzflächen" untersucht. Arbeiten zum Spillover-Effekt (Promotion Frank-Walter Schütze 1997) in Fortsetzung der Arbeiten von K.-H. Steinberg wurden von Frank Rößner im Rahmen des SFB 294 durchgeführt und führten zu seiner Habilitation. F. Rößner nahm im Jahre 1996 den Ruf auf eine C3-Professur für Technische Chemie an der Carl v. Ossietzky Universität Oldenburg an. Im Rahmen der Thematik des SFB 294 habilitierte sich auch Josefine Meusinger, die über das Forschungszentrum Jülich in die Forschungsabteilung der Adam Opel AG in Rüsselsheim wechselte. J. Meusinger ist Privatdozent an der Fakultät für Chemie und Mineralogie und las zur Reaktionstechnik heterogen katalysierter Gasphasenreaktionen. Im Jahre 1995 erhielt J. Meusinger den DECHEMA-Preis der Max-Buchner-Forschungsstiftung für ihre Arbeiten auf dem Gebiet der Zeolithkatalyse. Die Isomerisierung von n-Alkanen an sulfatiertem Zirconiumdioxid (Promotionen Christiane Albrecht 1998, Tomasz Tyszewski 2004, Michal Lutecki 2008) wurde in einem Kooperationsprojekt im Rahmen des Schwerpunktprogramms 1091 „Brückenschläge zwischen idealen und realen Systemen in der heterogenen Katalyse" von 2000 bis 2006 von der DFG gefördert. Cornelia Breitkopf habilitierte sich 2006 auf diesem Gebiet zur mikrokinetischen Modellierung der n-Butan-Isomerisierung. Ein weiterer Schwerpunkt der Forschung lag auf der selektiven katalytischen Reduktion von NOx mit NH3 bzw. Kohlenwasserstoffen sowie der Zersetzung von NOx an unterschiedlichen Katalysatoren (Promotionen Joachim Pasel 1996, Volker Speer 2003, Karoline Schädlich 2005). Arbeiten zur Synthese von inversen Kohlenstoffmaterialien (Promotionen Arnd Garsuch 2006, Kerstin Böhme 2007) wurden von Olaf Klepel seit 2002 durchgeführt und führten 2007 zur erfolgreichen Habilitation. Weitere Arbeitsgebiete von H. Papp waren die Gasphasenadsorption an Zeolithen (Promotion Heike Lippert 2000) in Fortführung der Arbeiten von R. Schöllner, die Charakterisierung von Zeolith- und V-O-P-Katalysatoren mittels XPS, XAES und anderen Methoden (Promotionen Steffen Marschmeyer 1997, Frauke Richter 1998), die n-Butenisomerisierung an aciden Katalysatoren (Promotionen Dirk Rutenbeck 2000, Petar Ivanov 2004, Andrey Lubentsov 2007), die Herstellung mesoporöser MCM-Materialien (Promotion Markus Jeschke 2004), die oxidative Dehydrierung von Ethylbenzol (Promotion Thomas Badstube 2000), die Umsetzung von Methan mit Kohlendioxid zu Synthesegas (Promotion Min Yang 2006), die Epoxidierung von Olefinen mit immobilisierten Metall-Salenkomplexen (Promotion Tamara Luts 2007) und die Selektivoxidation von n-Butan / n-Buten an VOx-Katalysatoren (Promotion Thomas Machold 2007). Wesentliche internationale Forschungsbeziehungen gab es mit der Jagiellonen Universität Krakau (Roman Dziembaj), der Hochschule für Bergbau und Hüttenwesen Krakau (Teresa Grzybek), der Northwestern University Evanston (John Butt), dem Atomic Research Center Mumbai (Salil Norma), der Tianjin Universität (Jiyan Zhang) und der Universität Bologna (Angelo Vaccari).

Die Arbeitsgruppe von G. Wendt beschäftigte sich mit der Untersuchung von Mischoxid- und Phosphatkatalysatoren für die Umwandlung von Paraffinen und Olefinen. In diesem Zusammenhang wurde die oxidative Dehydrierung von Ethan und Propan an V_2O_5-Trägerkatalysatoren (Promotionen Susanne Burtzlaff 1997, Susann Albrecht 1998, Pavlina Ivanova-Ivanova 2005) und die selektive Oxidation von n-Buten an $(VO)_2P_2O_7$-Katalysatoren (Promotion Sabine Zeyß 1996) untersucht. Gegenstand von Arbeiten auf dem Gebiet der Umweltkatalyse waren Untersuchungen zur Totaloxidation von flüchtigen organischen Verbindungen (Chlorkohlenwasserstoffe, Kohlenwasserstoffe) an Perowskit- und Perowskitträger-Katalysatoren sowie an modifizierten Mischoxidkatalysatoren (Promotionen Ralf Schneider 1997, Maja Hackenberger 1998, Katja Stephan 1999, Doreen Döbber 2003, Eike Kantzer 2007). In weiteren Arbeiten wurden Untersuchungen an modifizierten Zirconium- und Titaniumschichtphosphat-Katalysatoren (Promotionen Sylvia Gantzkow 2000, Tilo Zachau 2000) sowie an amorphen Siliciumnitrid-Katalysatoren (Promotion Dirk Hullmann 2000) durchgeführt. Die Arbeiten zur Oligomerisierung von n-Butenen an NiO-Al_2O_3-SiO_2-Katalysatoren wurden weitergeführt und in den Jahren von 1999 bis 2005 von der Degussa-Oxeno-Olefinchemie GmbH Marl finanziell unterstützt.

Abbildung 157
Michael Buchmeiser

In der Arbeitsgruppe von U. Stottmeister waren die Hauptarbeitsgebiete Grundlagen der Altlastsanierung und die Umweltbiotechnologie, der mikrobielle Abbau und die Stickstoffelimination in industriellen Abwässern sowie mikrobielle Transformationen und die Anwendung mikrobieller Produkte in der chemischen Synthese.

Die Arbeitsgruppe von R. Gläser beschäftigt sich mit der Entwicklung neuartiger Redoxkatalysatoren für die Selektivoxydation organischer Verbindungen und der Nutzung innovativer Reaktionsmedien für die heterogene Katalyse. Dabei stehen überkritische Fluide und gasexpandierte Flüssigkeiten als Medien sowohl für die Präparation als auch für die katalytische Anwendung von geordneten mikro- und mesoporösen Feststoffkatalysatoren im Vordergrund.

Am 1.4.2004 ging G. Wendt in den Ruhestand. Im Januar 2005 erhielt Kai-Olaf Hinrichsen vom Institut für Technische Chemie der Ruhruniversität Bochum den Ruf auf eine W2-Professur für Technische Chemie (Nachfolge G. Wendt); bereits 2007 verließ er die Universität Leipzig wieder, da er einen Ruf an die TU München angenommen hatte.

Michael R. Buchmeiser (Abb. 157) von der Leopold Franzens Universität Innsbruck wurde durch eine gemeinsame Berufung mit dem Leibniz-Institut für Oberflächenmodifizierung e. V. Leipzig am 1.12.2004 C4-Professor für Technische Chemie der Polymeren und gleichzeitig stellvertretender Direktor des Leibniz-Instituts. M. Buchmeiser promovierte 1993 mit einer Arbeit zu neuen Synthesekonzepten zum Aufbau kooperativer Cyclopentadienylsysteme und habilitierte sich 1998 zum Thema „Moderne Synthesekonzepte zur anwendungsoptimierten Herstellung funktioneller Polymerer". Seine Hauptarbeitsgebiete sind die Herstellung photoaktiver Übergangsmetall-Polymerisationsinitiatoren, die kontrollierte Polymerisation an und von Oberflächen, die Oberflächenimmobilisierung metallorganischer Katalysatoren und die Oberflächenmodifizierung meso- und makroporöser Systeme.

Die Arbeitsgruppe von W.-D. Einicke (Abb. 158) beschäftigt sich mit Themen zu adsorptiven Trenn- und Reinigungsprozessen (Promotionen Bärbel Gläser 1994, Uwe Kehrer 1996, Dirk Sieler 1996, Roman

Abbildung 158
Wolf-Dieter Einicke,
Dieter Kießling,
Jürgen Böhm (v. l.),
2008

Lippert 1997, Matthias Wolf 2000) und mit der Herstellung, Charakterisierung und Modifizierung von Adsorbentien (Promotionen Antje Breuel 1998, Olaf Hempel 2003). Die Trennung von flüssigen Stoffgemischen durch Pervaporation und Untersuchungen zur Permeation von Einzelgasen und Gasgemischen durch Zeolith-Polymer-Membranen (Promotionen Thomas Köhler 2003, Silke Matysik 2003, Rita Sattler 2003) wurde im Rahmen des Graduiertenkollegs „Physikalische Chemie der Grenzflächen" gefördert. Im Bereich der Umweltkatalyse wurden Untersuchungen zur Mikrowellen-induzierten katalytischen Nachverbrennung von Schadstoffen aus Abluft durchgeführt (Promotion Ingo Hartmann 2007).

Im Zuge der allgemeinen Stellenkürzungen an der Universität Leipzig wurde die Stellenausstattung im Institut für Technische Chemie deutlich verringert. Zum heutigen Zeitpunkt sind dem Institut nur noch zwei Professuren, eine Stelle für unbefristete und eine halbe für befristete Mitarbeiter sowie drei und eine halbe Stellen für technische Mitarbeiter zugeordnet, was einer Reduzierung im Verhältnis zur Institutsgründung im Jahre 1993 von mehr als einem Drittel entspricht. Auch die dem Institut zugewiesenen jährlichen Sachmittel nahmen kontinuierlich ab; seit 1993 etwa um 50 %, so dass ein geordneter Lehr- und Forschungsbetrieb nur durch das erfolgreiche Einwerben von Drittmitteln möglich war und ist. Innerhalb dieser Rahmenbedingungen erschienen seit 1993 etwa 300 Publikationen, und etwa 50 Dissertationen wurden abgeschlossen.

Das Institut für Nichtklassische Chemie

Am 1.1.1994 wurden im Rahmen des Wissenschaftler-Integrationsprogramms (WIP) 15 Mitarbeiter der Forschungsgruppe Hochtemperaturreaktionen der ehemaligen Akademie der Wissenschaften der DDR dem Institut für Technische Chemie zugeordnet. Diese Forschungsgruppe stand unter der Leitung von Gerhard Zimmermann (Abteilungsleiter im Bereich organische Grundstoffe des Zentralinstituts für Organische Chemie an der Akademie der Wissenschaften; Honorarprof. für Technische Chemie an der TH für Chemie Leuna-Merseburg) und beschäftigte sich im Wesentlichen mit thermischen Cyclisierungs- und Cycloisomerisierungsreaktionen (Promotionen Stefan Hagen 1995, Uta Nüchter 1996, Kathrin Schulz 1997). Am 30.6.1997 lief die Förderung durch das WIP aus. Am 1.7.1997 wurde aus dieser Forschungsgruppe das Institut für Nichtklassische Chemie (INC) e. V. als Aninstitut der Universität Leipzig gegründet. Entscheidende Vorarbeiten haben dabei H. G. Struppe und Bernd Ondruschka (1997 C4-Prof. für Technische Chemie und Umweltchemie Friedrich-Schiller-Univ. Jena) geleistet. Gründungsdirektor war H. Papp; das Institut wird getragen vom Verein „Institut für Nichtklassische Chemie e. V." Vorsitzender des Vereins war G. Wendt, 2. Vorsitzender war Gerhard Zimmermann. Geschäftsführer und stellvertretender Institutsdirektor war Peter Harting (2001 apl. Prof.). Dank der Förderung durch das Sächsische Staatsministerium für Wissenschaft und Kunst (SMWK) und die Europäische Union (EFRE-Mittel) wurde ein zweckmäßiges Laborgebäude auf dem Gelände der Permoserstraße 15 geschaffen (Abb. 159).

Abbildung 159
Gebäude des Instituts für Nichtklassische Chemie, Permoserstraße

P. Harting ging im Jahre 2005 in den Ruhestand; seit 1.10.2004 ist Reiner Staudt (Promotion in Physik und Habilitation an der Universität Siegen) Geschäftsführer und stellvertretender Direktor des INC. Unter Nichtklassischer Chemie wird die Beschleunigung von Stoffaustauschprozessen sowie von chemischen Reaktionen unter Extrembedingungen von Druck und Temperatur bzw. durch unkonventionellen Energieeintrag wie z. B. Mikrowellen oder Ultraschall verstanden. Aufgabe des INC ist es, Forschungsarbeiten durchzuführen, die zur Entwicklung anwendungsbereiter Lösungen führen. Die Untersuchungen zur in-situ Grundwasserreinigung mit kolloidaler Aktivkohle führten 2007 zur Promotion von Ariette Schierz. Daneben werden wissenschaftliche Dienstleistungen angeboten und Aufträge zur Herstellung kleinerer Produktmengen bearbeitet. Durch eine enge Zusammenarbeit mit kleinen und mittelständischen Betrieben aus der Region erbringt das INC spezifischen Nutzen auch für Mitteldeutschland. Seit Oktober 2004 trägt es, zur genaueren Beschreibung des Leistungsspektrums, die Unterbezeichnung „Zentrum für Sorption und Reaktion an Feststoffen". 2005 wurde das INC nach ISO 9001:2000 (Qualitätsmanagment) zertifiziert. Seit 6.8.2007 ist R. Gläser als Nachfolger von H. Papp Direktor des INC.

Die Umweltchemie

Dietrich Wagler, Gerhard Wendt

Als eigenständiges Wissenschaftsgebiet entwickelte sich die Umweltchemie etwa ab Ende der 1960er Jahre. Forschungsschwerpunkte der Umweltchemie sind der Transport und die Verteilung sowie die Umwandlung von Stoffen in den Umweltkompartimenten (Luft, Wasser, Boden), die Wechselwirkung von Stoffen bzw. deren Abbauprodukte mit der Umwelt und die Entwicklung von Verfahren zur Beseitigung von Abprodukten. Die Umweltchemie ist deshalb in starkem Maße interdisziplinär orientiert und steht in engen Beziehungen zu anderen Wissenschaftsdisziplinen wie Biologie, Geowissenschaften, Ökotoxikologie, Verfahrenstechnik u. a. Die Entwicklung der Umweltchemie in Lehre und Forschung nach 1990 in den neuen Bundesländern entsprach einer vitalen Notwendigkeit zur Aufarbeitung von gesellschaftspolitisch bedingten Versäumnissen und den sich abzeichnenden Veränderungen im Umweltschutz.

Das Interdisziplinäre Institut für Natur-und Umweltschutz

Nachdem an der Universität Leipzig bereits seit dem 28.4.1973 eine Arbeitsgruppe „Sozialistische Landeskultur und Umweltschutz" (Leiter Gerd Olszak) und nachfolgend seit dem 1.3.1978 ein interdisziplinärer Arbeitskreis „Ökologie und Umweltgestaltung" (Leiter Richard Mahrwald, ab September 1985 Christian Hänsel, Sekretär Klaus Kabisch) bestand, beschloss der Senat der Universität in den Sitzungen am 9.10.1990 und am 29.10.1990 die Bildung eines organisatorisch an die Sektion Chemie angegliederten „Interdisziplinären Institutes für Natur- und Umweltschutz (IINU)"[160,161]. Das Institut unter Leitung von K. Kabisch (1992 C3-Prof. für Natur- und Umweltschutz, Biologe) (Abb. 160) stützte sich auf die wissenschaftlichen Mitarbeiter Dr. Ehrhardt Geißler (Ökonom), Dr. habil. Joachim Hoffmann (Technische Chemie), Dr. Dietrich Wagler (Anorganische Chemie, ab 1992 über das Wissenschaftler-Integrationsprogramm hinzugekommen) sowie Sabine Ziller (technische Mitarbeiterin) und Christina Ochmann (Sekretärin).

Die offizielle durch das Sächsische Staatsministerium für Wissenschaft und Kunst (SMWK) genehmigte Institutsgründung erfolgte am 2.12.1993 und die Einordnung in die neu gegründete Fakultät für Chemie und Mineralogie am 14.1.1994. Zu diesem Zeitpunkt hatte das Institut bereits eine Reihe der ihm zugedachten Aufgaben wahrgenommen. Die Anbindung an die Fakultät für Chemie und Mineralogie erfolgte, weil bezüglich der zukünftigen Aufgaben in Lehre und Forschung eine enge Beziehung zu den Instituten für Analytische Chemie und Technische Chemie bestand.

Die dem Interdisziplinären Institut für Natur- und Umweltschutz übertragenen Aufgaben waren die Integration und Koordination der an der Universität Leipzig betriebenen umweltrelevanten Lehre und Forschung in Natur-, Geistes und Sozialwissenschaften sowie in der Medizin, wobei – wie sich später in der Praxis herausstellte – die Aufgaben in den Komplexen Lehre und Forschung in unterschiedlichem Maße bewältigt werden konnten.

Bereits ab dem Wintersemester 1990/91 wurden erste fakultätsübergreifende Lehrveranstaltungen angeboten. Das nach und nach erweiterte Vorlesungsangebot, das von den Mitarbeitern des Institutes, von Vertretern aller Institute der Fakultät für Chemie und Mineralogie, von Hochschullehrern anderer Fakultäten, von Mitarbeitern des Umweltforschungszentrums Leipzig/Halle und Vertretern aus Wirtschaft, Industrie sowie aus umweltrelevanten Fachbehörden der Stadt Leipzig und des Freistaates Sachsen bestritten wurde, umfasste schließlich Vorlesungen zu Natur- und Umweltschutz in Studiengängen der Chemie und Biologie sowie in der Nebenfachausbildung an den Fakultäten für Physik und Geowissenschaften (Geographie), Mathematik und Informatik (Informatik), Sozialwissenschaften und Philosophie (Ethik), an der Philologischen Fakultät (Institut für Sprach- und Übersetzungswissenschaft) und an der Sportwissenschaftlichen Fakultät. Schwerpunkt der Lehre waren allerdings die fakultätsübergreifenden Lehrveranstaltungen:

Abbildung 160
Klaus Kabisch

Ringvorlesung Probleme des Umweltschutzes (Teil I und II), Probleme des Naturschutzes (Teil I und II), Anorganische Umweltchemie, Einführung in die Chemische Ökotoxikologie, Umweltrelevante chemische Modelle, Umweltinformatik aus interdisziplinärer Sicht, Einführung in die Geschichte der Umweltproblematik und Ökologie, Ökonomie und Ökologie aus interdisziplinärer Sicht, Beispiele des Einsatzes des geografischen Informationssystems ARC/INFO zu Problemen der Stadtökologie und im Natur- und Umweltschutz, Regionale Nachhaltigkeit – Strukturwandel aus regionaler, nationaler und internationaler Sicht, Ausgewählte Probleme der Landschaftsökologie, Diskussion von Umweltproblemen – dargestellt an Fallbeispielen. Das für alle Hörer offene Vorlesungsangebot wurde von Studenten vieler Fakultäten, von Mitarbeitern in Behörden und von zahlreichen interessierten Bürgern angenommen.

Zu nennen ist noch eine vom IINU und von den Instituten für Analytische Chemie und Technische Chemie gemeinsam konzipierte berufsbegleitende Fortbildungsmaßnahme „Umweltchemie", die bereits die Grundzüge des späteren Aufbaustudiums „Umweltchemie" trug. Diese sich über zwei Jahre erstreckende Maßnahme (4 Semester zu jeweils 20 Wochen, je 9 Stunden pro Woche) wurde vom Arbeitsamt gefördert und ab 1991 von etwa 30 Teilnehmern erfolgreich absolviert[162].

Während das IINU einen großen Anteil an der umweltrelevanten Lehre an der Universität für sich reklamieren konnte, gestaltete sich die zweite Hauptaufgabe – Integration und Koordination der umweltrelevanten Forschung – wesentlich schwieriger. Das zeigte sich bereits 1993, als vom IINU im Auftrag des Rektors eine Studie für den Wissenschaftsrat zur umweltrelevanten Forschung erarbeitet wurde[163]. Die Arbeit an der Studie war problematisch. Gründe dafür waren u. a. in der geringen personellen Kapazität des IINU, nicht eindeutig geklärten Kompetenzen und in mangelnder Bereitschaft einiger Fakultäten zur Kooperation zu suchen. So wies die Studie im Wesentlichen nur umweltrelevante Forschung an den Fachbereichen Chemie, Physik, Biowissenschaften, Medizin, Veterinärmedizin sowie Sprach- und Medienwissenschaften aus.

Auch angesichts der breit gefächerten Forschungskapazität des inzwischen etablierten Umweltforschungszentrums (UFZ) Leipzig/Halle konnte das IINU in der Forschungskoordination nur eine Nebenrolle wahrnehmen. Aber auch ohne das IINU entwickelte sich in den folgenden Jahren an vielen Fakultäten eine umfangreiche Umweltforschung, z. T. zusammen mit dem UFZ, auf den verschiedensten Gebieten in Kooperation mit anderen Universitäten, Forschungseinrichtungen und Industriepartnern.

Die Forschung der Mitarbeiter des IINU lag auf dem Gebiet der Stadtökologie. Die Projekte waren alle in Verbundprojekte des UFZ eingebunden (Kooperation mit dem Projektbereich „Urbane Landschaften" und der Sektion Analytik am UFZ) und betrafen inhaltlich die Forschung zu verkehrsbedingten Emissionen, deren Ausbreitung im Stadtgebiet und in besonders sensiblen Bereichen (mathematische Modellierung), Untersuchungen zur sozialen und ökologischen Verträglichkeit der Mobilitätsentwicklung, Verkehrs- und Umweltbelastung bei Suburbanisierungsprozessen und schließlich die Bedeutung von Grünflächen für Erholung und Wohnumfeldverbesserung.

Das IINU wurde mit Beschluss der Universitätsgremien am 30.9.1998, zeitgleich mit dem Eintritt von K. Kabisch in den Ruhestand, geschlossen, nachdem es seine Aufgaben in Bezug auf die Lehre erfüllt hatte und inzwischen in mehreren Fakultäten eigenständige Aktivitäten in Lehre und Forschung etabliert worden waren.

Die Umweltchemie im Studiengang Chemie und im Aufbaustudium

Im Jahre 1993 wurde im Fachbereich Chemie eine Arbeitsgruppe unter Leitung von Gerhard Werner (nachfolgend: Eberhard Hoyer und Gerhard Wendt) mit der Zielstellung gegründet, ein Konzept für die Ausbildung der Studenten auf dem Gebiet der Umweltchemie im Hauptstudium des Diplom-Studienganges Chemie zu erarbeiten. Im Studienplan für das Hauptstudium wurde festgelegt, dass die Kernfächer der Chemie (Anorganische Chemie, Organische Chemie und Physikalische Chemie) unter Berücksichtigung umweltchemischer Aspekte sowie die Analytische Chemie (Umweltanalytik) und Technische Chemie (Technische Umweltchemie) im Mittelpunkt der Ausbildung stehen. Damit sollte die

Fachkompetenz der Absolventen als Chemiker gewahrt bleiben. Um aber ein Verständnis der Absolventen für die Probleme des Umweltschutzes im Allgemeinen im Zusammenhang mit dem zukünftigen Einsatz als Umweltchemiker in der Industrie, Behörden und Institutionen zu gewährleisten, wurden die aufgeführten vorwiegend nichtchemischen Fächer in die Ausbildung einbezogen.

Natur- und Umweltschutz (K. Kabisch, D. Wagler)	Umweltgeowissenschaften (Peter Schreiter)
Atmosphärenchemie (H. Hermann)	Umweltmedizin (O. Herbarth)
Mikrobiologie (Hermann Tauchert)	Ökotoxikologie (G. Schüürmann)
Umweltinformatik (J. Hoffmann, Jürgen Böhm)	Umweltrecht (Reinhard Müller)
Umweltplanung und -management (Wolf-Dieter Großmann)	

An der Gestaltung der Ausbildung beteiligten sich auch Mitarbeiter des 1991 gegründeten Umweltforschungszentrums Leipzig/Halle (gegenwärtig Helmholtz-Zentrum für Umweltforschung – UFZ) auf den Gebieten der Biotechnologie (Ullrich Stottmeister), Ökotoxikologie (Gerrit Schüürmann), Technischen Umweltchemie (Frank-Dieter Kopincke), Umweltmedizin (Olf Herbarth) und Natur- und Umweltschutz (Klaus Henle). Aus dem Leibniz-Institut für Troposphärenforschung Leipzig e.V. (IfT) wurden Lehrveranstaltungen zur Atmosphärenchemie (Hartmut Herrmann) angeboten. Weiterhin wurde ein Integriertes umweltchemisches Praktikum zu den Umweltkompartimenten Luft, Wasser und Boden sowie zum Recycling aufgebaut (Organisatorische Leitung: Wolf-Dietrich Einicke). Die Durchführung der Versuche erfolgte in den Instituten für Analytische Chemie, Anorganische Chemie, Mineralogie, Kristallographie und Materialwissenschaft sowie Technische Chemie, im UFZ und im Institut für Nichtklassische Chemie (INC). Darüber hinaus bestand für die Studenten der Studienrichtung Umweltchemie die Möglichkeit, ein Mikrobiologisches Praktikum an der Fakultät für Biowissenschaften, Pharmazie und Psychologie zu absolvieren.

Die ersten Studenten für die Studienrichtung Umweltchemie wurden im Wintersemester 1995/96 immatrikuliert (Studienberatung und organisatorische Leitung: G. Wendt).

Im Rahmen der Umgestaltung des Chemiestudiums im Jahre 1999/2000 mit der Einführung eines sechssemestrigen Basisstudiums und eines viersemestrigen Schwerpunktstudiums wurde die Umweltchemie zu einem Schwerpunktfach. Aufgrund des geringeren Stundenvolumens für die Ausbildung der Studenten im Schwerpunktstudium Umweltchemie war es notwendig, die Anzahl der Fächer zu vermindern. Die Reduzierung betraf im Wesentlichen die o. g. nichtchemischen Fächer mit Ausnahme der Lehrgebiete Natur- und Umweltschutz und Ökotoxikologie. Die Einführung des modular aufgebauten Bachelor-/Master-Studienganges im Wintersemester 2005/06 führte zu einer weiteren Veränderung der Einordnung der Umweltchemie in den Studienplan. Gegenwärtig werden im Master-Studiengang sechs Wahlpflichtmodule zur Umweltchemie in folgenden Gebieten angeboten: Umweltschutz und Ökotoxikologie, Technische Umweltchemie, Atmosphärenchemie und Physikalische Umweltchemie, Anorganische und Organische Umweltchemie sowie ein Umweltchemisches Praktikum.

Ausgehend von den Erfahrungen bei der Ausbildung der Studenten in der Studienrichtung Umweltchemie wurde im Wintersemester 1997/98 ein zweijähriges berufsbegleitendes Aufbaustudium Umweltchemie eröffnet (Organisatorische Leitung: G. Wendt). Die Voraussetzung für die Teilnahme an dem Aufbaustudium war ein Hoch- bzw. Fachschulabschluss in einem naturwissenschaftlichen oder technischen Studiengang. In acht einwöchigen Kursen wurden grundlegende Kenntnisse zu folgenden Lehrgebieten vermittelt: Chemie der Atmosphäre, Hydrosphäre und Pedosphäre, Umweltanalytik und Technische Umweltchemie sowie die o. g. nichtchemischen Fächer. Dabei wurde das Ziel verfolgt, die Absolventen in die Lage zu versetzen, Schadstoffeinwirkungen auf die Umwelt zu bewerten, analytische Verfahren zur Kontrolle von Schadstoffen einzuschätzen, Maßnahmen zur Beseitigung schädlicher Umweltfaktoren sowie Konzepte zum vorbeugenden Umweltschutz zu erarbeiten. Das Aufbaustudium Umweltchemie wurde im Jahre 2004 eingestellt.

Forschung in Umweltchemie an der Fakultät und mit dem Umweltforschungszentrum Leipzig–Halle

Forschungsarbeiten zur Umweltchemie und damit die Durchführung von Diplom- und Doktorarbeiten waren in den Instituten für Analytische Chemie und Technische Chemie, im UFZ, im INC und im IfT möglich. Im Institut für Analytische Chemie wurden Untersuchungen zur Analytik von polychlorierten Dibenzodioxinen und Dibenzofuranen (Rainer Herzschuh) im Zusammenhang mit dem Metallrecycling und der Analyse von Plasma-Ätzgasen sowie zur Spurenanalyse umweltrelevanter Verbindungen in Abgasen von Heizungen und in Trink- und Abwässern (Werner Engewald) in Zusammenarbeit mit dem UFZ (G. Schüürmann, Peter Popp) durchgeführt. Schwerpunkte der umweltchemischen Forschung im Institut für Technische Chemie waren die selektive katalytische Reduktion von NO_x mit NH_3 bzw. Kohlenwasserstoffen an unterschiedlichen Katalysatoren und die Entfernung von NO_x und Russpartikeln aus dem Abgas von Dieselmotoren (Helmut Papp), die katalytische Nachverbrennung (Totaloxidation) von Kohlenwasserstoffen und Chlorkohlenwasserstoffen aus Abluft an Perowskit- und Mischoxidkatalysatoren (G. Wendt) sowie die Adsorption zur Trennung und Entfernung von Schadstoffen und die mikrowelleninduzierte katalytische Nachverbrennung von Schadstoffen aus Abluft (W.-D. Einicke).

Im UFZ wurden und werden Arbeiten zur Umweltkatalyse und dabei besonders zur Wasserreinigung von belasteten Grundwässern und Industrieabwässern von ehemaligen und gegenwärtigen Standorten der chemischen Industrie in Ostdeutschland (F.-D. Kopincke), zur Ökotoxikologie über Zusammenhänge zwischen Molekülstruktur chemischer Stoffe und ihrem Schicksal in der Umwelt und Methoden zur Vorhersage ihres Umweltverhaltens und Risikos (G. Schüürmann) und zur Umweltanalytik (Klaus Dittrich, Rainer Wennrich) durchgeführt. Gegenstand umweltchemischer Forschung am IfT sind die Untersuchung chemischer Prozesse in der Troposphäre mittels Feldexperimenten, Laboruntersuchungen und Multiphasenmodellierung. Am INC werden auf dem Gebiet der Umweltchemie Arbeiten zur Trennung von Gasgemischen und Reinigung von Abgasen durch Adsorption sowie zur katalytischen Abwasseraufbereitung vorgenommen.

Die Chemiedidaktik

Barbara Arndt, Horst Wilde

Die Chemiedidaktik bis 1990

Erst nach dem Ende des Zweiten Weltkrieges wurde wieder (s. Abschn. Entwicklung der Chemiedidaktik) eine Dozentur, später Professur für „Methodik des Chemieunterrichts", an der Pädagogischen Fakultät eingerichtet. „Unberechtigterweise wird Methodik oft als etwas weniger Wissenschaftliches und zu Praxisorientiertes abgewertet", wie Gerhard Meyendorf und Eberhard Rossa[164] feststellten.

Diese Professur wurde von dem zu Recht als Altmeister der Chemiemethodik der DDR geltenden Werner Renneberg (1906–1976)[165–167] (Abb. 161) wahrgenommen. Nach dem Studium der Mathematik, Physik und Chemie für das Höhere Lehramt und dem Vorbereitungsdienst an einer Leipziger Oberrealschule blieb es dem Studienassessor W. Renneberg versagt, den gewünschten Lehrerberuf auszuüben. In seiner anschließenden Tätigkeit als Laborassistent und -leiter (1936 bis 1945) wandte er sich zunächst ausschließlich chemisch-material-

Abbildung 161
Werner Renneberg
(1906–1976)

wissenschaftlichen Arbeitsgebieten, wie Analytik, Werkstoffprüfung, Metallographie und Gasdynamik zu. Er wurde 1942 bei Bonhoeffer promoviert. Seine Ambitionen galten jedoch weiterhin der Unterrichtslehre der Chemie und Mathematik. In der materiellen und personellen Notzeit des unmittelbaren Nachkrieges als Lehrer an Leipziger Schulen tätig, folgte W. Renneberg bereits im Herbst 1946 dem Ruf zu pädagogisch-wissenschaftlicher Tätigkeit an der neu gegründeten Pädagogischen Fakultät der Universität Leipzig. Seine vordringlichste Aufgabe sah er zunächst in der Erneuerung des Chemieunterrichts und der Ausbildung von zahllosen engagierten, motivierten, ihr Studium oft ohne erforderliche Voraussetzungen mit Enthusiasmus betreibenden Neulehrern (ab 1.10.1945 Wiederaufnahme des Unterrichts in der sowjetischen Besatzungszone auf Grund des Befehls der sowjetischen Militäradministration Nr. 40 vom 25.8.1945). „1946 wurde das Gesetz zur Demokratisierung der deutschen Schule verabschiedet, das die einheitliche achtklassige Grundschule und darauf aufbauend eine vierklassige Oberschule mit Abitur als Reifeprüfung vorsah. In diesem Zusammenhang wurde das Fach Chemie für alle Schüler in Klasse 8 ab 1.9.1946 und in Klasse 7 ab 1.9.1949 eingeführt"[168, S.42]. Bereits Ende der 40er Jahre etablierten sich so – wiederum von der Leipziger Universität maßgeblich beeinflusst – an den Universitäten der DDR selbständige Bereiche bzw. Lehrstühle für Chemiemethodik. Eine solche Entwicklung setzte in den meisten Ländern der Bundesrepublik erst mit der Reform der Lehrerbildung und der Übertragung der ersten Phase der Ausbildung an die Universitäten in den 70er Jahren ein. Erst zu diesem Zeitpunkt wurde die Fachdidaktik in Studien- und Prüfungsordnungen aufgenommen[168, S.39]. Basierend auf Arbeiten von Rudolf Arendt, Willbrand und K. Scheid[169] u. a. entstand, im Wesentlichen befördert durch W. Renneberg und seine Mitarbeiter, das erste Lehrplanwerk am 1949 gegründeten Deutschen Pädagogischen Zentralinstitut (DPZI), dem Vorläufer der späteren Akademie der Pädagogischen Wissenschaften (APW). „Die Arbeiten W. Rennebergs waren von Anfang an darauf gerichtet, den mathematisch-naturwissenschaftlichen Unterricht unserer Schule bei Berücksichtigung der spezifischen Anliegen der einzelnen Unterrichtsfächer so zu gestalten, dass Schülern die wechselseitige Durchdringung der Inhalte dieser Unterrichtsdisziplinen bewusst wird und sie zu schöpferischer Tätigkeit anregt"[165, S. 227]. Seine fachdidaktischen Überlegungen und die seiner Mitarbeiter zielten auf einen Chemieunterricht, der eine einheitliche mathematisch-naturwissenschaftliche Bildung fördert. Als Hochschullehrer und Wissenschaftler galt seine Aufmerksamkeit der Entwicklung des wissenschaftlichen Nachwuchses. 42 Promovenden und Habilitanden in Methodik des Chemie- bzw. des Mathematikunterrichts erlangten bei ihm ihre akademische Graduierung. Im Ergebnis empirischer Forschung entstanden Lehrkonzepte, in denen der Aufbereitung der Inhalte und dem Experimentieren eine besondere Rolle zukam (z. B. Horst Möhle: Chemieunterricht als Exkursion[170]; Werner Rosenkranz: Unterrichtliche Behandlung der Säure-Base-Theorie[171]; Peter Lange: Ionentheorie und Elektrolyse[172]). In den 50er und 60er Jahren findet sich Rennebergs Name als Autor zahlreicher Schulbücher und von mehr als 200 Veröffentlichungen zu Themenkreisen wie Lehrplantheorie, Polytechnische Bildung, Schülerübungen, Fragen der Stellung und Behandlung der Allgemeinen und Physikalischen Chemie, der Analytischen Chemie, dem Periodensystem der Elemente und dem Atombau, der Verbesserung des Lernens und der Erarbeitung von Lehr- und Lernmitteln. Viele dieser Überlegungen wurden in der Zeitschrift „Chemie in der Schule" veröffentlicht, deren Mitbegründer, erster Chefredakteur und Mitglied des Redaktionskollegiums er war[167, S.387]. Mit den Lehrbriefen für das Fernstudium von Chemielehrern an der Pädagogischen Hochschule Potsdam legte W. Renneberg eine erste geschlossene Darstellung zur Chemiemethodik vor[173].

Die Eingliederung der Methodikbereiche in das Institut für Pädagogik mit einer weitgehend selbstständigen Abteilung Unterrichtsmethodiken – die Chemiemethodik am Standort Scharnhorststraße – hatte für die Lehrerausbildung den Vorteil einer deutlich berufsbezogenen Akzentuierung auf pädagogische Aspekte, jedoch den Nachteil einer weitgehenden Isolierung bzw. Abgrenzung von der fachbezogenen Chemieausbildung an den Chemischen Instituten (Abb. 162).

Diese war unter den Bedingungen eines Ein-Phasen-Lehrerstudiums in zwei Fächern besonders angesagt (s. Abschn. Lehramt-Studiengänge). Die Mitarbeiter des Bereichs hatten nicht nur selbst ein

Lehrerstudium abgeschlossen, sondern auch einen meist mehrjährigen Einsatz in der Schulpraxis absolviert. Sorgsam von ihnen gestaltete und betreute Praktika Chemische Schulexperimente sowie Schulpraktika bzw. Schulpraktische Übungen führten dazu, dass Chemielehrerstudenten in der Chemiemethodik ihre studentische Heimat sahen (s. Kap. Lehre, Studium und akademische Graduierung). Obgleich die Fakultät für Chemie – Ostwalds Vorstellungen folgend – für Lehrerstudenten gesonderte Vorlesungen gegenüber den Chemikern anbot, wirkten sich materielle Notstände insbesondere bei den Praktika der „Nebenfächler" aus. Die etwas weniger umsorgten und geförderten „Stiefkinder" arbeiteten auch Anfang der 60er Jahre noch unter Bedingungen, wie sie E. Uhlig (s. Abschn. Nachkriegszeit) in seinen Erinnerungen schildert. Die Autorin erlebte drängende Enge an den Arbeitsplätzen im Laboratorium Brüderstraße, „Makrotechnik" anstelle der zwischenzeitlich eingeführten Halbmikro-Technik bei der Ausführung der qualitativen Analysen, umweht von H_2S-Geruch. Nach den anstrengenden Laborarbeiten schloss sich das Studium der Theorie abends in der Universitätsbibliothek an, um sich einen „Hollemann" zu ergattern. Die Bibliothek der Chemischen Institute eröffnete sich eigentlich erst während der Staatsexamensarbeiten, bei denen sich eine relativ große Anzahl der Studenten für die Chemie entschied. Dies traf vor allem auf Studenten der Fachkombination Mathematik/Chemie zu.

Abbildung 162
Chemiedidaktik-Laboratorium, Scharnhorststraße 20

Mit der Berufung W. Rennebergs als Sekretär des Wissenschaftlichen Rates beim Ministerium für Volksbildung (1959–1962) ging die Leitung des Bereichs Chemiemethodik, verbunden zunächst mit einer Dozentur, später Professur, an Horst Möhle über (Abb. 163). Obgleich er unter dem Rektorat Georg Mayers gleichzeitig als Prorektor für Studienangelegenheiten ab Juni 1958 und als Erster Prorektor ab Juni 1968 fungierte, widmete er sich auch der Entwicklung der Leipziger Chemiemethodik. Seine zahlreichen Auslandsreisen als Prorektor, oft unter dem Schirm der UNESCO, führten zu wissenschaftlichen Kontakten zu Chemikern und Chemiedidaktikern.[174] Einen sich daraus ergebenden Höhepunkt des internationalen wissenschaftlichen Meinungsaustausches stellte das 1964 von ihm veranstaltete große Chemiemethodische Kolloquium mit mehreren hundert Teilnehmern aus der Sowjetunion und allen osteuropäischen Ländern, sowie auch aus der Schweiz, Österreich, Frankreich, Irland und Japan dar.

Die Arbeitsgruppe Chemiemethodik hatte inzwischen zusammen mit der Biologie- und der Physikmethodik ihren Standort zur Lumumbastraße 2 (ehemals Gaudig-Schule, später Arbeiter- und Bauernfakultät) gewechselt. Die dortigen Laborräume, die über viele Jahre von der Laborantin

Abbildung 163
Horst Möhle, Barbara Arndt, Peter Lange (v. l.), 1967

Beate Petzold und der Laborhilfe Anni Wittig betreut wurden, verbesserten die Bedingungen für das experimentell-chemische Arbeiten. Bei der planmäßigen Chemiedidaktik-Ausbildung stützte sich H. Möhle auf die wissenschaftlichen Assistenten bzw. Mitarbeiter Peter Lange (1928–1994, 1970 Doz.), Heinz Obst (später Prof. an der Pädagogischen Hochschule bzw. Martin-Luther-Universität Halle-Wittenberg), Jochen Teichmann, Barbara Arndt und die Lehrer im Hochschuldienst Günter Nolte und Roland Brauer. H. Möhle förderte chemiemethodische Forschungs- und Entwicklungsarbeiten[175], die meist der persönlichen Qualifizierung seiner Mitarbeiter galten: H. Obst, „Chemische Zeichensprache"[176], J. Teichmann „Katalyse"[177] und B. Arndt, „Chemische Reaktion und Mathematik"[178]. Insgesamt 40 Doktoranden wurden bei ihm auf dem Gebiet der Chemie-Methodik, ab Mitte der 80er Jahre vor allem zu hochschulpädagogischen und - methodischen Problemen, promoviert.

Im Zuge der 3. Hochschulreform wechselte die Arbeitsgruppe an die Sektion Chemie, zunächst institutionell ab 1972 als AG Chemiemethodik, dann ab 1981 als WB Methodik des Chemieunterrichts. Die Leitung hatte bis 1976 H. Möhle, anschließend bis 1992 P. Lange. Letzterem oblag auch die Leitung des Lehrkollektivs Lehrerbildung an der Sektion Chemie, in dem Lehrende der Anorganischen, Organischen und Physikalischen Chemie zusammen mit denen der Chemiedidaktik Lehrinhalte abstimmten bzw. davon Kenntnis bekamen. Die Arbeitsbedingungen waren denkbar ungünstig: Die Büros der Mitarbeiter befanden sich im Universitätshochhaus bzw. -hauptgebäude am Karl-Marx-Platz (jetzt Augustusplatz) 10/11. Die Laboratorien für die Praktika samt Chemikalien und Geräte waren im Gebäude Lumumbastraße 2 und die Verwaltung in der Talstraße 33 untergebracht. Die schulpraktischen Übungen der Studenten fanden in Schulen, verteilt in Leipzig und Umgebung, statt.

Mit der Akademie der Pädagogischen Wissenschaften (APW) schuf sich das Ministerium für Volksbildung der DDR eine Einrichtung, die auf dem Gebiet der pädagogischen Forschung eine „Führungsrolle" übernehmen sollte. Für den Chemieunterricht an den Schulen war die Fachgruppe Chemie am Institut für den Mathematischen und Naturwissenschaftlichen Unterricht der APW zuständig. Die Bereiche Chemiemethodik an den Universitäten bzw. Pädagogischen Hochschulen sahen sich als gesuchte Kooperationspartner der APW. Die „Forschungsgemeinschaft Chemieunterricht", vertreten durch die Hochschullehrer der betreffenden Einrichtungen und Vertretern der APW, traf sich je einmal im Semester und veranstaltete einmal jährlich Doktorandenseminare. Im Ergebnis dieser Kooperation entstanden eine „Methodik des Chemieunterrichts"[179] und der „Lehrplan für den Chemieunterricht in den Klassen 7 bis 10 der polytechnischen Oberschule" (1988). Die Koordinierung und gegenseitige Abstimmung von Forschungsvorhaben führte zunehmend zu einer Forschungsprofilierung[168, S.411], allerdings auch zu einer „Entpersonifizierung" der Ergebnisse. Dies mag eine Ursache dafür sein, dass gesicherte Forschungsergebnisse und Forschungsmethodologie, durchaus nicht nur auf die Situation in der DDR eingeengt, in der Bundesrepublik Deutschland kaum zur Kenntnis genommen wurden. Sie konnten es auch deshalb nicht, weil z. B. Dissertationen der Leipziger Chemiemethodiker mit einer zehnjährigen Sperre für die Ausleihe aus der Deutschen Bücherei Leipzig belegt wurden. Die empirischen Untersuchungen enthielten statistisches Material, das der Öffentlichkeit nicht bekannt werden sollte.

Die Arbeitsweise von Ministerium für Volksbildung und APW brachte es mit sich, dass personelle Forschungskapazität der Kooperationspartner an Universitäten und Pädagogischen Hochschulen gebunden wurde und anstehende Aufgaben verteilt wurde. So entwickelten die Leipziger Chemiemethodiker 1968 den „Lehrplan Chemie". Zur Erarbeitung von Chemielehrbüchern, -arbeitsheften und Unterrichtshilfen suchte der Verlag Volk und Wissen, einziger Schulbuchverlag der DDR, vorzugsweise Autoren aus dem Personenkreis zu gewinnen, der die Lehrplanvorlage entwickelt hatte. So wurden z. B. die Schulbuchreihen „Chemie – Stoffe. Reaktionen. Umwelt", „Chemie plus", „Chemie – Fokus" (Volk und Wissen Verlag, jetzt Cornelsen Verlag), von Leipziger Chemiedidaktikern als Autoren und/oder Herausgebern verfasst (s. Anhang Bücher) (Abb. 164).

„Neben Fragen, was aus den Inhalten der Chemie für den Unterricht auszuwählen und zu strukturieren sei [...], traten immer stärker Untersuchungen, wie die ausgewählten fachlichen Inhalte möglichst lernfreundlich zu gestalten, wie allgemein bedeutsame Fähigkeiten und Fertigkeiten an den Gegenständen unseres Faches zu entwickeln seien."[164, S. 172] Für die Leipziger Chemiedidaktik führte dies zur Mitarbeit in der Forschungsgemeinschaft Fähigkeitsentwicklung an der Sektion Pädagogik/Psychologie.[180] Als Ziel für aufbereitete und evaluierte Lehr- und Lernkonzepte galt es dabei, Schülern das Vordringen von der chemischen Erscheinung zu ihrem Wesen zu ermöglichen. Gewonnene Erkenntnisse zu Fragen der Denkentwicklung, insbesondere der Abstraktionsfähigkeit, spiegelten sich in Entwicklungsarbeiten zum Chemieunterricht.

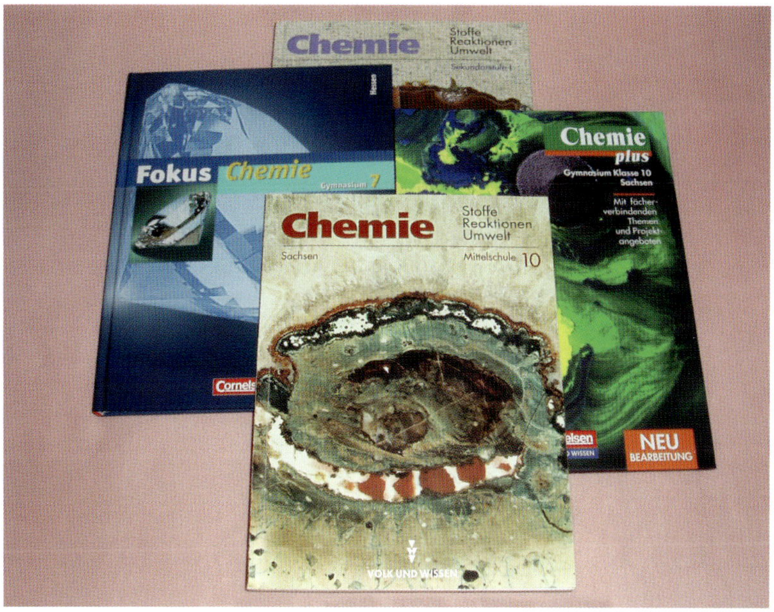

Abbildung 164
Chemiedidaktik-Lehrbücher von Leipziger Autoren

Die Chemiedidaktik ab 1990

Der politische Wandel 1989/90 brachte für die Chemiedidaktik nicht nur personelle Veränderungen, sondern wegen der Übernahme der Zwei-Phasen-Lehrerausbildung (I. Staatsexamen, Referendariat mit II. Staatsexamen) und der Anpassung an das dreigliedrige Schulsystem (Hauptschule, Realschule, Gymnasium) tiefgreifende Zäsuren. Das Berufungsverfahren für die 1992 ausgeschriebene C3-Professur scheiterte wegen der Absage des ausgewählten Bewerbers. Die „Planstelle" wurde daraufhin gesperrt und vorübergehend mit anderer Widmung an die Fakultät für Biowissenschaften, Pharmazie und Psychologie ausgeliehen. Mit der Wahrnehmung der Aufgaben in Lehre und Forschung wurde Barbara Arndt (Abb. 165) als kommissarische Leiterin des Bereichs Chemiedidaktik an der Fakultät für Chemie und Mineralogie betraut. Der Bereich arbeitete von 1992 bis 2003 als „Ein-Frau-Unternehmen" mit der Unterstützung durch studentische Hilfskräfte und Examenskandidaten. Das Lehrangebot umfasste eine dreisemestrige Vorlesung, zwei Praktika Chemische Schulexperimente, angeleitete und in kleinen Gruppen durchgeführte Schulpraktische Übungen sowie die Betreuung der Schulpraktika. Auch Staatsexamensarbeiten entstanden in nicht unerheblicher Anzahl.

Abbildung 165
Barbara Arndt

Mit Engagement beteiligte sich der Bereich an dem vom Institut für Pädagogik der Naturwissenschaften Kiel initiierten wissenschaftlichen Meinungsaustausch der Chemiedidaktiker, war Gründungsmitglied des Verbandes Mathematisch-Naturwissenschaftlicher Unterricht (MNU) in Sachsen, beteiligte sich 1994 an der Organisation der MNU-Hauptjahrestagung in Leipzig. Geschuldet der Konzentrierung der Lehrerausbildung in Sachsen auf

die Universität Leipzig, konsultierte das Sächsische Staatsministerium für Kultus die Leiterin des Bereichs Chemiedidaktik häufig zu Problemen der Lehrplanentwicklung, zur Erneuerung des Chemieunterrichts und zu Prüfungsaufgaben für Mittelschulen und Gymnasien. Das stete Bemühen um den Erhalt der Leipziger Chemiedidaktik fand in der Fakultätsleitung die notwendige Unterstützung. Mit dem Bezug des Neubaus Chemie in der Johannisallee 29 fand der Bereich Chemiedidaktik eine angemessene Heimstätte, und die Bedingungen für experimentelles Arbeiten verbesserten sich beträchtlich (Abb. 166).

Durch Ergebnisse der TIMS-Studie *(Third International Mathematics and Science Study)* und der PISA-Studie *(Programme for International Student Assessment)* „aufgeschreckt“, wurde bundesweit über eine Reform der Lehrerbildung nachgedacht. Ständiges Drängen der Fakultät auf eine Verbesserung der Lehramtsausbildung förderte die erneute Ausschreibung einer Professur für Chemiedidaktik. Mit der Berufung von Rebekka Heimann (C3-Prof., vordem Priv.-Doz. Univ. Münster) (Abb. 167) zum 15.12.2004 und der personellen Verstärkung durch eine Doktorandenstelle und eine Laborantenstelle konnte der Bereich Chemiedidaktik die fachdidaktische Ausbildung einer wieder beträchtlich angewachsenen Zahl von Lehramtsstudenten mit dem Einsatzziel Gymnasium (2004: 50) sowie Mittel- und Förderschulen (2004: 16) übernehmen.

Abbildung 166
Chemiedidaktik-Laboratorium, Johannisallee 29

Abbildung 167
Rebekka Heimann, 2008

Ein Schwerpunkt der Forschung ist die Entwicklung eines lerntheoretisch begründeten Experimentalkonzepts für den Chemieanfangsunterricht, das den systematischen Aufbau grundlegender chemischer Vorstellungen und eine konsequente Verknüpfung mit der Deutung auf submikroskopischer Ebene zum Inhalt hat. Das von R. Heimann und Günter Harsch (Univ. Münster) entwickelte PIN-Konzept (Phänomenologisch-Integratives-Netzwerk-Konzept)[181] und dessen Evaluierung in der Unterrichtspraxis bildet dafür die Grundlage. Die Entwicklung von problemorientierten Experimentalkonzepten, die eine Integration biologischer Inhalte und Methoden in den Chemieunterricht ermöglichen, sowie die Auswertung experimenteller Befunde für die Begriffsbildung und die Entwicklung und Erprobung von Möglichkeiten zur Förderung des selbständigen naturwissenschaftlichen Denkens sind weitere Ansätze der Forschung.

Das Chemielehrerfortbildungszentrum Leipzig–Jena

Abbildung 168
Logo des Chemielehrerfortbildungszentrums Leipzig-Jena

Die für den Freistaat Sachsen an der Universität Leipzig konzentrierte Lehrerausbildung wurde durch die im Frühjahr 2006 erfolgte Aufnahme der Aktivitäten des Chemielehrerfortbildungszentrums Leipzig-Jena mit Sitz an der Universität Leipzig inhaltlich erweitert und organisatorisch untersetzt (s. Abschn. Weiterbildung). Die feierliche Eröffnung wurde am 23.3.2007 im Arthur-Hantzsch-Hörsaal in einer akademischen Festveranstaltung durch Rektor Franz Häuser vorgenommen. Dieses Zentrum ist eines von sieben solchen Einrichtungen für die Fortbildung der Lehrer (Bremen/Oldenburg, Dortmund, Erlangen-Nürnberg, Frankfurt a. M., Rostock, Stuttgart/Hohenheim und Leipzig/Jena) und damit das einzige im mitteldeutschen Raum (Abb. 168). Als Leiterin wurden R. Heimann (Univ. Leipzig) und als Leiter der Fortbildungen am Standort Jena Volker Woest (Univ. Jena) berufen. Mitarbeiter an der Universität Leipzig sind Thomas Eckert und Bärbel Gerber. Das Zentrum wird von der GDCh und vom Fonds der Chemischen Industrie gefördert und durch Teilabordnung von Lehrkräften vom Sächsischen Staatsministerium für Kultus und vom Kultusministerium des Freistaates Thüringen unterstützt[182]. Beide Universitäten und einzelne Sponsoren beteiligen sich an der Finanzierung. Das Angebot zur Weiterbildung in mehrtägigen Kursen, Eintags- und Halbtagskursen richtet sich an Lehrer aller Schulformen, jedoch auch an Erzieher/innen in Kindergärten. Der größte Teil der Fortbildungen enthält einen experimentellen Teil, in dem die Lehrer neue Experimente selbst ausprobieren können.

Die Biochemie in den Naturwissenschaften

Hans-Jörg Hofmann

Die bislang beschriebenen Wissenschaftsgebiete der Chemie haben sich alle im Verantwortungsbereich der chemischen Einrichtungen zunächst an der Philosophischen Fakultät und später an der Mathematisch-Naturwissenschaftlichen Fakultät der Universität Leipzig entwickelt und sind über Jahrzehnte fester Bestandteil der Ausbildung von Chemikern geworden. Eine Gesamtdarstellung der historischen Entwicklung und der aktuellen Situation der Naturwissenschaft Chemie an der Universität Leipzig kommt nicht umhin, auch Teilgebiete der Chemie einzubeziehen, die sich unter der Obhut anderer Fakultäten und Wissenschaftsdisziplinen entwickelt haben und über viele Jahre kaum Impulse aus den chemischen Einrichtungen der Universität erhielten. Ihre Inhalte haben bis in die jüngere Vergangenheit keinen Eingang in die Ausbildung von Chemikern gefunden. Um ein solches Teilgebiet handelt es sich bei der Biochemie, die sich seit der Mitte des 19. Jahrhunderts an der Universität Leipzig isoliert von der Chemie als einer ihrer Mutterdisziplinen zunächst über lange Zeit im Schoß der Medizin, von geringerer allgemeiner Bedeutung in der Veterinärmedizin und schließlich zusätzlich und gewichtig in den letzten mehr als 40 Jahren unter dem Dach der Biowissenschaften entwickelt hat.

Die weitgehend voneinander unabhängig erfolgende Entwicklung von Chemie und Biochemie, wie sie sich in Leipzig bis in die jüngste Zeit hinein ergeben hat, ist kein Einzelfall in Deutschland. Wenn man auf die zu Anfang des 19. Jahrhunderts zunächst zaghaft beginnenden und sich um die Mitte des Jahrhunderts deutlich beschleunigenden Differenzierungsprozesse in den Naturwissenschaften im Allgemeinen und in der Chemie im Besonderen schaut, so überlässt die Chemie mit der Trennung von Organischer Chemie und Physiologischer Chemie, als die die Biochemie für Jahrzehnte zunächst in Erscheinung tritt, das Regiment über die Physiologische Chemie, nicht so sehr gedanklich und methodisch, aber doch organisatorisch, deren anderen beiden Wurzeln, der Biologie und insbesondere der Physiologie, die auf den Menschen fokussiert ein Teilgebiet der Medizin ist.

Rückschauend lässt sich allerdings feststellen, dass diese Auseinanderentwicklung in Leipzig vielleicht nicht so strikt hätte sein müssen, wenn man sieht, dass führende Repräsentanten der Chemie nahezu ein Jahrhundert lang eine erstaunliche Nähe zu zentralen Molekülen des Stoffwechsels hatten, dass von ihnen wichtige Impulse für die Wirkstoffforschung ausgingen und dass unter ihren Forschungsgebieten ein beachtlicher Anteil naturstoffchemischer Forschung zu erkennen ist. Das beginnt mit Hermann Kolbe (1818–1884), der, seinem Lehrer Friedrich Wöhler (1800–1882) folgend, davon überzeugt war, dass organische Stoffe aus anorganischen herstellbar sein müssen, was er in frühen Arbeiten durch schrittweise Überführung von Schwefelkohlenstoff in Essigsäure, dem zentralen Metaboliten des Fettsäurestoffwechsels, zeigte. Mit der von ihm entwickelten und von seinem Schüler Rudolf Schmitt (1830–1898) verbesserten Salicylsäuresynthese (Kolbe-Schmitt-Synthese) schlägt weltweit die Geburtsstunde der industriellen Arzneistoffproduktion in der von Friedrich von Heyden (1838–1926) zunächst in Dresden und dann in Radebeul gegründeten Salicylsäurefabrik, deren Teilhaber Hermann Kolbe war und die sein Sohn und Schüler, Carl Kolbe (1855–1909), später als Eigentümer betrieb. In Kolbes Laboratorium knüpfte Theodor Curtius (1857–1928) im Jahre 1881 zum ersten Mal chemisch eine Peptidbindung. Kolbes Nachfolger Johannes Wislicenus (1835–1902) ersann die ersten chemischen Synthesen für Milchsäure und Acetessigester, ebenfalls wichtigen Metaboliten des Organismus. Der Acetessigester war wiederum für Arthur Hantzsch (1857–1935) einer der Ausgangsstoffe seiner Dihydropyridinsynthese, die später zu wichtigen Wirkstoffen geführt hat. Schließlich haben Burckhardt Helferich (1887–1982) nach Hantzsch und Wilhelm Treibs (1890–1978) nach Helferich wertvolle Beiträge zur Kohlenhydrat- bzw. Terpenchemie geliefert.

Trotz der gerade unter Helferich beachtlichen naturstoffchemischen Orientierung und der damit zwangsläufig vorhandenen Nähe zur Biochemie fand diese auch bei der nach 1945 erfolgenden Bildung chemischer Institute keine Berücksichtigung, obwohl die Bildung eines Instituts für Organische Chemie und Biochemie, wie es an anderen Universitäten (z. B. Jena) entstand, durchaus im Bereich der Möglichkeiten gelegen hätte. Damit blieb es dabei, dass sich in Leipzig die Physiologische Chemie und somit die Biochemie bis in die 60er Jahre des 20. Jahrhunderts hinein unter dem Dach der Medizin entwickelte. Diese Entwicklung erfolgte zunächst vorrangig in deren physiologischen Einrichtungen und schließlich nach Abnabelung von der Physiologie und Verselbständigung im Rahmen eines eigenständigen und leistungsstarken Instituts für Physiologische Chemie. Das Institut für Physiologische Chemie der Medizinischen Fakultät wurde 1985 sogar in Institut für Biochemie umbenannt. Die Kontakte zwischen Physiologischer Chemie und den anderen chemischen Disziplinen waren allerdings gering. Man war sich selbst genug!

Die Geschichte der Physiologischen Chemie an der Medizinischen Fakultät der Universität Leipzig und ihre wesentlichen Forschungslinien sind bis in die jüngste Zeit hinein ausführlich beschrieben worden,[10,183] so dass auf eine detaillierte Darstellung verzichtet werden kann. Der Schwerpunkt dieser Ausführungen liegt daher auf der Entwicklung der Biochemie im Rahmen der Naturwissenschaften. Dabei sollen wesentliche Eckdaten zusammengestellt werden, die diese Entwicklung in die zu verschiedenen Zeiten mehr oder weniger große Nähe zu den chemischen Disziplinen, die an der Philosophischen bzw. Mathematisch-Naturwissenschaftlichen Fakultät organisiert waren, bringen. So lässt sich schließlich der Bogen bis in die jüngste Zeit spannen, in der die Fakultät für Chemie und Mineralogie die Bedeutung der Biochemie für sich und ihre zukünftige Entwicklung in Forschung und Lehre entdeckt hat.

Einige markante Daten aus der Entwicklung der Physiologischen Chemie an der Medizinischen Fakultät müssen aber hervorgehoben werden, zum einen um spätere Entwicklungen besser einordnen zu können, zum anderen um zu zeigen, dass die Universität Leipzig im deutschsprachigen Raum bei der Etablierung von Physiologischer Chemie und Biochemie eine wichtige Vorreiterrolle einnahm. Immerhin wurde an der Universität Leipzig bereits 1854 für Carl Gotthelf Lehmann (1812–1863), der seit 1847 eine Nominalprofessur für Physiologische Chemie innehatte, ein persönliches Ordinariat für Physiologische und Pathologische Chemie eingerichtet, dessen Kontinuität allerdings nach seinem Wechsel nach Jena im Jahre 1856 nicht gewahrt blieb. Dieser Fakt ist insofern bemerkenswert, da zumeist die Übernahme des Ordinariats für Physiologische Chemie an der Reichsuniversität Straßburg im Jahre 1872 durch Felix Hoppe-Seyler (1825–1895) zumindest im formalen Sinne als das markante Datum für die Etablierung der Physiologischen Chemie als eigenständigem Wissenschaftsgebiet im damaligen Deutschen Reich angesehen wird. Eben dieser für die Entwicklung der Physiologischen Chemie in Deutschland so bedeutende Felix Hoppe-Seyler hat von 1847 bis 1850 an der Universität Leipzig studiert und unter anderem auch das höchst beengte Privatlaboratorium für Physiologische Chemie des damals noch Extraordinarius Lehmann besucht. Lehmann hatte sich 1849, also gerade in der Studienzeit Hoppe-Seylers, mit großer Energie, letztendlich aber erfolglos um die Einrichtung eines größeren Laboratoriums für physiologisch-chemische Forschungen eingesetzt. Die Medizinische Fakultät hatte seinen Antrag zwar unterstützt, zeigte aber größere Sympathie für einen gleichzeitig von seinem Fakultätskollegen Otto Bernhard Kühn (1800–1863), daselbst Professor für Allgemeine (Theoretische) Chemie, gestellten Antrag, der die Einrichtung eines Chemischen Laboratoriums vorsah. Die Medizinische Fakultät schätzte die Bedeutung der Organischen Chemie damals höher als die der Physiologischen Chemie ein und versprach sich von ihr eine größere Zahl von Studenten.[184]

Die von Lehmann ausgehende Entwicklungslinie der Physiologischen Chemie in Leipzig wurde nach seinem Weggang von respektablen Persönlichkeiten in eher subalterner Stellung fortgesetzt, so von Otto Funke (1828–1879), der wichtige Voraussetzungen für die Entdeckung des Hämoglobins schuf, als ao. Professor bis 1860. Nach dessen Weggang nach Freiburg übernahm 1861 Carl Hugo Huppert (1832–1904) das verwaiste Laboratorium und führte darin praktische Übungen in pathologisch-chemischen Untersuchungen durch. Er wurde 1871 Extraordinarius im nunmehr so genannten Pathologisch-Chemischen Laboratorium, nahm aber schon 1872 einen Ruf nach Prag an. Mit Franz Adolph Hofmann (1843–1920), ao. Professor für Hygiene und später erster Ordinarius für Hygiene an der Universität Leipzig, der dieses Laboratorium dann von 1872 bis 1878 leitete, erlosch jedoch die von Lehmann ausgehende Linie der Physiologischen Chemie.

Inzwischen hatte sich aber mit der Berufung von Carl Ludwig (1816–1895) auf den Lehrstuhl für Physiologie im Jahre 1865 eine neue Entwicklungslinie der Physiologischen Chemie parallel dazu aufgetan. Carl Ludwig förderte die Physiologische Chemie in seinem Physiologischen Institut, da er sie gemäß seiner Auffassung vom Organismus als physikalisch-chemischem System als unverzichtbaren Teil der Physiologie ansah. Er stellte eigens chemische Assistenten ein, von denen Gustav Hüfner (1840–1908), der Entdecker der Aminosäuren Leucin und Tyrosin, und nach dessen Berufung nach Tübingen Edmund Drechsel (1843–1897), der Entdecker der Aminosäure Lysin, zu nennen sind. Drechsel wurde 1878 ao. Professor für Physiologische Chemie an der Medizinischen Fakultät und wechselte 1892 nach Bern. Ihm folgte Max Siegfried (1864–1920), der bereits als zweiter chemischer Assistent in Ludwigs Institut neben Drechsel gearbeitet hatte und nun nachrückte, um dann unter Ludwigs Nachfolger Ewald Hering (1834 bis 1918), einem Schüler Funkes, 1897 das Extraordinariat für Physiologische Chemie im Physiologischen Institut zu erhalten. Allerdings bedurfte es erst der Emeritierung Herings und erheblicher Anstrengungen Siegfrieds, um am 1.4.1916 die Gründung eines von der Physiologie unabhängigen eigenständigen Instituts für Physiologische Chemie an der Medizinischen Fakultät zu erreichen, dessen erster Direktor er wurde, was mit der Ernennung zum ordentlichen Honorarprofessor für Physiologische Chemie verbunden war. 1919 erfolgte dann seine Ernennung zum Ordinarius für Physiologische Chemie, noch ein

Jahr vor Franz Knoop (1875–1946) in Freiburg, was insofern interessant ist, da in den nun geltenden Reichsgrenzen der Leipziger Lehrstuhl für Physiologische Chemie der einzige im Deutschen Reich war.

Die angeschlagene Gesundheit und der frühe Tod Siegfrieds führten allerdings dazu, dass erst unter seinem Nachfolger Karl Thomas (1883–1969) ab 1921 die Entwicklung zu einem leistungsstarken Institut beginnen konnte. Karl Thomas verzichtete nach dem Zweiten Weltkrieg auf eine Fortsetzung seiner Tätigkeit in Leipzig. Im Jahre 1948 gelang es, Erich Strack (1897–1988), der bereits unter Thomas in Leipzig gearbeitet hatte, für die Nachfolge zu gewinnen. Er führte das Institut in den schwierigen Jahren der Nachkriegszeit wieder zu beachtlicher Leistungskraft zurück. Die Forschungen von K. Thomas und E. Strack waren noch sehr stark stofflich und vor allem ernährungsphysiologisch orientiert.[185] Die in den 20er und 30er Jahren des vergangenen Jahrhunderts beginnende stürmische Entwicklung der dynamischen und funktionellen Biochemie hat in dieser Zeit die Arbeitsweisen des Instituts wenig beeinflusst. Es blieb einigen Schülern E. Stracks und vor allem seinem Nachfolger Eberhard Hofmann, der 1967 sein Amt antrat, vorbehalten, die sich aus den Fortschritten der dynamischen Biochemie ergebenden modernen Entwicklungslinien, die sehr stark auf die Regulation der Stoffwechselprozesse ausgerichtet sind, und experimentellen Techniken, hier vor allem die enzymologischen Methoden, dauerhaft in den Denk- und Arbeitsweisen des Instituts zu verankern. E. Hofmann wurde 1995 emeritiert. Als kommissarischer Institutsdirektor wurde Gerhard Kopperschläger, bis 2001 Professor für Molekulare Biochemie, eingesetzt. Der Nachfolger Hofmanns, Rolf Gebhardt, nahm seine Arbeit 1997 auf. Heute wird das Institut von drei Professuren mit ihren derzeitigen Stelleninhabern Rolf Gebhardt (Allgemeine Biochemie), Torsten Schöneberg (Molekulare Biochemie) und Klaus Eschrich (Allgemeine Biochemie) getragen.

Wie schon erwähnt, ergaben sich aus der Entwicklung des Instituts für Physiologische Chemie an der Medizinischen Fakultät keine nennenswerten Rückwirkungen auf die Entwicklung der anderen Teilgebiete der Chemie in den chemischen Einrichtungen an der Philosophischen bzw. Mathematisch-Naturwissenschaftlichen Fakultät. Größere Konsequenzen hätten sich aus einer neuen Entwicklungslinie der Biochemie ergeben können, die in den 60er Jahren des vergangenen Jahrhunderts begann. Zu diesem Zeitpunkt mehrten sich an der Mathematisch-Naturwissenschaftlichen Fakultät Stimmen, die die Entwicklung der Biochemie als Grundlagenwissenschaft der Naturwissenschaften forderten. Diese Stimmen kamen aber weniger aus der Fachrichtung Chemie, sondern aus der Biologie, vor allem vom damaligen Direktor des Zoologischen Instituts Günther Sterba. Der Dekan der Fakultät, der Physiker Arthur Lösche (1921–1995), setzte daraufhin eine Kommission ein, der neben G. Sterba als Vorsitzendem die Professoren Heinz Holzapfel (1914–1986, Anorganische Chemie), Manfred Mühlstädt (Organische Chemie), Günther Wagner (1925–1999, Pharmazeutische Chemie), Gertrud Weichsel (1906–1978, Botanik) und Carl Friedrich Weiss (1901–1981, Angewandte Radioaktivität) angehörten. Diese Kommission sollte die Notwendigkeit der Ausbildung von Biochemikern und damit der Entwicklung der Biochemie als naturwissenschaftlicher Disziplin an der Mathematisch-Naturwissenschaftlichen Fakultät begründen sowie einen Maßnahmeplan für die praktische Realisierung erarbeiten. Sie legte im April 1963 den Entwurf eines Memorandums[186a] zur „Einrichtung eines selbständigen Studiums der Biochemie im Rahmen der Mathematisch-Naturwissenschaftlichen Fakultät" vor, das nach weiteren Diskussionen in endgültiger Form[186b] im Dezember 1963 von der Fakultät beschlossen und von Dekan Lösche Anfang Januar 1964 an den Rektor weitergegeben wurde.[186c] In diesem Memorandum führte die Kommission u. a. aus, dass die wachsende Bedeutung der Biochemie für Biologie, Medizin und Landwirtschaft sowie die in absehbarer Zeit entstehende biochemische Industrie die Ausbildung von Biochemikern in einem eigenständigen Studiengang erfordern. Absolventen aus der Chemie, Human- und Veterinärmedizin, Pharmazie und Biologie verfügten zu Beginn ihrer Tätigkeit in biochemischen Bereichen über keinerlei oder doch nur unzureichende Fachkenntnisse auf Grund ihrer andersartigen Ausbildung, so dass sich langfristige Einarbeitungszeiten in biochemische Sachverhalte und Techniken ergäben. Es wurde außerdem festgestellt, dass die derzeit existierenden biochemischen Einrichtungen an Medizin und Veterinärmedizin, an letzterer leitete Erich Kolb (1927–2004) von 1956 bis 1992 das

Abbildung 169
a) Wolfgang Kunz (1925–2007)
b) Harald Aurich (1931–2005)

Veterinär-Physiologisch-Chemische Institut, zu stark auf die Erfordernisse des übergeordneten Fachs spezialisiert wären, so dass die Entwicklung der Biochemie als eigenständiges naturwissenschaftliches Grundlagenfach erforderlich sei. Schließlich wurde betont, dass sich Organische Chemie und Biochemie zwar im Rahmen der Naturstoffchemie stark überlappen, es aber beim Kernstück der Biochemie, der „Chemie der Funktionsabläufe", keine Überschneidungen gäbe. Weitere Diskussionen auf Universitätsebene[186d] und langwierige Verhandlungen zwischen der Universität und dem Staatssekretariat für das Hoch- und Fachschulwesen[186e] waren schließlich erfolgreich, so dass zum 1.2.1966 Wolfgang Kunz (1925–2007) (Abb. 169), Dozent am Institut für Physiologische Chemie der Medizinischen Fakultät, auf eine Professur für Biochemie und gleichzeitig zum Leiter der Abteilung Biochemie am Zoologischen Institut berufen werden konnte. Das entsprach dem ersten Schritt eines vorgesehenen Dreistufenplans zur Entwicklung der Biochemie. Die Arbeit der Kommission zeigte, dass die Etablierung der Biochemie unter den Naturwissenschaften von allen Fachrichtungen der Mathematisch-Naturwissenschaftlichen Fakultät ohne Einwände akzeptiert wurde, es aber seitens der Chemischen Institute kein Interesse gab, die Biochemie, die in der zweiten Entwicklungsetappe zunächst zur Abteilung Biochemie und in der dritten schließlich zum Institut für Biochemie an der Mathematisch-Naturwissenschaftlichen Fakultät ausgebaut werden sollte, unter ihre Obhut zu nehmen.

Mit der Bildung der neuen Abteilung am Zoologischen Institut war noch keine Ausbildung von Biochemiestudenten verbunden. Immerhin wurde die Biochemie nun als Lehrfach in die Ausbildung von Biologiestudenten durch Vorlesungen von W. Kunz einbezogen, nachdem Irmgard Lorenz, Dozentin am Institut für Physiologische Chemie, bereits 1963 einmalig einen derartigen Versuch gestartet hatte. Es mag hier als Kuriosum vermerkt werden, dass sich in den Vorlesungsverzeichnissen der Chemischen Institute zwischen 1950 und 1954 im Rahmen der Lehrveranstaltungen des Instituts für Physikalische (!) Chemie von Günter Hilgetag (1909–1980) angekündigte Vorlesungen „Ausgewählte Kapitel der Biochemie" finden. Ansonsten sollte es noch Jahrzehnte dauern, ehe Chemiestudenten Vorlesungen und Praktika in Biochemie angeboten wurden.

Die weitere Entwicklung der neuen Abteilung Biochemie am Zoologischen Institut wurde gleich nach ihrer Gründung von mehreren Ereignissen beeinflusst. Dazu zählten die bereits 1967 erfolgte Berufung von W. Kunz an die Medizinische Akademie Magdeburg als Nachfolger von E. Hofmann und die sich abzeichnende 3. Hochschulreform. Die Nachfolge für W. Kunz konnte relativ schnell und glücklich gelöst werden. Zum 1.2.1968 wurde Harald Aurich (1932–2005, Abb. 169), Dozent am Institut für Physiologische Chemie der Medizinischen Fakultät, zum Professor für Biochemie und Leiter der nunmehr eigenständigen Abteilung Biochemie an der Mathematisch-Naturwissenschaftlichen Fakultät berufen. Die dritte Etappe, die Errichtung eines eigenen Instituts an der Mathematisch-Naturwissenschaftlichen Fakultät, wurde jedoch infolge der im Rahmen der 3. Hochschulreform verordneten Veränderungen, die die Auflösung der Institute und die Bildung von Wissenschaftsbereichen innerhalb von Sektionen vorsahen, nicht mehr realisiert. Die Abteilung Biochemie stand vor der Frage, welcher Sektion sie sich zukünftig zuordnen sollte. Das Jahr 1968 war gekennzeichnet von zahlreichen Beratungen diverser Expertenkommissionen.[186f,g] Die Vorschläge dieser Kommissionen, die beachtlich weitsichtig waren und teilweise noch heute Aktualität besitzen, reichten von der Gründung einer Sektion „Biochemie", die alle biochemischen Einrichtungen der Universität und zusätzlich die Neurochemie aufnehmen sollte, über eine Sektion „Biologische Grundlagenwissenschaften" bzw. „Biologie", die den Zusammenschluss der biologischen Disziplinen mit den Grundlagenfächern der Medizin vorsah und eher den Übergang der medizinischen Disziplinen zur Biologie sah, bis hin zu einer Sektion „Medizin und Medizinisch-Biologische Grundlagenwissenschaften", die einen Wechsel biologischer Fächer zur Medizin beinhaltete. Der erstgenannte Vorschlag wurde in ähnlicher Form bereits durch den nach der Emeritierung E. Stracks von 1965 bis 1967 amtierenden kommissarischen Direktor des Instituts für Physiologische Chemie Wolfgang Rotzsch (1930–2008, ab 1966 Professor für Physiologische Chemie) gemacht.[186h] Er sah die Gründung einer Sektion „Biologische Chemie" vor. Nur in diesem Vorschlag wurde versucht, andere Disziplinen der Chemie, z. B. die Organische Chemie, in einer derartigen Sektion zu verankern. Keiner dieser durchaus interessanten Vorschläge ist realisiert worden. Das Beharrungsvermögen in den vertrauten und gewachsenen Strukturen erwies sich als zu groß.[186i] Die schließlich gegründeten Sektionen entsprachen weitgehend der Zusammenfassung der ehemaligen Institute und Abteilungen in den bereits bestehenden Fachrichtungen.

Dennoch schien für die junge Abteilung Biochemie ein gewisser Bewegungsspielraum zu bestehen, denn die wichtigste Aufgabe in der zweiten Entwicklungsetappe der Biochemie an den Naturwissenschaften, die H. Aurich und seine Mitarbeiter zu lösen hatten, war die Etablierung eines selbständigen Studiengangs Biochemie. Durch den beachtlichen Anteil chemischer Grundlagenfächer an einer solchen Ausbildung in den ersten Semestern lag es nahe, die Biochemie in eine Sektion Chemie einzubringen. Diesbezügliche Gespräche H. Aurichs mit der Fachrichtung Chemie erbrachten aber kein dementsprechendes Ergebnis. Ein Grund für die Abweisung der Biochemie durch die Fachrichtung Chemie mag darin bestanden haben, dass die Schwerpunktsetzungen Synthesechemie, Verfahrenschemie und Theoretische Chemie, verbunden mit einer Verstärkung der Analytischen Chemie, im Zusammenhang mit der Gründung einer Sektion Chemie eine große Herausforderung darstellten, die viele Kräfte band, so dass das Hinzukommen einer völlig neuen Disziplin, zumal noch verbunden mit einem neu zu etablierenden Studiengang, zu diesem Zeitpunkt als ungünstig empfunden wurde, was zweifellos kurzsichtig war. Beendet wurden die Bestrebungen H. Aurichs dann ohnehin durch ein aus der Sicht der Biochemie eher zufälliges Ereignis, die Schließung des Studiengangs Pharmazie an der Universität Leipzig. Man ging damals von einem zukünftig geringeren Bedarf an akademisch ausgebildeten Apothekern in der DDR aus, so dass man die Ausbildung an nur zwei Universitäten, ausgewählt wurden Halle und Greifswald, in den 80er Jahren kam Berlin wieder hinzu, für ausreichend ansah. Die mit der Schließung verbundene Suche nach Möglichkeiten, den verbleibenden Mitarbeitern der Pharmazie auch eine Betätigung in der Lehre zu ermöglichen, führte zur Entscheidung, die chemische Grundausbildung zukünftiger Biochemie- und Biologiestudenten in die Hände des ehemaligen Instituts für Pharmazie zu legen, das im Rahmen der Sektionsbildung unter das Dach der Sektion Biowissenschaften als Wissenschaftsbereich „Chemie biologisch aktiver Verbindungen" unter Leitung des bereits genannten G. Wagner, Professor für Pharmazeutische Chemie, rückte. Damit war es nun auch klar, dass die Abteilung Biochemie an der Mathematisch-Naturwissenschaftlichen Fakultät ebenfalls in die Sektion Biowissenschaften, die am 15.12.1968 gegründet wurde, als Wissenschaftsbereich Biochemie eingegliedert wurde.

Es soll nicht unerwähnt bleiben, schon um das Spannungsfeld zu beleuchten, in dem alle diese Vorgänge abliefen, dass der Leiter des Instituts für Physiologische Chemie an der Medizinischen Fakultät, E. Hofmann, der 1967 sein Amt angetreten hatte, die kurz zuvor gegründete Abteilung Biochemie am Zoologischen Institut also vorfand, die Herausbildung getrennter biochemischer Einrichtungen an der gleichen Universität für falsch hielt.[186j] Seine Forderung, diese Entwicklung rückgängig zu machen, wurde aber seitens des Rektorats zurückgewiesen. Die Meinung E. Hofmanns stand in völligem Gegensatz zu der seines Amtsvorgängers E. Strack, der die Herausbildung einer grundlagenorientierten Biochemie an den Naturwissenschaften neben der Physiologischen Chemie an der Medizin als Glücksfall (!) bezeichnete, da sich die Physiologische Chemie nun uneingeschränkt in den Dienst der Medizin stellen könne.[186k] Vom zeitlichen Abstand profitierend, sei vermerkt, dass die Biochemie an der Universität Leipzig wohl nur dadurch ihre heutige Breite und Vielfalt erreichen konnte, womit die beiden tragenden biochemischen Einrichtungen der Universität in ihrer Summe gemeint sind, dass es einem Teil ermöglicht wurde, aus dem Umfeld der Medizinischen Fakultät herauszutreten und somit die Bearbeitung von Themenstellungen möglich wurde, die einer Medizinischen Fakultät nur schwerlich hätten zugemutet werden können. Auf den damaligen Stand der Entwicklung der Biochemie an der Universität Leipzig bezogen war die Entscheidung der Mathematisch-Naturwissenschaftlichen Fakultät und der Universitätsleitung somit durchaus gerechtfertigt. Der soeben geschilderte Sachverhalt erhellt aber auch, dass das Verhältnis beider biochemischer Einrichtungen in der ansonsten verdienstvollen Ära E. Hofmanns immer irgendwie verkrampft war. Kooperationen in Lehre und Forschung waren eher spärlich. Hier sind beiderseits Chancen vergeben worden. Dabei wurde nie bestritten, dass der Wissenschaftsbereich Biochemie an den Naturwissenschaften sich als Kind des Instituts für Physiologische Chemie der Medizinischen Fakultät sieht, was allein durch die Herkunft seiner Leiter und mehrerer wichtiger Mitarbeiter bis 1990

Abbildung 170
Hauptsitz des Instituts für Biochemie zwischen 1970 und 2003, Talstraße 33 (Ecke Brüderstraße)

Abbildung 171
Hans-Peter Kleber

Abbildung 172
Hans-Dieter Jakubke

verdeutlicht wird. Auch ist die anfängliche Unterstützung der Abteilung Biochemie durch die Möglichkeit, Arbeitsräume und Geräte des Instituts für Physiologische Chemie bis zum Erhalt einer eigenen Ausstattung in eigenen Räumlichkeiten in der Talstraße 33 ab 1970 (Abb. 170) und zusätzlich ab 1977 in der Brüderstraße 34 nutzen zu können, dankbar hervorzuheben.[186]|

Das wichtigste Ereignis für die Entwicklung der Biochemie in der Umbruchphase der 3. Hochschulreform war zweifellos die Einführung des eigenständigen Biochemiestudiums, die sich nun schon unter dem Dach der Sektion Biowissenschaften vollzog.[187] Zum Herbstsemester 1969 nahmen zwölf Studentinnen und Studenten ein Fachstudium Biochemie auf. Sie wurden nach einem abgeschlossenen Grundstudium (vier Semester) der Chemie oder Biologie zugelassen. Mit der Immatrikulation zum Grundstudium, also ab erstem Semester, wurde 1972 begonnen. Neben Tübingen (1962) und Halle (1968) ist Leipzig damit die dritte deutsche Universität, an der ein eigenständiges Biochemiestudium etabliert wurde. Bis 1990 war die Zahl der immatrikulierten Studenten trotz großer Nachfrage streng limitiert und bewegte sich, von wenigen Jahren abgesehen, zwischen 15 und 20 pro Jahr. Die Einführung der Berufsbezeichnung „Diplombiochemiker" im Zusammenhang mit einem eigenständigen Biochemiestudium war von großer Bedeutung. Durch die gestiegenen Anforderungen vergrößerte sich der Personalbestand des Wissenschaftsbereichs Biochemie unter H. Aurich beträchtlich. Waren es unter W. Kunz noch vier wissenschaftliche Assistenten, eine medizinisch-technische Assistentin und eine Sekretärin gewesen, so waren es nun ein Oberassistent, sechs wissenschaftliche Assistenten und fünf technische Mitarbeiter. Die Zahl der technischen Mitarbeiter erhöhte sich Ende 1969 bereits auf zehn, die akademischen Mitarbeiter erreichten diese Zahl im Jahre 1975.

Kernstück der von H. Aurich und seinen Mitarbeitern etablierten Forschung im Wissenschaftsbereich Biochemie waren Enzyme aus Mikroorganismen, die Regulation ihrer Biosynthese und damit des betroffenen Stoffwechsels unter dem Einfluss der Umwelt. Drei wesentliche katabole Stoffwechselbahnen wurden umfangreich bearbeitet: der Abbau von L-Carnitin, der oxydative Abbau von L-Aminosäuren und die Oxidation von langkettigen aliphatischen Kohlenwasserstoffen. Insbesondere die Forschungen zum mikrobiellen Kohlenwasserstoffstoffwechsel, die stark auf eine Kooperation mit der Industrie abzielten, sowie die Carnitinforschung wurden noch bis nach 2000, seit 1976 maßgeblich unter der Lei-

Abbildung 173
Wulf-Dieter Schöpp

Abbildung 174
Hans-Jörg Hofmann

tung von Hans-Peter Kleber (Abb. 171), durchgeführt, wobei sich seit den 80er Jahren die Akzente hin zur Biotensidforschung verschoben. H.-P. Kleber war von 1976 bis 1992 Leiter des Wissenschaftsbereichs Biochemie. Die Übergabe der Leitungsfunktion an ihn ergab sich aus dem Wechsel von H. Aurich an die Martin-Luther-Universität Halle als Direktor des dortigen Instituts für Physiologische Chemie im Jahre 1976. H.-P. Kleber war zusammen mit H. Aurich aus dem Institut für Physiologische Chemie gekommen und 1974 zum Dozenten für Biochemie berufen worden. 1978 erhielt er eine Professur für Biochemie. Vorausgegangen war die Berufung von Hans-Dieter Jakubke (Abb. 172), Dozent an der Martin-Luther-Universität Halle, auf den frei gewordenen Lehrstuhl von H. Aurich im Jahre 1977. Mit H.-D. Jakubke, einem Schüler Wolfgang Langenbecks (1899–1967), erweiterte sich das Forschungsspektrum des Bereichs wesentlich. Seine Aktivitäten waren vor allem auf dem Gebiet der Peptidchemie angesiedelt. Grundlegende Arbeiten betrafen die enzymkatalysierte Peptidsynthese durch Umkehrung der natürlichen Funktion von Proteasen (Nichtkonventionelle Biokatalyse).

Die gewachsenen Anforderungen an den Bereich Biochemie führten zu weiteren Hochschullehrerberufungen. In den Jahren 1981 bzw. 1985 wurden Wulf-Dieter Schöpp (Abb. 173) zum Dozenten für Enzymologie und Hans-Jörg Hofmann (Abb. 174) zum Dozenten für Allgemeine und Theoretische Biochemie ernannt. W.-D. Schöpp war ebenfalls aus dem Institut für Physiologische Chemie mit H. Aurich in die Abteilung Biochemie gekommen. Seine enzymologischen Forschungen ordneten sich in die Thematik der Biochemie der Kohlenwasserstoffe ein. H.-J. Hofmann war Ende 1973 aus der Arbeitgruppe Quantenchemie der Sektion Chemie an die Sektion Biowissenschaften gewechselt und ein Jahr später in den Bereich Biochemie eingetreten. Seine Arbeiten befassen sich mit der Anwendung theoretischer Methoden zur Strukturberechnung von Biomolekülen, zur Aufstellung von Struktur-Wirkungs-Beziehungen sowie zur Wechselwirkung zwischen Proteinen und Liganden. Mit dem nach 1990 möglich werdenden Einsatz moderner Computertechnik erfolgte die Etablierung der Methoden der Molekülmodellierung, die seitdem von vielen Arbeitsgruppen verschiedenster Institutionen in Kooperation genutzt werden.

Im Zusammenhang mit den Veränderungen nach 1990 wurden alle Hochschullehrer des Bereichs Biochemie bestätigt. Zwischen 1992 und 1994 wurden vier Professuren besetzt: die Professur Allgemeine Biochemie/Bioorganische Chemie (C4), bis zu seinem Ausscheiden 1998 war H.-D. Jakubke Stellenin-

Abbildung 175
Ulrich Hahn

Abbildung 176
Annette Beck-Sickinger

haber, der bis 1997 auch Direktor des 1993 gegründeten Instituts für Biochemie an der Fakultät für Biowissenschaften, Pharmazie und Psychologie war; die Professur für Allgemeine Biochemie/Mikrobielle Biochemie (C4), die bis 2002 Ulrich Hahn (Abb. 175) innehatte, der das Institut von 1997–2000 leitete; die Professur für Biophysikalische Chemie (C3), auf die H.-J. Hofmann berufen wurde, und die Professur für Theoretische und Angewandte Enzymologie (C3), die an H.-P. Kleber vergeben wurde. W.-D. Schöpp erhielt eine Dozentur für Bioorganische Chemie/Biotransformation, die aber mit seinem nur kurze Zeit später erfolgten Wechsel als Verwaltungsleiter an die Medizinische Fakultät/Universtätsklinikum erlosch. Mit der Berufung U. Hahns, der lange Zeit an der Freien Universität Berlin in der Arbeitsgruppe von Wolfram Saenger und zum Zeitpunkt seiner Berufung kurze Zeit an der Medizinischen Universität Lübeck als Hochschuldozent tätig war, konnten vor allem die bestehenden methodischen Defizite auf den Gebieten der Molekularbiologie und Gentechnik in Lehre und Forschung ausgeglichen werden, Gebieten, auf denen die DDR mit dem internationalen Standard nicht Schritt halten konnte. Sein Forschungsschwerpunkt war die Ribonuclease T1. Auf H.-D. Jakubke folgte 1999 Annette Beck-Sickinger (Abb. 176). Dabei wurde die Denomination der Professur geringfügig in „Biochemie und Bioorganische Chemie" verändert. A. Beck-Sickinger, die nach wichtigen Jahren ihrer wissenschaftlichen Entwicklung an derUniversität Tübingen bei Günther Jung von der ETH Zürich nach Leipzig kam, führt die Linie der Peptidchemie, die von H.-D. Jakubke begründet wurde, grundsätzlich fort, allerdings mit völlig anderen Schwerpunkten. Im Mittelpunkt ihrer Forschungen steht die Untersuchung verschiedener Peptidhormone, vor allem des Neuropeptids Y, und ihrer Rezeptoren in großer methodischer Breite. A. Beck-Sickinger war von 2000 bis 2005 Institutsdirektorin und von 2005 bis 2008 Dekanin der Fakultät für Biowissenschaften, Pharmazie und Psychologie. Seit Ende 2008 ist sie wieder geschäftsführende Direktorin des Instituts für Biochemie. Die durch den Weggang von U. Hahn nach Hamburg im Jahre 2002 vakant gewordene Professur ist seit 2004 durch Mario Mörl (Abb. 177) besetzt. Auch hier fand eine Veränderung der Denomination in „Biochemie und Molekularbiologie" statt. M. Mörl kam aus dem Max-Planck-Institut für Evolutionäre Anthropologie in Leipzig. Zuvor war er an der Ludwig-Maximilians-Universität München tätig. Im Mittelpunkt seiner molekularbiologischen Forschungen steht die Aufklärung von Struktur-Funktions-Beziehungen sowie des evolutionären Ursprungs von Poly(A)-Polymerase und tRNA-Nukleotidyltransferase.

Abbildung 177
Mario Mörl

Abbildung 178
Andrea Robitzky

Mit dem Ausscheiden von H.-P. Kleber im Jahre 2001 konnte dessen C3-Professur nicht mehr besetzt werden, da sie zur Ablösung der Professur Molekularbiologisch-Biochemische Prozesstechnik (C4) im neu gegründeten Biotechnologisch-Biomedizinischen Zentrum (BBZ) der Universität benötigt wurde. Auf diese Professur wurde 2002 Andrea Robitzki (Abb. 178) berufen, die von 2005 bis 2008 auch Direktorin des Instituts für Biochemie war. Wesentliche Stationen des wissenschaftlichen Werdegangs von A. Robitzki waren die Universität Mainz (Promotion) und die Technische Universität Darmstadt (Habilitation). Zum Zeitpunkt ihrer Berufung leitete sie eine Abteilung am Fraunhofer-Institute of Biomedical Engineering in St. Ingbert. Mit ihren Forschungen auf den Gebieten biotechnologische Prozesstechnik sowie Zell- und Gewebemodellierung mit den Anwendungsschwerpunkten elektronische Frühdiagnostik und Wirkstoffdesign /Wirkstofffreisetzung erweitert sich das Profil des Instituts für Biochemie in methodischer und anwendungsorientierter Hinsicht beträchtlich.

Die durch den Wegfall der mit H.-P. Kleber besetzten Professur für Theoretische und Angewandte Enzymologie entstandene Lücke im Profil des Instituts wurde schnell als Mangel erkannt. Bestrebungen, sie zu schließen, führten zum Erfolg, als es gelang, die ursprüngliche Dozentur von W.-D. Schöpp in eine Professur für Stoffwechselbiochemie und Enzymologie (W2) umzuwandeln und im Jahre 2006 mit Matthias Boll (Abb. 179) von der Universität Freiburg zu besetzen. Sein Hauptforschungsgebiet sind die Enzyme des anaeroben Stoffwechsels der Kohlenwasserstoffe, womit an frühere Forschungstraditionen im Bereich Biochemie angeknüpft wird.

Zum Institut für Biochemie gehört auch die gemeinsam mit dem Helmholtz-Zentrum für Umweltforschung (UFZ) eingerichtete Professur für Mikrobielle Physiologie (C4), 1995 mit Wolfgang Babel (Abb. 180) und in seiner Nachfolge seit 2004 als Professur für Umweltmikrobiologie mit Hauke Harms (Abb. 181) besetzt. Nach wechselvollem Geschehen hat auch die Professur für Mikrobiologie (C4) seit 2005 ihre Heimstatt im Institut für Biochemie gefunden, was nicht zuletzt auf die jahrzehntelange mikrobiologische Orientierung eines gewichtigen Teils der biochemischen Forschung des Bereichs Biochemie zurückzuführen ist. Durch Umsetzung von der Technischen Universität Chemnitz nimmt derzeit Wolfgang Zimmermann (Abb. 182) die Verpflichtungen dieser Professur wahr. Seine Forschungsaktivitäten konzentrieren sich auf die Identifizierung und Charakterisierung mikrobieller Enzyme für die Synthese

Abbildung 179
Matthias Boll

Abbildung 180
Wolfgang Babel

und Modifikation neuartiger Cyclodextrine und deren Anwendungen. Die Beschreibung des Lehr- und Forschungsprofils des Instituts für Biochemie bliebe unvollständig, wenn nicht auf die langjährige verdienstvolle Tätigkeit der Privatdozenten Marlis Grunow und Otmar Asperger hingewiesen würde. Die Arbeiten von M. Grunow sind vorwiegend den Alkoholdehydrogenasen gewidmet, O. Asperger hat sich bis zu seinem Ausscheiden 2007 hauptsächlich mit Cytochrom P450 befasst.

Die Veränderungen der 90er Jahre haben zwar nicht zu einer denkbaren organisatorischen Verbindung von Biochemie und Chemie geführt, allerdings hat sich die Einstellung der Fakultät für Chemie zur Biochemie grundsätzlich verändert. Besonders stark kommt das in der Lehre zum Ausdruck. Seit 2003 wird es Chemiestudenten ermöglicht, Biochemie als Wahlpflichtfach zu wählen, wobei die entsprechenden Lehrveranstaltungen vom Institut für Biochemie an der Fakultät für Biowissenschaften durchgeführt werden. Im Bachelor-Studiengang Chemie ist das Fach Biochemie in Form einer Einführung obligatorischer Bestandteil des Studiums geworden. In den Wahlpflichtmodulen „Grundlagen der Biochemie" und „Proteinchemie und Enzymologie" können biochemische Kenntnisse vertieft werden. Im Master-Studiengang Chemie werden vom Institut für Biochemie die Wahlpflichtmodule „Bioorganische Chemie" und „Molekularbiologie" angeboten. Umgekehrt liegt die Grundausbildung der Biochemiestudenten der Fakultät für Biowissenschaften in Allgemeiner und Anorganischer Chemie, Organischer Chemie und Analytischer Chemie seit 2003 vollständig und in Physikalischer Chemie und Strukturanalytik bereits seit den 90er Jahren teilweise in den Händen der Fakultät für Chemie. Für den Bachelor-Studiengang Biochemie werden zusätzlich die Wahlpflichtmodule „Bioanalytik" und „Strukturelle und Anorganische Biochemie" angeboten.

Die veränderte Sicht der Chemie auf die Biochemie kommt auch im Profil verschiedener Professuren zum Ausdruck. Mit der Berufung Peter Welzels (1937–2008) im Jahre 1993 auf die Professur für Organische Chemie/Naturstoffchemie, die er bis 2002 innehatte, lebte die naturstoffchemische Tradition in Leipzig, die lediglich noch von Klaus Schulze, von 1979 bis 1999 Professor für Organische Chemie, am Leben erhalten wurde, wieder auf. P. Welzel, der von Beginn seiner Tätigkeit an den intensiven Kontakt zur Biochemie suchte, sind wesentliche Initiativen zur Schaffung von Forschungskooperationen zu verdanken, wie z. B. das Innovationskolleg „Chemisches Signal und biologische Antwort", in dem zwi-

Abbildung 181
Hauke Harms

Abbildung 182
Wolfgang Zimmermann

schen 1996 und 2000 zahlreiche Arbeitgruppen aus Chemie, Biochemie und Medizin zusammengearbeitet haben. Auf ihn geht auch das Graduiertenkolleg „Mechanistische und Anwendungsaspekte nichtkonventioneller Oxidationsreaktionen" zurück, das dann von Evamarie Hey-Hawkins (seit 1993 Prof. für Anorganische Chemie) geleitet wurde, in dem zwischen 1997 und 2006 ebenfalls enge Kooperationen zwischen Biochemie und Chemie bestanden. Durch seinen Nachfolger Athanassios Giannis (Organische Chemie/Bioorganische Chemie) ist die Kontinuität naturstoffchemisch-biochemischer Orientierung gewährleistet. Große Aufgeschlossenheit gegenüber biochemischen Fragestellungen war auch bei anderen Professuren des Instituts für Organische Chemie zu erkennen. So bestanden von Anfang an enge Kooperationen zwischen dem Arbeitskreis von Klaus Burger, von 1993 bis 2003 Professor für Organische Chemie/Heterocyclenchemie, und Arbeitsgruppen des Instituts für Biochemie. Diese Tendenz setzt sich auch bei seinem Nachfolger Christoph Schneider fort. Derzeit läuft an der Fakultät für Chemie und Mineralogie ein Berufungsverfahren für eine Professur Organische Chemie/Chemische Biologie, angesiedelt am Institut für Organische Chemie, die diesen Trend noch verstärken könnte. Nicht unerwähnt darf die Nutzung der im Institut für Analytische Chemie und im erst 2006 gegründeten Institut für Bioanalytische Chemie bestehenden strukturanalytischen Möglichkeiten durch das Institut für Biochemie bleiben. Die dort tätigen Professoren Stefan Berger (Analytische Chemie/Strukturaufklärung, seit 1997), Norbert Sträter (Strukturanalytik von Biopolymeren, seit 2002) und Ralf Hoffmann (Bioanalytik, seit 2002) haben die dazu erforderlichen Voraussetzungen auf den Gebieten der NMR-Spektroskopie, der Röntgenkristallstrukturanalyse und der Massenspektrometrie von Biomolekülen geschaffen. N. Sträter und R. Hoffmann sind mit ihren Arbeitsgruppen Teil des bereits erwähnten Biotechnologisch-Biomedizinischen Zentrums der Universität Leipzig, in dem Arbeitsgruppen der Fakultät für Chemie und Mineralogie und der Fakultät für Biowissenschaften, Pharmazie und Psychologie sowie der Medizinischen Fakultät und Veterinärmedizinischen Fakultät zusammenarbeiten. Die derzeitige Sprecherin des BBZ ist A. Robitzki vom Institut für Biochemie. Die stärkere Verknüpfung von Chemie und Biochemie kommt auch darin zum Ausdruck, dass A. Beck-Sickinger aus dem Institut für Biochemie der Fakultät für Biowissenschaften gleichzeitig Mitglied der Fakultät für Chemie und Mineralogie ist. Der von ihr als Sprecherin geführte Sonderforschungsbereich 610 „Proteinzustände mit zellbiologischer

Abbildung 183
Hauptsitz des Instituts für Biochemie seit 2003, Brüderstraße 34 (Ecke Stephanstraße)

und medizinischer Relevanz" vereint seit 2002 Arbeitsgruppen aus Biochemie, Chemie und Medizin der Universität Leipzig mit Arbeitsgruppen der Martin-Luther-Universität Halle. Aus jüngster Zeit ist die Einbeziehung von Arbeitsgruppen des Instituts für Biochemie in die Graduiertenschule BuildMoNa, die wesentlich von der Fakultät für Chemie und Mineralogie und der Fakultät für Physik und Geowissenschaften getragen wird, Zeugnis gewachsener Verbundenheit. Darüber hinaus sind Arbeitsgruppen des Instituts für Biochemie, wieder im Verein mit solchen aus Chemie und Medizin, Mitglied im Profilbildenden Bereich „Molekulare und zelluläre Kommunikation" der Universität Leipzig sowie im Translationszentrum für Regenerative Medizin (TRM).

Nach dem Neubau der Chemischen Institute an der Johannisallee hat das Institut für Biochemie zusammen mit der Pharmazeutischen Chemie das inzwischen vorzüglich rekonstruierte altehrwürdige „Laboratorium für Angewandte Chemie" in der Brüderstraße 34 von der Fachrichtung Chemie übernommen (Abb. 183). Hier finden drei Arbeitsgruppen des Instituts hervorragende Arbeitsmöglichkeiten, die sich mit dem jüngst fertig gestellten Ergänzungsbau der „Sonderlabore Stephanstraße" noch weiter verbessern werden. Weniger förderlich für eine effektive Zusammenarbeit innerhalb des Instituts ist jedoch die räumliche Zersplitterung hinsichtlich der weiteren Arbeitsgruppen, die an drei deutlich voneinander getrennten Standorten untergebracht sind (Talstraße 33, Deutscher Platz 5, Johannisallee 21).

In dem Maße wie sich enge Kooperationen zwischen dem Institut für Biochemie an der Fakultät für Biowissenschaften, Pharmazie und Psychologie und zahlreichen Instituten und Arbeitsgruppen der Fakultät für Chemie und Mineralogie in den letzten 15 Jahren entwickelt haben sind auch nach Jahrzehnten weitgehender Abschirmung stabile Kooperationen zwischen den beiden Instituten für Biochemie an der Fakultät für Biowissenschaften und an der Medizinischen Fakultät, vor allem mit den Arbeitskreisen von R. Gebhardt und T. Schöneberg, entstanden, die zu einem beträchtlichen Teil in den bereits genannten Forschungskooperationen realisiert werden. Diese bereits vorhandenen Verflechtungen, besonders aber die in den letzten 40 Jahren vollzogene generelle Entwicklung beider Institute für Biochemie, die die Biochemie als naturwissenschaftliches Grundlagenfach unübersehbar kenntlich gemacht hat bei gleichzeitiger Wahrung ihrer spezifischen Aufgaben für die Medizin, werfen die Frage einer Zusammenführung beider Institute wieder auf. Erste Versuche dazu, z. B. in Form eines interfakultären Instituts für Biochemie, wie es von A. Beck-Sickinger vorgeschlagen wurde, sind allerdings erst vor kurzer Zeit an eher kleinlichen und formalen Einwänden gescheitert. Dennoch bleibt diese Frage auf der Tagesordnung, so dass die von E. Hofmann seinerzeit beklagte eigenständige Entwicklung einer Biochemie an den Naturwissenschaften neben der bereits existierenden Physiologischen Chemie an der Medizin unter den nun vorhandenen neuen Gegebenheiten aufgehoben werden könnte. Ob ein solches gemeinsames Institut auch organisatorisch stärker mit den chemischen Instituten, z. B. in einer gemeinsamen Fakultät, zusammenwächst oder ob es seinen Platz in einer zu gründenden Fakultät für Bio- oder Lebenswissenschaften zusammen mit den medizinischen Grundlagenfächern findet, dabei vielleicht auch andere chemische Institute einschließend, oder ob schließlich doch alles so bleibt, wie es ist, wird vielleicht schon die nahe Zukunft zeigen. Vor gut 40 Jahren bereits geführte Diskussionen leben wieder auf und werden hoffentlich zu einem sachdienlichen Ende geführt werden.

Die Pharmazeutische Chemie

Peter Nuhn

Obwohl wesentliche Entdeckungen der Chemie in den Laboratorien der Apotheken gemacht wurden, hatte es die Pharmazie nicht leicht, sich an den Universitäten zu einer eigenständigen Wissenschaftsdisziplin zu entwickeln. Das lag zum Teil daran, dass die akademische Ausbildung der Apotheker zeitlich stark beschränkt war. Erst ab 1934 sah die Prüfungsordnung für Pharmazeuten nach einer zweijährigen Praktikantenzeit in einer Apotheke und dem bestandenen Vorexamen ein sechssemestriges Studium mit einer Ausweitung der Praktika in Analytischer und Pharmazeutischer Chemie unter Einbeziehung der Galenischen Pharmazie und pharmakognostischer Übungen, einem physikalischen bzw. physikochemischen Praktikum sowie Vorlesungen mit Übungen über die Wirkung von Arzneimitteln und Giften und über Physiologische Chemie vor. In der DDR wurde – unter maßgeblicher Mitarbeit des Leipzigers Theodor Boehm – 1951 ein Studienplan bestätigt, der die Studienzeit von sechs auf acht Semester verlängerte. In diesem Zusammenhang ist interessant, dass in der BRD nach einer Verlängerung des Studiums von sechs auf sieben Semester im Jahre 1971 erst mit der Approbationsordnung von 1989 das Pharmaziestudium auf die in den anderen EU-Staaten und in der DDR schon seit vielen Jahren üblichen acht Semester verlängert wurde. Obwohl zu den Naturwissenschaften gehörig, unterscheidet sich die Pharmazie dadurch von den anderen Disziplinen (mit Ausnahme der Lebensmittelchemie), dass das Studium durch ein Staatsexamen abgeschlossen wird und die Ausbildung dadurch ähnlich wie bei den Medizinern durch eine Approbationsordnung geregelt bzw. reglementiert ist. Für die Praktika sind sogar die Pflichtstunden vorgeschrieben. Erst ab 1968 wurde in der DDR in Angleichung an die anderen naturwissenschaftlichen Fächer eine Diplomarbeit für Pharmazeuten obligatorisch eingeführt, ab 1975 im Rahmen eines 10semestrigen Studiums. Nach der Wiedervereinigung wurde im Rahmen der Approbationsordnung von 1989 an einigen Universitäten eine Diplomordnung für Pharmazeuten eingeführt, in Leipzig ab 1995. Sie erlaubt es interessierten Studenten, fakultativ eine Diplomarbeit anzufertigen.

Die eigenständige Entwicklung der Pharmazie an der Leipziger Universität[188] begann 1926 mit der Einrichtung einer außerplanmäßigen Professur für Pharmazeutische Chemie für den Apotheker Karl Hugo Bauer (1874–1944). Bauer (Abb. 184) unterstand aber zunächst noch als Leiter einer pharmazeutisch-chemischen Abteilung dem Ordinariat für Chemie, das damals von Arthur Hantzsch besetzt war. Erst 1938 wurde aus dieser Abteilung ein selbständiges Pharmazeutisches Institut in der Brüderstr. 34; neben Tübingen war Leipzig damit die letzte Universität, in der die Pharmazie selbständig wurde. Die Gründung stand in Zusammenhang mit einer Neuorganisation der pharmazeutischen Ausbildungsstätten mit dem Ziel, „eine Anzahl der pharmazeutischen Hochschulinstitute aufzuheben und dafür die Ausbildungsmöglichkeiten an den bestehenbleibenden Instituten zu verbessern und zu vertiefen", wie

Abbildung 184
Karl Hugo Bauer
(1874–1944)

es in dem Erlass des Reichs- und Preußischen Ministers für Wissenschaft, Erziehung und Volksbildung vom 14.2.1938 heißt. Daraufhin wurde die pharmazeutische Hochschulausbildung an 10 Universitäten (u. a. in Halle) beendet, während die Institute bzw. Abteilungen an 14 Universitäten, darunter in Leipzig, „aufrechterhalten, und soweit erforderlich, ausgebaut" wurden. Im Unterschied zu der 3. Hochschulreform in der DDR im Jahre 1968 gehörte die Leipziger Hochschulpharmazie damals zu den Gewinnern.

In der Forschung beschäftigte sich Bauer mit der Chemie von Fetten und Harzen sowie den Inhaltsstoffen heimischer Heil- und Gewürzpflanzen. Bauer war u. a. Herausgeber der „Chemischen Umschau auf dem Gebiete der Fette, Öle, Wachse und Harze", der „Monographien aus dem Gebiet der Fettchemie" und Autor des Buches „Chemische Technologie der Fette und Öle". Der Name Bauer verbindet sich für einen größeren Kreis mit dem 1945 posthum erschienenen Standardwerk „Die organische Analyse", das dann von Heinrich Moll und später durch die Greifswalder Roland Pohloudek-Fabini und Thorsten Beyrich als „Die organische Analyse unter besonderer Berücksichtigung der Arzneistoffe" weitergeführt wurde.

Assistent unter Bauer war Walter Poethke (1900–1990), der sich mit einer Arbeit über die Inhaltsstoffe von Veratrum 1937 habilitieren konnte. Poethke erhielt 1938 eine Dozentur für Pharmazeutische Chemie und wurde 1949 Professor mit Lehrauftrag für Pharmazeutische Chemie. 1949 wurde Poethke nach Jena berufen, war dort zunächst Abteilungsleiter im Institut für Pharmazie und Lebensmittelchemie und später dessen Direktor. Die meisten Hochschulpharmazeuten waren in diesen Jahrgängen auch Lebensmittelchemiker.

Nachfolger Bauers wurde 1942 Theodor Boehm (1892–1969). Die wissenschaftliche Arbeit von Boehm (Abb. 185) war stark von Carl Mannich (1877–1947) beeinflusst, zu dessen Arbeitskreis er in Berlin ab 1929 gehörte. 1931 habilitierte sich Boehm in Berlin mit der Arbeit „Über die aminolytische Aufspaltung des Furanringes und die Umwandlung des Furfurols in Pyrrolderivate". Im Mittelpunkt der wissenschaftlichen Arbeit von Boehm in Leipzig stand die Berarbeitung von Monographien für den 1. und 2. Nachtrag der inzwischen völlig veralteten 6. Ausgabe des Deutschen Arzneibuches (DAB 6) aus dem Jahre 1926, insbesondere die Erarbeitung von Identifizierungs- und Bestimmungsmethoden für neuere Arzneistoffe. Von 1955 bis 1959 war Gerhard Siewert nach langjährigem Aufenthalt in der Sowjetunion am Leipziger Institut als Dozent für Pharmazeutische Chemie tätig. Durch ihn wurden Mikromethoden in das Anfängerpraktikum eingeführt.

Nachdem Boehm 1959 auf eigenen Wunsch emeritiert worden war, wurde im selben Jahr der erst 34jährige Günther Wagner (1925–1999) (Abb. 186) berufen, mit dem eine außerordentlich erfolgreiche Entwicklung der Pharmazeutischen Chemie an der Universität Leipzig eingeleitet wurde. Allein im Jahre 1959/1960 nahmen 10 Doktoranden ihre Tätigkeit am Pharmazeutischen Institut auf.

Der Schwerpunkt der Forschungsarbeit auf dem Gebiet der Pharmazeutischen Chemie in Deutschland lag zu Beginn der Tätigkeit G. Wagners in Leipzig auf dem Gebiet der Phytochemie und Analytik. Auch G. Wagners erste Arbeiten hatten derartige Themen zum Inhalt. G. Wagner hatte sich in Greifswald 1955 mit einer pharmazeutisch-analytischen Arbeit mit Schwerpunkt Papierchromatographie habilitiert.

Die Erfahrungen in den chromatographischen Techniken hatten dann in Leipzig für die synthetischen Arbeiten große Bedeutung, da mittels Papier- und später Dünnschichtchromatographie, der Ende der fünfziger Jahre des 20. Jahrhunderts durch den Pharmakognosten Egon Stahl zum Durchbruch verholfen wurde, Reaktionsverläufe verfolgt und die Reinheit der isolierten Produkte festgestellt werden konnten, was bei den sehr anspruchsvollen Glykosidsynthesen von entscheidendem Vorteil war. In Einzelfällen wurden die chromatographischen Methoden auch zur Isolierung der Endprodukte eingesetzt – für damalige Zeiten durchaus nicht trivial. Später wurden die analytischen Arbeiten hauptsächlich auf die Anwendung moderner physikalisch-chemischer Verfahren (Polarographie: Peter Pflegel; Gaschromatographie: P. Pflegel, Renate Benecke in der Arbeitsgruppe Heinz Thieme; NMR-Spektroskopie: Peter Nuhn in Zusammenarbeit mit Adolf Zschunke vom Physikalischen Institut) ausgerichtet. Der Schwerpunkt der Arbeiten lag jedoch auf synthetischem Gebiet mit den Schwerpunkten Glykosidchemie, schwefelhaltige Heterocyclen und Proteaseinhibitoren.

Bereits in seiner Dissertation in Greifswald hatte sich G. Wagner mit Flavonolglykosiden beschäftigt. In Leipzig wurden dann unzählige Glykoside mit Sauerstoff, Schwefel (auch in der oxidierten Form als Sulfoxide und Sulfone), Selen und Stickstoff synthetisiert und deren enzymatische, säure- und basenkatalysierte Hydrolyse untersucht. Durch Umsetzen des Brigl-Anhydrids mit Thio- und Selenophenolen gelang es erstmals, aromatische Thio- und Selenoglucoside mit α-Konfiguration darzustellen. Einen breiten Raum nahm die Synthese von Glykosiden von π-Mangel- und π-Überschussheteroaromaten ein. Als Kohlenhydratkomponenten dienten D-Ribose, 2-Desoxy-D-ribose, D-Xylose, L-Arabinose, D-Galaktose und D-Glucose. Es konnte der Umsetzungsmechanismus der Synthese von N-Glykosiden (Nucleosiden) durch Umsetzung der Quecksilbersalze von Aglykonen mit Lactam/Lactim-Tautomerie (z. B. Pyrimidone, Pyridone, Pyridazone) aufgeklärt werden (Helmut Pischel). Sehr intensiv wurde die durch Lewis-Säuren katalysierte O→N-Umglykosidierungsreaktion untersucht, die auch zu einer O-Anomerisierung führen konnte. Das 1-β-D-Ribofura-

Abbildung 185
Theodor Boehm
(1892–1969)

Abbildung 186
Günther Wagner
(1925–1999)

nosid des Pyrimidons-(2) wirkte als stärkster Antimetabolit des Nukleinsäurestoffwechsels. Außerdem wurden in Zusammenarbeit mit A. Zschunke (Physikalisches Institut) umfangreiche NMR-Untersuchungen zur Bestimmung der Konfiguration und Konformation der Glykoside durchgeführt (P. Nuhn). Auf dem Gebiet der Nucleoside existierte eine jahrelange Zusammenarbeit mit dem Institut für Organische Chemie und Biochemie der Tschechoslowakischen Akademie der Wissenschaften in Prag (Gruppe Antonin Holy), die hauptsächlich von H. Pischel gestaltet wurde.

Ausgangspunkt für die Beschäftigung der Arbeitsgruppe von G. Wagner mit Heterocyclen war der Versuch, das N-Glucosid des Salicylamids zu synthetisieren, was nur über die Glucosidierung von 2,4-Dioxo-dihydro-1,3-benzoxazin möglich war. Die thioanalogen Verbindungen (Benzothiazine) bildeten durch Reaktion mit Nucleophilen (Amine, Hydrazine, Hydroxid, Alkohole) eine Vielzahl neuartiger Heterocyclen. Von besonderem Interesse war die thermisch ausgelöste Dimroth-Umlagerung, durch die es zu Ringöffnungs-Recyclisierungs-Reaktionen kam (Peter Richter). Weitere sehr interessante Ausgangsprodukte waren Trithioisatosäureanhydrid (Siegfried Leistner) und Dithiazoliumsalze (Detlef Briel).

In den siebziger Jahren des vergangenen Jahrhunderts stand die Synthese von Inhibitoren von Proteasen, insbesondere Enzymen des Blutgerinnungssystems im Vordergrund. Dazu wurde eine sehr fruchtbare Zusammenarbeit mit der Arbeitsgruppe Markwardt vom Pharmakologischen Institut der Medizinischen Akademie Erfurt und eine Vertragsforschung mit dem Arzneimittelwerk Dresden (Kombinat GERMED) aufgebaut und eine Vielzahl von Patenten angemeldet. Zielstellung war die Entwicklung von Antifibrinolytika zur Behandlung thromboembolischer Erkrankungen. Ausgangspunkt für die Synthesen war der Befund, dass die natürlichen Substrate des Thrombins an Arg-Gly-Sequenzen spalten, also ein basischer Guanidinrest als Erkennungsgruppe wirkt und im aktiven Zentrum des Enzyms ein Serinrest von entscheidender Bedeutung ist. Aromatische Amidino- und Guanidinobenzoesäure- und Amidinobenzensulfonsäureester erwiesen sich als irreversible Hemmer durch Blockierung der Serins. 4-Amidinophenylbrenztraubensäure kam bis in die klinische Prüfung. Von praktischer Bedeutung war der Einsatz spezifischer Inhibitoren als Bausteine von Sorbenzien zur Affinitätschromatografie.

Eine entscheidende Wende in der Ausbildung der Pharmaziestudenten in der DDR wurde mit dem „Lehrbuch der Pharmazeutischen Chemie" von G. Wagner eingeleitet, das unter Mitarbeit von Hans Kühmstedt, ab der dritten Auflage zusätzlich von H. Pischel, erstmalig 1966 erschien. Zuvor erschien schon als Band 7 im Rahmen der sehr erfolgreichen Reihe „Wissenschaftliche Taschenbücher" des Akademie-Verlags Berlin eine kurz gefasste „Pharmazeutische Chemie", die fünf Auflagen erlebte. Koautor des Taschenbuches war H. Kühmstedt, G. Wagners erster Doktorand, der aus Greifswald nach Leipzig wechselte. Das Taschenbuch wendete sich zwar in erster Linie an interessierte Nicht-Pharmazeuten, wurde aber gern von Pharmaziestudenten als Repetitorium genutzt. Das Lehrbuch gliederte sich in einen Allgemeinen und einen Speziellen Teil. Der Allgemeine Teil enthielt Methoden zur Identifizierung, Reinheitsprüfung und Gehaltsbestimmung sowie einen Anorganisch-chemischen und Organisch-chemischen Teil. Erst im Speziellen Teil, der in der ersten Auflage etwa die Hälfte des Buches ausmachte, erfolgte dann die Behandlung der Arzneistoffe nach pharmakologischen Gruppen. Damit wurde eine neue Ära der Lehrbücher der Pharmazeutischen Chemie eingeleitet[189] und gleichzeitig ein wesentlicher Beitrag zur Entwicklung der Wissenschaftsdisziplin geleistet. Unter Pharmazeutischer Chemie verstand man bis Anfang des 20. Jahrhunderts eine Chemie für Pharmazeuten. Bis zu dem 1962 in erster Auflage in der BRD erschienenen Lehrbuch der Pharmazeutischen Chemie von Harry Auterhoff und dem bereits erwähnten Büchern von G. Wagner handelte es sich bei den Lehrbüchern der Pharmazeutischen Chemie um Lehrbücher der Chemie, die mit Beispielen aus der Pharmazie unterlegt waren. Die letzte Auflage des Lehrbuches von G. Wagner erschien 1986. Das Buch wurde nach der Wiedervereinigung nicht wieder aufgelegt. Nachteilig in der neuen Verlagslandschaft war, dass es zu sehr auf das Arzneimittelsortiment der DDR und die im Arzneibuch der DDR (AB/DDR) vorgeschriebene Analytik fixiert war.

Ein einschneidendes Ereignis war die 3. Hochschulreform in der DDR, in deren Folge die Pharmazieausbildung in Leipzig eingestellt wurde; nachdem Rostock und Jena das gleiche Schicksal ereilt hatte.

Auch an der Humboldt-Universität in Berlin wurde von 1974 bis 1978 die Immatrikulation für Pharmazie eingestellt. Die Ausbildung von Pharmazeuten lief 1972 in Leipzig aus. Das war insofern bitter, weil in Leipzig das größte und – zumindest auf dem Gebiet der Pharmazeutischen Chemie – leistungsfähigste Institut war, leider mit weniger guter räumlicher Ausstattung als die verbleibenden Institute in Halle und Greifswald. Es gelang aber durch Übernahme neuer Lehrverpflichtungen (Chemieausbildung von Biochemikern und Biologen, da etwa gleichzeitig die Ausbildung von Biochemikern in Leipzig begann) die Arbeitsgruppe Wagner zu erhalten. Die neuen Lehraufgaben waren eine echte Herausforderung für die Mitarbeiter. Das Vorlesungsmanuskript „Naturstoffchemie" war die Grundlage für das 1981 erschienene gleichnamige Lehrbuch von P. Nuhn – die erste umfassende deutschsprachige Darstellung. P. Nuhn erhielt 1975 eine Dozentur für Naturstoffchemie.

Die Arbeitsgruppe von G. Wagner wurde zunächst als Bereich „Pharmazeutische Chemie", später als Bereich „Chemie biologisch aktiver Verbindungen" Bestandteil der 1968 neu gegründeten Sektion Biowissenschaften. Diese Orientierung an die sich parallel entwickelnde Biochemie in den Naturwissenschaften hat sich als sehr vorausschauend erwiesen, da die auf eine Entwicklung neuer Wirkstoffe gerichtete Pharmazeutische Chemie – heute unter der Bezeichnung Medizinische Chemie (so der Titel auch des moderndsten Lehrbuches: „Medizinische Chemie. Targets und Arzneistoffe" von Dieter Steinhilber, Manfred Schubert-Zsilavecz und Hermann J. Roth, Stuttgart 2005) – sehr stark auf die Targetstruktur, d. h. biochemisch orientiert ist. Inzwischen bilden die Pharmazeuten auch an anderen Universitäten mit den Biochemikern eine gemeinsame Fakultät. Innerhalb der Sektion Biowissenschaften entwickelte sich eine jahrelange fruchtbare Zusammenarbeit der Arbeitsgruppen von G. Wagner und Herwarth Ambrosius (Bereich Tierphysiologie und Immubiologie), mit dem Ziel, Beiträge für eine spezifische Immunsuppression zu liefern. Die Arbeitsgruppe Wagner synthetisierte dabei eine große Zahl von Immunsuppressiva-Antigen-Konjugaten. Leider standen damals noch keine monoklonalen Antikörper zur Verfügung.

In den siebziger Jahren begannen in Kooperation mit der NMR-Gruppe um Gotthard Klose (Physikalisches Institut), die damals Projekte in der Membranforschung bearbeitete, Synthesen von Phospholipiden (P. Nuhn), zunächst Analoga des Etherphospholipids PAF (platelet activating factor) und Lecithine mit verzweigten Fettsäureketten. Diese Forschungsrichtung wurde dann später in Halle, zuletzt im Rahmen eines Sonderforschungsbereichs, fortgesetzt.

G. Wagner gehört zu den wenigen pharmazeutischen Hochschullehrern, die schulenbildend gewirkt haben[190]. Während seiner Amtszeit habilitierten sich in Leipzig für Pharmazeutische Chemie: 1968 Hans Kühmstedt (1975 Prof. in Greifswald), 1969 Peter Pflegel (1976 Prof. für Biopharmazie in Greifswald) und Helmut Pischel (1991 Prof. in Leipzig), 1970 Peter Nuhn (1980 Prof. in Halle), 1971 Dieter Heller, 1974 Peter Richter (1979 Prof. in Greifswald), 1980 Siegfried Leistner (1992 Doz. in Leipzig) und 1989 Detlef Briel (2005 apl. Prof. in Leipzig). Von 1984 bis 1992 hatte Klaus Unverferth, von der Pharmazeutischen Industrie kommend, eine Dozentur für Pharmazeutische Chemie inne.

In der Organisation einer überaus erfolgreichen Zusammenarbeit mit anderen Disziplinen (Pharmakologie, Biochemie) und der Industrie (Vertragsforschung) war G. Wagner mit seiner Gruppe beispielgebend. Neben vielen anderen Auszeichnungen wurde G. Wagner 1973 Mitglied der Deutschen Akademie der Naturforscher Leopoldina. Thema seines Selbstberichtes vor der Akademie war „Chemie der Nucleosidantimetabolite".

Altersbedingt wurde G. Wagner 1991 abberufen. Während seiner 32jährigen Amtszeit hatten sich in der Hochschulpharmazie gewaltige Veränderungen vollzogen. So entwickelten sich neben der Pharmazeutischen Chemie noch weitere Teildisziplinen in der Pharmazie, zunächst die Pharmazeutische Technologie (Galenik) und Pharmazeutische Biologie (Pharmakognosie), später die Biopharmazie und Pharmakologie (für Naturwissenschaftler). Die Pharmazeutische Chemie begann sich in Medizinische Chemie und Pharmazeutische Analytik zu differenzieren. Diese Entwicklungen hatten auch Auswirkungen auf die Leipziger Hochschulpharmazie. Die schon unter Boehm an der Leipziger Einrichtung tätigen

Abbildung 187
Kurt Eger

Apotheker Heinz Thieme und Wolfgang Horsch habilitierten sich 1965 bzw. 1964 und wurden 1965/66 zu Dozenten und 1969 zu Professoren (Pharmakognosie bzw. Pharmazeutische Technologie) berufen. Der Wagner-Schüler P. Pflegel wurde 1976 als Professor für Biopharmazie nach Greifswald berufen.

Nachdem schon am Ende der DDR-Zeit im damaligen Beirat für Pharmazie des Ministeriums für das Hoch- und Fachschulwesen wiederholt darauf hingewiesen wurde, dass die Ausbildungskapazitäten für Pharmazeuten in der DDR zu gering sind und die Hochschuleinrichtungen in Halle, Greifswald und Berlin ihre Kapazitätsgrenze erreicht hatten, konnte nach der politischen Wende 1989/90 erreicht werden, dass die Ausbildung von Pharmazeuten in Leipzig mit zunächst 25 Studenten pro Studienjahr wieder aufgenommen wird, zumal mit der Arbeitsgruppe Wagner eine begrenzte personelle Grundstruktur noch vorhanden war. 1997/98 wurde die Studentenzahl auf 50 erhöht. Damit ist Leipzig aber immer noch eine der kleinsten pharmazeutischen Hochschuleinrichtungen, bezogen auf die Anzahl der Studenten.

H. Pischel erhielt 1991 eine Eckprofessur zur Organisation der Wiedereröffnung der Pharmazie in Leipzig. Gründungsdekan wurde der Pharmazeutische Chemiker Hermann J. Roth aus Tübingen. 1992 wurde Kurt Eger (Abb. 187) auf den neu eingerichteten Lehrstuhl „Pharmazeutische Chemie" berufen, quasi als Nachfolger von G. Wagner. Daneben wurden noch Professorenstellen für Pharmazeutische Technologie (1993 Wolfgang Süß), Pharmazeutische Biologie (1994 Johann-Wilhelm Rauwald) und Pharmakologie für Naturwissenschaftler (1995 Karen Nieber) eingerichtet, um eine Ausbildung entsprechend der 1989 eingeführten neuen Approbationsordnung zu gewährleisten. Problematisch ist, dass die Pharmazeutische Chemie in Leipzig heute nur noch mit einer Professorenstelle (die C3-Stelle von H. Pischel ging nach dessen vorzeitigem Ausscheiden für die Pharmazeutische Chemie verloren) ausgestattet ist, obwohl etwa 40% der Lehrverpflichtungen des Pharmaziestudiums laut Approbationsordnung durch die Pharmazeutische Chemie abgesichert werden müssen.

K. Eger hatte sich 1984 an der Universität Bonn habilitiert und war dann H. J. Roth nach Tübingen gefolgt. 1990 wurde K. Eger zum apl. Professor in Tübingen ernannt. Das Lehrbuch „Arzneistoffanalyse. Reaktivität – Stabilität – Analytik" (K. Eger, R. Troschütz, H. J. Roth; Stuttgart, 2006 bereits in der 5. Auflage erschienen) hat große Bedeutung in der Ausbildung der Pharmazeuten. K. Eger hat in der Forschung verschiedene Themen auf synthetischem und analytischem Gebiet bearbeitet. So wurden Thalidomidderivate als mögliche Immunmodulatoren und Michaelprodukte aus Ascorbinsäure synthetisiert, Pflanzeninhaltsstoffe wie Fagopyrin, Diazaflavonoide und die Inhaltsstoffe der Teufelskralle oder Syntheseverunreinigungen von Arzneistoffen bearbeitet.

Während der Amtszeit von K. Eger wurde die Heterocyclenchemie mit geringer Kapazität durch S. Leistner, D. Briel (Iminothiazine) und Michael Gütschow betrieben. 1999 habilitierte sich M. Gütschow für Pharmazeutische Chemie mit Untersuchungen über anellierte 1,3-Oxazin- und 1,3-Thiazin-4-one als potentielle Serinprotease-Inhibitoren. M. Gütschow nahm 2001 eine C3-Stelle für Pharmazeutische Chemie in Bonn an. K. Eger ging 2007 in den Ruhestand, die Wiederbesetzung der Stelle lief 2008 noch.

Lehre, Studium und akademische Graduierung

Lehre und Studium

Horst Wilde

Der Diplom-Studiengang Chemie bis 1990

Im Jahre 1938 wurde in Deutschland der erste einheitliche Studiengang für die Ausbildung von Diplomchemikern eingeführt. Einen Überblick über die darin enthaltenen Lehrinhalte vermittelt das Vorlesungsverzeichnis der Philosophischen Fakultät, Mathematisch-naturwissenschaftliche Abteilung, der Universität Leipzig für das Wintersemester 1944/45:

Vorlesungsverzeichnis Wintersemester 1944/45

Lehrfach	Lehrender
Physikalische Chemie:	
Physikalische Chemie (Elektrochemie)	Bonhoeffer
Katalyse	Kröger
Kolloidchemie	Kröger
Atome und freie Radikale	Geib
Physikalisch-chemisches Praktikum	Magnus
selbständige physikalisch-chemische Arbeiten	Bonhoeffer
katalytische Übungen u. selbständige Arbeiten	Kröger
Physikalisch-chemisches Seminar für Anfänger	Bonhoeffer
Physikalisch-chemisches Kolloquium	Bonhoeffer/Kröger/Geib
Anorganische und Organische Chemie:	
Experimentalchemie (Organische Chemie)	Helferich
Spezielle organische Chemie I	Weygand
Spezielle anorganische Chemie I	Kautsky
Spezielle analytische Chemie	Carlsohn
Anorganisch-chemische Übungen (analytisch u. präparativ) f. Studierende d. Chemie, Mathematik, Naturwissenschaften u. Nationalökonomie	Helferich/ Kautsky/ Carlsohn
Organisch-chemische Übungen	Helferich/ Weygand
Organisch-mikroanalytisches Praktikum	Weygand
Chemische Arbeiten für Fortgeschrittene	Helferich/ Weygand,Kautsky/ Carlsohn/ Rieche
Chemisches Kolloquium	Carlsohn/Helferich/Kautsky/Poethke/ Rassow/Rieche/Scheiber/Thomas/ Weygand/Wolf/
Chemische Technologie:	
Cåhemische Technologie I (anorg.-chem. Betriebe)	Scheiber
Chemische Kampfstoffe, einschl. Erkennen u. Nachweis	Wolf
Chemische Technologie der Eisen- und Stahlerzeugung	Scheiber/Wolf
Übungen in technischer Gasanalyse	Scheiber/Wolf
Technologisch-chemische Übungen	Scheiber/Wolf
Anleitung zu wissenschaftlichen Arbeiten	Scheiber/Wolf
Chemisch-technisches Praktikum f. Fortgeschrittene	Scheiber/Wolf

Mit der offiziellen Wiedereröffnung der Universität Leipzig am 5. Februar 1946 begann im Sommersemester des gleichen Jahres auch der Studienbetrieb in den Chemischen Laboratorien auf der Grundlage des angeführten Diplom-Studienganges. Der Studienablauf für den Immatrikulationsjahrgang 1948 zeigt, dass die Fachgebiete Anorganische, Organische, Physikalische und Technische Chemie mit jeweils 16 Semesterwochenstunden (SWS) Vorlesungen/Seminare ausgewogen vertreten sind. Der Schwerpunkt der Ausbildung liegt mit jeweils ca. 60 SWS bei den Grund- und Fortgeschrittenen-Praktika in Anorganischer und Organischer Chemie. In Physikalischer Chemie ist lediglich ein Praktikum von 1 SWS ausgewiesen, allerdings ergänzt durch ein umfangreiches physikalisches Praktikum von 12 SWS.

Studienplan für den Diplom-Studiengang 1948–1953

	Lehrfach	Lehrender	Wochenstunden
1. FS	Experimentalphysik I	Ilberg	5 V
	Experimentalchemie	Wolf	5 V
	Atomphysik (Struktur d. Materie)	Fischer	2 V
	Math. Einführung i. d. Naturwiss.	Estel	3 V
	Physikalisches Praktikum	Ilberg	3 P
	Anorganisch-chemisches Praktikum	Wolf	8 P
2. FS	Experimentalphysik II	Ilberg	5 V
	Physikalisches Praktikum	Ilberg	3 P
	Anorg.-chem. Praktikum	Wolf	8 P
	Organische Experimentalchemie	Treibs	5 V
	Physikalische Chemie I u. II	Staude	4 V
	Struktur der Materie II	Fischer	2 V
	Mathem. Einführung in die Naturwiss.	Estel	3 V
3. FS	Physikalisches Praktikum	Ilberg	6 P
	Chemische Technologie	Wolf	2 V
	Anorg.-chem. Praktikum	Wolf	8 P
	Physikalische Chemie III und IV	Staude	4 V
	Höhere Physik	Ilberg	1 V
	Chemische Rechenübungen	Weber	1 Ü
4. FS	Spezielle Anorg. Chemie	Wolf	2 V
	Technologie II	Wolf	2 V
	Anorg.-chem. Praktikum	Wolf	ganztägig
	Physik.-chem. Rechenübungen	Staude	2 Ü
5. FS	Spezielle Organische Chemie	Treibs	3 V
	Physik.-chem. Praktikum	Staude	1 P
	Anorg.-chem. Praktikum	Wolf	ganztägig
6. FS	Org.-chem. Praktikum	Treibs	ganztägig
	Spezielle Anorg. Chemie	Wolf	3 V
7. FS	Spezielle Organische Chemie	Treibs	2 V
	Org.-chem. Praktikum für Fortgesch./Mikroanalytisches Praktikum	Treibs	ganztägig
	Technologie	Leibnitz	4 V
	Techn. u. Chemie d. Hochpolymeren	Leibnitz	2 V
	Physikalische Chemie	Staude	4 V
	Seminar zur Physik. Chemie	Weber	1 S
	Organische Analyse	Franke	1 V
	Russisch	Knobloch	2 Ü
8. FS	Spezielle Anorg. Chemie	Wolf	2 V
	Technologie	Leibnitz	4 V
	Physikalische Chemie	Staude	4 V
	Org.-chem. Praktikum f. Fortgeschr.	Wolf	ganztägig
	Chemie und 5-Jahrplan	Bertsch	2 V
	Organisches Seminar	Mayer	1 S
9. FS	Spezielle Organische Chemie	Treibs	3 V
	Org.-chem. Praktikum	Treibs	ganztägig

FS = Fachsemester, V= Vorlesung, S=Seminar, P= Praktikum, Ü=Übung

Nach Gründung der DDR im Oktober 1949 erließ im August 1950 die Hauptabteilung Hochschulen und wissenschaftliche Einrichtungen des Ministeriums für Volksbildung „Studienrichtlinien für gesellschaftswissenschaftliche Vorlesungen" für alle Studierenden im Bereich des Hoch- und Fachschulwesens. Im Januar 1951 folgte auf der 4. Tagung des Zentralkomitees der SED die Entschließung „Die nächsten Aufgaben in den Universitäten und Hochschulen", die eine tiefgreifende Umgestaltung des Hochschulwesens (2. Hochschulreform) einleitete. Ab Herbstsemester 1951 ergab sich daraus für die akademische Ausbildung:

- obligatorisches Studium der „Grundlagen des Marxismus-Leninismus (ML)",
- Pflichtunterricht in Russisch und einer zweiten Fremdsprache (in der Chemie in Englisch),
- obligatorische Teilnahme am Sportunterricht,
- Einführung von Berufspraktika.

Zugleich wurde die Studienorganisation gestrafft:

- Das zehnmonatige Studienjahr, geteilt in Herbst- und Frühjahrssemester, wurde eingeführt.
- Gestaltung des Studienablaufes nach allgemein verbindlichen Studienplänen.
- Die Studierenden wurden in Seminargruppen zusammengefasst, die bis zur Vertiefungsphase von einem Betreuerassistenten begleitet wurden.
- Der individuelle Studienfortschritt wurde bewertet und durch die Vergabe von Leistungsstipendien stimuliert.

Die Weiterentwicklung ausgewählter Disziplinen erforderte auch eine Veränderung der Fakultätsstruktur an der Universität Leipzig. So verfügte das im Februar 1951 unter Leitung von Gerhard Harig gegründete Staatssekretariat für Hochschulwesen im April 1951 die Aufgliederung der Philosophischen Fakultät in eine Philosophische, Landwirtschaftlich-Gärtnerische und eine Mathematisch-Naturwissenschaftliche Fakultät.

Auf der Grundlage der allgemeinen Festlegungen trat am 1.9.1953 ein neuer Studienplan für den 5-jährigen Diplom-Studiengang Chemie in Kraft. Entworfen wurde er von einer Studienplankommission unter Vorsitz von Erich Thilo, Direktor des I. Chemischen Institutes der Humboldt-Universität Berlin, unter Mitwirkung von Vertretern des Staatssekretariats für Chemie, überarbeitet vom wissenschaftlichen Beirat für die Fachrichtung Chemie beim Staatssekretariat. Das Chemiestudium umfasste danach vier Studienjahre mit insgesamt 260 Wochenstunden, davon 103 für Vorlesungen sowie 157 für Übungen, Seminare und Praktika. Im 2. und 3. Studienjahr war ein jeweils sechswöchiges Praktikum in der chemischen Industrie integriert. Die Diplomprüfung musste am Ende des 4. Studienjahres abgelegt sein. Sie bestand neben der Diplomarbeit aus mündlichen Prüfungen in Anorganischer, Organischer, Physikalischer und Technischer Chemie. Bereits ein Jahr später wurde dieser Studienplan ungültig. Ab 1. Septeber 1952 dauerte das Chemiestudium fünf Jahre mit insgesamt 308 Wochenstunden, davon 88 für Vorlesungen und 220 für Übungen Seminare und Praktika. Eine zusätzliche Diplomprüfung war im Fach Gesellschaftswissenschaften abzulegen. Auch dieser Plan hatte nur eine kurze Lebensdauer. Am 1. September 1953 trat für das fünfjährige Studium eine Reduzierung auf 273 obligatorische Wochenstunden, davon 70 für Vorlesungen und 203 für Übungen, Seminare und Praktika in Kraft. Die Sprachausbildung wurde für eine zweite Fremdsprache generell, die Teilnahme am Sportunterricht ab 3. Studienjahr fakultativ.

Die Umsetzung dieses Studienplans in Leipzig sei am Beispiel des Studienverlaufes für den Immatrikulationsjahrgang 1960 mit dem Spezialgebiet Organische Chemie im 5. Studienjahr dokumentiert:

Nach dem zweiten Vorlesungsabschnitt eines jeden Studienjahres waren danach Zwischenprüfungen abzulegen, das Staatsexamen (Diplomprüfung) musste am Ende des fünften Studienjahres abgelegt sein. Bestandteil der Ausbildung war ein sechswöchiges Praktikum in einem Betrieb der chemischen Industrie. Neben den ausgewiesenen obligatorischen Lehrveranstaltungen wurden auch fakultative angeboten. Dieser Studienplan behielt bis 1970 Gültigkeit. Eine besondere Schwierigkeit stellte die

Versorgung der Studierenden mit entsprechenden Lehrbüchern dar. Diese wurden teilweise nur in den westlichen Bundesländern verlegt, ihre Beschaffung wurde insbesondere nach 1961 zunehmend schwieriger. Nur langsam konnten DDR-Verlage eigene Ausgaben auf den Markt bringen.

Studienplan für den Immatrikulationsjahrgang 1960

	Lehrfach	Lehrender	Wochenstunden
1. FS	Anorganische Experimentalchemie	Wolf	4 V,15 P,1 S
	Qualitative anorganische Analyse	Holzapfel	2 V
	Experimentalphysik	Ilberg	4 V
	Mathematik	Meisel	4 V
	Dialektischer Materialismus	Striebing	2 V, 1 S
	Russisch	Zaune	2 Ü
	Englisch	Huhle	2 Ü
	Sport		2 Ü
2. FS	Organische Experimentalchemie	Treibs	4 V
	Quantitative anorganische Analyse	Holzapfel	2 V, 1 S
	Anorganisches Praktikum	Wolf	15 P
	Experimentalphysik	Ilberg	4 V
	Historischer Materialismus	Eschner	2 V, 1 S
	Russisch	Zaune	2 Ü
	Englisch	Huhle	2 Ü
	Sport		2 Ü
Zwischenprüfungen:			
	Anorganische, Analytische und Allgemeine Chemie		
	Dialektischer/Historischer Materialismus		
3. FS	Anorganisches Praktikum	Wolf	20 P
	Physikalische Chemie	Geiseler	2 V, 1 S
	Kristallographie	Neels	2 V, 2 Ü
	Physik-Praktikum	Ilberg	3 P
	Politische Ökonomie	Schade	1 V, 1 S
	Russisch	Zaune	2 Ü
	Englisch	Huhle	2 Ü
	Sport		2 Ü
4. FS	Anorganisches Praktikum	Wolf	20 P
	Chemische Bindung	Werner	1 V
	Physikalische Chemie	Geiseler	2 V, 1 S
	Wissenschaftlicher Sozialismus	Menger	2 V, 1 S
	Russisch	Zaune	2 Ü
	Englisch	Huhle	2 Ü
	Sport		2 Ü
Zwischenprüfungen:			
	Anorganische, Analytische und Allgemeine Chemie (Abschluss)		
	Physik (Abschluss)		
	Mathematik (Übungsscheine)		
	Polit. Ökonomie, Wissenschaftlicher Sozialismus I		
	Russisch		
	Englisch		
5. FS	Organische Chemie	Schroth	2 V, 24 P
	Physikalische Chemie	Lorenz	3 V,2 S, 1 Ü
	Wissenschaftlicher Sozialismus	Striebing	2 V, 1 S
6. FS	Spezielle Anorganische Chemie	Hoyer	3 V
	Chemische Rechenübungen	Herrmann	1 Ü
	Mikroanalyse		1 V
	Politische Ökonomie des Sozialismus		2 V, 2 S
	Praktikum Physikalische Chemie	Geiseler	ganztägig

Zwischenprüfungen:			
	Organische Chemie		
	Abschlussprüfung des gesellschaftswissenschaftlichen Grundstudiums		
	Physikalische Chemie		
7. FS	Spezielle organische Chemie	Mühlstädt	3 V, 1 S
	Praktikum organische Chemie	Mühlstädt	ganztägig
	Spektroskopie	Scholz	1 V
	Ökonomie der chemischen Industrie	Naumann	2 V
8. FS	Physikalische Methoden in der Organischen Chemie	Borsdorf	1 V
	Gaschromatographie	Hickethier	1 V
	Chemische Technologie	Leibnitz	4 V
	Petrolchemie	Zimmermann	2 V
	Ökonomie der chemischen Industrie	Naumann	2 V
	Technologisches Praktikum		6 Wochen
	Betriebspraktikum		8 Wochen
9. FS	Spezielle organische Chemie	Hauptmann	2 V
	HMO-Methode	Scholz	1 V
	Naturstoffe	Kempter	1 V

Diplomprüfung:
Aus dem gewählten Spezialgebiet war eine Diplomarbeit anzufertigen. Außerdem fanden Prüfungen in Anorganischer, Physikalischer und Technologischer Chemie statt.

Mit dem Beschluss des Gesetzes über das „einheitliche sozialistische Bildungssystem" durch die Volkskammer im Februar 1965 trat ein Dokument in Kraft, das für lange Zeit auch die Grundzüge universitärer Ausbildung bestimmte. Im Herbst 1965 unterbreitete das Staatssekretariat für Hochschulwesen „Prinzipien zur weiteren Entwicklung der Lehre und Forschung an den Hochschulen der DDR", die auf der IV. Hochschulrektorenkonferenz im Februar 1967 nochmals präzisiert wurden. Am 1.12.1967 beschloss das Konzil der Leipziger Universität die „Grundsätze zur Ausarbeitung der Gesamtkonzeption zur Weiterführung der 3. Hochschulreform", die auch zu strukturellen Veränderungen durch Bildung von 16 Sektionen führte.

Bereits mit Beginn der 60er Jahre setzte eine kontinuierliche Umgestaltung des bislang an den klassischen chemischen Fachgebieten orientierten Chemiestudiums ein. Ständige kleinere Änderungen an den einzelnen Universitäten und Hochschulen führten dazu, dass sich die Studieninhalte und -formen an den Chemieausbildungsstätten z. T. wesentlich voneinander unterschieden.

Vor der Einführung eines neuen Studienplanes übernahm die Leipziger Sektion Chemie auf Anregung des im August 1967 gebildeten Ministeriums für Hoch- und Fachschulwesen (Minister Gießmann) die Aufgabe, die Möglichkeiten einer Verkürzung des Chemiestudiums zu prüfen und das Modell eines vierjährigen Studiums zu schaffen. Ergänzend sei vermerkt, dass der Ministerrat der DDR 1968 Prof. Hans-Joachim Böhme, von 1959 bis 1966 Sekretär der Leipziger Universitätsparteileitung, zum Staatssekretär für Hochschulwesen berief. 1970 erfolgte seine Ernennung zum Minister für Hoch-und Fachschulwesen. Seine Amtszeit endete mit der Wende. Unter dieser Zielstellung wurde 1968 der erste Jahrgang immatrikuliert, so dass im Jahre 1972 gleichzeitig zwei Jahrgänge das Chemiestudium abschlossen (138 Absolventen).

Nach intensiven Diskussionen unter Beteiligung aller Chemiesektionen der DDR und Vertretern der Industrie in einer Arbeitsgruppe des Ministeriums unter Leitung von Prof. Helga Dunken (Universität Jena) erfolgte 1970 die Einführung eines neuen, für die DDR einheitlichen Studienplanes. Die entscheidende Neuerungen waren:

- Verkürzung des Chemiestudiums auf 4 Jahre, um den erwarteten wachsenden Bedarf an Chemikern für die chemische Industrie und die geplanten „Großforschungszentren" zu befriedigen.
- Gestaltung eines einheitlichen zweijährigen Grundstudiums, in dem die Lehrgebiete Anorganische, Organische und Physikalische Chemie durch die integrierenden und verstärkt theoretisch fundierten Lehrgebiete „Struktur und Bindung", „Gleichgewichte" und „Ablauf chemischer Reaktionen" bei

Erhöhung der Stundenzahl für Seminare (300 Std.), ergänzend zu den Vorlesungen (270 Std.), zu Lasten der Praktika (910 Std.) ersetzt wurden.
- Für das anschließende zweijährige Fachstudium standen die Studienrichtungen „Synthesechemie“, „Theoretische Chemie“ und „Verfahrenschemie“ zur Wahl.
- Angebot eines dreijährigen Forschungsstudiums für „gesellschaftlich aktive und fachlich hervorragende Studenten“, das nach dem 7. Semester (Ablegung der Hauptprüfung mit Verleihung der Berufsbezeichnung „Chemiker“) ohne Diplomabschluss direkt zur Erlangung des Grades eines „Dr. rer. nat.“ (Promotion A) führte.

Das Rahmenstudienprogramm für das Grundstudium wies eine hohe zeitliche Belastung der Studierenden aus. Die 104 Kalenderwochen verteilten sich wie folgt:
- 8 Wochen Urlaub
- 7 Wochen nicht zusammenhängende Unterbrechungen
- 9 Wochen militärische bzw. Zivilverteidigungsausbildung, Studentenbrigaden-Einsätze, Austauschpraktika
- 80 Wochen Fachausbildung

Innerhalb der 80 Wochen standen 68 Wochen als Vorlesungszeitraum zur Verfügung. Die verbleibenden 12 Wochen wurden durch Kompaktpraktika bzw. kontrolliertes Selbststudium abgedeckt. Die Festlegung von durchgängig 30 Wochenstunden Lehrveranstaltungen und einem Minimum von 30 Wochenstunden Selbststudium ergaben sich für die 80 Wochen insgesamt 2400 Stunden Lehrveranstaltungen und 2400 Stunden Selbststudium. Zusätzlich dazu waren 136 Stunden Sport während des Vorlesungszeitraumes im Plan enthalten. Bei Einbeziehung der Sportausbildung waren die Teilstrukturen des Grundstudiums einschließlich des Selbststudienminimums in folgender Relation vertreten:

Marxismus-Leninismus	10,5 %
Sport	4,0 %
Fremdsprachen	5,4 %
Mathematik, EDV, Kybernetik	15,0 %
Physik	6,8 %
Chemie	58,3 %.

Wurde das Grundstudium mit Erfolg absolviert, musste man sich für eine der drei Fachrichtungen entscheiden, für die zunächst eine Verteilung der Studenten von 50 % Verfahrenschemie, 30 % Synthesechemie und 20 % Theoretische Chemie vorgesehen war. Die neuen Fachrichtungen, deren Ausbildungsziele durch die methodischen Wesensmerkmale des späteren Einsatzes bestimmt waren, wurden von den Sektionen unter Berücksichtigung der spezifischen Ausbildungs- und Forschungsprofile mit Sicht auf spezielle Einsatzgebiete in der Industrie gestaltet.

Schwerpunkt des *Fachstudiums Synthesechemie* war die stoffbezogene Behandlung chemischer Reaktionen, d. h. die Vermittlung gründlicher Kenntnisse über Syntheseprinzipien und die chemische und strukturelle Analytik. Für das 3. Studienjahr bedeutete dies die obligatorisch festgelegten Lehrgebiete Anorganische und Organische Synthesechemie, Reaktionstheorie, Stoff- und Strukturanalytik, Technische Synthesechemie, Sondergebiete (z. B. Heterocyclen-, Koordinations-, Naturstoff-, Stereo- oder Festkörperchemie) sowie ein methodisch orientiertes Grundpraktikum von 30 Wochen, ergänzt durch ein 4–6-wöchiges forschungsorientiertes Vertiefungspraktikum und ein Betriebspraktikum von mindestens 6 Wochen Zeitumfang.

Ziel des *Fachstudiums Verfahrenschemie* war ein Absolvent, der in der Industrie insbesondere wissenschaftliche Aufgaben in der Produktion, der Rationalisierung bestehender und der Entwicklung neuer Verfahren lösen kann. Daraus resultierten die Lehrgebiete Technische Chemie, Angewandte physikalische Chemie, Chemische Synthese und Analytik, Automatisierungs- und Verfahrenstechnik, Angewandte Mathematik, Sozialistische Betriebswirtschaft, vertiefungsspezifische Lehrveranstaltungen sowie das Betriebspraktikum.

Das *Fachstudium Theoretische Chemie* (später in Theoretische und Physikalische Chemie umbenannt) war auf die Ausbildung von Chemikern ausgerichtet, die die zur Beschreibung chemischer Sachverhalte relevanten Methoden der Mathematik und Theoretischen Physik wie auch die zur Stoff- und Reaktionscharakterisierung wesentlichen instrumental-analytischen Messverfahren einzusetzen verstehen. Entsprechende Lehrgebiete waren Spezielle Mathematik, Quanten- und Strukturchemie, Thermodynamik und Kinetik, Physikalisch-chemische Messmethoden und Analytik, Technische Chemie.

Diese gravierende Änderung der Chemieausbildung führte zwangsläufig auch zu strukturellen Konsequenzen, da die disziplinübergreifenden Lehrabschnitte nicht mehr von einzelnen Instituten getragen werden konnten. Die Institute wurden aufgelöst unter Bildung von Forschungskollektiven, die bis Ende 1971 Bestand hatten, und von Lehrkollektiven, die für die Ausbildung und Erziehung der Studierenden die Verantwortung trugen. Mitglieder der Lehrkollektive waren die im Ausbildungsabschnitt eingesetzten Wissenschaftler der Sektion Chemie, Vertreter der Seminargruppen der Studierenden sowie Wissenschaftler des ML-Grundlagenstudiums und ggf. der Mathematik, Physik und Sprachen. Beratungen fanden während der Vorlesungszeit in der Regel ein- bis zweimal im Monat statt. So bestanden entsprechend der Gliederung des Studienablaufes im Studienjahr 1970/71 folgende Lehrkollektive:

- Struktur und Bindung (Leiter: E. Butter/J. Fruwert)
- Chemische und Physikalische Gleichgewichte (J. Hofmann/K. Schöne)
- Anorganische und Analytische Chemie (K. Schöne)
- Organische und Analytische Chemie (K. Schulze)
- Fachstudium Synthesechemie (G. Mann)
- Fachstudium Verfahrenschemie (C. Bode)
- Fachstudium Theoretische Chemie (W. Lorenz)
- Lehramt (R. Wagener/E. Lippmann/R. Szargan)
- Nebenfachausbildung (M. Weißenfels)
- Kristallographie (P. Schreiter)

Für grundlegende Analysen der Lehr- und Forschungsprozesse dienten zweitägige Klausurtagungen, z. B. 1985, 1987 und 1989 in der Grundmühle in Grimma.

Als Voraussetzung für die optimale Lösung einer so umfassenden Umgestaltung des Studienprogramms Chemie wurde die laufende Analyse der Ausbildungsergebnisse und die Abstimmung mit der Praxis angesehen. So verwunderte es nicht, dass der Beirat für Chemie bereits im Juli 1972 eine „Prognose Chemiestudium" vorlegte, die u. a. zu folgenden Einschätzungen gelangte:

- Das 1970 neu konzipierte Lehrprogramm stellt hohe Anforderungen an das stoffliche Wissen in Chemie und basiert auf einem anspruchsvollen theoretischen Niveau. Mit Blick auf das Bildungsniveau der Studienbewerber und die materielle Ausrüstung der Sektionen ist es jedoch in einem Zeitraum von 4 Jahren nicht erfüllbar. Ein großer Teil der nach diesem Programm ausgebildeten Absolventen wird deshalb sowohl in den praktischen Fertigkeiten und Fähigkeiten als auch in ihren theoretischen Kenntnissen nur ein erhöhtes Fachschulniveau ausweisen. Zur Hebung des fachlichen Ausbildungsniveaus ist eine Verlängerung des Studiums auf 4,5 bis 5 Jahre erforderlich.
- Die drei Fachrichtungen werden von der Industrie nicht genügend beachtet. Grundsätzlich erscheint daher eine scharfe Trennung zwischen Grund- und Fachstudium nicht sinnvoll. Vertiefte Kenntnisse werden durch die Diplomarbeit vermittelt und damit die Bedürfnisse der Industrie abgedeckt, sofern die Hochschulforschung diesen Bedürfnissen Rechnung trägt.
- Die 1970/71 sprunghaft erhöhten Zulassungszahlen zum Chemiestudium sind perspektivisch nicht erforderlich. Eine mittlere Zulassungszahl von 700 für die gesamte DDR wird für sinnvoll gehalten.
- Etwa 20 % der Absolventen eines Jahrganges sollten durch ein Forschungsstudium oder eine Industrieaspirantur promovieren.
- Für eine generelle Zunahme des Bildungsniveaus ist der Anteil der Abiturienten von ca. 10 % eines Jahrganges (90 % 10-Klassen-Schüler) auf ca. 20 % zu erhöhen.

Im Ergebnis breiter Diskussionen kehrte man mit dem präzisierten „Studienplan der Grundstudienrichtung Chemie" 1975 zu einem 5-jährigen Studiengang zurück, der sich aus einer 5-semestrigen gemeinsamen Grundlagenausbildung sowie einer 5-semestrigen Ausbildung in den drei Fachrichtungen Synthesechemie, Verfahrenschemie, Theoretische und Physikalische Chemie einschließlich eines 12-wöchigen Betriebspraktikums und einer einjährigen Diplomarbeit zusammensetzte. Im Vorgriff darauf wurde an der Leipziger Sektion für den Immatrikulationsjahrgang 1974 eine Übergangslösung mit einer Studienzeit von 4,5 Jahren bei Erweiterung der Diplomphase gefunden.

Das 12-wöchige Betriebspraktikum im 8. Semester wurde vorrangig in den Kombinaten Filmfabrik Wolfen, CKB Bitterfeld, Leuna und PCK Schwedt absolviert. Die wissenschaftlichen Aufgabenstellungen lagen bevorzugt auf den Gebieten der Analytik, der organischen Synthese und von Adsorptionsprozessen.

Studienplan (mit Wochenstunden) für die Grundstudienrichtung Chemie (1982)

Lehrfach		Semester										Gesamt
		1.	2.	3.	4.	5.	6.	7.	8.	9.	10.	
Dialektischer und historischer Materialismus	VS	3	3									75
Politische Ökonomie	VS			3								90
Wissenschaftlicher Kommunismus	VS			2			3	3				120
Ausgewählte Probleme des Marxismus-Leninismus	VS										2	30
Russisch	VS	2	2	2	1							105
Englisch	VS			2	2	1						75
Sport	P	2	2	2	2	2	2	2				210
Mathematik	VS	4	4	4	4	2						270
Physik	VS	6										90
	P		6									90
Sozialistische Betriebswirtschaft	VS								3	3		69
Aufbau u. Eigenschaften der Stoffe	VS	6	2									120
	P	9	8									240
Grundlagen der Thermodynamik	VS		4									60
	P		2	3								75
Chemische Gleichgewichte	VS			6								90
	P			10								135
Kinetik und Reaktionsmechanismen	VS				4							60
	P				5							75
Reaktionsverhalten und Syntheseprinzipien	VS				3	7						150
Organische/Anorganische Synthese	P				8	15						375
Analytik	VS					3	3					90
	P						4					60
Arbeitsschutz/Sicherheitsst.	VS									2		16
Geschichte der Chemie	VS									3		24
Semester-Wochenstunden		32	32	32	32	32/siehe Fachrichtungen						

Die Verteidigung der Praktikumsergebnisse erfolgte in den Betrieben in Anwesenheit der betreuenden Hochschullehrer der Sektion und wurde als Bestandteil der Haupt-prüfung benotet. Begünstigt durch die Gründung des „Analytischen Zentrums" im Jahre 1977 nahmen Analytik und Spektroskopie innerhalb der Profillinien der Sektion Chemie in Leipzig eine zentrale Stellung ein. Dies bewirkte in der Lehre eine gemeinsame Analytik-Ausbildung für alle drei Fachrichtungen. Zugleich wurde der zeitliche Umfang der analytischen Lehrveranstaltungen gegenüber dem DDR-Studienplan von 1975 erhöht, indem ein Teil der wahlobligatorischen und der Spezialausbildung als Analytik ausgewiesen wurde. So ergaben sich unter Berücksichtigung der ab 1.9.1982 gültigen studienorganisatorischen Maßnahmen und der für die Leipziger Sektion Chemie spezifischen Bedingungen die Stundentafeln:

Studienplan für die Fachrichtungen

Lehrfach		Semester					Gesamt
		6.	7.	8.	9.	10.	
Verfahrenschemie:							
Angewandte Mathematik	VS	4	3				105
Technische Chemie	VS	4	4				120
	P		7				105
Chemische Thermodynamik	VS	4					60
Chemische Kinetik	VS		3				45
Modellierung	VS			4			32
Oberflächenchemie	VS		3				45
Prozessanalytik	VS		4				60
Chemische Synthese	VS	2					30
Chemische Verfahrenstechnik	VS	4					60
Wahlobligatorische Fächer	VS	2			4	4	150
	P			12			96
gesamt		32	32	32	Diplom		
Synthesechemie:							
Anorganische und Organische	VS	4	3				105
Synthesechemie	P	13	6				285
Technische Chemie	VS		4				60
	P		6				90
Reaktionstheorie	VS	3	2				75
Stoff-und Strukturanalytik	VS		3				45
Wahlobligatorische Fächer	VS			4	4	4	152
	P			20			160
gesamt		32	32	32	Diplom		
Theoretische und Physikalische Chemie:							
Spezielle Mathematik	VS	6					90
Quanten- und Strukturchemie.	VS	5	4				135
Physikalisch-chemische	VS		6				90
Messmethoden	P		4				60
Thermodynamik/Kinetik	VS	7	4				165
Technische Chemie	VS		4				60
Wahlobligatorische Fächer	VS			4	4	4	152
			P			18	144
gesamt		30	30	30	Diplom		

Für die Einführung integrierender Lehrgebiete im Grundstudium standen keine adäquaten Lehrbücher zur Verfügung. Deshalb wurde von Wissenschaftlern aller Chemiesektionen der DDR ein „Lehrwerk für das Grundstudium Chemie" erarbeitet, das die Vermittlung des Stoffwissens mit einer Einführung in die grundlegenden Beziehungen und Gesetzmäßigkeiten verknüpfte. Es umfasste sieben Lehrbücher:
- Struktur und Bindung – Atome und Moleküle
- Struktur und Bindung – Aggregierte Systeme und Stoffsystematik
- Strukturaufklärung – Spektroskopie und Röntgenbeugung
- Chemische Thermodynamik
- Elektrolytgleichgewichte und Elektrochemie
- Chemische Kinetik
- Reaktionsverhalten und Syntheseprinzipien

sowie zugehörige Arbeitsbücher und programmierte Lehrmaterialien. Die Texte wurden zunächst als Manuskriptdrucke erprobt, ab 1973 im Deutschen Verlag für Grundstoffindustrie Leipzig erstmals aufgelegt. Die Gesamtkonzeption und Koordinierung des Lehrwerkes lagen in den Händen der Leipziger Chemiker E. Hoyer (s. Abschn. Anorganische Chemie) und J. Finster, zahlreiche weitere Leipziger Chemiker waren als federführende oder Koautoren beteiligt (s. Anhang Bücher).

Im Maßnahmeplan des Ministeriums für Hoch- und Fachschulwesen „zur weiteren Verwirklichung der Beschlüsse des XI. Parteitages der SED im Zeitraum 1986–90" wurde festgelegt, die Ausbildungskonzeptionen der naturwissenschaftlichen Fachrichtungen zu analysieren und daraus Schlussfolgerungen für die Weiterentwicklung dieser Konzeptionen nach 1990 zu ziehen. Dieser Aufgabenstellung wurde der Wissenschaftliche Beirat für Chemie mit einer Analyse der Ausbildungskonzeption Chemie vom Mai 1988 gerecht. Wesentliche darin enthaltene Schlussfolgerungen waren:
- Die akademische Ausbildung von Diplomchemikern erfordert 5 Jahre und schließt eine einjährige Diplomarbeit und ein 12-wöchiges Betriebspraktikum ein.
- Die Zweckmäßigkeit oder Notwendigkeit der Fachrichtungen Verfahrenschemie, Synthesechemie und Theoretische und Physikalische Chemie ist nicht mehr gegeben. Befürwortet wird eine einheitliche „Fachrichtung Chemie" mit einer Verlängerung der Grundlagenausbildung auf 6 Semester.
- Der Anteil der nichtchemischen, durch Ministerweisung gesetzten Lehrgebiete Marxismus-Leninismus, Fremdsprachen und Sport ist mit insgesamt ca. 12 % zu hoch, da sie nicht direkt zur Qualität des Chemiestudiums beitragen.

Der zunehmende Druck des politischen Wandels führte diesbezüglich bereits im Herbstsemester 1989 durch Festlegungen des Rektors zu einschneidenden Änderungen:
- Reduzierung des gesellschaftswissenschaftlichen Grundstudiums auf ca. 120 Stunden, wahlobligatorische Lehrveranstaltungen, z. B. aus einem entsprechenden Angebot philosophischer, ökonomischer, historischer oder politikwissenschaftlicher Kurse bei gleichzeitiger Abschaffung der Prüfungen. Die Teilnahme an Vorlesungen/Seminaren wurde lediglich durch ein Testat der Seminarleiter bestätigt.
- Sportausbildung wird nur noch fakultativ angeboten,
- über die zu fordernden Fremdsprachenkenntnisse entscheiden die Sektionen selbständig.

Absolventeneinsatz. In Weiterführung der 3. Hochschulreform trat am 3.2.1971 eine „Verordnung über die Vorbereitung und Durchführung des Einsatzes der Hoch- und Fachschulabsolventen des Direktstudiums und die Förderung der Absolventen beim Übergang vom Studium zur beruflichen Tätigkeit" in Kraft (Absolventenverordnung). Sie sollte auf der Grundlage von Kennziffern der Staatlichen Plankommission den Kaderbedarf für Einrichtungen der Großforschung, für wirtschaftliche Schwerpunktaufgaben sowie für die Bildungsstätten absichern. Für die praktische Umsetzung war an der Sektion Chemie eine Kommission zur Absolventenvermittlung unter Vorsitz des Stellv. Direktors für Erziehung, Aus- und Weiterbildung zuständig. Auf der Basis von Einsatzcharakteristiken, Vorträgen von Vertretern der Betriebe und Vermittlungsgesprächen wurden bis zu Beginn des 5. Studienjahres verbindliche Arbeitsverträge abgeschlossen.

Entsprechend der Verordnung und ihrer Verpflichtung bei der Zulassung zum Direktstudium mussten die Absolventen ihre Arbeit dort aufnehmen, wo sie auf der Grundlage des staatlichen Planes eingesetzt wurden. Dies führte insbesondere bei der Vermittlung an die großen Kombinate in Bitterfeld, Wolfen, Leuna und Buna auf Grund der dortigen starken Umweltbelastung und fehlender Wohnungsangebote zu ständigen Schwierigkeiten. Die Kündigung der geschlossenen Arbeitsverträge durch Absolventen oder Betriebe war erst am Ende des dritten Jahres nach Arbeitsaufnahme zulässig.

Einen Überblick über die Absolventenvermittlung bietet nachfolgende Statistik der Sektion Chemie:

	Studentenzahl	Stellenangebote			Vermittlung an		
		Industrie	Hochschulen	übrige	Industrie	Hochschulen	übrige
1980	60	37	14	32	22	14	24
1981	54	43	15	12	32	13	9
1982	49	38	15	14	29	13	7

Der gelenkte Absolventeneinsatz wurde im Frühjahr 1990 eingestellt.

Wehrerziehung. Besondere Bedeutung hatte neben der fachlichen Ausbildung die „sozialistische Wehrerziehung“. Erfolgte in den 50er Jahren die Teilnahme an Lagern der Gesellschaft für Sport und Technik (GST) und nachfolgend an einmonatigen Militärlagern der Nationalen Volksarmee (NVA) noch mehr oder weniger „freiwillig“, so wurde die Wehrerziehung insbesondere bei der Umsetzung der 3. Hochschulreform obligatorischer Bestandteil der Hochschulbildung. Ausgehend von Beschlüssen der SED erließ der Minister für Hoch- und Fachschulwesen hierzu Direktiven, die an der Universität in entsprechenden Konzeptionen, die letzten vom Januar 1983 und Juli 1987, ihre Umsetzung fanden. Schwerpunkte darin waren:

- Thematische Einordnung von militärischen Aspekten und Erfordernissen der Zivilverteidigung in der Grundlagen- und fachspezifischen Ausbildung.
- Teilnahme der Studentinnen und nicht wehrdiensttauglichen Studenten an der 4-wöchigen berufsspezifischen Zivilverteidigungsausbildung zu Beginn des 2. Studienjahres. Diese diente unter Leitung von Wissenschaftlern der Fakultät der Heranbildung künftiger Führungskader auf diesem Gebiet.
- Teilnahme aller wehrdiensttauglichen gedienten Reservisten/Studenten an der militärischen Ausbildung im Rahmen der NVA mit dem Ziel der Qualifizierung zum Offizier der Reserve der NVA bzw. für eine Unteroffiziersdienststellung, gleichfalls 4 Wochen zu Beginn des 2. Studienjahres.

Der Wehrerziehung dienten auch der „Tag der Wehrbereitschaft“, die „Wehrpolitischen Wettkämpfe“, „Zentrale Reservistenvergleiche“ und ein Patenschaftsvertrag der Sektion Chemie mit einem Truppenteil der NVA in Bad Düben. Insgesamt kann eingeschätzt werden, dass die überwiegende Mehrheit der Chemiestudierenden nur wenig Bereitschaft für die Maßnahmen der Wehrerziehung zeigten. Auch deshalb wurden zu Beginn des Herbstsemesters 1989 Konzeption und Aufgabenstellung zur sozialistischen Wehrerziehung außer Kraft gesetzt; Zivilverteidigungsausbildung und Reservistenqualifizierung fanden ab dem Studienjahr 1989/90 nicht mehr statt.

„Sozialistischer Wettbewerb“. Mit der Gründung der Gewerkschaft Wissenschaft im Mai 1953 erfolgte zugleich die Propagierung des Wettbewerbsgedankens. So riefen 1959 Leipziger Chemiestudenten, anknüpfend an die in der chemischen Industrie entstandene Bewegung „Sozialistisch arbeiten, lernen und leben“, den Wettbewerb um den Titel „Gruppe sozialistischer Studenten“ ins Leben. Die 3. Hochschulreform erhob den „sozialistischen Wettbewerb“ zur Hauptmethode der Planung, Durchführung und konkreten Abrechnung von Forschung, Aus- und Weiterbildung. Die Zielstellung bestand darin, die „sozialistische Gemeinschaftsarbeit“, insbesondere den Kampf um den Titel „Sozialistisches Studentenkollektiv“ bzw. „Kollektiv der Sozialistischen Arbeit“, die Entwicklung des „Neuererwesens“ und die Einbeziehung aller Universitätsangehörigen in die Planausarbeitung und Planerfüllung als System der Masseninitiative zu gestalten.

Der Wettbewerb wurde jährlich auf der Basis eines Wettbewerbsprogramms mit konkreten Aufgaben- und Terminstellungen geführt. Sektions- und Gewerkschaftsleitung überprüften für die „Kollektive“ der Mitarbeiter z. B. die Erfüllung der Forschungsaufgaben, die wissenschaftliche Qualifizierung, Anzahl der Publikationen und Patente, den Einsatz in Ausbildung und Erziehung, Aktivitäten in der Neuererbewegung und der „Volkswirtschaftlichen Masseninitiative“ (Arbeitseinsätze) sowie die Organisation von Tagungen, Kultur- und Sportveranstaltungen. Zur Gewährleistung der „Einheit von ideeller und materieller Stimulierung“ stand der Sektion Chemie ein Fonds für Jahresleistungs-, Ziel- und Initiativprämien zur Verfügung. Die ausgezeichneten Kollektive und jedes ihrer Mitglieder erhielten Urkunden, und es erfolgten Einzelauszeichnungen als „Aktivist bzw. Verdienter Aktivist der Sozialistischen Arbeit“. Der Förderung des Gemeinschaftslebens diente zudem der Kultur- und Sozialfonds.

Die Grundorganisation der Freien Deutschen Jugend (FDJ) der Sektion Chemie, die den Namen „Frederic Joliot-Curie“ trug, organisierte den studentischen Wettbewerb. Im Mittelpunkt stand dabei die Einheit von wissenschaftlicher Ausbildung in enger Zusammenarbeit mit dem Lehrkörper und von „sozialistischer Klassenerziehung“ auf politisch-kultureller Ebene. In den vierteljährlichen Wettbewerbsauswertungen wurden Kriterien wie fachliche Leistungen, Qualität der Mitglieder- und Saalversammlungen, Solidaritätsaktionen, kulturelle Veranstaltungen und Mitwirkung in den Lehrkollektiven und der Grundorganisation berücksichtigt. Die Verleihung des Titels „Sozialistisches Studentenkollektiv“ für die fachlich und gesellschaftlich besten FDJ-Gruppen erfolgte durch die FDJ-Kreisleitung der Universität. Bestandteile dieses „Titelkampfes“ waren der Wettbewerb um den Titel „Kollektiv der Deutsch-Sowjetischen-Freundschaft und „Ausgezeichnete Gruppe im marxistisch-leninistischen Grundlagenstudium“.

Rückblickend kann eingeschätzt werden, dass eine echte Wettbewerbsatmosphäre nur bei der Endabrechnung zur Vergabe der Prämien einsetzte, zumal gesichert werden musste, dass im Laufe der Zeit mehr oder weniger alle Kollektive bei der Auszeichnung Berücksichtigung fanden.

„Studentensommer.“ Der Begriff „Studentensommer“ bedeutete für die Studierenden nicht nur vorlesungsfreie Zeit für eventuelle komplexe Praktika, Selbststudium und Erholung, sondern zugleich eine durch die FDJ organisierte Belastung durch obligatorische Arbeitseinsätze. Erstmals nahmen im Juli/August 1958 ca. 5000 Studenten der Universität am „Leipziger-Studenten-Sommer“ mit Arbeiten im Braunkohletagebau, am Eisenbahnbau und in der Landwirtschaft teil. In den Folgejahren lag der Schwerpunkt auf Ernteeinsätzen. Mit der „Anordnung des Ministers für das Hoch- und Fachschulwesen zur Regelung der Arbeitseinsätze der Studenten“ vom 15.11.1972 wurde dafür auch eine gesetzliche Grundlage geschaffen, die in Weisungen des Rektors im Rahmenzeitplan jedes Studienjahres ihren Niederschlag fand.

Die Einsatzgebiete waren vielfältig. Der 3-wöchige nationale Studentensommer fand in Großbetrieben oder Baustellen Berlins statt. Zur Zeit der Errichtung des Neubaugebietes Leipzig-Grünau wurde gemeinsam mit Studentenbrigaden anderer Länder ein „Interlager Grünau“ eingerichtet. Besonders gute und gesellschaftlich aktive Studierende konnten auch mit den Interbrigaden oder im Studentenaustausch in verschiedene sozialistische Länder fahren. Eine zusätzliche Belastung für das Studium entstand durch die Einführung des „rollenden Studentensommers“, d. h. die Verteilung der Arbeitseinsätze auf das gesamte Jahr. Dies betraf z. B. 1971/72 das 3. Studienjahr mit Einsätzen am Neubau Karl-Marx-Platz, beim Wohnheimbau, in der Mensa und auf Bezirksjugendobjekten. Beredter Ausdruck der schwierigen ökonomischen Situation der DDR in den 80er Jahren ist die Tatsache, dass ohne den „rollenden Einsatz“ zahlreicher Studenten in einem Betonplattenwerk der Bau des Technikum Analytikum nicht gesichert gewesen wäre (s. Abschnitt Technikum Analytikum).

Promotion. Hauptweg zur Erlangung der Promotion war die Einstellung als Assistent mit einer 4-jährigen Befristung. Dafür standen zwischen 1970 und 1990 ca. 50 Planstellen zur Verfügung, d. h. jährlich konnten etwa zwölf Diplomchemiker eingestellt werden. Neben der Forschungstätigkeit erfolgte ein regelmäßiger Lehreinsatz von in der Regel ca. 15 Wochen im Jahr.

Wie bereits erwähnt, wurde mit der 3. Hochschulreform zur beschleunigten Heranbildung eines hochqualifizierten wissenschaftlichen Nachwuchses das Forschungsstudium eingeführt. Gesetzliche Grundlage für die insgesamt 7-jährige Graduierung war die „Anordnung über das Forschungsstudium" vom 1.6.1970, die mit einer Richtlinie vom 5.1.1972 auch für Lehrerstudenten Gültigkeit erlangte. Ein Lehreinsatz war in begrenztem Umfang nur für die ersten zwei Jahre des Forschungsstudiums vorgesehen. Dies ist sicher als eine Ursache dafür anzusehen, dass bereits 1972 eine sinkende Qualität der wissenschaftlichen Arbeit im Vergleich zu vorangehenden Assistenten- bzw. Aspirantenjahrgängen konstatiert werden musste. Eine Modifizierung des Forschungsstudiums trat insofern ein, dass erste Forschungsergebnisse in einer Diplomarbeit vorgelegt und verteidigt wurden und damit ein Berufsabschluss als Diplom-Chemiker gegeben war. Die anfangs hohe Zahl der ausgewählten Kandidaten (1969: 13, 1970: 22, 1971: 25) sank in den Folgejahren auf ca. 5–8 % eines Jahrganges.

Ein dritter Weg zur Promotion bestand insbesondere in den 70er Jahren in einer planmäßigen oder außerplanmäßigen Aspirantur.

Der Diplom-Studiengang Chemie nach 1990

Die Analyse des Wissenschaftlichen Beirates Chemie vom Mai 1988 hatte für die Grundlagenausbildung Chemie die Wiedereinführung der klassischen chemischen Lehrgebiete empfohlen, um innerhalb dieser auf neue Lehrinhalte flexibel reagieren zu können. Diese Rückkehr zum traditionellen Diplom-Studiengang erfolgte an der Leipziger Sektion Chemie im Jahre 1990. Für das 3. Studienjahr (Immatrikulationsjahr 1988) wurde in einer Beratung der Hochschullehrer am 15.9.1990 ein Übergangsstudienplan fixiert. Für das 4. Studienjahr ergab sich eine verkürzte Variante der wichtigsten Elemente des Hauptstudiums.

Mit der Erlangung der Einheit Deutschlands bildete die Rahmenordnung für die Diplomprüfung im Studiengang Chemie an wissenschaftlichen Hochschulen, beschlossen von der westdeutschen Rektoren-

Studienplan für das Grundstudium im Diplom-Studiengang Chemie (ab WS 1991/92)

Sem.	Lehrveranstaltung	V-SWS	Ü-SWS	P-SWS	S-SWS
1.	Anorganische Chemie	4		18	2
1.	Mathematik für Chemiker	2			2
1.	Experimentalphysik für Chemiker	2			2
2.	Quantitative anorganische Analytik	4		14	2
2.	Mathematik für Chemiker	2			2
2.	Experimentalphysik für Chemiker	2		6	
3.	Physikalische Chemie	4	1	20	1
3.	Mathematik für Chemiker	2			
3.	Informatik		2		
3.	Molekülspektroskopie	2			
4.	Organische Chemie			20	2
4.	Mathematik für Chemiker	2			
4.	Informatik		2		
4.	Molekülspektroskopie	2			

konferenz am 2./3.2.1987 und von der ständigen Konferenz der Kultusminister am 15.5.1987, die verbindliche Grundlage für Lehre und Studium ab dem Wintersemester 1991/1992. Begleitet von weiteren Anpassungen für die höheren Studienjahre wurden die entsprechende Prüfungs- und Studienordnung, abgestimmt mit der Konferenz der Fachbereiche Chemie, erarbeitet und vom Rektor der Universität am 21.9.1993 bestätigt. Danach gliederte sich das Studium in ein viersemestriges Grundstudium, das mit der Diplomvorprüfung abgeschlossen wurde, und ein viersemestriges Hauptstudium, an das sich eine Prüfungszeit von zwei Semestern anschloss, in der die mündliche Diplomprüfung abgelegt und die Diplomarbeit (Bearbeitungszeit 6 Monate) angefertigt wurde. Die Regelstudienzeit betrug somit 10 Semester.

Im Grundstudium standen die Grundlagen der Allgemeinen und Anorganischen, der Organischen und der Physikalischen Chemie unter besonderer Berücksichtigung analytischer Aspekte im Vordergrund, ergänzt durch eine Ausbildung in chemiebezogener Mathematik, Informatik und Experimentalphysik. Das Grundstudium schloss mit der Diplomvorprüfung ab, die sich in zwei Prüfungsabschnitte gliederte: Grundlagen der Anorganischen und Anorganisch-Analytischen Chemie sowie Grundlagen der Physik vor Beginn des 3. Semesters und Grundlagen der Organischen und Physikalischen Chemie vor Beginn des 5. Semesters. Für die Ausbildung in Mathematik und Informatik war jeweils ein Leistungsnachweis zu erbringen.

Das Hauptstudium beinhaltete vertiefende Lehrveranstaltungen in Anorganischer, Organischer und Physikalischer Chemie sowie in einem zu wählenden 4. Fach. Letzteres war gleichberechtigtes Prüfungsfach in der mündlichen Diplomhauptprüfung; zur Auswahl standen: Analytische, Theoretische, Technische und Biochemie sowie Kristallchemie/Kristallographie. Gleichzeitig wurden im 5. und 6. Semester obligatorisch die Grundlagen der Fachgebiete Analytische, Technische und Theoretische Chemie sowie in Toxikologie und Rechtskunde vermittelt. Im 8. Semester sollten die Studierenden einen Schwerpunkt

Studienplan für das Hauptstudium im Diplom-Studiengang, Studienrichtung Chemie

Sem.	Lehrveranstaltung	V-SWS	Ü-SWS	P-SWS	S-SWS
5.	Organische Chemie	4		16	
5.	Analytische Chemie	2		4	
5.	Technische Chemie	2		3	1
5.	Theoretische Chemie	2			
6.	Anorganische Chemie	4		16	
6.	Analytische Chemie	2		4	
6.	Technische Chemie	2		3	1
6.	Theoretische Chemie	2			
7.	Organische Chemie	2			
7.	Physikalische Chemie	6		10	
7.	4. Fach	4		10	
7.	Schwerpunktfach	2			
8.	Anorganische Chemie	2			
8.	4. Fach	2			
8.	Schwerpunktfach	6		20	
8.	Toxikologie für Chemiker	1			
8.	Rechtskunde für Chemiker	1			

Studienplan für das Hauptstudium im Diplom-Studiengang, Studienrichtung Umweltchemie

Semester	Lehrgebiet	Wochenstunden pro Semester		
		V	S/Ü	P
5.	Anorganische Chemie			
5.	Organische Chemie	2		9
5.	Analytische Chemie	2	1	3
5.	Technische Chemie	2	1	3
5.	Mikrobiologie	2		
5.	Natur- u. Umweltschutz	2		
5.	Umweltgeowissenschaften	2		
5.	Umweltrecht	2		
6.	Anorganische Chemie	2		9
6.	Organische Chemie	2		
6.	Physikalische Chemie	4		
6.	Analytische Chemie	2	1	3
6.	Technische Chemie	2	1	3
6.	Natur- u. Umweltschutz	2		
6.	Umweltrecht	2		
7.	Anorganische Chemie und Mineralogie	1+1		2
7.	Organische Chemie	2		
7.	Physikalische Chemie	2		8
7.	Analytische Chemie	2		
7.	Technische Chemie	4		
7.	Natur- u. Umweltschutz	1		
7.	Umweltethik	1		
7.	Umweltökonomie	2		
7.	Ökotoxikologie	2		
7.	Umweltmedizin	2		
7.	Integriertes umweltchem. Praktikum/Feldversuche	4		
8.	Analytische Chemie	2		
8.	Technische Chemie	2		
8.	Ökotoxikologie	2		
8.	Umweltinformatik	2		
8.	Umweltplanung u. Management	2		
8.	Schwerpunktfach	6		
8.	Integriertes umweltchem. Praktikum/Feldversuche	8		

durch die Vertiefung in einem Fach ihrer Neigung setzten, z. B. im Fach der späteren Diplomarbeit. Die vier mündlichen Diplomprüfungen waren innerhalb von 4 Wochen, in der Regel vor Beginn des 9. Semesters abzulegen. Die Zeit von der Ausgabe des Diplomthemas bis zur Abgabe der Diplomarbeit betrug 6 Monate. Das über viele Jahre in den Studienplänen ausgewiesene Betriebspraktikum entfiel und wurde auf jeweils eine Exkursion im Berufsfeld für das Grund- und Hauptstudium reduziert.

Im Hauptstudium wurden darüber hinaus zahlreiche wahlobligatorische bzw. fakultative Vorlesungen angeboten, die Studierende bei Interesse belegen konnten.

Mit Beginn des Wintersemesters 1995/96 erfolgte eine Erweiterung des Studienangebotes für das Hauptstudium. Neben der bestehenden „Studienrichtung Chemie" wurde die „Studienrichtung Umweltchemie" mit dem Abschluss „Diplomchemiker (Umweltchemie)" eingeführt. Diese schuf insbesondere Freiräume für interdisziplinäre Fragestellungen, z. B. des Natur- und Umweltschutzes, der Ökotoxikologie, des Umweltrechtes und der Umweltgeowissenschaften. Durch die Einbeziehung des Umweltforschungszentrums Leipzig-Halle bestanden dafür nicht nur beste personelle, sondern auch materiell-technische Voraussetzungen. Die entsprechende Prüfungs- und Studienordnung wurde dem Sächsischen Staatsministerium für Wissenschaft und Kunst am 2.8.1995 angezeigt und trat am 1.2.1996 in Kraft.

Die geplante Reform des Diplom-Studienganges. Zu Beginn der 90er Jahre trat bundesweit, besonders drastisch in den Neuen Bundesländern, ein deutlicher Rückgang der Studierenden im Fach Chemie ein. Ursachen dafür bestanden in der langen Studienzeit von durchschnittlich ca. 19 Semestern bis zur praktisch berufsqualifizierenden Promotion und den sich verschlechternden Berufseinstiegschancen. Aus diesem Grund befasste sich eine Studienreformkommission unter Leitung der Gesellschaft Deutscher Chemiker in enger Zusammenarbeit mit Vertretern der chemischen Industrie ab 1995 mit einer Neustrukturierung des Chemiestudiums. Dieser Kommission gehörten aus Leipzig Peter Welzel und Horst Wilde an. Zielstellungen für eine Neuordnung waren

- die Schaffung neuer differenzierter Profile für das Chemiestudium als Konsequenz der verstärkten Internationalisierung und des Strukturwandels der chemischen Industrie,
- die Überwindung der Regelpromotion durch Ausbildung von Diplomchemikern, die nach der Grundausbildung erforderliche Spezialkenntnisse erworben haben,
- die Erhöhung der Vielfalt der Studiengänge,
- die Erweiterung der Berufsfelder und
- eine stärkere Orientierung auf die Anforderungen des künftigen Arbeitsmarktes.

Ein von allen namhaften Chemieorganisationen mitgetragenes Memorandum „Stärkung der universitären Ausbildung und Forschung im Fach Chemie vor dem Hintergrund des Strukturwandels in der Weltwirtschaft" vom September 1995 orientierte deshalb auf kürzere reale Studienzeiten, Straffung der Stoffpläne und Förderung überfachlicher Fähigkeiten.

Grundlegende Empfehlung für eine umfassende Reform der Chemikerausbildung wurde die von der Konferenz der Fachbereiche Chemie 1996 mit großer Mehrheit verabschiedete „Würzburger Denkschrift zur Neuordnung des Chemiestudiums". Sie eröffnete zwei Varianten. Zum einen den Übergang vom bisherigen monolithischen Studiengang Diplomchemie zu einem gestuften Ausbildungssystem in einem „Reformierten Diplom-Studiengang" mit einem einheitlichen 6-semestrigen Basisstudium für die wichtigsten Grundlagen des Faches und vier weiteren Semestern für differenzierte Schwerpunktstudiengänge, in denen ein Fachgebiet vertieft studiert oder das Studium eines Spezialgebietes aufgenommen werden sollte. Dieses Modell begegnete zugleich einer Senkung der Ausbildungsqualität, da die sogenannte „Eckdatenverordnung" der Kultus- und Finanzminister aus dem Jahre 1989 für den klassischen Diplom-Studiengang Chemie nur noch neun Semester mit maximal 220 Semesterwochenstunden und somit auch nur eine Studienförderung durch Bafög für diesen Zeitraum zuließ. Diese Begrenzung auf neun Semester wurde in der Bildungspolitischen Erklärung der Regierungschefs der Länder vom 29.10.1993 nochmals festgelegt.

Die zweite Variante bestand bei inhaltlich vergleichbaren Lehrinhalten in der Einführung der international üblichen Studienabschlüsse „Bachelor of Science" nach drei Jahren und „Master of Science" nach weiteren zwei Jahren.

Die Leipziger Fakultät entschied sich für die Einführung des „Reformierten Diplom-Studienganges" ab dem Wintersemester 1999. Auf der Grundlage eines am 17.9.1999 von der GEMKO (Gemeinsame Kommission des Bundes und der Länder, d. h. der Hochschulrektorenkonferenz (HRK) und Kultusministerkonferenz (KMK) verabschiedeten Entwurfes einer diesbezüglichen Rahmenordnung wurden am 23.4.2001 vom Fakultätsrat eine entsprechende Prüfungs- und Studienordnung verabschiedet, vom Senat der Universität Leipzig am 12.6.2001 bestätigt und dem SMWK zur Genehmigung der Prüfungsordnung eingereicht. Obwohl der Reformierte Diplomstudiengang Chemie bereits in mehreren Bundesländern eingeführt wurde, unter anderem an den Partneruniversitäten Halle und Jena, fanden diese Studiendokumente nicht die Zustimmung des Ministeriums, da sie nicht mit der Prüfungssystematik des Sächsischen Hochschulgesetzes übereinstimmten. Zudem fand der Entwurf der GEMKO für die Diplomprüfung im Reformierten Studiengang keine Zustimmung der Länder und wurde von der Kultusministerkonferenz abgelehnt.

Die Bachelor- und Master-Studiengänge

Am 23.4.2001 entschied sich der Fakultätsrat einstimmig für die Einführung eines konsekutiven Bachelor/Master-Studienganges Chemie. Studieninhalte und -umfang blieben im Vergleich zum konzipierten Reformierten Diplom-Studiengang unverändert. Nach Zustimmung der zuständigen Gremien der Universität Leipzig genehmigte mit Schreiben vom 29.1.2002 auch das Sächsische Staatsministerium für Wissenschaft und Kunst die Prüfungsordnungen für den Bachelor- und Masterstudiengang Chemie. Die Genehmigung der Prüfungsordnungen und die Bestätigung der Anzeige der Studienordnung erfolgte vorerst nur befristet bis zum 30.9.2007. Eine Verlängerung oder Aufhebung der Befristung wurde von den Ergebnissen einer Begutachtung bzw. Akkreditierung abhängig gemacht. Beginnend mit dem Wintersemester 2002/2003 wurde der Diplom-Studiengang Chemie aufgehoben.

Damit wurde auch den zunehmenden politischen Aktivitäten zur Schaffung eines einheitlichen europäischen Bildungsraumes Rechnung getragen. 1998 hatten sich die Wissenschafts- und Forschungsminister von Frankreich, Großbritannien, Italien und Deutschland anlässlich der 800-Jahr-Feier der Sorbonne in einer gemeinsamen Erklärung für eine 3,5,8-Regelung ausgesprochen (3 Jahre bis zum Bachelor, 5 Jahre bis zum Master, 8 Jahre bis zur Promotion). Ein Jahr später, am 19.6.1999, unterzeichneten die für die Hochschulbildung zuständigen Minister von 29 europäischen Staaten eine gleichlautende „Bologna Deklaration", die auf den Folgekonferenzen in Prag (2001), Berlin (2003, 33 Staaten), Bergen (2005) und London (2007) aktualisiert wurde. Gemeinsames Ziel ist es, die Hochschulbildung bei erhöhter Qualität vergleichbarer und kompatibler zu gestalten.

Dieser europäischen Initiative folgte die Bundesrepublik zunächst mit der Novellierung des Hochschulrahmengesetzes zum 19.1.1999 und der dadurch möglichen Erprobung der Studienabschlüsse Bachelor und Master. Die Kultusministerkonferenz (KMK) beschloss dann am 5.3.1999 „Strukturvorgaben für die Einführung von Bachelor-/Bakkalaureus- und Master-/Magisterstudiengängen", der Wissenschaftsrat verabschiedete schließlich am 21.1.2000 „Empfehlungen zur Einführung neuer Studienstrukturen und -abschlüsse (Bakkalaureus/Bachelor-Magister/Master)" in Deutschland. Am 12.6.2003 beschloss die KMK 10 Thesen zur Bachelor- und Masterstruktur in Deutschland. An der Fakultät für Chemie und Mineralogie in Leipzig wurden die neuen Studiengänge zum Wintersemester 2002/2003 eingeführt.

Der Bachelor-Studiengang vermittelte die Grundlagen in Allgemeiner und Anorganischer, Analytischer, Organischer, Physikalischer, Theoretischer, Technischer und Biochemie sowie Grundkenntnisse in Physik,

Mathematik, Toxikologie und Rechtskunde. Für alle Vorlesungen, Praktika und Übungen wurden nach erfolgreich absolvierter Prüfung über den Lehrinhalt jeder Veranstaltung Credit Points (Leistungspunkte) vergeben, deren Anzahl dem zeitlichen Umfang der Veranstaltung in Semesterwochenstunden entsprach. Diese Prüfungen zu einzelnen Lehrveranstaltungen wurden durch vier Fachprüfungen (Anorganische und Analytische Chemie, Organische Chemie, Physikalische Chemie und Physik) nach dem dritten bzw. vierten Semester und zwei wahlobligatorischen Prüfungen nach dem sechsten Semester ergänzt. Die Regelstudienzeit betrug einschließlich der Prüfungen sechs Semester und umfasste 180 SWS, davon 87 SWS als Praktika.

Studienplan für den Bachelor-Studiengang Chemie

Lehrfach	1. Sem.		2. Sem.		3. Sem.		4. Sem.		5. Sem.		6. Sem.	
	V	P	V	P	V	P	V	P	V	P	V	P
Analytische Chemie			3	7	2		2	1	3	2	2	2
Anorganische Chemie	4	14	2		2	3			2		2	10
Biochemie									4		2	4
Organische Chemie					4		4	13	2	11	2	
Physikalische Chemie	3		7		7	7	3		2			4
Technische Chemie							3		3	3		2
Theoretische Chemie					3							
Experimentalphysik	4	2	4									
Mathematik	6		4									
Toxikologie					1							
Rechtskunde							1					
Gesamt	17	14	18	11	19	10	18	14	15	16	8	22

Studienplan für den Master-Studiengang Chemie

Lehrfach	1. Sem.		2. Sem.		3. + 4. Sem.
	V	P	V	P	V
Analytische Chemie	2				
Anorganische Chemie	3				
Organische Chemie	3				
Physikalische Chemie	3				
Wahlpflichtfächer	5		4	10	
Schwerpunktfach			4	10	4
Praktikum I		6			
Praktikum II		6			
Abschlussarbeit					9 Monate

Das Lehrgebiet „Informatik für Chemiker" wurde in die chemischen Praktika integriert. Aufbauend auf dem Bachelor of Science konnte in einer Regelstudienzeit von vier Semestern mit einem Studienumfang von 60 SWS der Master of Science erworben werden. Dieser Studiengang vertiefte die im Bachelor-Studiengang erworbenen Kenntnisse durch Pflichtvorlesungen sowie zusätzliche Wahlpflicht- und Schwerpunktfächer mit Angeboten in Analytischer, Anorganischer, Organischer, Physikalischer, Technischer und Theoretischer Chemie sowie auf den Profillinien der Fakultät in Chemie/Biowissenschaften, Chemie der Grenzflächen, Materialwissenschaften oder Umweltchemie. Diese Vertiefung diente der Vorbereitung auf die Masterarbeit, die innerhalb von sechs bzw. neun Monaten bei experimentellen Arbeiten abgeschlossen werden musste.

Die modularisierten Bachelor- und Master-Studiengänge. Auf Grund des Wegfalls von Rahmenprüfungsordnungen beschloss die KMK am 03.12.1998 die Einführung eines Akkreditierungsverfahrens für Bachelor- und Masterstudiengänge, eine durchaus internationale Gepflogenheit. Aufgabe der Akkreditierung ist es, wie z. B. bei der „Stiftung Warentest" oder dem TÜV, die Qualität einer „Ware Ausbildung zu testen" und das Prüf-, besser das Gütesiegel der Akkreditierung zu vergeben. Damit soll den Studierenden die Gewähr gegeben werden, dass der Studiengang den Anforderungen der modernen Arbeitswelt gerecht wird. Der Wirtschaft und Industrie soll durch die Akkreditierung die Sicherheit geboten werden, dass die Absolventen der konsekutiven Studiengänge die entsprechend ihrer Graduierung zu erwartenden Fähigkeiten und Kenntnisse aufweisen. Im Abstand von jeweils fünf Jahren soll eine Reakkreditierung durchgeführt werden. Die Genehmigung von Studiengängen obliegt weiterhin den Kultus- und Wissenschaftsministerien, im Freistaat Sachsen den Universitäten. Sie bezieht sich im Wesentlichen auf formaljuristische Aspekte, wie z. B. Regelstudienzeiten und damit verbundene Personal- und Finanzausstattung, d. h. die Gewährleistung der Ressourcenbasis.

Die Akkreditierung der Bachelor- und Master-Studiengänge soll gemäß dem Beschluss der KMK vom 3.12.1998 von Akkreditierungsagenturen durchgeführt werden, die ihrerseits von einem von der Kultusminister- und Hochschulrektorenkonferenz eingesetzten 14-köpfigen Akkreditierungsrat zertifiziert werden müssen. Mit den Akkreditierungsagenturen soll eine funktionale Trennung zwischen staatlicher Genehmigung und Akkreditierung erreicht werden. Als fachspezifische Agentur hat sich am 19.9.2002 die „Akkreditierungsagentur für Studiengänge der Ingenieurwissenschaften, der Informatik, der Naturwissenschaften und der Mathematik e. V." (ASIIN) etabliert. Sie wäre für die Akkreditierung der neuen Chemie-Studiengänge bevorzugter Partner gewesen, zumal P. Welzel vom Leipziger Institut für Organische Chemie als Mitglied des ASIIN-Fachausschusses Chemie eine große Zahl an Begutachtungsverfahren zum Bachelor- und Master-Studiengang Chemie leitete. Die Universität Leipzig entschied sich jedoch für eine gleichzeitige Akkreditierung aller Studiengänge der Universität durch die ZEvA (Zentrale Evaluierungs- und Akkreditierungsagentur, hervorgegangen aus der Evaluierungsagentur des Landes Niedersachsen).

Für die Erarbeitung des Akkreditierungsantrages war eine Reihe rechtlicher Rahmenbedingungen zu berücksichtigen:

- Gesetz über die Hochschulen im Freistaat Sachsen vom 11.6.1999,
- Ländergemeinsame Strukturvorgaben für die Akkreditierung von Bachelor- und Master-Studiengängen (Beschluss der KMK vom 10.10.2003),
- Künftige Entwicklung der länder- und hochschulübergreifenden Qualitätssicherung in Deutschland (Beschluss der KMK vom 1.3.2002),
- Statut für ein länder- und hochschulübergreifendes Akkreditierungsverfahren (Beschluss der KMK vom 24.5.2002),
- Rahmenvorgaben für die Einführung von Leistungspunktsystemen und die Modularisierung von Studiengängen (Beschluss der KMK vom 15.9.2002).

Ergänzt durch die Empfehlungen der Akkreditierungsagentur und die Festlegungen der Universität resultierte daraus ein zeitaufwendiger Prozess, da zugleich die Vorstellungen der Hochschullehrer über den Umfang und die inhaltliche Gestaltung der einzelnen Lehrgebiete mit denen der Studierenden in Einklang gebracht werden mussten.

Grundlegende Voraussetzung für die Genehmigung von Bachelor-/Master-Studiengängen ist die durchgängige Modularisierung mit Vergabe von Leistungspunkten. Module bezeichnen dabei in der Regel einen Verbund von Lehrveranstaltungen, die sich einem bestimmten thematischen oder inhaltlichen Schwerpunkt widmen, z. B. eine Vorlesung mit zugehörigem Seminar und Praktikum. Der Inhalt der Module ist in einer Modulbeschreibung zu fixieren. Jedes Modul ist mittels Leistungspunkten quantitativ zu bewerten und durch eine Prüfung abzuschließen. Die zu vergebenden Leistungspunkte (LP, *Credit points)* erfassen den studentischen Arbeitsaufwand *(Workload)* bezüglich Präsenzstudium und Selbststudium. Ein Leistungspunkt entspricht einem studentischen Arbeitsaufwand von 30 Zeitstunden. In jedem Studienjahr werden in der Regel 60 LP erworben, die auf bestandene Modulprüfungen vergeben werden. Der Bachelor-Studiengang ist somit auf insgesamt 180 LP limitiert, der Master-Studiengang auf 120 LP. Berücksichtigt werden muss bei der Vergabe von Leistungspunkten, dass die „Sächsische Dienstaufgabenverordnung an Hochschulen" (DAVOHS) den Umfang der Lehrverpflichtungen für Wissenschaftler in Lehrveranstaltungsstunden (LVS) bei unterschiedlicher Wichtung der Semesterwochenstunden für Vorlesungen, Seminare und Praktika festlegt (Professoren und wissenschaftliche Mitarbeiter 8 LVS, befristete Mitarbeiter in der Graduierung 4 LVS). Zu dieser Problematik und den neu anstehenden Fragen der Kapazitätsberechnung hat die HRK am 14.6.2005 die „Empfehlung zur Sicherung der Qualität von Studium und Lehre in Bachelor- und Master-Studiengängen" beschlossen. Bei erfolgreichem Abschluss eines Studienganges erhält der Studierende neben dem Zeugnis die Bachelor- bzw. Master-Urkunde sowie ein *Diploma Supplements* zur Verbesserung der Verständlichkeit der Studienabschlüsse und -inhalte.

Die Prüfungs- und Studienordnungen des modularisierten konsekutiven Bachelor-Master-Studienganges sind seit 1.10.2005 Grundlage des Chemiestudiums. Die beantragte Akkreditierung wurde allerdings zunächst ausgesetzt, weil die Studiengänge von der Akkreditierungskommission für zu anspruchsvoll gehalten wurden. Für das erneute Akkreditierungsverfahren wurden deshalb Modifikationen notwendig, die für den Bachelor-Studiengang im wesentlichen wie folgt umgesetzt wurden:

Studienplan für den modularisierten Bachelor-Studiengang Chemie

Sem.	Modul	V (SWS)	S/Ü (SWS)	P (SWS)	LP
1.	Allgemeine und Anorganische Chemie	4	2	10	15
	Einführung Physikalische Chemie	4	–	–	5
	Mathematik für Chemiker				
	Experimentalphysik				
2.	Quantitative anorganische Analytik	2	2	7	10
	Einführung Physikalische Chemie	4	–	–	5
	Chemie der Übergangsmetalle	3	–	2	5
	Experimentalphysik	2	1	3	5
	Schlüsselqualifikation				5
3.	Instrumentelle Analytik	3	–	2	5
	Rechtskunde/Toxikologie/Informatik	4	–	–	5
	Chemie der organischen Stoffklassen	3	1	–	5
	Praktikum Physikalische Chemie	–	–	7	5
	Grundlagen der Technischen Chemie	3	1	–	5
	Einführung in die Theoretische Chemie	3	1	–	5
4.	Molekülspektroskopie	4	–	1	5
	Org.-chem. Reaktionsmechanismen	3	1	13	15
	Physik.Chemie für Fortgeschrittene	2	–	4	5
	Festkörper-u.Organometallchemie	3	1	–	5
5.	Vertiefte Anorg. Synthesechemie	—	–	8	5
	Heterocyclenchemie	2	–	11	10
	Einführung in die Biochemie	3	1	–	5
	Wahlpflicht I oder Schlüsselqualifikation				10
6.	Aktuelle Themen Physikalische Chemie	3	1	–	5
	Wahlpflicht II oder Schlüsselqualifikation				15
	Bachelorarbeit				10

Wahlpflichtmodule I im 5. Semester:

Sem.	Modul	V (SWS)	S/Ü (SWS)	P (SWS)	LP
	Grundlagen der Biochemie	3	–	4	5
	Kristallographie	1	2	2	5
	Grundpraktikum Technische Chemie	–	1	6	5
	Nachhaltige Chemie/Umweltschutz	3	1	–	5
	Modellierung u. Programmierung	2	1	–	5
	Molekülphysik	4	–	–	5

Wahlpflichtmodule I im 6. Semester:

Sem.	Modul	V (SWS)	S/Ü (SWS)	P (SWS)	LP
	Grundpraktikum Technische Chemie	–	–	7	5
	Planung, Entw. u. Bau v. Chemieanlagen	1	–	6	5
	Vertiefende Theoretische Chemie	2	2	7	10
	Bioanalytische Chemie	2	2	–	5
	Bioanalytisches Praktikum	–	1	7	5
	Einführung Proteinchemie/Enzymologie	3	1	–	5
	Praktikum Proteinchemie/Enzymologie	–	1	5	5
	Pharmazeutische Chemie	2	–	4	5
	Mineralogie u. Materialwissenschaft	2	–	3	5

Module Schlüsselqualifikation:

Sem.	Modul	V (SWS)	S/Ü (SWS)	P (SWS)	LP
	Fachenglisch Einführungskurs	–	4	–	5
	Fachenglisch Aufbaukurs	–	4	–	5
	Angebote der Universität				5

Studienplan für den modularisierten Master-Studiengang Chemie

Sem.	Modul	V (SWS)	S/Ü (SWS)	P (SWS)	LP
1.	Zweidimensionale NMR-Spektroskopie	2	1	1	5
	Vertiefende Anorganische Chemie	4	–	–	5
	Wahlpflichtpraktikumsmodul				10
	Wahlpflichtmodul				5
	Wahlpflichtmodul				5
2.	Naturstoffchemie	3	1	–	5
	Moderne Spektr. u. Oberflächenanalytik	3	–	–	5
	Wahlpflichtpraktikumsmodul				10
	Wahlpflichtmodul				5
	Wahlpflichtmodul				5
3.	Wahlpflichtpraktikumsmodul				10
	Wahlpflichtmodul				5
	Wahlpflichtmodul				5
	Wahlmodul				5
	Wahlmodul				5
4.	Masterarbeit				30

- Die quantitative Bewertung der Module ist auf das formal festgelegte Raster von 5, 10 bzw. 15 Leistungspunkten ausgerichtet.
- Die Mathematikausbildung wird von 10 LP (6 SWS Vorlesung, 4 SWS Seminar) auf 5 LP (2 SWS Vorlesung, 2 SWS Seminar) reduziert und von der eigenen Fakultät getragen.
- Der Umfang der fachübergreifenden und berufsfeldbezogenen sogenannten „Schlüsselqualifikationen", wie z. B. analytisches Denken, Belastbarkeit, Kommunikations-, Verantwortungs- und Sozialkompetenz, wird von 10 LP auf 15 LP erhöht.

Die überarbeiteten Studiendokumente wurden von der Universität Leipzig genehmigt und werden mit Beginn des Wintersemesters 2008/2009 umgesetzt. Danach vermittelt der Bachelor-Studiengang mit dem Abschluss Bachelor of Science (B.Sc.) in sechs Semestern Regelstudienzeit die Grundlagen in Allgemeiner und Anorganischer Chemie, Analytischer Chemie, Biochemie, Organischer Chemie, Physikalischer Chemie, Technischer Chemie und Theoretischer Chemie sowie Grundkenntnisse in Physik, Mathematik, Toxikologie und Rechtskunde. Aufbauend kann im Master-Studiengang in einer Regelstudienzeit von vier Semestern der forschungsorientierte Master of Science (M.Sc.) erworben werden. Dieser Studiengang vertieft die im Bachelor-Studiengang erworbenen Kenntnisse der Studierenden in modernen Aufgabenfeldern. Er gliedert sich in ein dreisemestriges Vertiefungsstudium und eine Masterarbeit von sechs Monaten.

Für die Wahlpflichtmodule des 1. und/oder 3. Semesters im Master-Studiengang stehen in Leipzig 18, für die des 2. Semesters 15 Module im Umfang von je 5 LP im Angebot. Für die Pflichtpraktika im 1., 2. und 3. Semester können die Studierenden unter 24 Modulen zu je 10 LP wählen.

Das im Oktober 2002 gestartete, vom Deutschen Akademischen Austauschdienst (DAAD) und der Deutschen Forschungsgemeinschaft (DFG) geförderte Internationale Promotionsprogramm „Interdisciplinary Research at the Frontiers of Chemistry" zeigte ein großes Interesse ausländischer Studenten an einer forschungsorientierten Ausbildung. Dies traf in gleicher Weise auf zahlreiche Anfragen ausländischer Bachelor-Absolventen und den Studentenaustausch im Rahmen des Sokratesprogrammes zu. Mit dem Ziel einer Verbesserung des Lehrangebotes im internationalen Wettbewerb und der Vorbereitung auch deutscher Studierender auf eine international gestaltete Forschung beantragte deshalb der Rat der Fakultät für Chemie und Mineralogie mit Beschluss vom 17.1.2005 die Einführung eines Internationalen Master-Studienganges. Dieser Studiengang „Structural Chemistry and Spectroscopy" wird seit dem Wintersemester 2005/06 parallel zum Master-Studiengang Chemie angeboten und gleicht diesem bei einigen aus der Bezeichnung ersichtlichen Schwerpunktverschiebungen. Die Lehrveranstaltungen erfolgen in englischer Sprache. Die Einschreibungen in diesen Studiengang liegen gegenwärtig trotz zahlreicher Interessenbekundungen infolge fehlender Stipendien unter den Erwartungen.

Zusätzlich bietet die Fakultät seit dem Wintersemester 2006/07 den internationalen Master-Studiengang „Advanced Spectroscopy in Chemistry" an. Er wird gemeinsam mit den Universitäten Bergen, Bologna, Helsinki, Krakau, Madrid und Lille durchgeführt. Die Unterrichtssprache ist ebenfalls Englisch. Der Studiengang hat im Oktober 2007 die Förderung durch das Erasmus Mundus Programm der Europäischen Union gewonnen. Da somit Stipendien zur Verfügung stehen, fand dieser Studiengang bereits in der Startphase guten Zuspruch.

Die Fakultät für Chemie und Mineralogie ist aktuell (2008) zuständig für die Studiengänge

- Chemie Bachelor of Science
- Chemie Master of Science
Master „Structural Chemistry and Spectroscopy"
Master „Advanced Spectroscopy in Chemistry"
- Mineralogie und Materialwissenschaft (M.Sc.)
- Lehramt Bachelor of Science
Master of Science: Gymnasium/Mittelschulen/Förderschulen

Die Lehramt-Studiengänge

Der Zeitraum bis 1990. Seit dem 19. Jahrhundert gab es in Deutschland zwei Standardformen der Lehrerbildung, die seminaristische für das Lehramt an Volksschulen und die akademische für das Lehramt an höheren Schulen. Lehrervereine forderten über Jahrzehnte eine Vereinheitlichung der Lehrerbildung. In diesem Sinne sah die Weimarer Verfassung von 1919 vor: „Die Lehrerbildung ist nach den Grundsätzen, die für höhere Bildung allgemein gelten, für das Reich einheitlich zu regeln." Die Verabschiedung eines entsprechenden Reichsgesetzes scheiterte jedoch mehrfach, und die Institutionalisierung der Lehrerbildung blieb in den Ländern uneinheitlich.

In Sachsen wurde die Volksschullehrerbildung, die in der Regel sechs Semester dauerte, den Universitäten an- oder eingegliedert. Unter der nationalsozialistischen Herrschaft wurde – nach vorübergehender Einführung von Hochschulen für Lehrerbildung – ab 1941 die Ausbildung von Volksschullehrern an Hochschulen beseitigt und an seminaristische Lehrerbildungsanstalten zurückverlagert.

Schulsysteme sind mit der politischen Ordnung des Gemeinwesens eng verknüpft. Infolgedessen hat sich die Lehrerausbildung in der alten Bundesrepublik Deutschland und in der DDR sehr unterschiedlich entwickelt. Nach 1945 errichtete im Westen die Mehrzahl der Länder, weitgehend nach dem früheren preußischen Vorbild, eigenständige, größtenteils bekenntnisgebundene Pädagogische Hochschulen. Sie wurden nach 1958 in den meisten Ländern schrittweise den Universitäten eingegliedert. Trotz aller organisatorischen und inhaltlichen Unterschiede der Lehrerbildung zwischen einzelnen Bundesländern waren durch Vereinbarungen der Kultusministerkonferenz und das Hamburger Abkommen der Ministerpräsidenten von 1964 ein Rahmen gegeben, der die gegenseitige Anerkennung der Studienabschlüsse grundsätzlich sicherte. Ein gemeinsames Strukturmerkmal der Lehrerbildung in der alten Bundesrepublik war ihre Zweiphasigkeit. Dem Studium, das mit der wissenschaftlichen Staatsprüfung abschloss, folgte überall eine 18- bis 24-monatige Referendarzeit zum Erwerb schulpraktischer Qualifikationen. Mit dem abschließenden 2. Staatsexamen wurde dann die Lehrbefähigung erworben.

In der sowjetischen Besatzungszone und in der DDR waren Schulsystem und Lehrerbildung einheitlich und zentral gelenkt. Seit 1946 umfasste die obligatorische Grundschule die Klassen eins bis acht, die Oberschule die Klassen neun bis zwölf. Das Schulgesetz von 1959 führte eine zehnklassige Pflichtschule, die „Allgemeinbildende Polytechnische Oberschule" (POS) ein. Etwa 7 % der Schüler verließen nach der 8. Klasse die POS. Zur Hochschulreife führten die „Erweiterte Oberschule" (EOS, Klassen 11 und 12) oder die dreijährige Berufsausbildung mit Abitur. Der Zugang zu beiden Wegen war zahlenmäßig streng limitiert, ihre Anteile lagen bei etwa 2:1. Kinder von Arbeitern und Bauern wurden bevorzugt. Für die Lehrerausbildung war anfänglich ein für alle Lehrer einheitliches sechssemestriges Studium in zwei Fächern sowie Erziehungswissenschaft an den Universitäten in Pädagogischen Fakultäten geplant, jedoch nur in geringem Umfang eingeführt worden.

Erste Studienpläne für die Ausbildung von Lehrern für die Oberstufe im Fach Chemie, erlassen vom Staatssekretariat für Hochschulwesen, wurden 1951 und 1952 bestätigt. Danach konnte das Studium an den Universitäten Berlin, Leipzig, Halle, Jena, Rostock und Greifswald sowie an der Pädagogischen Hochschule Potsdam durchgeführt werden. Es umfasste vier Studienjahre und schloss mit dem Staatsexamen ab. Als obligatorische Lehrgebiete waren ausgewiesen (s. Tabelle Umfang der Vorlesungen, Seminare und Praktika in Semesterwochenstunden).

Lehrfach	SWS gesamt
Grundlagen desMarxismus-Leninismus	24
Mathematik	6
Experimentalphysik	13
Deutsche Sprache und Literatur	4
Russische Sprache und Literatur	16
Körpererziehung	16
Pädagogik, Methodik, Psychologie	38
Anorganische Chemie	50
Organische Chemie	50
Physikalische Chemie	20
Technische Chemie	4
Analytische Chemie	3
Chemische Spezialvorlesungen	11
Exkursionen	2

Von den insgesamt 257 Semesterwochenstunden entfielen 84 auf Vorlesungen. Ab 1953 wurde die Lehrerausbildung grundlegend umstrukturiert. Sie war nicht mehr auf Schularten, sondern auf Schulstufen ausgerichtet und auf drei hierarchisch gestufte Institutionen verteilt. Ausgebildet wurden

- Lehrer für die Klassen 1 bis 4 an Instituten für Lehrerbildung (IfL), die den Status von Fachschulen hatten (1988: 26 mit ca. 10500 Studierenden und ca. 1700 Lehrkräften).
- Fachlehrer für die Klassen 5 bis 10 in vierjährigen Studiengängen an Pädagogischen Instituten (PI) und Universitäten (1988: 9 mit ca. 13500 Studierenden und ca. 3300 Lehrkräften).
- Fachlehrer für die Klassen 9 bis 12 und für Berufsschulen in fünfjährigen Studiengängen nur an Universitäten, Technischen Hochschulen und der Deutschen Hochschule für Körperkultur und Sport Leipzig (1988: ca. 10500 Studierende).

1969 wurde die Differenzierung des Fachlehrerstudiums in zwei Kategorien zugunsten eines einheitlichen vierjährigen Studiums für zwei Unterrichtsfächer aufgehoben. Es schloss mit dem Diplom ab und befähigte zum Unterricht in den Klassen 5 bis 12. Dieses Diplomlehrer-Studium wurde in gleicher Weise an Universitäten und Pädagogischen Instituten, die schrittweise in Pädagogische Hochschulen umgewandelt wurden, eingeführt. Die Ausbildungsdauer wurde ab 1982 auf fünf Jahre erhöht.

Charakteristisch für die Lehrerausbildung war ihr hoher Reglementierungsgrad. Die Freiheit der Fächerwahl war beschränkt, dem jeweils absehbaren Bedarf entsprechend. Die möglichen Fächerkombinationen wurden vom Ministerium für Volksbildung bestimmt und lagen an jeder Hochschule fest. Kennzeichnend war der durchgängige Bezug der Lehrerausbildung zur Schulpraxis in Form von Hospitationen und einem großen Schulpraktikum. Damit entfiel ein besonderer Vorbereitungsdienst, das Studium war einphasig angelegt. Die Absolventen wurden unverzüglich als Lehrkräfte mit vollem Deputat an den Schulen eingesetzt.

Für die Universität Leipzig waren für die Ausbildung von Oberstufenlehrern die Fächerkombinationen Chemie/Mathematik und Chemie/Biologie, Mitte der 50er Jahre kurzzeitig auch Chemie/Physik, festgelegt. In den 60er Jahren sah der Plan jeweils 40 Studienanfänger für die Kombination Chemie/Mathematik vor. Die Fachausbildung erfolgte zunächst, bei reduziertem Umfang in den Praktika, gemeinsam mit den entsprechenden Diplomstudiengängen. Ab 1960/61 wurden für die Chemieausbildung von Lehramtskandidaten eigenständige Vorlesungen, Seminare und Praktika eingerichtet: Allgemeine Chemie: W. Tischer, R. Wagener; Anorganische Chemie: W. Tischer, L. Beyer; Analytische Chemie: L. Beyer; Organische Chemie: E. Lippmann; Physikalische Chemie: K. Scherzer, R. Szargan; Chemische Technologie: R. Schöllner.

Im Zuge der 3. Hochschulreform wurden zwei Lehrkollektive (LK) Lehrerausbildung gegründet: LK Lehrerausbildung Grundstudium (Leiter E. Lippmann) und LK Lehrerausbildung Fachstudium (Leiter P. Lange). Die Chemiemethodik wechselte vom Institut für Pädagogik an die Sektion Chemie (s. Abschn. Chemiedidaktik). Die geforderte Erhöhung der Kontingentzahlen in den Schwerpunktbereichen Mathematik und Naturwissenschaften führte 1971/72 zur Immatrikulation von 45 Studierenden der Kombination Chemie/Biologie und 24 Studierenden der Kombination Chemie/Mathematik. In den Folgejahren wurden die Zulassungen wieder auf 20 bis 25 Studierende der Kombination Chemie/Biologie reduziert. Vom VEB Deutschen Verlag der Wissenschaften Berlin wurde die „Studienbücherei-Chemie für Lehrer" herausgegeben, z. B. Band 6: Rüdiger Szargan „Physikalische Chemie- Grundkurs" und Band 7: Lothar Beyer „Anorganische Chemie – Grundkurs" (s. Anhang Bücher).

Der Zeitraum nach 1990. Bereits kurz vor der Wiedervereinigung am 3.10.1990 wurde die Lehrerausbildung in der DDR formal der der BRD angeglichen. Am 18.9.1990 verfügte die Regierung de Maiziere in der „Verordnung über die Ausbildung für Lehrämter", dass zum Lehramt künftig nur ein entsprechendes Hochschulstudium berechtigt, das mit der Ersten Staatsprüfung abschließt, in Verbindung mit einem Vorbereitungsdienst und der Zweiten Staatsprüfung. Mit der Wiedervereinigung wurden die Studien- und Prüfungsordnungen nach westdeutschem Vorbild geregelt, die Zulassungsbeschränkungen und Kombinationsgebote entfielen. In Leipzig bot die Sektion/Fakultät von 1990 bis 2000 einen vierjährigen Studiengang für das Lehramt an Mittelschulen und einen fünfjährigen Studiengang für das Lehramt an Gymnasien bei identischem Grundstudium von vier Semestern nach folgendem Studienplan an:

Studienplan für das Grundstudium Lehramt Chemie

Sem.	Veranstaltung	V	Ü	P
1.	Allgemeine und Anorganische Chemie-	3	–	3
	Praktikumseinführung/Rechenübungen	–	2	–
2.	Allgemeine und Anorganische Chemie	3	–	3
	Mathematische Grundlagen und Informatik	3	–	–
	Experimentalphysik	3	–	–
3.	Organische Chemie	4	–	4
4.	Physikalische Chemie	4	–	4
	Praktikumseinführung/Rechenübungen	2	–	–

Studienplan für das Hauptstudium Lehramt Chemie

Sem.	Veranstaltung	V	P
5.	Technische Chemie	2	–
	Anorganische Chemie (Mittelschule)	3	4
	(Gymnasium)	3	6
	Chemiedidaktik	2	–
	Schulexperimente	–	3
6.	Physikalische Chemie	2	–
	Analytik	2	–
	Physikalische Chemie und Analytik	–	8
	Chemiedidaktik	1	–
	Schulexperimente	–	1
	Geschichte der Chemie	1	–
	Technische Chemie	1	–
7.	Organische Chemie (Mittelschule)	1	2
	(Gymnasium)	3	6
	nur für Gymnasien:		
	Umweltchemie	2	–
	Anorganische Chemie	2	–
	Chemiedidaktik	1	–
8.	Grundlagen der Mineralogie	2	–
	Umweltchemie	2	–
	Organische Chemie	2	–
	Physikalische Chemie	2	–
	Chemie (wahlobligatorisch)	3	–

Während des Hauptstudiums war ein vierwöchiges Praktikum „Schulpraktische Übungen" an Mittelschulen bzw. Gymnasien zu absolvieren. Im 7. (Mittelschule) bzw. 9. Semester (Gymnasium) war innerhalb von sechs Monaten eine wissenschaftliche Hausarbeit in einem gewählten Fach der Chemie oder im Kombinationsfach anzufertigen. Die Erste Staatsprüfung im 8. (Mittelschule) bzw. 10. Semester (Gymnasium) umfasste zwei schriftliche und eine mündliche Prüfung in den Fächerkombinationen Anorganische/Anorganisch-technische Chemie,Organische/Organisch-technische Chemie sowie Physikalische/Analytische Chemie. Außerdem erfolgte eine mündliche Prüfung in Fachdidaktik.

Eine neue Lehramtsprüfungsordnung I (LAPO I) des Sächsischen Staatsministeriums für Kultus vom 13.3.2000 legte eine Regelstudienzeit von acht Semestern für das Lehramt an Mittelschulen und von neun Semestern für das Lehramt an Gymnasien, Förderschulen und an berufsbildenden Schulen fest. Diese Kürzung für die Gymnasialstufe hatte eine Reduzierung der Praktika in Anorganischer, Organischer und Physikalischer/Analytischer Chemie zur Folge.

In Analogie zum Diplom-Studiengang Chemie sank die Zahl der Studienanfänger für das Lehramt Gymnasialstufe in den Jahren 1991 bis 2000 auf durchschnittlich zehn Studierende, das Lehramt Mittelstufe wurde fast nicht belegt. Danach stieg das Interesse deutlich an, 2004: Gymnasialstufe 50/Mittelstufe 16, 2005: 33/16.

Beginnend mit dem Studienjahr 2006/2007 wurde das Lehramtsstudium an der Universität Leipzig als Polyvalenter Bachelor-Studiengang und Schulformspezifischer Master-Studiengang für das höhere Lehramt an Gymnasien und Mittelschulen sowie an Förderschulen neu strukturiert. Im Freistaat Sachsen wurde zwischen den Ministerien für Wissenschaft und Kunst sowie Kultus für die Lehramtsausbildung ein Konsens darüber erzielt, die Zweifächerstruktur und das 1. Staatsexamen beizubehalten und die LAPO in die Etablierung der Bachelor-/Master-Studiengänge zu integrieren.

Im Polyvalenten Bachelor-Studiengang stehen für die Ausbildung im Fach Chemie und für die Chemiedidaktik insgesamt 60 Leistungspunkte (LP) zur Verfügung. Sie sind in Leipzig wie folgt strukturiert:

Studienplan für den Bachelor-Studiengang Lehramt Chemie ab 2006

Sem.	Modul	SWS V	S/Ü	P	LP
1.	Allgemeine Chemie	6	–	3	10
2.	Anorganische Chemie I	3	–	5	10
3.	Organische Chemie Ia	3	1	–	5
	Physikalische Chemie Ia	4	2	–	5
4.	Organische Chemie Ib	–	–	5	5
	Physikalische Chemie Ib	–	–	2	5
5.	Technische Chemie	3	–	–	5
5./6.	Chemiedidaktische Grundlagen	2	4	4	10
6.	Analytik	2	–	1	5
	gesamt	23	7	20	60

Weitere 60 LP entfallen auf das zweite Fach, die verbleibenden 60 LP verteilen sich auf die Bachelorarbeit (10 LP), die Bildungswissenschaften (30 LP) sowie auf wahlobligatorische Lehrveranstaltungen. Der Begriff „Polyvalent" soll zum Ausdruck bringen, dass nach erfolgreichem Abschluss des Studienganges sowohl ein direkter Berufseinstieg als auch der Übergang zu Master-Studiengängen unterschiedlicher Lehramtsstufen bzw. der studierten Fächer möglich ist. Für den direkten Zugang zu einem Master-Studiengang Chemie erscheint dies ausgeschlossen, da der Bachelor-Studiengang Chemie mit 51 SWS Vorlesungen, 14 SWS Seminare/Übungen und 72 SWS Praktika deutlich fundiertere Grundlagen dafür schafft.

Der zweijährige Master-Studiengang für das Lehramt an Gymnasien hat folgende Struktur:

Studienplan für den Master-Studiengang Höheres Lehramt Gymnasium Chemie

Sem.	Modul	V	SWS S/Ü	P	LP
1./2.	Anorganische Chemie II	5	–	5	10
	Chemiedidaktische Vertiefungsstudien	1	6	1	10
3./4.	Organische Chemie II	5	–	6	10
	Spezielle Kapitel der Physikalischen Chemie und Mineralogie	7	–	2	10
	gesamt	18	6	14	40

Von den insgesamt 120 zur Verfügung stehenden LP entfallen weitere 40 LP auf das zweite Fach, 20 LP auf die Bildungswissenschaften und 20 LP auf die Masterarbeit. Insgesamt muss eingeschätzt werden, dass im Vergleich zu den Chemiestudiengängen die Umwandlung der Lehramtsstudiengänge auf Bachelor- und Master-Strukturen deutlich größere Schwierigkeiten bereitet. Schon in den 16 Bundesländern gibt es dabei so große Unterschiede, dass die eigentlich angestrebte Vereinheitlichung bereits auf nationaler Ebene misslingt. Eine erneute Restrukturierung der Lehramtsausbildung dürfte somit bevorstehen.

Exkursionen. Nebenfachausbildung. Weiterbildung. Statistik

Exkursionen *(Wolf-Dieter Einicke, Gerhard Wendt).* Bereits im Sommersemester 1948 knüpfte *Berthold Rassow* an seine vor dem Krieg zur guten Tradition gehörenden „Technologischen Besichtigungen an noch zu bestimmenden Tagen" an, die für die Hörer seiner Vorlesung kostenfrei waren. Diese alljährlich stattfindenden 14-tägigen Exkursionen waren über Leipzig hinaus geradezu berühmt.

Mit der Einführung der Fachrichtungen nach der 3. Hochschulreform wurden die im Studienplan vorgesehenen Exkursionen unter der Leitung der Lehrkollektive vorgenommen. Die Exkursionen für die Studenten der Fachrichtung Verfahrenschemie fanden bevorzugt in die Großbetriebe der chemischen Industrie der DDR statt. In Erinnerung bleiben dabei besonders die Mehrtagesexkursionen in das Petrolchemische Kombinat Schwedt, die von den Verantwortlichen des Kombinates hervorragend organisiert wurden. Neben der Rohöl-Destillation, Reforming, Aromatengewinnung, Düngemittelherstellung, Abwasserreinigung, Eiweißherstellung aus der Dieselölfraktion, u. a., konnten auch die Werkstätten besichtigt werden, die eine Sicht in das „Innenleben" der Apparate ermöglichten. Bemerkenswert war dabei die Fertigung von Wärmeaustauschern unter den DDR-spezifischen Bedingungen und dabei besonders die von Wärmeaustauschern aus Titanium für die Terephthalsäureherstellung. Weitere Exkursionen wurden u. a. nach Böhlen (Mitteltemperaturpyrolyse), nach Piesteritz (Ammoniak- und Düngemittelherstellung), nach Bitterfeld (Aluminiumherstellung, Korund-Kristallzüchtung) nach Leuna, Buna und nach Zeitz durchgeführt. In Zeitz waren die Studenten entsetzt über die an den Winkler-Generatoren herrschenden Arbeitsbedingungen.

In dem im Jahre 1991 eingeführten Diplom-Studiengang Chemie waren von den Studenten zwei Pflichtexkursionen, eine im Grundstudium und eine im Fachstudium, zu absolvieren. Die Exkursionen wurden für alle Studenten vom Institut für Technische Chemie organisiert. Vorrangiges Ziel war es zunächst, die großen Chemieunternehmen Westdeutschlands kennen zu lernen. Im Jahre 1992 fand die erste Exkursion zur BASF statt. In der perfekt und großzügig organisierten Exkursion wurden die Studenten u. a. mit der Arbeit im Miniplanttechnikum, in der Ammoniak- und Methanolfabrik und im Steamcracker vertraut gemacht. Die Exkursion zur Bayer AG im Jahre 1993 begann nach einem Unfall mit einem sechsstündigen Aufenthalt auf der Autobahn bei Apolda. Trotz verspäteter Ankunft konnten noch abends die Abwasseranlagen und die Deponie besichtigt werden. Am nächsten Tag lernten die Studenten das moderne wissenschaftliche Informationssystem und die Lack-Polyisocyanatherstellung kennen. Im gleichen Jahr fand eine Exkursion zur Ruhrgas AG Dorsten und Veba Oel AG Gelsenkirchen – Raffinerie Scholven – statt. 1994 wurde erstmals im Rahmen des Studienzyklus die alle drei Jahre stattfindende ACHEMA besucht. Mit über rund 4000 Ausstellern aus allen Kontinenten und 180000 Teilnehmern aus 100 Ländern ist die ACHEMA das unumstrittene Weltforum der Prozessindustrie und ein Technologiegipfel für Chemische Technik, Umweltschutz und Biotechnologie. 1995 wurde eine Exkursion zur HÜLS-AG, Werk Ruhrchemie, und zur Hoechst AG Oberhausen (Chlorchemie) durchgeführt. Weitere Exkursionen wurden u. a. zu folgenden Betrieben organisiert: BASF Schwarzheide (1995), BASF Ludwigshafen (1996 – Synthesegas, Steamcracker, Rückstandsverwertung), Buna Sow Leuna Olefinverbund Böhlen (1998), DOW Buna (1998), Kali Merckers (1999), Klärwerk Rosental (2000, 2002).

Nebenfachausbildung. Gemäß dem Charakter universitärer Ausbildung waren die Hochschullehrer der Chemie auch stets für die Grundlagen- und Spezialausbildung von Studierenden mit dem Nebenfach Chemie zuständig. Dies betraf, wie im Vorlesungsverzeichnis 1944/45 ausgewiesen, zunächst Studierende der Mathematik und Naturwissenschaften. Nach 1954 bildete der Lehreinsatz für Studierende der Human- und Zahnmedizin (jährlich ca. 600–750) den Schwerpunkt der Nebenfachausbildung. Die Verantwortung für die parallel in drei Gruppen gehaltenen Experimentalvorlesungen und das zugehörige Praktikum lag im Wechsel bei der Anorganischen und Organischen Chemie (H. Hennig,

M. Weißenfels). Die Leitung der Grundlagenausbildung für Studierende der Physik (ca. 50–80) und der Landwirtschaft (ebenfalls ca. 50–80) übernahm die Physikalische und Theoretische Chemie.

Die Nebenfachausbildung Chemie erfuhr infolge von Strukturänderungen auf Landes- und Universitätsebene einige Wechsel:

- Die Ausbildung für Studierende der Landwirtschaft endete Anfang der 90er Jahre mit dem Übergang dieses Fachgebietes an die Martin-Luther-Universität Halle-Wittenberg.
- Die zwischenzeitliche Ausbildung von Studierenden des Bauingenieurwesens in Allgemeiner und Anorganischer Chemie endete mit der Einstellung des Studienganges zum Wintersemester 2005/2006.
- Die Ausbildung für Studierende der Biologie (Diplom) wechselte mit dem Studienjahr 2002/2003 an die Fakultät für Biowissenschaften, Pharmazie und Psychologie. Im Gegenzug wurde von dieser die Grundausbildung Chemie von den Biochemikern übernommen.
- Die Chemie-Vorlesung für Veterinärmediziner wurde übernommen

Gegenwärtig ist die Fakultät für Chemie und Mineralogie zuständig für die Grundlagenausbildung Chemie für Studierende der Human-, Zahn- und Veterinärmedizin, der Physik, der Biochemie sowie des Lehramtes Biologie ohne Kombinationsfach Chemie. Die Zahl dieser Studierenden stieg von anfangs ca. 600 bis 800 auf 900 bis 1000 in den letzten fünf Jahren. Einen besonders hohen Lehraufwand erfordern die Praktika für Human- und Zahnmediziner (Leitung bis 2003 Jürgen Ziegner, seitdem Thomas Zimmermann). Neben der Grundlagenausbildung werden spezielle Lehrgebiete, insbesondere in der Analytischen Chemie von Studierenden der Biochemie, Pharmazie und Physik und in der Theoretischen Chemie von Studierenden der Physik, Mathematik und Informatik genutzt.

Weiterbildung. Die Zugangsvoraussetzung für die Aufnahme eines Hochschulstudiums ist in Deutschland ein Zeugnis der Hochschulreife, das in der Regel durch die Reifeprüfung (Abitur) an einer Oberschule/einem Gymnasium erworben wird. Durch den Erlass der Deutschen Zentralverwaltung für Volksbildung vom 30.9.1945 „Über die Zulassung zum Studium an Universitäten und Hochschulen" eröffnete sich der Zugang zur Universität auch über Sonderkurse in Vorstudienanstalten und eine Begabtenprüfung. Dadurch sollten die durch den Zweiten Weltkrieg entstandenen Nachteile für junge Studierwillige teilweise aufgefangen werden. Am 1.10.1949 wurde die Nachfolgeeinrichtung der Leipziger Vorstudienanstalt speziell zur Weiterbildung der Kindern von Arbeitern und Bauern, die Arbeiter-und Bauern-Fakultät (ABF), an der Universität Leipzig eröffnet. In dreijährigen Kursen wurden die Voraussetzungen für ein gesellschaftswissenschaftliches, medizinisch-biologisches oder mathematisch-naturwissenschaftliches Hochschulstudium geschaffen. Diesen Qualifizierungsweg beschritten auch zahlreiche spätere Chemiestudenten. Eine weitere Möglichkeit der individuellen Qualifizierung zum Diplomchemiker bestand nach dem Krieg auch z. B. für Lehrer mit Hochschulabschluss in der Einschreibung als Gasthörer an der Universität. Nach ergänzenden Praktika, Zwischenprüfungen und der Anfertigung einer Diplomarbeit konnte die Diplomprüfung zum akademischen Grad Diplomchemiker abgelegt werden. In organisierter Form wurde diese Weiterbildungsvariante von 1959 bis 1961 durch die Immatrikulation in das Hochschul-Abendstudium für Chemieingenieure und Chemielehrer erreicht. In den beiden ersten Jahren wurden bevorzugt Praktiker aus dem Raum Bitterfeld/Wolfen (Elektrochemisches Kombinat; Farben-und Filmfabrik) und Piesteritz einbezogen; im dritten Jahr wurden solche aus der Region Böhlen und Chemnitz (Fettchemie) immatrikuliert. Leiter des Abendstudiums war Gerhard Kempter (Organische Chemie). Die Ausbildung wurde weiterhin getragen von G. Werner (Anorganische Chemie), Klaus Scherzer (Physikalische Chemie) und A. Meisel (Mathematik). Die Studiendauer betrug ca. vier Jahre. 120 Praktiker wurden zum Diplomabschluss geführt.

Die 3. Hochschulreform setzte für die Weiterbildung von in der Wirtschaft tätigen Absolventen von Universitäten und Fachschulen neue Maßstäbe. Mit der Einführung von Postgradualstudien sollten die systematische Erneuerung und Vervollkommnung früher erworbenen Wissens sowie die gezielte Weiterbildung zur Aneignung von Spezialkenntnissen erreicht werden. Aufbauend auf Weiterbildungskursen zur Spektroskopie, Chromatographie und Elektrochemie Anfang der 70er Jahre eröffnete die Sektion Chemie 1974 das Postgradualstudium „Analytik und Spektroskopie“ für Chemiker mit zunächst 30 Teilnehmern. Die Vermittlung des Stoffes erfolgt in Form von Vorlesungen, Seminaren, Übungen und Praktika in acht einwöchigen Intensivkursen, verteilt über einen Zeitraum von zwei Jahren. Am Ende des Studiums steht eine komplexe Abschlussprüfung, deren erfolgreiches Bestehen die Teilnehmer mit einem Hoch- oder Fachschulabschluss in Chemie berechtigt, den Zusatz zur Berufsbezeichnung „Fachchemiker (bzw. Fachingenieur) für Analytik und Spektroskopie“ zu führen. Diese Weiterbildung fand und findet noch heute eine außerordentlich gute Resonanz. Bis 1995 von Rolf Borsdorf, in der Folge von Werner Engewald geleitet, konnten bis zum 25-jährigen Jubiläum über 750 Absolventen verzeichnet werden. Inhaltlich ständig aktualisiert, ist seit 2002 Stefan Berger verantwortlicher Leiter des Aufbaustudiums „Analytik und Spektroskopie“. Die jährliche Teilnehmerzahl beträgt ca. 15–20.

Ermutigt durch den Erfolg dieses Postgradualstudiums, wurde im WS 1997/98 das analog strukturierte zweijährige berufsbegleitende Aufbaustudium „Umweltchemie“ unter organisatorischer Leitung von Gerhard Wendt eröffnet (s. Abschn. Umweltchemie). Die Lehrveranstaltungen wurden von Mitarbeitern des Institutes für Technische Chemie unter Beteiligung von Hochschullehrern anderer Fakultäten und des Umweltforschungszentrums Leipzig-Halle sowie Vertretern aus Wirtschaft, Industrie und umweltrelevanten Fachbehörden des Freistaates Sachsen getragen. Erschwerte Rahmenbedingungen für die Studierenden führten allerdings zu sinkenden Teilnehmerzahlen, so dass das Aufbaustudium Umweltchemie im Jahre 2004 eingestellt wurde.

In Zusammenarbeit mit dem Bezirkskabinett für Lehrerweiterbildung übernahm die Sektion Chemie auch die Weiterbildung der Chemielehrer des Bezirkes in den Stützpunkten Leipzig, Oschatz und Döbeln auf den Gebieten Technische Chemie, Elektrochemie, Kinetik, Thermodynamik, speziellen Gebieten der Organischen Chemie und der Chemiedidaktik. Diese gute Tradition wurde ab 1993 in Abstimmung mit dem Oberschulamt Leipzig und den Chemielehrern mit jährlich wechselnden Experimentalvorlesungen und Exkursionen, auch für interessierte Schüler, fortgesetzt. Auf Initiative der Gesellschaft Deutscher Chemiker konnte im Frühjahr 2006 das Chemielehrerfortbildungszentrum Leipzig-Jena unter Leitung von Rebekka Heimann (Univ. Leipzig) und Volker Woest (Univ. Jena) die Arbeit aufnehmen (s. Abschn. Chemiedidaktik). In Kooperation mit der Universität Halle-Wittenberg und dem Schülerlabor Merseburg werden Fortbildungen in Sachsen, Sachsen-Anhalt und Thüringen für Erzieherinnen und Erzieher in Kindergärten sowie für Lehrerinnen und Lehrer von Grund-, Mittel-, Regel-, Sekundarschulen, Gymnasien und Berufsschulen durchgeführt bzw. mitorganisiert.

Chemiestudiengänge im Vergleich. Im Folgenden wird die Entwicklung der Studiengänge in den vergangenen mehr als 50 Jahren verglichen. Aus dieser Aufstellung lassen sich folgende Feststellungen treffen:
- Der Gesamtumfang in Semesterwochenstunden unterliegt nur geringen Schwankungen.
- Der Anteil der Praktika ist in den konsekutiven Bachelor/MasterStudiengängen mit ca. 45 % im Vergleich zum klassischen Diplom-Studiengang mit ca. 60 % deutlich gesunken.
- Der Anteil der Vorlesungen ist im Gegenzug um ca. 25–30 % angestiegen.
- Für die Abschlussarbeit stehen statt ehemals einem Jahr nur noch sechs Monate zur Verfügung.
- Die Anzahl der Prüfungen ist mit den konsekutiven Studiengängen drastisch gestiegen, vorwiegend studienbegleitend in Form von Modulprüfungen.

Studenten- und Absolventenstatistik. Die nachfolgende Übersicht erfasst die Anzahl der Chemiestudierenden und der akademischen Graduierungen im Zeitraum von 1990 bis 2007.

Während die Zahl der Zulassungen zum Chemiestudium in den Jahren von 1975 bis 1989, staatlich festgelegt, konstant zwischen 60 und 70 lag, besteht seitdem ein freier Zugang. Für die erste Hälfte der 90er Jahre ist der bereits erwähnte dramatische Rückgang an Studienanfängern zu verzeichnen. In den Folgejahren trat ein steter Anstieg ein, der inzwischen die Kapazitätsgrenzen der Fakultät erreicht und

Anzahl der Semesterwochenstunden in den Studiengängen von 1953 bis 2008

Zeitraum	Studiengang	Sem.	V	S/Ü (SWS)	P	gesamt	Anteil P (%)	Anteil nicht-chem.	Abschlussarbeit
1953–1967	Diplom	10	70	46	157	273	57	22	1 Jahr
1968–1974	Diplom								
	Grundstud.	4	40	40	54	134	40	36	
	Synthesech.	8	62	54	78	194	40	33	1 Jahr
	Verfahrensch.	8	62	54	78	194	40	33	1 Jahr
	Theor. Chem.	8	62	54	78	194	40	33	1 Jahr
1975–1989	Diplom	10							
	Synthesech.	10	81	67	111	259	43	35	1 Jahr
	Verfahrensch.	10	84	87	91	262	35	35	1 Jahr
	Th./Phys. Ch.	10	92	73	88	253	35	35	1 Jahr
1990–1999	Diplom	10	82	18	160	260	61	12	6(9) Mon.
200–2001	Dipl. reform.	10	85	18	155	258	60	11	9 Monate
2002–2004	Bachelor	6	70	26	81	177	46	15	3 Wochen
	Master	4	44	2	31	77	40	–	6 Monate
	gesamt	10	114	28	112	254	44	10	
2005–2007	Bachelor	6	70	26	81	177	46	15	4 Wochen
	Master	4	44	2	31	77	40	–	6 Monate
	gesamt	10	114	28	112	254	44	10	
2008–	Bachelor	6	65	31	83	179	46	17	4 Wochen
	Master	4	44	2	31	77	40	–	6 Monate
	gesamt	10	109	33	114	256	45	12	

teilweise überschritten hat. Der Abfall im Jahre 2006 auf 81 Studierende im 1. Studienjahr ist durch die verspätete Mitteilung über die Zulassung zum Studium seitens der Universitätsverwaltung bedingt (s. Tab. S. 243).

Die mittlere Studiendauer bis zum Diplomabschluss lag für diesen Zeitraum in der Regel in engen Grenzen zwischen 9,9 und 10,1 Semestern. Der Medianwert, der angibt, im wievielten Semester 50 % der Studierenden die Abschlussprüfung abgelegt haben, schwankte zwischen 9 und 10 Semestern. In der für alle Fachbereiche Chemie von der Gesellschaft Deutscher Chemiker erhobenen Statistik behauptete die Leipziger Fakultät bezüglich der Einhaltung der Regelstudienzeit damit bundesweit stets eine Spitzenposition. Nahezu konstant erweist sich für den gesamten Zeitraum der Werdegang der Diplomchemiker und der ersten Masterabsolventen: ca. 90 % streben eine Promotion an, ca. 8 % entschieden sich für einen direkten Berufseinstieg, nur ca. 2 % blieben zunächst ohne Anstellung.

Die mittlere Studiendauer bis zum Promotionsabschluss schwankte zwischen 17,3 und 18,5 Semestern, der Medianwert zwischen 16,6 und 18,5 Semestern. Mit diesen Promotionszeiten behauptete sich Leipzig bundesweit ebenfalls im Vorderfeld. Der Berufseinstieg der promovierten Chemiker erfolgte über den Gesamtzeitraum zu ca. 32 % direkt in der chemischen oder pharmazeutischen Industrie und der übrigen Wirtschaft, ca. 60 % wählten einen Postdoc-Aufenthalt im Ausland, eine befristete Anstellung in Forschungseinrichtungen oder in geringerem Umfang eine Tätigkeit im Öffentlichen Dienst, durchschnittlich 8 % blieben vorerst ohne Anstellung.

Die Anzahl der Habilitationen ist vergleichsweise gering. Eine Ursache liegt in der befristeten Umwandlung der dafür verfügbaren Planstellen in Promotionsstellen bei Neuberufungen. Ein Erfolg für die Nachwuchsförderung wurde 2007 mit der Aufnahme der von Physik und Chemie geführten Graduierten-

Anzahl der Chemiestudierenden und der Graduierungen von 1990 bis 2007

Jahr	Studierende		Doktoranden (wbl*.)	Abschlüsse (wbl*.)		
	1. Stdj.	gesamt (wbl*.)		Diplom	Promotion	Habil
1990	80	285 (128)	70 (26)	49 (27)	20 (6)	6 (1)
1991	42	261 (100)	76 (31)	50 (28)	20 (7)	1
1992	17	198 (68)	77 (28)	58 (31)	22 (5)	2
1993	29	172 (57)	102 (35)	42 (21)	13 (4)	3
1994	15	146 (36)	145 (54)	33 (15)	19 (8)	1
1995	24	110 (36)	213 (78)	62 (18)	34 (13)	1
1996	25	98 (34)	236 (85)	29 (5)	31 (10)	2 (1)
1997	54	114 (43)	197 (61)	16 (4)	40 (17)	2
1998	68	150 (60)	181 (49)	22 (8)	46 (22)	1
1999	65	180 (73)	151 (48)	9 (3)	51 (16)	2
2000	77	221 (86)	137 (47)	15 (6)	43 (8)	3 (2)
2001	89	277 (102)	112 (39)	14 (5)	27 (11)	4
2002	114**	306 (115)	124 (39)	30 (10)	26 (8)	–
2003	144	380 (144)	123 (37)	39 (11)	28 (10)	1
2004	163	464 (170)	139 (45)	16 (5)	29 (6)	–
2005	163	519 (206)	135 (46)	40 (17)	14 (4)	2 (2)
2006	81	442 (169)	138 (49)	36 (13)	23 (11)	3 (2)
2007	215	561 (209)	142 (51)	48 (22)***	29(11)	1

wbl.*= weiblich, s.a. Abschn. Frauen in der Chemie, **Eröffnung Bachelor-Studiengang, *** einschließlich M.Sc.

schule „Building with Molecules and Nano-Objects" (BuildMoNa) in die von DFG und Wissenschaftsrat geförderte Exzellenzinitiative erreicht. Die Sprecher sind seitens der Chemie Evamarie Hey-Hawkins und seitens der Physik Marius Grundmann. Aufbauend auf den Forschungsprofilen beider Fakultäten wird die Einheit von Doktorandenqualifizierung und Forschung, infrastrukturell eingebettet in die „Forschungsakademie Leipzig" (Research Academy Leipzig, RAL) angestrebt. Durch die Bereitstellung von Stipendien soll es gelingen, besonders aus dem Ausland fähige Mitarbeiter nach Leipzig zu holen und damit die Internationalität des Standortes zu erhöhen.

Promotions- und Habilitationsordnungen

Joachim Reinhold

Promotionsordnungen

Die akademische Graduierung ist eine, wenn nicht die ureigenste Aufgabe einer Universität. Im Zeitabschnitt bis 1830 gab es kaum verbindliche und allgemein akzeptierte Regelungen zu den Voraussetzungen für eine Promotion oder Habilitation und zum Ablauf der Graduierungsverfahren. Dies führte zu einer Vielzahl von Missständen und Konflikten,[191] die sich u. a. in nachlässiger Titelvergabe, aber auch Titelverweigerung zeigten. So soll etwa Gottfried Wilhelm Leibniz im Jahre 1666 in Leipzig bezüglich seines Gesuchs auf Zulassung zu den Promotionsprüfungen zum Doktor beider Rechte von der Gattin des Dekans der Juristischen Fakultät in dessen Namen mitgeteilt worden sein, er sei – mit 20 Jahren – noch zu jung („Er solle sich erst den Bart wachsen lassen"). Leibniz vermutete dahinter eine Intrige, verließ Leipzig und wurde noch im gleichen Jahr an der Nürnberger Universität in Altdorf promoviert.[192]

Relevant für die Chemie ist der Zeitraum ab etwa 1850.[193] Die – noch in deutscher Schreibschrift gedruckte – Promotionsordnung der Philosophischen Fakultät von 1847/48[18,193] enthielt noch keine Forderungen an die Vorbildung der Kandidaten. Das Verfahren begann mit der „Einreichung einer wissenschaftlichen Abhandlung über ein selbstgewähltes, dem Kreise der philosophischen Facultät angehöriges Thema". Es war die „Erklärung auf Ehrenwort beizufügen, dass dieselbe vom Bewerber selbst ohne fremde Beihülfe verfasst" wurde. Beachtenswert ist die Forderung „Gute Form und richtiger sprachlicher Ausdruck sind unbedingtes Erfordernis." Über die Art und Weise der Begutachtung war nichts festgelegt: „Hat die Dissertation den Beifall der betreffenden Sektion der Fakultät gefunden, so folgt die mündliche Prüfung" durch drei Mitglieder der Fakultät, die „unter billiger Berücksichtigung der Wünsche des Kandidaten" ausgewählt wurden.

Diese Ordnung konnte den Anforderungen der aufstrebenden Wissenschaften nicht genügen, ein hohes und vergleichbares Niveau der Graduierung war nicht zu sichern. Insbesondere der damalige Procancellar der Philosophischen Fakultät, Heinrich Wuttke, bemühte sich hartnäckig um die Neufassung der Promotionsordnung,[18,191,193] dabei besonders um die Festlegung von verbindlichen Zulassungsvoraussetzungen. Die von ihm 1856 formulierten Vorschläge,[18,193] nach denen die Fakultät in der Folge offenbar auch verfuhr, fanden in die neue, 1866/67 vom „kgl. sächs. Staats-Ministerium des Cultus und öffentlichen Unterrichts" bestätigte Promotionsordnung,[193] noch keinen Eingang. In ihr wurde aber festgelegt, dass die Dissertation „zunächst zwei Mitgliedern der Facultät, deren Fächer dem gewählten Thema am nächsten liegen, zur Begutachtung zugestellt" wird. In den „Bedingungen für die Erwerbung des Doktorgrades bei der philosophischen Facultät" wurden 1876 schließlich folgende Zulassungsvoraussetzungen fixiert:[193] Der Kandidat hatte „eine kurze Skizze seines Lebens- und Bildungsganges, sowie beglaubigte Zeugnisse über seine Studien (in der Regel also Schul- und Universitätszeugnisse, bez. sonstige Prüfungsatteste) beizubringen. Studirenden der Universität Leipzig ist gesetzlich die Erhebung des Abgangs- und Sittenzeugnisses von hiesiger Universität vor der Promotion zur Pflicht gemacht." Dies wurde 1889 noch präzisiert:[194] „Von den Bewerbern aus dem deutschen Reiche wird in der Regel die Vorlegung des Maturitätszeugnisses eines deutschen Gymnasiums, sowie der Nachweiss des akademischen Trienniums auf Universitäten deutscher Zunge verlangt." Die Umsetzung dieser Regelungen zur Promotion war keineswegs immer ein formaler Akt, oft waren Einzelfallentscheidungen zu treffen. Dies lässt sich an den Leipziger Promotionverfahren der bedeutenden Chemiker Clemens Winkler (1864), Constantin Fahlberg (1872/73), Theodor Curtius (1882), Julius Tröger (1887), Paul Walden (1891), Hans Bucherer (1893), Carl Bosch (1898) und Alwin Mittasch (1901) nachvollziehen.[12,18,195]

Erst in der 1902 vom königlichen Ministerium genehmigten Ordnung[194,196] wurde verlangt, dass die eingereichte Abhandlung „wissenschaftlich beachtenswert ist und die Fähigkeit des Kandidaten dartut, selbständig wissenschaftlich zu arbeiten". Auf die sechs Semester Universitätsstudium konnten nun auch zwei Semester an einer Technischen Hochschule des Deutschen Reichs, der Bergakademie Freiberg, der Forstakademie Tharandt etc. angerechnet werden. Lag das Diplom oder die Staatsprüfung an einer solchen Hochschule vor, genügten drei Semester Universitätsstudium. In der Ausgabe von 1909[196,197] wurde ein neuer Paragraph (§ 2) eingefügt: „Für weibliche Bewerber gelten dieselben Bestimmungen wie für die männlichen." Die 1912 vom Ministerium genehmigte Ordnung[198] enthielt keine wesentlichen Neuerungen.

In der Ausgabe von 1914[198] wurde beschlossen, dass für „Untertanen mit Deutschland kriegführender Staaten" laufende Promotionsverfahren für ungültig zu erklären und keine neuen mehr entgegenzunehmen waren. Von den sechs Semestern an einer Universität „deutscher Zunge" mussten jetzt mindestens drei an einer Universität des Deutschen Reichs absolviert worden sein. Ab 1923[198] wurde verlangt, dass mindestens zwei Semester an der Universität Leipzig studiert worden waren. In der Ausgabe von 1931[198] wurden für die Zulassung zur Promotion statt bisher sechs nun acht Semester Universitätsstudium vorausgesetzt, davon mindestens die Hälfte an einer Universität des Deutschen Reichs und mindestens zwei Semester an der Universität Leipzig. In dieser Ausgabe wurden auch die übrigen Anforderungen neu formuliert: die Dissertation sollte die „Befähigung zu selbständiger Forschung und angemessener Darstellung erweisen" und die mündliche Prüfung sollte in drei Fächern erfolgen. 1936[196] gab es einen unveränderten Neudruck der Ausgabe von 1931.

1939 erschien eine neue, vom „Reichsminister für Wissenschaft, Erziehung und Volksbildung" genehmigte Promotionsordnung.[199] Sie schloss „Juden deutscher Staatsangehörigkeit" von der Promotion aus. Neu war, dass der Grad „Dr. rer. nat." eingeführt wurde, der jedoch zunächst keine Verwendung fand. Die Ordnung legte (wieder) sechs Semester Universitätsstudium, davon grundsätzlich zwei an der Universität Leipzig als Voraussetzung fest. Semester an Technischen und anderen Hochschulen konnten jetzt voll angerechnet werden. Erstmals erfolgte eine Zeitvorgabe für die mündliche Prüfung: die drei Fächer sollten jeweils eine Stunde geprüft werden.

Unmittelbar nach dem Krieg war ein großer Teil der in Leipzig anwesenden Professoren von den Amerikanern nach Weilburg/Lahn verbracht worden. In Abstimmung mit dem Rektor der Universität führte die „exilierte" Gruppe der Mathematisch-Naturwissenschaftlichen Abteilung der Philosophischen Fakultät dort auch Teile von Promotionsverfahren (Anforderung und Erstellung von Gutachten, Verteidigungen, Prüfungen) durch.[200] 1946 wurden von der „Deutschen Zentralverwaltung für Volksbildung in der Sowjetischen Besatzungszone" „Übergangsbestimmungen für Promotionen" veröffentlicht, es folgten 1947 „Richtlinien für Promotionsordnungen" der „Deutschen Verwaltung für Volksbildung".[201] Die Fakultäten bemühten sich um die Abfassung zeitgemäßer Ordnungen. Die Philosophische Fakultät legte 1950 einen Entwurf für eine Promotionsordnung vor,[201] nach dem offenbar längere Zeit verfahren wurde. Zulassungsvoraussetzungen waren das Abschlusszeugnis einer Ober- oder Fachschule oder der Arbeiter- und Bauern-Fakultät (ABF) und ein achtsemestriges Studium an einer anerkannten Hochschule mit (dies war bisher noch nie explizit formuliert worden!) bestandener Abschlussprüfung. Die Dissertation sollte eine „wirkliche Bereicherung des betreffenden Fachgebiets" sein. Die Prüfung (jeweils eine Stunde) umfasste ein Haupt- und zwei Ergänzungsfächer. Seit der Abspaltung der Mathematisch-Naturwissenschaftlichen Fakultät von der Philosophischen Fakultät im Jahre 1951 wurde der Grad „Dr. rer. nat." vergeben.

1956 erschien dann eine zentrale „Verordnung über die Verleihung akademischer Grade" durch den Ministerrat der DDR,[202] in der für die Promotion kurz und bündig ein erfolgreich abgeschlossenes Universitäts- oder Hochschulstudium vorausgesetzt wurde. In dieser Verordnung wurde erstmals die öffentliche Verteidigung der Dissertation als Leistung im Promotionsverfahren verlangt.

1968 erließ das Ministerium für Hoch- und Fachschulwesen im Zuge der 3. Hochschulreform eine „Verordnung über die akademischen Grade"[203] und konkretisierend dazu 1969 die „Promotionsordnung A".[204] Sie ließ auch kumulative und Kollektivarbeiten als Dissertation zu. Ein Diplom-Abschluss wurde nicht zwingend vorausgesetzt. Beim Antrag auf Eröffnung des Verfahrens hatte der Kandidat – neben Lebenslauf, wissenschaftlichem Werdegang, Zeugnissen und Publikationsliste – nun auch eine „Einschätzung durch den wissenschaftlichen Leiter", einen „Beleg über die nachgewiesenen Fremdsprachenkenntnisse" und ein „Zeugnis über den Nachweis marxistisch-leninistischer Kenntnisse" vorzulegen. Zur Begutachtung der Dissertation wurden statt bisher zwei jetzt drei Gutachten, davon mindestens eines von außerhalb der Universität, herangezogen. Die mündliche Prüfung wurde abgeschafft. In das Gesamtprädikat ging neben den Noten für Dissertationsschrift und Verteidigung auch eine Note für Marxismus-Leninismus (nach schriftlicher Arbeit oder mündlicher Prüfung) ein. 1975 forderte die Universität in einer Richtlinie „Zur Erhöhung des wissenschaftlichen Niveaus der Dissertationen A"[205] wieder ausdrücklich einen Diplom-Abschluss vor der Promotion, da sonst „vor Anfertigung der Dissertation keine wissenschaftlich-publizistische Arbeit" erfolgt sei.

1992 erließ der Senat auf der Grundlage des Sächsischen Hochschulerneuerungsgesetzes (SHEG) von 1991[206] eine vom Staatsministerium für Wissenschaft und Kunst des Freistaates Sachsen genehmigte „Vorläufige Promotionsordnung der Universität Leipzig",[207] die – nach Vorgabe des Gesetzes – wieder eine mündliche Prüfung (Rigorosum) vor der Verteidigung der Dissertation vorsah. Die Fakultät für Mathematik und Naturwissenschaften traf dazu präzisierende Festlegungen.[208]

Unmittelbar nach Neugründung der Fakultäten im Jahre 1994 wurde an der Fakultät für Chemie und Mineralogie intensiv an einer neuen Promotionsordnung auf der Grundlage des Sächsischen Hochschulgesetzes (SHG) von 1993[209] gearbeitet. Chemie und Mineralogie als Fakultät konnten damit erstmals in der Leipziger Universität selbständig das Promotionsrecht ausüben. Die neue Ordnung trat nach Genehmigung durch das Staatsministerium 1996 in Kraft[210] und entspricht im wesentlichen bereits der gegenwärtig gültigen Promotionsordnung von 2007. Es wurde eine Doktorandenliste eingeführt, in die sich Bewerber mit der Absicht zur Promotion einzutragen haben. Dazu ist die Bereitschaftserklärung eines Hochschullehrers der Universität Leipzig zur Betreuung des Bewerbers und eines Hochschullehrers der Fakultät zur Begutachtung der Arbeit erforderlich. Zulassungsvoraussetzung war (zunächst) ein Hochschulabschluss in einem dem Promotionsgebiet zuzuordnenden Studiengang mit einer mindestens 8-semestrigen Regelstudienzeit. Fachhochschulabsolventen konnten zugelassen werden, wenn sie eine Promotionsvorprüfung in mindestens zwei, höchstens vier Fächern des Studiengangs jeweils mindestens mit „gut" bestanden hatten. Die Dissertation war als monographische Einzelschrift einzureichen. Für ihre Bewertung sind – nach Vorgabe des Gesetzes – (weiterhin) drei Gutachten, davon ein externes, einzuholen. Das Rigorosum im Umfang von 60 bis 75 Minuten ist vor drei Prüfern abzulegen, von denen einer nicht dem Institut angehören darf, in dem die Dissertation angefertigt wurde. Für den Verteidigungsvortrag sind ca. 30 Minuten, für die anschließende Diskussion waren höchstens 45 Minuten vorgesehen.

Diese Ordnung wurde in der Folge schrittweise modifiziert, um sie den Vorgaben des Sächsischen Hochschulgesetzes (SächsHG) von 1999[211] bezüglich der zunehmenden Internationalisierung im Rahmen des Bologna-Prozesses anzupassen. 2001 wurde eingefügt, dass auch besonders qualifizierte Bewerber mit einem im Ausland erworbenen Bachelor-Abschluss zur Promotion zugelassen werden können.[212] Seit 2003 kann das Promotionsverfahren auch in englischer Sprache durchgeführt werden, und es wurde die Möglichkeit von grenzüberschreitenden Promotionsverfahren geschaffen.[213]

Für die gegenwärtig gültige Promotionsordnung der Fakultät für Chemie und Mineralogie von 2007[214] war eine Genehmigung durch das Staatsministerium nicht mehr erforderlich. Diese Ordnung ermöglicht die Verleihung des Doktorgrades im Rahmen strukturierter, interdisziplinärer Promotionsprogramme. Zugelassen werden Hochschulabsolventen eines Master-, Diplom- oder Staatsexamensstudienganges mit in der Regel „gutem" Abschluss, Fachhochschulabsolventen eines Master- oder Diplomstudienganges mit „weit überdurchschnittlichem" Abschluss nach einer Promotionsvorprüfung und Inhaber eines Bachelorgrades mit „weit überdurchschnittlichem" Abschluss nach einem Eignungsfeststellungsverfahren. Die Dissertation muss nicht mehr als wissenschaftliche Einzelschrift eingereicht werden, es sind auch kumulative Schriften aus veröffentlichten und eingereichten Publikationen, versehen mit einem einleitenden Kapitel, zugelassen. Das Rigorosum ist nicht mehr zwingend erforderlich, es kann durch im Rahmen wissenschaftlicher Weiterbildung erbrachte zusätzliche Prüfungsleistungen ersetzt werden. Die im Anschluss an den Verteidigungsvortrag stattfindende Diskussion wurde auf höchstens 30 Minuten verkürzt. Bei der Anfertigung der Dissertation und bei der Durchführung des Verfahrens ist damit größere Flexibilität zugelassen, wovon man sich eine Verkürzung der Promotionsvorhaben verspricht.

Habilitationsordnungen

Zum Erwerb der Lehrbefähigung, der Habilitation, wurde ursprünglich nicht die wissenschaftliche Graduierung, die Promotion, vorausgesetzt. So habilitierte sich Leibniz 1666 in Leipzig, obwohl er noch nicht promoviert worden war.[192] Erste relevante Habilitationsordnung war das „Regulativ in Bezug auf die Habilitation der Privatdocenten bei der philosophischen Facultät zu Leipzig nach Verordnung Eines Hohen Ministeriums des Cultus und des öffentlichen Unterrichts" von 1833/34.[215] Das Verfahren begann mit einer mündlichen Prüfung, es folgte ein öffentlicher Lehrvortrag über ein vorgegebenes Thema (das aus mehreren vom Kandidaten vorgeschlagenen ausgewählt wurde), und schließlich hatte der Kandidat eine lateinische Disputation zu schreiben und öffentlich zu verteidigen. Danach fasste die Fakultät einen Beschluss, „ob er für würdig zu halten sey, die Erlaubnis zu Vorlesungen zu erhalten". Das Examen

„pro venia legendi" konnte erst nach Ablauf des akademischen Quinquenniums abgelegt werden. Bereits damals musste der Kandidat unterzeichnen, dass aus der Habilitation kein Anspruch auf Vergütung und künftige Beförderung entsteht.

Das 1870 erschienene „Regulativ für die Habilitation der Privatdocenten bei der philosophischen Facultät der Universität Leipzig genehmigt vom kgl. Ministerium des Cultus und öffentlichen Unterrichts"[216] entspricht weitgehend bereits der heutigen Habilitationsordnung. Voraussetzung war das „Gymnasial-Abiturienten-Examen", ein dreijähriges Universitätsstudium, nach dem mindestens zwei Jahre vergangen sein mussten und die Promotion zum Doktor der Philosophie an einer deutschen Universität. Der Kandidat hatte eine wissenschaftliche Abhandlung zu schreiben, die von Mitgliedern der Habilitationskommission begutachtet wurde und danach in der Fakultät zirkulierte. Es folgte ein Kolloquium und schließlich der öffentliche Lehrvortrag. In der Folge gab es zunächst nur geringfügige Modifikationen. Im Neudruck von 1914[194] der Ordnungen der Philosophischen Fakultät wurde vorausgesetzt, dass nach dem Studium mindestens drei Jahre vergangen sind. 1931[194] wurde festgelegt, dass der Kolloquiumsvortrag über ein nicht in der Schrift behandeltes Thema zu halten sei.

1934 gab es zunächst eine „Vorläufige Ergänzung über den Erwerb der Lehrbefähigung an den sächsischen Hochschulen".[194] In ihr wurde verlangt, dass der Bewerber die deutsche Reichsangehörigkeit besitzt, arischer Abstammung ist, nicht mit einem Nichtarier verheiratet ist und „rückhaltlos hinter dem nationalsozialistischen Staat" steht. Diese Forderungen fanden Eingang in die „Reichs-Habilitations-Ordnung 1934",[194] erlassen durch den „Reichs- und Preußischen Minister für Wissenschaft, Erziehung und Volksbildung". Für die Habilitation wurde die Anfertigung einer Habilitationsschrift und eine wissenschaftliche Aussprache verlangt. Erst nach Zustimmung der „Landesunterrichtsverwaltung" war das Verfahren abgeschlossen. Es wurde eingeführt, dass der Bewerber durch die Habilitation „den akademischen Grad eines habilitierten Doktors ... (beispielsweise Dr. med. habil. ...)" erhält. Die Habilitation war nicht mit der Erteilung der Lehrbefugnis verbunden. Habilitierte konnten sich (in einem zweiten Schritt) beim „Reichswissenschaftsminister" für eine Dozentur bewerben. Dann erst erfolgte die öffentliche Lehrprobe. Außerdem hatte sich der Bewerber zum Dienst in einem Gemeinschaftslager (zur körperlichen Ertüchtigung) und zur Dozentenakademie (zur politischen Bildung) zu melden. Urteile über die Bewährung dabei wurden an die Landesunterrichtsverwaltung geschickt. Erst nach Zustimmung des Reichswissenschaftsministers erteilte die Landesunterrichtsverwaltung die Lehrbefugnis. Sie galt für sämtliche Hochschulen des Deutschen Reichs. Mit der Verleihung der Lehrbefugnis erfolgte die Ernennung zum Dozenten. Die „Reichs-Habilitations-Ordnung 1939" enthielt keine wesentlichen Änderungen.[194]

In den 1947 von der „Deutschen Verwaltung für Volksbildung" herausgegebenen „Richtlinien für Promotionsordnungen"[201] wird unter Punkt 7 aufgeführt: „Der in der Hitlerzeit eingeführte Grad eines Dr. habil. fällt weg", was aber in der Folge nicht realisiert wurde. Die im gleichen Jahr von dieser Behörde herausgegebenen „Richtlinien für die Neufassung der Habilitationsordnungen"[197] kehrten zu dem vor der Nazizeit üblichen Reglement zurück: Die Habilitation erforderte auch eine Probevorlesung und war mit der Lehrbefähigung verbunden. Die Habilitationsordnung der Philosophischen Fakultät von 1947[197] trug dem Rechnung. Die zentrale „Verordnung über die Verleihung akademischer Grade" von 1956[202] setzte für die Verleihung des Grades eines „habilitierten Doktors" die Erfüllung folgender Bedingungen voraus: die Annahme der Habilitationsschrift, das Bestehen des Kolloquiums, den erfolgreichen öffentlichen Probevortrag und die Verteidigung der Habilitationsschrift. Die Frage, ob die Bezeichnung „Dr. habil." zu verwenden sei, hat offenbar zu Irritationen geführt, denn das Staatssekretariat für Hochschulwesen hat 1957 „aufgrund verschiedener Anfragen" ein Muster der Habilitationsurkunde vorgegeben, das die Formulierung „ ... wird der akademische Grad eines Dr. ... habil. verliehen" enthält.[197]

Mit der Hochschulreform 1968 wurde die Lehrbefähigung wieder abgekoppelt. In der „Verordnung über die akademischen Grade"[203] wurde der Grad „Doktor der Wissenschaften (Dr. sc.)" eingeführt (Promotion B). Als Voraussetzungen für die Verleihung wurden neben der Promotion (A) „eine erfolgreiche Tätigkeit als Leiter von wissenschaftlichen Kollektiven, die Weiterbildung auf Gebieten des Marxismus-Leninismus, die hervorragende Mitarbeit bei der Gestaltung des entwickelten gesellschaftlichen Systems des Sozialismus" genannt. Die „Anordnung über die Verleihung des akademischen Grades Doktor der Wissenschaften – Promotionsordnung B" von 1969[217] legte die zu erfüllenden Bedingungen fest: Die positive Bewertung der wissenschaftlichen Arbeit („Dissertation B") und die erfolgreiche Verteidigung. Ein „Merkblatt zur Promotion B" der Universität erläuterte insbesondere, wie die nichtwissenschaftlichen Voraussetzungen erfüllt bzw. nachgewiesen werden konnten.[205]

Die Facultas docendi (Lehrbefähigung) wurde 1968 in der „Verordnung über die Berufung und die Stellung der Hochschullehrer an den wissenschaftlichen Hochschulen – Hochschullehrerberufungsverordnung (HBVO)"[205] eingeführt und in der „Anordnung über die Erteilung und den Entzug der Facultas docendi"[205] des Ministers für Hoch- und Fachschulwesen reglementiert. Die Universität verfasste dazu „Grundsätze für die Erteilung der Facultas docendi".[205] Der Erwerb war auch ohne bzw. vor der Promotion B möglich. Voraussetzungen waren die Fähigkeit „zur Festigung und Entwicklung des sozialistischen Staatsbewusstseins der Studenten", die Promotion A, pädagogische Fähigkeiten, eine mindestens zweijährige erfolgreiche Lehrtätigkeit und im Regelfall ein „Studienaufenthalt im sozialistischen Ausland, insbesondere in der Sowjetunion". Zwei Gutachten über „die wissenschaftlichen und praktischen Leistungen und Fähigkeiten" wurden eingeholt. In der Regel hatte der Bewerber zwei Bedingungen zu erfüllen: Ein Kolloquium zu Fragen der Bildung und Erziehung sowie eine Lehrprobe oder ein Kolloquium zum Nachweis wissenschaftlicher Kenntnisse. Auf letztere Leistung konnte verzichtet werden, wenn der Bewerber ausreichend ausgewiesen war. Die erteilte Lehrbefähigung galt für alle Hochschulen der DDR.

1991 wurde mit dem Sächsischen Hochschulerneuerungsgesetz (SHEG)[206] die Habilitation wieder eingeführt. Inhaber des Grades „Doktor der Wissenschaften (Dr. sc.)" konnten die Umwandlung in den Grad „doctor habilitatus" beantragen. Auf der Grundlage des Sächsischen Hochschulgesetzes (SHG) von 1993[209] beschloss die 1994 gegründete Fakultät für Chemie und Mineralogie 1996 eine neue Habilitationsordnung,[218] die vom Sächsischen Staatsministerium für Wissenschaft und Kunst genehmigt wurde. Zulassungsvoraussetzung ist die Promotion und eine mehrjährige wissenschaftliche Tätigkeit. Die Habilitationsschrift ist als monographische Einzelschrift einzureichen, im Ausnahmefall kann auch eine kumulative Schrift zugelassen werden. Nach Annahme der Habilitationsschrift folgt ein wissenschaftlicher Vortrag mit anschließender Aussprache (Kolloquium) und danach die öffentliche Probevorlesung. Mit der Habilitation wird „förmlich die Befähigung zur selbständigen Lehre und Forschung ... festgestellt". Habilitierte können den Antrag auf Verleihung der Lehrbefugnis stellen. Die Fakultät holt dazu zwei Gutachten, davon ein internes, ein und beschließt im Fakultätsrat über den Antrag. Erst mit der Verleihung der Lehrbefugnis ist das Recht zur Führung der Bezeichnung „Privatdozent" gegeben.[219]

Die nach In-Kraft-Treten des Sächsischen Hochschulgesetzes (SächsHG) von 1999[211] formulierte gegenwärtig gültige Habilitationsordnung von 2001[220] (für die keine Genehmigung durch das Staatsministerium mehr erforderlich war) wurde gegenüber der Ordnung von 1996 nur geringfügig modifiziert.

Technisch-Ökonomische Bereiche, Gebäude und Laboratorien

Technisch-Ökonomische Bereiche

Verwaltung

Christian Richter, Dieter Kießling

Leitung und Struktur der Verwaltung. Die akademische Verwaltung der chemischen Laboratorien lag traditionell in der Verantwortung der Ordinate bzw. Institute. Sie wurde vom Ordinarius bzw. Institutsdirektor und von ihm beauftragten „Verwaltungsassistenten", meist erfahrenen wissenschaftlichen Oberassistenten bzw. Assistenten, wahrgenommen. Ihnen waren auch die Werkstätten zugeordnet, die für die Entwicklung neuer Messmethoden und der dafür erforderlichen Geräte eine zentrale Bedeutung hatten. Die Zuordnung von Verwaltung und Werkstätten zu den Instituten änderte sich erst 1968 mit der Gründung der Sektion Chemie. Mit der Bildung der „Technisch-ökonomischen Abteilung" (TÖA) erfolgte eine Zentralisierung auf Sektionsebene. Die Leiter der TÖA waren promovierte Chemiker, beginnend mit Klaus Dittrich von 1968 bis 1974 (s. Abb. 90), Dieter Kießling von 1974 bis 1980 (s. Abb. 158), Jürgen Ziegner von 1980 bis 1985 und Uwe Löser (Abb. 188) von 1985 bis 1992, der danach als Dezernent für Haushalts- und Wirtschaftsangelegenheiten in die Zentralverwaltung der Universität wechselte. Seit Gründung der Fakultät für Chemie und Mineralogie wird die entsprechende Funktion vom Dekanatsrat Christian Richter (Abb. 189) wahrgenommen. Vertreter des Leiters der TÖA waren die Technischen Leiter Joachim Wolf von 1969 bis 1974, Ellen Kempcke von 1976 bis 1984, Renate Schlorke von 1984 bis 1989 und Karin Staake von 1990 bis 1991. Ihnen waren die Werkstätten, Handwerker und Hausmeister unterstellt, und sie waren zuständig für die Betreibung und den Bauunterhalt der Gebäude. Seit 1991 hat diese Aufgaben Dietmar Hentschel übernommen. Dem Sektionsdirektor, Fachbereichsleiter bzw. Dekan standen bzw. stehen in Folge die „wissenschaftlichen Sekretäre" Achim Hantschmann, Klaus Sühnel, Peter Kramer, Peter Willy Lange, Christian Richter, Klaus Köhler,

Abbildung 188
Uwe Löser

Abbildung 189
Dekanatsrat Christian Richter

Frank Höppner und seit 1999 der Leiter des Prüfungsamtes Eckhard Buß sowie die Sekretärinnen Ute Sohr von 1967 bis 1974, Christa Baltz von 1974 bis 1997, Brigida Ueberschaer von 1997 bis 2006 und seit 2006 Sigrid Kling zur Seite. (Abb. 190).

Zur TÖA gehörten die Feinmechanischen Werkstätten Liebigstraße 18, Linnéstraße 2 und die der Mineralogie/Kristallographie (bis 1964 Talstraße 35, danach Scharnhorststraße 20) sowie die Elektronik-Werkstatt Linnéstraße 2 und die Glasbläserei Liebigstraße 18. Außerdem gehörten zur TÖA die Fotowerkstätten (bis zur Schließung Linnéstraße 2 und Talstraße 35), die Ökonomische Abteilung (Talstraße 35) und die Lager für Chemikalien, Glasgeräte sowie Kleingeräte (Hauptlager alle in der Liebigstraße 18) sowie die Hausmeister und die Poststelle. Die Studienabteilung (Talstraße 35) wurde vom Stellvertretenden Sektionsdirektor für Erziehung, Aus- und Weiterbildung geleitet. Die Bearbeitung von Personalangelegenheiten unterstand direkt dem Sektionsdirektor. Zu Beginn des Jahres 1991 verfügte die TÖA über insgesamt 56 Personalstellen. Mit der Gründung der Fakultät für Chemie und Mineralogie wurde neben der zentralen Universitätsverwaltung unter Leitung des Kanzlers eine zweite Verwaltungsebene beibehalten. Sie gliedert sich unter Leitung des Dekanatsrates in einen Bereich Lehre/Studium/Akademische Angelegenheiten und die Betriebseinheit Technisch-ökonomischer Bereich (Technik/Haushalt/Lager) und umfasste im Jahre 1993 insgesamt 35 Personalstellen. Die Zentralisierung der Verwaltung verbunden mit mehrfachen Stellenreduzierungen führte zu einem Personalbestand von nur noch 18 Stellen im Jahre 2007.

Mit dem Bezug des Neubaus 1999 wurden alle bis dahin in der Liebigstraße 18 und der Talstraße 35 untergebrachten Einrichtungen in die Johannisallee 29 überführt.

Abbildung 190
Die Mitarbeiter(innen) in den Dekanaten Frank Höppner, Heike Kießig, Sigrid Kling, Eckhard Buß, Brigida Ueberschaer, Christa Baltz (v. l.),2009

Haushalts- und Finanzangelegenheiten. Haushalt und Finanzen der Einrichtung wurden von den ökonomischen Leitern bzw. Hauptsachbearbeitern Ute Sohr von 1974 bis 1975, Elisabeth Andreas von 1976 bis 1979, Stefanie Reißner von 1981 bis 1982, Jutta Prall von 1982 bis 1985, Karin Schubert von 1985 bis 2005 und werden seit 2005 von Kerstin Mann geführt. Sie hatten zugeordnete Sachbearbeiter für Bestellwesen und Inventarisierung sowie für die Poststelle und die Büromaterialausgabe. Allein die vier letzten Aufgabengebiete reduzierten sich aus unterschiedlichen Gründen (Vereinfachung durch Computertechnik und sonstigem Technikfortschritt, Aufgabenzentralisierung in der Universitätsverwaltung usw.) auf eine Personalstelle, besetzt mit Gesine Mehnert seit 2003. Für die Inventarisierung zuständiges Personal gab es ursprünglich in fast jedem einzelnen Gebäude. Zuletzt wurden die Aufgaben der Inventarisierung von Karin Nägler von 1967 bis 2002 und die in der Poststelle von Ruth Grahl von 1972 bis 2003 wahrgenommen. Der Kampf um zu knappes Büromaterial zu DDR-Zeiten verknüpft sich für viele mit dem Namen Charlotte Hehr, von 1967 bis 1985. Im Zuge des technischen Fortschritts und der Einsparung von Personalkosten entfielen innerhalb weniger Jahre auch Stellen für Schreibkräfte (Kohlepapierdurchschläge, wieviele die mechanische, später elektrische Schreibmaschine auch hergab), Vervielfältigung (Ormig-Abzüge mit blauen Fingern; Thermokopien, die bei Sonnenlicht verblassten; Zinkoxidpapierkopien, die kaum zu tragen waren) sowie zwei damals gut eingerichtete Photolabore (Linnéstraße 2: H. Kaluscha, Gerhild Wiedemann; Talstraße 35: Christa Deisenrieder), an welche im Zeitalter der digitalen Photographie niemand mehr denkt. Während sich der Personalaufwand für einige Verwaltungsvorgänge an der Einrichtung reduzierte, nahm der Aufwand für die Verwaltung von Forschungs- und Drittmittelangelegenheiten ständig zu. Für die Bearbeitung solcher Aufgaben waren Kerstin Hirsch von 1985 bis 1993, Gitta Meier von 1991 bis 2005, Edith Müller von 1996 bis 1998 und Kerstin Mann von 1998 bis 2005 zuständig, derzeit sind es Marion Pucklitsch seit 2005 und Janett Lentner seit 2006.

Studien- und Personalangelegenheiten. Die Studienangelegenheiten wurden durch Brigitte Reichel von 1959 bis 1992, Gabriele Keilacker von 1969 bis 1972, Brigida Ueberschaer von 1968 bis 2003 und werden seit 2003 durch Heike Kießig bearbeitet, früher in einer Studienabteilung mit Immatrikulation vor Ort unter der Leitung des Stellvertetenden Sektionsdirektors für Erziehung, Aus- und Weiterbildung. Ihnen stand immer auch ein wissenschaftlicher Mitarbeiter (Horst Remane, Hansjürgen Meinhold, Manfred Pulst, Frank Höppner, Karlheinz Hallmeier) zur Verfügung. Mit der Gründung der Fakultät 1994 wurde ein Prüfungsamt (Leiter: Frank Höppner, ab 1999 Eckhard Buß) unter der Verantwortung des Studiendekans eingerichtet. Die Bearbeitung von Personalangelegenheiten an der Einrichtung durch Maria Thierfeld von 1960 bis 1982, Lieselotte Henkin von 1983 bis 1990 und Edith Müller von 1990 bis 1996 wurde seit 1991 zunehmend im Personaldezernat der Universität zentralisiert.

Hausbedienstete. Zur TÖA gehörten weiterhin die Klempner Rudolf Neubert von 1964 bis 1976 und Gert Lau von 1975 bis 2002 sowie der Elektriker Günter Pangert von 1976 bis 1998, zeitweise eine Telefonistin sowie die Hausmeister Norbert Wozniewski von 1964 bis 1984, Adolf Struve von 1985 bis 1991, Jürgen Sellmann von 1991 bis 2007, Peter Metzner von 1970 bis 2004 und Manfred Klüglich von 1980 bis 2003 (s. auch Abschnitt Aspekte). Die Stellen wurden nach dem Ausscheiden der Mitarbeiter nicht nachbesetzt, weil diese Tätigkeiten ab 1997 in den Zuständigkeitsbereich der zentralen Universitätsverwaltung übergingen. Bis Ende der 70er Jahre waren an der Chemie angestellte Reinigungskräfte für die Sauberkeit in den Gebäuden tätig. In der Folgezeit mussten immer mehr Wissenschaftler, Mitarbeiter und Studenten die Reinigung in den Arbeitsräumen übernehmen. Lediglich für die Glasreinigung, von 1970 bis 1986 Heinz Schmidt, stand noch eine Planstelle zur Verfügung. Nach der Wende wurden für alle Reinigungsarbeiten Fremdfirmen beauftragt.

Technische Sicherheit und Arbeitsschutz. Die Aufgaben der technischen Sicherheit und des Arbeitsschutzes für die Einrichtung wurden bis 1990 von dazu berufenen Wissenschaftlern in Nebenfunktion wahrgenommen. Erst danach wurden die hauptamtlichen Sicherheitsbeauftragten Dietrich Reifegerste von 1991 bis 2003 und seit 2003 Thomas Zimmermann bestellt. Diese zeichnen neben Lehrverpflichtungen für Arbeitsschutz/Technische Sicherheit und weiteres auch für die Lehrausbildung zu Chemielaboranten verantwortlich.

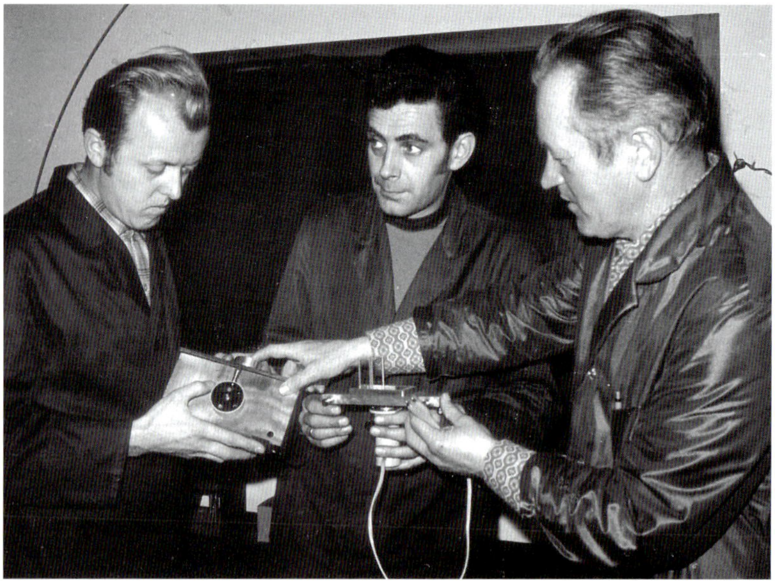

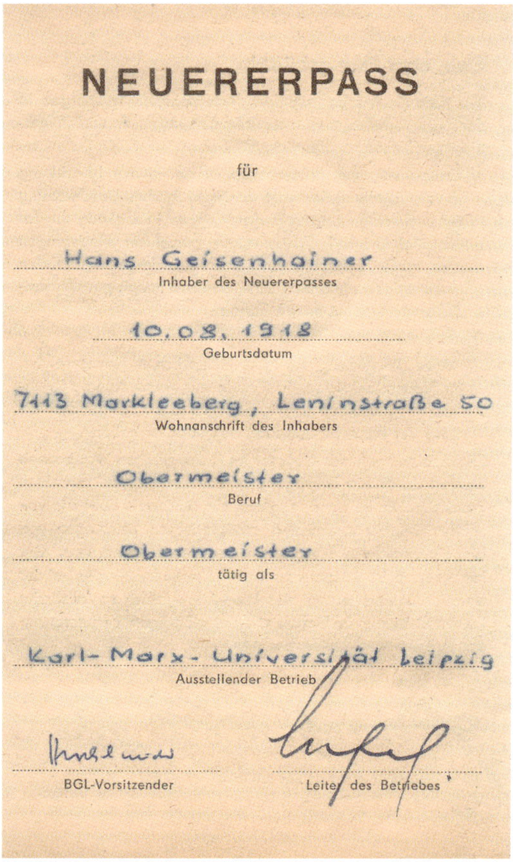

NEUERERPASS

für

Hans Geisenhainer
Inhaber des Neuererpasses

10.08.1918
Geburtsdatum

7113 Markkleeberg, Leninstraße 50
Wohnanschrift des Inhabers

Obermeister
Beruf

Obermeister
tätig als

Karl-Marx-Universität Leipzig
Ausstellender Betrieb

BGL-Vorsitzender

Leiter des Betriebes

Abbildung 191
Die Feinmechanikermeister
Wolfgang Müller,
Wolfgang Nägler
(1938–1992),
Hans Geisenhainer
(1918–2003) (v. l.) in der
Werkstatt Liebigstraße
18, 1973

Abbildung 192
Der „Neuerer-Pass" von
Hans Geisenhainer

Werkstätten und Lager

Christian Richter, Dieter Kießling

Feinmechanische Werkstatt Liebigstraße 18 (Werkstatt I). Die für Anorganische, Analytische, Organische und Technische Chemie zuständige Feinmechanische Werkstatt in der Liebigstraße 18 wurde langjährig von Obermeister Hans Geisenhainer bis 1985 geführt. Beschäftigt darin waren Wolfgang Nägler von 1955 bis 1992 als Lehrmeister, Wolfgang Müller von 1953 bis 2002 (Werkstattleitung ab 1985) sowie seit 1972 Heidrun Heller. (Abb. 191) Viele Lehrlinge wurden von ihnen zu Feinmechanikern ausgebildet. H. Geisenhainer und seine Mitarbeiter konstruierten zahlreiche Geräte, auch im Rahmen sogenannter „Neuerer-Vereinbarungen"[221] (Abb. 192). Dazu gehörten zum Beispiel eine Magnetwaage (1965) und eine Gasphasenepitaxieapparatur (1969) für die Anorganische Chemie, ein Hochdruckflüssigphasenreaktor (1971) und ein Mikroimpulsreaktor (1973) für die Technische Chemie sowie Lehrmodelle zur Demonstration von kinetischen Gesetzmäßigkeiten. Diese Werkstatt wurde bis zum Umzug der Chemie in den Neubau an der Johannisallee 29 im Jahre 1999 betrieben.

Feinmechanische Werkstatt Linnéstraße 2 (Werkstatt II). Ostwald widmete beim Neubau des Physikalisch-chemischen Instituts 1897/98 der Einrichtung einer leistungsfähigen Werkstatt besondere Aufmerksamkeit, die auch für Doktoranden eigenständig nutzbar sein sollte. Als Universitätsmechanikermeister war darin bis 1904 Fritz Köhler tätig, der dann eine deutschlandweit gut florierende feinmechanisch-optische Firma gründete und diese in weiterhin enger Zusammenarbeit mit den Instituten für Physikalische Chemie und Angewandte Chemie betrieb. Sein Nachfolger in der Institutswerkstatt war Max Rudolph. In der Amtszeit von Bonhoeffer übernahm sie der ursprünglich bei Debye in der Physik tätige Kurt Mittag, der 1945 mit nach Weilburg/Lahn verbracht wurde und dort umkam (s. Abschn. Weilburger Exil). Seine Stelle übernahm Feinmechanikermeister Lachmann, der aber bereits 1950 zu Carl Zeiss Jena wechselte. Ihm folgte der später zum Obermeister ernannte Helmut Erhardt von 1950 bis 1992 (Abb. 193). Langjährig wirkten in dieser Werkstatt Heinz Kaluscha (später Photowerkstatt) von 1946 bis 1979, Karin Darnstedt seit 1966, Bernhard Roth seit 1966 und Rudolf Zaumseil seit 1976.

Abbildung 193
Feinmechanikerobermeister Helmut Ehrhardt in der Werkstatt Linnéstraße 2

H. Kaluscha erinnerte sich an die Nachkriegsjahre im Physikalisch-chemischen Institut[77]: „Der Betrieb, in welchem ich bis Kriegsende arbeitete, wurde Anfang Dezember 1945 demontiert, und es war nicht abzusehen, wie es weiter gehen sollte. Zufällig traf ich meinen ehemaligen Lehrmeister vom Botanischen Institut. Er machte mich aufmerksam, dass am PCI eine Feinmechanikerstelle frei sei. Dort waren der Meister und auch der Hausmeister (Mittag und Schädlich) von den Amerikanern bei ihrem Abzug mitgenommen worden. Ich setzte mich daher mit Herrn Winkler in Verbindung, seines Zeichens Amtstechniker am PCI und verantwortlich für alle technischen Dinge am Institut. Dieser ging sofort mit mir zur Ritterstraße, wo sich die Amtsräume von Prof. Bonhoeffer befanden. Damals war Prof. Bonhoeffer für mich kein Begriff. Jedoch war ich gleich von seinem gar nicht so professoralem Auftreten und seiner Freundlichkeit beeindruckt. Ich hätte sofort am PCI anfangen können. Da ich aber in der Fabrik erst im Jahre 1946 einen Ersatzmann für mich bekam, zog sich die Sache bis Anfang des Jahres hin. Am 5.2.1946 wurde ich als Feinmechanikermeister, zunächst in Vertretung, mit einem Anfangsgehalt von 280,– M eingestellt. Ich hatte in der Werkstatt noch zwei Lehrlinge zu betreuen [...]".

H. Ehrhardt beschreibt in seinen Erinnerungen, wie er zu der Meisterstelle am Physikalisch-chemischen Institut kam[78]: „Ich hatte nach dem Krieg in englischer Gefangenschaft in meinem alten Lehrbetrieb, der Firma Willi Hettig, Leipzig, Windmühlenstraße 39, wieder zu arbeiten begonnen. 1948 wechselte ich zu einer Apparatebaufirma in Markkleeberg. Bald merkte ich, hier ist nicht dein Bleiben. Ich war fachlich unterfordert und beschloss daher, die Zeit zu nutzen und bereitete mich auf die Meisterprüfung vor. Inzwischen hatte ich Familie und musste perspektivisch denken, obwohl eine Meisterstelle nirgends in Sicht war. Ende 1949 waren alle Kurse belegt und mein alter, von mir geschätzter Lehrmeister, stellte mir seine Werkstatt zur Fertigung meines Meisterstückes zur Verfügung. Ich baute nach eigener Konstruktion ein spitzengelagertes Drehspulgalvanometer mit Lichtzeigerskala im Gerät und Projektionseinrichtung für Unterrichtszwecke. Dazu benötigte ich meine 14 Tage Urlaub, und noch weitere 14 Tage unbezahlt. Mein Stundenlohn betrug 72 Pfennige! Ich war gerade dabei, das fertige Instrument zu testen, als mein Lehrmeister zu mir trat und mich bat, ihm in sein Büro zu folgen. Dort stellte er mich einem Herrn Lachmann vor, der im PCI die Meisterstelle innehatte, aber zur Firma Carl Zeiss wechseln wollte. Dazu musste er für einen Nachfolger sorgen, da zwei Lehrlinge, 1. und 2. Lehrjahr, weiter zu betreuen waren. Ich wurde gefragt, ob ich interessiert sei. Ich war sofort einverstanden, obwohl ich mich fragte wieso Ich, es arbeiteten schon zwei Meister in seinem Betrieb noch immer als Facharbeiter, und ich hatte meine Prüfung noch nicht einmal ganz hinter mir. Mein alter Lehrmeister fuhr uns sofort ins PCI. Er verhandelte mit Prof. Staude, und Herr Lachmann zeigte mir die Werkstatt. Schwarze Maschinen Baujahr etwa 1. Weltkrieg. Deckentransmissionen für den Antrieb. Decke und Wände waren sicher seit Gründung des PCI nicht renoviert worden. Begeistert war ich nicht, aber es regte sich etwas in mir. Da betraten Prof. Staude und mein alter Lehrmeister die Werkstatt – und

Abbildung 194
Elektronik-Ingenieur
Alexander Kopczynski

ich hatte die Stelle. Es war Montag, der 27.11.1950, die Formalitäten waren schnell erledigt. Dienstbeginn war am 1.12.1950, aber erst am 4.12. legte ich meine letzte Prüfung ab. Mit 23 Jahren war ich der jüngste Meister an der Universität. Mein Kollege Hans Geisenhainer hatte acht Jahre vor mir bei demselben Meister gelernt und mit mir zufällig gleichzeitig die Meisterprüfung abgelegt. Unser beider Lehrmeister kam auch schon aus dem wissenschaftlichen Gerätebau. Er hatte bei Prof. Edelmann in München gelernt, wo man damals vor allem elektrische und optische Messgeräte herstellte. Im alten Gerätefundus im PCI fand ich noch Zweifaden-Elektrometer, Quantenelektrometer und Ablese-Fernrohre von Edelmann."

Zum Zeitpunkt der Übernahme der Werkstatt durch H. Ehrhardt war deren Ausrüstung 30 bis 40 Jahre alt, so dass eine Erneuerung des Maschinenparks unumgänglich war. „In der Folgezeit bestimmten wieder Reparaturen und Neuanfertigungen wissenschaftlicher Geräte das Profil der Werkstatt. Das Spektrum reichte von diversen Osmometern für die Kolloidchemie, Flüssigkeitsküvetten für die Molekülspektroskopie und Gaschromatographen für kinetische Experimente über Dosiersysteme und Detektoren für Flow Injection und HPLC bis hin zum Bau zweier hochauflösender Röntgenspektrographen, von denen einer, dank ständiger Weiterentwicklung, für zwei Jahrzehnte die Grundausrüstung für die Arbeitsgruppe Röntgenspektroskopie und ESCA darstellte".[222] Unter H. Ehrhardts Leitung wurden von 1950 bis 1992 insgesamt 23 Lehrlinge ausgebildet[222,223a]: Andrea Brunst, Frank Dutschke, Rüdiger Feiste, Lothar Förster, Katrin Fritzsche, Ralf Harnisch, Günter Hoffmann, Karsten Kannegießer, Andrea Kiesse, Martina Kritzner, Dörte Laib, Erika Matuszewski, Thomas Müller, Stefan Rochter, Bernhard Roth, Rainer Schaffrath, Elke Stricker, Birgit Teubel, Mathias Wagner, Dittmar Winkler, Rudolf Zaumseil, Ingrid Zschau und Elisabeth Zschoch. Die Lehrausbildung wurde 2004 in den Werkstätten der Chemie eingestellt.

Von 2000 bis 2002 wurde die Werkstatt von K. Darnstedt, seit 2004 wird sie von B. Roth geleitet. Auf Weisung des Rektorats ist für 2009 eine Fusion der Feinmechaniker-Werkstätten Chemie-Mineralogie/Physik mit Standort Physik vorgesehen. Dadurch soll die Effizienz der Werkstätten gesteigert werden.

Feinmechanische Werkstatt Talstraße 35/Scharnhorststraße 20 (Werkstatt III). Mineralogie und Kristallographie verfügten über eine eigenständige Feinmechanische Werkstatt mit Gitta Wegener von 1961 bis 1992 als Entwicklungsingenieur und den langjährigen Mitarbeitern Peter Treu von 1972 bis 2005 und Jürgen Neubert seit 1974. G. Wegener begann 1961 ihre Tätigkeit in der Werkstatt des von H. Neels geleiteten Instituts für Mineralogie unter Meister Richard Lasse in der Talstraße 35. Damals gab es noch den Transmissionsantrieb für die Werkzeugmaschinen, der bald auf Einzelantrieb umgestellt wurde. 1964 erfolgte der Umzug des Instituts in die Scharnhorststraße 20. G. Wegener übernahm die Leitung der Werkstatt. Eine Vielzahl von Geräten, v. a. Kristallzüchtungsöfen und Zusatzgeräte für Mikroskope und Röntgenanlagen sowie für die Halbleiterforschung wurden konstruiert und gebaut.

Elektronik-Werkstatt. Dipl.-Ing. Alexander Kopczynski (Abb. 194, 195) begann 1958 seine Tätigkeit im Physikalisch-chemischen Institut in der Linnéstraße 2 und baute in den folgenden Jahren die Elektronik-Werkstatt auf, die am 26.6.1968 gegründet wurde. Sie arbeitete besonders eng mit den Feinmechanischen Werkstätten zusammen. A. Kopczynski leitete die Werkstatt bis 2002 unter Mitarbeit von Hans Heller von 1957 bis 1990, Helga Rott von 1969 bis 1971, Eva-Maria Grieshammer seit 1971, Klaus Auerswald von 1973 bis 1989, Heinz Fröbel von 1982 bis 1986 und Ulrich Pfeiffer seit 1975. Dieser übernahm 2002 die Leitung der Elektronik-Werkstatt.

Ein beeindruckendes Verzeichnis der in den Feinmechanischen Werkstätten und der Elektronik-Werkstatt[224] konstruierten Eigenbaugeräten ist im Anhang zusammengestellt (s. Anhang Eigenbaugeräte).

Drei Beispiele seien daraus genannt: Das gemeinsam mit Mitarbeitern der AG Röntgenspektroskopie der Sektion Chemie konstruierte hochauflösende fokussierende Vakuumröntgenspektrometer mit hohem Automatisierungsgrad[225] (Abb. 195), das in den Jahren von 1958 bis 2002 apparative Grundlage für drei Habilitations-, 19 Promotions- und 87 Diplomarbeiten war, die Kopplung eines Eigenbau-Röntgenspektrometers mit dem Elektronensynchrotron der Akademie der Wissenschaften der UdSSR in Jerewan[226a] zusammen mit dem Zentralinstitut für Elektronenphysik der AdW der DDR und ein offenes Spektrometer für harte Röntgenstrahlung[226b], das 1963 konstruiert wurde.

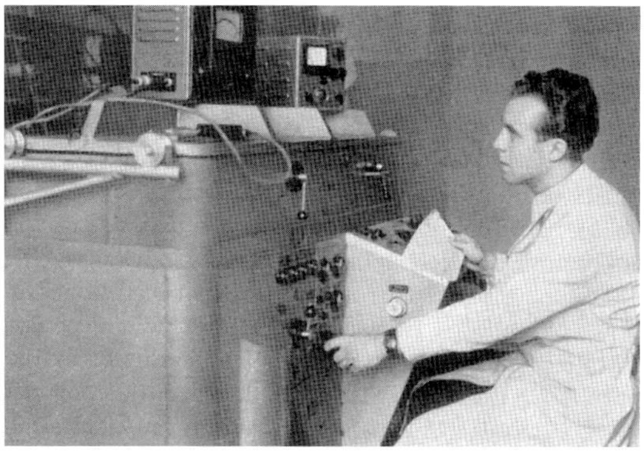

Abbildung 195
Die „Promoviermaschine“. Am Gerät: Alexander Kopczynski, 1959

Abbildung 196
Glasbläser Eugen Lützelberger in der Werkstatt Liebigstraße 18

Abbildung 197 a
Die Glasbläsermeister Joachim Lux, Gerhard Hoffmann (1934–2006) (v. l.) in der Werkstatt Liebigstraße 18

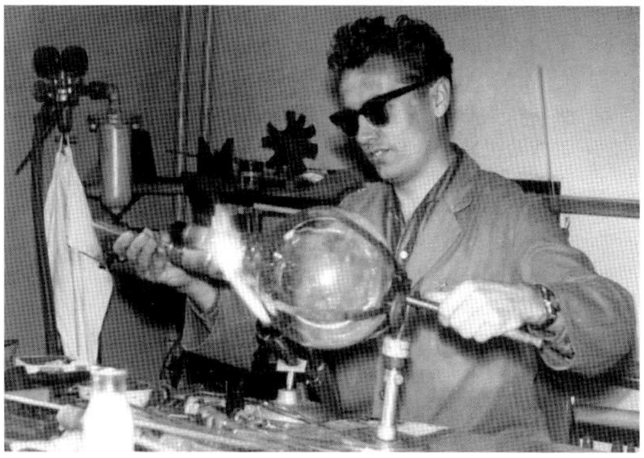

Abbildung 197 b
Glasbläser Horst Mühlner in der Werkstatt Liebigstraße 18

Die Interessengemeinschaft der Meister der Feinmechanischen Werkstätten. „Im Jahre 1952 entstand an der Universität Leipzig eine Interessengemeinschaft der Meister der feinmechanischen Werkstätten. Die Initiative ging in erster Linie von den Werkstätten der Chemie aus. Besonders Koll. Geisenhainers Vorschlag, Weiterbildung zu betreiben, fand reges Interesse. Es wurden monatlich stattfindende gegenseitige Werkstattbesuche organisiert und spezielle Kenntnisse und Erfahrungen ausgetauscht. Die Organisation von Fachvorträgen über neue Verfahren, z. B. Schweiß- und Klebetechniken und der Besuch themenrelevanter Betriebe usw. waren nützliche Aktivitäten. Die Nutzung aller von nur einmal vorhandenen Ressourcen der Werkstätten wurde Normalität. Es entstanden für die Arbeiten wichtige Handlager, z. B. Buntmetalle und Kunststoffe sowie für das EGS System, Gewindeschneidewerkzeuge usw. Diese Lager waren universitätsoffen und wurden von den Kollegen in den jeweiligen Instituten organisiert und betrieben [...][223b]. Diese Kooperation beschrieb H. Ehrhardt eindrucksvoll am Beispiel der von ihm und anderen in wenigen Tagen konstruierten, funktionsreifen Röntgenkinokamera für die bildgebende Diagnose des schlagenden Herzens, angewendet in der Klinik für Herzchirurgie der Universität[227].

Glasbläserwerkstatt. Die Gläsbläserwerkstatt in der Liebigstraße 18, ab 1999 in der Johannisallee 29, hatte in der Generationenfolge mit Meister

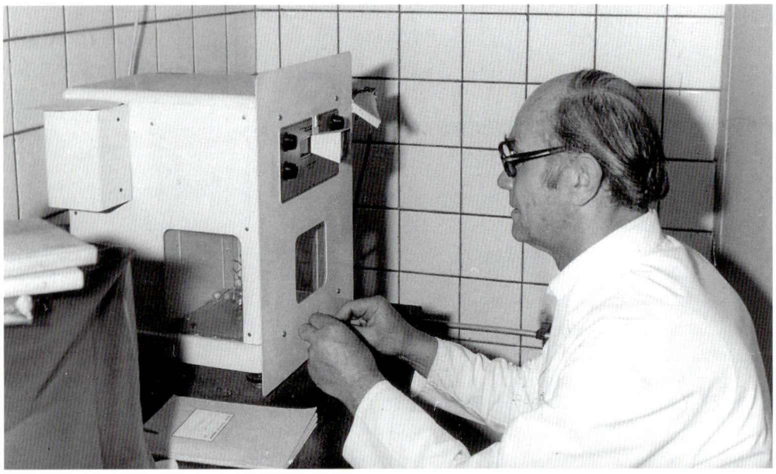

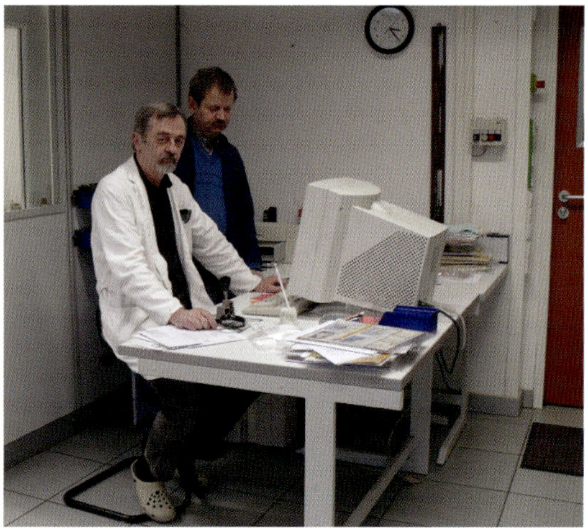

Abbildung 198
Rudolph Martin (1913–1979) im Laboratorium Elementaranalyse Brüderstraße 34

Abbildung 199
Günter Wünsche (Elementaranalyse), Joachim Färber (Glas- und Gerätelager), (v. l.), 2009

Eugen Lützelberger (Abb.196), Meister Gerhard Hoffmann von 1953 bis 1992 sowie Horst Mühlner von 1964 bis 2000 und Meister Joachim Lux von 1969 bis 2006 wahre Glaskünstler zur Verfügung. (Abb. 197). Sie erledigten Reparaturen an Laborglasgeräten für die Praktika und die Forschung, konstruierten Spezialglasgeräte für die Forschung und fertigten ab den 90er Jahren besonders für die Einrichtung und den Betrieb der mit Inertgastechnik auszurüstenden Syntheselaboratorien der Institute für Anorganische und Organische Chemie die erforderlichen Sonderausrüstungen aus Glas. Für die Quarzglasbearbeitung waren besondere Techniken und Sicherheitsstandards auszuüben bzw. zu erwerben. 2009 sollen die Glasbläserwerkstätten Chemie/Physik mit Standort Chemie fusionieren.

Abteilung Elementaranalyse. Die Elementaranalyse war seit ihrer Installierung unter der wissenschaftlichen Regie von Conrad Weygand in der Hantzsch-Ära organisatorisch in die organisch-chemischen Institutionen eingegliedert. Obwohl sie zu keiner Zeit dem Technisch-ökonomischen Bereich strukturell zugeordnet war, wird sie in diesem Abschnitt kurz skizziert, weil sie für alle Synthesechemiker und Analytiker der Chemischen Institute bzw. der Sektion Chemie und darüber hinaus auch für Institutionen außerhalb arbeitete. Sie wurde von Rudolph Martin von 1940 bis 1979 (Abb. 198), danach kurzzeitig von Martin Mietasch und wird seit 1981 von Günter Wünsche (Abb. 199) geleitet. Sie war zumindest bis in die 90er Jahre von unschätzbarem Wert für Lehre und Forschung.

Lager. Eine wesentliche Säule im Funktionsbetrieb der Chemischen Institute bzw. der Sektion Chemie bildeten die Chemikalienlager mit Maria Kramer (s. Abb. 272) von 1944 bis 1964, Max Sadlau von 1946 bis 1961, Erich Fritzsche von 1947 bis 1971, Gotthold Schöne von 1961 bis 1976, Eberhard Ahnert von 1954 bis 1996, Erika Vogler von 1964 bis 1991, Elfriede Schkobel von 1965 bis 1987, Gitta Leube von 1987 bis 2006 sowie seit 1982 Liane Fedtke und seit 1987 Gisela Schenke. (Abb. 200). Die Geräte- und Glaslager mit Siegfried Ziegert von 1954 bis 1963, Max Chlodeck von 1963 bis 1978, Gertrud Lengner von 1969 bis 1979, Karl Große von 1952 bis 1995 sowie seit 1978 Joachim Färber (s. Abb. 199) sicherten die Funktionsfähigkeit besonders in den Jahren bis 1990.

Abbildung 200
Eberhard Ahnert, Liane Fedtke, Erika Vogler (v. l.) vor der Chemikalienausgabe

Bibliotheken

Gerhard Werner, Eberhard Hoyer

In den Anfangszeiten der Chemie in Leipzig befanden sich die Bücher und Zeitschriften entweder in der Universitätsbibliothek oder in den Kabinetten der Professoren. Die Leipziger Universitätsbibliothek wurde Mitte des 16. Jahrhunderts gegründet. Die nach der Reformation stattgefundenen Klosterauflösungen lieferten mit ihren Buchbeständen den Grundstock einer zentralen Bibliothek, die durch Schenkungen und Abgaben erweitert wurde. Aber auch die Professoren und Studenten wurden zur Finanzierung der Bibliothek herangezogen.
Für die Chemiker waren Arbeitsbibliotheken in der Nähe ihrer Experimentierräume wichtig. Der Wiener Arzt und Chemiker Johann Florian Heller (1831–1871) berichtete über einen Besuch bei Erdmann im Friedericianum im Jahre 1850: „Das Handlaboratorium hat 2 Fenster, in denen 2 Arbeitstische stehen, in der Mitte ein großer Tisch mit Apparaten. Ein Glaskasten enthält reichlich Platin- und Silbergefäße, obenauf eine Waage. Zweckmäßig angebracht ist im Hintergrund ein Liebigscher Glasherd und nebenan ein Fenster, durch welches man in das Auditorium sehen kann. In dem an das Handlaboratorium anstoßenden Studierzimmer ist eine sehr reichhaltige Bibliothek"[228]. Auch für das Laboratorium in der Pleißenburg existiert ein Plan aus dem Jahre 1863, bei einem Umbau eine Bibliothek vorzusehen[32].

In allen nachfolgenden Einrichtungen waren Bibliotheken unterschiedlicher Größe vorhanden. Das im November 1868 nach nur 15-monatiger Bauzeit in der Waisenhausstraße 18 (spätere Liebigstraße) von Kolbe eröffnete „größte chemische Laboratorium Deutschlands" hatte im Hintergebäude eine Bibliothek, die unter Helferich erweitert wurde, und auch das Laboratorium für Angewandte Chemie hatte seine eigene Bücherei, was noch heute durch entsprechende Stempel in alten Zeitschriftenbänden ersichtlich ist. Mit der Errichtung des Physikalisch-chemischen Instituts in der Linnestraße wurde 1898 eine weitere chemische Bibliothek an der Leipziger Universität eröffnet. Schließlich hatte auch die „Abteilung für Chemische Technologie im Chemischen Laboratorium" zu Beginn des 20. Jahrhunderts eine eigene Bibliothek, die sich in einem Schreibzimmer befand, das gleichzeitig als Wägeraum diente. Sie ging 1930 an das Laboratorium für Angewandte Chemie und kehrte nach dessen Auflösung 1938 an das Chemische Laboratorium zurück.

Abbildung 201
Karl Heyde (1888–1979?) in der Bibliothek Liebigstraße 18

Durch die Bombenangriffe im Zweiten Weltkrieg erlitten die chemischen Bibliotheken große Verluste. Vom Bestand der Bibliothek des Physikalisch-chemischen Instituts (2000 Bände, hauptsächlich gebundene Zeitschriften) wurde der größte Teil vernichtet. Die aus der Liebigstraße geretteten Bücher und Zeitschriften des Chemischen Laboratoriums wurden zusammen mit den Beständen der Brüderstraße in zwei Räumen im Erdgeschoss des Gebäudes Brüderstraße 34 untergebracht, das als einziges erhaltenes Gebäude vorübergehend zur Heimstatt vieler naturwissenschaftlicher Einrichtungen wurde.

Mit dem Neubau der „Chemischen Institute" 1951 in der Liebigstraße und dem Aufbau des Nordflügels des Physikalisch-chemischen Instituts in der Linnéstraße 1952 ergab sich auch für die Bibliotheken eine neue Situation. Die Reste der PCI-Bibliothek wurden in einem kleinen Raum im 2. Stock untergebracht, während für die 1951 ge-

Abbildung 202
Jürgen Posselt, Johanna Zander in der Bibliothek Johannisallee 29

gründeten Institute für Anorganische Chemie, Organische Chemie und Chemische Technologie eine gemeinsame Bibliothek im 1. Stock der Liebigstraße 18 eingerichtet wurde. Die wissenschaftliche Verantwortung hatten Mitarbeiter der Institute (Anorganische Chemie: u. a. G. Schott, G. Kretzschmann, G. Werner, K. Dittrich; Organische Chemie: u. a. K. Stürzer, K. Gründel, G. Mann, K. Schulze, A. Hantschmann). Als Bibliothekare waren zunächst angelernte Kräfte tätig, z. B. die Institutssekretärin Huhn oder der aus dem Ruhestand gekommene ehemalige Lehrer Karl Heyde (Abb. 201), der von 1955 bis 1972 eine äußerst zuverlässige Arbeit leistete und bei mehreren Chemikergenerationen in bleibender Erinnerung ist. Die Katalogisierung der Bücher erfolgte von den beiden selbständigen Instituten nach unterschiedlichen Prinzipien. Absprachen über Anschaffungen und Literaturbezug auf ungewöhnlichen Wegen führten jedoch dazu, dass die Bibliothek der Chemischen Institute unter den gegebenen Umständen relativ gut ausgestattet war. Insbesondere Tauschexemplare, Fernleihe und die von jedem Wissenschaftler eigenverantwortlich durchgeführten Sonderdruckbestellungen, die trotz formalem Verbot von der Universitätsleitung stillschweigend geduldet wurden, führten zu einer hinreichend guten Information über den aktuellen Wissenschaftsstand. Ein großer Mangel bestand allerdings auf dem Gebiet zusammenfassender Monographien.

Mit der 3. Hochschulreform 1968 traten weitgehende Änderungen im Bibliothekswesen der Universität ein. Sie erhielt eine neue Bibliotheksordnung, nach der alle Buchbestände an der Universität Eigentum der Universitätsbibliothek (UB) Leipzig wurden. Zudem entstand aus den Institutsbibliotheken die Sektionsbibliothek als Außenstelle (heute Zweigstelle) der UB. Als Leiter wurde nun ein wissenschaftlicher Bibliothekar eingesetzt, zunächst Udo Germer, seit 1972 Diplom-Bibliothekar Jürgen Posselt (Abb. 202). Er wird seit 1984 von Johanna Zander unterstützt. Bibliotheksverantwortliche der Sektion waren Peter Kuhl und Günter Haufe. Im Februar 1973 zog die Bibliothek in das Gebäude Talstraße 35 um, da dort, durch den Auszug der Mathematik in das Universitätshauptgebäude, Räume frei geworden waren. Die räumliche Situation entspannte sich merklich. Nach einem Schwelbrand wurde 1989 die Nebenstelle in der Linnéstraße 2 aufgelöst. Jetzt hat die Zweigstelle Chemie der UB Leipzig nur noch eine Nebenstelle in der Scharnhorststraße für das Institut für Mineralogie, Kristallographie und Materialwissenschaft.

Nach 1990 wurde mit der Gründung des Freistaates Sachsen das Ministerium für Wissenschaft und Kunst für die Universitäten zuständig. Es erfolgte ein großer Mittelzufluss für die Verbesserung der materiellen Ausstattung der Universität, eingeschlossen für Zeitschriften und Bücher. Im dem im Jahre 1999 fertig gestellten Neubau Chemie in der Johannisallee 29 ist auch eine großzügige neue Bibliothek enthalten, die sich im Längsbau über zwei Geschosse erstreckt und auf 650 m^2 Platz für 80000 Bände bietet (s. Abb. 253).

In neuerer Zeit verfügen die UB Leipzig und ihre Zweigstelle Chemie über den Zugang zu einem reichen Angebot an Datenbanken und elektronischen Ressourcen. Aus Kostengründen mussten allerdings auch mehrere Zeitschriftenabonnements storniert werden.

Gebäude und Laboratorien

Die chemischen Laboratorien in der Pleißenburg und in der Universitätsstraße 15

Ulf Messow, Lothar Beyer

Das Eschenbach-Laboratorium von 1805 bis 1830. Nach vergeblichen Versuchen des ersten Ordinarius für Chemie an der Medizinischen Fakultät, Johann Christoph Scheider (1681–1713), und Widerständen seitens der Universität wegen zu hoher Kosten, nicht absehbarer Gefahren und in Frage gestellter Nützlichkeit eines chemischen Universitäts-Laboratoriums (Schneider betrieb ein chemisches Privatlaboratorium) gelang die Gründung eines solchen erst hundert Jahre später 1804/05 unter Christian Gotthold Eschenbach (1753–1831). Eschenbach war über 40 Jahre als Professor für Chemie an der Medizinischen Fakultät der Universität Leipzig tätig. Am 30.6.1805 kam es zur Schlüsselübergabe des zur Medizinischen Fakultät gehörenden ersten chemischen Laboratoriums. Es wurde in den feuchten, dunklen und meist nicht beheizbaren Räumen einer ehemaligen Schankwirtschaft innerhalb des Burggeländes der Pleißenburg eingerichtet. (Abb. 203). Im Laboratorium befanden sich, wie aus dem 1810 erhalten gebliebenen Inventarverzeichnis zu entnehmen ist, ein Herd mit Esse, ein großer doppelter Blasebalg, ein Reverberierofen und zwei weitere speziell zum Kochen und Schmelzen vorgesehene Öfen sowie ein Instrumentensaal mit Chemikalien, Fossilien und Drogen. Das chemische Laboratorium diente vor allem der Ausbildung von Medizinern und Apothekern. Im Auditorium mit 18 Plätzen hielt Eschenbach wöchentlich Vorlesungen über Experimentalchemie, Experimentalpharmazie und chemische Experimente.[8,229, 230] Anfänglich betrug der Jahresetat für das Laboratorium 150 Taler.[156] Die zu bewältigenden Lehraufgaben für die chemische Ausbildung stiegen ständig. 1827 erhielten zur Unterstützung des schon 74jährigen Eschenbach Otto Bernhard Kühn (1800–1863) ein Extraordinariat für Theoretische, Analytische und Gerichtliche Chemie und Otto Linné Erdmann (1804–1869) ein Extraordinariat für Theoretische, Experimentelle und Technische Chemie. Letzteres Extraordinariat vergab bemerkens-werter Weise die Philosophische Fakultät. 1830 ging Eschenbach in den Ruhestand. Sein Nachfolger wurde der im selben Jahr nunmehr als ordentlicher Professor für Allgemeine Chemie an der Medizinischen Fakultät berufene Kühn. Zum Direktor des Pleißenburg-Laboratoriums wurde jedoch nicht Kühn, sondern Erdmann ernannt. Er erhielt 1830, ebenfalls an der Medizinischen Fakultät, eine ordentliche Professur für Technische Chemie.

Abbildung 203
Innenhof der Pleißenburg

Kühns Laboratorium in der Universitätsstraße 15. Sicherlich war die Vergabe der Leitung des Pleißenburg-Laboratoriums an Erdmann auch dadurch begründet, dass Kühn bereits über ein chemisches Laboratorium verfügte, das er in der Universitätsstraße 15, in der 4. (Dach)-Etage eines Universitätsgebäudes, aus eigenen, knappen Mitteln eingerichtet hatte. „Demohngeachtet wagte ich, schon im Wintersemester 1827 ein chemisches Practicum zu eröffnen, überzeugt und durch Erfahrung belehrt, dass nur durch practische Beschäftigung mit der Chemie die Wissenschaft lebendig sich mittheilen und aufnehmen lasse. Ich war also der Erste, der dieses kostbare Mittel den Studierenden in Leipzig darbot, und glaubte hoffen zu kön-

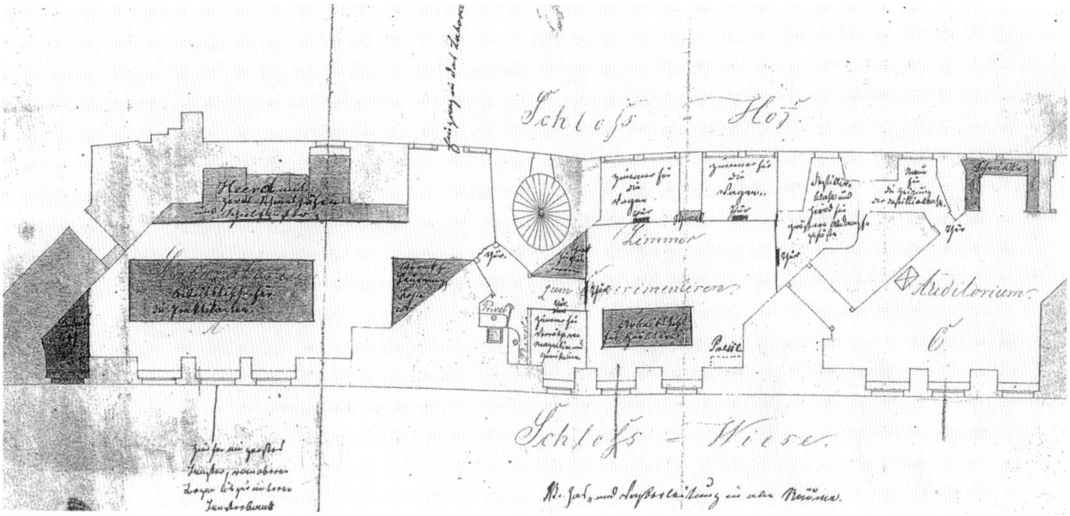

Abbildung 204
Plan für den Umbau des Chemischen Laboratoriums in der Pleißenburg, 1863

nen, dass meine nicht erfolglosen Bestrebungen höhern Orts mit der Zeit würden unterstützt werden".[231a] Zwar erhielt Kühn mit der Ernennung zum o. Professor 1830 ein Jahresgehalt von 200 Talern, jedoch kein öffentlich finanziertes Laboratorium. Der Mietzins allein betrug schon 84 Taler, und die privat anzuschaffenden Mittel für Apparate, Chemikalien, und Bücher reichten kaum aus. Erst ab 1834 erhielt Kühn für sein Laboratorium, das bis dahin 179 Praktikanten frequentiert hatte, 200 Taler und ab 1840 wurden ihm jährlich 300 Taler bewilligt. Von 1834 bis 1840 hatten inzwischen weit über 200 Praktikanten im Kühns Laboratorium gearbeitet. Sein Auditorium befand sich in der Wohnung seines Vaters, des Professors Karl Gottlob Kühn, in der 2. Etage desselben Hauses und musste nach dessen Tod 1840 in das Dachgeschoss integriert werden. Die in Leipzig ihr Apotheker-Examen ablegenden Studierenden hatten die Pflicht, ihre praktischen Probearbeiten in Kühns Laboratorium durchzuführen. Die Vorlesungen über Anorganische Chemie hörten jährlich etwa 40 und über Organische Chemie etwa 35 Studenten. Da jedoch von der zugenommenen Zahl der Praktikanten immer nur elf „wegen der Anlegung von Feuerstätten" gleichzeitig arbeiten konnten, musste sie Kühn „fast immer in zwei, ja sogar in drei Gesellschaften vertheilen", was mehr Zeit und Aufwand erforderte. Dieser Zustand dauerte bis zum Umzug Kühns 1844 in das von Erdmann in der Pleißenburg hinterlassene Laboratorium an.

Das Pleißenburg-Laboratorium von 1830 bis 1880. Erdmanns Ordinariat für Technische Chemie ging 1835 endgültig an die Philosophische Fakultät über. Das ursprüngliche Eschenbachsche Laboratorium wurde um 1830 in das Turmhaus der Pleißenburg unterhalb der Sternwarte verlegt. Erdmann leitete bis zum Bau des „Chemicums", An der Bürgerschule 3, das Pleißenburg-Laboratorium. 1843/44 zog er in den gegenüber der 1. Bürgerschule errichteten Neubau (heute Schillerstrasse). Kühn konnte nun eigenständig die in der Pleißenburg frei werdenden Räumlichkeiten nutzen. Nach seinem Tod 1863 bemühte sich Wilhelm Knop, der ehemalige Assistent von Erdmann, mit Erfolg um „Einräumung der Laborräume"[230] innerhalb der Pleißenburg. Eine Skizze aus dem Jahre 1863[32,156] vermittelt, im Rahmen geplanter Umbauten, eine Vorstellung der Raumanordnung für das zwischen Schloss-Hof und Schloss-Wiese begrenzte Laboratorium, das Experimentierzimmer, für das Auditorium, die Bibliothek und für das Instrumentenzimmer. (Abb. 204)

Ab 1866 existierte in den Räumen der Pleißenburg unter der Leitung von Knop ein agrikulturchemisches Laboratorium, das später auch „Drittes chemisches Laboratorium" genannt wurde. 1879/80 erhielt das agrikulturchemische Laboratorium im Universitätsneubau Ecke Brüderstraße/Stephanstraße moderne Räumlichkeiten.

Das Fri(e)dericianum An der Bürgerschule 3

Ulf Messow

Die Chemie nahm im Rahmen der medizinischen Ausbildung zunächst den Rang einer Hilfswissenschaft ein. Zunehmend entwickelte sie sich aber zu einer eigenständigen Wissenschaft, und die Anforderungen an die Experimentierkunst und somit auch an die Ausstattung eines chemischen Laborraumes nahmen zu. Längst galt das für Justus von Liebig in Gießen erbaute Universitäts-Laboratorium als Vorbild für den Bau eines modernen Laboratoriums für Lehre und Forschung. Um 1840 schätzte das Kultusministerium in Dresden die Situation in Leipzig wie folgt ein:[38] „Unter Berücksichtigung der zur Verfügung stehenden, beschränkten Mittel ist das Ministerium der Meinung, dass die medizinische Fakultät nur geringen Raumes für die Ausbildung der Mediziner in der Chemie bedarf. Insgesamt soll für die Professur genügen, außer dem Auditorium, ein helles geräumiges Zimmer mit mehreren Tischen, auf denen sich die nötigen Reagenzien, Vasa usw. befinden, und allenfalls noch ein anstoßender Raum zur Aufstellung eines kleinen Schmelzofens; Luftpumpe, feinere Waagen usw. könnten im ersten Zimmer oder im Auditorium in fest verschlossenen Schränken aufbewahrt werden." .... „Eine andere Aufgabe dagegen ist die des Lehrstuhls der technischen Chemie, welcher der philosophischen Fakultät angehört.... Da nun namentlich die Versuche und Arbeiten für technische Zwecke, wie Färberei, Bleicherei, Gerberei usw. größere Räume und Anlagen erfordern, so ist auf die Herstellung eines Laboratoriums für technische Chemie das Hauptaugenmerk zu richten."

Hatte die Universität Leipzig der Spezialisierung innerhalb der Chemie durch die Schaffung der Professur für Technische Chemie schon Rechnung getragen, so gab sie ein zweites Mal einen Anstoß und beauftragte den Universitätsbaumeister Albert Geutebrück mit dem Entwurf eines neuen chemischen Laboratoriums.[231b] Maßgeblich engagierte sich Erdmann an der Planung und Durchsetzung des neuen Laboratoriums. Anregungen dazu hatte er bereits 1836 auf seinen Reisen nach Giessen und Paris erhalten. In Paris knüpfte er auch die Bekanntschaft mit Richard Felix Marchand (1813–1850), mit dem er in den folgenden Jahren genauesten Atommassebestimmungen nachging. Der Kostenaufwand für das 1843/44 in Jahresfrist im klassizistischen Stil errichtete Gebäude betrug 45000 rthl.[232] Es bestand aus zwei in der Straßenflucht abgewinkelten Teilen (Abb. 205).

Neben der Durchfahrt befand sich linksseitig die Gipsabguss-Sammlung des Archäologischen Museums und rechtsseitig das eigentliche „Chemicum" mit der Professorenwohnung. „Die Direktorenwohnung in der ersten Etage war direkt mit dem Labor verbunden, und der Hörsaal hatte ansteigende Sitzreihen für eine bessere Sicht. Die Einrichtung war für die damalige Zeit hochmodern: Sandbäder, mit Glasfenstern gesicherte Herde für Experimente u. ä. Es gab auch für Geutebrück typische Details wie eine Fußbodenklappe, versteckt unter dem Schranktisch des Arbeitsraumes, durch die direkt aus dem Souterrain Brennmaterial hochgegeben werden konnte."[231b, S. 59] Ein Holzstich aus dem Jahre 1844 vermittelt das Aussehen eines chemischen Arbeitssaales (Abb. 206).

Zunächst nahmen in dem „Chemicum" 12 Studenten ihre Arbeit auf.[232, S. 208] Ab 1846 wurde das neue chemische Laboratorium im Unterschied zu dem Pleißenburg-Laboratorium „Erstes chemisches Laboratorium", mit Direktor Erdmann und Assistent Knop, genannt. Ab 1856 heißt das neue Gebäude laut Personal- und Vorlesungsverzeichnis der

Abbildung 205
Das Fri(e)dericianum An der 1. Bürgerschule 3

Abbildung 206
Chemischer Arbeitssaal im Fri(e)dericianum

Universität „Fridericianum". In Abbildung 205 kann man allerdings den Namen „Friedericianum" erkennen. Für diese Namensgebung kommen sowohl König Friedrich August als auch die Familie Friederici in Frage. In der Zusammenstellung „Die Häusernamen von Alt-Leipzig", erschienen 1931 im Selbstverlag des Vereins für die Geschichte Leipzigs, ging Ernst Müller auf diese unterschiedliche Namensdeutung ein (s. a.[233]). Seit 1728 verfügten der Arzt Dr. med. Gottlieb Friederici und später sein Sohn Dr. Johann Gottlieb Friederici über ein chemisches Privatlaboratorium im Haus Neumarkt 12. Mit der Fertigstellung des Fri(e)dericianums wurde Kühn bis zu seinem Tod 1863 Direktor des „Zweiten chemischen Laboratoriums" in der Pleißenburg. Nach wie vor existierte aber auch sein Laboratorium in der Universitätsstrasse 15. Auf die wechselnde Unterscheidung zwischen Erstem und Zweitem chemischen Laboratorium und die Änderung der Ortsbezeichnungen sowie der Hausnummern wird in[234] ausführlich eingegangen. Für das neue Laboratorium An der 1. Bürgerschule 3 erhielt Erdmann einen Jahresetat von 800 Talern.[229] Damit hatte das Sächsische Staatsministerium der von Erdmann im Februar 1843 geäußerten Bitte um Verdoppelung seines Etats von 400 Talern Rechnung getragen. In seinem Brief verwies er als Begründung unter anderem auf die höheren Unterhaltskosten der Laboratorien in Zürich und Gießen.[235] Das Kühnsche Laboratorium in der Pleißenburg blieb dagegen veraltet. Als Kühn 1863 starb, wurde seinem Nachfolger Hermann Kolbe ein Laborneubau zugesagt. Zunächst wurde Kolbe als Direktor des „Zweiten Chemischen Laboratoriums" des noch in der Universitätsstraße 15 bestehenden ehemaligen Kühnschen Privatlaboratoriums geführt. Mit dem Neubau des „Chemischen Laboratoriums" in der Waisenhausstraße (Einweihung am 16.11.1868) veranlasste Kolbe eine Umbenennung der Laboratorien. Sie wurden im Wintersemester 1869/70 so geführt:[8]

„Erstes Chemisches Laboratorium" – Waisenhausstrasse 413f, Direktor H. Kolbe,
„Zweites Chemisches Laboratorium" – An der Bürgerschule 3, Interimistischer Direktor H. Kolbe,
„Drittes Chemisches Laboratorium" – Schloß Pleißenburg, Direktor W. Knop.

Erdmann starb 1869. Sein Nachfolger wurde 1871 Gustav Wiedemann (1826–1899). Bezug nehmend auf die an der Universität Leipzig neu etablierte Arbeitsrichtung Physikalische Chemie erhielt das „Zweite Chemische Laboratorium" An der Bürgerschule 3 nunmehr die Bezeichnung „Physikalisch-chemisches Laboratorium". Damit erübrigte sich zunächst die Ausweisung des Kolbeschen Laboratoriums als „Erstes Chemisches Laboratorium". Mit der Berufung von Wilhelm Ostwald (1853–1932) im Jahre 1887 und der Emeritierung von Knop kam es wiederum zu einer Neuverteilung und Umbenennung der Laboratorien:

Nach Kolbes Tod wurde Johannes Wislicenus (1835–1902) ab 1884 Direktor des „Chemischen Laboratoriums" in der Liebigstrasse 18 (1879 wurde die Waisenhausstrasse auf Vorschlag von Kolbe in Liebigstrasse umbenannt). Es wird nun wieder als „Erstes Chemisches Laboratorium" bezeichnet. Nach der Umberufung von Wiedemann auf ein Ordinariat für Physik und den damit einhergehenden Umzug in das 1869/73 errichtete Physikalische Institut an der Ecke Liebigstraße/Talstraße ergänzte Wiedemann die von Wilhelm Gottlieb Hankel (1814–1899) seit 1849 gepflegte Sammlung durch Geräte aus der Physikalischen Chemie.[236] Nach Wiedemanns Umzug bezog Friedrich Stohmann (1832–1897), bekannt durch seine thermochemischen Untersuchungen, mit seiner 1887/88 als Agricultur=chemisches Laboratorium, ab 1888 als „Agriculturchemisches Institut", dann ab 1890 als „Agricultur-chemisches und landwirtschaftlich-physiologisches Institut" bezeichneten Institution die freigewordenen Labors im

Fri(e)dericianum und das ehemalige Kühnsche Labor in der Universitätsstraße 15. Der nach Leipzig berufene Agriculturchemiker hatte seit 1871 in dem 1869 gegründeten Landwirtschaftlich-physiologischen Institut im so genannten „Kuhturm" in der Frankfurter Straße gelehrt und geforscht. Das „Physikalisch-chemische Laboratorium" wurde aus dem Fri(e)dericianum in die Brüderstrasse 34 verlegt. Ostwald erhielt 1887 die freigewordenen „Knopschen Laborräume" in der Brüderstrasse 34 mit der offiziellen Bezeichnung „Zweites chemisches Laboratorium".

Die Laboratoriumsräume des Fri(e)dericianums (nunmehr Schillerstrasse 7) dienten nach Stohmanns Tod als Wohnungen. Während des Zweiten Weltkrieges wurde das Gebäude zerstört.

Das Chemische Laboratorium Liebigstraße 18

Lothar Beyer und Horst Wilde

Der Kolbe-Bau. Das Erste Chemische Universitätslaboratorium.[12, S.250–258] Dieses Gebäude wurde in der Waisenhausstraße Nr. 413 f errichtet und erhielt in Folge die Hausnummer 29, dann 18. Die Straße wurde Anfang 1879 auf Vorschlag von Hermann Kolbe in Liebigstraße umbenannt. Kolbe schrieb im Vorwort zu seiner Schrift „Das chemische Laboratorium der Universität Leipzig" im Jahre 1872[14]: „Als im Sommer 1865 meine Schrift ‚Das chemische Laboratorium der Universität Marburg und die seit 1859 darin ausgeführten Erfahrungen über die Methode des chemischen Unterrichts' eben vollendet war, erhielt ich von der Königlich Sächsischen Regierung die ehrenvolle Aufforderung, meine in Marburg begonnene akademische Thätigkeit in Leipzig fortzusetzen. Ich bin derselben umso bereitwilliger gefolgt, da mir die Herstellung eines ganz neuen Laboratoriums in sichere Aussicht gestellt war, dessen Bau zwei Jahre nachher in Angriff genommen wurde, und welches schon im Herbste 1868 eröffnet worden ist". Kolbe hatte in Berufungsverhandlungen die erwähnte Zusicherung erhalten. Er wurde im Herbst 1865 Ordinarius für Chemie an der Universität Leipzig und wirkte zunächst in Kühns hinterlassenem Labor in der Universitätsstraße 15. Der Baubeginn des neuen Institutes verzögerte sich von Herbst 1866 auf Herbst 1867 wegen der politischen Großwetterlage, denn Sachsen war in Allianz mit dem unterlegenen Österreich am Preußisch-Österreichischen Krieg im Juni/Juli 1866 beteiligt. Ein Brief von Kolbe an Liebig vom 3.3.1867 ist aufschlussreich[237, S. 86]: „Nächsten Mittwoch Abend trete ich mit dem Architekten, welcher das neue Laboratorium bauen wird, eine Rundreise an, um mit ihm verschiedene Laboratorien zu besichtigen. Ich werde auf dieser Tour, etwa in 14 Tagen, auch nach München kommen, um Ihr schönes Auditorium kennen zu lernen". Der Architekt hieß Zocher, „[...] welcher nach meinen (Kolbes, d. A.) Angaben die Pläne entwarf [...]"[14]. Die mehrwöchige Besichtigungsreise fand im März/April 1867 statt. Der Baubeginn war im August 1867.

Kolbe berichtete öffentlich über das neue Laboratorium mit Einzelheiten in der Druckschrift „Das neue chemische Laboratorium der Universität Leipzig"[238], noch bevor der Bau fertig war. Ausgehend von etwa 70 Praktikanten, die von 1865 bis 1867 Kolbes Laboratorium frequentierten, hatte er zunächst eine Kapazität von 100 Laborplätzen geplant, jedoch auf Drängen des expansiver denkenden sächsischen Kultusministers Johann Paul von Falkenstein (1801–1882) auf 130 Plätze erweitert. Dies überstieg in damaliger Zeit in Deutschland alle Größenordnungen, und selbst Liebig meldete aus München Zweifel an. Die Realität gab Kolbe recht, denn bereits ab Sommersemester 1872 waren die Plätze gefüllt, und für das Wintersemester musste er 30 Anmeldungen ablehnend beantworten. „Demnach ist das Leipziger Laboratorium weitaus das grösste in Deutschland; es enthält gerade so viele Arbeitsplätze für die chemischen Praktikanten, wie die beiden neuen grossen Laboratorien in Berlin und Bonn zusammengenommen; ohne jedoch einen nur annähernd zu vergleichenden Kostenaufwand verursacht zu haben [...]. Das neue Laboratorium in Bonn [für August Kekulé errichtet, d. A.] mit 60 Arbeitsplätzen hat, exclusive der innern Ausstattung mit chemischen Apparaten und Utensilien, über 120 000 Thlr. [Arthur Hantzsch schreibt 240 000 M[24,S.72], d. A.], und das Berliner Laboratorium [für August W. Hofmann errichtet, d. A.] mit 70 Plätzen, ebenfalls ohne innere Einrichtung, 200 000 Thlr., gekostet. Das Leipziger Laboratorium hat, inclusive der innern Ausstattung auch aller chemischen Apparate und Utensilien, einen Kostenaufwand von nicht ganz 100 000 Thlr. verursacht"[14, S.XIX].

Der Kolbe-Bau wurde am damaligen Ende der südlichen Vorstadt Leipzigs in der Nähe des Bayerischen Bahnhofs an der Waisenhausstraße auf einem durch Austausch vom Rat der Stadt Leipzig erworbenen, an der Einmündung der Talstraße gelegenen, etwa 70 m langen und 72 m tiefen Areal von rund 5100 m² errichtet und bedeckte einschließlich des Wohnungsteils für den Vorstand eine Fläche von 2330 Quadratmetern[14, S. XVI] bzw. 2050 m²[24, S. 72]. In dieser Straße standen damals nur noch zwei Gebäude, das Taubstummen-Institut und das städtische Waisenhaus. „Dieser Bau bildet zugleich einen Markstein in der Geschichte der Universität Leipzig, denn mit ihm wird das erste der zahlreichen naturwissenschaftlichen und medizinischen Institute errichtet, die nach dem weitsichtigen Plane des damaligen Kultusministers v. Falkenstein aus der inneren Stadt in einen bis dahin fast unbebauten Teil der Südostvorstadt[...]"[24, S.72] verlegt werden sollten. (s. auch Abschn. Gebäude Brüderstraße 34).

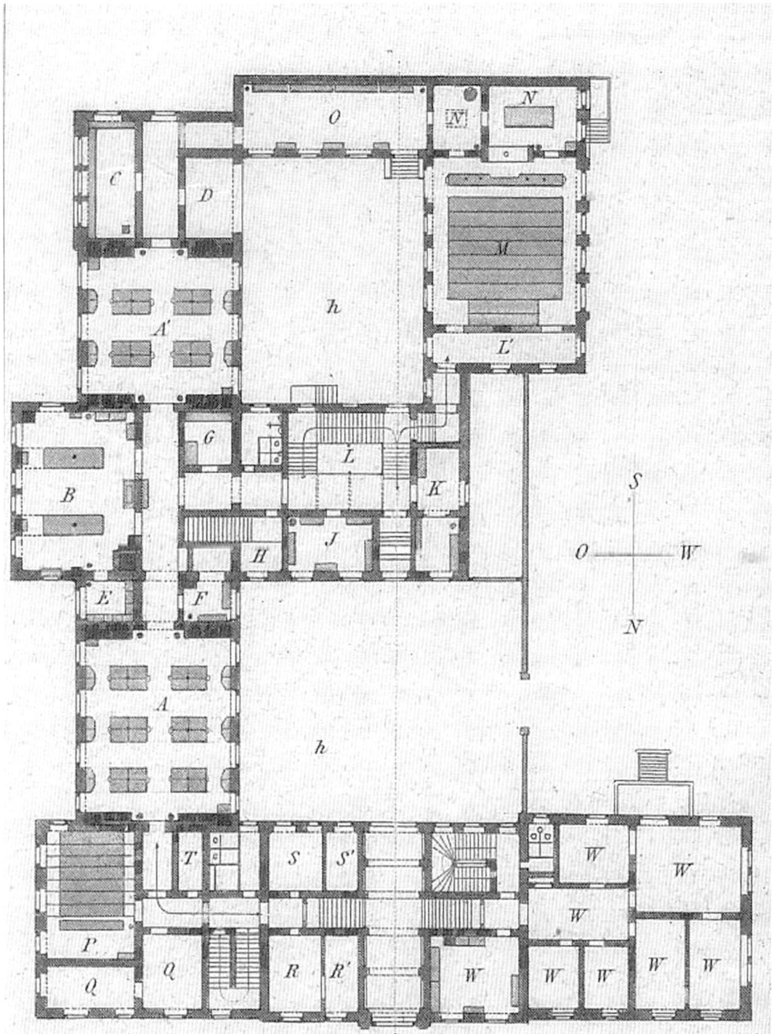

1

AA'. Arbeitssäle. B. Allgem. Experimentirsaal. C. Glashalle. D. Offene Halle E. Schwefelwasserstoff. F. Assistent. G. Vorräthe. H. Garderobe. I. Wagen. K. Werkstatt. L. Treppenhaus. M. Grosser Hörsaal. NN'. Vorbereitungszimmer. O. Sammlungen. P. Kleiner Hörsaal. Q. R. S. Wohnungen der Assistenten. T. Dunkelzimmer. WW... Wohnung des Professors. h. Hof.

Abbildung 207
Grundriss Erdgeschoss
Erstes Chemisches
Universitätslaboratorium
im Ordinariat Kolbe

Ein Blick auf den Grundriss des zweigeschossigen Gebäudes (Abb. 207), das aus einem „[...] hellen Souterrain, hohem Parterre und der Etage, massiv aus gebrannten Steinen gebaut, das ein flaches Dach von sogenanntem Holzcement trägt", zeigt, „[...] es besteht aus mehreren Theilen, dem mit der Front nach der Waisenhausstraße gerichteten Vorderbau, einem an der Ostseite rechtwinkelig darauf stoßenden langen Flügel, und zwei von letzterem rechts sich abzweigende, mit dem Vordergebäude parallel laufende Flügel, welche westlich durch den zum Auditorium bestimmten Seitenbau mit einander communiciren".[14, S.XVI] Es besitzt damit eine E-Form, und Kolbe legte Wert darauf zu sagen, dass weniger Wert auf eine symmetrische Gruppierung der Gebäudeteile oder auf eine architektonische Harmonie gelegt worden sei, sondern auf praktische Bedürfnisse. Als wesentlich wurde Tageslicht für alle Räume erachtet. Trotzdem „[...] entbehrt darum das Gebäude keineswegs des stattlichen Ansehens [...]" in der Hauptfassade (Abb. 208). Im Vorderbau waren ein kleiner Hörsaal mit 60 Plätzen, die Wohnung des Institutsdirektors und sein Privatlabor mit Sprechzimmer, Wohnräume für den Hausmann und drei Assistenten und Labors für Messungen untergebracht. Im langen Flügel waren sechs große Arbeitssäle (Abb.209), je drei im Parterre (für Anfänger) und in der ersten Etage (für Fortgeschrittene einschließlich Doktoranden) eingerichtet, dazu zwei oben offene Glashallen für chemisches Arbeiten, ein Raum zum Arbeiten speziell mit Schwefelwasserstoff, zwei Assistentenlabors und Vorratsräume. Das darunter befindliche, gewölbte Souterrain enthielt Chemikalien-, Säure- und Glaslager und diverse Funktionsräume. Im parallel zum Vorderbau laufenden kurzen Mittelbau mit den Zugängen zu Sälen und Auditorium befanden sich die Bibliothek, Zimmer für die organische Verbrennungsanalyse, zwei Waagenzimmer, ein „Überhitzungsraum für Flüssigkeiten in hermetisch abgeschlossenen Röhren" und die Werkstatt. Der zweite Querflügel dahinter ohne Souterrain enthielt u. a. einen langgestreckten Saal mit Sammlungen für die Vorlesungen und den Vorbereitungsraum für die Experimentalvorlesungen. Daran schloss sich das große Auditorium mit 160 Plätzen an (s. Abb. 17). Alle Räume des Laboratoriums wurden mit Wasserdampf aus mehreren Kohleöfen geheizt. Details der Einrichtung und Laborkonzipierung haben Kolbe[14,238] und später – unter dem Aspekt vorgenommener Erweiterungen und Verbesserungen – Hantzsch[24] geschildert. „Wo aber Viele zusammenarbeiten sollen, bedarf die Einrichtung einer sorgfältigen Überlegung. Man hat von vornherein darauf Bedacht zu nehmen, dass die Praktikanten nicht zu sehr beengt sind, und sich nicht im Wege stehen, also dafür Sorge zu tragen, dass die benachbarten Plätze nicht zu klein sind und dass die einzelnen Tische nicht zu dicht hintereinander stehen. Es ist ferner von Wichtigkeit, dass jeder die Utensilien, welche beständig gebraucht werden, auch fliessendes Wasser, in nächster Nähe habe, damit störendes Hin- und Hergehen möglichst vermieden wird [...], dass in nächster Nähe jedes Arbeitstisches sich ein mit gutem Abzug versehener Raum findet [...]. Wer lange ein Laboratorium geleitet hat, weiss, dass Einzelne selbst da, wo bis zum Dampfzuge nur wenige Schritte zu thun sind, trotz wiederholter Mahnungen gar schwer dahin zu bringen sind, gewissenhaft diese Dampfzüge (gemeint sind Abzüge mit Lockflamme, d. A.) zu benutzen [...]"[14,S.XIX,XX]. Das Erste Chemische Universitätslaboratorium von Kolbe besaß von den baulichen und finanziellen Rahmenbedingungen und der Ausstattung her gesehen für die Aufnahme der bis dahin größten Zahl von Chemiestudierenden in Deutschland Modellcharakter. An der Stirnseite des Auditoriums ließ Kolbe den Leitspruch: „Gott hat alles nach Zahl, Maass und Gewicht geordnet" (s. Abb. 14) anbringen, der von seinem Nachfolger Johannes Wislicenus (1835–1902) beim Amtsantritt entfernt wurde.

Abbildung 208
Das Chemische Laboratorium der Universität Leipzig in der Waisenhausstraße um 1875

Abbildung 209
Arbeitssaal A im oberen Geschoss des Ersten Chemischen Universitätslaboratorium zu Kolbes Zeit

Unter Wislicenus' Ordinariat von 1884 bis 1902 wurde als wesentlicher Zuwachs 1888/89 der Aufbau eines 2. Obergeschosses auf das Vordergebäude vorgenommen[239]. Im Schreiben des Universitäts-Rentamtes an das Cultus-Ministerium vom 9.5.1888 waren dafür 16.000 M veranschlagt worden. Nachdem ein Zusatz-Gutachten vom bekannten Architekten Arved Rossbach (1844–1902) veranlasst worden war, einigte man sich zusam-

Abbildung 210
Aufstockung eines
2. Obergeschosses,
Liebigstraße 18, 1888

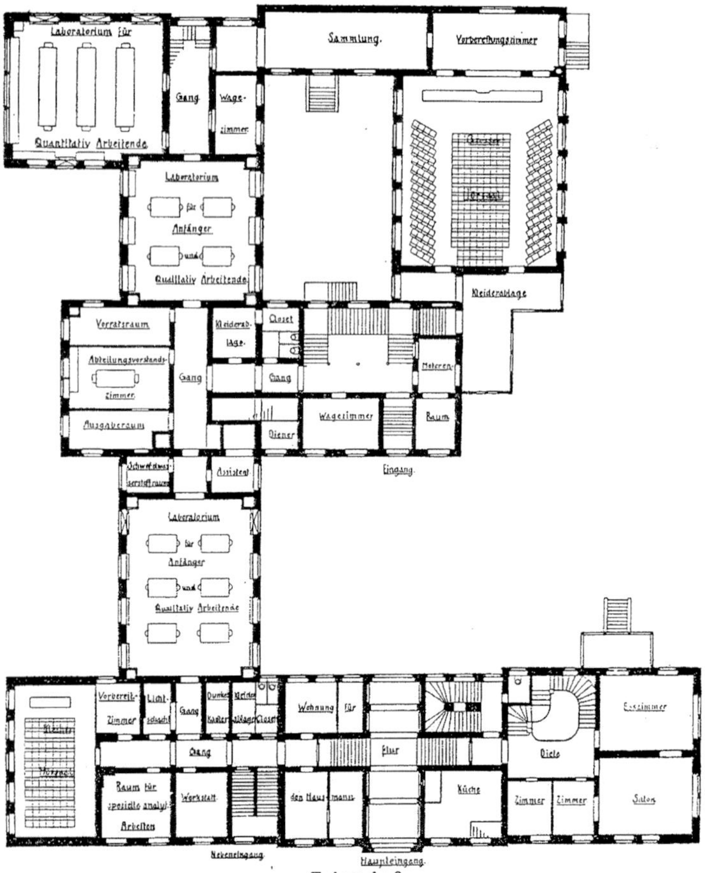

Erdgeschoß.

Abbildung 211
Grundriss Erdgeschoss Liebigstraße 18
nach den Erweiterungsbauten im
Ordinariat Hantzsch

men mit Baurat Müller zur Kostenrückführung auf 13.730 M durch das Aufsetzen einer Halb- anstelle einer Volletage. Der Bauplan wurde am 16./17.5.1888 genehmigt (Abb. 210). Die zusätzlichen Räume waren für die Wohnung des Kastellans und eine Wohnung für den 4. Assistenten von Wislicenus vorgesehen. Dazu kamen moderate Veränderungen, wie die Vergrößerung der Zahl der Arbeitsplätze durch Verkleinerung der Vorstandswohnung(!) und die Einrichtung von Doppel- und Fensterarbeitsplätzen, was insgesamt die planerische Weitsicht von Kolbe bestätigte.

Ab 1903 machte sich Hantzsch um zeitgemäße und räumliche Verbesserungen verdient[24]. Dies war geschuldet der Zunahme der Praktikantenzahl, einer stärkeren Ausrichtung von einer bis dahin betont präparativ und analytisch organisch-chemischen Forschung und Lehre hin zu einer physikalisch-chemischen Orientierung der Anorganischen und Organischen Chemie unter Hantzsch und der neugeschaffenen Abteilung für Chemische Technologie, die im Sockelgeschoss installiert wurde. 1903/04 wurden auf der Ostseite durch Verlängerung der nordöstlich bzw. südwestlich gelegenen Eckflügel und durch Vergrößerung des Souterrains neue Arbeitsräume geschaffen (Abb. 211). Durch Umbauten im Gebäude konnten Arbeitsräume vergrößert, modernisiert und einige für physikochemische Experimente eingerichtet werden. Die Ventilationsanlage wurde größer dimensioniert und neue Räume an sie angeschlossen. Die Leitungen für Gas, Wasser und Wasserdampf wurden erneuert, Abzüge in Fensternischen verlegt und u. a. neue Arbeitstische angeschafft. 1908 kam es zum Neubau des Großen Hörsaals (Auditorium) in der Liebigstraße 18, der nunmehr 251 Plätze umfasste. Insgesamt konnte die Arbeitsfläche um 572 m^2 erweitert werden. Nunmehr gab es 202 Arbeitsplätze, die durch partielle Doppelbesetzung (Vormittags- und Nachmittags-Praktikum) die Aufnahme von maximal 250 Praktikanten zuließ, was auch tatsächlich realisiert wurde. Die An- und Umbauten schlugen mit rund 280.000 M an Kosten zu Buche. Die Rekonstruktionsarbeiten erfolgten in den Semesterferien. Die Details zu den Grundrissen der Geschosse und den Räumlichkeiten sind von Hantzsch in der Festschrift zur 500-Jahrfeier der Universität beschrieben worden.[24] In den Kriegsjahren 1914/16 wurden noch die Lüftungs- und die Heizungsanlage für die Säle erneuert.

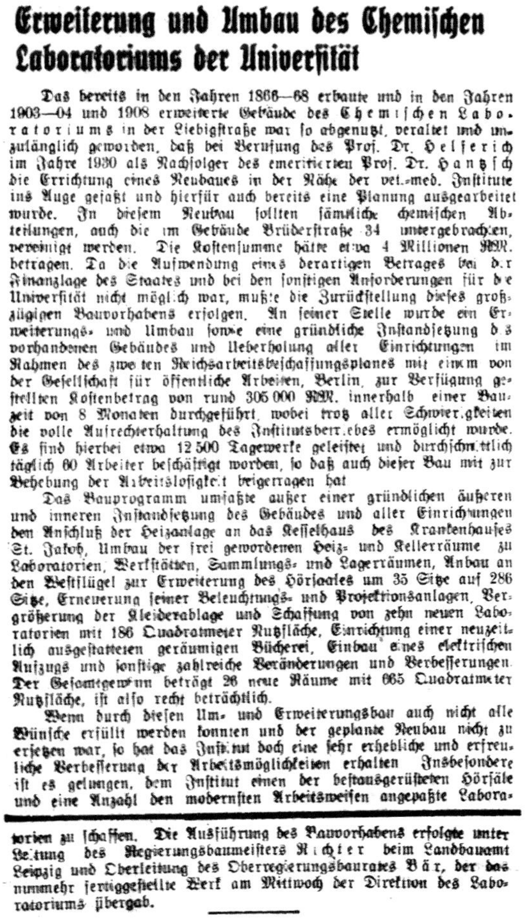

Erweiterung und Umbau des Chemischen Laboratoriums der Universität

Das bereits in den Jahren 1866—68 erbaute und in den Jahren 1903—04 und 1908 erweiterte Gebäude des Chemischen Laboratoriums in der Liebigstraße war so abgenutzt, veraltet und unzulänglich geworden, daß bei Berufung des Prof. Dr. Helferich im Jahre 1930 als Nachfolger des emeritierten Prof. Dr. Hantzsch die Errichtung eines Neubaues in der Nähe der vet.-med. Institute ins Auge gefaßt und hierfür auch bereits eine Planung ausgearbeitet wurde. In diesem Neubau sollten sämtliche chemischen Abteilungen, auch die im Gebäude Brüderstraße 34 untergebrachten, vereinigt werden. Die Kostensumme hätte etwa 4 Millionen RM. betragen. Da die Aufwendung eines derartigen Betrages bei der Finanzlage des Staates und bei den sonstigen Anforderungen für die Universität nicht möglich war, mußte die Zurückstellung dieses großzügigen Bauvorhabens erfolgen. An seiner Stelle wurde ein Erweiterungs- und Umbau sowie eine gründliche Instandsetzung des vorhandenen Gebäudes und Ueberholung aller Einrichtungen im Rahmen des zweiten Reichsarbeitsbeschaffungsplanes mit einem von der Gesellschaft für öffentliche Arbeiten, Berlin, zur Verfügung gestellten Kostenbetrag von rund 305 000 RM. innerhalb einer Bauzeit von 8 Monaten durchgeführt, wobei trotz aller Schwierigkeiten die volle Aufrechterhaltung des Institutsbetriebes ermöglicht wurde. Es sind hierbei etwa 12 500 Tagewerke geleistet und durchschnittlich täglich 60 Arbeiter beschäftigt worden, so daß auch dieser Bau mit zur Behebung der Arbeitslosigkeit beigetragen hat.

Das Bauprogramm umfaßte außer einer gründlichen äußeren und inneren Instandsetzung des Gebäudes und aller Einrichtungen den Anschluß der Heizanlage an das Kesselhaus des Krankenhauses St. Jakob, Umbau der frei gewordenen Heiz- und Kellerräume zu Laboratorien, Werkstätten, Sammlungs- und Lagerräumen, Anbau an den Westflügel zur Erweiterung des Hörsaales um 35 Sitze auf 286 Sitze, Erneuerung seiner Beleuchtungs- und Projektionsanlagen, Vergrößerung der Kleiderablage und Schaffung von zehn neuen Laboratorien mit 186 Quadratmeter Nutzfläche, Einrichtung einer neuzeitlich ausgestatteten geräumigen Bücherei, Einbau eines elektrischen Aufzugs und sonstige zahlreiche Veränderungen und Verbesserungen. Der Gesamtgewinn beträgt 26 neue Räume mit 665 Quadratmeter Nutzfläche, ist also recht beträchtlich.

Wenn durch diesen Um- und Erweiterungsbau auch nicht alle Wünsche erfüllt werden konnten und der geplante Neubau nicht zu ersetzen war, so hat das Institut doch eine sehr erhebliche und erfreuliche Verbesserung der Arbeitsmöglichkeiten erhalten. Insbesondere ist es gelungen, dem Institut einen der bestausgerüsteten Hörsäle und eine Anzahl den modernsten Arbeitsweisen angepaßte Laboratorien zu schaffen. Die Ausführung des Bauvorhabens erfolgte unter Leitung des Regierungsbaumeisters Richter beim Landbauamt Leipzig und Oberleitung des Oberregierungsbaurates Bär, der das nunmehr fertiggestellte Werk am Mittwoch der Direktion des Laboratoriums übergab.

Abbildung 212 Pressenotiz über Umbaumaßnahmen in der Liebigstraße 18

Nachdem Hantzsch ab Sommersemester 1929 emeritiert und Rassow am 2.4. mit der kommissarischen Leitung und der Vertretung der Professur beauftragt worden war, machte Hantzsch zum 15.4. die Dienstwohnung frei und siedelte in seine Heimatstadt Dresden um. Diese Räume beanspruchte in Berufungsverhandlungen der für die Nachfolge Hantzschs zunächst vorgesehene Heinrich Biltz, was durch eine Raumbegehung mit ihm am 17.6. unterstrichen wurde[240]. Für Umbauten sollten ihm 81.000 M bereitgestellt werden. Zu dieser Berufung kam es nicht. Die ehemalige Dienstwohnung im Hochparterre wurde an das Physiologisch-chemische Institut unter Karl Thomas (1883–1969) abgegeben. Mit der Berufung von Helferich zum 1.4.1930 wurden insgesamt 70.000 M in den Staatshaushaltplan 1930 eingestellt, von denen für Sofortmaßnahmen zunächst 10.000 M und bis zum 7.8.1930 nochmals 30.000 M zur Verfügung standen. Davon wurden zunächst eine Hausfernsprechanlage, Geräte und Mobiliar für den Umzug der Technologischen Abteilung mit Rassow in die Brüderstraße 34 und die neue Abteilung von Arthur Schleede (1892 bis 1977) finanziert. Die defekten Gas- und Elektroleitungen mussten 1932 erneuert werden. Über die Einrichtung einer modernen Bücherei im 1. Obergeschoss gab es problematische Raumtausch-Verhandlungen mit Thomas. Ursprünglich war mit dem Amtsantritt von Helferich ein großzügiger Neubau in der Nähe der heutigen Veterinärmedizinischen Institute mit einer Investitionssumme von 4 Millionen Mark vorgesehen worden, der auch einen Umzug der chemischen Laboratorien von der Brüderstraße 34 dorthin einschlossen. Dieser Plan kam nicht zur Realisierung. Indes wurden in der Amtszeit von Helferich folgende baulichen Verbesserungen im Wert von insgesamt 305.000 M realisiert[240,S.0372]: Eine gründliche innere und äußere Instandsetzung des Gebäudes, der Anschluss der Heizanlage an das Kesselhaus des St. Jacob-Hospitals, der Umbau der dadurch freigewordenen Kellerräume in Labors, Werkstätten und Sammlungsräume, der Ausbau des Westflügels zur Erweiterung des Hörsaals um 35 Plätze auf 286 und die Erneuerung der Hörsaaleinrichtungen, die Schaffung von zehn neuen Labors mit 186 m^2 Nutzfläche und der Einbau einer Bücherei. Insgesamt wurden 26 neue Räume mit 665 m^2 Nutzfläche bereitgestellt.(Abb. 212) Dieses Gebäudeensemble hatte Bestand bis 1943.

Das Erste Chemische Universitätslaboratorium, in dem Kolbe, Wislicenus, Hantzsch und Helferich als Ordinarien und so bekannte Extraordinarien wie Hans Stobbe (1860–1938), Rassow, Franz Hein (1892 bis 1976), Hans Kautsky (1891–1966), Conrad Weygand (1890–1945) und Doktoranden wie Theodor Curtius (1857–1928), Carl Bosch (1874–1940), Friedrich Bergius (1884–1949) und viele andere bedeutende Chemiker gewirkt hatten, wurde am 4. Dezember 1943 durch einen anglo-amerikanischen Bombenangriff auf Leipzig bis auf das Souterrain zerstört (s. Abb. 47) . Hans Kautsky jr., der bei den Löscharbeiten zusammen mit seinem Vater half, um zu retten, was noch zu retten war, schilderte eindrucksvoll das Inferno[32, S 156] (s. Abschn. Nachkriegszeit). Vom Hörsaal und den daran angrenzenden

Räumen blieben nur notdürftig gesicherte Reste („Die Ruine"), die bis in die späten 90er Jahre als Lager, Werkstatt bzw. Labors genutzt wurden (s. Abb. 215).

Das Laboratoriumsgebäude der Chemischen Institute. Auf dem erhalten gebliebenen Souterrain des Vordertraktes an der Liebigstraße 18 wurde in der Nachkriegszeit ein Gebäude für die beiden Institute für Anorganische Chemie und Organische Chemie gebaut[126] (s. Abschn. Nachkriegszeit). Dies war 1948 entschieden worden. Studenten, Angestellte und Wissenschaftler leisteten freiwillige Enttrümmerungseinsätze zur Bauvorbereitung. Der eigentliche Bau wurde 1949/50 zweistöckig (Abb. 213), mit einem Kostenaufwand von etwa einer Million Mark, ausgeführt und umfasste 150 Arbeitsplätze und einen Hörsaal für 80 Studenten. Ein erhebender Moment war das Richtfest. Größte Schwierigkeiten bezüglich der Raumkapazität erwuchsen jedoch bereits 1952, als durch einen zentralen Partei-Beschluss 350 Chemiestudenten zu immatrikulieren waren („Das Mammut-Semester"). Das Gebäude war zunächst als eine Art Notlösung zustande gekommen. Das unerfüllte Vorhaben anlässlich der Berufung Helferichs 1930 aufgreifend, war von der Universitätsbauleitung ein baldiger, großzügiger Neubau der Chemischen Institute „geplant", so dass ein weiterer Ausbau mit Hinweis darauf trotz offenkundiger Dringlichkeit hinausgezögert wurde. Erst das Einschreiten der staatlichen Behörde für Arbeitsschutz führte schließlich dazu, dass zwischen 1954/56 ein drittes Stockwerk mit einem Kostenaufwand von 1,5 Millionen Mark aufgesetzt wurde (Abb. 214, Abb. 215) womit 187 neue Arbeitsplätze in hohen, lichtdurchfluteten Laboratorien samt Nebenräumen zur Verfügung standen (Abb. 216). In diesen wurden vorzugsweise Praktika in Organischer Chemie durchgeführt. Parallel dazu wurden Anbauten im ostseitigen Mitteltrakt vorgenommen, so dass einschließlich der Praktikumsplätze in der Brüderstraße 34 der Bedarf gedeckt war, zumal sich die Zahl der Immatrikulationen staatlich lenken ließ.

Abbildung 213
Der Wiederaufbau des Gebäudes Liebigstraße 18, um 1949/50

Abbildung 214
Das Gebäude Liebigstraße 18 im Zeitraum von 1956 bis 2005

Die Räume im Hochparterre und in der 1. Etage waren durch das Institut für Anorganische Chemie belegt. Die Bibliothek und die Glasbläserwerkstatt., ebenfalls in der 1. Etage, dienten beiden Instituten. Am 23.2.1973 wurde der Umzug der Bibliothek in das Gebäude Talstraße 35, 1. Stockwerk, abgeschlossen. Die dadurch freigewordenen Räume wurden in der Folgezeit vom Analytischen Zentrum genutzt; Massenspektrometer, Chromatographen, IR-und UV-VIS-Spektrometer wurden aufgestellt. Durch einen Tausch mit dem Bereich Medizin durch Abgabe von Saal A2 in der 3. Etage am 1.9.1977 konnte im Gegenzug der erweiterte Flächenbedarf erreicht werden. Das Institut für Organische Chemie belegte die Räume im 2. und 3. Stockwerk. Zudem befanden sich im 2. Stockwerk die Hausmeisterwohnung und im 3. Stockwerk der kleine Hörsaal, worauf beide Institute angewiesen waren. Nach dem Ende 1991 erfolgten Ausscheiden des Hausmeisters Adolf Struve stand dessen Wohnung zunächst leer, sie wurde nach Sanierung ab 1994 von den neuberufenen Professoren der Organischen Chemie K. Burger und P. Welzel für Büroräume genutzt. Der kleine Hörsaal wurde Anfang der 80er Jahre aufgegeben („geschliffen") und dafür dort ein Labor für die unter Leitung des Anorganikers E. Butter stehende Halbleiterforschung installiert. Ab Oktober 1971 stand das ehemalige Büro von W. Treibs (das legendäre „Zimmer 208") als Sitzungsraum für die Forschungs- und Lehrkollektive sowie für gesellschaftliche Organisationen zur Verfügung. Zeitgleich wurde das darunter gelegene, bis 1961 von L. Wolf und danach von H. Holzapfel genutzte Büro (Zimmer „108") für die Erweiterung der Glasbläserwerkstatt umfunktioniert. Im vorderen Souterrain befanden sich Labors beider Institute. Im Mitteltrakt hatten Chemikalien- und Glaslager ihre Depots und Ausgaben (s. Abschn. Die Chemie stimmte), an die sich Autoklaven-, Schwefelwasserstoff-, Sammlungsräume anschlossen und in die Feinmechanische Werkstatt I übergingen. Mitte der 60er Jahre wurde das Chemikaliendepot in das Hochparterre (Westseite) verlagert, und dafür ein Praktikumssaal „geopfert". Das Glaslager zog in die „Katakomben" unter der alten Hörsaal-Ruine um. Die Lager waren in der Zeit bis 1989 für das chemische Arbeiten in Lehre und Forschung essenziell, weil, der auf Langfristigkeit angelegten sozialistischen Planwirtschaft geschuldet, eine Vorratshaltung für Chemikalien und Geräte unabdingbar war.

Abbildung 215
Hintergebäude Liebigstraße 18: rechts die „Ruine", links die „Kuba"

Abbildung 216
Laborarbeitsplätze für das organisch-chemische Praktikum im 3. Stockwerk, Liebigstraße 18

Die Mitnutzung des Gebäudes Talstraße 35. Mit dem Umzug der Mathematiker im Juli 1971 aus dem Gebäude Talstraße 35 in das neu errichtete Hauptgebäude der Universität am Karl-Marx-Platz, dem heutigen Augustus-Platz, wurden der Sektion Chemie in Abstimmung mit der Geophysik im Gebäude Talstraße 35 (Abb. 217) überlassen: Ein kleiner und ein großer Hörsaal sowie Büros für die Sektionsleitung, die Verwaltung und später für den Prorektor bzw. Rektor H. Hennig im Hochparterre; zwei große Räume für die Bibliothek und zwei Räume für die Installation der zeitgemäßen audiovisuellen Technik („Hochschulfernsehen"). Da sich diese lehrunterstützende Technik letztlich nicht bewährte, wurden diese Räume später von der Studienabteilung der Sektion Chemie genutzt, die vordem in Räumen des Carl-Sudhoff-Institutes, Talstraße 33, Aufnahme gefunden hatte.

Im Untergeschoss befanden sich Labors der Arbeitsgruppe von K. Dittrich (1938–1993) mit Geräten zur Atomspektroskopie und von J. Sieler zur Röntgenkristallstruktur-Bestimmung chemischer Verbindungen.

Abbildung 217
Das Gebäude Talstraße 35

Rekonstruktionen im Laboratoriumsgebäude Liebigstraße 18 bis 1990. Bereits in den 60er Jahren entsprachen die meisten Labor- und Praktikumsräume nicht mehr den technischen Anforderungen und denen des Arbeits- und Brandschutzes. Hauptursachen dafür waren nicht beseitigte Kriegsschäden, die „Ruine" betreffend, und eine hohe Belastung durch die Zunahme der Studentenzahlen sowie der wissenschaftlichen Mitarbeiter und des technischen Personals. Deshalb wurde für 1968 eine Generalrekonstruktion des Gebäudes einschließlich Abwasserbehandlung und Chemikalienentsorgung geplant, die nicht realisiert und auf den Zeitraum von 1975 bis 1978 verschoben wurde, jedoch auch dann scheiterte. Die Sicherheit der Gasversorgung verschlechterte sich so dramatisch, dass am 14.10.1977 die Gaszufuhr für das Gebäude gesperrt werden musste. Betroffen davon waren alle Laboratorien, die Glasbläserwerkstatt, die Hausmeisterwohnung und die Betriebsversorgung durch die Zentralmensa in der „Kuba". In Krisensitzungen der Havariekommission der Universität unter Leitung des damaligen Ersten Prorektors Horst Stein wurden zunächst Interimslösungen geschaffen: Einsatz von Propangas-Anlagen, Nutzung eines Praktikumssaales im Physiologisch-chemischen Institut u. a. Bis Frühjahr 1978 wurden 33 Gas-Steigleitungen mit einer Länge von ca. 1,5 km erneuert, da infolge fehlender Schutzrohre in den Deckendurchbrüchen starke Korrosion eingetreten war. Die horizontal installierten Gasleitungen wurden vom Hausklempner Gerd Lau auf Dichtigkeit überprüft und partiell ausgewechselt.

Der Auflage der Feuerwehr zum Bau eines vom Gebäude Liebigstraße 18 getrennten Lösungsmittellagers wurde Anfang der 80er Jahre in einem isoliert stehenden, gemauerten Schuppen im Hof der Augenklinik und mit dieser gemeinsam nachgekommen. Bezüglich der sicherheitstechnischen Standards entsprach die Mehrzahl der Labor- und Praktikumsräume nicht mehr in vollem Umfang den geltenden Vorschriften. Die weitere Nutzung wurde nur durch eine am 1.6.1987 vom Ministerium für Hoch- und Fachschulwesen bis 31.12.1990 befristete Ausnahmegenehmigung, abweichend von der gültigen Normenregelung TGL 30582/02 zum Betreiben von Labor und Praktikumsräumen, ermöglicht. Zugleich wurde die Auflage erteilt, in diesem Zeitraum durch umfassende Neubau- und Rekonstruktionsmaßnahmen den gesetzlich verbindlichen Zustand herzustellen. Unter dieser Zielstellung wurde die Vorbereitung der Rekonstruktion bis zur Phase der Aufgabenstellung (AST) der DDR-Investitionsgesetzgebung geführt. Bis zum gestellten Termin konnte keine Realisierung erreicht werden.

Rekonstruktion und Nutzung ab 1990 bis zum Abriss 2005. Bittere Konsequenz davon war die notwendige Sperrung der Säle an der Ostseite des Gebäudes („Stirnsäle") im Erdgeschoss (Saal 4), in der 1. Etage (Saal 6) und in der 2. Etage (Saal 7) für den Praktikumsbetrieb. Dank einer auf Antrag an den Kanzler der Universität genehmigten Sonderzuweisung in Höhe von 350 Tausend DM (TDM) konnte 1993 die Rekonstruktion dieser Räume in Angriff genommen werden. Die Leitung des Vorhabens lag beim Planungsbüro Euro Consult GmbH. Die Aufträge für die Ausstattung mit Labormöbeln erhielt die Firma LAMED und für die Lüftungstechnik die Firma Mietzsch GmbH, beide in Dresden ansässig. Eine notwendige Kosteneinsparung von ca. 50 TDM wurde erreicht, indem Mitarbeiter des Fachbereiches Chemie den Aushub und das Verschließen eines Kabelgrabens für die Elektrozuführung von der Trafostation bis zum Verteilungsraum im Gebäude übernahmen und die Baufreiheit in den Laborsälen und

Nebenräumen bis zum 1.7.1993 herstellten. Am 3.2.1994 erfolgte die Übergabe aller sanierten Räume. In den Sälen 4 und 6 konnten nun wieder Praktika durchgeführt werden. In den Saal 7 zog der Arbeitskreis P. Welzel mit Diplomanden und Doktoranden ein.

Auf Grund eines Antrages des Direktors des an der Westseite räumlich benachbarten Institutes für Klinische Chemie und Laboratoriumsdiagnostik, Wolfgang Rotzsch, wurde im Februar 1991 eine Vereinbarung über den Rücktausch von Nutzflächen getroffen. Der nach dem Einzug der Analytischen Chemie in das neuerbaute Technikum Analytikum frei gewordene Saal in der 1. Etage wurde am 1.4.1991 diesem Institut übergeben. Im Gegenzug erhielt die Sektion Chemie einen neu installierten Labortrakt an der Westseite, der an den Laborsaal A in der 2. Etage anschloss. Der so erweiterte Gesamtsaal A wurde ab 1994 paritätisch für Doktoranden der Organischen Chemie (Südseite, Arbeitskreise K. Schulze und H. Wilde) und der Anorganischen Chemie (Nordseite, Bereich L. Beyer) genutzt. Im Gegenzug machte L. Beyer den bis Ende 1993 genutzten Saal 3 im Mitteltrakt des Erdgeschosses zur ausschließlichen Nutzung für Diplomanden und Doktoranden des organisch-chemischen Arbeitskreises von K. Burger frei. Dieser Saal wurde 1994 einschließlich des angrenzenden Ether-Raumes saniert und mit neuem Labormobiliar ausgerüstet. Die Übergabe erfolgte im Juli 1994.

Die beträchtlichen finanziellen Zuwendungen und Bauleistungen der Universität ab 1991 in den laufenden Bauunterhalt zur Aufrechterhaltung von Lehre und Forschung, auch dank des persönlichen Engagements des Kanzlers der Universität, Peter Gutjahr-Löser, ermöglicht, sind nachfolgend aufgelistet:

1991: 508 TDM für die Erneuerung der Kaltwasserleitung, Malerarbeiten in den Sälen, im Treppenhaus, u. a.,

1992: 80 TDM für Fußbodenreparaturen in den Praktikumssälen,
100 TDM für die Erneuerung der Medien in den Sälen 4, 6 und 7,
85 TDM für weitere Malerarbeiten,
100 TDM für den Aufbau eines Sicherheits-Containers für Lösungsmittel, hinter der „Ruine" aufgestellt, später in den Neubau Chemie übernommen, Neuinstallation der Sauerstoff- und Wasserstoff-Leitungen und Flaschenkäfige für die Glasbläserei.

1994: Abschlagen des Außenputzes auf der Hofseite, Sanierung des großen Praktikums-Saales 5 in der 1. Etage, Mitteltrakt, und von Saal 3 (s. oben).

Seit den 50er Jahren erwies sich die „Kulturbaracke" („Die Kuba") (s. Abb. 215), eine im Hofareal gelegene hinterlassene Bauarbeiterbleibe aus der Zeit der Errichtung des Laborgebäudes, als ein Begegnungszentrum für Studenten und Mitarbeiter der Chemischen Institute und als dauerhaft provisorischer Mensa-Raum (s. Abschn. Die Chemie stimmte).

Nach dem Umzug der Institute für Anorganische und Organische Chemie in den Neubau Chemie Johannisallee 29 (s. Abschn. Neubau Chemie) und der Feinmechaniker-Werkstatt I in die Linnéstraße 2 im September 1999 wurde das Gebäude als Interim vom Institut für Pharmazie genutzt, was die Rekonstruktion des Gebäudes Brüderstraße 34 erleichterte. Außerdem erweiterte das benachbarte Institut für Klinische Chemie zeitweise seine Laborkapazität. Doch der Abriss des in der Nachkriegszeit unter größten Mühen errichteten und nach 1990 mit erheblichen Mitteln rekonstruierten Gebäudes war bereits

Abbildung 218
Abriss des Gebäudes Liebigstraße 18 im Dezember 2005

beschlossene Sache. Das Areal Liebigstraße mutierte zu einem modernen medizinischen Funktional-Komplex unter Zusammenführung der bisher im Südosten Leipzigs angesiedelten universitären Hospitäler, so der Frauenklinik, der Kinderklinik und der Orthopädie, die sich in kurzer Zeit bis 2008 zusammen mit der „Kopf-Klinik", der Chirurgie und der Anatomie als „Medizin-Boulevard" Liebigstraße in Neubauten etablierten. Dem mussten im Dezember 2005 das Gebäude Liebigstraße 18 samt „Ruine" und Mitteltrakt weichen (Abb. 218). An dieser Stelle wurde ein „Zentrum für Konservative Medizin" errichtet. Auch die benachbarte östlich gelegene, denkmalgeschützte Klinik für Hals-, Nasen- und Ohrenkrankheiten fiel der Abrissbirne zum Opfer, um eine durchgängige Verbindung der neuen medizinischen Einrichtungen zu gewährleisten. Geblieben sind das emaillierte Hausnummer-Schild Liebigstraße 18, das E. Hoyer „rettete" und in den Historischen Archivbestand der Fakultät einbrachte, und die 2007 unter dem Straßenschild Liebigstraße vom Freundeskreis der Fakultät für Chemie und Mineralogie gestiftete Erläuterungstafel mit Hinweis auf den großen Chemiker Justus von Liebig.

Die Historische Stätte der Chemie Brüderstraße 34

Lothar Beyer

Das über Eck stehende Gebäude an der Teichstraße (spätere Brüderstraße) /Stephanstraße wurde 1878/79 auf dem Gelände einer ehemaligen Kiesgrube erbaut (Abb. 219). Den Bauplatz hatte die Universität vom Johannishospital erworben. Die Anschrift des Gebäudes war in Universitätsakten zunächst mit Stephanstraße angegeben, ab 1885 erhielt es die Bezeichnung Brüderstraße 34. (Abb. 220) Die Bezeichnung Brüderstraße rührt daher, dass in dieser Straße fünf Brüder in fünf verschiedenen Häusern gewohnt haben sollen. Es ist das einzige Chemische Universitätslaboratorium in Leipzig, das den Bombardements im 2. Weltkrieg nicht zum Opfer fiel (s. Abb. 183) und nur kleinere Schäden erlitt (s. Abschn. Die Nachkriegszeit). Die Bedeutung als Wirkungsstätte berühmter Chemiker und der darin erzielten wissenschaftlichen Ergebnisse sowie als Fokus des Neubeginns der Leipziger Chemie nach dem 2. Weltkrieg war ausschlaggebend für die am 15. Mai 2009 vorzunehmende Würdigung durch die Gesellschaft Deutscher Chemiker als „Historische Stätte der Chemie".

Das Agricultur=Chemische Laboratorium (1879–1887). Die ersten konkreten Pläne für den Neubau eines Landwirtschaftlichen Instituts und eines Agricultur=Chemischen Laboratoriums gehen auf das Jahr 1873 zurück. Das Agricultur=Chemische Laboratorium unter Leitung von Knop war ab 1866/67 notdürftig im Pleißenburg-Laboratorium untergebracht. Die Agricultur-Chemie hatte seit den bahn-

Abbildung 219
Das Gebäude Teichstraße/Brüderstraße 34 mit den Lettern „Landwirtschaftliches Institut" über dem Hauptportal, um 1880

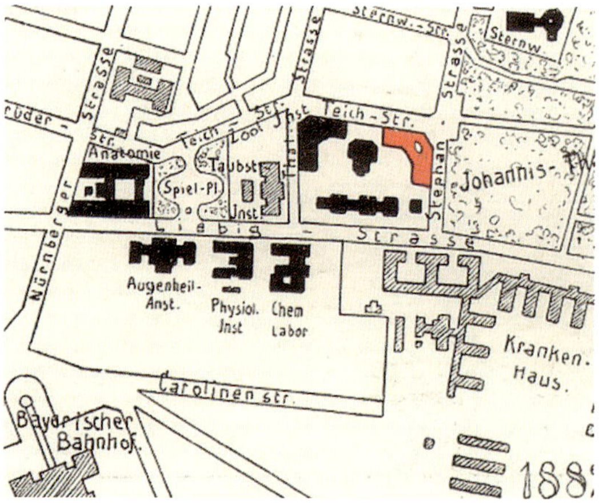

Abbildung 220
Lageplan des Gebäudes Brüderstraße 34 zu Beckmanns Zeit

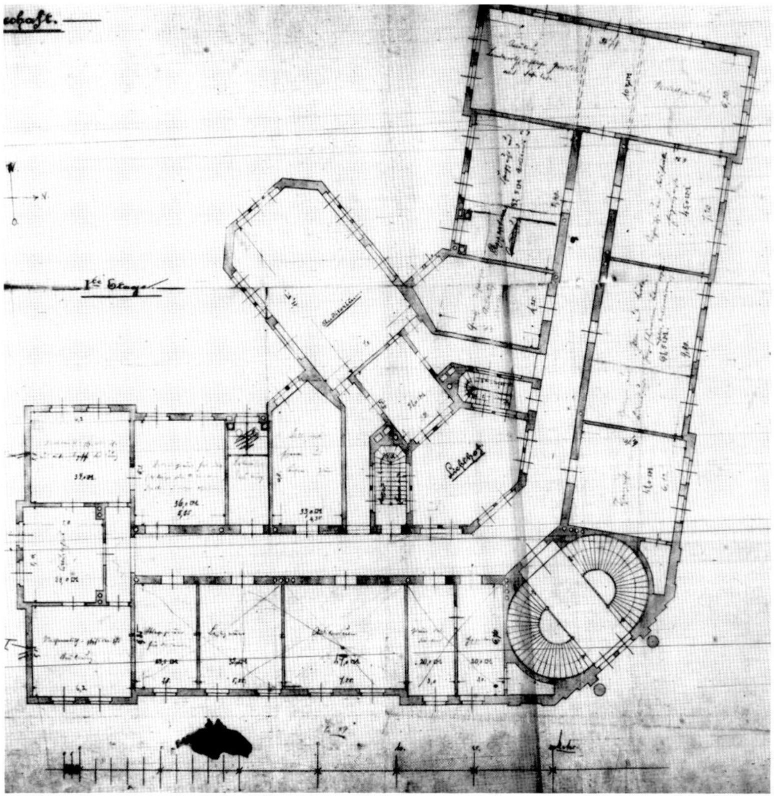

Abbildung 221
Grundriss für den Aufbau des Gebäudes Teichstraße/Brüderstraße 34, die 1. Etage betreffend

brechenden Arbeiten von Justus von Liebig einen enormen Aufschwung genommen, der frühzeitig in Leipzig aufgegriffen und umgesetzt wurde, so auch mit der Landwirtschaftlichen Versuchsstation in Möckern, der ersten ihrer Art in Deutschland, und der Schaffung eines Landwirtschaftlich-physiologischen Instituts (1872) im sogenannten „Kuhturm" (Nähe Angerbrücke) unter Leitung des Agriculturchemikers Stohmann. Im Planungsentwurf des Architekten Gustav Müller, der im Mai 1873 an das sächsische Kultusministerium eingereicht wurde, war zunächst ein dreistöckiger Bau allein für das Landwirtschaftliche Institut samt Gewächshaus, geleitet von Adolf Blomeyer (1830 bis 1889)[241a], und ein zweistöckiger Bau für das Agricultur=Chemische Laboratorium vorgesehen. Der Baukostenvoranschlag überstieg aber offensichtlich das Budget, so dass das Ministerium am 19.8.1873 einen modifizierten Bauplan verlangte und anwies, im Parterre eines Neubaus das Agricultur=Chemische Laboratorium und in der ersten Etage die „Localität" für die landwirtschaftliche Lehranstalt unterzubringen und von der Einbindung einer Dienstwohnung abzusehen.[241 b, S. 07]. Nach Aktenlage tat sich dann jedoch bis zum Frühjahr 1876 nichts. Am 27.5.1876 fand, ausgelöst wiederum durch ein Schreiben des Ministeriums vom 24.5. an Blomeyer und Knop, eine gemeinschaftliche Besichtigung des vorgesehenen Bauplatzes statt, und ein Jahr später, am 7.4.1877, drängte nun der sächsische Kultusminister Carl F. von Gerber (1823–1891) das Universitäts-Rentamt: „[...] die gegenwärtig für Bauausführungen außerordentlich günstige Conjunctur zum Vortheil der Staatskasse zu benutzen, [wir, das Ministerium, d. A.] dringend wünschen, dass nun [der Bau, d. A.] in Angriff genommen werde [...]". Das löste verständlicherweise eine hektische Aktivität in den folgenden vier Wochen bei Rentamt, Architekt G. Müller, Blomeyer und Knop aus. Am 17.5.1877 erklärte Knop sein Einverständnis zu den aktuellen fünf Grundrissskizzen mit der Notiz, dass er „[...] nichts noch zu verbessern wüsste", während Blomeyer im Schreiben vom 2.6.1877 an den Minister weitere Forderungen stellte und insbesondere die Ausmaße des Agricultur=Chemischen Laboratoriums als „ganz über Gebühr hoch bemessen"[241 b,S. 058] qualifizierte und hinzufügte:" Wir andern würden uns glücklich schätzen und ich glaube, das entspricht der Billigkeit und dem allgemeinen Interesse, wenn wir von solchem Überfluße doch wenigstens den dringendsten Bedarf gedeckt vorhalten könnten. Dieser unserer gehorsamsten Bitte ließe sich leicht entsprechen, wenn das agriculturchemische Laboratorium zu Gunsten der anderen Theile des Landwirtschaftl. Instituts um die 3 an den Südgipfel projektierten Räumlichkeiten mit etwa 100 m^2 an Grundfläche gekürzt und dem Prof. Knop aufgegeben würde, seine Einrichtung auf den für seine Zwecke noch immer sehr ausreichenden Raum zu beschränken". Trotz zu erwartendem, großzügigen Neubau also Neid und Missgunst bei der Raumverteilung!

Der Bauplan des Architekten ist datiert vom 14.8.1877 (Abb.221). Die Baubewilligung wurde vom Minister am 23.2.1878 erteilt. Im Mai 1878 erschienen in kurzer Folge in den „Leipziger Nachrichten" die Ausschreibungen für Baumaterialien, so für 200 große Ruthen Beuchaer Bruchsteine, für 2 1/2 Mill. Stück Mauersteine Normalmaß, 7000 Hektoliter Graukalk, für auszuführende Steinmetzarbeiten, wobei

Abbildung 222
Gesamtansicht der 1878 erbauten Gebäude Brüderstraße 34/ Talstraße 33 im Jahre 2008

die Offerten sehr kurzfristig innerhalb von zehn Tagen beim Universitätsrentamt einzureichen waren. Gleichzeitig mit dem Neubau für die Landwirtschaftliche Lehranstalt und das Agricultur=Chemische Laboratorium wurde ein Gebäude für das Zoologische Institut an der Ecke Talstraße/Brüderstraße errichtet. (Abb. 222).

Im Neubau Brüderstraße 34 schließen sich dem mittleren Treppenhaus am Haupteingang zwei symmetrische Gebäudeflügel an. Im Erdgeschoss/Parterre des Neubaus erhielt das Agricultur=Chemische Laboratorium unter Leitung von Knop ein der Zeit entsprechend neu und gut ausgerüstetes Domizil. Die erste Etage beherbergte die Landwirtschaftliche Lehranstalt, und in der zweiten Etage befanden sich die Dienstwohnungen, zunächst von Blomeyer und Knop. Über dem Hauptportal prangte jedoch in großen Lettern „Landwirtschaftliche Lehranstalt". Als Knop 1887 emeritiert wurde, standen die von ihm genutzten Räumlichkeiten in der Brüderstraße 34 zur Verfügung.[8,242]

Das Zweite Chemische Universitätslaboratorium (1887–1897). Von 1887 bis 1897 beherbergte das Gebäude Brüderstraße 34 das vom neuberufenen Wilhelm Ostwald geleitete Zweite Chemische Universitätslaboratorium. Trotz zunehmend beengter räumlicher Bedingungen, verursacht durch den enormen Zulauf von Studenten zur Ausbildung in Physikalischer und Pharmazeutischer Chemie und Doktoranden, wurden hier im Erdgeschoss und im halben Souterrain viele nachhaltig wirkende wissenschaftliche Leistungen erbracht und die legendäre Ostwaldsche Schule der Physikalischen Chemie begründet. Während in der ersten Etage weiterhin das Landwirtschaftliche Institut beheimatet war, wohnten in der zweiten Etage Professorenfamilien, so auch zur Brüderstraße gelegen die von Wilhelm Ostwald. Ein 1897 realisierter Neubau in der Linnéstraße 2 für das nun als Physikalisch-chemisches Institut bezeichnete Laboratorium Ostwalds bewirkten im Herbst 1897 den Umzug dorthin und die erneute Freisetzung der Räume in der Brüderstraße 34.

Das Laboratorium für Angewandte Chemie (1897–1913). Die freigewordenen Laboratorien bekam nun das 1897 neugeschaffene Ordinariat mit dem neubegründeten Laboratorium für Angewandte Chemie unter Ernst Beckmann (1853–1923) zugesprochen. Er hielt am 14.5.1898 seine Antrittsvorlesung in der Aula der Universität.[243] Im Anhang zu der 1899 gedruckt erschienenen Antrittsrede über „Entwicklung und Aufgaben der angewandten Chemie" beschrieben Beckmann und Theodor Paul (1862–1928) den Zustand des Gebäudes nach der Übernahme und die ersten vorgenommenen Veränderungen. Kurt Eger veranlasste 2004 ein Reprint dieser Antrittsrede. Obwohl Umbau und Sanierung des Gebäudes erforderlich waren, wurde in Hinblick auf den erhofften Exodus des Landwirtschaftlichen Institutes zunächst der Neubau bzw. Anbau eines großen Hörsaalgebäudes im Frühjahr 1901 begonnen und im Herbst 1902 vollendet. Die bauliche Verantwortung lag beim Universitäts-Rentamt (Rentmeister Hofrat Gebhardt, Bauinspektor Mosch). Dazu erfolgte der Abriss des zwischen dem Zoologischen Institut und dem Laboratorium für Angewandte Chemie gelegenen Czermak'schen Hörsaales, der vorher für Mathematik-Vorlesungen genutzt worden war (Abb. 223). Der seit 2002 so bezeichnete Beckmann-Hörsaal ist durch seine Holztäfelung und die hölzerne Kassettendecke ein innenarchitektonisches Glanzstück, und er war funktionell einschließlich des Vorbereitungstraktes durch Beckmann und seine Assistenten so gut bis ins Detail durchdacht, dass er bis zum Auszug der Chemiker 1999 in den Neubau Chemie, Johannisallee 29, fast einhundert Jahre lang den hohen Ansprüchen an einen Hörsaal für chemische Demonstrationsexperimente mit einer Platzkapazität für 253 Studenten genügte (Abb. 224). Viele Chemikergenerationen haben hier ihre experimentgestützte „theoretische" Ausbildung erhalten, und berühmte Chemiker hielten Kolloquiumsvorträge vor überfülltem Haus (s. Abschn. Die Chemie stimmte).

Abbildung 223
Hörsaal und Rückansicht des Gebäudes Brüderstraße 34 mit Rundbau und Kesselhaus

Endlich waren 1903 die Landwirte ausgezogen. Die Erneuerung des gesamten Hauptgebäudes Brüderstraße 34, unter baulicher Verantwortung nun des Kgl. Landbauamtes unter dem Schirm des Kgl. Kultusministeriums, erfolgte von Ostern 1903 bis Ende 1905 bei laufendem Instituts- und Praktikumsbetrieb(!) als ein Paradebeispiel für sorgfältig durchdachte und aufgrund der gewonnenen Erfahrungen bei chemischen Praktika eingeplante Verbesserungen[244, S. 24–25]. Obwohl ein Neubau sicherlich vorteilhaft gewesen wäre, wurde davon abgesehen, weil der Institutsbetrieb eine längere Unterbrechung erfahren hätte und weil kein geeigneter Bauplatz in zentraler Lage zur Verfügung stand. Ohne auf Details eingehen zu können, waren die Umstellung der Heizanlage von Ofenheizung in den Labors auf Zentralheizung, verbunden mit dem Bau des noch jetzt vorhandenen und als Lager genutzten Kesselhauses (s. Abb. 223), sowie die Schaffung geeigneterer Lichtverhältnisse (größere Fenster, verglaste Innentüren) und besserer „Ventilation" vordringlich. Wasser-, Elektro- und Gasleitungen mussten neu verlegt werden,

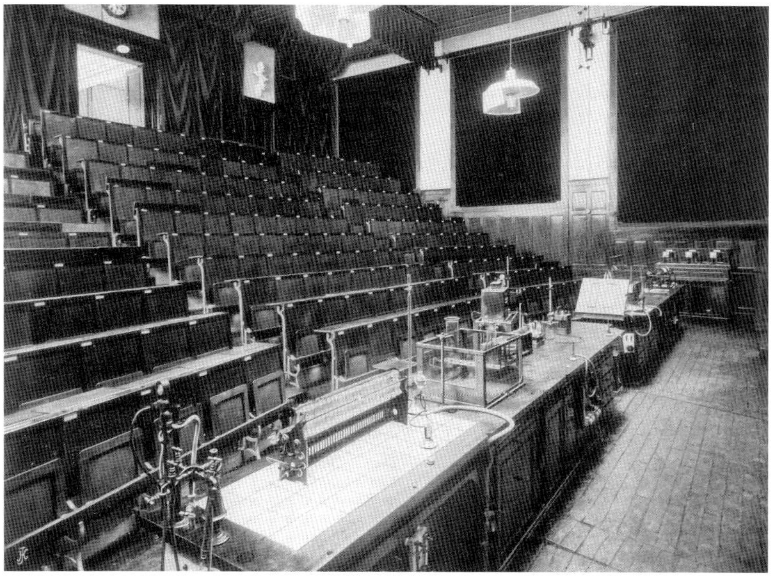

Abbildung 224
Großer Hörsaal Brüderstraße 34, Innenansicht, um 1908

Abbildung 225
Praktikumssaal im Gebäude Brüderstraße 34, um 1908

und Mauerdurchbrüche machten sich erforderlich. Neben der Neuausrüstung der Praktikumslabors (Abb. 225) wurden mehrere Räume für spezielle Arbeiten modern und praktisch eingerichtet, z. B. das Verbrennungszimmer, die Destillierhalle (Abb. 226), H_2S-Räume u. a. Wesentlich für die Lehre in der Angewandten Chemie war auch das Anlegen einer umfangreichen Sammlung chemisch-technischer Präparate, wozu zahlreiche Betriebe beisteuerten. Im Grundriss für das Erdgeschoss ist die Raumverteilung nach erfolgter Beckmannscher Rekonstruktion abgebildet (Abb. 227).

Die Wohnung des Direktors Beckmann wurde in der 2. Etage, zur Stephanstraße gelegen, eingerichtet. Dazu gehörte ein großer Garten (Abb. 228). Er war dort gelegen, wo 2005–2008 der Sonderlabore-Kubus entstand (s. Abb. 230). Beckmann hat nach Vollendung des Werkes alles unter dem Titel „Das Laboratorium für angewandte Chemie der Universität Leipzig in seiner neuen Gestaltung“[40] in Buchform dokumentiert.

Das Laboratorium für Angewandte Chemie und Pharmazie (1914–1930). Nach der 1912 erfolgten ehrenvollen Berufung von Beckmann als Gründungsdirektor des Kaiser-Wilhelm-Instituts für Chemie in Berlin wurden unter seinem Nachfolger Carl Paal (1860–1935) keine wesentlichen Umbauten getätigt. 1914 wurde es in „Laboratorium für angewandte Chemie und Pharmazie“ umbenannt, damit der zunehmenden Bedeutung der Pharmazie im Hause Rechnung tragend. Nach der 1928 stattgefundenen Emeritierung von Paal nahm Hugo Bauer (1874–1944) im Wintersemester 1929/30 dessen Verpflichtungen wahr. Mit der Berufung von Burckhardt Helferich (1887–1982) zum 1.4.1930 als Nachfolger von Arthur Hantzsch (1857–1935) auf den Lehrstuhl für Chemie wurde das Laboratorium für Angewandte Chemie und Pharmazie ihm unterstellt. Das Ordinariat für Angewandte Chemie erlosch.

Abbildung 226
Destillierhalle im Gebäude Brüderstraße 34, um 1908

Die Abteilung für Chemische Technologie und das Institut für Pharmazie (1930–1944). Die Abteilung für chemische Technologie, gebildet 1903 und seit dieser Zeit dem Ordinariat für Chemie zugeordnet, war bisher in der Liebigstraße 18 im Souterrain untergebracht und stand unter Leitung von Berthold Rassow (1866–1954). Sie siedelte 1930 in die Brüderstraße 34 um und wurde als eine weitgehend selbständige Abteilung in das Laboratorium für Angewandte Chemie und Pharmazie unter Helferich eingegliedert. Die neuen, besseren Arbeitsbedingungen und die Aufteilung der Räumlichkeiten in der Brüderstraße schilderte Helferich 1934 anschaulich in einem Bericht an Geheimrat Max von Seydewitz im Dresdener Kultusministerium:

„[...] Der Abteilung stehen zur Verfügung: ein Teil der Kellerräume, das Erdgeschoss und zwei

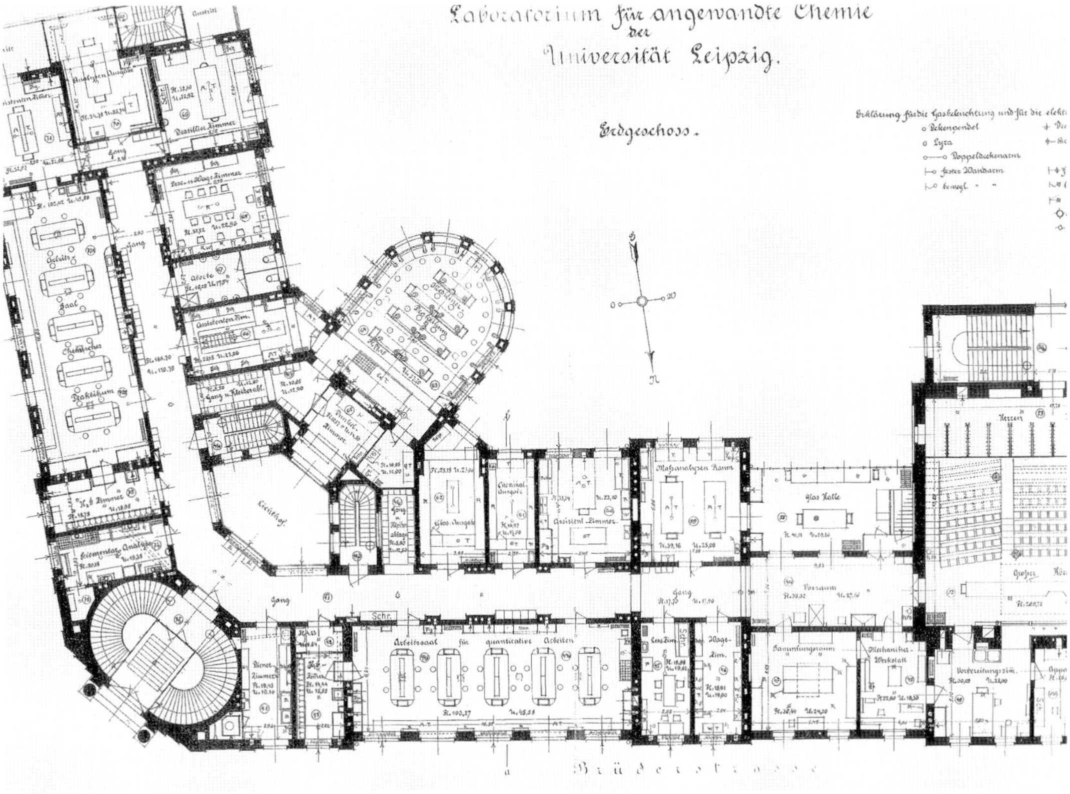

Abbildung 227
Grundriss Erdgeschoss Laboratorium für Angewandte Chemie

Zimmer im 1. Stock. Die übrigen Räume des Instituts sind von der pharmazeutischen Abteilung (Prof. Dr. K. H. Bauer) und dem Seminar für landwirtschaftliche Betriebslehre (Studiendir. Dr. Czygan) besetzt. Im Kellergeschoss befinden sich: das Gaspraktikum (zwei Räume), drei technische Räume (1. Rührwerke, Rührautoklav, Zentrifuge, 2. Destillationsapparate für Wasser, ein Zellstoffkocher; 3.ein Schüttelautoklav für 200 Atü und 300 °C., Einrichtungen für Arbeiten mit ultraviolettem Licht). Ferner mehrere Räume der Abteilung für Lackchemie mit Anlagen zum Mahlen und Mischen von Farben, eine Apparatur zur Bestimmung der Wasserbeständigkeit von Oel- und Lackfilmen, zwei Laboratoriumsräume und ein Arbeitszimmer des emerit. Herrn Geheimrat Prof. Dr. C. Paal und einige Abstellräume. Im Erdgeschoss befinden sich der Hörsaal mit Vorbereitungs- und Sammlungsräumen, ein Laboratorium des emerit. Herrn Prof. Dr. H. Stobbe, vier Arbeitszimmer der Abteilung für Lackchemie des Herrn Prof. Dr. J. Scheiber, ein Laboratorium des Herrn Prof. Dr. G. Heller, ein grosser Arbeitssaal für Praktikanten und Doktoranden, ein Laboratorium des Unterrichtsassistenten, ein grosser Sammlungssaal der chemisch-

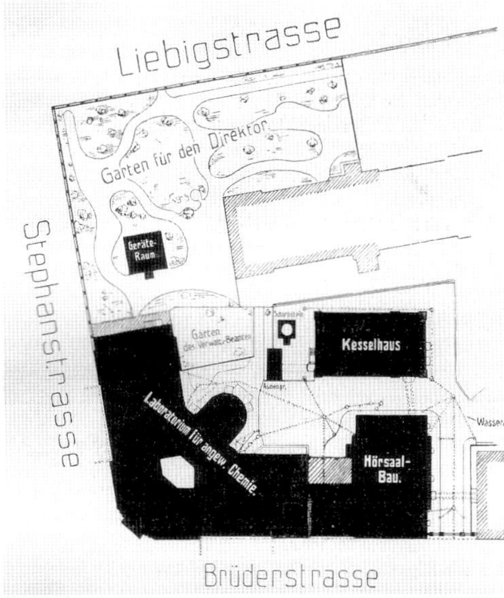

Abbildung 228
Lageplan des Gebäudeensembles Brüderstraße 34 einschließlich „Beckmann-Garten"

technologischen Sammlung (Industriepräparate), ein Verbrennungsraum mit je zwei Verbrennungs- und Bombenöfen, ein optisches Zimmer (Stufenphotometer, Mikrophotographie), eine Dunkelkammer, ein Wägezimmer, ein Raum für Elektroanalyse, ein technischer Raum (Hochvakuumapparatur, Hochvakuumölpumpe, Filterpresse, Zentrifuge, Holländer, Autoklaven, Schüttelapparaturen), ein Zentrifugenzimmer (Zwei Zentrifugen), ein Praktikantensaal für das Praktikum für Färberei und Zeugdruck mit Vorbereitungsraum, ein Zimmer für den Laboratoriumsgehilfen, eine Mechanikerwerkstatt (drei Räume) sowie zwei Räume für die Glas- und Chemikalienausgabe. Im 1. Stock befinden sich das Laboratorium und das Arbeitszimmer des Herrn Prof. Dr. B. Rassow."

Schließlich verselbständigte sich die pharmazeutische Abteilung unter Bauer und wurde am 9.5.1938 zum Institut für Pharmazie, das die Labors in den oberen Etagen innehatte (s. Abschn. Pharmazeutische Chemie). Da den Technischen Chemikern trotz enormer Bemühungen von Rassow die Gründung eines eigenen Instituts versagt blieb und Johannes Scheiber (1879–1961) diesbezüglich anlässlich seiner Berufung keine Forderungen stellte, etablierte sich hinfort die Technische Chemie im Erdgeschoss und im Souterrain des Gebäudes Brüderstraße 34. Immerhin verfügte die Abteilung für Chemische Technologie in der Brüderstraße 34 zu Beginn des 2. Weltkrieges über 90 studentische Arbeitsplätze, eine eigene Fachbibliothek und eine unter Rassow begonnene umfangreiche Sammlung chemisch-technischer Produkte.

Mehrseitig genutztes Universitätslaboratorium (1944–1999). Am 4.12.1943 versank das sogenannte „Akademische Viertel" durch Bombenangriffe der Alliierten in Schutt und Asche. Wie bereits oben beschrieben und im Abschnitt über den Zeitraum von 1945 bis 1951 mit den Berichten von Zeitzeugen belegt und in den Abschnitten über Anorganische, Organische und Physikalische Chemie speziell vertieft, kamen alle Chemischen Institute mit ihren Mitarbeitern und Studenten zusammengedrängt im „Alten Chemischen Institut" unter. Nachdem ab 1948 die Physikochemiker mit der Rückkehr in den Nordflügel des Physikalisch-Chemischen Instituts begannen, folgten ihnen Anfang 1951 die meisten Organiker und Anorganiker und bezogen das auf den Grundmauern des Kolbe-Baus 1949/50 errichtete Laboratoriumsgebäude in der Liebigstraße 18. Da die Raum-Kapazität dort, besonders auch für die Chemieausbildung für Mediziner und Stomatologen, nicht ausreichte, wurde aus der ursprünglichen „Notlösung" ein Dauerzustand. So verblieben im Erdgeschoss und Souterrain das von Eberhard Leibnitz (1910–1986) geleitete Institut für Chemische Technologie und der spätere Wissenschaftsbereich Technische Chemie bis zum Bezug des Neubaus Technikum Analytikum Ende der 80er Jahre. Weiterhin waren dort Praktikumssäle für das anorganisch-chemische Grundpraktikum und das Medizinerpraktikum, mehrere Labors des Instituts für Anorganische Chemie bzw. der daraus hervorgegangenen Forschungskollektive (FK), so des FK Heterocyclen und Metallchelate (W. Dietzsch; J. Reinhold, L. Beyer) mit dem Arbeitskreis Photochemie (H. Hennig, P. Thomas, R. Wagener), des FK Spurenanalytik (H. Müller, P. Gründler, O. Gürtler,), zeitweise das Isotopenlabor (C. Weiss) und langjährig die Labors der Elementaranalyse (Rudolf Martin), zugehörig zum Institut für Organische Chemie bzw. dessen Nachfolgebereiche. Die Labors für die Vorlesungsvorbereitung, besetzt mit Anorganikern und Organikern, befanden sich im unmittelbaren Einzugbereich des Experimental-

Abbildung 229
Haupt-Portal Brüderstraße 34 mit Inschrift „LABORATORIUM F. ANGEW. CHEMIE"

Abbildung 230
Der Sonderlabore-Kubus, ein Anbau am Gebäude Brüderstraße 34, 2009

hörsaales. Ab 1993 übernahm der Arbeitskreis Anorganische Chemie/Metallorganochemie (E. Hey-Hawkins) drei Labors im Erdgeschosstrakt an der Stephanstraße. In den 60er/70er Jahren wurden die altgedienten Holztische durch neue, nicht sehr strapazierfähige, Labormöbel bei laufendem Praktikums- und Forschungsbetrieb ersetzt. In der Nachkriegszeit und bei den zahlreichen Um- und Auszügen sind leider viele bewahrenswerte Geräte aus der Beckmann-Zeit verloren gegangen. Die Pharmazeuten waren nach wie vor in den oberen beiden Etagen verblieben.

Die Institute für Pharmazie und Biochemie (ab 1999). Nach dem 1999 erfolgten Auszug der Institute der Fakultät für Chemie und Mineralogie und der Übersiedlung in den naturwissenschaftlichen Campus im Linnédreieck waren die Zeit und die Gegebenheiten reif für eine umfassende Rekonstruktion des gesamten Gebäudekomplexes, nunmehr unter Leitung von Kurt Eger, dem Direktor des Instituts für Pharmazie und Dekan der Fakultät für Biowissenschaften, Pharmazie und Psychologie. Heute erstrahlt das denkmalgeschützte Gebäude samt rekonstruiertem Beckmann-Hörsaal innen und außen ansehnlich (s. Abb. 183). Es wird von den Instituten für Pharmazie und Biochemie genutzt. Über dem Hauptportal befindet sich die von Beckmann veranlasste und traditionsbewusst rekonstruierte Inschrift „LABORATORIUM F. ANGEW. CHEMIE" (Abb. 229).

Zwischen 2005 und 2008 wurde das Gebäude Brüderstraße 34 in der Stephanstraße in Richtung Liebigstraße durch einen Anbau erweitert. Mit einem Finanzvolumen von 6,5 Millionen Euro entstand ein „Sonderlabore-Kubus" für die Fakultät für Biowissenschaften, Pharmazie und Psychologie, vorwiegend genutzt durch die Institute für Biochemie, Pharmakologie und Zoologie. An dieser Stelle befand sich

Anfang des vorigen Jahrhunderts der Garten des Institutsdirektors Ernst Beckmann (Abb. 228). Der Kubus ist durch einen geschlossenen Übergang in der ersten Etage mit dem Hauptgebäude verbunden. Als eigenständiges Eckhaus schließt es somit auch eine städtische Raumkante, ohne den Bezug zum vorhandenen Bestand aufzugeben (Abb.230). Dieses architektonisch interessant gestaltete Gebäude nimmt Speziallaboratorien auf, in denen z. B. mit Viren und Bakterien sowie radioaktiven Stoffen gearbeitet wird, die hohen Schutzanforderungen (S3) genügen müssen. Für spezielle zoologische Forschungen sind schalldichte Labors erforderlich. Nach einem 2004 vom Staatsbetrieb Sächsisches Immobilien- und Baumanagement (Leiter: Wolfgang Trommer) ausgelobten Architektenwettbewerb setzte sich unter fünf eingeladenen das Architekturbüro (Ansgar) Schulz & (Benedikt) Schulz, Leipzig, mit seinem Entwurf durch. Die Gebäudehöhe, die Fenster und die Farbe der Außenwände sind an die des Hauptgebäudes angeglichen. Fluchten und Höhen korrespondieren so miteinander. Die Fenster sind Spezialanfertigungen mit einem speziell konstruierten Luftdurchlass an den Rändern der äußeren Scheiben: Glas, Rahmen und Beton der Fassade gehen scheinbar nahtlos ineinander über, so dass eine glatte Außenhaut entsteht. In den Gängen liegen die schnell erreichbaren Versorgungsleitungen auf Metallgittern an den Decken. Die Zentrale für die gesamte Haustechnik einschließlich komplizierter Be- und Entlüftungstechnik befindet sich im obersten Geschoss. Seitens der Fakultät war Prof. Mario Mörl für die Koordinierung der Baumaßnahmen zuständig. Die Übergabe des Anbaus erfolgte im Januar 2009.

Das Gebäude der Physikalischen Chemie, Linnéstraße 2

Ulf Messow

Der Neubau für das Physikalisch-chemische Institut. Ausführlich hat Wilhelm Ostwald (1853–1932) in der Festschrift zur Eröffnung des Physikalisch-chemischen Instituts 1898 die Räumlichkeiten des neuen Instituts in der Linnéstrasse beschrieben. Im Februar 1896 hatte der Sächsische Landtag 360 Tausend Mark (TM) für den Bau eines Physikalisch-chemischen Instituts bewilligt. Der Spatenstich erfolgte unmittelbar, und im Wintersemester 1897 konnte das neue Institut für Physikalische Chemie bereits seinen Lehr- und Forschungsbetrieb aufnehmen. Das Obergeschoss war den chemischen Arbeiten und der Beibehaltung notwendiger präparativer Arbeiten vorbehalten. Ostwald führte dazu aus: „Die Chemie war nach oben zu legen, damit die unvermeidlichen Gase und Dämpfe ihren Abzug finden konnten, ohne unterwegs die Möglichkeit zu haben, Schaden anzurichten [...]".[245] Das Untergeschoss stand den physikalisch-chemischen Arbeiten zur Verfügung. Die pharmazeutische Abteilung verblieb in der Brüderstrasse. Zwischen den beiden Gebäudeflügeln des Laboratoriums wurde das Wohnhaus des Direktors errichtet, das in der Aufnahme aus dem Jahre 1899[246] mit dem Blick auf den Südflügel zu sehen ist (Abb. 231).

Abbildung 231
Grundriss Erdgeschoss des Physikalisch-chemischen Instituts Linnéstraße 2

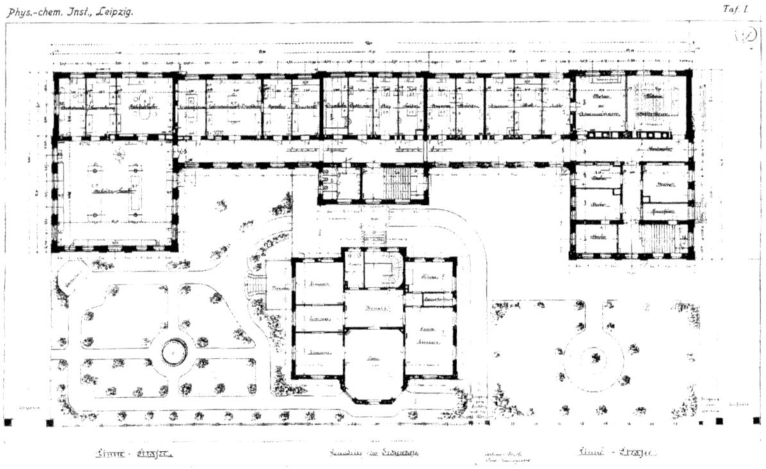

Wie sich Ostwald und seine Mitarbeiter um die schnelle und sachgemäße Fertigstellung des Neubaus bemühten, geht aus dem noch erhaltenen Briefwechsel hervor. So schreibt Robert Luther noch am 28.9.1897 an Ostwald:[247] „Entschuldigen Sie bitte, wenn wir Sie auch in Ihrer Sommerfrische [Ostwald hielt sich in Bad Schandau auf, d. A.] mit unseren Neubau-Sorgen nicht in Ruhe lassen. Es handelt sich aber um eine relativ wichtige Sache, die Stelle, wo die beiden Accumulatoren-Umschalter angebracht werden sollen. Die Monteure, welche die Leitung anlegen, machen Anstalten, die Umschalter nach unten in den Keller neben die Batterien zu verlegen und berufen sich dabei auf Lindner [Mitinhaber der Leipziger Firma Oscar Schöppe für Elektroinstallation, d. A.]. Letzteren habe ich heute leider nicht sprechen können, da er den ganzen Tag ausser dem Geschäft zu thun hatte. Ich weiß deshalb nicht, ob diese Neuerung von ihm selbst stammt, oder die Folge einer Rücksprache mit Ihnen ist." Am 29.9. fragte Georg Bredig auf einer Karte an:[248] „Ich bitte um Nachricht, wie hoch über den Tischplatten die Polklemmen der Hausleitung und der Stadtleitung gelegt werden sollen, welche an den Wänden angebracht sind [...]". Inklusive der Direktorwohnung betrugen letztendlich die Baukosten für das Physikalisch-chemische Institut 379 TM.[38] Während seines Festvortrages (Abb. 232) dankte Ostwald ausdrücklich seinen Assistenten Julius Wagner, Bredig, Luther und Wilhelm Smith: „[...] ihnen fiel auch die vielfach dornenreiche Aufgabe zu, die Ausführung der wissenschaftlichen Einrichtungen im einzelnen zu überwachen, und dafür Sorge zu tragen, dass den Absichten auch die Wirklichkeit entsprach."[245]

Der Umbau durch Le Blanc. Bereits nach zehn Jahren erfolgten am Neubau bauliche Veränderungen. Max Le Blanc (1865–1943) hatte 1906 im Rahmen der Berufungsverhandlungen für die Nachfolge von Ostwald eine Zusage für die Bewilligung von Mitteln für einen Um- und Anbau des Physikalisch-chemischen Instituts erhalten. Die durch Le Blanc eingeleiteten baulichen Maßnahmen veränderten die ursprünglich symmetrische U-Form des Instituts, und es entstanden zwei Flügel von ungleicher Länge und Höhe mit dem Mittelbau und der vorgelagerten Direktorwohnung (Abb. 233).

Unter dem für allgemeine chemische Arbeiten vorgesehenen Arbeits-Saal auf der linken Seite befand sich im Erdgeschoss der Arbeitssaal für physikalisch-chemische Arbeiten. Fast wörtlich gab Le Blanc 1909 die Beschreibung dieses großen Arbeitssaales aus dem Jahre 1898 mit den in den Tischen eingelassenen Wasserbehältern für die

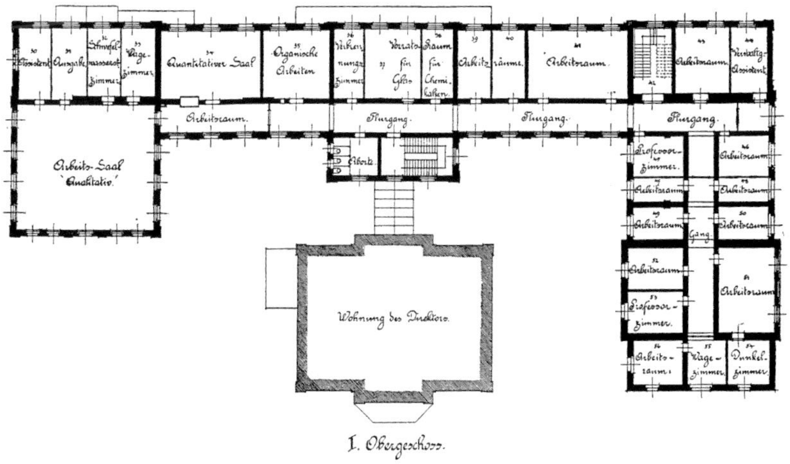

Abbildung 232
Festveranstaltung zur Einweihung des Physikalisch-chemischen Instituts am 3.1.1898

Abbildung 233
Grundriss I. Obergeschoß Physikalisch-chemisches Institut nach den Umbauten 1909/10.

Abbildung 234
Physikalisch-chemisches Institut Linnéstraße 2

Abbildung 235
In der Bibliothek des Physikalisch-chemischen Instituts

Abbildung 236
Der fast wiederhergestellte Nordflügel des Physikalisch-chemischen Instituts, um 1949

Abbildung 237
Festveranstaltung zum 125. Geburtstag von Wilhelm Ostwald im Hörsaal des Physikalisch-chemischen Instituts am 12.9.1978
Redner: Rektor Lothar Rathmann.
Von unten: 1. Reihe v. l.: Joachim Bittrich (1.), Armin Meisel (5.), Gerhard Geiseler (8.), Manfred Weißenfels (9.); 2. Reihe: Harry Pfeifer (1. v. l.); 3. Reihe: Michael Handschuh (1. v. r.); 4. Reihe v. l.: Peter Gründler (1.), Gerhard Werner (2.)

Aufnahme der Toluolthermoregulatoren wieder. An dem Südflügel waren seit 1898 außer der Erneuerung der Abzüge keine baulichen Veränderungen vorgenommen worden. Teile des Kellergeschosses und des ersten Obergeschosses des nördlichen Flügels waren ebenfalls von der physikalisch-chemischen Abteilung belegt. Detailliert ging Le Blanc auf die Nutzung und Funktion jedes Raumes ein.[38] Das Institut und die Direktorwohnung wurden mittels einer Niederdruckdampfheizung beheizt. Der Nordflügel war durch den Umbau aufgestockt worden und enthielt im 2. Obergeschoss zwei Vorbereitungszimmer nebst Sammlung sowie den großen und kleinen Hörsaal mit 140 bzw. 42 Sitzplätzen (Abb. 234). Der Hörsaal und die größeren Arbeitsräume verfügten über besondere Öffnungen für die Zu- und Abfuhr auch erwärmter Luft, die durch Ventilatoren hineingepresst wurde. Zur Beleuchtung diente neben Gasglühlicht auch elektrisches Licht aus der 220 V und 440 V Gleichstrom liefernden städtischen Leitung. Der jedem Praktikanten zur Verfügung stehende 10-Volt-Anschluß wurde den Institutsakkumulatoren entnommen. Ein kleiner Lesesaal und die Bibliothek befanden sich im Erdgeschoss (Abb. 235).

Zur Bibliothek schrieb Le Blanc: „Die Benutzung der Bibliothek steht jedem Institutsangehörigen frei, auch ist es gestattet, am Abend bei Schluß des Laboratoriums Bücher mit nach Hause zu nehmen, die am nächsten Morgen wieder eingestellt werden müssen."[38] Das Dachgeschoss enthielt auch einen Raum für die Sammlung, eine Assistentenwohnung und den Dachboden für den Hausmann. 1922/23 richtete sich Wolfgang Ostwald (1883–1943) einige Bodenräume für die Kolloidabteilung ein. Seit 1938 hatte Wolfgang Ostwald (er starb am 22.11.1943 in Dresden) in der Linnéstraße 2 gewohnt (vorher in der Brandvorwerkstraße).

Das Gebäude ab 1943. Bei dem schwersten Luftangriff auf Leipzig während des 2. Weltkrieges am 4.12.1943 wurde das Institut durch Brandbomben zerstört. Besonders stark war der Südflügel betroffen (s. Abb. 48) 1500 Flugzeuge warfen an diesem Tag Spreng- und Brandbomben auf die Innenstadt. Der am 5.2.1946 als Feinmechanikermeister angestellte und bis 1979 am Institut tätige Heinz Kaluscha schilderte eindrucksvoll die Situation nach dem Krieg[77] und den Wiederaufbau (Abb. 236, s. Abschnitte Nachkriegszeit, Werkstätten). 1951/52 vollzog sich der Umzug in den wieder aufgebauten Nordflügel und einen Teil des zweigeschossig errichteten Mittelbaus. Das Institut verfügte so wieder über einen Hörsaal mit 136 Plätzen, über drei Praktikums- und 24 Laborräume sowie Werkstatt-, Sammlungs- und Verwaltungsräume.[142] Anfänglich nutzte H. Staude (1901 bis 1983) Räumlichkeiten der 3. Etage als Wohnung. Das Gestühl im wiederhergestellten Hörsaal war um 180 Grad gedreht worden (vgl. Abb. 231 aus dem Jahre 1898). (Abb. 237)

Abbildung 238
Heiterkeit bei einer Institutsfeier im Hörsaal des Physikalisch-chemischen Instituts
K. Krause, R. Pfestorf, U. Messow (v. l.)

Sowohl der zweigeschossige Mittelbau als auch der Nordflügel wurden von 1990 bis 1993 vollständig saniert. Die eigenständige Warmwassererzeugung wurde eingestellt und das Institut an die städtische Fernwärmeversorgung angeschlossen. Anlass dazu war auch ein 1989 aufgetretener Schwelbrand in der Handbibliothek in der 3. Etage des Gebäudes, in der dann ein kleiner Seminarraum eingerichtet wurde. Der Hörsaal wurde renoviert (Abb. 238). 2007/08 wurde schließlich noch mit der Trockenlegung der Keller begonnen. Über Jahre hinweg musste das in die Kellerräume eintretende Grundwasser über eine ständig laufende Schlauchpumpe entfernt werden.

Seit den Festlichkeiten 1998 zum 100. Jahrestag der Einweihung des Physikalisch-chemischen Instituts im Jahre 1898 trägt das Institut den verpflichtenden Namen „Wilhelm-Ostwald-Institut für Physikalische und Theoretische Chemie" (s. Abb. 134).

Das Hauptgebäude der Universität Karl-Marx-Platz /Augustusplatz 10/11

Joachim Reinhold

Im Jahre 1968 wurden die im Krieg unversehrt gebliebene Universitätskirche (Paulinerkirche) und das teilzerstörte Universitätshauptgebäude (Augusteum) gesprengt, um Platz für den „ersten Neubau eines zentralen Universitätskomplexes" der DDR, „einer sozialistischen Universität an traditionsreicher Stätte" zu schaffen (Abb. 239). „Das neue Ensemble der Karl-Marx-Universität ist Ausdruck der Macht der

Abbildung 239
Hauptgebäude der Universität am Karl-Marx-Platz/Augustusplatz 10/11
(im Bild rechts)

Arbeiterklasse und ihrer Verbündeten, der beispielhaften Entwicklung der Wissenschaft zu einer Hauptproduktivkraft und einer im Herzen des Volkes verankerten Stätte der Forschung, Lehre, Aus- und Weiterbildung und des gesellschaftlich-geistigen Fortschritts, wie sie einzig und allein unter sozialistischen Gesellschaftsbedingungen möglich sind." In dem neuen Universitätskomplex sollten „über 7000 Wissenschaftler und Studenten" in „im Sinne der Hochschulreform von der Prognose der Wissenschaften" ausgehenden neu zu bildenden Sektionen wirken.[249]

Konkret war vorgesehen, dass die „Gesellschaftswissenschaften" und die „theoretischen" Naturwissenschaften den Neubaukomplex beziehen sollten. So wurde auch die Theoretische Chemie aufgefordert, einen Belegungsplan zunächst für eine ganze(!) Etage im Hochhaus aufzustellen. Die offensichtlichen Bestrebungen der Universitätsleitung, das Hauptgebäude ausschließlich für Verwaltungszwecke zu nutzen, wurden aber „von oben" gestoppt. Es gab die Auflage, in diesem Gebäude auch Wissenschaftsdisziplinen unterzubringen. So kam es bei der Inbetriebnahme des Gebäudes im Jahre 1971 zu folgender Etagenaufteilung: 1. Etage: Rektorat, 2. Etage: Universitätspartei- und -gewerkschaftsleitungen, 3. und 4. Etage: Mathematik, 5. Etage Physik (Südhälfte) und Chemie (Nordhälfte). Die Theoretische Physik konnte die Etagenhälfte ausfüllen, die Theoretische Chemie ihrerseits aber nur etwa zur Hälfte, da nur die Quantenchemiker das neue Domizil bezogen, der Arbeitskreis von W. Lorenz dagegen am Standort Linnéstraße 2 verblieb. Dies führte dazu, dass auch andere chemische Disziplinen Arbeitsräume in der 5. Etage erhielten: Analytische Chemie (R. Borsdorf), Technische Chemie (W. Flock, C. Bode), Physikalische Chemie (Arbeitskreise K. Quitzsch, A. Meisel, J. Fruwert). Separat davon erhielt auch die Chemiedidaktik ihre Büroräume im Neubaukomplex (Hochhaus und Hauptgebäude).

In den 90er Jahren expandierte die Informatik stark, unter diesem Druck musste die Chemie sukzessive Räume abgeben. Schließlich verblieben nur noch die Quantenchemiker und B. Arndt von der Chemiedidaktik in der 5. Etage des Hauptgebäudes, bis der Standort Augustusplatz mit Fertigstellung des Neubaus in der Johannisallee 29 im Jahre 1999 ganz aufgegeben wurde.

Das Gebäude wurde 2007 abgerissen. An seiner Stelle wird gegenwärtig nach Plänen des holländischen Architekten Erick van Eggerath das Paulinum und das Neue Augusteum errichtet, die anlässlich des 600-jährigen Universitätsjubiläums 2009 als zentrales Gebäudeensemble übergeben werden sollen.

Das Technikum Analytikum Linnéstraße 3

Werner Engewald

Von der Idee zum „Staatsplanvorhaben". Als der Anorganiker Horst Hennig im September 1980 das Amt des Prorektors für Naturwissenschaften antrat, stellte er sich das ehrgeizige Ziel, die Raumsituation in den Naturwissenschaften zu verbessern. Obwohl die Leipziger Universität traditionell ein Zentrum der Naturwissenschaften war, und die Bausubstanz inzwischen einen durchschnittlichen Verschleißgrad von über 70 % erreicht hatte, gab es seit den 60er Jahren keinen Neubau in diesem Bereich.

Als besonders kritisch wurden von der Gutachterstelle die Gebäude der Chemie eingeschätzt, die zum überwiegenden Teil noch aus dem 19. Jahrhundert stammten und teilweise nur noch mit Ausnahmegenehmigungen betrieben werden konnten. Aber die Chancen für eine Realisierung waren sehr gering, weil ein beträchtlicher Teil der Leipziger Baukapazität in Berlin im „Sonderprogramm Hauptstadt der DDR" gebunden war und auf der Dringlichkeitsliste der Universität andere Vorhaben, wie die Rekonstruktion der Chirurgie/Radiologie sowie der Fernwärmeversorgung für das Klinikum, die Neubauten für eine zentrale Speiseversorgung und eine Zentralwäscherei ganz oben standen, um die schon jahrelang gerungen wurde. Daran war nicht zu rütteln; es musste also eine zusätzliche Investition erreicht werden. Gemäß einem Ministerratsbeschluss sollten im Bereich des Ministeriums für das Hoch- und Fachschulwesen (MHF) nur Technika oder Studenteninternate gebaut werden. Die Staatsführung der

DDR erhoffte sich mit den Technika „eine unverzügliche Überführung und umfassende Nutzung von Forschungsergebnissen der Universitäten und Hochschulen" in Verbindung mit der Ausbildung der Studenten und des wissenschaftlichen Nachwuchses.

Ausgehend von den Leipziger Traditionen in Analytischer Chemie und Spektroskopie (s. Abschn. Analytische Chemie und die Zeittafel unten), dem Verständnis von der Analytik als Wissenschaftsdisziplin von der Gewinnung von Informationen über stoffliche Systeme im weitesten Sinne sowie den sich daraus ergebenden Verflechtungen, wurden ihre Weiterentwicklung und Integration mit relevanten Wissenschaftsgebieten die Kernpunkte einer Konzeption, die ihren Ausdruck in dem etwas ungewöhnlichen Begriff „Technikum Analytikum" (TA) fand.

Der Prorektor beauftragte zunächst auf vertraulicher Basis G. Werner und H. Müller von der Sektion Chemie mit ersten konzeptionellen Vorarbeiten für ein Technikum Analytikum, um die Realisierbarkeit eines derartigen Vorhabens unter den Bedingungen in Leipzig zu prüfen sowie die für eine Bauvorbereitung in der DDR erforderlichen Planungsabschnitte Technisch-ökonomische Zielstellung (TÖZ), Aufgabenstellung (AST) und Dokumentation zur Grundsatzentscheidung (GE) in Angriff nehmen zu können. Im Juni 1981 übergab H. Müller, der als Professor an die TH Leuna-Merseburg berufen worden war, seine diesbezüglichen Aufgaben an W. Engewald, der in den folgenden neun Jahren bis zur Schlüsselübergabe im Oktober 1990 an allen Etappen der Vorbereitung und Realisierung maßgeblich beteiligt war. Bereits die ersten Untersuchungen zeigten, dass für einen Baukörper mit etwa 200 Arbeitsplätzen mit einem Kostenaufwand von deutlich über 20 Millionen Mark (der DDR) gerechnet werden musste. Damit war eine weitere Hürde zu nehmen, denn nur Investitionen bis 20 Millionen Mark konnten im zuständigen Ministerium bewilligt werden. Über größere Vorhaben musste der Ministerrat entscheiden. Um zu den äußerst knappen Investitionsmitteln zu gelangen, war es notwendig, Leistungsangebote und Konzepte für ein Technikum Analytikum auszuarbeiten, die einen großen volkswirtschaftlichen Nutzen versprachen. Weiterhin musste die Notwendigkeit eines Neubaus hinreichend begründet werden, verbunden mit dem Nachweis, dass die vorgesehenen Aufgaben und versprochenen Leistungen nicht durch Rekonstruktion der vorhandenen Altbausubstanz erbracht werden könnten.

Als das Vorhaben Technikum Analytikum in der Universitäts-Öffentlichkeit vorgestellt wurde, glaubten nur wenige an einen Erfolg, jedoch hat sich keiner der angesprochenen Professoren und Mitarbeiter einer Beteiligung bei der weiteren Vorbereitung von „Hennigs Wolkenkuckucksheim" – wie es von den meisten belächelt wurde – verweigert, so prekär war die Raumsituation inzwischen. H. Hennig ließ sich von der Skepsis nicht beeindrucken. Beharrlich trieb er die Vorbereitungen weiter voran. Er suchte und fand einflussreiche Verbündete im Rektoratskollegium, im MHF (wo die Leipziger Situation bestens bekannt war) sowie in der Industrie. Stabile Partnerschaften zu Industriekombinaten im Rahmen der Vertragsforschung sowie insbesondere die Intensivierung der Beziehungen zum VEB Chemieanlagenbaukombinat Leipzig-Grimma (CLG) führten schließlich zur Bereitschaft der Industrie, sich an der Finanzierung des TA maßgeblich zu beteiligen.

1983 einigte man sich nach intensiven Diskussionen innerhalb der Universität auf einen Baukörper von ca. 5700 m² Nutzfläche mit einem hohem Maß an technischen Installationen, für den nach den üblichen Richtsätzen und ohne gerätetechnische Ausstattung ein Gesamt-Investitionsaufwand von 40 bis 41 Millionen Mark ermittelt wurde. Entsprechend den Gegebenheiten eines Technikums musste auf Hörsäle und Seminarräume verzichtet und an Büroräumen gespart werden.

Im Technikum Analytikum sollten folgende Bereiche untergebracht werden:

	Nutzfläche in m²	ständige Arbeitsplätze
Instrumentalanalytik	2700	100
Prozessanalytik	1200	45
Opto-Mikroelektronik	1000	35
Wissenschaftlicher Gerätebau	800	40

Der Bereich Instrumentalanalytik umfasste den Wissenschaftsbereich Analytische Chemie sowie einige spektroskopische Labors der Physikalischen Chemie und der Sektion Physik; unter Prozessanalytik verbarg sich im wesentlichen der Wissenschaftsbereich Technische Chemie; die Opto- und Mikroelektronik setzte sich aus Arbeitsgruppen der Wissenschaftsbereiche Anorganische Chemie (Festkörperchemie) und Kristallographie der Sektion Chemie und des Wissenschaftsbereiches Festkörperphysik der Sektion Physik zusammen; der Wissenschaftliche Gerätebau beinhaltete die 1982 neu gegründete Zentrale Abteilung für Wissenschaftlichen Gerätebau.

Im weiteren Verlauf der Investitionsvorbereitung blieben Änderungen bezüglich der unterzubringenden Bereiche und zugewiesenen Flächen nicht aus. Gravierend war 1985 die nachträgliche Einordnung des Zentrallabors für Kohleanalytik (ca. 45 Arbeitsplätze), dem Gemeinschaftsunternehmen des Kombinates Chemieanlagenbau Leipzig-Grimma und der KMU, einem so genannten „Industrie-Hochschul-Komplex".

Als problematisch gestaltete sich auch die Auswahl eines geeigneten Standortes. In die ersten Untersuchungen wurden fünf Standorte einbezogen, von denen in der zweiten Etappe drei intensiv untersucht wurden. Die Baulücke in der Linnéstraße, parallel zum Gebäudekomplex der Physik, erwies sich als Vorzugsvariante. Die Leitung der Sektion Physik stimmte schweren Herzen zu, war doch ein Teil dieser Fläche als Vorbehaltsfläche für einen Erweiterungsbau Physik ausgewiesen. Da eine detaillierte Beschreibung des mühevollen Weges bis zur Aufnahme in den Staatsplan und der Bestätigung der Dokumentation zur Grundsatzentscheidung den Rahmen dieses Beitrages sprengen würde, sind die wichtigsten Ereignisse in einer Zeittafel (s. unten) zusammengefasst. Mit Fleiß, Durchsetzungsvermögen und Ideenreichtum der Beteiligten gelang es, eine Hürde nach der anderen zu nehmen, auch wenn die eingereichten Unterlagen oft nachgebessert werden mussten. Dies war eine übliche Praxis in dieser Zeit. Ständig war vor allem eine Präzisierung und Verbesserung des Leistungsangebotes gefragt. Mit der Übernahme der Funktion des Generalauftragnehmers sowie des Generalprojektanten durch das CLG erhöhten sich die Realisierungschancen zwar beträchtlich; andererseits wurde damit das TA wie ein Industriebau behandelt, in dem alle Einrichtungen für einen längeren Zeitraum fixiert sind. In intensiver Kooperation mit den Architekten und technischen Projektanten konnte eine Lösung gefunden werden, die die Wünsche der künftigen Nutzer nach flexibler Nutzung und variabler Anordnung von Forschungsgeräten weitgehend berücksichtigte, wie es dem internationalen Trend entsprach.

Abbildung 240
Grundsteinlegung für das Technikum Analytikum am 2. April 1986

Die Baudurchführung – Verzögerungen und Mehrkosten. Die Realisierung des Bauvorhabens erwies sich keinesfalls einfacher als die Vorbereitung. Es zeigten sich immer deutlicher die Versorgungsschwierigkeiten in der DDR. Bereits bei den bauvorbereitenden Maßnahmen (Geländeberäumung, Verlegen von Versorgungsleitungen, Gründungs- und Erschließungsarbeiten, Baustelleneinrichtung), die aus Kapazitätsgründen weitgehend von der Universität übernommen werden mussten, konnte der Zeitplan nur durch Arbeitseinsätze von Mitarbeitern und Studenten eingehalten werden. Diese Arbeitseinsätze mussten während der gesamten Bauphase fortgesetzt werden.

Am 2.4.1986 erfolgte an der Stelle, an der am 4.12.1943 die Physikalischen Institute in Trümmern versanken, die feierliche Grundsteinlegung (Abb. 240) durch die drei traditionellen Hammerschläge, ausgeführt vom stellvertretenden Minister für das Hoch- und Fachschulwesen Garscha im Beisein von Politprominenz aus Berlin und Leipzig. Lieferschwierigkeiten und ungenügende personelle Kapazität führten bald zu Verzögerungen gegenüber dem Bauablaufplan. Wegen kurzfristiger Exportverpflichtungen des Plattenwerkes drohte im Sommer 1986 ein Lieferstopp für Betonelemente und damit die Stilllegung der Baustelle. Mit Arbeitseinsätzen von Chemie- und Physikstudenten in den Betonwerken Heringen, Rudolstadt und Arnstadt vom 1.7. bis 19.12.1986 in sechs Durchgängen von je drei Wochen gelang es, dies zu verhindern. Auch die Wisssenschaftler beteiligten sich an Arbeitseinsätzen (Abb. 241). Durch aufwändige Sonderstudienpläne konnten die dadurch verursachten Ausfälle im Lehr- und Praktikumsbetrieb weitgehend kompensiert werden. Die Verzögerungen setzten sich auch bei den technischen Gewerken fort. Erschwerend wirkte sich aus, dass die im Staatsplan zugewiesene „ZX-Nummer" (vgl. Zeittafel) nicht einer besonders hohen Dringlichkeit gemäß einer gültigen Dringlichkeitsskala entsprach, um das Bauvorhaben TA bei den Haupt- und Nachauftragnehmern vorrangig einzuordnen. H. Hennig, ab 2.12.1987 Rektor der KMU, musste zusammen mit der Führungsspitze des Chemieanlagenbaukombinates, dem Kombinatsdirektor Dr. Gerd Wohllebe, Forschungsdirektor Prof. Kunze und Planungsdirektor Leubuscher, allen Einfluss aufbieten, damit das Vorhaben nicht zu einer sogenannten „Investruine" verkam. Mehrmals wurde die Terminkette verschoben. Zudem ergab sich eine beträchtliche Kostenerhöhung, die vorwiegend durch die erforderlichen technischen Ausrüstungen verursacht wurde. Wieder kam Hilfe vom Chemieanlagenbaukombinat Leipzig-Grimma: Es erklärte sich bereit, Mehrkosten von zwölf Millionen Mark als Erhöhung seiner Beteiligung am TA inklusive Kohlelabor zu übernehmen. Diese Festlegung wurde im 1. Nachtrag zum Organisationsvertrag zwischen KMU, CLG und dem Kombinat Mikroelektronik Erfurt (KME) vom 10.5.1989 getroffen und niedergelegt. Ab 1989 wurden die ersten Abschnitte des TA an die Nutzer übergeben und in Betrieb genommen. Das „gleichzeitige Bauen und Forschen" war mit zahlreichen Erschwernissen verbunden und erforderte viel gegenseitige Rücksichtnahme von Monteuren und Nutzern.

Abbildung 241
Klaus Schulze und Frank Höppner (v. l.) beim Arbeitseinsatz am Technikum Analytikum

Der im Herbst 1989 eingeleitete Umbruch in Gesellschaft, Wirtschaft und Hochschulwesen führte auch zu Turbulenzen für das TA, das eigentlich schon längst fertig sein sollte. Zu Beginn des Jahres 1990 wurden die Industrieanteile des Zentrallabors für Kohleanalytik an die Universität überführt und hauptsächlich der Sektion Chemie zugeordnet. Wenig später wurde die Zentrale Abteilung für Wissenschaftlichen Gerätebau aufgelöst. Die restlichen Montagearbeiten gingen zügig voran, doch mit der Einführung der D-Mark und Umwandlung der Kombinate in Kapitalgesellschaften, die mit Liquiditätsproblemen zu kämpfen hatten, war die Finanzierung des TA nicht mehr gesichert. Die Nachfolgeunternehmen des VEB Chemieanlagenbaukombinates Leipzig-Grimma kündigten die bestehenden Verträge mit der Universität und waren nicht mehr bereit und in der Lage, die Kosten in Höhe von zwölf Millionen Mark der DDR zu übernehmen, und die Universität konnte die eingehenden Rechnungen nicht begleichen. Damit war die Übergabe des TA vom Generalauftragnehmer an die Universität gefährdet. Nachdem buchstäblich in letzter Minute der Minister für Bildung und Wissenschaft der letzten DDR-Regierung, Prof. Dr. Hans-Joachim Meyer, die mehrfach beantragten Mittel bereit gestellt hatte – die Baukosten beliefen sich insgesamt auf 65 Millionen Mark der DDR –, konnte am 26.10.1990 das Technikum Analytikum an die KMU übergeben werden. Gleichzeitig wurden die für den Wissenschaft-

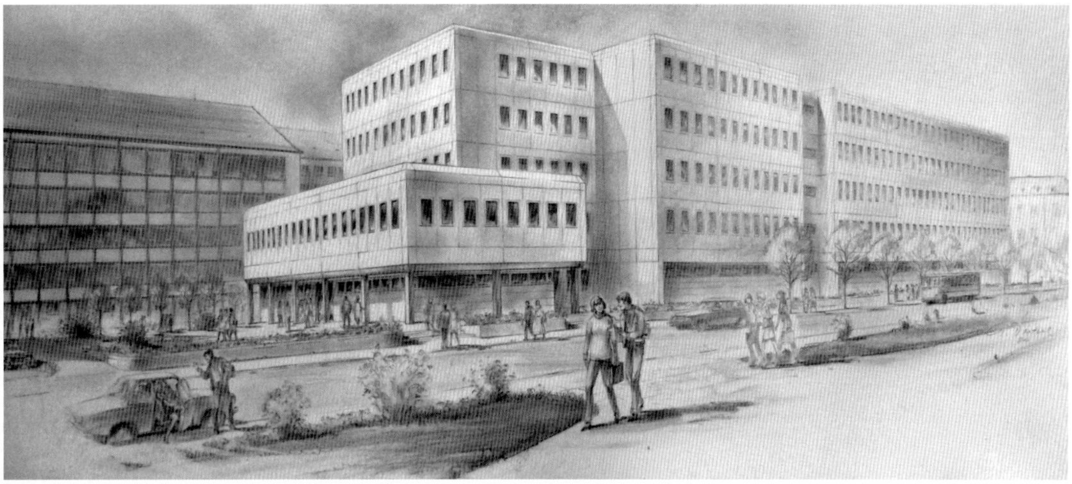

Abbildung 242
Technikum Analytikum. Entwurfszeichnung BMK Süd

lichen Gerätebau vorgesehenen Räume dem Institut für Klinische Immunologie des Bereiches Medizin zur Nutzung übergeben, das seinen Standort wegen Ansprüchen von Alteigentümern dringend verlassen musste.

Der Baukörper – ein nüchterner Zweckbau. Das TA besteht aus insgesamt vier Bauwerken (BW), die aus Stahlbeton- Fertigteil-Konstruktionen in Stützen-Riegel-Bauweise nach dem damaligen DDR-Standard „Vereinheitlichter Geschoßbau" VGB (Querriegellage), Bausystem SKBS 75, errichtet wurden. Die einzelnen Bauwerke bilden statisch-konstruktiv selbständige Bauteile, wobei sich BW1 und BW2 als ein zusammenhängendes Gebäude in Nord-Süd- Ausrichtung entlang der Linnéstraße mit den Grundrissabmessungen von ca. 92 m x 23 m darstellt (Abb. 242). In der Mitte ist dieses Gebäude rechtwinklig an einen Flügel des Gebäudekomplexes der Physik angebunden. In zwei Etagen wurden entsprechende Übergänge geschaffen. Die lange Fassade wird nur durch Rillen in den Betonplatten sowie durch einige nach außen ragende prismenartige Fensterstreifen etwas aufgelockert.

Die Gebäudekenndaten verdeutlichen die Größe des Bauwerkes: Bruttogrundfläche (BGF) 12.112 m^2, Nettofläche 6.547 m^2, Bruttorauminhalt 44.483 m^2.

Bauwerk 1: BGF 7.036 m^2, 6 Vollgeschosse mit hofseitigem 3-geschossigem Anbau, teilunterkellert
Bauwerk 2: BGF 4.436 m^2, 5 Vollgeschosse, nicht unterkellert
Bauwerk 3: BGF 640 m^2, 2 Vollgeschosse, nicht unterkellert; verbunden auf beiden Ebenen mit dem BW2.
Bauwerk 4: abgesetzter eingeschossiger Flachbau auf der Hofseite zur Lagerung von Gasflaschen und Aufbereitung von Hilfsstoffen.

Als vorteilhaft sowohl für die Baudurchführung als auch für Wartung, Instandhaltung und erforderliche Nachrüstungen erwies sich die Anordnung von zwei zentralen Versorgungsschächten im Gebäude. Beim Anschluss des Gebäudes an die städtische Fernwärmeversorgung konnten durch großzügige Dimensionierung der Wärmeübergabestation die Voraussetzungen geschaffen werden, um die völlig veralteten Kohleheizungsanlagen im benachbarten Gebäude Linnéstr.3 (Physikalische Chemie) sowie in den Gewächshäusern des Botanischen Gartens stillzulegen.

Im TA werden 114 Räume als Laboratorien oder Messräume genutzt, für die neben den üblichen Medien Stadtgas und Druckluft auch eine zentrale Versorgung mit Spezialgasen, wie Reinst-Stickstoff, Argon und Wasserstoff, installiert wurde. Stickstoff und Argon werden aus Flüssigtanks mit Verdampferanlagen bereitgestellt; die zentrale Wasserstoff-Versorgung erfolgt aus Flaschenbatterien. Einige Labors sind mit einer Heliumrückführungsleitung ausgestattet.

Zeittafel zur Errichtung

Vorgeschichte

11/69 Gründung der „Interdisziplinären Arbeitsgemeinschaft AIII-BV-Halbleiter", geleitet von E. Butter (Chemie) und K. Unger (Physik)

1970 Konzeption zur Einrichtung eines „Zentrums für Analytik und Prozesskontrolle " (ZAP) an der Universität Leipzig als Leiteinrichtung des Hochschulwesens für Koordinierung, Forschung, Aus- und Weiterbildung auf diesen Gebieten

6/75 Beschluss des Ministerrates zum Aufbau von Technika im Bereich des Hochschulwesens mit dem Ziel, „die Durchgängigkeit von der Grundlagenforschung über die Entwicklung, Konstruktion und Technologie bis zur Produktion in bedeutenden Gebieten grundlegend zu verbessern"

1977 Gründung von „Methodisch-Diagnostischen Zentren" (MDZ) im Hochschulwesen:
– An der Sektion Chemie: „Analytisches Zentrum" (19.1.1977; Leiter: G. Werner)
– An der Sektion Physik: „Hochfrequenzspektroskopie" (Leiter: W. Windsch)

8/80 Gründung der Territorialen Nutzergemeinschaft (TNG) für analytische und spektroskopische Geräte

Von der Idee zum Staatsplanvorhaben

10/80 H. Hennig, neuer Prorektor für Naturwissenschaften, beauftragt G. Werner und H. Müller, erste Konzeptionen über Aufbau und Nutzung eines „Technikum Analytikum" zu erarbeiten

6/81 W. Engewald übernimmt die Aufgabe von H. Müller,

1/82 Beginn der Grundfondwirtschaftlichen Untersuchungen (GWU) unter Federführung des Projektierungsbüros an der Technischen Hochschule Leipzig (Leiter: Dr. Mansfeld): Baukörper, Standort, Medien, Nachnutzungskonzeption für Altbausubstanz

5/82 ? Gründung der Zentralen Abteilung für Wissenschaftlichen Gerätebau an der Universität

28.10.82 Beschluss des Ministerrates (Nr. 37-5) „Über die Konzeption zur langfristigen Entwicklung der Technika an Universitäten und Hochschulen" mit der Festlegung zur Vorbereitung der Errichtung eines Technikum Analytikum

1/83 Ministerium für Hoch- und Fachschulwesen (MHF) beauftragt die Universität mit der weiteren Vorbereitung des TA als Gemeinschaftsinvestition des MHF (50 %) mit den Ministerien für Chemische Industrie (MfC; 30 %) und für Elektrotechnik-Elektronik (MEE; 20 %) sowie mit der Wahrnehmung der Funktion des Investitionsauftraggebers (IAG)

1/83 Bildung einer ständigen Arbeitsgruppe Technikum Analytikum im Direktorat Technik, der W. Engewald als Beauftragter der Nutzer angehört;
Einstellung eines erfahrenen Bauvorbereitungsingenieurs (U. Voigtländer)

1/83 Bildung einer Nutzergruppe aus Vertretern aller vorgesehenen Bereiche unter Leitung von W. Engewald mit R. Wennrich und R. Salzer (Instrumentelle Analytik), D. Kießling (Prozessanalytik), W. Seifert, ab 12/83 V. Gottschalch (Mikroelektronik), M. Welter (Wissenschaftlicher Gerätebau), R. Flagmeyer (Vertreter der Sektion Physik, ab 3/83), J. Lerchner (EDV-Konzeption, ab1986), J. Stach (Zentrallabor für Kohleanalytik, ab 1987) und J. Schmelzer (ab 1987).

6/83 Vorlage des Raumbuches mit detaillierten Raumanforderungen der Nutzer und in der weiteren Bearbeitung mit technischen Angaben präzisiert

25.2.83 Entscheidung der Universitätsleitung für den Standort Linnéstraße

29.12.83 Bestätigung der Technisch-Ökonomische Zielstellung (TÖZ) durch das MHF

2/84 Gründung einer Stabsgruppe TA zur Wahrnehmung der IAG-Funktion im Direktorat für Technik (komm. Leiter: W. Engewald)

14.3.84 Beschluss des Präsidiums des Ministerrates der DDR (Nr. 126/I.5./84) über die Vorbereitung des Aufbaus eines Technikum Analytikum an der KMU Leipzig;

Einordnung des Investitionsvorhabens in den Staatsplan Wissenschaft und Technik (Staatliche Auflage 1985 unter Nr. ZX 03.00.19802)

5/84	Doz. Dr. P. Wonerow (Wirtschaftswissenschaftler) mit der Leitung der Stabsgruppe beauftragt; W. Engewald als Stellvertreter eingesetzt; Dipl.-Ing. Wolfgang Engel von der Sektion Chemie in die Stabsgruppe delegiert
1.2.85	Bestätigung des Ministers für Hoch- und Fachschulwesen zur Einrichtung eines „Zentrallabors für Kohleanalytik" als Gemeinschaftsvorhaben von KMU und CLG im Rahmen des Technikum Analytikum
11.2.85	Bestätigung der Dokumentation zur Aufgabenstellung (AST) für das Technikum Analytikum durch den Minister für Hoch- und Fachschulwesen
2/85	Bautechnische Lösung vom BMK Süd, IPRO Dresden, vorgelegt; Nachträgliche Einordnung des neu gegründeten „Zentrallabors für Kohleanalytik" in den Baukörper
3/85	G. Werner wird zum Leiter des TA und in dieser Funktion ab 9/85 zum 3. Stellvertreter des Direktors der Sektion Chemie berufen
16.9.85	Organisationsvertrag zwischen der KMU und den Kombinaten für Chemieanlagenbau Leipzig-Grimma (CLG) sowie für Mikroelektronik Erfurt (KME) über die Finanzierung der Investition (50/30/20%)
1985 ??	Übernahme der Funktion des Generalauftragnehmers sowie der Ausführungsplanung für alle Gewerke durch das CLG
27.9.85	Bestätigung der Grundsatzentscheidung (GE) durch das MHF

Baudurchführung

5/85	Beginn von bauvorbereitenden Maßnahmen: Geländeberäumung, Verlegen von Versorgungsleitungen, Gründungs- und Erschließungsarbeiten, Baustelleneinrichtung durch das Direktorat für Technik der Universität, erste Arbeitseinsätze von Mitarbeitern und Studenten
2/86	Aushub der Baugrube
11.2.86	Erster Nachtrag zur Grundsatzentscheidung bestätigt (neue Terminkette)
2.4.86	Grundsteinlegung
6/86	Stilllegung der Baustelle durch kurzfristigen Lieferstopp der Betonelemente; kann durch Arbeitseinsätze von Chemie- und Physikstudenten in den Betonwerken Heringen, Rudolstadt und Arnstadt vom 1.7. bis 19.12.86 aufgehoben werden
6/87	Aktualisiertes verbindliches Angebot des GAN: Investaufwand steigt auf 66 Millionen Mark der DDR
29.4.88	Richtfest
9/88	W. Engewald übernimmt von G. Werner, der zum Direktor der Sektion Chemie berufen wird, die Leitung des TA und wird als dritter Stellvertreter des Sektionsdirektors berufen; W. Engel wird als Technischer Leiter des TA und D. Hentschel als Umzugsverantwortlicher eingesetzt
ab 1/89	etappenweise Inbetriebnahme und Nutzung: „gleichzeitig Forschen und Bauen"
10.5.89	1. Nachtrag zum Organisationsvertrag zwischen KMU, CLG und KME vom 16.9.85: das CLG übernimmt 12 Millionen Mark Mehrkosten als Erhöhung seiner Beteiligung am TA
1/90	Überführung der Industrieanteile des Zentrallabors für die Kohleanalytik in den Bestand der Universität
??/90	Auflösung der Zentralen Abteilung für Wissenschaftlichen Gerätebau
29.6.90	Aufkündigung des Organisationsvertrages und des 1. Nachtrages vom 10.5.89 seitens der Nachfolgeunternehmen des Chemieanlagenbaukombinates Leipzig-Grimma; es entsteht eine Finanzlücke von 12 Millionen Mark
10/90	Bereitstellung der Mittel durch das Ministerium für Bildung und Wissenschaft
26.10.90	Übergabe des Technikum Analytikum an die Universität

Ausblick – notwendige Rekonstruktion. 1990 wurde die ursprüngliche Zielstellung für das TA überflüssig, und das TA konnte als Universitätsgebäude für Forschung und Lehre genutzt werden. (Abb. 243) Damit entstand eine solide räumliche Basis mit guten Arbeitsbedingungen für die Analytische Chemie, die Technische Chemie sowie für Teile der Anorganischen Chemie und der Physikalischen Chemie, was auch bei der Hochschul-Evaluierung gewürdigt wurde.

Mit mehr oder weniger großem bautechnischem Aufwand wurden nach und nach neue Großgeräte installiert. Der ursprüngliche Reinraumkomplex wurde in normale Laboratorien und Messräume umgewandelt. Die Cafeteria wurde in dringend benötigte Messräume für NMR-Spektroskopie und hochauflösende Massenspektrometrie umgerüstet.

Abbildung 243
Das Technikum Analytikum Linnéstraße 3
2006

Mit fortschreitender Nutzungsdauer zeigten sich erste Mängel wie Gebäudesenkungen im südlichen Bereich, schlechte Wärmeisolation der vorstehenden Gebäudeteile, ungeeignetes Material für Rohrleitungen, Korrosions- und Verschleißerscheinungen sowie hohe Heiz- und Unterhaltungskosten. So wurde bereits 1992 ein völlig neues Versorgungssystem für Stickstoff und Wasserstoff installiert, bestehend aus über 2000 Metern Kupfer- bzw. Edelstahlrohr mit den entsprechenden Armaturen. In den folgenden Jahren mussten auch andere Versorgungssysteme (Kühlsystem) erneuert sowie im Rahmen kleiner Baumaßnahmen einige Modernisierungen vorgenommen werden – vorrangig bedingt durch die Installation von Großgeräten und neue Anforderungen der Forschungsgruppen.

Den aktuellen Sicherheitsstandards, insbesondere des bautechnischen Brandschutzes, wie auch den technischen Forderungen an die Elektroinstallation und die Gewerke Heizung-Lüftung-Sanitär wird das Gebäude jedoch in keiner Weise mehr gerecht. Der laut Einigungsvertrag bestehende Bestandsschutz ist durch zahlreiche Erweiterungen und Anpassungen der technischen Systeme erloschen. Die Hauptanlagen der technischen Gebäudeausrüstung aus der Errichtungszeit sind hochgradig verschlissen und können nicht mehr wirtschaftlich betrieben werden. Es wird daher eine Sanierung des TA, beginnend 2009, vorbereitet, die eine Erneuerung aller technischen Netze, die Beseitigung der Sicherheitsmängel im bautechnischen Brandschutz einschließlich Flucht- und Rettungswegen, die Schaffung eines barrierefreien Zuganges und die Erneuerung der Be- und Entlüftungsanlagen gemäß Laborrichtlinien zur Gewährleistung der Arbeitssicherheit und zur deutlichen Einsparung von Heizenergie beinhaltet.

Der Neubau Chemie Johannisallee 29

Horst Wilde, Christian Richter

1989/90 waren die Wissenschaftsbereiche einschließlich der assoziierten Arbeitsgruppen in neun räumlich auseinander liegenden, über die Stadt Leipzig verteilten Gebäuden untergebracht: Liebigstraße 18, Brüderstraße 34, Talstraße 35, Linnéstraße 2, Linnéstraße 3, Augustusplatz 10/11, Scharnhorststraße 20, Lumumbastraße 2 und Permoserstraße 15. Der bauliche Zustand und die technischen Ausrüstungen der meisten Gebäude entsprachen nicht mehr den Anforderungen von Lehre und Forschung. In der Zielplanung der Universität Leipzig wurde ausgewiesen, dass das Gebäude Liebigstaße 18 kurzfristig durch einen Neubau abgelöst werden muss.

Planung und Bauvorbereitung.[250] Im Juli 1990 beauftragten die Regierungen von Bund und Ländern den Wissenschaftsrat, gutachterlich zu den außeruniversitären Forschungseinrichtungen in den neuen Bundesländern Stellung zu nehmen. Zur Vorbereitung der Stellungnahme wurden Arbeitsgruppen gebildet, die für Chemie zuständige stand unter Leitung der Mitglieder des Wissenschaftsrates Prof. Sinn (Hamburg) und Prof. Biekert (Heidelberg). Ihr gehörten weiterhin folgende Professoren an: Hans Bock (Frankfurt), Gerhard Ertl (Berlin), Greber (Wien), Roland Mayer (Dresden), Heinz-Werner Pritzkow (Merseburg), Hans Siebert (Heidelberg), H.-A.Staab (Heidelberg), Suter (Zürich), Weiss (Darmstadt) und Ekkehard Winterfeld (Hannover). In Verbindung mit einer Bestandsaufnahme der Forschung an den Instituten der Akademie der Wissenschaften in Leipzig informierte sich diese Arbeitsgruppe Chemie am 18.1.1991 auch über die Situation und die Perspektiven von Lehre und Forschung an der Sektion Chemie der Universität. Ein Glücksfall, denn im Ergebnis dieses Besuches wurde protokolliert, dass von einer Rekonstruktion des Laborgebäudes Liebigstraße 18 Abstand zu nehmen sei und dringend ein Neubau für die Institute der Anorganischen und Organischen Chemie erforderlich ist. Dies fand sich dann auch in der „Stellungnahme zu den mathematisch-naturwissenschaftlichen Fachbereichen an den Universitäten der neuen Länder" des Wissenschaftsrates vom Jahre 1992 wieder. Die Erstanmeldung des Neubaus Chemie erfolgte im 24. Rahmenplan für den Hochschulbau des Wissenschaftsrates.

In enger Zusammenarbeit der Baubeauftragten der Fakultät (F. Dietze, C. Richter, H. Wilde) mit dem zuständigen Dezernat der Universität (Wolfgang Engel, Horst Schlemmbach), dem Staatshochbauamt (Dipl.-Ing. Wolfgang Trommer, Dr. Rolf Schöne, Ulrich Atzberger, Cornelia Ködderitzsch, Katrin Apel), der Abteilung Haustechnik (u. a. Jürgen Stötzner, Reinhold Goltz), dem Sächsischen Staatsministerium der Finanzen (SSF) als Bauherrn (Prof. Georg Milbradt, Wolf Karl Reidner, Gert Horstschulze) und dem Sächsischen Staatsministerium für Wissenschaft und Kunst (SMWK) (Dr. Volker Messtorff-Lebius, Dr. Manfred Rücker) wurde das Projekt Neubau zielstrebig, dynamisch und mit Engagement aller Beteiligten in Angriff genommen.

Der im Juli 1992 an das SMWK eingereichte Bauantrag bedurfte einer mehrfachen Präzisierung, um den Kostenrahmen des Vorhabens im Rahmen des Hochschulbauförderungsgesetzes (HBFG) – ca. 50 % der erforderlichen Finanzmittel steuerte der Bund bei – einzuhalten. Dies betraf u. a. die Entscheidung, die vorgesehene Bereitstellung von Labor- und Büroräumen für das Institut für Pharmazie zu streichen und insbesondere die im Bestätigungsschreiben des Bauantrages vom 15.6.1993 fixierte Auflage: „Es sind zwei Realisierungsschritte auszuweisen. Der erste Abschnitt sollte dabei im studentischen Arbeitsbereich auf einer Studienanfängerzahl von 100 im Hauptfach und 360 im Nebenfach beruhen sowie Werkstattbereich und Verwaltung zu 60 %, Bibliothek, Hörsaalbereich und Chemikalienlager zu 100 % enthalten."

Im Juli 1993 genehmigte das SSF die Auslobung eines Architektenwettbewerbes. Die geplante Errichtung eines naturwissenschaftlichen Zentrums auf dem „Linné-Dreieck" mit den dazu erforderlichen Neu- und Erweiterungsbauten machte es erforderlich, dem Realisierungswettbewerb Neubau Chemie eine städtebauliche Betrachtung zur Gesamtordnung des Areals voranzustellen. Die Aufgabe bestand einerseits in der städtebaulichen Einordnung des Neubaues Chemie, einer zentralen Bibliothek, der Erweiterung der Physik und Pharmazie mit einer schlüssigen Wegeverknüpfung von wissenschaftlichen Gebäuden, Erholungszonen und Wohnbereichen. Andererseits mussten die Grünflächen unter weitgehender Erhaltung des wertvollen alten Baumbestandes entlang der Straßenränder gestaltet werden. Der Freistaat Sachsen, vertreten durch das Staatshochbauamt Leipzig, lobte im Januar 1994 einen offenen, einstufigen städtebaulichen Ideenwettbewerb mit integriertem Realisierungswettbewerb für den Neubau des Institutsgebäudes (bestehend aus 1. und 2. Bauabschnitt) aus. Der Zulassungsbereich umfasste den

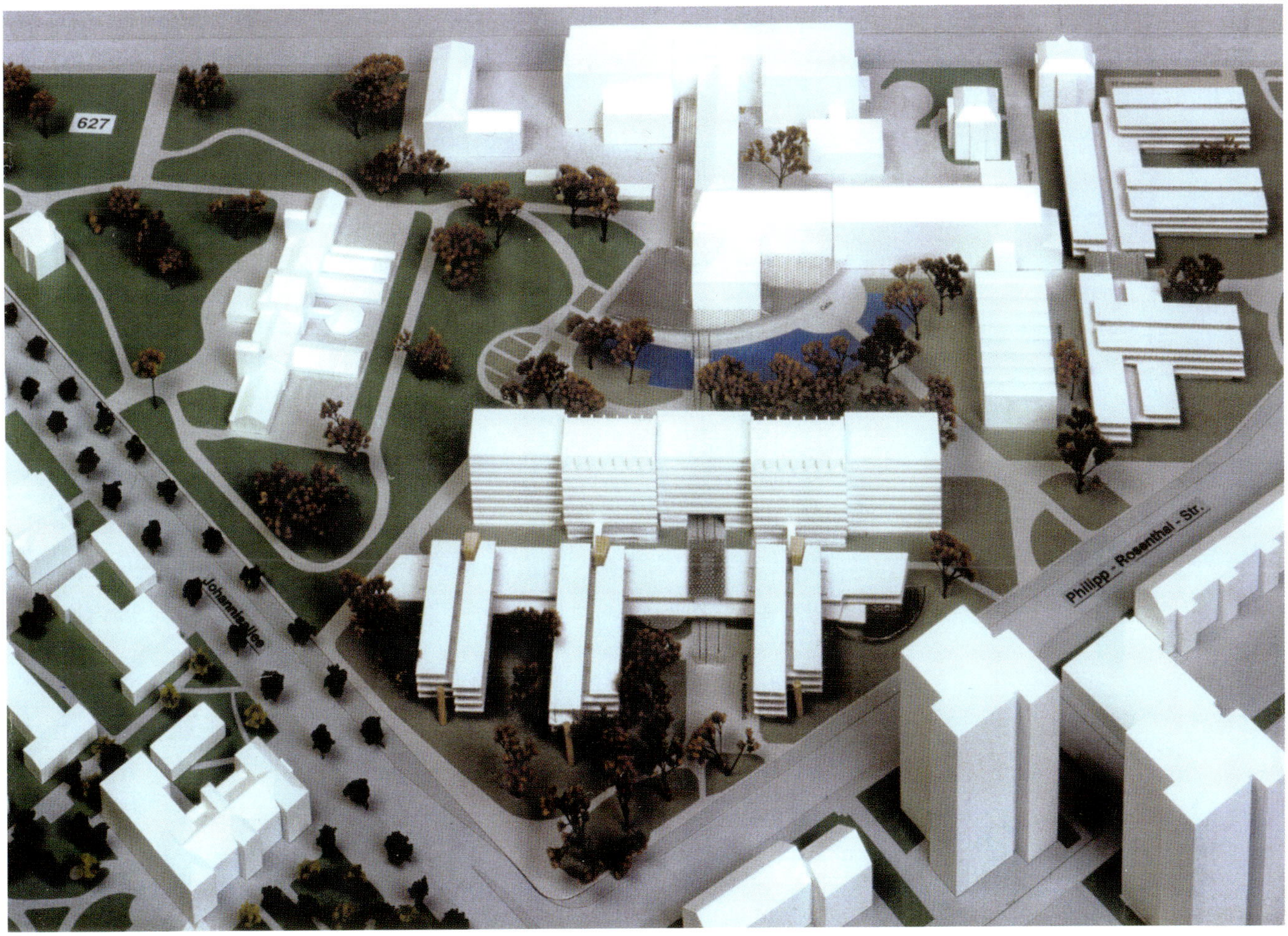

Abbildung 244
Das Wettbewerbsmodell der Architekten Koch + Partner für den Neubau Chemie an der Ecke Johannisallee/Philipp-Rosenthal-Straße, 1. und 2. Bauabschnitt

Freistaat Sachsen zuzüglich sechs Zuladungen. Insgesamt beteiligten sich 55 Architektenbüros, 36 davon reichten ihre Arbeiten fristgemäß bis Ende April ein. Das Preisgericht tagte am 25./26.5.1994. Ihm gehörten als Fachpreisrichter Wolf Karl Reidner (SSF), Niels Gormsen (Stadtrat Leipzig), Prof. Herbert Fecker (Vorsitzender, Gerlingen), Prof. Hans Kammerer (Stuttgart) und Prof. Wilhelm von Wolff (Berlin) an. Als Sachpreisrichter wurden Dr. Volker Messtorff-Lebius (SMWK), Prof. Lothar Dulog (Stuttgart) sowie Rektor C. Weiss und H. Wilde (Leipzig) bestellt.

Es wurden folgende Preise vergeben und Ankäufe getätigt: 1. Preis Koch + Partner, Leipzig/München (Architekten und Stadtplaner), in Gemeinschaft mit Peter Kluska (Landschaftsarchitekt) (Abb. 244); 2. Preis Eggert, Leipzig/Stuttgart; 3. Preis v. Keiserlingk, Markranstädt; 4. Preis Heinrich, Döbeln; 5. Preis Gerber, Dortmund; Sonderankauf Haag, Leipzig/Stuttgart; Ankauf v. Gerkan, Leipzig; Ankauf Scheele, Leipzig; Ankauf Rocho, Elstra/Wuppertal.

Die Architekte n Koch + Partner wurden im Herbst 1994 mit der Planung und Realisierung des 1.Bauabschnittes Neubau Institutsgebäude Fakultät für Chemie und Mineralogie beauftragt.

Die erste Beratung mit dem Architektenbüro Koch + Partner (Norbert Koch, Wolfgang Voigt, Mechthild Peron) zur eingereichten Arbeit fand im September 1994 statt. Wichtigstes Ergebnis war der Vorschlag, Flächen des benachbarten Wohnheimes für Büros und eine Cafeteria zu nutzen, um im neuen Gebäude die maximale Einrichtung hochinstallierter Laborräume zu sichern. Im Dezember folgte dann die erste

Besprechung mit allen Planungsbeteiligten: Projektsteuerung – CBP Cronauer, München; Tragwerksplanung – Ingenieurbüro Herrschmann, München; Prüfstatik und Bewehrungsabnahme – Ingenieurbüro Lochas, Leipzig; Baugrundgutachten – Geo Infotec, Leipzig; Akustik/Wärmeschutznachweis – Akustikbüro Schwartzenberger, Pöcking; Haustechnik-Planung – Scholze Ingenieurgesellschaft, Leinfelden-Echterdingen; Elektrotechnik – Oskar von Miller GmbH, München; Landschaftsplanung – Peter Kluska, München; Vermessung – Vermessungsbüro IGL, Halle/Saale; Aufzugsanlagen – Ingenieurbüro Petzold, Dresden; Küchenplaner – Ingenieurbüro Welk, Dresden; Labortechnik – Dr. Heinekamp, Karlsfeld bei München. Alle Planungsbüros begleiteten den Bau bis zur Fertigstellung.

So wie einst Kolbe mit dem Architekten Zocher 1867 eine Rundreise mit Besichtigung verschiedener Laboratorien unternahm, um Anregungen für den Neubau des Ersten Chemischen Universitätslaboratoriums in der Waisenhausstraße (nachmals Liebigstraße 18) zu gewinnen, begann die gemeinsame Arbeit mit einer Exkursion von Architekten, Planern und Nutzern zu neu errichteten Laborgebäuden im Raum München am 16./17.1.1995. Besichtigt wurden Laboratorien der Ludwig-Maximilians- und der Technischen Universität München, der Fachhochschule München, der Max-Planck-Gesellschaft, der Stadtwerke München und einer Einrichtung für Strahlen- und Umweltforschung.

Außerordentlich bedeutsam für die rasche Realisierung des Neubaus war die Verteidigung des Projektes durch Dekan J. Reinhold und H. Wilde am 3.2.1995 in Dresden vor der Arbeitsgruppe Chemie des Ausbauausschusses des Wissenschaftsrates, die die Neubauvorhaben von Chemiegebäuden an den Universitäten in München, Mainz, Dresden und Leipzig begutachtete. Unter Vorsitz von Prof. Jürgen Troe (Göttingen) gehörten dieser Kommission an: Herr Wegener, Prof. Siegfried Blechert (TU Berlin) und Prof Heinrich Vahrenkamp (Universität Freiburg). Die Länder wurden durch Herrn Raeder (NRW) und der Bund durch Herrn Schöpke vertreten. Im Abschlussbericht zu dieser Beratung vom 19.4.1995 wurde festgestellt, dass der Erhalt der Chemie am Standort Leipzig grundsätzlich unstrittig ist und weiterhin: „Die Neubauplanungen für Leipzig haben die wissenschaftspolitische Bedeutung einzelner Bauabschnitte unterstrichen. Angesichts der längeren Zeiträume für die Realisierung eines großen Neubauvorhabens ist die Definition des Ausbauziels mit Unsicherheiten behaftet, so dass das räumliche Ausbauziel in zwei Bauabschnitten sinnvoll ist."

Nach Einreichung der Hauptunterlage Bau (HU-Bau) und weiteren Vorschlägen zur Kostenreduzierung fand am 8.11.1995 die entscheidende Beratung im Finanzministerium zum Neubau Institutsgebäude mit gleichzeitiger Sanierung des Studentenwohnheimes Philipp-Rosenthal-Straße statt. Folgende Festlegungen wurden getroffen:

- Der in der HU-Bau entsprechend der Wettbewerbslösung ausgearbeitete Durchbruch in dem zu integrierenden Teil des Studentenwohnheims stellt sich für beide Nutzer (Universität/Studentenwerk) als optimale Lösung heraus und wird bestätigt (Kosten ca. 1 Mio DM).
- Dem Ausbau einer Cafeteria mit einer Kapazität von 120 Sitzplätzen wird zugestimmt.
- Der von der Universität Leipzig vorgeschlagene Wegfall von acht Laborarbeitsplätzen im Untergeschoss wird bestätigt.
- Der Auftrag zur Erarbeitung der Ausführungsunterlage (AFU-Planung) für alle am Vorhaben fachlich Beteiligten wird erteilt.
- Geplanter Baubeginn: Oktober 1996

Dieser Zeitplan wurde eingehalten.

Die Bauphase. Ende 1996 erfolgten mit dem Abbruch vorhandener Baracken, der Umverlegung von Kabeltrassen und notwendigem Baumschutz die vorbereitenden Maßnahmen (Abb. 245). Von Januar bis April 1997 wurden die Spundwand eingebracht und die Baugrube ausgehoben. Im Mai begann der Rohbau (Abb. 246) und bereits am 7.11.1997 konnte in Anwesenheit von Sachsens Finanzminister Prof. Georg Milbradt und des Rektors C. Weiss Richtfest gefeiert werden. (Abb. 247) Der Baugrund erwies sich als wenig tragfähig, was eine 60–80 cm starke Fundamentplatte erforderte. Auf Grund des

Abbildung 245
Das freie Baufeld vor dem Studentenwohnheim

Abbildung 246
Der Neubau Chemie im Juli 1997

Abbildung 247
Das Richtfest am 7. November 1997

hohen Grundwasserstandes erwies sich die Ausführung als fugenlose weiße Wanne für das Untergeschoss als sinnvoll. Die zweigeschossige Querspange musste sogar mittels Zugpfählen gegen Auftrieb gesichert werden. Für den Rohbau hat die Baustellenmannschaft rund 12.500 m^3 Beton und 3100 t Bewehrungsstahl verarbeitet.

Der Innenausbau begann mit der Einrichtung eines komplett ausgestatteten „Musterlabors“, das von Wissenschaftlern, technischen Mitarbeitern und Studenten begutachtet wurde. Daraus resultierten wichtige Hinweise zu technischen Details der Labormöbel, der Vakuumversorgung, der Ausstattung der Digestorien mit Sondergasen usw. Insbesondere für Fragen der Haustechnik war in der Folgezeit D. Hentschel zuständig.

Der Ausbau und die Fassadengestaltung begannen im Dezember 1997, die Montage der Labormöbel erfolgte im Oktober 1998.

Kunst am Neubau. Am 30.10.1997 wurde der Wettbewerb „Kunst am Bau“ für die neuen Chemischen Institute vom Freistaat Sachsen ausgelobt. Als mögliche Gestaltungsbereiche waren die Erschließungsachse des Gebäudes von der Philipp-Rosenthal-Straße durch den Eingangsbereich des Neubaus bis hin zum Durchbruch im Studentenwohnheim vorgegeben. Als weitere Fläche der künstlerischen Gestaltung stand das Rund der Außenwand des Hörsaales zur Verfügung. Für die Durchführung des Wettbewerbes standen gemäß HU-Bau 190.956 DM zur Verfügung. Neun Künstler aus Sachsen wurden namentlich zur Teilnahme am Wettbewerb aufgefordert, acht reichten ihre Arbeiten fristgemäß bis zum 5.1.1998 ein. Die Entwürfe reichten von der Darstellung des Periodensystems der Elemente als eingelegte Stahlplatten entlang der gesamten Erschließungsachse bzw. als 112 farbige Glaskugeln an einer Stahlseilkonstruktion im Außenbereich, über Kristallstrukturen, strukturierte Reliefs und Spirallinien bis hin zu farbigen Pulvern und verwitternden Metallplatten an der Außenwand des Hörsaals mit der Option „Langzeitexperiment“. Die Sitzung des Preisgerichts fand am 22.1.1998 unter Vorsitz von Einhart Grotegut (Sächsischer Künstlerbund Dresden) statt. Weitere Jurymitglieder waren: Frau Hartwig-Schulz, (Sächsischer Künstlerbund Leipzig), Rainer Behrends (Kustos der Universität Leipzig), Norbert

Abbildung 248
Die Zahlenfolge an der Außenwand des Arthur-Hantzsch-Hörsaales

Koch (Architekt des Neubaus), Frau Dr. Frey (SMWK), G. Horstschulze (SSF) und H. Wilde von der Fakultät. Für den 1. Preis wurde die Arbeit eines Leipziger Künstlers, des Physikers Hael Yggs, ausgewählt. Mit seinem dreiteiligen Kunstwerk zielt der Künstler auf eine thematische Verbindung von Kunst und Forschung. Im eingangsnahen Bereich des Neubaus wurden neben der Wegführung zwei Lichtquadrate – gestapelte Glasscheiben in Metallkörpern – mit objekthaften Einschlüssen ebenerdig angeordnet. Die beiden Spiegelkästen sollen die Transparenz der Architektur übernehmen und die Verbindung zur Materie herstellen. Wie sich im Laufe der Jahre herausgestellt hat, findet diese Gestaltungsvariante allerdings kaum Beachtung. Im Bereich der Verbindungsspanne im Neubau befindet sich das zweite Objekt in Form einer Wandgestaltung. An Front- und Seitenwand wurden fünf quadratische Glasflächen installiert. Auch hier soll die Transparenz des Raumes erhalten, der Besucher nicht vereinnahmt werden. Naturwissenschaftliches Datenmaterial und fundamentale wissenschaftliche Werke wurden mit einer speziell entwickelten Software als einfachste geometrische Formen visualisiert. So entstehen graphische Strukturen, die als Teile des modernen Weltbildes angesehen werden können: Quantitative Angaben zu den chemischen Elementen, die Primzahl „M33“, Nachkommastellen von π und der Eulerschen Zahl e sowie ein Bezug zu den Werken von Aristoteles, Kopernikus, Kepler, Darwin, Freud und Einstein. Dieses dekorative Objekt erfordert viel Vorstellungskraft beim Betrachter. Schließlich bezieht Hael Yggs die Außenwand des Hörsaals in seine künstlerischen Überlegungen ein. Die in der Mitte der Wand waagerecht angebrachte Zahlenreihe stellt die ersten 71 Ziffern der Eulerschen Zahl e dar (Abb. 248). Das Begehen der Außentreppe und damit das Überwinden der Zahlenreihe soll einen Bezug zum Charakter des Experimentellen herstellen. Diese Reihe von Edelstahlziffern hat bei den Betrachtern zweifellos die meisten Diskussionen ausgelöst. Für Außenstehende ist der Sinn der Zahlen nicht erkennbar. Für Insider fehlen das Komma nach der ersten Ziffer (zwischenzeitlich durch Studenten ergänzt) und am Ende drei „Pünktchen“. Deshalb lassen wir hierzu den Künstler sprechen: „Auf eine Wiedergabe der Zahl e mit Dezimalkomma und drei Pünktchen hinter der 70.sten Dezimale wurde bewusst verzichtet, da es sich bei diesem „Zahlenhorizont“ um eine symbolische „Gerade“ in Verbindung mit einer vom Kreis (π) bestimmten Architektur handelt. Es ist also eine Ziffernfolge zu sehen, die sich an der Zahl e orientiert, man könnte sagen: Die künstlerisch umgeformte Zahl e.“

Abbildung 249
Zwischen Neubau und Studentenwohnheim mit Blick auf die beiden Abluftschornsteine

Einen interessanten Kontrast zu dieser modernen Kunst stellen die durch Schüler der Geehrten gestifteten und von Leipziger Künstlern entworfenen Bronzetafeln von Arthur Hantzsch (1927, von Alfred Thiele), Wilhelm Treibs (1960, von Franz Hoßfeld) und Leopold Wolf (1961/62, von Rudolf Oelzner) im Foyer des Neubaus dar, ergänzt mit einer Bronzeplakette von Johannes Wislicenus (1903, von Robert Eduard Henze) in dem nach ihm benannten kleinen Hörsaal.[32,251] Sie wurden 1999 durch die Bronzegießerei Bert Noack restauriert. Vier großformatige, farbige Fotoreproduktionen von Alchemistengemälden holländischer Künstler des 17. Jahrhunderts (David Teniers d. J.: Der Alchemist; Job Berckheyde: Der Farbenhändler; David III Ryckaert: Alchemist mit seiner Frau im Laboratorium; Thomas Wijk: Der Alchemist)[32], deren Originale sich im Museum der bildenden Künste Leipzig befinden, zieren das Eingangsfoyer zu den Seminarräumen in der ersten Etage des Nordflügels. In der Bibliothek wurde 2001

eine Replik der Marmorbüste von Michael Heinrich Horn aus dem Epitaph aufgestellt, das 1968 vor der Sprengung der Universitätskirche in Sicherheit gebracht werden konnte. Der Gipsabguss wurde vom Leipziger Bildhauer Markus Gläser gefertigt und erinnert an den ersten Extraordinarius für Chymie (1668–1681) an der Universität Leipzig. An Ernst Beckmann wird eine ebenfalls von Markus Gläser gegossene Replik der 1910 von Carl Seffner geschaffenen Marmorbüste erinnern, die gegenwärtig gefertigt wird. Die Einbringung der genannten Kunstobjekte mit chemiehistorischem Bezug wurde durch L. Beyer veranlasst.

Inbetriebnahme und Einrichtung.[12, S.263–272;250;252;253] Kurz vor Bauabschluss erfolgte die Aufstellung von zwei Abluftschornsteinen mit einer Höhe von 36 m und 2,20 m Durchmesser (Abb. 249). Die Anlieferung erfolgte jeweils in einem Stück. Durch Mobilkrane wurden die Schornsteine aufgerichtet und zum Aufstellungsort geschwenkt. Damit war das Endstück der Lüftungsanlage montiert, und zwei Monate vor dem Übergabetermin konnte im Juni

Abbildung 250
Der Neubau Chemie im September 1999
Links: Quergebäude Nordseite mit den Laboretagen des Institutes für Anorganische Chemie; Mitte: Haupteingang; rechts: Quergebäude Südseite mit den Laboretagen des Institutes für Organische Chemie

Abbildung 251
Blick auf das Gebäudeensemble von oben mit Hörsaalgebäude (vorn rechts), Studentenwohnheim im Hintergrund mit den zwei Abluftschornsteinen, Verbindungsspange und den Gebäudetrakten der Institute für Organische Chemie (im Vordergrund) und Anorganische Chemie (links hinten). Im Hintergrund das Grünareal des Botanischen Gartens

1999 mit der Inbetriebnahme der haustechnischen Anlagen begonnen werden. Nach nur zweieinhalbjähriger Bauzeit wurde am 2.9.1999 in einer Feierstunde der symbolische Schlüssel vom Finanzminister über den Staatssekretär im SMWK und den Prorektor für Forschung der Universität Leipzig, Andreas Blaschczok, schließlich an Dekan H. Papp übergeben (Abb. 250).

Die Baukosten lagen mit 75,5 Mio DM über 7 Mio DM unter(!) den genehmigten Gesamtbaukosten und verteilten sich wie folgt: ca. 30 Mio DM Hochbaugewerke, ca. 22 Mio DM Haustechnik, ca. 6 Mio DM Elektrotechnik, ca. 10 Mio DM Labormöbel/Sondergasversorgung und ca. 1 Mio DM Außenanlagen. Insgesamt 45 Firmen waren an der Ausführung des Neubaus beteiligt. Am 15.9. wurde der Neubau bauseitig vom Staatshochbauamt an die Fakultät übergeben. Ab diesem Termin erfolgte innerhalb ca. einer Woche der Auszug aus den Gebäuden Talstraße 35, Brüderstraße 34, Liebigstraße 18, Linnéstraße 2 und Augustusplatz 10/11 durch die Möbel-Speditionen Preiß-Umzug und Hansetrans. Die Entsorgung der Chemikalien übernahm die Firma Edelhoff. So konnte der Lehrbetrieb mit Semesterbeginn am 11.10.1999 aufgenommen werden.

Abbildung 252
Ein Praktikumssaal im Neubau Chemie

Das Gebäude besitzt eine sogenannte „Kammstruktur" mit einem zweigeschossigen Längsbau und zwei viergeschossigen Querbauten und erinnert damit an die E-Form der Laborbauten von 1868 in der Liebigstraße 18 und 1898 in der Linnéstraße 2 (Abb. 251). Der nördliche Querbau beherbergt das Institut für Anorganische Chemie mit zwei Praktikumslabor-Etagen, benannt nach Otto Linné Erdmann (Erdgeschoss) und Ernst Beckmann (1.), und zwei Forschungslabor-Etagen, benannt nach Leopold Wolf (2.) und Franz Hein (3.). Im hellen Souterrain befinden sich ein großer Saal für das Chemiepraktikum der Nebenfächler, dazu Räume für die Elementaranalyse und das Glaslager. Im südlichen Querbau ist das Institut für Organische Chemie mit einer Praktikumslabor-Etage, benannt nach Hermann Kolbe (Erdgeschoss), und drei Forschungslabor-Etagen, benannt nach Wilhelm Treibs (1.), Theodor Curtius (2.) und Burckhardt Helferich (3.), untergebracht. Die Querbauten sind in jeder Etage umlaufend mit Laufgittern versehen, die an den Stirnseiten in Nottreppen münden. Die Praktikumssäle verfügen insgesamt über 1468 m^2 Fläche (Abb. 252).

Im Längsbau findet man gemeinsame Fakultätseinrichtungen wie die Bibliothek (Abb. 253), die sich über beide Geschosse erstreckt (650 m^2 für 80.000 Bände, Oberlicht), vier Seminarräume, ein

Abbildung 253
Die Bibliothek im Neubau Chemie

kleiner Hörsaal (140 Plätze, benannt nach Johannes Wislicenus), die Glasbläserei, das Chemikalienlager (560 m^2) und Verwaltungsräume. Die Südseite des Längsbaus ist flankiert vom großen Experimentalhörsaal, benannt nach Arthur Hantzsch, in Viertelkreis-Form (199 Plätze). (Abb. 254) An der Nordseite schließen sich die Lösungsmittel- und Gefahrstofflager an. Der Neubau-Gebäudekomplex ist mit Ausnahme des Hörsaalbaus unterkellert und beherbergt die aufwändige Haustechnik, insbesondere Be- und Entlüftungs-, Heizungs-, Wasser-, Elektro- und Sondergastechnik. Die Hauptnutzfläche des Gebäudeensembles beträgt 7.100 m^2, davon 6.000 m^2 im Neubau.

Der Längsbau wurde parallel zum unauffällig integrierten Studentenwohnheim angeordnet, das in den unteren beiden Etagen Wissenschaftler-Büros für Anorganiker, Organiker, Theoretiker und Chemiedidaktiker sowie eine Cafeteria (120 Plätze) beherbergt. Beide Gebäude bilden eine architektonische und kommunikative Einheit. Zwei überdachte Brücken führen von den beiden Querbauten zu den Wissenschaftler-Büros. Der hallenartig säulengestaltete Wohnheim-Durchlass (Abb. 255) führt zum „Campus", einer in Segmenten begrünten Fläche hinter dem Neubau und den Nachbargebäuden (Technikum Analytikum mit den Instituten für Analytische Chemie und Technische Chemie, Wilhelm-Ostwald-Institut für Physikalische und Theoretische Chemie, Physikalische Institute). Er sichert kurze Wege. Städtebaulich entstand mit dieser behutsamen Verbindung vorhandener und neuer Gebäude unter Wahrung alten Baumbestandes und dem Übergang zum unmittelbar benachbarten Botanischen Garten an der Nordseite eine parkartige Situation im Linné-Dreieck.

Diese mehr äußeren Attribute sagen noch wenig über die vorhandenen Arbeitsbedingungen aus, eher schon eine Beschreibung der Labortechnik. Insgesamt sind 365 Digestorien (Abzüge) mit Schiebefenster-Regelung integriert, so dass je Mitarbeiter bzw. Doktorand ein Abzug und für zwei bzw. drei Studenten jeweils ein Abzug zur Verfügung stehen. Die Abluftanlagen sind unterteilt in solche für Digestorien und solche für Dauerabsaugungen in Unterbauten, Lösungsmittel-, Säure- und Basen- sowie Gasflaschenschränken. Alle Abluftanlagen münden in eine zentrale Fortluftkammer mit Wärmerückgewinnung. Die Labors sind an eine zentrale Stickstoff-, Argon- und Erdgasversorgung angeschlossen. In Labors, in denen mit brennbaren und toxischen Gasen umgegangen wird, sind Gaswarnsysteme

Abbildung 254
Der Arthur-Hantzsch-Hörsaal für Experimentalvorlesungen

Abbildung 255
Der Durchgang im Studentenwohnheim mit Blick auf das Längsgebäude mit Haupteingangsbereich und Bibliothek

installiert, die bei Überschreiten von Grenzwerten automatisch über Sensoren die Gaszufuhr unterbrechen. Dezentrale Abluftfilter sorgen dafür, dass in vollautomatischen Abluftwäschern saure Gase neutralisiert werden. Abfüll- und Umfüllvorgänge für die Versorgung mit Chemikalien und für Abfälle erfolgen im zentralen, gesicherten Gefahrstofflager. Dezentrale Membran-Vakuumpumpen versorgen bis zu acht Entnahmestellen. Ein Kühlwasser-Kreislaufsystem gewährleistet sparsamen Wasserverbrauch (Abb. 256). Tischflächen und Fußböden in den Laboratorien und Praktikumsräumen sind in großflächiger Keramik ausgelegt. Die Größe der Säle ist dem Ausbildungsstand und der Übersichtlichkeit bei der Beaufsichtigung angepasst. Der Experimentierhörsaal verfügt über ausgezeichnete Bedingungen zur Demonstration von Vorlesungsexperimenten einschließlich deren Vorbereitung.

Abbildung 256
Wassertechnische Anlagen im Kellergeschoss

Von fundamentaler Bedeutung für die volle Funktionsfähigkeit und den hohen technischen Ausrüstungsstandard des Neubaus erwies sich die Bereitstellung von Mitteln für die Erstausstattung in Höhe von 6,2 Mio DM. Davon wurden ca. 2,7 Mio DM für institutsübergreifende Nachrüstungen eingesetzt. Besonders hervorzuheben ist die Verwendung von ca. 2,3 Mio DM für die Grund- und Spezialausrüstung der studentischen Praktika aller Institute; ca. 1,2 Mio DM standen für die Ausstattung der Forschungslabors der Anorganischen und Organischen Chemie sowie für den Technisch-Ökonomischen Bereich zur Verfügung.

Mit einer akademischen Einweihungsfeier am 17.2.2000 im vollbesetzten Experimentalhörsaal (Abb. 257) wurde nochmals allen an der Planung und Bauausführung Beteiligten gedankt[254]. Ein Fest-

Abbildung 257
Die akademische Einweihungsfeier am 17. 2. 2000 im Arthur-Hantzsch-Hörsaal

vortrag, betitelt „Komplexchemie der Seltenerd-Elemente: Große Metallatome mit kleinen Koordinationszahlen" wurde vom Ehrendoktor der Fakultät, dem Anorganiker Kurt Dehnicke (Philipps-Universität Marburg) gehalten. Er übergab symbolisch eine große Abdampfschale aus dem Nachlass von Hans Kautsky, der, wie der Redner selbst, in Leipzig und Marburg tätig gewesen war. Der zweite Fachvortrag war dem Organiker Siegfried Blechert (Technische Universität Berlin) vorbehalten, der über das moderne Gebiet der Metathese-Reaktionen in der Naturstoffsynthese berichtete. Als Mitglied des Wissenschaftsrates hatte er alle Phasen des Neubaus Chemie in Leipzig begleitet.

Ergänzend sei vermerkt, dass die Kosteneinsparung am Neubau die Voraussetzung für die Neugestaltung der weitgehend verwahrlosten Fläche zwischen Studentenwohnheim und den Gebäuden der Physik schuf. Wiederum nach einem Entwurf des Landschaftsarchitekten Peter Kluska entstand ein großzügiger zentraler Campusplatz mit angrenzenden Autostellflächen. Die marode Mauer des Botanischen Gartens der Universität wurde durch einen Metallzaun mit Eingangstür ersetzt.

Zeittafel zur Errichtung

07.05.91	Antrag der Sektion an den Rektor der Universität auf einen Neubau
21.05.91	Auftrag des Kanzlers an die Sektion zur Raumbedarfsermittlung
28.05.91	Beratung der Baukommission des Senats mit Vertretern der Biowissenschaften, Physik und Chemie zum Standort Linnédreieck
26.09.91	Besuch der Arbeitsgruppe Natur-, Technik- und Ingenieurwissenschaften des SMWK an der Universität
31.07.92	Bauantrag der Universität an das SMWK
11.08.92	Schreiben des SMWK mit Vorgaben zur Überarbeitung des Bauantrages
14.05.93	Einreichung des geänderten Bauantrages an das SMWK
14.06.93	Beratung im SMWK – Vorgabe für den Bauantrag in zwei Bauabschnitten
13.07.93	Einreichung des Antrages mit zwei Bauabschnitten
19.07.93	Auftrag zur Auslobung eines Architektenwettbewerbes (Auslobungsfrist: 25.1.–27.4.94)
25./26.05.94	Preisgerichtssitzung zum Architektenwettbewerb
18.8.94	Planungsauftrag des Finanzministeriums für den Entwurf des 1. Preises
15.09.94	1. Beratung mit dem Architektenbüro Koch u. Partner
21.12.94	Einführungsgespräch aller Planungsbeteiligten
29.12.94	Vorlage des Raumbuches seitens der Nutzer
19.04.95	Bestätigung des Bauvorhabens durch eine Gutachtergruppe des Wissenschaftsrates
02.06.95	Erstfassung der Haushaltsunterlage (HU-Bau)
03.08.95	Beratung im Finanzministerium zur Kostenreduzierung der HU-Bau
30.10.95	Einreichung der überarbeiteten HU-Bau
08.11.95	Beratung im Finanzministerium, mündliche Beauftragung zur Ausführungsunterlage (AFU)
07.12.95	schriftliche Erteilung des AFU-Planungsauftrages
10.01.96	Vorlage des Raumbuches AFU durch den Nutzer
28.03.96	Beratung im Finanzministerium zur Kostenreduzierung
26.04.96	Übergabe der geprüften HU-Bau an das Finanzministerium
10.10.96	Abschluss des Zustimmungsverfahrens
25.11.96	Beginn Baufeldfreimachung
14.01.97	Baubeginn mit Baugruppenverbau (?) und Erdaushub (bis 28.04.97)
02.05.97	Rohbaubeginn
07.11.97	Richtfest
22.01.98	Preisgerichtssitzung Kunst am Bau
02.09.99	Feierstunde zur Bauübergabe
17.02.2000	Akademische Einweihungsfeier

Aspekte

Leipziger Chemikervereinigungen

Lothar Beyer

Das kräftige Wachstum der chemischen Forschung und Industrie in Deutschland im letzten Drittel des 19. Jahrhunderts spiegelt sich auch in den Zusammenschlüssen des Berufsstandes Chemiker. Auf die Gründung der *Deutschen Chemischen Gesellschaft zu Berlin* am 11.11.1867 mit August Wilhelm Hofmann als erstem Präsidenten folgte am 27.11.1887 auf Initiative von Ferdinand Fischer, Mitglied des Vereins Deutscher Ingenieure, mit zunächst zwölf Mitgliedern die Gründung der *Deutschen Gesellschaft für Angewandte Chemie,* die sich 1896 in Halle auf Vorschlag von Carl Duisberg (1861–1934) in *Verein Deutscher Chemiker* umbenannte und schnell zu einem Sammelbecken für die Chemiker wurde. So zählte sie z. B. 1894 schon 1000 Mitglieder; 1901 waren es bereits 2500 Mitglieder und 1909 stieg die Mitgliederzahl auf 4000 an.

Die Deutsche Chemische Gesellschaft zu Berlin hatte den Charakter eines Zusammenschlusses von Universitätschemikern zunächst mit Fokus Berlin, dem nur wenige Industriechemiker angehörten. Sie widmete sich vornehmlich wissenschaftlichen Zielstellungen, wie zum Beispiel regelmäßig durchgeführten Versammlungen in Berlin, in denen Berliner Mitglieder ihre Forschungsergebnisse vortrugen und außerhalb erzielte verlesen wurden. Wesentlich war zudem die Herausgabe der „Berichte der Deutschen Chemischen Gesellschaft zu Berlin", später des „Beilstein (1896), des Chemischen Zentralblatts (1897), und des „Gmelin".

Der von Ferdinand Fischer initiierte Zusammenschluss von Chemikern in der Deutschen Gesellschaft für Angewandte Chemie war dagegen im Kern auf die Einbeziehung aller Chemiker orientiert und verstand sich danach auch als Interessenvertretung des Berufsstandes Chemiker in allen Bereichen. In dieser Deutschen Gesellschaft für Angewandte Chemie ging auch der ab 1877 existierende *Verein analytischer Chemiker* auf. Die Versammlungsorte wechselten ebenso wie der Sitz der zunächst in Halle befindlichen Geschäftsstelle. Unter dem von 1907 bis 1921 amtierenden Generalsekretär Berthold Rassow blieb der Standort Leipzig bis 1927. Rückgrat des Vereins waren die Bezirksverbände und die ab 1905 installierten Fachgruppen. Wichtige Einrichtungen, wie Stellenvermittlung, Hilfskasse, Verträge mit Versicherungseinrichtungen, Rechtsauskunft, Statistik der Chemiker und Chemiestudierenden sowie der Soziale Ausschuss wurden geschaffen[255]. Zentrales Publikationsorgan der Deutschen Gesellschaft für Angewandte Chemie wurde zeitgleich mit deren Gründung die Zeitschrift für Angewandte Chemie, für die Rassow von 1904 bis 1921 ebenfalls verantwortlich die Schriftführung innehatte. Diese chemische Fachzeitschrift existiert bis heute und hat den weltweit höchsten *impact*-Faktor.

Die Deutsche Chemische Gesellschaft zu Berlin verzichtete 1876 auf „Berlin" im Namen, jedoch änderte sich damit nichts Wesentliches an der grundsätzlichen Orientierung dieser Chemikervereinigung. Einen indirekten Beitrag zur Namensänderung leistete das „Noch"-Ehrenmitglied Hermann Kolbe – 1868 neben Justus von Liebig, Friedrich Wöhler und Hermann Kopp gewählt – indem er 1871 polemisch von der „vor vier Jahren gegründeten Berliner Chemischen Gesellschaft, welche letztere sonderbarer Weise sich ‚D e u t s c h e' Chemische Gesellschaft nennt"[256, S. 465] schrieb und „damit dieser Vereinigung ihren Anspruch, ein Forum für alle deutschen Chemiker zu bilden"[257, S.37–38] absprach.

Die stürmisch einsetzende Entwicklung der Physikalischen Chemie und speziell der Elektrochemie in den letzten zwei Dezennien des 19. Jahrhunderts führte schließlich zu einer deutschlandweit dritten Chemiker-Vereinigung, der 1894 begründeten *Deutschen Elektrochemischen Gesellschaft,* die sich im Jahre 1902 auf Anregung von Wilhelm Ostwald in *Deutsche Bunsengesellschaft für physikalische Chemie* umbenannte. Diese existiert bis heute. Ihr zentrales Publikationsorgan war zunächst die Zeitschrift für Elektrochemie, danach die ebenfalls bis heute existierenden Berichte der Bunsengesellschaft für physikalische Chemie. Leipziger Chemiker nahmen also immerhin aktiv in zwei dieser drei zentralen Chemikervereinigungen einen maßgeblichen Einfluss wahr.

Die Chemische Gesellschaft zu Leipzig

Eingebettet in diese deutschlandweite Entwicklung von Chemikervereinigungen erfolgte schon am 22.2.1886 die konstituierende Sitzung zur Gründung der *Chemischen Gesellschaft zu Leipzig*[258,260]. Initiator war der Nachfolger des 1884 verstorbenen Kolbe auf dem Ordinariat für Chemie der Universität Leipzig und Leiter des I. Chemischen Laboratoriums, Johannes Wislicenus. Dieser hatte bereits in seiner Würzburger Zeit und davor in Zürich ähnliche Vereinigungen ins Leben gerufen; und man kann ahnen, dass selbstbewusst ein regionales Leipziger Gegengewicht die Dominanz der Berliner Vereinigung mindern sollte, zumal einige Jahre vorher schon Kolbe die Ehrenmitgliedschaft der Deutschen Chemischen Gesellschaft niedergelegt hatte[257, S. 53].

Unabhängig davon pflegte aber Wislicenus ein gutes, kollegiales Verhältnis zur Berliner Gesellschaft, was sich u. a. 1889 in seiner Übernahme der Präsidentschaft der Deutschen Chemischen Gesellschaft, der Rede „Über die wichtigsten chemischen Errungenschaften des letzten Vierteljahrhunderts" zur Gedächtnisfeier der Deutschen Chemischen Gesellschaft am 12.11.1892 für den verstorbenen August Wilhelm von Hofmann (1818–1892) in Berlin[257, S. 50], der Kranzniederlegung durch die Chemischen Gesellschaft zu Leipzig und einer beachtlichen Spende (Chemische Gesellschaft zu Leipzig: 100 M; Wislicenus: 200 M)[259, S. LXXXIX] zur Begründung eines Hofmann-Hauses in Berlin als Sitz der Deutschen Chemischen Gesellschaft äußerte.

Wislicenus hatte zur Gründungssitzung eingeladen, und etwa 80 ältere und jüngere Chemiker waren zusammengekommen. „Auf die der Versammlung vorgelegte Frage, ob die Gründung einer ‚Chemischen Gesellschaft Leipzig' erwünscht und sofort vorzunehmen sei, erfolgte allgemeine Zustimmung durch Erheben von den Sitzen. Herr Professor Wislicenus verlas sodann einen von ihm verfassten Statutenentwurf und stellte denselben zur Diskussion. Auf Antrag des Herrn Professor Dr. Knop wurde auf Berathung desselben jedoch verzichtet und gelangte er zu einstimmiger Annahme"[258, S.3]. Wie Ernst Beckmann anlässlich der Feier zum 25-jährigen Bestehen am 25.2.1911 ausführte[261, S.27], gab es vor der Gründung schon Zusammenkünfte Leipziger Chemiker: „Junge Dozenten und Assistenten der verschiedenen Institute versammelten sich allmonatlich zu den sogenannten ‚Chemischen Abenden'. Im übrigen fanden im früheren Kolbeschen Laboratorium einmal im Jahr um die Weihnachtszeit die sogenannten Rübenfeste statt, bei denen es ähnlich wie an unseren Stiftungsfesten zuging".

Die Satzungen der Chemischen Gesellschaft zu Leipzig vom 22.2.1886[258] sind erhalten geblieben. § 1 von insgesamt fünf Paragraphen ist wesentlich: „Die Chemische Gesellschaft Leipzig bezweckt, in regelmäßigen Sitzungen durch Vorträge und Besprechungen über Gegenstände chemischen Wissens ihre Mitglieder anzuregen und zu belehren, und den persönlichen Verkehr zwischen den in Leipzig und Umgebung wohnenden Fachgenossen zu pflegen." Es ging also nicht um die Inangriffnahme großer Projekte wie bei der Berliner Gesellschaft, sondern um die interne fachliche Kommunikation und die

Weiterbildung, die persönliche Kontaktpflege Leipziger Chemiker in der Universität sowie mit Chemikern von an Leipzig gebundenen Firmen (z. B. Eduard Gildemeister, Miltitz, Franz Wilhelmi, Reudnitz), die Verbindung mit Schulen und Apotheken. Bemerkenswert ist, dass etwa die Hälfte der Mitglieder Studenten bzw. Kandidaten der Chemie (cand. chem.) waren. Der Charakter der Vereinigung kann als ein mehr interner oder intimer bezeichnet werden. Im Regelfall wurden nach § 2 nur hier in Leipzig Wirkende auf Antrag Mitglied. Beim Weggang aus der Stadt verloren sie ihre Mitgliedschaft oder konnten sie „lebenslänglich" gegen Zahlung von einmalig 20 Mark (kapitalisierungspflichtig) beibehalten. Das betraf z. B. Georg Bredig (Heidelberg), Ernst von Meyer (Dresden), Daniel Vorländer (Halle), Hans Wislicenus (Tharandt) und andere. In der jeweils letzten Februarsitzung des Jahres wurde in geheimer Abstimmung der Vorstand, bestehend aus sechs Mitgliedern, gewählt (§ 3). Der erste Vorstand setzte sich auf Vorschlag von Wislicenus zusammen aus: Wislicenus (1. Vorsitzender), Gustav Wiedemann (2. Vorsitzender); Bischoff (1. Schriftführer); Robert Behrend (2. Schriftführer), Wilhelmi (Kassierer) und Beckmann (Kurator)[258; 261, S.27]. Auf Vorschlag von Wislicenus waren ab 1893 die Vorsitzenden nicht wieder für das folgende Amtsjahr wählbar, wodurch er selbst seine siebenjährige Zeit als 1. Vorsitzender beendete, jedoch in der Folge als „Ehrenvorsitzender" betrachtet wurde. Womöglich hing diese Entscheidung mit seiner 1893 erfolgten Wahl zum Rektor zusammen. § 4 regelte die Festlegungen zum je Semester zu entrichtenden Mitgliedsbeitrag und zu den Sitzungsprogrammen. Die Bestimmungen zur Auflösung der Gesellschaft waren in § 5 festgeschrieben. Geringfügige Änderungen der Satzung erfolgten am 2.5.1890, am 8.5.1891 und am 28.10.1892. Diese hatten dann mindestens bis 1913/1914 Bestand[262].

I. Bericht

über

die Thätigkeit

der

Chemischen Gesellschaft

zu

Leipzig.

Erstes Vereinsjahr

1886|87.

Abbildung 258
I. Jahresbericht der Chemischen Gesellschaft zu Leipzig, 1887

Aus dem persönlichen Nachlass von Hans Wislicenus, dem Sohn von Johannes Wislicenus, der an Heinrich Wienhaus (1882–1959) gekommen war, übergab im August 2007 dessen in Tharandt lebender Sohn Prof. Otto Wienhaus die besonders wertvollen, gedruckten jährlichen Berichte über die Tätigkeit der Chemischen Gesellschaft zu Leipzig (1.–8. Vereinsjahr 1886/87–1892/93 und 21.–28. Vereinsjahr 1906/07–1913/14) zur Einordnung in den Historischen Archivbestand der Fakultät für Chemie und Mineralogie der Universität Leipzig. Diese Originaldokumente hatten unter der Hochwasserflut im Weißeritztal von 2002 zwar gelitten, wurden aber gerettet und befinden sich in einem verhältnismäßig guten Zustand (Abb. 258). Da die Tätigkeitsberichte nur an die Mitglieder gegeben wurden, sind sie nicht in zentralen Bibliotheken, wie der Deutschen Nationalbibliothek oder der Universitätsbibliothek Leipzig (hier existiert nur der 25. Tätigkeitsbericht), vorhanden. Zusammen mit dem handschriftlich von 1886 bis 1943(!) korrekt und übersichtlich geführten, erhalten gebliebenen einzigartigen Cassabuch der Chemischen Gesellschaft zu Leipzig[264], das in Leipzig von Leopold Wolf und Eberhard Hoyer bewahrt wurde, stehen seit kurzem historische Quellen zur Verfügung, welche es gestatten, die Gesellschaft zu beleuchten und ihr Wirken nachzuvollziehen. Jeweils 1. Vorsitzende waren Wislicenus (1886/87–1892/93), Wilhelm Ostwald (1893/94), Friedrich Stohmann (1894/95), von Meyer, Rechenberg, Max Guthzeit, Julius Wagner (1902/03), Hans Stobbe, Johannes Scheiber, Robert Luther, Max Bodenstein, Heinrich Ley, Karl Schaum, Rassow, Beckmann (1906/07), Max Le Blanc (1907/08), Max Siegfried (1908/09),

Arthur Hantzsch (1909/10), Beckmann (1910/11), Le Blanc (1911/12), Rassow (1912/13) und Hantzsch (1913/14). Die Mitgliederzahlen sind aus heutiger Sicht beeindruckend und entwickelten sich wie folgt (hier nur Wintersemester)[263]:

1886/87	87/88	88/89	89/90	90/91	91/92	92/93	93/94	06/07	07/08	08/09	09/10	10/11
176	185	186	186	201	206	204	188	335	330	340	303	307

Zu Ehrenmitgliedern wurden gewählt: Clemens Winkler (1838–1904) am 7.11.1890 und Beckmann zur Festsitzung am 25.2.1911. In den vollständigen Verzeichnissen der o. g. Tätigkeitsberichte ist nur ein weibliches Mitglied, die Studentin Paula Wagner, cand. chem. im I. Chemischen Laboratorium, mit Eintritt im Sommersemester 1908 und Ausscheiden im Vereinsjahr 1910/11 aufgeführt[265,S.16; 266,S.19, 261,S.19]. Sie dürfte wohl eine der ersten Chemiestudentinnen überhaupt in Leipzig gewesen sein (s. Abschn. Frauen in der Chemie). Die Mitgliedschaft in der Chemischen Gesellschaft zu Leipzig stand auch Leipziger Mineralogen (Hermann Credner, Friedrich Rinne, Ferdinand Zirkel), Physikern (Karl Fredenhagen, Georg Jaffé, Otto Wiener u .a.) und Medizinern (Franz Hofmann, Rudolf Brehm) offen. Das Cassabuch weist aus, dass im Sommersemester 1921 von 258 Mitgliedern Beiträge abgerechnet wurden. Ab Herbstsemester 1923 erfolgte die Abrechnung von 269 Mitgliederbeiträgen, gesammelt über die Laboratorien (143 Chemisches Laboratorium, 81 Chem.-Technisches Laboratorium; 45 Physikalisch-Chem. Laboratorium). 1943 zahlten noch 76 Mitglieder, darunter Heinrich Carlsohn, Burckhardt Helferich, Hans Kautsky, Conrad Weygand und L. Wolf.

Die Sitzungen, für die den Mitgliedern persönliche, gedruckte Einladungskarten (Abb. 259) – ab 1908 wurden dafür die Finanzen eingespart – übermittelt[267] und die sporadisch im Leipziger Tagesblatt angekündigt wurden[260], fanden regelmäßig im Sommersemester (jeweils sechs bis acht) und im Wintersemester (jeweils sieben bis zehn) statt. Fast ausschließlich Leipziger Chemiker trugen zu ihren Forschungen, gelegentlich mit Demonstrationsexperimenten, vor. Eine Ausnahme bildete in der 2. Sitzung des Gründungsjahres am 17.5.1886 der erstmalig in einer wissenschaftlichen Gesellschaft vorgetragene ausführliche Bericht von Winkler über die Entdeckung des Germaniums. Manche Chemiker, wie Nernst 1888/89, berichteten auch mehrmals innerhalb eines Vereinsjahres. Daran schlossen sich Besprechungen an. Für die Sitzungen wurden Gaststätten gewählt, wie u. a. das Siebenmännerhaus, Restaurant Tritschler (jährliche Saalmiete 15 M), Restaurant Grosse (Kramerstraße 4), Gaststätte Wiegner (Schulstraße 11), Hotel Russie und der Sachsenhof (Blauer Saal). Nur etwa zwei jährliche Sitzungen wurden in Hörsälen der Chemischen Laboratorien abgehalten. Die durchschnittliche Teilnehmerzahl pro Sitzung ist z. B. im Vereinsjahr 1909/10 mit 55 und im darauf folgenden mit 69 angegeben[261;266]. Immerhin fanden im Kriegsjahr 1943 noch sechs Sitzungen zwischen Januar und Mai statt.

In den ersten 25 Jahren wurden 23 „Ausflüge“[261, S.32], davon vier innerhalb des Weichbildes von Leipzig (24.7.1909: Gasanstalt II in Connewitz; 23.7.10: Bogenlampenfabrik Körting & Mathiessen in Leutzsch), je drei nach Meißen und Freiberg (19.7.1890: Muldener Hütte, 102 Teilnehmer(!), Führung durch Winkler), je zwei nach Halle (3.6.1893: Zuckerraffinerie, die Tischrede hielt Jacob Volhard) und Zeitz (1.8.1908: Seifen-, Parfümerie- und Schokoladenfabrik C. H. Oehme-Weidlich) und je einer nach Weißenfels (Riebecksche

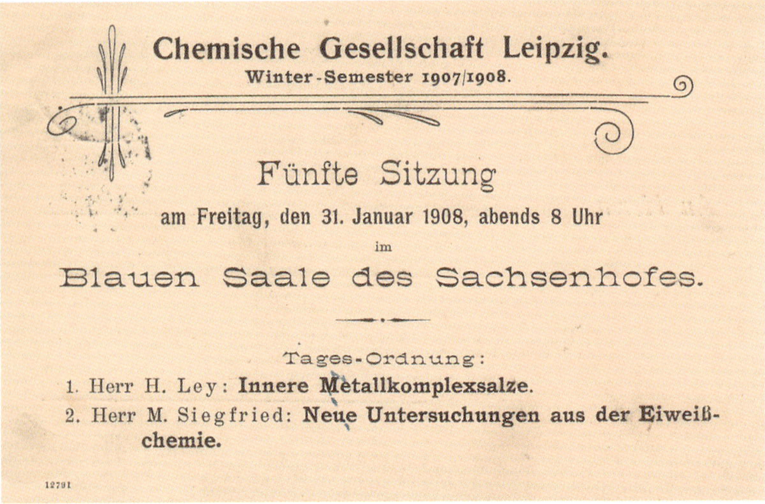
Chemische Gesellschaft Leipzig.
Winter-Semester 1907/1908.

Fünfte Sitzung
am Freitag, den 31. Januar 1908, abends 8 Uhr
im
Blauen Saale des Sachsenhofes.

Tages-Ordnung:
1. Herr H. Ley: **Innere Metallkomplexsalze.**
2. Herr M. Siegfried: **Neue Untersuchungen aus der Eiweiß-chemie.**

12791

Abbildung 259
Einladungskarte für ein Kolloquium der Chemischen Gesellschaft zu Leipzig, 1907

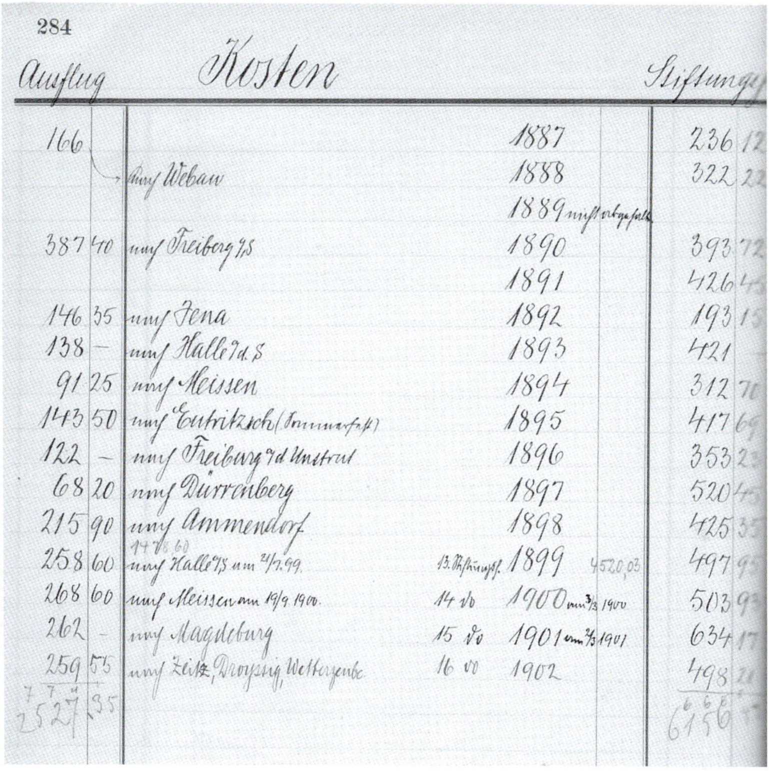

284

Ausflug		Kosten		Stiftungs[illegible]
166			1887	236 12
		nach Webau	1888	322 22
			1889 nicht abgehalten	
387	40	nach Freiberg i/S	1890	393 72
			1891	426 4[illegible]
146	35	nach Jena	1892	193 15
138	–	nach Halle a/d. S	1893	421
91	25	nach Meissen	1894	312 70
143	50	nach Eutritzsch ([illegible])	1895	417 69
122	–	nach Freiburg a/d Unstrut	1896	353 2[illegible]
68	20	nach Dürrenberg	1897	520 45
215	90	nach Ammendorf	1898	425 35
258	60	148.60 nach Halle a/S am 2/7.99.	13. Stiftungsf. 1899 4520,03	497 95
268	60	nach Meissen am 19/9 1900.	14 do 1900 am 3/3 1900	503 9[illegible]
262	–	nach Magdeburg	15 do 1901 am 2/3 1901	634 17
259	55	nach Zeitz, Droyssig, Wetterzeube	16 do 1902	498 2[illegible]
2527	35			6156

Montanwerke), Jena (9.7.1892: Schott'sche Fabrik, Begrüßung durch Ludwig Knorr), Freiburg a. d. Unstrut, Dürrenberg, Ammendorf, Magdeburg, Bukau, Köstritz-Heinrichshall, Webau und Staßfurt (27.7.07, Salzbergwerk) durchgeführt. (Abb. 260)

Zu gesellschaftlichen Höhepunkten gestalteten sich die jährlich Ende Februar/Anfang März regelmäßig durchgeführten Stiftungsfeste, die kulturell einfallsreich durch chemiebezogene Theaterspiele, betitelt: Der böse Homunculus, Seelenduft, Julius Cäsar, Der Streit um Thusnelda, Nur kein Chemiker, Fidelio – ein Tag aus dem Laborleben, bereichert wurden. Hinzu kamen Tafellieder, Kneipenzeitungen, launige Tischreden und Musik, z. B. dargeboten auf Laborgeräten als Musikinstrumente. Zum Stiftungsfest am 27.2.1892 wurde eine Grußdepesche an Fürst Otto von Bismark (1815–1898) gesandt, welcher diese umgehend aus seinem Wohnsitz Friedrichsruh beantwortete. Zur Festsitzung am 25.2.1911 wurde mit einer Nachbildung der von Carl Seffner (1861–1932) geschaffenen Wislicenus-Büste und einem Relief, geschaffen von einer Enkelin Wislicenus', an den Gründer erinnert. Zum 27. Stiftungsfest wurde mit einem gedruckten Plakat in DIN A3 – Größe wie folgt eingeladen: „Anläßlich des 27. Geburtstages zwar nicht Sr. Majestät, wohl aber der ‚Chemischen Gesellschaft' zu Leipzig findet am Sonnabend, den 22. Februar, pünktlich abends 8 Uhr in den festlich erleuchteten Räumen des Vereins für Volkswohl Löhrstraße eine einmalige Vorstellung des Chemischen Cabarets statt. Der Eintrittspreis beträgt nur 50 Pf. Für einen genussreichen Abend wird jede Garantie übernommen. Sollte trotzdem jemand in seinen Erwartungen getäuscht worden sein, so darf er übers Jahr besseres Können bewiesen. Übelgelaunten ist der Zutritt verboten. Empfindliche werden ausgelacht. Guter Laune, tüchtigem Hunger und unlöschbarem Durst sind Tür und Tor geöffnet. Auf zahllosen Besuch hofft das Komitee. Reichhaltiges Programm. Warmes Essen. Kaltes Freibier. Gelinder Weinzwang"[268]. Aus dem Erlös eigens zu den Stiftungsfesten gedruckter Postkarten[269], (Abb. 261) (Abb. 262) von denen einige aus dem Nachlass des Feinmechanikermeisters Hans Geisenhainer in den Historischen Archivbestand gekommen sind, wurde die Cassa-Bilanz aufgefüllt.

Abbildung 260
Ausgaben für Gemeinschafts-Exkursionen der Chemischen Gesellschaft zu Leipzig, dokumentiert im Cassa-Buch

Abbildung 261
Erinnerungskarte an ein Stiftungsfest der Chemischen Gesellschaft zu Leipzig

Abbildung 262
Erinnerungskarte an ein heiteres Stiftungsfest der Chemischen Gesellschaft zu Leipzig

Das Cassabuch weist aus, dass die Mitgliedsbeiträge von 2,– Mark pro Mitglied und Semester über die Jahre hinweg konstant blieben. 1919 gingen aus dem Vermächtnis des Dr. F. Wilhelmi (Fabrik chemischer Produkte in Taucha, bis 1912 in Reudnitz) 300,– M in das Vermögen ein. Alljährlich wurden 20,– M als korporativer Mitgliedsbeitrag an den Hauptverein Deutscher Chemiker abgeführt (erstmals im Sommersemester 1899) und im Gegenzug die Zeitschrift für Angewandte Chemie erhalten. Aus einem mit dem 14.4.1918 datierten Brief von Hantzsch an den VDCh geht hervor, dass die Zeitschrift ab 1918 für die Chemische Gesellschaft Leipzig vom I. Chemischen Universitätslaboratorium unter Wahrung der korporativen Mitgliedschaft bezahlt wurde[270a]. Im Cassabuch sind dafür die bis zum Wintersemester 1922/23 gezahlten Beiträge ausgewiesen. Im November 1914 wurden für notleidende Ostpreußen 200,– M und im Dezember 300,– M Kriegsnotspende aus dem Bestand genommen, danach in den Kriegsjahren „Reichsanleihen" in Höhe von je 400,– M. Später spiegelt sich die Inflation im Cassa-Buch wider. Die Eintragungen enden mit dem Wintersemester 1943/44 und einem Bestand von 65,37 RM, nachdem seit dem Beginn des 2. Weltkrieges jährlich nur wenige Vorgänge registriert wurden.

Einen weiteren Beleg für das Wirken der Chemischen Gesellschaft zu Leipzig noch in den Kriegsjahren fanden wir in Paul Waldens (1863–1957) verfassten „Aus den Erinnerungen eines alten chemischen Zeitgenossen" (1950)[270b, S. 74]: „Zum letzten Mal durfte ich im Jahre 1942 in den berühmten Arbeitsräumen eines Kolbe, Wislicenus und Hantzsch weilen, als ich anlässlich eines Vortrages in der Leipziger chemischen Gesellschaft das ehrwürdige Chemische Institut in der Liebigstraße wiedersah".

Eine formelle Auflösung der Chemischen Gesellschaft zu Leipzig ist nicht aktenkundig. „Alle Veränderungen in den Universitätsinstituten sind natürlich für das Gepräge und den Besuch der Chemischen Gesellschaft von größter Bedeutung gewesen, insofern ist aber Kontinuität gewahrt worden, als in Leipzig stets die modernste Chemie getrieben wurde", so resumierte Beckmann in seiner Festrede anlässlich des 25-jährigen Bestehens[261, S. 30].

Der Bezirksverein Leipzig des Vereins Deutscher Chemiker

Der Bezirksverein Leipzig des Vereins Deutscher Chemiker (VDCh) wurde am 25.1.1919 in Anwesenheit von 29 Mitgliedern des Hauptvereins im Hotel Sachsenhof in Leipzig einstimmig gegründet[271, S. 268]. Initiiert und begründet durch den Generalsekretär des VDCh, Berthold Rassow, wurde die Bildung des Bezirksvereins Leipzig besonders damit, dass der Umfang des am 13.3.1898 in einem „reservierten Zimmer" des Hauptbahnhofes Chemnitz gegründeten Bezirksvereins Sachsen–Thüringen[272,S.228] (erster Vorsitzender war Prof. Dr. von Cochenhausen aus Chemnitz), dem die relativ wenigen Leipziger Mitglieder des Hauptvereins bisher angehörten, zu groß geworden war und man daher die Interessenvertretung der Leipziger Chemiker in den Parlamenten, den Stadtverordnetenversammlungen, bei Gerichten u. a. nicht mehr gewährleistet sah. Außerdem war der Vorstand des Bezirksvereins Sachsen-Thüringen durch die Chemnitzer bzw. Dresdener Chemiker dominiert.

Eine wesentliche Aufgabe war die Wahrung der Interessen der angestellten akademisch gebildeten Chemiker[273] bei anstehenden Reformen, um deren wirtschaftliche Lage infolge der durch Krieg und Revolution verschlechterten Lebensverhältnisse zu verbessern. Der enge Zusammenschluss mit den Chemikern und Studierenden der Universität Leipzig war erklärtes Programmziel, auch um diesen „eine engere Fühlungnahme mit den in der Industrie praktisch erfahrenen Leuten"[273] zu verschaffen.

Als erster Vorsitzender wurde Rassow, als weitere Vorstandsmitglieder wurden Carl Paal, Dr. Otto Lampe, Dr. Justus Volhard (Chemiker an der Landwirtschaftlichen Versuchsstation Möckern), Dr. Fürth (Chemiker an den Städtischen Gasanstalten), Dr. F. Scharf (im Sitz der zentralen Geschäftsführung des VDCh in Leipzig, Nürnberger Straße) und Dr. Wilhelm Mischon gewählt. Lampe fungierte zugleich als Vertreter des Bezirksvereins im Vorstandsrat des VDCh[274]. Die Sitzung endete nach einem Vortrag von Rassow über „Färbungsversuche", die er „im Einverständnis mit der Heeresleitung ausführte, um die Kreide in der Champagne, die beim Ausheben der Schützengräben dem Feinde ein gutes Ziel darbot, zu verdecken".

Kurioserweise wurde erst am 16.3.1919 auf einer außerordentlichen Mitgliederversammlung des Bezirksvereins Sachsen–Thüringen unter Vorsitz des Dresdeners Richard Möhlau (1857–1940) in Anwesenheit von Rassow, Scharf und Volhard der Gründung des Bezirksvereins Leipzig zugestimmt[275,S. 256], gleichzeitig die Bildung einer Ortsgruppe Dresden beschlossen und den Thüringer Mitgliedern anheimgestellt, sich zu einem besonderen Bezirksverein zusammenzuschließen.

In der 1. ordentlichen Sitzung des Leipziger Bezirksvereins am 29.3.1919 im Hotel „Deutsches Haus" am Königsplatz 13, eingeleitet durch Fachvorträge von Rassow über „Chemische Schädlingsbekämpfung" und Volhard über „Unsere Aussichten für die Düngerversorgung", wurden die Satzungen des Vereins einstimmig angenommen. Durch Rückführung von 2,– M aus dem jährlichen Mitgliedsbeitrag von 15,– M an den Hauptverein[274] und einem zusätzlich erhobenen Mitgliedsbeitrag von 3,– M an den Bezirksverein Leipzig[276, S. 88] wurde die Finanzierung in den ersten beiden Jahren 1919/20 gesichert. Dem jährlichen Mitgliedsbeitrag von 4,– M an die Chemische Gesellschaft zu Leipzig standen somit 18,– M zu zahlender Beitrag an den VDCh inklusive seines Bezirksvereins Leipzig gegenüber. Die 2. ordentliche Sitzung, schon am 17.6.1919 mit 55 anwesenden Mitgliedern und Gästen, war der öffentlich polemisch kontrovers geführten Problematik der *Chemikerschaft an der Universität Leipzig* – diese Vereinigung von Chemiestudenten wird später beschrieben – gewidmet mit dem Ergebnis einer Zustimmung zur folgenden Resolution: „Der Bezirksverein Leipzig begrüßt die Gründung einer Chemikerschaft an der Universität und sichert ihren Mitgliedern freundliches Entgegenkommen zu"[277]. Am 25.11.1919 wurde der Anschluss der Chemikerschaft an den Hauptverein vollzogen und ein Mitglied mit Sitz und Stimme in den Vorstand des Bezirksvereins aufgenommen[278, S.52]. In den Folgejahren wuchs die Zahl der Mitglieder des Bezirksvereins an. In den Vorstand wurden u. a. zeitweise Franz Hein (1921), stud. chem. Ihlenfeld (1921) und 1922 Eberhard Brauer (1875–1958) gewählt. Seitens der Universität waren also die Vertreter der Technischen Chemie (Rassow) und der Angewandten Chemie (Paal, Hein) maßgeblich engagiert.

Der Bezirksverein profilierte sich mit der Durchführung von mehrstündigen, gebührenpflichtigen Fortbildungskursen für Chemiker[278, S.484]. So referierten Konrad Schäfer über „Anorganische Chemie" (1920), Gustav Reddelien über „Organische Chemie", Wolfgang Ostwald über „Kolloidchemie" (1921) und Carl Drucker über „Physikalische Chemie" (1922). Vorträge zu chemisch-technischen Themen wurden bevorzugt mit Referenten von außerhalb abgehalten, so sprachen u. a. Dr. Meckbach (Leverkusen) „Über die Herstellung mottenechter Wolle mittels Eulan-Bayer" am 17.6.1921, Dr. Rosenthal (Selb) zur „Herstellung des Porzellans und seine Verwendung" am 17.2.1921, Dipl.-Ing. Else Krug über „Technisch-Wirtschaftliches aus der Strohhutfabrikation" am 19.2.1924. Die Sitzungen wurden im „Franziskaner" bzw. im „Löwenbräu" fortgeführt.

Interessant bezüglich des guten Verhältnisses beider Chemiker-Vereinigungen in Leipzig ist, dass es Doppelmitgliedschaften gab und offensichtlich auch gemeinsame Sitzungen stattfanden, so angekündigt für den 14.5.1925 mit Vorträgen von Hein über „Über eine neue Methode zur Darstellung von Organo-Quecksilber-Verbindungen", von Drucker über „Über neuere Formen der Wasserstoffelektrode" und vom Mineralogen Friedrich Rinne (1863–1933), der einen künstlich erzeugten Riesenkristall von Natrium-nitrat nach einem neuen Verfahren demonstrierte[279, S. 651]. Es kam auch zu mindest einer gemeinsamen Sitzung des Bezirksvereins Leipzig des VDCh mit dem Verband Technisch-wissenschaftlicher Vereine Leipzig am 22.11.1926 mit einem Vortrag über „Hörbigers Welteislehre"[280a]. Dieses populäre pseudo-wissenschaftliche Modell zur Erdentstehung von Hanns Hörbiger (1860–1931) mit der Annahme, dass der innere Kern der Erde ebenso wie die Kerne der Fixsterne aus Eis bestünden, wurde seit Anfang des Jahrhunderts rege diskutiert und später während der NS-Zeit sogar in Schulen gelehrt[280b].

Schließlich sind auch Exkursionen dokumentiert, so am Sonntag, dem 17.8.1924, auf Einladung der Firmenleitung der Aktiengesellschaft Heine & Co. in Leipzig mit einem Rundgang durch die Fabrik, welche ätherische Öle verarbeitete und in alle Welt als „Heiko-Produkte" exportierte.

1928 ging der VDCh in den *Verband Deutscher Chemischer Vereine* ein, welcher 1929 in die *Union Internationale de Chimie* aufgenommen wurde. Damit war die durch den Ersten Weltkrieg bedingte jahrelange Isolation der deutschen Chemiker von der internationalen Chemikergemeinschaft formal beendet. Ab 1938 wurden der VDCh samt seinen Bezirksvereinen dem *Nationalsozialistischen Bund Deutscher Technik* als Fachgruppe und die Deutsche Chemische Gesellschaft und die Deutsche Bunsengesellschaft für Physikalische Chemie diesem Bund als Arbeitskreise unterstellt.

In den handschriftlichen Notizen zu einer Festrede anlässlich der Feier seines 70. Geburtstages am 26.10.1952 in der „Mensa" zu Tharandt schrieb Heinrich Wienhaus, dass er von 1933 bis 1935 die Leitung des Bezirksvereins Leipzig im VDCh innehatte.[280c] Aus einem Schreiben des Ehrenmitglieds Rassow vom 6.3.1946 geht hervor, dass Carlsohn in den Jahren 1939, 1944 und 1945 Vorsitzender des Bezirks-verbandes Leipzig des VDCh war. Der Bezirksverband Leipzig existierte somit mindestens bis 1945. Die Kopie des von Rassow handschriftlich unterzeichneten Dokumentes wurde im März 2006 von Dr. Burghardt Carlsohn zur Einordnung in den Historischen Archivbestand der Fakultät übergeben.

Vereinigungen von Chemiestudenten

Die Chemikerschaft an der Universität Leipzig. Am 19.7.1919 überreichte stud. chem. Erich Wedel namens der neugegründeten Chemikerschaft an der Universität Leipzig den Satzungsentwurf an das Universitätsrichteramt mit der Bitte um Genehmigung. Aus den im Universitätsarchiv Leipzig dazu vor-handenen Dokumenten[281] geht nicht hervor, an welchem Tag genau die Gründung vollzogen wurde (vgl. oben mit der 2. Sitzung des Bezirksvereins Leipzig des VDCh).

Die Chemikerschaft an der Universität Leipzig war eine Vereinigung von Chemiestudierenden. Ihre Satzung bestand aus acht Paragraphen. Die Aufgabe der Chemikerschaft war nach § 2: „1) Eine Vermittlungsstelle zwischen Dozenten und Studenten zu bilden und nachdrücklich für Wahrung der akademischen Freiheit in allen Fragen einzutreten; 2) eine Beratungsstelle bezüglich Studiengang, Berufswahl und Berufsberatung zu bilden; 3) eine Vertretung der Studierenden der Chemie bei dem Allgemeinen Studentenausschuss durchzusetzen; 4) eine Vertretung der wirtschaftlichen und fachwissenschaftlichen Interessen gegenüber den regierenden Gewalten und der Öffentlichkeit zu bilden; 5) mit der Industrie Fühlung zu nehmen und Gelegenheit zum Besuch industrieller Werke zu erlangen; 6) mit ähnlichen Organisationen an anderen Universitäten, technischen Hochschulen und den schon bestehenden Berufsorganisationen aufzunehmen und zu halten." In den weiteren Paragraphen wurden die Mitgliedschaft (nur Chemie studierende Reichs- und Auslandsdeutsche an der Universität Leipzig konnten Mitglied werden, die Mitgliedsbeiträge wurden von der Mitgliederversammlung festgesetzt, waren also variabel), die geheime Wahl und die Zusammensetzung des für jedes Semester neuzuwählenden siebenköpfigen Vorstandes sowie Regularien zu den Mitgliederversammlungen fixiert.

Dieser Zusammenschluss hatte Befürworter, jedoch auch Gegner. Die erbitterte Austragung von kontroversen Argumenten geschah deutschlandweit öffentlich in der Zeitschrift für Angewandte Chemie mit dem „Aufruf zur Gründung von Chemikerschaften an sämtlichen deutschen Hochschulen"[282] vom befürwortenden Leipziger Dr. W. Mischon und im Beitrag „Gegen die Gründung von Chemikerschaften"[283] vom ablehnenden Leipziger Hans Heller, wobei sich beide auf die Situation der Chemikerschaft an der Universität Leipzig bezogen. Mischons Pro-Aufruf an die Chemiestudierenden deutscher Hochschulen schloss mit dem Imperativ: „Studierende der Chemie, vereinigt euch!", was an den Marx'schen Slogan bezüglich der Internationale erinnert. Es ist offensichtlich, dass die revolutionären Ereignisse 1918/19 sich auch in solchen Bestrebungen zur Bildung von Organisationen zur Interessenvertretung bestimmter Gruppen für soziale Verbesserungen widerspiegelte. Dies mag für Leipzig besonders hautnah an einem zwölftägigen Generalstreik im ersten Viertel des Jahres 1919 zu spüren gewesen sein, der übrigens auch die Arbeit der Hauptgeschäftsstelle des VDCh in Leipzig zeitweise beeinträchtigte[284, S. 96, S. 153].

Dem Argument Mischons, dass die „Verbilligung" des Studiums prioritäre Aufgabe der Chemikerschaft sei, weil „nur noch die Söhne ganz reicher Eltern heute Chemie studieren können", setzte Heller entgegen, dass „gerade der schmale Geldbeutel des Vaters den äußeren Anlaß zum Studium der Chemie gab mit der Begründung, in der chemischen Industrie sei noch ‚etwas zu verdienen'". Mischons „Die Wahrung der akademischen Freiheit bedarf dringend der Pflege der Chemikerschaft, ...sie solle jedoch keine Kampforganisation gegen die Professorenschaft sein" kommentierte Heller: „Das klingt beinahe, als sei die Professorenschaft der Freiheitsbedrohung verdächtig". Der Befürwortung Mischons für den Anschluss von Chemikerschaften an etablierte Vereine bzw. industrielle Verbände, wie dem VDCh und dem Bund angestellter Chemiker und Ingenieure, entgegnete Heller, „er sehe in einem solchen Anschluss geradezu eine Gefahr für die Hochschulchemie" und eine „Ablenkung, mehr noch: eine Schädigung des wissenschaftlichen Geistes und Interesses, wenn bereits erste Semester die Chemie vom Standpunkt der Nurwirtschaftlichkeit betreiben lernen" und die „Wissenschaft als melkende Kuh" auffassen. Heller plädiert für „die Betonung des akademischen Standesbewußtseins, das es von sich weist, den Reaktionen der Massenseele widerstandslos nachzugeben". In der Polemik ging es u. a. auch um das Für und Wider der Notwendigkeit der Einrichtung von Glasbläserkursen für Studierende, der Übernahme der Glassachen in den Fonds der Laboratorien und die Kontrolle über den Verkauf von Chemikalien und Gerätschaften.

Am 24.11.1924 wurde ein erweiterter Satzungsentwurf an den Universitätsrichter „mit der Bitte um gütige Einsicht und gefällige Genehmigung" im Auftrag der Chemikerschaft an der Universität Leipzig von stud. chem. Friedrich eingereicht und akzeptiert. Wesentliche Änderungen sagen aus, dass es der Zweck der Chemikerschaft sei, sowohl die gemeinsamen Interessen der deutschen Chemiestudierenden als auch ggf. die Wünsche einzelner Mitglieder zu vertreten und diesen durch Geschlossenheit Nachdruck zu verleihen. Die Arbeit erfolge im Rahmen der Satzungen des Deutschen Studentenbundes und des *Verbandes der Chemikerschaften an den deutschen Hochschulen* (zwischenzeitlich hatte sich also dieser Dachverband etabliert). Neu ist auch, dass es nun im Vorstand einen Kassenwart und einen Wirtschaftswart mit getrennten Kassen gab, wobei der letztere die Wirtschaftsabteilung der Chemikerschaft verwaltete.

In den Folgejahren befasste man sich auch mit der Kollektiv-Unfallversicherung der Chemikerschaft an der Universität Leipzig, worüber eine umfangreiche, 37 Blatt umfassende Acta mit einem regen Schriftverkehr zwischen Chemikerschaft, Rektor und Versicherungen (Stuttgart-Berlin-Versicherungs-AG, Leipziger Lebensversicherung AG, Allianz und Stuttgarter Lebensversicherungsbank AG) im Universitätsarchiv Leipzig existiert[285]. Aus diesen Dokumenten geht auch hervor, dass die Chemikerschaft an der Universität Leipzig mindestens bis zum 12.4.1932 existiert hat.

Zusätzlich zu den bereits Genannten ließen sich die Namen einiger 1. Vorsitzender ermitteln: SS 1927 Otto Bähr; WS 1927 S. Werndt; WS 1929 Fritz Vorsatz und SS 1932 Heino Rinke.

Die Vereinigung der Chemie studierenden Griechen Leipzig. Da sich die Chemikerschaft an der Universität Leipzig nur als eine Interessenvertretung deutscher Chemiestudierender verstand, ist nachzuvollziehen, dass sich die zahlreichen ausländischen Chemiestudierenden nur bedingt vertreten sahen. Andererseits war und ist es ein elementares Bedürfnis, dass sich Studenten aus bestimmten Regionen oder Ländern an ihrem Studienort „vergemeinschaften", schon allein deshalb, um Kontakte zu halten und aufzubauen, kulturelle Anliegen zu pflegen, sich gegenseitig zu unterstützen und wohl auch gemeinsam betreffende Fragen zu erörtern und betreffenden Stellen vorzutragen.

So fanden sich am 26.2.1924 allein 28(!) an der Universität Leipzig Chemie studierende Griechen zusammen, die namentlich bekannt sind[286]. Am 15.5. genehmigte Universitätsrichter Sperling die Satzung der Vereinigung der Chemie studierenden Griechen[286], die am 2.11. einmütig angenommen wurde. Die Satzung von 1924 enthielt 16 Artikel, die am 23.4.1926 nochmals von der Mitgliederversammlung geringfügig abgeändert und am 19.7.1926 erneut genehmigt wurden. In Artikel 2 heißt es: „Zweck des Vereins ist die geistige und materielle Unterstützung seiner Mitglieder, was hauptsächlich erreicht wird a) durch Veranstaltungen von Vorträgen und freien Besprechungen. Die Vorträge werden auch griechisch oder deutsch gehalten und ihre Inhalte erstrecken sich auf alle Zweige der Naturwissenschaften. Vorträge politischer und parteipolitischer Inhalte sind ausgeschlossen, wie auch jede Einmischung des Vereins in jedwede politische oder parteipolitische Angelegenheit vollständig ausgeschlossen ist. Nach Schluß jedes Vortrages findet mit Genehmigung des Vortragenden über dessen Thema eine freie Besprechung statt; b) durch Errichtung einer eigenen Bibliothek und eines Treffpunktes zum Zwecke der näheren gegenseitigen Fühlungnahme der Mitglieder untereinander; c) durch Unterstützung von Mitgliedern zur Erleichterung ihrer Studien."

Die Vereinigung wurde von einem geheim gewählten Vorstand, bestehend aus dem Vorsitzenden, dem Schriftführer und dem Kassierer, geführt. Die Mitgliedschaft war weder an Geschlecht, noch Konfession oder Staatsangehörigkeit gebunden. Die Eintragungsgebühr betrug 2 Goldmark, und der monatliche Mitgliedsbeitrag 1 Goldmark. Laut Statut finanzierte sich daraus der Verein, jedoch auch über Schenkungen oder Vermächtnisse, wobei der Ehrentitel „Schenker" an Personen zu vergeben war, die über 100 Goldmark in den Verein einbrachten. Bei Auflösung des Vereins sollte nach Artikel 16 des Statuts von 1924 das Vereinsvermögen zu Händen des Direktors des Laboratoriums für Angewandte Chemie der Universität Leipzig (Brüderstraße 34) gehen, damit dieser Betrag „armen deutschen Studenten der Chemie zu Hilfe kommen kann." Daraus lässt sich entnehmen, dass eine besonders enge Beziehung zu diesem Laboratorium, geleitet von Carl Paal, bestand. Im Statut von 1926 heißt es geändert, dass bei Auflösung das Vermögen zu Händen der Deutsch-griechischen Gesellschaft – Ortsgruppe Leipzig zu gehen habe. Am 20.11.1928 teilte der Gründungsvorsitzende der Vereinigung, Minas Logothétis, der Universitätskanzlei mit, dass sich die Vereinigung der Chemie studierenden Griechen am 17.11.1928 wegen Mangels an Mitgliedern aufgelöst hat.

Der Charakter der Chemikerschaft und der Vereinigung der Chemie studierenden Griechen war also sehr verschieden. Die fachliche Weiterbildung über Vorträge wurde im Statut der Chemikerschaft mit keinem Wort erwähnt, sondern es wurden die sozialen, berufsvorbereitenden und materiellen Belange als wesentliche Aufgaben fixiert. Das ist insoweit nicht verwunderlich, da sehr viele Chemiestudierende in der Chemischen Gesellschaft zu Leipzig Mitglied und integriert waren und dort die fachliche Weiterbildung außerhalb des regulären Studiums wahrnehmen konnten.

Studentische Organisationen und Interessenvertretungen nach 1946 *(mit Horst Wilde).* Nach der Wiedereröffnung der Universität am 5.2.1946 und der Zulassung der Organisation Freie Deutsche Jugend (FDJ) in der sowjetischen Besatzungszone am 7.3.1946 wurde im August 1946 die Arbeitsgemeinschaft demokratischer Studenten (AdS) an der Universität ins Leben gerufen, die am 6.2.1947 Wahlen zum 21-köpfigen Studentenrat, beruhend auf dem Persönlichkeitsprinzip, durchführte. Zwei Monate später wurde dieser Studentenrat administrativ aufgelöst und die Überleitung an die FDJ eingeleitet. Am 12.12.1947 kam es zur Wahl eines neuen Studentenrats (30 Mitglieder), der am 18.2.1948 die Bildung von FDJ-Fakultätsgruppen beschloss. Am 25.3.1948 wurde eine zentrale FDJ-Betriebsgruppe an der Universität gebildet, die im Mai 350 und im Dezember desselben Jahres 1172 studentische Mitglieder zählte und sich von da an FDJ-Hochschulgruppe nannte. Die CDU- und LDPD-Betriebsgruppen waren kurz vorher, im November 1948, aufgelöst worden. Bei einer weiteren Wahl zum Studentenrat am 9.12.1948 wurden 16 SED-, acht CDU-, zwei LDPD-Mitglieder und ein Parteiloser gewählt. Im Juli 1949 gehörten der FDJ 2002 (47% aller Studenten) an, im Dezember 1949 waren es 3347 (64%), und im Oktober 1950 stieg die Mitgliederzahl auf 5124 (91%). Der am 9.2.1950 gewählte Studentenrat bestand aus 24 Mitgliedern, von denen 22 der FDJ angehörten. Etwa gleichzeitig wurde eine Bewegung zur Schaffung von FDJ-Studiengruppen an der Univerität organisiert, in dem Sinne, „dass die Studiengruppen Kampfgemeinschaften der Studenten an allen Fakultäten darstellen sollen, in denen eine feste Verbindung von wissenschaftlicher und gesellschaftlicher Arbeit hergestellt, die Qualität gesteigert und die politisch-ideologische Erziehung aller Studenten entscheidend verbessert wird" (aus einer Chronologie der FDJ an der Karl-Marx-Universität Leipzig). Im April 1952 folgte die Umwandlung der Studiengruppen in Seminargruppen, „um die Zusammenarbeit mit dem Lehrkörper zu verbessern".

Diese Prozesse und Organisationsformen fanden adäquat in den Chemischen Instituten statt. Besondere Aktivitäten waren z. B. Arbeitseinsätze in der Kartoffelernte („FDJler packt an! Jede Kartoffel wird gebraucht!", so hieß es noch im September 1972). Ende der 50er Jahre wurden „sozialistische Studentenlager" (später sozialistischer FDJ-Studentensommer bzw. Sommerlager genannt) ins Leben gerufen. Von den FDJ-Studenten der Chemie wurde eine „Kompaß-Bewegung" und eine Bewegung „Meistert die Wissenschaft" initiiert sowie 1958 ein „Patenschaftsvertrag" der FDJ-Grundeinheit Chemie mit dem VEB Kombinat Espenhain abgeschlossen. Anfang 1960 äußerte sich die FDJ-Fachschaftsleitung zur Forcierung des Berufspraktikums und zum „studentischen Wettbewerb" mit der Physik. 1961 organisierte sie eine Ausstellung „Chemie bringt Schönheit". 1968 erfolgte ein „Wettbewerbsaufruf" der Chemiestudenten zum 20. Jahrestag der Gründung der DDR. In der Sektion Chemie war die Leitung der FDJ-Grundorganisation Chemie zuständig für solche gesellschaftspolitischen Aktivitäten zur Verbindung von Ausbildung, „sozialistischer Erziehung" und gelenkter Freizeitgestaltung.

Seit 1990 ist die Fachschaft Chemie an der Fakultät für Chemie und Mineralogie die Interessenvertretung aller Chemiestudierenden der Universität. Ihre Aufgaben und Ziele sind in erster Linie studienbezogen. Sie ist eine Gruppenkörperschaft der Universität im Ensemble der Fachschaften der 14 Fakultäten und als solche legitimiert, ihre gewählten Vertreter in das Konzil, den Senat und in die Fakultätsräte mit Stimmrecht zu entsenden. Der Fachschaftsrat wird alljährlich von den Chemiestudierenden gewählt. Über diesen nehmen sie direkten Einfluss auf die Gestaltungsprozesse an der Universität in Forschung, Lehre, Studium und Haushalt. So stellt die Fachschaft Chemie drei von den insgesamt 15 Mitgliedern des Fakultätsrates. Die Studierenden wählen jährlich die in die o. g. Gremien zu entsendenden Vertreter.

Der Charakter der Fachschaft unterscheidet sich von dem des JungChemikerForums Leipzig, obwohl es in manchen Feldern Überlappungen von Aufgaben und Zielen gibt. Die Fachschaft Chemie sieht naturgemäß einen Schwerpunkt in der Einflussnahme auf die Gestaltung des Studiums: Auf Studien- und Prüfungsordnungen, Studienprogramme und die Reformierung der Studiengänge, auf die Gestaltung von Vorlesungen, Praktika, Seminaren und Übungen (z. B. durch anonym ausgewiesene Evaluierungen des Lehrpersonals), auf die Anschaffung von Lehrmaterialien (z. B. durch Vorschläge an die Bibliothekskommission zum Ankauf bestimmter Lehrbücher), und auf die Studienbedingungen (so zu Sicherheit und Arbeitsschutz, Öffnungszeiten usw.). Als „Dienstleistung" werden frühere Klausuren, Übungen und Prüfungsprotokolle angeboten. Ein gutes Einvernehmen mit dem amtierenden Studiendekan war und ist förderlich. Ähnlich wie schon die Chemikerschaft an der Universität Leipzig in den 20er-/30er-Jahren des vorigen Jahrhunderts kümmert sich die Fachschaft Chemie um Glasbruchversicherungen mit Sammeltarif (Condor-Versicherung, 8,– Euro/Semester, Selbstbeteiligung 25,– Euro) oder um den Erwerb und den Verkauf preisgesenkter Arbeitsschutzmittel wie Laborkittel (20,– Euro), Schutzbrillen (ab 2,50 Euro), Schutzhandschuhe (1,75 Euro) usw. (Preisangaben für 2007). Gemeinsam mit dem JungChemikerForum wurde im Juni 2005 die Wanderausstellung des Dachvereins der Chemie-Fachschaften „IG-Farben. Von Anilin bis Zwangsarbeit" in Leipzig gezeigt.

Als weiterer Schwerpunkt der Fachschaft Chemie hat sich die Unterstützung der Erstsemestler herauskristallisiert, denn der Einstieg in das Chemiestudium ist für viele bekanntlich nicht einfach. So finden alljährlich Einführungsveranstaltungen für Erstsemestler und die dreitägige „Ersti-Fahrt" in die nähere Umgebung von Leipzig statt. Diese sind schon Teil eines dritten Schwerpunktes, der Pflege der studentischen Geselligkeit. Zwei eigenständige, in das städtische Register eingetragene Vereine, Destille e.V. und Elferrat Chemie e. V., sind für die Organisation zuständig. Die „Destille" ist eine ausschliesslich von Chemiestudierenden betriebene Kneipe im Souterrain des Studentenwohnheims, direkt unter dem Bürotrakt der Wissenschaftler der Theoretischen Chemie gelegen, die ein- bis zweimal pro Woche abends geöffnet hat. Dorthin werden auch hin und wieder Professoren zum „Stammtisch" eingeladen, um zwanglos über interessierende Themen zu diskutieren. Der Elferrat Chemie e. V. ist für die Vorbereitung und Durchführung der stets überfüllten Faschingsvorlesungen am 11.11. und die traditionsreichen Feiern zur Faschingszeit zuständig, wobei neben Studierenden auch Absolventen eingebunden sind (s. Abschn. Die Chemie stimmte).

Die Chemische Gesellschaft der DDR und ihr Bezirksverband Leipzig

Die Chemische Gesellschaft der DDR. Nach einer Konsolidierungsphase in der Nachkriegszeit und der nachfolgenden Gründung der Bundesrepublik Deutschland und der Deutschen Demokratischen Republik wurde am 20.9.1949 in München für den gesamten staatlichen Bereich der BRD die *Gesellschaft Deutscher Chemiker e.V.* (GDCh) mit Sitz in Frankfurt/Main durch Zusammenschluss bereits vorher existierender Zonenverbände gebildet[257,S. 213; 287]. In ihr sind die ursprüngliche Deutsche Chemische Gesellschaft und der Verein Deutscher Chemiker aufgegangen. Erster Präsident für eine zweijährige Amtszeit wurde Karl Ziegler.

Auf dem Gebiet der DDR gab es seit den frühen 50er Jahren Aktivitäten zur Bildung einer Gesellschaft, die besonders von Erich Thilo, Anorganiker an der Humboldt-Universität Berlin, „als treibende Kraft zur Gründung"[288, S. 206] ausgingen. Anfang des Jahres 1953 wurde ein Vorbereitungskomitee unter Vorsitz von Heinrich Bertsch gebildet, dem die Universitätsprofessoren Erich Thilo, Hans Heinrich Franck (zu dieser Zeit Vorsitzender der Kammer der Technik), Arthur Simon, Günter Rienäcker, Wolfgang Langenbeck und als weitere Industrievertreter (neben H. Bertsch) die Professoren Eberhard Leibnitz, Nelles, Panning und Winkler angehörten. „Am 12. Mai 1953 unterbreitete dieses Gründungskomitee seine Vorschläge für ein Statut im Rahmen einer Arbeitstagung einem größeren Kreis von Fachkollegen im alten Hörsaal des Leipziger chemischen Instituts in der Brüderstraße und holte sich die Legitimation für den Antrag an den Minister Dr. Paul Wandelt zur Gründung der Chemischen Gesellschaft in der DDR"[288, S. 202]. Zwei andere Publikationen und das GDCh-Archiv[289b] weisen den 11.5.1953 für diese Gründungsversammlung der Chemischen Gesellschaft (CG) der DDR aus[257, S. 215; 289a, S. 188]. Als Sitz der CG der DDR wurde die „Stadt Berlin" bestimmt[287 a, S. 105]. Auch die ersten von der CG der DDR veranstalteten Tagungen (wie auch danach noch die meisten, s. Anh. Tagungen) fanden in Leipzig statt[287b, S.1]: Die Eröffnungs- und Vortragstagung fand vom 21.–23.10.1953 mit 900 Teilnehmern im „Haus Antifa" statt, und die Spezialtagung „Chemie der Braunkohle" am 3./4.12.1953 mit 125 Teilnehmern wurde in Form eines Streitgespräches zwischen dem Referenten E. Leibnitz und Koreferenten durchgeführt. Die Leipziger Chemiker brachten sich in der Gründungsphase aktiv ein.

Am 11.5.1953 wurde der erste Vorstand gewählt. Er bestand aus E. Thilo, HU Berlin; Vorsitzender), H. Bertsch (AdW Berlin) H. Franck, Berlin; W. Heyder (EK Bitterfeld), Frau A. Kaiser; W. Schirmer (Leuna-Werke), A. Simon (TH Dresden) und W. Treibs (KMU Leipzig). Der geschäftsführende Vorstand setzte sich in den ersten Jahren paritätisch aus drei Vertretern der Hochschulen, drei Vertretern der Industrie und dem Vorsitzenden zusammen. Während des Bestehens der CG der DDR hatte kein Leipziger Universitätschemiker den Vorstandsvorsitz inne, wohl aber gehörten solche zeitweilig dem geschäftsführenden Vorstand an (G. Geiseler; E. Hoyer ab 3.12.1980). Nach der letzten Fassung des Statuts aus dem Jahre 1988 setzte sich der geschäftsführende Vorstand aus zehn Mitgliedern zusammen (§ 6)[290, S. 5], und zur Parität bzw. ihrer Herkunft wurde lediglich die Feststellung getroffen, dass sie die disziplinäre Breite der Chemie und die fachliche und institutionelle Zusammensetzung der Gesellschaft repräsentieren sollten.

Dem erweiterten oder Gesamtvorstand gehörten außerdem die Vorsitzenden der Bezirksverbände (BV) bzw. Ortsverbände (OV) (bis 1988 waren dies insgesamt zwölf) sowie der Fachverbände und selbständigen Arbeitgemeinschaften, der Sektion Unterricht und der AG Dokumentation/Information an. 1988 gab es zehn Fachverbände: Analytik (mit elf Arbeitsgruppen), Chemiebildung, Chemische Technologie (mit sechs Arbeitsgruppen), Grenzflächenchemie, Lebensmittelchemie, Makromolekulare Chemie, Naturstoffchemie, Photochemie, Toxikologie und Wasserchemie. Dazu existierten 1988 noch elf selbständige Arbeitsgemeinschaften: Bioanorganica, Chemische Kinetik, Computerchemie, Elektrochemie, Festkörperchemie, Flüssigkristalle, Geschichte der Chemie, Information/Dokumentation, Organoelementverbindungen, Quantenchemie und Thermodynamik.

Gesamtdeutsche Klammern zwischen den beiden Gesellschaften in der BRD und der DDR waren das Chemische Zentralblatt, die Mitwirkung von Chemikern beider Gesellschaften in einigen wenigen Fachzeitschriften, wie z. B. der Zeitschrift für Anorganische und Allgemeine Chemie, sowie das Zusammentreffen von Chemikern aus Ost und West bei internationalen und nationalen Tagungen und zu Kolloquienbesuchen. Auch gab es Kontakte auf der Ebene von Kommissionen, die sich aus der Mitgliedschaft in internationalen, nichtstaatlichen Vereinigungen[290,S.3] zwangsläufig ergaben: Auf der 27. Generalversammlung der Internationalen Union für Reine und Angewandte Chemie (IUPAC) am 29.8.1973 in München erfolgte die Aufnahme der CG der DDR in diese Vereinigung, die ab 1.1.1974 in Kraft trat[291]. Dem IUPAC-Nationalkomitee der DDR stand der Leiter des Forschungsbereiches der AdW, Gerhard Keil, mit seinem Stellvertreter Hans-Joachim Bittrich als Vertreter der CG der DDR vor, denn ab 1954 war die CG der DDR der AdW zugeordnet bzw. unterstellt worden. Die ursprünglich angedachte Fusion mit der Organisation „Kammer der Technik" wurde im November 1973 durch eine „Vereinbarung zwischen der Kammer der Technik und der Chemischen Gesellschaft der DDR", nunmehr als enge Kooperation bezeichnet, vertraglich geregelt[292]. An der personellen Zusammensetzung des Vorstandes der CG der DDR im Verlaufe der Jahre zeigte sich, dass auch das Hochschulministerium und das Ministerium für Chemische Industrie der DDR vertreten waren. Ab 1954 wurde das „Mitteilungsblatt der Chemischen Gesellschaft der DDR" monatlich herausgegeben und den Mitgliedern zugestellt. Der Charakter der Chemischen Gesellschaft der DDR unterschied sich gegenüber dem ehemaligen Verein Deutscher Chemiker in einem wesentlichen Grundsatz dahingehend, dass erstere keine sozialen Berufs- und Standesinteressen der Chemiker vertrat, denn alle „Werktätigen", einschließlich Hochschul- und Industriechemikern waren in die staatlich gelenkte Einheitsgewerkschaft Freier Deutscher Gewerkschaftsbund (FDGB) integriert worden, die sich damit befasste. Manfred Rätzsch, W. Girnus und W. Göbel formulierten anlässlich des 25-jährigen Bestehens der CG der DDR 1978 die Zielstellungen[293] als vorrangig wissenschaftlich, wissenschaftspolitisch und -organisatorisch. In § 2 des Statuts[290] heißt es, dass die CG der DDR der Entfaltung des wissenschaftlichen Lebens dient, den Meinungsaustausch und die Verbreitung der neuesten Erkenntnisse und Erfahrungen auf dem Gebiet der Chemie und die Interdisziplinarität fördert, zur Aus- und Weiterbildung und zur „Formung der Persönlichkeit des sozialistischen Wissenschaftlers" beiträgt.

In diesem Sinne wurden u. a. von der CG das von Erdmann 1832 in Leipzig begründete traditionsreiche „Journal für praktische Chemie" ab 1954 weitergeführt und die „Zeitschrift für Chemie" 1961 als wissenschaftliches Sprachrohr ostdeutscher Chemiker mit Sitz in Leipzig neu gegründet. Im Journal für praktische Chemie wirkten als Herausgeber Helferich und E. Leibnitz und im Redaktionsbeirat W. Treibs, G. Geiseler und E. Hoyer maßgeblich mit. Alljährlich fanden Hauptjahrestagungen, und spezielle Tagungen, wie z. B. das Festkolloquium zum 20-jährigen Bestehen der CG in der Alten Handelbörse in Leipzig am 1.6.1973, und die Chemiedozententagungen statt. Zahlreiche internationale und nationale Spezialtagungen unter dem Schirm der CG und unterstützt von deren Geschäftsführung wurden von den Chemischen Instituten bzw. der Sektion Chemie der Leipziger Universität gemeinsam mit dem Bezirksverband Leipzig ausgerichtet (s. Anh. Tagungen). Unter den Bedingungen der Beantragung von Visa für Einreisende und damit verbundener bürokratischer Hürden war der organisatorische Aufwand erheblich. Ordentliche Mitglieder der CG konnten nur Bürger der DDR werden, die als Chemiker oder Wissenschaftler benachbarter Gebiete einen Hoch- oder Fachschulabschluss hatten und deren Aufnahmeantrag von zwei Mitgliedern befürwortet worden war. Unter den Ehrenmitgliedern der CG der DDR, zu denen zahlreiche Leipziger Professoren bzw. Absolventen gehörten (1955 Max Volmer, 1960 W. Treibs, 1962 Franz Hein, 1965 Robert Grießbach, 1966 L. Wolf, 1977 E. Leibnitz), befand sich als Ausnahme mit Helferich (1958) ein einziger Chemiker aus der BRD (s. Anh. Ehrungen). Der Mitgliedsbeitrag betrug konstant 20,– M. Korporative Mitgliedschaft war möglich, und die außerordentliche Mitgliedschaft konnte an Studenten der Chemie oder benachbarter Disziplinen erteilt werden. Im 25. Jubiläumsjahr betrug die Zahl der Mitglieder insgesamt 3168. Die Mitgliedschaft in der CG der DDR war für die meisten Chemiker der Leipziger Universität selbstverständlich.

Der Bezirksverband Leipzig. Am 18.5.1954 wurde in Leipzig zunächst der Bezirksverband (BV) Mitteldeutschland[287b] gegründet. Er umfasste die Mitglieder im Raum Leipzig-Halle. Bis zum 15.8.1954 waren es bereits 432 Mitglieder. Der erste gewählte Vorstand setzte sich zusammen aus: W. Treibs (Leipzig, 1. Vorsitzender), W. Langenbeck (Halle), Dr. Grimm (Schkopau), Dr. Wömper (Bitterfeld) und Dr. Tannenberger (Großdeuben). Etwas später wurde der BV Mitteldeutschland in BV Leipzig-Halle umbenannt. Der Vorstand der CG der DDR beschloss am 3.11.1961 in Berlin die Auftrennung desselben in den BV Leipzig (mit Einbeziehung des Bitterfelder und Wolfener Chemiegebietes), BV Halle (mit Einbeziehung von Leuna und Buna) und den BV Magdeburg.

Laut Statut agierten die Bezirks- bzw. Ortsverbände jeweils zusammen mit einer bedeutenden Chemie-Institution der Region, und die Chemiesektion der jeweiligen Universität war federführend. Deshalb wurden zum Beispiel die Kolloquien nach 1968 wie folgt angekündigt: „Bezirksverband Leipzig gemeinsam mit der Sektion Chemie der Karl-Marx-Universität Leipzig". So war gesichert, dass mindestens ein Leipziger Universitätschemiker im Gesamtvorstand die regionalen Interessen vortragen konnte. Während der BV Halle und der BV Magdeburg eigene Gründungsversammlungen organisierten, ging der BV Leipzig–Halle nahtlos in den BV Leipzig über[289b]. Erster Vorsitzender des BV Leipzig war M. Mühlstädt, der auch wieder von 1967 bis 1969 dieses Amt innehatte. Ihm folgten G. Geiseler (1969/70, 1971/72), J. Fruwert (1977/78, 1978/79)[294,295] und als letzter R. Borsdorf.

Den Lebensquell des BV Leipzig und der Sektion Chemie bildeten die Kolloquien des BV Leipzig. Sie waren von besonderem Wert für die Weiterbildung, die Information über neueste Entwicklungen und die Aufnahme von nationalen und z. T. internationalen Forschungskontakten. Diese Kolloquiumsvorträge (durchschnittlich 15 bis 25 pro Jahr) waren ausschließlich Gästen von außerhalb vorbehalten, wodurch sich die Kolloquiumstätigkeit des BV Leipzig der CG prinzipiell von der der ehemaligen Chemischen Gesellschaft zu Leipzig unterschied. Unter dem Dach der CG wurden in Leipzig durchaus Kontakte zu Wissenschaftlern der GDCh aufrechterhalten, obwohl in den Statuten der CG der DDR nach § 3,3[290, S.3] die „Festigung der Zusammenarbeit mit den entsprechenden Organisationen der sozialistischen Länder" Priorität hatte und von einer Kooperation mit der GDCh nicht die Rede war. Die CG der DDR löste sich im Zeitraum 1990/91 durch Entscheid ihrer Mitglieder auf. Viele von ihnen wurden ab 1991 persönliche Mitglieder der GDCh.

Der Ortsverband Leipzig der Gesellschaft Deutscher Chemiker

Es erfolgte ein nahtloser Übergang vom BV Leipzig der CG der DDR in den Ortsverband Leipzig (OV Leipzig) der Gesellschaft Deutscher Chemiker (GDCh) der BRD[289b]. Der OV Leipzig existiert in der zentralen Mitgliederstatistik der GDCh seit 1991 mit einer Zahl von 367 (Stichtag 11.4.1991). Selbstverständlich gilt das Statut der GDCh auch für die Mitglieder der Ortsverbände. Sich eine eigenständige Satzung, wie etwa bei der Chemischen Gesellschaft zu Leipzig, zu geben, war deshalb nicht erforderlich. Erster Vorsitzender des OV Leipzig war der Strukturanalytiker R. Borsdorf, der bis 1996 amtierte. Der Mitgliederstand entwickelte sich nach offizieller GDCh-Statistik wie folgt:

1993	1994	1995	1996	1997	1998	1999	2000	2001	2002	2003	2004	2005	2006	2007	2008
378	404	405	344	340	337	337	322	311	292	281	291	292	322	325	339

Am 7.11.1996 wurden in der Mitgliederversammlung K. Schulze als Vorsitzender und J. Sieler als dessen Stellvertreter gewählt. In der nächsten Amtsperiode mit Wahl am 21.1.1999 folgten J. Sieler im Vorsitz und S. Berger als Stellvertreter. Sie fungierten bis zur Wahlversammlung am 29.1.2004, an der 40 Mitglieder teilnahmen. In dieser wurde H. Papp als Vorsitzender gewählt, der sein Amt in der Wahlversammlung am 11.5.2007 an B. Kersting (Anorganiker) mit dessen Stellvertreter C. Schneider übergab. Alle Vorsitzenden bzw. deren Stellvertreter waren bzw. sind Angehörige der Fakultät für Chemie und Mineralogie. Die GDCh-Kolloquiumsvorträge wurden sämtlich in Hörsälen der Fakultät abgehalten, so dass sich die Aktivitäten des OV Leipzig der GDCh, wie vordem die des BV Leipzig der CG der DDR, auf den universitären Bereich konzentrierten. Aus den archivierten Rechenschaftsberichten über die Amtsperioden und den Jahresberichten an den GDCh-Vorstand lassen sich die regen Aktivitäten des Leipziger Ortsvereins in der GDCh-Kolloquiumstätigkeit, den GDCh-Weiterbildungskursen und der Ausrichtung von mit der GDCh ausgerichteten Tagungen (s. Anhang Tagungen) entnehmen. Die jährliche Anzahl der GDCh-Kolloquien ist ab 1997 statistisch erfasst worden:

1997	1998	1999	2000	2001	2002	2003	2004	2005	2006	2007	2008
36	37	36	28	28	30	21	20	27	31	15	16

Die Kolloquien wurden fast ausnahmslos von Gästen aus dem In- und Ausland gehalten, so dass in den Jahren von 1999 bis 2006 durchschnittlich 40% der Vorträge in englischer Sprache gehalten wurden. Die Teilnehmerzahlen je Kolloquium schwankten etwa zwischen etwa 30 und etwa 200. Selbstverständlich sehr gut besucht waren u. a. die Vorträge der Nobelpreisträger Jean-Marie Lehn (21.3.1997), Rudolph Arthur Marcus (Wilhelm-Jost-Vorlesung 7.10.1999) und Richard R. Schrock (1.6.2006).

Für die Finanzierung von anteiligen Reise- und Aufenthaltskosten der Gäste stellte die zentrale GDCh-Geschäftsführung aus dem Fond eingenommener Mitgliedsbeiträge für den Ortsverband Leipzig in den Jahren von 1997 bis 1999 je 6.000,– DM und in den Jahren 2000 und 2001 je 5.000,– DM zur Verfügung. Sie überwies ab 2003 bis 2006 jährlich 2.100,– € und dazu Sonderzuwendungen, die zwischen 150,– und 750,– €, je nach der Zahl neugeworbener Mitglieder, lagen. Die diskussionsfreudigen „Nachsitzungen" in typischen Gaststätten Leipzigs, wie Auerbachs Keller, Zills Tunnel, Apels Garten und jüngst als „Stammlokal" Bayerischer Bahnhof, wurden aus eigener Tasche für den Gast durch den Einladenden und von den übrigen Beteiligten selbst bezahlt.

Zu weiteren herausragenden Kolloquienveranstaltungen gestalteten sich die von der GDCh eingerichteten und sonderfinanzierten Namensvorlesungen, wobei die Vortragsorte von den damit Ausgezeichneten selbst ausgewählt wurden: die Theodor-Förster-Gedächtnis-Vorlesung (Dieter Möbius 12.3.1999, Kurt Schaffer 25.4.2002), die Wilhelm-Jost-Vorlesung (R. A. Marcus 7.10.1999, W. Casleman 28.6.2001), die Grignard-Wittig-Vorlesung (Ch. Mioskowski 29.1.2002), die Ziegler-Natta-Vorlesung (Cainelli 15.1.2002) und die Costin-Nenitzescu-Rudolf-Criegee-Vorlesung (Ionel Haiduc 10.11.2005).

Besondere Höhepunkte im Leben des Ortsverbandes waren der Erinnerung an bedeutende Leipziger Chemiker gewidmet: Vom 9. bis 11.1.1998 fanden das Festkolloquium zum 100-jährigen Jubiläum der Einweihung des Physikalisch-chemischen Instituts an der Universität Leipzig mit Namensverleihung „Wilhelm-Ostwald-Institut", die Wilhelm-Ostwald-Festveranstaltung zum 150. Geburtstag am 5.9.2003 und die Wilhelm-Ostwald-Festtage am 1./2.9.2006 statt. Die Wilhelm-Ostwald-Gedenkstätte „Haus Energie" wurde von der GDCh als „Historische Stätte der Chemie" ausgezeichnet. Die GDCh stiftete zusammen mit der Bunsen-Gesellschaft für physikalische Chemie und dem Verein der Wilhelm-Ostwald-Gedenkstätte Großbothen e. V. (derzeitiger Vorsitz H. Papp, vorher W. Reschetilowski bzw. K. Quitzsch) den mit 2.500,– € dotierten und 2007 erstmals vergebenen Wilhelm-Ostwald-Preis für Nachwuchswissenschaftler.

In einem Ehrenkolloquium wurde 2001 des 100. Geburtstages von Herbert Staude in Anwesenheit seiner fünf Söhne gedacht. Anlässlich eines Kolloquiums von P. R. Schreiner (Gießen) wurde am 5.12.2002 an den 100. Todestag des Begründers der Chemischen Gesellschaft zu Leipzig, Johannes Wislicenus, erinnert. Schließlich standen unter der gemeinsamen Verantwortung von OV Leipzig, JungChemikerForum und Fakultät zahlreiche Veranstaltungen zum „Jahr der Chemie 2003", das aus Anlass des 200. Geburtstages von Justus von Liebig ausgerufen worden war. Nicht zu vergessen sind dabei die öffentlichen Experimentalschau-Vorlesungen (D. Sicker, F. Dietze) in Liebigs Jahr 2003 , die zweimal vor je ca. 400 Zuschauern gehalten wurden.

Wenn man die Kolloquiumstätigkeit in Relation zu früheren Zeiten setzt, muss berücksichtigt werden, dass seit 1993 die Institute, Sonderforschungsbereiche, Kollegs und Graduiertenschulen noch zusätzlich zahlreiche Spezialkolloquien veranstaltet und öffentlich dazu eingeladen haben[296]. Um die GDCh-Kolloquien davon stärker abzuheben und auf die verstärkte Einbeziehung anderer chemierelevanter Bereiche der Stadt bzw. Region zu orientieren, wurde vom GDCh-Vorstand erst jüngst 2006 an die Ortsverbände die Aufforderung zur Erschließung weiterer Mitgliederpools und zur Öffnung der GDCh-Kolloquien für ein breiteres Publikum durch entsprechende Themenwahl bekräftigt[297, S. 2].

Die Leipziger Repräsentanten der Analytischen Chemie haben seit der Einführung des Aufbaustudiums „Analytik und Spektroskopie", das am 6.10.1999 im Neubau Chemie mit einem GDCh-Festkolloquium sein 25-jähriges Bestehen würdigte, eine Traditionslinie in der Weiterbildung eingeleitet, die unter dem Dach des GDCh-Ortsverbandes Leipzig und des Institutes für Analytische Chemie sowie des Institutes für Technische Chemie verstärkt und erweitert wurde. Das spiegelte sich in den Ankündigungen für GDCh-Fortbildungskurse im GDCh-Mitteilungsblatt „Nachrichten aus der Chemie" wider, wobei als Veranstaltungsort Leipzig wohl am häufigsten genannt wurde. So wurden seit 1991 regelmäßig solche Kurse in Gaschromatographie (W. Engewald), seit 1997 in NMR-Spektroskopie (S. Berger), seit 1994 in

Thermischen Trennverfahren und Technischer Chemie (DECHEMA, H. Papp) durchgeführt. Schließlich wurden zahlreiche Tagungen zusammen mit dem Ortsverband Leipzig, unterstützt durch das Tagungsbüro der GDCh in Frankfurt/M., durchgeführt. Auch auf diesem Gebiet besteht eine lange Tradition. Die Organisation der Tagungen ist trotz günstiger Bedingungen aufwändig[296;299] (s. Anhang Tagungen). Ein gewisses Defizit des Ortsverbandes Leipzig der GDCh bei der Einbeziehung chemierelevanter Bereiche der Stadt bzw. Region wurde, wie schon früher 1978 im Bezirksverband Leipzig der Chemischen Gesellschaft der DDR[298], auch in den jeweiligen Rechenschaftsberichten der Vorsitzenden, so 1999 von K. Schulze[299], beklagt.

Das JungChemikerForum Leipzig. Das JungChemikerForum (JCF) ist die Organisation und der Interessenverbund von ca. 5000 jungen Mitgliedern der GDCh. Für das JCF ist die Satzung der GDCh bindend. Das JCF wurde 1997 gegründet und verfährt nach einer Geschäftsordnung, die zuletzt am 12.8.2005 aktualisiert wurde und seit der Genehmigung durch den Vorstand der GDCh am 12.9.2005 gültig ist. Das JCF fördert junge Mitglieder und vertritt ihre Interessen. Es sieht sich als Mittler zwischen Schule, Hochschule und Berufseinstieg. Insofern beeinflusst es aktiv das Ansehen der Chemie in der Öffentlichkeit. Als Organe auf Bundesebene fungieren die JungChemikerForen, das jährlich durchgeführte bundesweite Sprechertreffen (höchstes Gremium) und der dabei gewählte JCF-Bundesvorstand. Inzwischen strebte das JCF erfolgreich nach internationaler Vernetzung im europäischen Rahmen. Am 31.3.2007 wurde in Berlin der erste Vorstand des *European Young Chemist's Network* (EYCN) mit fünf Personen von zunächst 13 nationalen Organisationen gewählt.

Das JungChemikerForum Leipzig (JCF Leipzig) ist derzeit eines von 60 bundesweit regionalen JC-Foren. In ihm sind die studentischen und unter 34-jährigen Jungmitglieder des Ortsverbandes Leipzig der GDCh vereint. Es wurde 1998 gegründet. Im Unterschied zu anderen Jungchemikerforen bestand die Besonderheit darin, dass in Leipzig schon seit jeher ein organisiertes Studentenleben vorlag. So entfiel auch die Notwendigkeit für ein eigenes Statut. In der Vorbereitungsphase brachte sich besonders Thomas Ristau (s. Abb. 273) ein, welche nach der ersten Kontaktnahme über e-mail mit der GDCh-Zentrale in Frankfurt/M. am 12.12.1997 den Willen der Leipziger jungen Chemiker zur Gründung eines JungChemikerForum Leipzig bekundete und danach einen von ihm und Angelika Hoffmann unterschriebenen Aufruf „Hallo Jungchemiker" zur Initiativversammlung am 4.2.1998 im nachmalig benannten Beckmann-Hörsaal in der Brüderstraße 34 startete.

Am 25.2.1998 hat sich dann der *Jungchemiker-Ortsverband Leipzig,* der sich später als *JungChemikerForum Leipzig* bezeichnete[300], gegründet und zur Vorsitzenden A. Hofmann gewählt. Zu ihrer Unterstützung wurden Thilo Hahn, Athanasios Kokorakis und Rainer Papp (Stellvertreter) bestimmt[301a]. In den Folgejahren fungierten als Sprecher Sebastian Fritzsche, Ulrike Helmstedt, Lars Giebeler, Robert Wolf, Arnim Eyssler, Christiane Berghof, Sven Stadlbauer, Mathias Gressenbuch, Sarah Kohn und Sebastian Bauer, wobei meist zwei Sprecher gewählt wurden, um die kontinuierliche Arbeit zu gewährleisten. Durch besondere Aktivitäten zeichneten sich zudem T. Ristau, Martin von Meltzer, Tonia Freysoldt, Christoph Freysoldt, Markus Finger, Uwe Polster, Steffen Tschirschwitz, Jens Baldamus, Steffen Käss und Julia Kuhlmann aus. Das Internet-Archiv des JCF Leipzig ist öffentlich zugänglich[300], so dass man sich dort umfassend informieren kann. M. Finger, Mitglied bis 2003, formulierte einmal, dass das Engagement aus eigenem Interesse und in eigener Initiative geschieht: „Wir organisieren das, was wir selber gerne hätten. Insofern war es immer eine Intention, das offizielle Angebot von Seiten der Fakultät im Interesse der Studenten und Doktoranden zu erweitern und so auch verständlich für Studenten zu Themen zu referieren, die normalerweise nicht geboten werden oder nicht streng fachlich gebunden sind"[301b].

So hatte die erste gemeinsame Vortrags- und Diskussionstagung am 30.4.1998 den Titel: „Wie beginnt das ‚wahre Leben' als Chemiker? Jungeinsteiger berichten aus der Industrie". In solchen Aktivitäten bestand auch in gewisser Weise die Abgrenzung zur Fachschaft Chemie, der offiziellen

Interessenvertretung der Studierenden, und zum Wirken des OV Leipzig der GDCh. Natürlich wurden die Veranstaltungen mit dem jeweiligen Vorsitzenden des OV Leipzig der GDCh, der Leitung der Fakultät für Chemie und Mineralogie und der Fachschaft Chemie sowie bezüglich zentraler Probleme mit dem Dachverband abgestimmt. Ein explizites Beispiel dafür war die am 25./26.10.2006 durchgeführte erste „Interne GDCh-Tagung für die Vorsitzenden der GDCh-Ortsverbände und die Regional- und Bundessprecher der Jungchemikerforen" in der Evangelischen Akademie Arnoldshain, Schmitten/Taunus, an der die Leipziger Vertreter teilnahmen. Danach sollen sich die JCF generell als Teil der lokalen Strukturen verstehen. Ein Schwerpunkt des Wirkungsbereiches erstreckte sich auf die Werbung von Neumitgliedern und die frühzeitige Vorbereitung der Mitglieder und aller interessierten Chemiestudenten auf den Berufseinstieg, vornehmlich in der chemischen Industrie, auf das Bewerbungstraining und auf die Übermittlung von Erfahrungen bei Auslandsaufenthalten.

Es wurden die „Mitteldeutschen Job-Börsen" initiiert und kontinuierlich (23.5.2002 mit 15 Unternehmen und ca. 250 Interessenten, 26.6.2003 mit 14 Unternehmen und ca. 400 Interessenten, 27.4.2005 mit 12 Unternehmen – Zahl der Interessenten nicht bekannt –, 25.4.2007 mit 14 Unternehmen und ca. 1000 Interessenten) organisiert. Diese wurden im Neubau der Fakultät unter erheblichem Vorbereitungsaufwand mit der Beteiligung von Chemiebetrieben der Region und von außerhalb sowie der Arbeitsagentur Leipzig durchgeführt. Seit 2007 waren konzeptionell auch die benachbarten naturwissenschaftlichen Anlieger Physik und Biowissenschaften über deren Fachschaften einbezogen.

Dem gleichen Zweck dienten die Durchführung von Berufseinsteiger-, Bewerber- und Präsentations/Rhetorik-Seminaren, Vorträge von Industriechemikern, darunter auch Absolventen der Leipziger Universität, und zahlreiche Exkursionen in Chemiebetriebe: 1998 Buna Sow Leuna Olefinverbund GmbH; 1999 Bayer AG Bitterfeld; 2000 Bell Flavor & Fragrances Miltitz; 2001 Wacker Siltronic AG Freiberg; 2002 Aventis Pharma Deutschland AG Frankfurt, Chemie GmbH Bitterfeld-Wolfen; 2003 Schering Deutschland GmbH Berlin, 27. Achema Frankfurt; 2004 Bayer AG und Forschungszentrum Jülich, Kalibergwerk Herfa Neurode; 2005 Infineon Technologies Dresden; 2006 Wacker Chemie Nünchritz. Diese Exkursionen wurden als Studienbelege (Praktikumsscheine) anerkannt.

Ein weiterer Schwerpunkt war die selbst organisierte fachliche Weiterbildung. Weitgehend in eigener Regie und für Studenten bzw. junge Doktoranden nicht ganz einfach erfolgte die Durchführung von semesterweise einem GDCh-Kolloquium im Ortsverband Leipzig mit der Gewinnung von profilierten Gastprofessoren. Ein besonderes Interesse wurde dem Kolloquium von Fred-Robert Heiker, GDCh-Präsident und Geschäftsführer der Bayer Innovation GmbH, am 13.11.2003 zum Thema „Chemiestudium in Deutschland – Spitzenausbildung? Zum Nulltarif?" entgegengebracht, bei dem die Stärken und Schwächen des Chemiestudiums in Deutschland im Vergleich zu anderen Ländern, vor allem europäischen, analysiert und Folgerungen aufgezeigt und anschließend diskutiert wurden.

In Seminaren wurden auch wissenschafts- bzw. wirtschaftspolitische Themen diskutiert, wie die zur Zukunft der Chemie in Ostdeutschland, Chancen der EU-Osterweiterung u. a. Im JCF-Frühjahrssymposium 2001 mit allein 80 Jungchemikern von außerhalb wurden Forschungsergebnisse präsentiert und diskutiert. Im Jahr der Chemie 2003 wurden der mobile „Chemietruck" der GDCh nach Leipzig geholt und ein Fotowettbewerb zum Thema Chemie erfolgreich durchgeführt. Auch deutschlandweit machte das JCF Leipzig auf sich aufmerksam, so bei der Organisation des GDCh-Jungchemikertreffens 2001 in Leipzig, bei der die Marke „JCF-Frühjahrssymposium" gesetzt wurde. S. Fritzsche wurde 2001/2002 zu einem der drei Bundessprecher gewählt.

Gemeinsam mit der Fachschaft Chemie wurden gesellige Veranstaltungen gepflegt, bei denen im Rahmenprogramm auch über Auslandsaufenthalte berichtet wurde. Übergreifend mit der Fachschaft Chemie und anderen wurden Volleyballturniere organisiert. Defizite bestanden in der systematischen Kontaktaufnahme mit Schülern aus Leipzig und Umgebung. Das JCF will Mittler zwischen Schule, Hochschule und Beruf sein. Die Zusammenarbeit mit dem Bereich Chemiedidaktik ist dafür wesentlich.

Der Freundeskreis der Fakultät für Chemie und Mineralogie

Am 16.2.2002 wurde von zunächst 16 Personen der Freundeskreis der Fakultät für Chemie und Mineralogie als ein eigenständiger Interessenverbund von der Leipziger Chemie und Mineralogie Nahestehenden innerhalb der Vereinigung von Förderern und Freunden der Universität Leipzig e.V. gegründet. Er ist juristisch nicht selbständig. Diese „Gemeinschaft Leipziger Chemiker" als Organisation, wie sie von Adolf Zschunke einmal treffend apostrophiert wurde, entstand im Zuge einer universitätsinternen Alumni-Initiative, bei der sich auch Juristen, Physiker und Mediziner in ähnlicher Form zusammenschlossen. Status, Ziel und Aufgaben sowie die Geschäftsordnung wurden am 23.2.2002 formuliert[302]. Im dreijährigen Turnus wird der Vorstand geheim gewählt. Als Vorstandsmitglieder waren dies für die erste Amtsperiode 2002–2004: L. Beyer (Sprecher), P. Schreiter (Stellvertreter), E. Buß (Geschäftsführer); H. Wilde (Kassenwart) und B. Schulze. Nach zweimaliger Wiederwahl 2004 und 2007 blieb der Vorstand in dieser personellen Zusammensetzung bis jetzt tätig. Der Dekan gehört kraft Amtes dem Vorstand an. Mitgliedsbeiträge werden nicht erhoben. Finanzierungsbedürftige Aufgaben und Ziele werden mittels Spendenaufkommen wahrgenommen. Die Pflege der Verbindung mit und zwischen Absolventen, die Öffentlichkeitsarbeit zur Akzeptanz der Chemie und zur Nachwuchsgewinnung, die Traditionspflege und die Bewahrung historischer Zeugnisse waren und sind wesentliche Ziele und Aufgaben.

In den jährlich zweimal herausgegebenen Mitteilungsblättern[302] für die Mitglieder (149 Mitglieder März 2009) wird über Vorhaben und Aktivitäten des Freundeskreises, der Fakultät und der Universität, über Personelles, Kolloquien und den Finanzhaushalt informiert. Jährlich wurden auf Vorschlag der Mitglieder ein bis zwei Exkursionen durchgeführt: 2004 Institut für Nichtklassische Chemie e.V.; 2005 Leipzig Biocity Leipzig, Firma Bell Flavour & Fragrances Miltitz; 2006 Chemie-Industrie-Museum und FH Merseburg; 2007 Technikerporträt-Galerie der HTWK Leipzig, Solarpark Espenhain und Zentraldeponie Cröbern; 2008 Film-Museum Wolfen, FEW Chemicals und Chiroblock GmbH Wolfen sowie rekonstruiertes Grassi-Museum Leipzig. Die Ausstellungen über Justus von Liebig im Neubau Chemie (2002), Hans Kautsky jun. (2005, Photoausstellung) in der Orangerie des Botanischen Gartens und die Gemäldeausstellung „Kautsky – eine Familie zwischen Wissenschaft und Kunst" im Universitätsarchiv Leipzig (2008) wurden organisiert. Die Förderung von Jahrgangstreffen der Absolventen gehört ebenso zum Wirkungsbereich wie die Vorbereitung der Vergabe „Goldenes Doktordiplom" am *dies academicus* durch den Dekan, wieder eingeführt seit 2005.

Folgende Studenten erhielten bisher diese Auszeichnungen:

Arthur-Hantzsch-Preis
2003: Kianga Schmuck, Matthias Beier
2004: René Frank, Markus Göbel
2005: Frank Biedermann, Henry Bittig
2006: Angelika Stenzel
2007: Eva Koch, Dorothea Golze, Konrad Gebauer
2008: Sarah Wallrodt, Michael von Domaros, Pascal Fricke

Ernst-Beckmann-Preis
2005: Matthias Beier
2006: René Frank, Markus Göbel
2007: Katharina Scholze, Frank Biedermann
2008: Angelika Stenzel, Alexander Roth

Hermann-Kolbe-Preis
2007: Matthias Beier
2008: René Frank (Abb. 271)

Am *dies academicus,* um den 2. Dezember, fanden bzw. finden auch die jährlichen Mitgliederversammlungen des Freundeskreises mit dem Rechenschaftsbericht des Vorstandes, die Vorstandswahlen und Begegnungen zwischen Absolventen, Fakultätsmitgliedern und Studenten statt. Die vom Ortsverband Leipzig der GDCh und den Instituten organisierten wissenschaftlichen Kolloquien stehen den Mitgliedern des Freundeskreises zur Teilnahme offen und werden rege zur Weiterbildung genutzt. Wenn man so will, steht der Freundeskreis in der Tradition der Chemischen Gesellschaft zu Leipzig.

Frauen in der Chemie

Bärbel Schulze

Der Beginn des Frauenstudiums

Frauen wurden in Deutschland zu einem Hochschulstudium mit Examensberechtigung offiziell erst zu Beginn des 20. Jahrhunderts zugelassen, obwohl bereits 1867 die Forderung des Allgemeinen Deutschen Frauenvereins (ADF) auf der 1. Versammlung in Leipzig für eine Genehmigung des Frauenstudiums erhoben wurde. 1870/71 haben sich erstmalig Frauen als Gasthörerinnen ohne Prüfungsberechtigung an der Leipziger Universität eingeschrieben[303]. In Deutschland war dies nach Heidelberg (1869) die zweite Universität mit Gasthörerschaft für Frauen. Ein weiteres Bildungsangebot für Mädchen und Frauen war der 1894 in Leipzig vom ADF gegründete erste Sächsische Gymnasialkurs, der den Frauen die Vorbildung für ein Universitätsstudium ermöglichen sollte. Dies war nach Koblenz (1893) und Berlin (1893) ein weiterer Gymnasialkurs in Deutschland. Das dritte Lehrerinnenseminar Sachsens wurde 1899 in Leipzig eröffnet.

In einigen europäischen Ländern, z. B. Frankreich (1863), Schweiz (1867), Skandinavien (1870), England (1870) und Österreich (1897), begann das Frauenstudium bereits im 19. Jahrhundert[304]. In Deutschland folgten Anfang des 20. Jahrhunderts Baden (1900), Bayern (1903), Sachsen (1906)[19;305], Thüringen (1907), Preußen (1908) und Mecklenburg (1909). Russische Studentinnen spielten damals eine führende Rolle in Europa, da sich z. B. Dimitri I. Mendelejev, Alexander M. Butlerov und Alexander P. Borodin als weitblickende Chemieprofessoren für ein Universitätsstudium von Frauen einsetzten. Viele russische Frauen gingen an westeuropäische Universitäten und ebneten damit in ihrem Streben nach höherer Bildung und wissenschaftlicher Tätigkeit den Frauen in Europa den Weg zum Studium. 1869/70 waren z. B. 50 % aller Züricher Studentinnen aus Russland. Die Frauen interessierten sich insbesondere für Naturwissenschaften, so dass 1874 die russische Chemikerin Julia Lermontova in Göttingen in einem regulären Promotionsverfahren als erste Frau zum Dr. phil. promoviert wurde[306]. Es vergingen noch über 20 Jahre, bis mit Clara Immerwahr eine zweite Frau als erste deutsche Chemikerin in Physikalischer Chemie (Breslau 1900) promoviert werden konnte[307].

Chemikerinnen in Leipzig

Der Zeitraum von 1906 bis 1942. Die Naturwissenschaften spielten bei den Studierenden zu Beginn des vorigen Jahrhunderts eine wichtige Rolle[308]. So nahmen 1904/05 an der Leipziger Universität die Naturwissenschaften mit 301 Studierenden nach der Jurisprudenz (1158) und der Medizin (374) den dritten Platz ein[309]. Vor rund 100 Jahren, 1906, konnten sich dann die ersten 27 Studentinnen im Sommersemester (SS) an der Philosophischen und der Medizinischen Fakultät der Alma mater Lipsiensis in Sachsen einschreiben. Von diesen Studentinnen haben sich 13 für Medizin, fünf für Pädagogik, fünf für Philologie, zwei für Philosophie und zwei für Naturwissenschaften (Ella Mitscherlich, 31 Jahre, und Idalia Pephizky, 29 Jahre) eingeschrieben[309]. Ella Mitscherlich stammte aus der Gelehrtenfamilie Mitscherlich, aus der mehrere bekannte Naturwissenschaftler hervorgingen. Sie war die Tochter des Chemikers und Unternehmers Prof. Dr. Alexander Mitscherlich, der das Calciumbisulfitverfahren zur Zellstoffgewinnung aus Holz entwickelt hat, und sie war somit die erste in Leipzig (1906) eingeschriebene Chemiestudentin. Ella Mitscherlich beendete ihr Chemiestudium aber nach einem Semester und studierte dann Philosophie. Von Idalia Pephizky liegt kein Zeugnis als Nachweis vor.

Eine der ersten Frauen, die sich am 15.10.1906 zum Wintersemester (WS) an der Philosophischen Fakultät der Leipziger Universität für Philosophie eingeschrieben hat, war die spätere Chemiestudentin (ab SS 1908), die einundzwanzigjährige Paula Wagner aus Leipzig[310]. Sie war als Mitglied der Chemischen Gesellschaft zu Leipzig als „cand. chem., chem. Labor ab SS 1908 bis SS 1910" verzeichnet und beendete ihr Chemiestudium 1910. Für ein Chemiestudium schrieben sich 1906 keine weiteren Frauen ein.

Eine steigende Tendenz des Frauenstudiums ist aber weiterhin in den Naturwissenschaften sichtbar. 1912/13 studierten bereits 397 Studenten in den Naturwissenschaften, darunter waren zwölf Frauen (3%)[309]. Die Anzahl der eingeschriebenen Studentinnen wird in der Immatrikulationsliste der Universität erstmalig (in Klammern) angegeben: 1915/16 gab es 347 (29) inskribierte Studierende der Naturwissenschaften mit 8% Frauen. Das Maximum wird in Leipzig 1920/21 mit 591 (43; 7 %) erreicht. Darunter sind 404 (23; 6 %) Studierende der Chemie und nur 187 (20; 11 %) in den übrigen Naturwissenschaften. Erstmalig wird wegen der stark angestiegenen Zahl der Studenten im Studiengang Chemie dieser getrennt von den Naturwissenschaften im Register erwähnt. Der Frauenanteil in der Chemie an der Universität Leipzig stieg bis 1933 auf 13 % bei 124 Studierenden. Dies ist nach 25 Jahren Frauenstudium in Deutschland ein guter Wert. Von 1934 bis 1939 sank die Anzahl der Studierenden in den gesamten Naturwissenschaften auf 281. 1941/42 gab es wieder 398 Studierende, wovon aber 234 beurlaubt waren.

Evelyn Wilbraham wurde als erste Chemikerin 1904 in Leipzig zum Dr. phil. mit einer Arbeit „Über Kondensationsprodukte von symmetrischen Dibenzylhydrazin mit aliphatischen und aromatischen Aldehyden und Aceton" bei Arthur Hantzsch promoviert[311]. Sie war damit eine der ersten sechs deutschen Chemikerinnen, die von 1885 bis 1908 (meist im Ausland) ihre Doktorarbeit verteidigt haben.

Ein großer Anteil von Doktorarbeiten wurde in der Folgezeit zwischen 1908 und 1933 in Deutschland durch Frauen angefertigt. Hierbei nimmt die Chemie mit 571 (38 %) Doktorarbeiten bei insgesamt 1490 Promotionen von Frauen den ersten Platz ein. Käthe Töpfer wurde als zweite Doktorandin der Chemie 1917 in Leipzig mit dem Thema „Polymerisation und Autoxidation des Propenylbenzols und p-Vinylanisols" bei Hans Stobbe promoviert. In den nächsten 15 Jahren von 1917 bis 1933 sind auf dem Gebiet der Organischen, Anorganischen und Physikalischen Chemie in Leipzig noch 38 Frauen promoviert worden. In den zwanziger Jahren arbeiteten aber nur 2 % der promovierten Chemikerinnen anschließend in der chemischen Industrie. Informationen finden sich in dem Buch „Doktorpromotionen mit Hauptfach Chemie" in Leipzig, wonach 1938–1949 von 81 Doktorarbeiten nur sechs von Frauen angefertigt wurden[100]. Annemarie Werner war mit ihrer von Conrad Weygand betreuten Dissertation „Beiträge zur katalytischen Hydrierung organischer Verbindungen" die letzte vor dem Zweiten Weltkrieg in der Chemie am 27.6.1938 promovierte Frau. Es folgten vier weitere Promotionen 1942/43 und dann erst wieder Margot Schneider mit „Über einige Inhaltsstoffe, insbesondere die Kohlenwasserstoffe der Fuselölnachläufe" bei Wilhelm Treibs am 30.5.1949.

Der Zeitraum von 1945 bis 2007. Der Beginn des Chemiestudiums nach dem Zweiten Weltkrieg im Sommersemester 1946 war sowohl für die Studierenden als auch die Hochschullehrer sehr schwierig, denn es fehlten Laboratorien, die im Krieg zerstört worden waren, sowie Geräte und Chemikalien. Die Anzahl der Studierenden betrug z. B. im Immatrikulationsjahrgang 1951 bereits 130 mit einem Frauenanteil von 12 % wie in den 30er Jahren. Dann folgte im Diplomjahrgang 1952–1957 eine Ausnahme mit 360 (48; 14 %) Immatrikulationen. Die Zahl der Immatrikulationen pro Studienjahr fiel bis 1966 auf 72 (19), jedoch mit einem höheren Frauenanteil von 26 %.

Die Regelstudienzeit von fünf Jahren wurde ab dem Immatrikulationsjahrgang 1968 auf vier Jahre gesenkt. Sie ist gekennzeichnet durch einen sehr hohen Frauenanteil von 55–82 % (Abb. 263). Des Weiteren wurde ab 1968 das Forschungsstudium mit 13 (später 14) Semestern bis zur Promotion A für eine schnellere Qualifizierung der besten Student(inn)en mit einem hohen Frauenanteil eingeführt. Während im ersten Forschungsstudenten-Jahrgang 1968 sich unter sieben Forschungsstudenten mit

Abbildung 263
Absolventen des Studienjahrganges Chemie-Diplom 1970–1974 vor der „Kuba", 2004

Eva-Maria Dietrich (Abb. 264) nur eine Frau befand, stieg die Frauenquote 1972 bei 70 Forschungsstudent(inn)en, darunter 21 Frauen, auf 30 %.

1975 wurde das Studium wieder auf fünf Jahre verlängert, und es gab nur noch 67 Studienanfänger, darunter 29 (43 %) Frauen. Die staatlich vorgegebenen Immatrikulationszahlen waren nahezu konstant, so dass in den Jahren 1980–1989 die Anzahl der Diplomabsolventen der Chemie in Leipzig zwischen 57 und 61 schwankten. Insgesamt wurden 1980–1989 219 (56; 26 %) Diplomchemiker(innen) promoviert. Damit haben an der Sektion Chemie von 1969 bis 1989 insgesamt 102 (18 %) Frauen erfolgreich ihre Doktorarbeit verteidigt.

Ein starker Rückgang an Immatrikulationen war von 1990 mit 80 (21; 26 %) bis 1996 mit 25 (11; 44 %) zu verzeichnen, um danach wieder kontinuierlich anzusteigen. So hat sich, beginnend 2002 mit dem Bachelor-Studiengang, die Zahl der Immatrikulationen von 114 (52) mit einem Frauenanteil von 46 % wieder erhöht. Der Anteil der Frauen bei Promotionen ist in den Jahren nach der Wende signifikant angestiegen. So wurden an der Fakultät für Chemie und Mineralogie von 1990 bis 2007 insgesamt 181 Frauen, das sind bei einer Gesamtzahl von 535 Promotionen 34 %, promoviert. Im gleichen Zeitraum hat sich auch der Frauenanteil ausländischer, vor allem russischer, Doktorandinnen in Leipzig stark erhöht.

Abbildung 264
Die Forschungsstudentin Eva-Maria Dietrich, 1968

Abbildung 266
Monika Benedix, Gleichstellungs-beauftragte der Universität

Abbildung 265
Rebekka Heimann, Barbara Kirchner, Bärbel Schulze (v. l.), Gleichstellungs-beauftragte der Fakultät

Zur Gleichstellung von Frauen und Männern. Die Förderung der Frauen spielte in den wissenschaftlichen Einrichtungen der DDR eine wichtige Rolle. Besondere Bedeutung erhielt die Frauenförderung ab 1968 nach der 3. Hochschulreform. So war ein Studium mit Kind kein Problem, da eine ausreichende Kinderbetreuung vorhanden war und genügend Internatsplätze zur Verfügung standen. Sonderkurse und separate Studienpläne für Frauen wurden eingerichtet.

Nach der politischen Wende hat jede Fakultät eine gewählte Gleichstellungsbeauftragte (GB), aber kaum Krippenplätze. Die Gleichstellungsbeauftragte wirkt fördernd bei der Lösung von Problemen der Frauen, um Gleichstellungsdefizite zu beseitigen und den Anteil an promovierten, berufungsfähigen und berufenen Wissenschaftlerinnen zu erhöhen. Die Gleichstellungsbeauftragte ist Mitglied des Fakultätsrates mit beratender Stimme. Sie wirkt mit in Berufungs- und Besetzungskommissionen, ihre Stellungnahme ist erforderlich. Die individuelle Beratungstätigkeit für Frauen aus allen Statusgruppen ist stark angestiegen und ein wichtiges Aufgabengebiet der Gleichstellungsbeauftragten, um den Absolventinnen das notwendige Rüstzeug für ihre Karriere mit auf den Weg zu geben. Bei der Ausarbeitung der neuen Frauenförderpläne arbeitet die Gleichstellungsbeauftragte entscheidend mit. An der Fakultät für Chemie und Mineralogie wirkten als Gleichstellungsbeauftragte Bärbel Schulze in vier Wahlperioden von 1994 bis 2005, Rebekka Heimann von 2005 bis 2008 und anschließend Barbara Kirchner seit 2008 (Abb. 265). Die Erfolge ihrer Arbeit werden in der Habilitationsstatistik deutlich sichtbar. Die Gleichstellungsbeauftragte berät weiterhin Studentinnen über Förder- und Stipendienmöglichkeiten und sorgt dafür, dass Frauen bei der Vergabe von Promotions- und Habilitationsstipendien bei gleicher Eignung bevorzugt in die Rangliste aufgenommen werden. Die ab 2003 amtierende Gleichstellungsbeauftragte der Universität Leipzig, Dr. Monika Benedix (Abb. 266), kommt aus unserer Fakultät, denn sie studierte und promovierte in der Chemie.

Für Studierende mit Kindern werden zur Einhaltung der Regelstudienzeit Wiedereinstiegsstipendien vergeben sowie Sonderstudienpläne und Sondervereinbarungen erarbeitet. Für das nichtwissenschaftliche Personal wurde eine Flexibilisierung der Arbeitszeit eingeführt. Weiterbildungsmaßnahmen werden unterstützt und zwar in gleicher Weise für Teilzeit- und Vollzeitbeschäftigte.

Habilitationen und Berufungen von Frauen von 1920 bis 2007

Die Habilitation für Frauen wurde in Deutschland erst 1920 offiziell eingeführt[311]. Bis einschließlich 1933 wurden von Frauen an Universitäten in Deutschland 53 Habilitationen und davon 19 (36 %) in den Naturwissenschaften – zwei in Chemie – angefertigt. Die habilitierten Naturwissenschaftlerinnen wurden nicht beamtete a.o. Professorinnen oder blieben Privat-Dozentinnen. Die in Tübingen promovierte Chemikerin Margarethe von Wrangell (1877–1932) blieb als erste, 1920 habilitierte und 1923 an die Landwirtschaftliche Hochschule zu Hohenheim berufene, Ordinaria eine Ausnahme. Die erste sich in Leipzig habilitierende Naturwissenschaftlerin war 1939 die Zoologin Ilse Fischer.

1962 habilitierte sich Eva-Maria Kirmse als erste Chemikerin in Leipzig (Abb. 267). Sie hatte von Februar 1960 bis September 1961 ein Zusatzstudium an der Moskauer Staatlichen Universität am Lehrstuhl für Seltene Erden bei Prof. Dr. Viktor I. Spitzin absolviert und dort die experimentellen Grundlagen für ihre Habilitationsschrift erarbeitet. Von 1964 bis 1991 war sie Professorin für Anorganische Chemie an der Pädagogischen Hochschule Köthen. 1963 habilitierte sich als zweite Chemikerin Martha Irmgard Lorenz, die als Dozentin für Biochemie von 1966 bis 1983 am Institut für Physiologische Chemie der Medizinischen Fakultät tätig war. Sie wurde 1992 als Professorin berufen. Die Physikochemikerin Johanna Fruwert habilitierte sich 1967 und lehrte von 1970 bis zu ihrem frühen Tod 1984 als erste Professorin in Leipzig an der Sektion Chemie in ihrem Fachgebiet Physikalische Chemie (Abb. 268). Von 1935 bis 1969 haben sich 179 Wissenschaftler(innen) in Mathematik und Naturwissenschaften in Leipzig habilitiert. Darunter waren mit den drei genannten Chemikerinnen nur

Abbildung 267
Eva-Maria Kirmse

Abbildung 268
Johanna Fruwert
(1931–1984)

sechs Frauen (3 %). Weiterhin habilititerte sich die Physikochemikerin Elfriede Brauer, die 1953 bei H. Staude promoviert wurde, 1965 in Frankfurt /M. und wurde dort 1970 zur Professorin für Physikalische Chemie berufen.

Obwohl der Anteil der Studentinnen nach der Hochschulreform 1968 stark angestiegen war, erhöhte sich von 1968 bis 1989 die Zahl der Chemikerinnen, die an der Mathematisch-Naturwissenschaftlichen Fakultät zum Dr. sc. nat. (Promotion B) promoviert haben, nicht. Nur Bärbel Schulze (1984) und Ingrid Kämpfer (1989) an der Sektion Chemie sowie Dietlind Hädge (1989) an der Sektion Biowissenschaften promovierten zum Dr. sc. An der Akademie der Wissenschaften verteidigten die Leipziger Chemieabsolventinnen Beate Voigt (1980) und Sabine Becker (1988) ihre Dissertation zur Promotion B. S. Becker war später Gastprofessorin an mehreren Universitäten im Ausland (Prag 2005; Hangzhou 2006; Jagiellonian University Krakow 2007; Utah University Salt Lake City 2008). Insgesamt erwarben an der Mathematisch-Naturwissenschaftlichen Fakultät in Leipzig zwischen 1968 und 1989 nur 14 Frauen den Dr. sc. nat[310].

Von 1990 bis 1999 habilitierten sich an der Fakultät für Chemie und Mineralogie mit Cornelia Engler (1990, Theoretische Chemie) und Josefine Meusinger (1996, Technische Chemie) nur zwei Frauen. Privat-Dozentin C. Engler lehrt am Wilhelm-Ostwald-Institut für Physikalische und Theoretische Chemie der Universität Leipzig und J. Meusinger ist in der Adam Opel GmbH im Bereich Forschung und Entwicklung von Brennstoffzellen tätig.

Erst in den folgenden Jahren von 2000 bis 2007 erhöhte sich in der Fakultät für Chemie und Mineralogie die Frauenquote mit der Habilitation von sechs Frauen (43 %) deutlich. Von diesen sechs Frauen wurden bereits vier zu Professorinnen berufen: Sabine Enders (Habil. 2000 am Wilhelm-Ostwald-Insti-

Abbildung 269
Beate Koksch mit
Tochter Lilly Felicia

Abbildung 270
Gastprofessorin
Ludmila L. Rodina, 1994

tut für Physikalische und Theoretische Chemie; 2006 W3-Prof. TU Berlin); Carla Vogt (Habil. 2000 am Institut für Analytische Chemie; 2000 C3-Prof. Univ. Hannover), Andrea Sinz (Habil. 2005 am Biotechnologisch-Biomedizinisches Zentrum; 2007 W3-Prof. Pharmazeutische Chemie Univ. Halle); Susan Schorr (Habil. 2006 am Institut für Mineralogie, Kristallographie und Materialwissenschaft; 2007 W2-Prof. FU Berlin, FB Geowissenschaften); Grit Kalies (Habil. 2005 am Wilhelm-Ostwald-Institut für Physikalische und Theoretische Chemie; ab 2007 Heisenberg-Stipendium Ohio-Marseille-Leipzig) und Cornelia Breitkopf (Habil. 2006 am Institut für Technische Chemie, ab 2006 W2-Vertretungsprofessur). Von den 2008 an der Fakultät für Chemie und Mineralogie tätigen fünf Habilitanden und einem Juniorprofessor (Bioanalytik) sind drei Frauen – für die Zukunft ist gesorgt. Die ehemalige Leipziger Lehramtsstudentin Chemie/Biologie Katrin Sommer (Habil. 2004 Univ. Erlangen/Nürnberg) erhielt 2005 eine C3-Professur für Didaktik der Chemie an der Universität Bochum. Die Chemiedidaktik-Ausbildung in Leipzig leitete von 1992 bis 2003 Barbara Arndt (s. Abschn. Chemiedidaktik, Abb. 165). Vor dem Abschluss ihrer Habilitation wurde Beate Koksch (Abb. 269) 2004 als C3-Professorin für Organische Chemie an die FU Berlin berufen. Somit hat sich zwar die Habilitationsstatistik der Frauen verschlechtert, aber es wurde eine Erklärung dafür gefunden, dass 25 % der Habilitierenden in Deutschland Frauen sind, aber nur 13 % ihre Habilitation beenden (2005)[312]. Seit 1990 waren am Fachbereich Chemie bzw. der Fakultät für Chemie und Mineralogie in Leipzig 15 von 37 Habilitierenden Frauen. Von diesen haben acht Frauen bis 2007 die Habilitation abgeschlossen, bei den Männern haben sich 14 habilitiert[313].

Als Professorinnen an Fachhochschulen wurden seit 1993 auch sechs Leipziger Doktorinnen ohne Habilitation berufen: Dietlind Hanrieder (1993 Prof. für Lebensmittellehre im FB Ökotrophologie und Landschaftsentwicklung, Hochschule Anhalt), Astrid Rehorek (1996 Prof. für Chem. Verfahrenstechnik/Instrumentelle Analytik und Prozessanalytik, FH Köln), Marina Vogel (2002 Prof. für Organische Chemie/Umweltschutz, FH Dresden), Ina Koch (2002 Prof. für Bioinformatik, Tech-

Abbildung 271
Evamarie Hey-Hawkins, Anika Kreienbrink, René Frank (v. l.), 2008

nische Fachhochschule Berlin), Katrin Salchert (2006 Prof. für Biochemie und Verfahrenstechnik, FH Lausitz, Senftenberg), Annett Fuchs (2006 Prof. für Biochemie, FH Zittau/Görlitz). Kerstin Hollmann (Gloe) wechselte 1994 von Leipzig an die TU nach Dresden in die Anorganische Chemie und arbeitet dort auf dem Gebiet der Supramolekularen Chemie.

Somit sind seit 1990 an deutschen Universitäten und Fachhochschulen 15 Leipziger habilitierte bzw. promovierte Chemikerinnen als Professorinnen und 28 habilitierte Leipziger Chemiker als Professoren an Universitäten in Deutschland berufen worden[314]. Hervorzuheben ist noch, dass zwei Drittel der Professorinnen Kinder haben (Abb. 269), während bundesweit die Hälfte der Professorinnen auf Kinder verzichten.

Die langjährig mit unserer Fakultät kooperierende Prof. Ludmila L. Rodina aus St. Petersburg war 1998 vier Monate Gastprofessorin für Organische Chemie in Leipzig (Abb. 270). Sie koordinierte zwei gemeinsame Mikrosymposien und vier YSCOS-Tagungen. Weiterhin waren die Professorinnen Natalja A. Smirnova (1983 Wilhelm-Ostwald-Lehrstuhl der Karl-Marx-Universität Leipzig) und Ekaterina P. Sokolova, ebenfalls St. Petersburg, mehrmals zu Lehr-und Forschungsaufenthalten auf dem Gebiet der thermodynamischen Eigenschaften von Mischphasen in Leipzig. Als Gastdozentin war Prof. Luminita Silaghi-Dumitrescu von der Babes Bolyai Universität in Cluj-Nepoca über das DAAD-SOE-Programm in den Jahren 2005 bis 2008 mehrmals als Gastdozentin in Leipzig.

Nach der politischen Wende wurden Evamarie Hey-Hawkins (1993 C4-Prof. für Organometallchemie/Fotochemie) (Abb.271), Bärbel Schulze (1993 apl. Prof. für Organische Chemie), Rebekka Heimann (2004 C3-Prof. für Didaktik der Chemie) und Barbara Kirchner (2007 W3-Prof. für Theoretische Chemie) an die Fakultät für Chemie und Mineralogie der Universität Leipzig berufen.

Mit sechs Habilitationen von Frauen an unserer Fakultät seit 2000 wird bundesweit eine Spitzenposition eingenommen. Der Anteil von gegenwärtig drei Frauen (14%) unter 22 Professoren in der Chemie liegt im Durchschnitt der Leipziger Universität (15%) und nimmt im Gleichstellungsranking von 2007 des Center of Exellence Women and Science (CEWS)[314] einen mittleren Platz ein.

Die Chemie stimmte

Eberhard Hoyer

Menschen

Gute Geister in Materiallagern und Ausgaben. Die materiellen Voraussetzungen für das Chemiestudium sind erheblich. Mit den Handwerkern (wegen der eichenen Labortische und Schemel gab es sogar einen Tischler, Rudolph Schreppel, Elektriker und Klempner ohnehin) und Fachkräften in den Materialausgaben, der Glasbläserei, kurz, der Haustechnik und den Lagern, gibt es labortäglich direkte persönliche Kontakte, und der Studierende ist mit Vorteil von Studienbeginn an auf einvernehmliches Miteinander bedacht. Nicht zu vergessen die Reinigungsfrauen, die seinerzeit zum Personalbestand der Institute gehörten.

Es beginnt schon mit der Chemikalienausgabe und dem Glasgerätelager. Wenig später kommen Lösungsmittelausgabe, Druckgasflaschenbereitstellung usw. hinzu. Unvergesslich bleibt den Jahrgängen der Anfangszeit nach dem Zweiten Weltkrieg Fräulein Maria Kramer. Nach dem Standort des von ihr betreuten Chemikalienlagers im Kellergang mit derber Sympathie „Assel" benannt, später mit Eberhard Ahnert an ihrer Seite und, ihr nachfolgend, Frau Erika Vogler, Günter Wünsche (dann die Mikroanalyse übernehmend). Heute wirken im Chemikalienlager die Damen Liane Fedtke und Gisela Schenke. Fräulein Kramer hatte die Ansatzmengen für die „Gattermänner" (Gattermann, Wieland, Die Praxis des organischen Chemikers) für das organisch-chemische Präparatepraktikum so im Kopf, dass sie verlangte Übermengen, um bessere Ausbeuten vorzutäuschen, augenblicklich schalt. Und sie hatte solche Routine und Fertigkeit im Wägen entwickelt, dass sie nur selten die Tafelwaage auszutarieren brauchte; die direkt aus den Vorratsflaschen in die Bechergläser oder Flaschen der Studierenden ausgeschütteten Mengen stimmten (Abb. 272).

Unvergessen auch Max Sadlau (ein „Zwölfender" aus dem Ersten Weltkrieg mit Dienstwohnung in der Linnéstraße 7–9) und Erich Fritzsche in der Reagenzienausgabe für die qualitativen Analysen im Hochparterre der Brüderstraße 34. Wurden für Reduktionen Zinkblechschnitzel verlangt, die womöglich gerade ausgegangen waren, empfahl M. Sadlau, beflissen und bar jeder chemischen Kenntnis, aber stets hilfsbereit: „Nehmen Sie doch Pergamentat (er meinte Kaliumpermanganat), das wird auch viel verlangt".

Neben der „Assel" im Kellergang zwischen Hauptgebäude Liebigstraße 18 und „Ruine" agierte viel später Karl Große („Große Karli"), der alle Kunden im breiten sächsischen Dialekt mit „Moin, Moin" begrüßte. Er sorgte für Ausgabe und Rücknahme vornehmlich von Rührmotoren, Thermostaten, Laborwaagen, Vakuumpumpen und Vakuumrotationsverdampfern und hatte die Angewohnheit, neue Geräte zu horten und stattdessen immer wieder reparierte und überholte Geräte auszugeben. An sich löblich, aber nach seinem relativ frühen Tode kamen mehrere Dutzend fabrikneue originalverpackte Geräte zum Vorschein, zum Verdruss für die Geisenhainer'sche

Abbildung 272
Maria Kramer in der Chemikalienausgabe Liebigstraße 18, 1961

Feinmechanikerwerkstatt, die ständig mit den Reparaturarbeiten eingedeckt war und der deshalb gelegentlich Zeit zur Anfertigung singulärer spezieller Forschungsgeräte fehlte. *De mortuis nil nisi bene.*

Hausmeister an der Chemie. Die naturwissenschaftliche Ausbildung und Forschung bedarf erheblicher materieller Voraussetzungen und Begleitung. Für die Chemie kommen überdies Risikovorkehrungen und Sicherheitsvorschriften hinzu, die die Prozessabläufe notwendigerweise stark regeln. Die Verantwortung beginnt bei den Hausmeistern der Institute und Laboratorien und steigt auf bis zu den Ordinarien. Bis in die fünfziger Jahre des vorigen Jahrhunderts hinein waren die Hausmeister ständig präsent vermöge ihrer Dienstwohnungen in den Gebäuden selbst. So verkündeten sie am Ende der Arbeitszeit in den Unterrichtslaboratorien ihr „Bitte beenden", sahen vor Arbeitsbeginn nach dem Rechten und sorgten für die notwendige Ordnung. Unvergessen in der Liebigstraße 18 das Hausmeisterehepaar Ella und Arthur Fischer, in der Brüderstraße 34 Herr Börner oder im Physikalisch-chemischen Institut Emil Buschmann. Und es gibt Anekdoten: In der Liebigstraße 18 war der ansonsten tüchtige Kollege Herbert Rockstroh tätig, dem seine vorherige Tätigkeit im Strafvollzug so in Fleisch und Blut übergegangen war, dass er am Abend in den Sälen regelmäßig „Einschluss" verkündete. Und der kinderreiche Norbert Wozniewski („Schmidtchen Schleicher") hielt gleich den Bremer Stadtmusikanten diverse Haustiere vom Pony bis zur Ente im Minitümpel hinter den Instituten. Zu den Besuchszeiten der Universitätskliniken beschäftigte er die Kinder der Krankenbesucher mit Pony und Einspänner per Kutschfahrten im Klinikpark: Angemessene Kollekte in eine angehängte Blechbüchse erbeten. Sein Nachfolger Adolf Struve hatte nur ein Haustier, seinen Dackel, den er bei Kontrollgängen mit sich führte. Da er sich von den Studenten nicht immer für „voll genommen" wähnte, riet ihm seine Frau, er möge doch einmal seine Orden anlegen...

In chronologischer Folge waren beschäftigt: Arthur Fischer von 1952 bis 1962, Ella Fischer von 1954 bis 1962, Emil Buschmann von 1956 bis 1970, Herbert Rockstroh von 1962 bis 1964, Norbert Wozniewski von 1964 bis 1984, Gnauck von 1976 bis 1979, Klüglich von 1980 bis 2003, Adolf Struve von 1985 bis 1991, Peter Schüler von 1989 bis 1992, Jens Rüdiger,1992 (s. Abschn. Technisch-Ökonomische Bereiche).

Vorlesungsassistenten für die Experimentalvorlesungen im Großen Chemie-Hörsaal. Der Vorlesungsassistent mit seinem Geschick ist für den Vorlesenden mehr als Wagner für Doktor Faust, und das Hörsaalvorbereitungslabor ist für das Gesamtunternehmen „Große Experimentalvorlesung" viel mehr als eine bloße Rüstkammer. (Abb. 273). Die beiden großen Experimentalvorlesungen über Anorganische und Organische Chemie bilden den eigentlichen Zugang und Einstieg zum Chemiestudium und haben in Leipzig seit 1805 mit Christian Gotthold Eschenbach Tradition. In aller Regel wurden sie von den Ordinarien selbst gehalten. Überdies warfen sie über die Hörergelder in früheren Zeiten Nebeneinkünfte ab *(tres faciunt collegium).* Charakteristisch und *conditio sine qua non* für die Experimente ist der technisch ausgestattete Hörsaaltisch, der gleichsam als Bühne den Hörsaal in seiner gesamten Breite umfasst. Insoweit kommt gewisse Wehmut auf angesichts des vergleichsweise eher kümmerlichen Vorlesungspultes im ansonsten 2002 vorzüglich rekonstruierten Beckmann-Hörsaal in der Brüderstraße 34. Bemerkenswert war und ist der große Fundus an Demonstrationsexperimenten, säuberlich auf Karteikarten und

Abbildung 273
Experimentalvorlesung, 1996
Thomas Ristau, Eberhard Hoyer, Frank Dietze (v. l.)

Listen zur Auswahl für den Vorlesenden bzgl. anorganisch-chemischen bzw. organisch-chemischen Kriterien katalogisiert, stetig gemehrt und verbessert. Die zwischenzeitlich geschürte, zentral materiell geförderte Euphorie zur Einführung des hochschulinternen Fernsehens in den 60/70er Jahren erlosch angesichts des wenigen didaktisch-methodischen Zugewinns bei der zur Verfügung stehenden Technik.

Die „Hörsaalvorbereitung" gewährleistete mit ihren technischen Mitarbeiterinnen und Hilfsassistenten und dem eigentlichen Vorlesungsassistenten vor, während und nach der Vorlesung den Kontakt zwischen der Persönlichkeit des Ordinarius und dem wissenschaftlichen Nachwuchs. Nicht von ungefähr rekrutierte sich aus den Hilfsassistenten der Hörsaalvorbereitung ein Großteil der späteren Assistentenschaft. Es war eine wichtige Sprosse auf einer möglichen Karriereleiter. Man erinnert sich an den Vorlesungsassistenten wie an den Vorlesenden selbst. Dies mögen einige Namen aus der Ära von 1946 bis 1971 belegen: 1946 Wolfgang Forberg; 1949 Kurt Stürzer; 1951 Kurt Bernhardt und Joachim Froboeß, Heinz Reinheckel und Martin Quarg; 1954 J. Froboeß, Gerhard Werner, Gunter Fischer; 1955 Manfred Beer, G. Werner, Harry Ortmann; 1956 M. Beer, Hans Schreiber, Ernst-Gottfried Jäger; 1957 wie 1956 und Horst Hennig, Hartmut Franz, Manfred Zeiler; 1959 und danach Gunter Leonhardt, Rolf Altendorf, Fritz Lorenz, Manfred Mosebach, Hansjörg Störl, Bernhardt Neef; nach 1971 Horst Werner, Heiner Kühn, Frank Dietze, Roland Widera, Jochen Heinicke, Thomas Ristau.

Kurzum: Die Unbegabtesten waren es nicht, die hier agierten. Und im Hintergrund bereiteten vor und sorgten nach die engagierten Laborantinnen. Genannt seien als *primae inter pares* Ruth Selditz, Hildegunde Müller vereh. Zimmermann, Christa Clausing vereh. Bäumler, Elke Altmann, und Annette Zacharias.

Objekte

Die Kuba. Die sogenannte Kulturbaracke, kurz die „Kuba", war für viele Chemikergenerationen seit der Mitte des vorigen Jahrhunderts 50 Jahre lang im Wortsinn ein liebevoll genannter Widerspruch in sich. Sie stand im Hof der Chemischen Institute in der Liebigstraße 18 (s. Abb. 263) auf dem Areal des ehemaligen Cricketgartens, der zur Dienstwohnung von Geheimrat Hantzsch im Frontgebäude des Chemischen Laboratoriums gehörte. Ein Dresdener Architekt (von ihm stammt auch das Krematorium Dresden-Tolkewitz) hat die Wohnung im Jugendstil gestaltet (s. Abb. 22). Errichtet wurde die Kuba ursprünglich als Baubude für die Gewerke des Aufbaus des luftkriegszerstörten Chemischen Laboratoriums auf dessen erhalten gebliebenen Kellerräumen, den späteren Chemischen Instituten, 1949/50. Auch für die Aufstockung 1954–1956 zu den großen Laboratoriumssälen A und B und schließlich zum Anbau an der Westseite für die Physiologische Chemie diente sie den Bauarbeitern. Und gemäß der Lebenserfahrung „Nichts währt länger als Provisorien" hielt sie bis zum Abriss des Laborgebäudes der Institute für Anorganische Chemie und Organische Chemie im Dezember 2005 treulich stand. Anfangs mit vier Kanonenöfen beheizt und unabgeteilt, entstanden nach und nach zwei separate Seminarräume, eine Essenausgabe mit Nebengelassen und Aufenthalts-/Umkleideräumen für die dort tätigen Damen. Die belassene Hauptfläche des hölzernen Baus mit seinem stumpfwinkeligen Flachboden diente der Assistentenschaft und den Mitarbeitern und Diplomanden als Frühstücks- und Kaffeeraum sowie Mittagskantine und erlangte mit den Jahren gleichsam Kultstatus.

Die Kanonenöfen wichen dem Anschluss an die Zentralheizung des Hauptgebäudes. In einer Ecke wurde eine Tischtennisplatte aufgestellt und auf der anderen Seite nach der Aktion „Schöner unsere Arbeitsplätze" zu Beginn der Honecker-Ära ein Klavier. Ob Institutsweihnachtsfeiern, als Versammlungs- oder gar einmal Wahlraum, für Doktorfeiern und runde Geburtstage, bis zu ihrem Abriss blieb sie für Generationen Leipziger Chemiestudierender und den Lehrkörper der Anorganischen und Organischen Chemie Inbegriff und Synonym chemiegemäßen institutsnahen akademischen Freizeitlebens in der Liebigstraße 18 mit all seinen Höhen und Tiefen. Für Zeitzeugen unvergessene Höhepunkte waren, einigermaßen chronologisch geordnet:

– Gemeinsame Weihnachtsfeier der Institute 1954 (?). Kurt Dehnicke, seinerzeit Hilfsassistent, kletterte staubverschmutzt vom Dachboden mit „Vom Himmel hoch, da komm ich her" und nahm sich die anwesenden Ordinarien Leopold Wolf, Wilhelm Treibs und Eberhard Leibnitz vor.
– Wahl in der DDR, zu der die Studierenden am Studienort abzustimmen hatten. In der Ecke eine Art Paravent als Wahlkabine, die K. Dehnicke als Mitglied der Wahlkommission nicht müde wurde, ausdrücklich zur Nutzung zu empfehlen. „Es ist auch ein Bleistift drin".
– Am Promi-Tisch, dem ersten Tisch links nach dem Eingang. Soeben hatte Harry Ortmann („Hyppolyt") sein mündliches Doktorexamen bei Manfred Mühlstädt bestanden und war erstaunt darüber, dass dies von der Tischrunde nicht sonderlich gewürdigt worden war: „Mensch, heutzutage wird doch jeder A.... Doktor" und zu seinem akademischen Lehrer, nunmehr auf titelmäßig gleicher Augenhöhe: „Nicht wahr, Herr Mühlstädt?"
– Tischtennismatch mit Heinz Holzapfel, das mit dessen Armbruch endete.
– Gewerkschaftsversammlung der Anorganiker mit einem Beauftragten des Zolls – es ging um einen von einem Assistenten rechtswidrig eingeführten Pelzmantel aus der damaligen CSSR. Törichterweise hatte der Kollege den Pelzmantel mitten im Sommer mit Preisschild sichtbar im Fonds seines „Wartburgs" verstaut.
– Karl Schlossers tägliche Klavierübungen. Er unterlag der hartnäckig interiorisierten Meinung, dass seine Chancen bei den Damen erheblich wüchsen nach der Filmmelodie „Man müsste Klavierspielen können". Das Klavier war (s. o.) zusammen mit einem Fahrradergometer für die Glasbläserwerkstatt, zwei Camptourist-Hängern und allerhand Zubehör aus „Gewerkschafts-Rücklaufgeldern" angeschafft worden. Die Beschaffung der von Martin Mietasch (Mikroanalyse) favorisierten Abfahrtsskier und Skischuhe konnten von Realisten, die es in der Chemie immer gab, noch verhindert werden. Nach dem politisch-wirtschaftlichen Systemwechsel 1989 erwarb ein begabter musikbesessener Doktorand das Klavier. Es stellte sich aber heraus, dass das wichtige hölzerne Stimmbein gerissen war. Überdies war bei Doktorfeiern regelmäßig Bier in das Klavier gekippt worden.
– Essenausgabe mit den Klassikern Bockwurst mit Kartoffelsalat oder gekochte bzw. Spiegeleier, die Heiner Kühn („Gemüsekühn") bei Frau Henze (sie sah schlecht, hörte aber kompensatorisch ausgezeichnet) bestellt hatte. Sie beugte sich aus dem Ausgabefenster und rief durch die Kuba „Herr Kühn, Ihre Eier!"
– Habilfeier von Manfred Pulst, genannt „Puma". In Hochform die Chemiker-Laienkapelle „The Heterocyclers" mit Günter Wünsche am Schlagzeug, Reiner Andrae Saxophon, Cornelius Weiss (der spätere Rektor) Keyboard, Jürgen Punkt und Peter Birner Gitarre. (Abb. 274)
– Geburtstagsfeier Klaus Burger und Manfred Pulst und Ernennung von Norbert Sewald zum Professor, hinter der Kuba an Partytischen Bier und Wein aus dem Faß, Grill, Essen satt.

Ende der 90er Jahre diente die Kuba noch eine Weile als Gratis-Übungsraum für das Uni-Blaswerk und für größere und kleineren Jubiläen. Zuständig für die Kuba war bis 1998 die Chemie. Von 1999 bis 2003 hatte die Pharmazie die Schließberechtigung – sie war wegen der Sanierung ihres Stammgebäudes in der Brüderstraße 34 interimistisch im Gebäude Liebigstraße 18 untergebracht und von 2004 bis 2006 aus ähnlichen Gründen die Zoologie. Schließlich musste die Kuba *nolens volens* dem Abrissbagger weichen, weil die Liebigstraße zum Medizin-Campus (Gesundheitsboulevard) umfunktioniert wird. *Sic transit gloria mundi!*

Abbildung 274
Die „Hetero-Outsiders" in der „Kuba" mit Cornelius Weiss (Keyboard), Günter Wünsche (Schlagzeug), Jürgen Punkt (am Mikrophon), Peter Birner (Gitarre), Reiner Andrä (Saxophon), 1986

Die Destille. Getreu der Commersbuchpassage „[...] und es fehlte stets an Barem, doch am Biere fehlt es nie[...]" sprachen die Leipziger Chemiker im Studium und auch danach in aller Regel und seit eh und je dem guten Stoffe zu. Kaum zu glauben: In den 50er Jahren wurde im Kellergang zwischen Hauptgebäude Liebigstraße 18 und der „Ruine" neben dem Chemikalienlager Fräulein Kramers und E. Ahnerts von einer Reinigungsfrau Bier der Leipziger Brauerei Bauer in Flaschen mit Bügelverschluss verkauft. Dies wurde aber nach einiger Zeit von der Verwaltungsleitung rechtens untersagt.

Die neuerstandenen Studentenwohnheime in der Philipp-Rosenthal-Straße waren auch bei den Chemiestudierenden beliebt, weil von dort aus die Laboratorien und Hörsäle der Chemie bequem zu Fuß erreichbar waren. Außerdem war es nicht weit zur „Zensi" vom „Bräustübel", einem Ausschank von Bauer-Bier in der heutigen Prager Straße, der Stammkneipe der Chemiker, in der auch Rektor Georg Mayer verkehrt hatte. Rasch war also nach dem Bezug des Wohnheims dort eine Flaschenbierbelieferung organisiert. Da der Ausschank aus Flaschen wegen Wegbruch des Lieferservice nicht mehr möglich war, entschlossen sich einige Beherzte um Hanfried Treffurth, Studienjahrgang 1973, Bier aus dem Fass auszuschenken. Das erste 200-Liter-Fass wurde am 17.11.1975 von einer Braueréistation, gegenüber der Mensa Bayer-Haus gelegen, über den Bayerischen Platz zum Internat gerollt und am nächsten Tag angestochen. Der 18.11.1975 ist also *de facto* Gründungstag der „Destille". Wohnheim- und Sektionsleitung drängten jedoch auf geregelte Bahnen durch Gründung eines Studentenclubs. Gesagt, getan. Und damit die Sache auch politisch genehm geregelt sei, wurde die Leitung der Grundorganisation (GO) Chemie der Freien Deutschen Jugend (FDJ) in *personam* Peter Eckstein, als Träger damit betraut.

Der Studentenclub der GO Chemie, die „Destille" (lat. Abtröpfelungsgerät, besonders zur Verfeinerung von Branntweinen), war 1976 offiziell gegründet. Adresse: Philipp-Rosenthal-Straße 31, 2. Etage. Ihr Gästebuch existiert noch! Bei einem der ersten „Stammtische" (s. u.) der Destille luden die jungen Chemiker (Abb. 275) mit feinem Gespür für das ihrem Studium Dienliche die damaligen Fachkräfte der Haustechnik ein, von der Chemikalienausgabe (E. Vogler, E. Ahnert, G.Wünsche) über das Glasgerätelager (Max Chlodeck, Joachim Färber) bis zur Glasbläserei (H. Mühlner, J. Lux; G. Hoffmann „Hopser" verhindert). Nach altem Brauch bestimmt der Gast die Getränkeordnung,

Abbildung 275
Studentenleben in der „Destille", 1976
N.N., Bernd Schabrodt, Hartmut Platte, Evelyn Volkmann, Jörg Apel (v. l.)

Abbildung 276
Der Eingang zur Studentenkneipe „Destille" im Souterrain des Studentenwohnheimes/Bürotraktes Philipp-Rosenthal-Straße 31, 2008

und es gab „Leuchtturm", ein übereinandergeschichtetes Gemisch aus grünem Pfefferminz, gelbem Weinbrand-Edel aus Wilthen und Klarem. Erst danach wurden berufene Professoren wie Ehrenfried Butter und andere eingeladen.

Im Laufe der Jahre wechselte der Standort in die 4. Etage, und mit dem Neubau der Chemie in die Johannisallee 29, in deren geeignete Kellerräume (Abb. 276). Die Destille ist ein eingetragener Verein (e.V.). Ihr Name ist Programm. Bierchen zum Abend zum Wegballern des Laborstresses und Alkoholfreies für Blaukreuzler und Autofahrer. Sie stand und steht chemikergemäß allen zur Verfügung, vom 1. Semester bis zum Dekan, und wird geleitet vom jeweils amtierenden dreiköpfigen studentischen Vorstand (von ca. 20 aktiven Mitgliedern, die knappe Hälfte weibliche Studierende) und seinem Vorsitzenden (2008 Frederik Schleife). Er gewährleistet die satzungsgemäße Verwendung von Einnahmen, veranlasst die Einladung von Prominenten des Lehrkörpers zu Vortrags- und Diskussionsabenden am sog. „Professorenstammtisch", organisiert runde Geburtstage von der verdienten Mitarbeiterin bis zum Ordinarius, Verabschiedungen in den Ruhestand (Frank Dietze, Ulf Messow, Manfred Pulst, Dietrich Wagler, Jürgen Ziegner). Die Destille war der Treffpunkt. Sogar eine Ehrenpromotion wurde dort schon nachgefeiert (Nikolai Tyutyulkov), und auch Weiterbildungsveranstaltungen der Technischen Chemie klangen dort aus. Gemäß dem Goethe-Wort: „Tages Arbeit, abends Gäste, saure Wochen, frohe Feste" ist die Destille Ausdruck generationenüberdauernden studentischen Engagements, und so möge es bleiben: *Vivat, crescat, floreat!*

Begebenheiten

Das Große Kolloquium. Charakteristische Höhepunkte im wissenschaftlichen Leben der Fachrichtung, die sich niemand, vom ersten Semester bis zum Lehrkörper, entgehen ließ, waren die *Großen Chemischen Kolloquien.* Wie in den Vorlesungsverzeichnissen ausgewiesen, lagen sie bis Anfang der 60er Jahre des letzten Jahrhunderts in der Verantwortung der Ordinarien. Es gab davon eines, allenfalls zwei im Semester, und sie sahen den vollen großen Hörsaal und Vortragende aus den deutschen Universitäten, Ost und West, wie Hans Meerwein (Marburg) (Abb. 277), singulär bisweilen sogar aus Texas: W. Eggers v. Doering, beide eingeladen von W. Treibs, und Schweden: Lars Gunnar Sillen (eingeladen von H. Staude). Die Jüngeren lauschten der Diskusssion, die den Ordinarien vorbehalten war und verfolgten gespannt ihrem mitunter geistreichen Schlagabtausch. In der ersten Reihe genoss L. Wolf seine Zigarre. Zur Teilnahme an der Nachsitzung, traditionell im Fasskeller von Auerbachs, später im „Haus der Wissenschaftler" in der Dimitroffstraße, in dessen Separé mit dem Lessingbild, wurden sogar die Hilfsassistenten der Institute ermuntert. Sicher überliefert ist, dass L. Wolf generös die Zeche übernahm. Damals gab es sogar die sogenannte „ Fakultäts-Kutsche", ein alter Opel oder Hanomag, mit der die Ordinarien von ihrer Wohnung zur Vorlesung gefahren wurden.

Abbildung 277
Hans Meerwein (1879–1965) im Großen Kolloquium, 1959

Dezennien danach obliegt die Organisation des „Großen Kolloquiums" dem jeweiligen Vorsitzenden des Leipziger Ortsverbandes der Gesellschaft Deutscher Chemiker, und die Einladung erfolgt durch die jeweiligen Professoren. Der Einladung folgten die Nobelpreisträger Jean-Marie Lehn 1997 (Abb. 278) Rudolph Marcus 1999, R. R. Schrock 2006, und Gerhard Ertl (s. Abb. 133a) sowie weitere prominente Chemiker, wie Dieter Seebach und Kyriacus Nicolaou. Angesichts der wöchentlichen Flut von Kolloquien in den Instituten und Graduiertenprogrammen, Verteidigungen von Qualifizierungsarbeiten, Weiterbildungsveranstaltungen etc. wünschte man sich auch im Interesse der Studierenden sowie Doktoranden eine gewisse Mäßigung in deren Zahl und Auswahl auf Themen, die für die aktuelle chemische Bildung für alle wesentlich sind.

Abbildung 278
Jean-Marie Lehn im Großen Kolloquium, 1997

Betriebsausflüge und Exkursionen. Offensichtlich weitgehend unabhängig vom jeweiligen Regime gab es in den Laboratorien und Instituten jährlich Ausflüge und Exkursionen. Davon zeugen Fotografien mit Conrad Weygand und Arthur Schleede , später mit W. Treibs und seinen Mitarbeitern und Doktoranden sowie H. Holzapfel mit den Anorganikern. Letztere sind auch in mehreren Schmalfilmen dokumentiert, die von H. Holzapfel selbst aufgenommen und minutiös bearbeitet worden waren und jetzt im Historischen Archivbestand bewahrt werden.

In der Phase nach der 3. Hochschulreform wurde, staatlicherseits sowie gewerkschaftlich gefördert, jährlich ein Gewerkschaftsgruppenausflug als „kollektivbildende Maßnahme" gewährt. Jede Gewerkschaftsgruppe umfasste einen Wissenschaftsbereich. Ursprünglich gehörte die Chemie wie andere Wissenschaften an der Universität zur Gewerkschaft Banken und Versicherungen, später zum Freien Deutschen Gewerkschaftsbund (FDGB). In der Chemie, hier speziell im Wissenschaftsbereich Anorganische Chemie, WBI, I steht für *Inorganic* (die Bezeichnung wurde von Gerhard Mann vorgeschlagen), da A in den Abkürzungen der Sektionsleitung bereits für Analytische Chemie vergeben war, waren es indes keine bloßen Ausflüge. Vielmehr dienten sie systematisch zur botanischen und mineralogischen Bildung und Erbauung. Im Archivbestand der Fakultät sind allein sieben dieser Exkursionen zwischen 1975 und 1982 belegt. Der Ablaufplan wurde jeweils sorgfältig durch den langjährigen „Gewerkschaftsvertrauensmann" F. Dietze vorbereitet und jedem auf „Ormig" hektografiert ausgehändigt. Die Exkursionen wurden geologisch-mineralogisch fundiert betreut und jeweils begleitet von einem der Spezialisten Pührer, Jubelt, Thierbach und Peter Schreiter. Für den botanischen Part war Peter Gutte über viele Jahre hinweg sachkundiger Begleiter. Generalthema war, jeweils variiert: „Mineralische Rohstoffe und botanische Besonderheiten" (Abb. 279). Gestellt wurde dafür der sogenannte Uni-Bus. Ziele waren Fund- und Verarbeitungsorte bzw. Halden in der zugänglichen Natur und Heimat, vor allem in Sachsen (Erzgebirge, Lausitz), Thüringen und Sachsen-Anhalt, ausgewählt nach geologisch-geographischen und klimatischen (was die Pflanzen betrifft) Gesichtspunkten. Beispiele seien der Richterbruch in Hammerunterwiesenthal, die Pinge in Ehrenfriedersdorf, das Leutratal mit seinen Orchideen und anderen Frühjahrsblühern, das Zechsteinmeer, Achatgänge in Oberschlottwitz, Halophyten am Fuße von Steinsalzhalden, Halden von Fluß- und Schwerspatbetrieben, Sandsteinbrüche des Lohmgrundes sowie der Mammutbaum im Ivenroder Forst.

Abbildung 279
Botanisch-mineralogische Exkursion der Anorganiker

Exkursionen mit den Studierenden. In den Studienplänen für Chemie in der DDR waren Exkursionen in Betriebe zwingend vorgeschrieben (s. Kap. Lehre, Studium und akademische Graduierung) und wurden deshalb auch materiell unterstützt, was Reisekosten und Unterkunft in Jugendherbergen betraf. Ihre Organisation lag in den Händen des jeweils zuständigen Lehrkollektivs. Die in den aktuellen Ausbildungsplänen vorgeschriebenen Betriebsexkursionen liegen heute ausschließlich in der Verantwortung des Institutes für Technische Chemie.

Genannt sei als Beispiel die Mehrtagesexkursion der Synthesechemiker vom 10. bis 13.9.1979 in die Lausitz mit den Hauptzielen Synthesewerk Schwarzheide (SYS-pur, Herbizide), Aluminiumwerk Lauta und Glassandabbau in Hohenbocka bei Senftenberg. In Schwarzheide beeindruckten besonders der Rückbau der Fischer-Tropsch-Anlagen mit ihrem Edelstahlgitterwerk, die Phosgenanlagen und die Vorführung der Polyurethanschaum-Entwicklung (mit allerhand Ulk am Abend in der Schänke). Kulturbeflissen, wie die Leipziger Chemiker sind, wurde auf der Anfahrt auch das einzige praktizierende Nonnenkloster der DDR, Marienstern, gegründet 1234, am Grenzfluss Neiße besucht. Wegen des sehr strengen Tagesablaufs der Nonnen bekamen die Teilnehmer indes keine Nonnen zu Gesicht. Nicht verschwiegen sei, dass dieser Besuch dem Lehrkollektiv auch kritische Kommentare der Studienabteilung und höherer Instanzen einbrachte. Schließlich obsiegte jedoch das „Nationale Kulturerbe".

Noch kurz vor dem Ende der DDR führte die „Syntheseexkursion" nach Thüringen z. B. in die Schieferbrüche mit ihrem Theumaer Fruchtschiefer und in die Keramischen Werke nach Hermsdorf. Auf der Rückfahrt zahlten die meisten Studierenden bei der Rast in Osterfelde ihre Zeche schon mit „Westgeld", das betreuende Lehrkollektiv aber brav in „Ost".

Die Weihnachtsvorlesungen an der Chemie. Traditionell und belegbar war und ist in Leipzig die letzte vor Weihnachten gehaltene Grundvorlesung Chemie der Weihnacht gewidmet. Ein Diapositiv zeigt L. Wolf 1960 (Abb. 280), umkränzt von seinen damaligen Vorlesungsassistenten Hans Schreiber und Hansjörg Störl und Elementsymbolen der Seltenen Erden, wie er mit einem Glas Sekt den Hörern zutrinkt. Dazu wurde auf seinen Wunsch das Wagnersche „Verachtet mir die Meister nicht" abgespielt. War es in dieser Zeit die letzte Viertelstunde der Vorlesung, die dem weihnachtlichen Jahresabschluss gewidmet war, so wandelten sich im Laufe der Jahrzehnte Zeit, Inhalt und Charakter grundlegend. Heute gibt der Vorlesende zu Beginn eine kurze pointierte Einleitung aus dem jeweils aktuellen Fakultätsleben des Herbstsemesters als Prolog für die nachfolgende regelrechte Theateraufführung mit studentischem Orchester aus dem sog. „Blaswerk", Drehbuch (oft von Doktoranden und höheren Semestern, die in der Hörsaalvorbereitung wirkten), Bühnenbild, Szenario, Experimenten und kostümierten Darstellerinnen und Darstellern, anwesender Lokalpresse, Fotografen und übervollem Haus. Und wegen der Rauch entwickelnden Experimente werden vorab vorsorglich die Rauchmelder ausgeschaltet.

Jede Grundvorlesung Chemie hat ihr eigenes Profil. Schon der Prolog des Vorlesenden fällt verständlicherweise unterschiedlich aus und ist für die beiden parallel gehaltenen Grundvorlesungen der Mediziner anders als der für die Zahnmediziner oder Veterinärmediziner. Der Übergang in eine eigenständige und neue Qualität der Weihnachtsvorlesungen an der Leipziger Chemie geschah 1982 mit der stundenfüllenden Aufführung der Geschichte um den Mediziner Dr. Rockheberle und den Chemiker Peter Muffsky (Namen erfunden). Damals war im Fernsehen der Höhepunkt der „Dallas"-Serie, die auch viele Leipziger per Westsender mitsahen. Daraus entwickelte sich das Drehbuch um einen Hörsaalfilm, der zur Weihnachts-

Abbildung 280
Leopold Wolf mit den Assistenten
Hans Schreiber und Hans-Joachim Störl (v. l.) in einem Diapositiv zur Weihnachtsvorlesung

Abbildung 281
Fritz Dietz alias
Dr. Willibald Wüsterling
in der Weihnachts-
vorlesung

vorlesung aufgeführt wurde und ein Dutzend Mitwirkende hatte, von Elke Altmann bis Reinhard Meusinger. Aufmacher war eine Filmsequenz der „Skyline" am Karl-Marx-Platz, aufgenommen aus dem Büro von J. Reinhold im obersten Stockwerk des Hauptgebäudes der Universität, in dem die Quantenchemie untergebracht war, und unterlegt mit der charakteristischen „Dallas-Melodie". Fabel war das unterschiedliche Ansehen und die folgedessen unterschiedliche Behandlung des Mediziners einerseits und des kinderreichen Chemikers in prekärer Lage andererseits bei den Behörden, vom Antrag auf Wohnung bis zum Begräbnis. Letzteres feierlich und mit üppigem Blumenschmuck auf der einen und kärglichem Holzgrabkreuz auf der Chemikerseite. Trotz des Riesenerfolges im Auditorium: Dumm gelaufen war, dass an der Medizinischen Fakultät ein Mediziner ähnlichen Namens wie der des Filmprotagonisten wirkte. Jedenfalls gab es Beschwerden, und zur Aufnahme des Tatbestandes wurde der Film vor der Universitäts-Kreisleitung der Sozialistischen Einheitspartei Deutschlands (SED) und den dazu geladenen Parteileitungen der Mediziner und Chemiker im großen Hörsaal Chemie in der Brüderstraße kontrollaufgeführt. Gewieft, wie Chemiker im Allgemeinen sind, hatten sie gottlob das Tonband mit der Eröffnungsmelodie aus „Dallas" nicht mit zur Kontrolle abgegeben, sonst wäre die Sache wahrscheinlich nicht ganz so glimpflich abgelaufen. Lesen wir dazu die Erinnerungen eines geistigen Vaters und Hauptdarstellers, Reinhard Meusinger, in seinem Originaltext:

„Die Weihnachtsvorlesung mit dem skandalumwitterten Film haben wir tatsächlich 1982 gemacht. An dem Film haben im wesentlichen drei Leute mitgewirkt, deren Namen ich aber leider nicht mehr weiß. Die Ideen und so etwas Ähnliches wie ein Drehbuch haben wir gemeinsam in der Vorbereitung entwickelt, den Chemiker hatte ein Diplomand gespielt. In dem von mir handgezeichneten Vorspann habe ich ihm den Namen Peter Muffsky gegeben. Seinen wirklichen Namen kenne ich nicht mehr. Ich glaube, sein Spitzname war Schaelmi oder so ähnlich. Er hatte immer so ein lachendes (oder grinsendes) Gesicht. Er hat dann wohl in der Biochemie promoviert. Den Mediziner „Rockheberle" hatte ein Diplomand von Mühlstädt gespielt. Der war aus Miltitz und brachte immer selbstgemachten Kirschwein zu den Besprechungen mit, die Ideen wurden mit der Anzahl der Flaschen entsprechend besser. Ich habe im wesentlichen die Technik bestritten (Texte u. a.) und die Vertonung gemacht. Das war damals ziemlich schwierig, weil das ja auf einem völlig separaten Tonband zusammengeschnitten wurde und dann während der Filmvorführung parallel abgespielt wurde. Um kleine Unstimmigkeiten zu korrigieren, konnte man den Film etwas langsamer oder schneller abspielen. Zum Auftakt dieser Vorlesung hatte ich noch eine Todesanzeige in das „Neue Deutschland" fingiert. Ein Hilfsbremser (Hilfsassistent, d. A.) kam mit dieser Zeitung in den Hörsaal und berichtete dem Vorlesenden (Prof. Weiss) bestürzt vom plötzlichen Ableben seines guten Freundes Rockheberle. Daraufhin wurde die Annonce als Folie auf den Overheadprojektor gelegt: mit tiefer Trauer [...] Obermedizinalrat, Träger des Ordens [...] verstorben. Diese Folie habe ich nicht mehr, wohl aber den originalen 1000 DM-Schein (das Werbeprodukt einer westdeutschen Sparkasse), der damals die Schlüsselrolle in dem Film spielte. Dieser Schein wurde von der „Patientin" Elke an den Arzt übergeben, um eine Krankschreibung zu erwirken. Und mit diesem Schein bekommt derselbige dann auf dem „Wohnungsamt" eine Luxuswohnung zugewiesen, während der Chemiker lange anstehen muss (im Internat gedreht, mit allen zur Verfügung stehenden Studentenmüttern und ihren Kindern, u. a. meiner einjährigen Tochter), um dann nur eine „Wohnung" in einem Abrisshaus in der Brüderstraße zu bekommen [...]".

Fortan jedenfalls wurden die Arrangements für die Weihnachtsvorlesungen wochenlang vorbereitet, und die lokale Presse informierte vorher und berichtete nachher mehrspaltig mit Bildern. Auch dies war mitunter problembehaftet. Man erinnert sich, dass die Kamera und das Jacket des „Hausfotografen" Armin Kühne im großen Hörsaal in der Brüderstraße 34 beim Versuch, ein Motiv mit der „Magnesiumsonne" möglichst aus unmittelbarer Nähe auf „Zelluloid" zu bannen, arg beschädigt wurden und sich daraus Probleme bezüglich des Schadenersatzes ergaben.

Hier chronologisch einige thematische Überschriften der szenischen Darstellungen, die, nicht unschwer zu erkennen, auf gerade aktuelle vorherrschende Moden und Ereignisse anspielten: 1990: Die Chance – ein weihnachtlich-erotisches Spektakel in 3 Aufzügen; 1991: Besuch im Märchenwald; 1992: Asterix und Obelix; 1993: Die Olsenbande; 1998: Eine Weihnachtsgeschichte; 2000: CHEPO 2000 in Leipzig (eine Persiflage auf EXPO); 2001: Wer wird Millionär?; 2002: Mrs. Marple; 2003: Leipzig kommt – wir sind schon da!; 2004: Ein Fest der Volkschemie; 2005: Vorhofflimmern der besonderen Art; 2007: Der Abzug des Schreckens; 2008: Die Reise des Mr. Foggs in 80 Minuten um die Welt.

Hochschullehrer, die sich besonders für die satirisch-ironisch zeitnahe Gestaltung der einführenden Parts vordergründig mit Bezug zur Chemie etwas „einfallen" ließen bzw. lassen mussten und das Publikum zu spontanen Beifallsbekundungen motivierten, waren allen voran Cornelius Weiss, Fritz Dietz (Abb. 282) und Joachim Sieler. und. Die Hauptlast der Gestaltung lag allerdings bei den Studenten und „ständigen" Mitwirkenden aus der Hörsaalvorbereitung mit Elke Altmann und Annette Zacharias sowie bei Absolventen wie Michael Kampf, die mit Freude und ständig neuen Ideen zur Präsentation der Demonstrationsexperimente und zum Gelingen der traditionellen Veranstaltungen beitrugen. Leipzig jedenfalls nahm und nimmt regen Anteil. Die Vorlesungen sind regelmäßig „ausverkauft", und die Zahl der nicht mehr Unterzubringenden im Hörsaal wird nicht kleiner. Und zur geistigen Erbauung des Auditoriums gibt es während der Aufführung zwischendurch immer mal in die Menge geworfenes „Mon Chemie", in Ethanol getränkten Würfelzucker, in Alufolie gewickelt. Mithin: Fröhliche Weihnacht überall!

Faschingsvorlesungen. Besondere Erwähnung verdient der Fasching der Chemie mit seinem Elferrat. Seit Ende der 70er Jahre wurde regelmäßig und konkurrierend mit dem BAHu-Fasching der Bauhochschule – der Vorläuferin der Technischen Hochschule bzw. Hochschule für Technik, Wirtschaft und Kultur Leipzig (FH) – und dem Medizinerfasching im Forsthaus Raschwitz, im „Felsenkeller" und später regelmäßig in der Parkgaststätte Markkleeberg der Chemikerfasching zelebriert. Und das zugehörige „Kulturprogramm" und die selbstgestalteten Plakate boten allerhand handfeste Reflexionen auf die offizielle Politik und Ideologie. Kennzeichnend für die Situation war, dass das sogenannte traditionelle Thema 1, also alles rings um Erotisches, lange nicht so gefragt und zugkräftig war wie geistreicher, gelungener politischer Witz. Folgerichtig wurden die Texte vom Sektionsdirektor vorher geprüft und zu riskante Passagen geschwärzt. Unvergessen der Fasching 1977 in der Parkgaststätte: In dieser Zeit hatte die DDR die Marke Volvo für ihre Staatskarossen gekürt. Bon-mot des Faschingssprechers also: „Neuerdings sitzt unsere Partei- und Staatsführung hinter schwedischen Gardinen". Anschließend Riesentrouble mit Auswertung in allen Gremien, dem Rektor in der Sektionsleiterbesprechung, der FDJ-Kreisleitung und in der Sektion mit den involvierten Lehrkollektiven. Jeder bekam sein Fett ab. Heute schmunzeln wir, aber damals war uns überhaupt nicht zum Lachen zumute, hin- und hergerissen zwischen Staatsräson und sozusagen sozialistischem Korpsgeist unseren anvertrauten Studierenden gegenüber. Überdies war auf unerfindliche Weise das geschwärzte Manuskript in die Hände der Kreisleitung der SED gelangt, die den Sektionsdirektor E. Butter aufforderte, die geschwärzten Stellen offenzulegen. Er konnte sich indes nicht mehr an die Passagen erinnern...

Campus-Vorlesungen. Schließlich die „Campus"-Vorführungen der Chemie. Was auch immer *campus* in Leipzig bedeuten mag, es ist ein akademischer Ort. Die Universitäts- und Fakultätsleitungen wussten und wissen um die Attraktivität der Experimentalchemie und gewannen Chemie-Professoren sowie die

Abbildung 282
a) Der Quacksalber, Anonymer Kupferstich 18. Jh.
b) Experimentalschau zum Universitätscampus 1999 (v. l. Frank Dietze, Elke Altmann, Stefan Berger, Annette Zacharias)

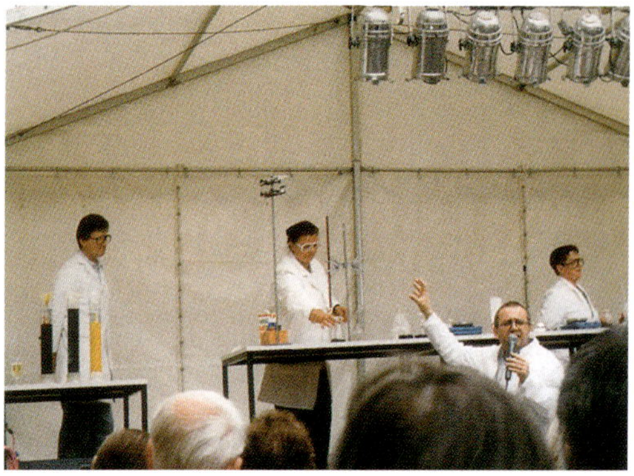

Expert(inn)en der Hörsaalvorbereitung E. Altmann, F. Dietze und A. Zacharias und ihren Fundus für diesbezügliche öffentliche Veranstaltungen in der Innenstadt zu den ab 1999 zunächst alljährlich, später wegen des organisatorischen Aufwandes alle zwei Jahre stattfindenden Wissenschaftstagen auf den Straßen und Plätzen der Innenstadt. Die Campus-Tage im Juni/Juli haben das Ziel, die Arbeit an der Universität einer breiten Öffentlichkeit anschaulich nahezubringen, die Akzeptanz zu erhöhen und einen Bildungsauftrag zu erfüllen. Als Propagandisten in diesem „offenen Laboratorium" mit medialer Resonanz in der Tagespresse traten die Professoren Stefan Berger, F. Dietz, J. Sieler, Dieter Sicker und Norbert Sträter auf. Ein Vergleich mit den publikumswirksamen Auftritten von Alchemisten, Goldmachern, Quacksalbern und Wunderheilern auf den Jahrmärkten vergangener Jahrhunderte bietet sich an (Abb. 282). Jedenfalls war und ist es eine publikumswirksame Werbung für die Universität, die sich die Chemie mit Fug und Recht an ihre Fahnen heften kann.

Doktorfeiern. Die Promotion ist im Wortsinn eine Beförderung. Die Erlangung dieser Hochschulwürde bedeutet eine Standeserhöhung im öffentlichen Ansehen, ist deshalb erstrebenswert und durch eine Promotionsordnung geregelt (s. Kap. Lehre, Studium und akademische Graduierung). Die dabei zu nehmende Hürde ist in der Chemie vergleichsweise hoch. Die wissenschaftlichen Untersuchungen des Promovenden erstrecken sich in der Regel über immerhin zwei bis vier Jahre und ihre Ergebnisse sind in der vorzulegenden Dissertationsschrift zu formulieren. Ziel ist die Verleihung des Titels *Doctor rerum naturalium* (Dr. rer. nat.).

Verständlich, dass danach der Protagonist von den Konsemestern, der Arbeitsgruppe, den Freunden und der Familie mit Speis und Trank gehörig gefeiert wird. Dazu wird mit großem Hallo der meist aufwändig verzierte Doktorhut verliehen und ist aufzusetzen. Bei den Leipziger anorganischen Chemikern wird daneben seit mehr als einem halben Jahrhundert ein schwarzer Zylinder, gefertigt vom Königlich Sächsischen Hofhutmacher in Dresden und im Historischen Archiv verwahrt, den frischgebackenen Doktoren aufgesetzt. Hervorgehoben sei wegen ihrer Einmaligkeit die simultane Doktorfeier von nicht weniger als zehn Kandidaten in einem Saal des Leipziger Hauptbahnhofes im Februar 1970 (Abb. 283). Grund dafür war das Inkrafttreten einer neuen Promotionsordnung und mithin eine Übergangsperiode, in der sich je nach Stand die Verfahren befanden, so dass sich die zu Würdigenden schließlich auf einen gemeinsamen Finaltermin einigten. So greifen neue Ordnungen auch ins gesellige akademische Leben ein.

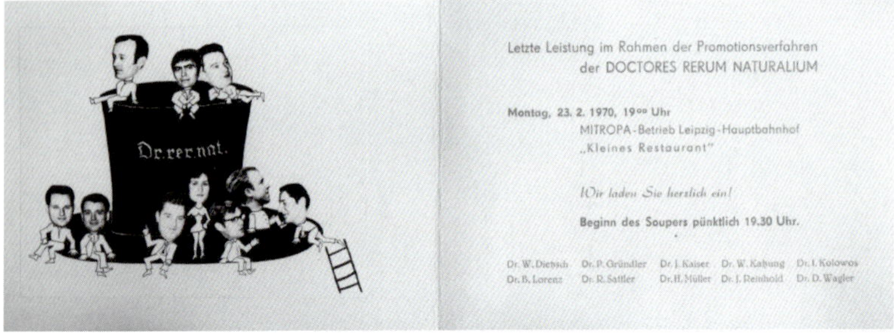

Abbildung 283
Einladung zu einer „historischen" Doktorfeier, 1970

Anhang

Berufungen von Professoren und Dozenten ab 1945

– ohne Biochemie und Pharmazeutische Chemie –

Zusammengestellt von Lothar Beyer, Eckhard Buß, Horst Wilde und Gerhard Werner

Bezeichnungen von 1945 bis 1992:
Ord. Prof. = Ordinarius; plm. a.o. Prof. = planmäßiger außerordentlicher Professor (= mit vollem Lehrauftrag); apl. Prof. = außerplanmäßiger Professor (= mit Lehrauftrag); ord. Prof. = ordentlicher Professor; Prof. m.v. LA = Professor mit vollem Lehrauftrag; Prof. = Professor; Prof. m. LA = Professor mit Lehrauftrag; a.o. Prof. = außerordentlicher Professor; Hon.-Prof. = Honorarprofessor; Doz. = Dozent; HDoz. = Hochschuldozent; a.o. Doz. = außerordentlicher Dozent; Hon.-Doz.= Honorardozent.

Bezeichnungen von 1992 bis 2004
C4-Prof.=Professor C4; C3-Prof.= Professor C3; apl. Prof. = außerplanmäßiger Professor; Hon.-Prof. = Honorarprofessor; HDoz. = Hochschuldozent

Bezeichnungen ab 2005
W3-Prof.= Professor W3; W2-Prof. = Professor W2

Name	Berufung	Berufungsgebiet	Datum
1945			
Wolf, Leopold	apl. Prof. (nichtbeamtet)		09.01.
1946			
Staude, Herbert	Doz.	Physik. Chemie	23.07.
Staude, Herbert	apl. Prof.	Physik. Chemie	06.12.
1947			
Staude, Herbert	plm. a.o. Prof.	Physik. Chemie	31.07.
Treibs, Wilhelm	apl. Prof.	Organ. Chemie	04.11.
1948			
Wolf, Leopold	plm. a.o. Prof.	Chem. Technologie	01.04.
1949			
Staude, Herbert	Ord. Prof.	Physik. Chemie	01.03.
Wolf, Leopold	Ord. Prof,.	Chem. Technologie	01.07.
1950			
Treibs, Wilhelm	Ord. Prof.	Organ. Chemie	01.12.
1951			
Wolf, Leopold	Ord. Prof.	Anorgan. Chemie	01.01.
Leibnitz, Eberhard	Prof. m. LA	Spezielle chemische Technologie	

Name	Berufung	Berufungsgebiet	Datum
1953			
Grießbach, Robert	Hon.-Prof.	Physik. Chemie	...
1954			
Schott, Günther	Doz.	Anorgan. Chemie	...
1955			
Lorenz, Wolfgang	Doz.	Physik. Chemie	01.06.
Mayer, Roland	Doz.	Organ. Chemie	01.11.
Grießbach, Robert	Prof. m. LA	Physik. Chemie	...
1956			
Geiseler, Gerhard	Doz.	Angewandte physik.Chemie	
1957			
Langhammer, Günther	Doz.	Physik. Chemie	01.03.
Holzapfel, Heinz	Doz.	Analyt. Chemie	
1959			
Könnecke, H.-Günther	Doz.	Chem. Technologie	01.01.
Geiseler, Gerhard	Prof. m. LA	Sondergebiete der Physik. Chemie	01.02.
1960			
Geiseler, Gerhard	ord. Prof.	Physik. Chemie	01.02.
Holzapfel, Heinz	Prof. m. LA	Analyt. Chemie	01.03.

Name	Berufung	Berufungsgebiet	Datum
1961			
Hoyer, Eberhard	Doz.	Anorgan. Chemie	...
Lorenz, Wolfgang	Prof. m. LA	Physik. Chemie	01.01.
Mühlstädt, Manfred	Doz.	Organ. Chemie	01.01.
Hauptmann, Siegfried	Doz.	Organ. Chemie	01.06.
1962			
Leibnitz, Eberhard	ord. Prof.	Chem. Technologie	01.05.
Könnecke, H.-Günther	Prof.m.LA	Chem. Technologie	01.05.
Holzapfel, Heinz	Prof. m. v. LA	Analytische Chemie	01.09.
Mühlstädt, Manfred	Prof. m. LA	Organ. Chemie	01.09.
Uhlemann, Erhard	Doz.	Anorgan. Chemie	01.09.
1963			
Thinius, Kurt	Hon.-Prof.		...
1964			
Langhammer, Günther	Prof. m. LA	Physik. Chemie	01.02.
Hauptmann, Siegfried	Prof. m. LA	Organ. Chemie	01.09.
1965			
Geppert, Gerhard	Doz.	Angewandte Physik. Chemie	01.02.
Quitzsch, Konrad	Doz.	Physik. Chemie	01.04.
Kempter, Gerhard	Doz.	Organ. Chemie	...
Meisel, Armin	Doz.	Physik. Chemie	01.09.
Mühlstädt, Manfred	Prof.m.v.LA	Organ. Chemie	01.09.
1966			
Möhle, Horst	Prof. m. v. LA	Methodik des Chemie-Unterrichts an Phil. Fak.	01.09.
1967			
Weißenfels, Manfred	Doz.	Organ. Chemie	01.02.
Borsdorf, Rolf	Doz.	Organ. Chemie	01.09.
Hoyer, Eberhard	Prof. m. LA	Anorgan. Chemie	01.09.
1968			
Fruwert, Johanna	Doz.	Physik. Chemie	01.02.
Höhne, Ernst	Doz.	Kristallstrukturanalyse	01.09.
Meisel, Armin	Prof. m. LA	Physik. Chemie	01.09.
Schöllner, Rolf	Doz.	Chem. Technologie	01.09.
Scholz, Manfred	Doz.	Theoret. Chemie	01.09.
1969			
Meisel, Armin	o. Prof.	Physik. Chemie	01.01.
Butter, Ehrenfried	HDoz.	Allgem. Chemie	01.02.
Lippmann, Eberhard	HDoz.	Organ. Chemie	01.02.
Werner, Gerhard	HDoz.	Analyt. Chemie	01.02.
Hauptmann, Siegfried	ord. Prof.	Organ. Chemie	01.09.
Hennig, Horst	HDoz.	Anorgan. Chemie	01.09.
Holzapfel, Heinz	ord. Prof.	Analyt. Chemie	01.09.
Hoyer, Eberhard	ord. Prof.	Anorgan. Chemie	01.09.
Mühlstädt, Manfred	ord. Prof.	Organ. Chemie	01.09.
Schulze, Klaus	HDoz.	Organ. Chemie	01.09.
Weißenfels, Manfred	ord. Prof.	Organ. Chemie	01.09.

Name	Berufung	Berufungsgebiet	Datum
1970			
Gürtler, Oswald	HDoz	Analyt. Chemie	01.02.
Lange, Peter	HDoz.	Chemiemethodik	01.02.
Weiss, Cornelius	HDoz.	Chem. Bindung u. Molekülstruktur	01.02.
Hoffmann, Jürgen	HDoz.	Reaktionskinetik	01.06.
Mann, Gerhard	HDoz.	Method. d. chem. chem.Synthese	01.06.
Scherzer, Klaus	HDoz.	Chem. Kinetik	01.06.
Fruwert, Johanna	ord. Prof.	Atombau u. Chem. Bindung	01.09.
Quitzsch, Konrad	ord. Prof.	Chemische Thermodynamik	01.09.
Schöllner, Rolf	ord. Prof.	Techn. Chemie	01.09.
1971			
Könnecke, H.-Günther	Hon.-Prof.	Techn. Chemie	01.01.
Bode, Claus	HDoz.	Chem. Verfahrens-Technik	01.02.
Dittrich. Klaus	HDoz.	Instrument. Analytik	01.02.
Flock, Wolfgang	HDoz.	Chem. Reaktions-Technik	01.02.
Herzschuh, Rainer	HDoz.	Strukturanalyse	01.02.
Schreiter, Peter	HDoz.	Techn. Mineralogie	01.02.
Langhammer, Günter	Hon.-Prof.		
1972			
Thomas, Philipp	HDoz.	Synthesechemie	01.02.
Butter, Ehrenfried	ord. Prof.	Strukturchem./ Anorg. Chem.	01.09.
1973			
Streubel, Peter	HDoz.	Röntg.spektroskopie	01.01.
1975			
Borsdorf, Rolf	ord. Prof.	Analytik und Strukturaufklärung	01.09
1976			
Mahrwald, Richard	a.o. Prof.	Techn. Chemie	01.09.
Werner, Gerhard	ord. Prof.	Analyt. Chemie	01.09.
1977			
Kühn, Günther	HDoz.	Kristallchemie	01.02.
Steinberg, K.-Hermann	HDoz.	Techn. Chemie	01.02.
Hennig, Horst	ord. Prof	Anorgan. Chemie	01.09.
Mann, Gerhard	a.o. Prof.	Organ. Chemie	01.09.
1978			
Hauthal, Hermann G.	Hon.-Prof.	Techn.-Organ. Chemie	01.09.
Paufler, Peter	ord. Prof.	Kristallographie	01.09.
1979			
Engewald, Werner	HDoz.	Prozessanalytik	01.02.
Sieler, Joachim	HDoz.	Strukturchemie	01.02.
Schulze, Klaus	a.o. Prof.	Organ. Chemie	01.09.

Name	Berufung	Berufungsgebiet	Datum
1980			
Fruwert, Johanna	ord. Prof.	Physik. Chemie	01.09.
Müller, Helmut	HDoz.	Analyt. Chemie	01.09.
1981			
Leonhardt, Gunter	Hon.-Doz.	Physik. Chemie	01.02.
Rehorek, Detlef	HDoz.	Photochemie	01.02.
Steinberg, K.-Hermann	ord. Prof.	Techn. Chemie	01.09.
1982			
Thomas, Philipp	a.o. Prof.	Anorgan. Ch./ Synthesech.	01.09.
1983			
Bräuer, Peter	HDoz.	Physik. Chemie	01.02.
Kirmse, Reinhard	HDoz.	Anorgan. Chemie	01.02.
Reinhold, Joachim	HDoz.	Quantenchemie	01.02.
1984			
Heidrich, Dietmar	a.o. Doz.	Quantenchemie	01.02.
Jacobs, Klaus	Hon.-Doz.	Festkörperchemie	01.02.
Wendt, Gerhard	HDoz.	Techn. Chemie	01.02.
1985			
Gründler, Peter	HDoz.	Analyt. Chemie	01.02.
Seifert, Werner	HDoz.	Festkörperchemie	01.02.
Wilde, Horst	a.o. Doz.	Organ. Chemie	01.02.
Engewald, Werner	a.o. Prof.	Analyt. Chemie	01.09.
Herzschuh, Rainer	ord. Prof.	Analyt. Chemie	01.09.
Kunze, Robert	Hon.-Prof.		...
Kühn, Günther	a.o. Prof.	Kristallographie	01.09.
1986			
Geist, Volker	HDoz.	Kristallographie	01.02.
Schulze, Bärbel	a.o. Doz.	Organ. Chemie	01.02.
Siegel, Hans	Hon.-Doz.	Techn. Chemie	
1987			
Dietzsch, Wolfgang	a.o. Doz.	Anorgan. Chemie	01.02.
Wagener, Roland	HDoz.	Anorgan. Chemie	01.02.
Dittrich, Klaus	a.o. Prof.	Analyt. Chemie	01.09.
1988			
Haufe, Günther	a.o. Doz.	Bioorgan. Chemie	01.02.
Reschetilowski, Wladimir	HDoz.	Techn. Chemie	01.02.
Stach, Joachim	Hon.-Doz.	Analyt. Chemie	01.02.
Stottmeister, Ulrich	Hon.-Doz.	Biotechnologie	01.02.
Hoffmann, Jürgen	a.o. Prof.	Physik. Chemie	01.09.
1989			
Emons, Hendrik	HDoz.	Analyt. Chemie	01.02.
Pulst, Manfred	a.o. Doz.	Organ. Chemie	01.02.
Spindler, Herbert	Hon.-Doz.	Physik. Chemie	01.02.
Szargan, Rüdiger	HDoz.	Physik. Chemie	01.02.
Bräuer, Peter	ord. Prof.	Physik. Chemie	01.09.
Rehorek, Detlef	ord. Prof.	Anorgan. Chemie	01.09.
Weiss, Cornelius	a.o. Prof.	Theoret. Chemie	01.09.
1990			
Stach, Joachim	HDoz.	Analyt. Chemie	01.02.
Siegel, Hans	Hon.-Prof.	Techn. Chemie	01.09.
Tauchnitz, Joachim	Hon.-Doz.	Techn. Chemie	01.09.
1991			
Steinbach, Jörg	C4-Prof.(mit IIF)		01.12.
1992			
Dittrich, Klaus	C4-Prof.(mit UFZ)	Analyt. Chemie	01.01.
Dietz, Fritz	apl. Prof.	Theoret. Chemie	01.05.
Borsdorf, Rolf	C4-Prof	Analyt.Ch./ Strukturanalytik	01.06
Quitzsch, Konrad	C4-Prof.	Phys.Ch.Mischph., Kolloidch.	01.06
Szargan, Rüdiger	C3-Prof.	Elektronen.u. Röntgenspektr.	01.06
Wendt, Gerhard	C3-Prof.	Heterog.Kat./ Reakt.technik	01.06.
Weiss, Cornelius	C4-Prof.	Theor. Chemie/ Molek. Systeme	01.06
Wilde, Horst	C3-Prof.	Heterocyclenchem.	01.06
Reinhold, Joachim	C3-Prof.	Theorie chem. Reaktionen	01.10.
Schulze, Bärbel	C2-Doz.	Organ. Chemie	01.10.
Engewald, Werner	C3-Prof.	Trennverfahren, Chromatogr.	01.11
Kirmse, Reinhard	C3-Prof.	Strukturchemie	01.11
Sieler, Joachim	C3-Prof.	Festkörper-/ Halbleiterchemie	01.11
Werner, Gerhard	C4-Prof.	Anal.Chemie/ Konz.analytik	01.11
1993			
Beyer, Lothar	C4-Prof.	Anorg./Koordin.-, Bioan. Chemie	01.04
Hey-Hawkins, Evamarie	C4-Prof.	Anorg../Photo-, Metallorg.Chemie	01.04.
Papp, Helmut	C4-Prof.	Techn.Chemie Therm.Stofftrennp.	01.04.
Chassé, Thomas	C2-HDoz.	Grenzflächenchem.	01.04.
Schulze, Bärbel	apl.C2-Prof..	Synthese bioakt. Verbind.	01.04
Kabisch, Klaus	C3-Prof.	Natur-u. Umweltschutz	01.06
Burger, Klaus	C4-Prof.	Org./Hetc., Aminos., Peptidchemie	01.11
Welzel, Peter	C4-Prof.	Org./Naturstoff-chemie	01.11
Kantzer, Klaus-Peter	Hon.-Prof.		.....
1994			
Reschetilowski, Wladimir	Hon.-Prof.	Technische Chemie	01.12
1995			
Stottmeister, Ulrich	C4-Prof.(mit UFZ)	Biotechnologie	01.03.

Name	Berufung	Berufungsgebiet	Datum
Mehnert, Reiner	Hon.-Prof.Physik.	Chemie d. Polymere	01.06.
Schüürmann, Gerrit	Hon.-Prof.	Chemische Ökotoxikologie	01.11.
1997			
Brede, Ortwin	C3-Prof.	Spektroskopie	01.01.
Einicke, Wolf-Dietrich	apl. Prof.		07.06.
Richter, Rainer	apl. Prof.		23.06.
Chassé, Thomas	apl. Prof.		26.08.
Berger, Stefan	C4-Prof.	Analyt.Chemie/ Strukturanalytik	01.09
Sicker, Dieter	apl. Prof.		17.11.
1998			
Messow, Ulf-Martin	apl. Prof.		02.02.
Broekaert, José A.C.	C4-Prof.	Analyt. Chemie/ Konz.-Analytik	01.04.
Kopinke, Frank-Dieter	Hon.-Prof.	Technische Umweltchemie	01.08.
1999			
Morgner, Harald	C4-Prof.	Physik. Chemie	01.04.
Beckert, Dieter	apl. Prof.		01.10.
2000			
Scherkenbeck, Jürgen	Hon.-Prof.	Organ. Chemie/ Ind.Wirkstoffe	01.01.
Heidrich, Dietmar	apl. Prof.		01.03.
2001			
Harting, Peter	apl. Prof.		01.03.
2002			
Krautscheid, Harald	C4-Prof.	Anorg.-/ Festkörperchemie	01.04
Giannis, Athanassios	C4-Prof.	Org./Natur- stoffschemie	01.05.
Hoffmann, Ralf	C4-Prof.	Bioanalytik	01.05

Name	Berufung	Berufungsgebiet	Datum
Sträter, Norbert	C4-Prof.	Strukturanalytik v. Biopolym.	01.05.
2003			
Schneider, Christoph	C4-Prof.	Org./Hetc., Aminos., Pep.Ch	01.10.
2004			
Kersting, Berthold	C3-Prof.	Koordinations-, Supramolek.Ch.	01.10.
Buchmeiser, Michael	C4-Prof.	Techn. Chem. der Polymere	01.12.
Heimann, Rebekka	C3-Prof.	Chemiedidaktik	01.12.
2005			
Breinbauer, Rolf	C3-Prof.	Heterocyclenchem.	01.11.
Hinrichsen, Kai-Olaf	C3-Prof.	Techn. Chemie/ Reakt.technik	01.11.
Knoll, Helmut	apl. Prof.		19.12.
2006			
Klöß, Gert	W2-Prof.	Technische Mineralogie	01.09.
2007			
Denecke, Reinhard	W2-Prof.	Physik. Chem. d. Oberflächen	16.01.
Kirchner, Barbara	W3-Prof.	Theoret. Chemie	01.05.
Belder, Detlev	W3-Prof.	Analyt. Chemie/ Konz.-Analytik	01.08.
Gläser, Roger	W3-Prof.	Techn. Chemie/ Heterog. Kat.	01.08.
Stark, Christian	W2-Prof.	Organ. Chemie/ Katalyse	01.10.
2008			
Abel, Bernd	W3-Prof.	Physik. Chemie/ Reaktionsdyn.	01.06.

Fakultätsräte und Fakultätsleitungen ab 1993

– Fakultät für Chemie und Mineralogie –

Zusammengestellt von Eckhard Buß

	Semester		WS 1993/1994	SS 1994	WS 1994/1995
Fakultäts-leitung	Dekan/in		Prof. Dr. Joachim Reinhold	Prof. Dr. Joachim Reinhold	Prof. Dr. Joachim Reinhold
	Prodekan/in		Prof. Dr. Lothar Beyer	Prof. Dr. Lothar Beyer	Prof. Dr. Lothar Beyer
	Studiendekan/e		Prof. Dr. Horst Wilde	Prof. Dr. Horst Wilde	Prof. Dr. Horst Wilde
Fakultätsrat	Hochschullehrer	14.01.1994: Konstituierende Sitzung des Rates der Fakultät für Chemie und Mineralogie i.G.	Prof. Dr. Klaus Bente Prof. Dr. Lothar Beyer Prof. Dr. Rolf Borsdorf Prof. Dr. Reinhard Kirmse Prof. Dr. Konrad Quitzsch Prof. Dr. Joachim Reinhold Prof. Dr. Bärbel Schulze Prof. Dr. Horst Wilde	Prof. Dr. Klaus Bente Prof. Dr. Lothar Beyer Prof. Dr. Rolf Borsdorf Prof. Dr. Reinhard Kirmse/ Prof. Dr. Konrad Quitzsch Prof. Dr. Joachim Reinhold Prof. Dr. Bärbel Schulze Prof. Dr. Horst Wilde	Prof. Dr. Klaus Bente Prof. Dr. Lothar Beyer Prof. Dr. Rolf Borsdorf Prof. Dr. Reinhard Kirmse Prof. Dr. Konrad Quitzsch Prof. Dr. Joachim Reinhold Prof. Dr. Bärbel Schulze Prof. Dr. Horst Wilde
	akadem. Mitarbeiter		Dr. Frank Dietze Dr. Wolf-Dietrich Einicke Dr. Bernd Hunger	Dr. Frank Dietze Dr. Wolf-Dietrich Einicke Dr. Bernd Hunger	Dr. Frank Dietze Dr. Wolf-Dietrich Einicke Dr. Bernd Hunger
	sonst. Mitarb.		Elke Altmann	Elke Altmann	Elke Altmann
	Studierende		Ronald Beust Jörg Plugge Uwe Schröder	Ronald Beust Jörg Plugge Uwe Schröder	Ronald Beust Jörg Plugge Uwe Schröder

	Semester	SS 1995	WS 1995/1996	SS 1996	WS 1996/1997
Fakultäts-leitung	Dekan/in	Prof. Dr. Joachim Reinhold	Prof. Dr. Joachim Reinhold	Prof. Dr. Joachim Reinhold	Prof. Dr. Helmut Papp
	Prodekan/in	Prof. Dr. Lothar Beyer	Prof. Dr. Lothar Beyer	Prof. Dr. Lothar Beyer	Prof. Dr. Joachim Reinhold
	Studiendekan/e	Prof. Dr. Horst Wilde	Prof. Dr. Horst Wilde	Prof. Dr. Horst Wilde	Prof. Dr. Peter Schreiter (02/97)
Fakultätsrat	Hochschullehrer	Prof. Dr. Klaus Bente Prof. Dr. Lothar Beyer Prof. Dr. Rolf Borsdorf Prof. Dr. Reinhard Kirmse Prof. Dr. Konrad Quitzsch Prof. Dr. Joachim Reinhold Prof. Dr. Bärbel Schulze Prof. Dr. Horst Wilde	Prof. Dr. Klaus Bente Prof. Dr. Lothar Beyer Prof. Dr. Rolf Borsdorf Prof. Dr. Reinhard Kirmse Prof. Dr. Konrad Quitzsch Prof. Dr. Joachim Reinhold Prof. Dr. Bärbel Schulze Prof. Dr. Horst Wilde	Prof. Dr. Klaus Bente Prof. Dr. Lothar Beyer Prof. Dr. Rolf Borsdorf Prof. Dr. Reinhard Kirmse Prof. Dr. Konrad Quitzsch Prof. Dr. Joachim Reinhold Prof. Dr. Bärbel Schulze Prof. Dr. Horst Wilde	Prof. Dr. Klaus Bente Prof. Dr. Lothar Beyer Prof.Dr. Werner Engewald Prof. Dr. Helmut Papp Prof. Dr. Joachim Reinhold Prof. Dr. Rüdiger Szargan Prof. Dr. Peter Welzel Prof. Dr. Horst Wilde
	akadem. Mitarbeiter	Dr. Frank Dietze PD Dr. Wolf-Dietrich Einicke PD Dr. Bernd Hunger	Dr. Frank Dietze PD Dr. Wolf-Dietrich Einicke PD Dr. Bernd Hunger	Dr. Frank Dietze PD Dr. Wolf-Dietrich Einicke PD Dr. Bernd Hunger	Dr. Frank Dietze Dr. Jürgen Efer PD Dr. Bernd Hunger
	sonst. Mitarb.	Elke Altmann	Elke Altmann	Elke Altmann	Elke Altmann
	Studierende	Ronald Beust Jörg Plugge Uwe Schröder	Ronald Beust Jörg Plugge Thilo Zachau	Ronald Beust Jörg Plugge Thilo Zachau	Therese Koal Petra Morgenstern André Wieczorek

	Semester	SS 1997	WS 1997/1998	SS 1998	WS 1998/1999
Fakultäts- leitung	Dekan/in	Prof. Dr. Helmut Papp	Prof. Dr. Helmut Papp	Prof. Dr. Helmut Papp	Prof. Dr. Helmut Papp
	Prodekan/in	Prof. Dr. Joachim Reinhold	Prof. Dr. Joachim Reinhold	Prof. Dr. Joachim Reinhold	Prof. Dr. Joachim Reinhold
	Studiendekan/e	Prof. Dr. Horst Wilde Prof. Dr. Peter Schreiter	Prof. Dr. Horst Wilde Prof. Dr. Peter Schreiter	Prof. Dr. Horst Wilde Prof. Dr. Peter Schreiter	Prof. Dr. Horst Wilde Prof. Dr. Peter Schreiter
Fakultätsrat	Hochschullehrer	Prof. Dr. Klaus Bente Prof. Dr. Lothar Beyer Prof. Dr. Werner Engewald Prof. Dr. Helmut Papp Prof. Dr. Joachim Reinhold Prof. Dr. Rüdiger Szargan Prof. Dr. Peter Welzel Prof. Dr. Horst Wilde	Prof. Dr. Klaus Bente Prof. Dr. Lothar Beyer Prof.Dr. Werner Engewald Prof. Dr. Helmut Papp Prof. Dr. Joachim Reinhold Prof. Dr. Rüdiger Szargan Prof. Dr. Peter Welzel Prof. Dr. Horst Wilde	Prof. Dr. Klaus Bente Prof. Dr. Lothar Beyer Prof.Dr. Werner Engewald Prof. Dr. Helmut Papp Prof. Dr. Joachim Reinhold Prof. Dr. Rüdiger Szargan Prof. Dr. Peter Welzel Prof. Dr. Horst Wilde	Prof. Dr. Klaus Bente Prof. Dr. Lothar Beyer Prof.Dr. Werner Engewald Prof. Dr. Helmut Papp Prof. Dr. Joachim Reinhold Prof. Dr. Rüdiger Szargan Prof. Dr. Peter Welzel Prof. Dr. Horst Wilde
	akadem. Mitarbeiter	Dr. Frank Dietze Dr. Jürgen Efer PD Dr. Bernd Hunger	Dr. Frank Dietze Dr. Jürgen Efer PD Dr. Bernd Hunger	Dr. Frank Dietze Dr. Jürgen Efer PD Dr. Bernd Hunger	Dr. Frank Dietze Dr. Jürgen Efer PD Dr. Bernd Hunger
	sonst. Mitarb.	Elke Altmann	Elke Altmann	Elke Altmann	Elke Altmann
	Studierende	Therese Koal Petra Morgenstern André Wieczorek	Sebastian Fritzsche Ulrike Helmstedt Therese Koal	Sebastian Fritzsche Ulrike Helmstedt Therese Koal	Tonia Freysoldt Ulrike Helmstedt Therese Koal

	Semester	SS 1999	WS 1999/2000	SS 2000	WS 2000/2001
Fakultäts- leitung	Dekan/in	Prof. Dr. Helmut Papp	Prof. Dr. Peter Welzel	Prof. Dr. Peter Welzel	Prof. Dr. Peter Welzel
	Prodekan/in	Prof. Dr. Joachim Reinhold	Prof. Dr. Helmut Papp	Prof. Dr. Helmut Papp	Prof. Dr. Helmut Papp[3)]
	Studiendekan/e	Prof. Dr. Horst Wilde Prof. Dr. Peter Schreiter	Prof.Dr. Harald Morgner[1)] Prof. Dr. Peter Schreiter	Prof. Dr. Harald Morgner Prof. Dr. Peter Schreiter	Prof. Dr. Harald Morgner Prof. Dr. Peter Schreiter
Fakultätsrat	Hochschullehrer	Prof. Dr. Klaus Bente Prof. Dr. Lothar Beyer Prof.Dr. Werner Engewald Prof. Dr. Helmut Papp Prof. Dr. Joachim Reinhold Prof. Dr. Rüdiger Szargan Prof. Dr. Peter Welzel Prof. Dr. Horst Wilde	Prof. Dr. Klaus Bente Prof. Dr. Stefan Berger Prof. Dr. Evamarie Hey-Hawkins Prof. Dr. Harald Morgner Prof. Dr. Helmut Papp Prof. Dr. Joachim Reinhold Prof. Dr. Peter Welzel Prof. Dr. Horst Wilde	Prof. Dr. Klaus Bente Prof. Dr. Stefan Berger Prof. Dr. Evamarie Hey-Hawkins Prof. Dr. Harald Morgner Prof. Dr. Helmut Papp Prof. Dr. Joachim Reinhold Prof. Dr. Peter Welzel Prof. Dr. Horst Wilde	Prof. Dr. Klaus Bente Prof. Dr. Stefan Berger Prof. Dr. Evamarie Hey-Hawkins Prof. Dr. Harald Morgner Prof. Dr. Helmut Papp[4)] Prof. Dr. Joachim Reinhold Prof. Dr. Peter Welzel Prof. Dr. Horst Wilde
	akadem. Mitarbeiter	Dr. Frank Dietze Dr. Jürgen Efer PD Dr. Bernd Hunger	Dr. Jürgen Efer PD Dr. Bernd Hunger Prof. Dr. Dieter Sicker	Dr. Jürgen Efer PD Dr. Bernd Hunger Prof. Dr. Dieter Sicker	Dr. Jürgen Efer PD Dr. Bernd Hunger Prof. Dr. Dieter Sicker
	sonst. Mitarb.	Elke Altmann	Karin Schubert	Karin Schubert	Karin Schubert
	Studierende	Tonia Freysoldt Ulrike Helmstedt Therese Koal	Tonia Freysoldt Sebastian Fritzsche Therese Koal	Tonia Freysoldt Sebastian Fritzsche Therese Koal[2)]	Christiane Berghof Sebastian Fritzsche Ulrike Helmstedt

[1)] bis 12/99: Prof. Dr. Horst Wilde
[2)] ab 09/00: Ulrike Helmstedt
[3)] ab 12/00: Prof. Dr. Horst Wilde (kommissionarisch)
[4)] ab 12/00: Prof. Dr. Reinhard Kirmse

	Semester	SS 2001	WS 2001/2002	SS 2002	WS 2002/2003
Fakultäts-leitung	Dekan/in	Prof. Dr. E. Hey-Hawkins	Prof. Dr. E. Hey-Hawkins	Prof. Dr. E. Hey-Hawkins	Prof. Dr. Harald Morgner
	Prodekan/in	Prof. Dr. Peter Welzel	Prof. Dr. Peter Welzel	Prof. Dr. Peter Welzel	Prof. Dr. Evamarie Hey-Hawkins
	Studiendekan/e	Prof. Dr. Harald Morgner Prof. Dr. Peter Schreiter	Prof. Dr. Harald Morgner Prof. Dr. Peter Schreiter	Prof. Dr. Harald Morgner Prof. Dr. Peter Schreiter	Prof. Dr. Ralf Hoffmann Prof. Dr. Peter Schreiter
Fakultätsrat	Hochschullehrer	Prof. Dr. Klaus Bente Prof. Dr. Stefan Berger Prof. Dr. E. Hey-Hawkins Prof. Dr. Reinhard Kirmse Prof. Dr. Harald Morgner Prof. Dr. Joachim Reinhold Prof. Dr. Peter Welzel Prof. Dr. Horst Wilde	Prof. Dr. Klaus Bente Prof. Dr. Stefan Berger Prof. Dr. E. Hey-Hawkins Prof. Dr. Reinhard Kirmse Prof. Dr. Harald Morgner Prof. Dr. Joachim Reinhold Prof. Dr. Peter Welzel Prof. Dr. Horst Wilde	Prof. Dr. Klaus Bente Prof. Dr. Stefan Berger Prof. Dr. E. Hey-Hawkins Prof. Dr. Reinhard Kirmse Prof. Dr. Harald Morgner Prof. Dr. Joachim Reinhold Prof. Dr. Peter Welzel Prof. Dr. Horst Wilde	Prof. Dr. Klaus Bente Prof. Dr. Athanassios Giannis Prof. Dr. Evamarie Hey-Hawkins Prof. Dr. Harald Krautscheid Prof. Dr. Harald Morgner Prof. Dr. Joachim Reinhold Prof. Dr. Bärbel Schulze Prof. Dr. Gerhard Wendt
	akadem. Mitarbeiter	Dr. Jürgen Efer PD Dr. Bernd Hunger Prof. Dr. Dieter Sicker	Dr. Jürgen Efer PD Dr. Bernd Hunger Prof. Dr. Dieter Sicker	Dr. Jürgen Efer PD Dr. Bernd Hunger Prof. Dr. Dieter Sicker	Prof. Dr. Wolf-Dietrich Einicke Dr. Matthias Findeisen Prof. Dr. Dieter Sicker
	sonst. Mitarb.	Karin Schubert	Karin Schubert	Karin Schubert	Elke Altmann
	Studierende	Christiane Berghof Ulrike Helmstedt Sebastian Fritzsche	Christiane Berghof Ulrike Helmstedt[1] Tonia Freysoldt	Christiane Berghof Tonia Freysoldt Martin Krug	Antje Kepper Martin Krug Christian Wespe

	Semester	SS 2003	WS 2003/2004	SS 2004	WS 2004/2005
Fakultäts-leitung	Dekan/in	Prof. Dr. Harald Morgner	Prof. Dr. Harald Morgner	Prof. Dr. Harald Morgner	Prof. Dr. Harald Morgner
	Prodekan/in	Prof. Dr. Evamarie Hey-Hawkins	Prof. Dr. Evamarie Hey-Hawkins	Prof. Dr. Evamarie Hey-Hawkins	Prof. Dr. Evamarie Hey-Hawkins
	Studiendekan/e	Prof. Dr. Ralf Hoffmann Prof. Dr. Peter Schreiter	Prof. Dr. Ralf Hoffmann Prof. Dr. Klaus Bente	Prof. Dr. Ralf Hoffmann Prof. Dr. Klaus Bente	Prof. Dr. Ralf Hoffmann Prof. Dr. Klaus Bente
Fakultätsrat	Hochschullehrer	Prof. Dr. Klaus Bente Prof. Dr. Athanassios Giannis Prof. Dr. Evamarie Hey-Hawkins Prof. Dr. Harald Krautscheid Prof. Dr. Harald Morgner Prof. Dr. Joachim Reinhold Prof. Dr. Bärbel Schulze Prof. Dr. Gerhard Wendt	Prof. Dr. Klaus Bente Prof. Dr. Athanassios Giannis Prof. Dr. Evamarie Hey-Hawkins Prof. Dr. Harald Krautscheid Prof. Dr. Harald Morgner Prof. Dr. Joachim Reinhold Prof. Dr. Bärbel Schulze Prof. Dr. Gerhard Wendt	Prof. Dr. Klaus Bente Prof. Dr. Athanassios Giannis Prof. Dr. Evamarie Hey-Hawkins Prof. Dr. Reinhard Kirmse Prof. Dr. Harald Krautscheid Prof. Dr. Harald Morgner Prof. Dr. Joachim Reinhold Prof. Dr. Bärbel Schulze	Prof. Dr. Klaus Bente Prof. Dr. Athanassios Giannis Prof. Dr. Evamarie Hey-Hawkins Prof. Dr. Reinhard Kirmse Prof. Dr. Harald Krautscheid Prof. Dr. Harald Morgner Prof. Dr. Joachim Reinhold Prof. Dr. Bärbel Schulze
	akadem. Mitarbeiter	Prof. Dr. Wolf-Dietrich Einicke Dr. Matthias Findeisen Prof. Dr. Dieter Sicker	Prof. Dr. Wolf-Dietrich Einicke Dr. Matthias Findeisen Prof. Dr. Dieter Sicker	Prof. Dr. Wolf-Dietrich Einicke Dr. Matthias Findeisen Prof. Dr. Dieter Sicker	Prof. Dr. Wolf-Dietrich Einicke Dr. Matthias Findeisen Prof. Dr. Dieter Sicker
	sonst. Mitarb.	Elke Altmann	Elke Altmann	Elke Altmann	Elke Altmann
	Studierende	Antje Kepper Martin Krug Christian Wespe	Antje Kepper Martin Krug[2] Jörg Hanrieder	Antje Kepper Gerald Eisenblätter Jörg Hanrieder	Antje Kepper Adrien Nyakas Alexander Vogel

[1] ab 01/02: Martin Krug
[2] ab 03/03: Gerald Eisenblätter

	Semester	SS 2005	WS 2005/2006	SS 2006	WS 2006/2007
Fakultätsleitung	Dekan/in	Prof. Dr. Harald Morgner	Prof. Dr. Helmut Papp	Prof. Dr. Helmut Papp	Prof. Dr. Helmut Papp
	Prodekan/in	Prof. Dr. Evamarie Hey-Hawkins	Prof. Dr. Harald Krautscheid	Prof. Dr. Harald Krautscheid	Prof. Dr. Harald Krautscheid
	Studiendekan/e	Prof. Dr. Ralf Hoffmann Prof. Dr. Klaus Bente	Prof. Dr. Stefan Berger	Prof. Dr. Stefan Berger	Prof. Dr. Stefan Berger
Fakultätsrat	Hochschullehrer	Prof. Dr. Klaus Bente Prof. Dr. Athanassios Giannis Prof. Dr. Evamarie Hey-Hawkins Prof. Dr. Reinhard Kirmse Prof. Dr. Harald Krautscheid Prof. Dr. Harald Morgner Prof. Dr. Joachim Reinhold Prof. Dr. Bärbel Schulze	Prof. Dr. Klaus Bente Prof. Dr. Athanassios Giannis Prof. Dr. Evamarie Hey-Hawkins Prof. Dr. Ralf Hoffmann Prof. Dr. Harald Krautscheid Prof. Dr. Harald Morgner Prof. Dr. Helmut Papp Prof. Dr. Christoph Schneider	Prof. Dr. Klaus Bente Prof. Dr. Athanassios Giannis Prof. Dr. Evamarie Hey-Hawkins Prof. Dr. Ralf Hoffmann Prof. Dr. Harald Krautscheid Prof. Dr. Harald Morgner Prof. Dr. Helmut Papp Prof. Dr. Christoph Schneider	Prof. Dr. Klaus Bente Prof. Dr. Athanassios Giannis Prof. Dr. Evamarie Hey-Hawkins Prof. Dr. Ralf Hoffmann Prof. Dr. Harald Krautscheid Prof. Dr. Harald Morgner Prof. Dr. Helmut Papp Prof. Dr. Christoph Schneider
	akadem. Mitarbeiter	apl. Prof. Dr. Wolf-D. Einicke Dr. Matthias Findeisen apl. Prof. Dr. Dieter Sicker	Dr. Jürgen Böhm Dr. Matthias Findeisen apl. Prof. Dr. Dieter Sicker	Dr. Jürgen Böhm Dr. Matthias Findeisen apl. Prof. Dr. Dieter Sicker	Dr. Jürgen Böhm Dr. Matthias Findeisen apl. Prof. Dr. Dieter Sicker
	sonst. Mitarb.	Elke Altmann	Elke Altmann	Elke Altmann	Elke Altmann
	Studierende	Gerald Eisenblätter Adrien Nyakas Alexander Vogel	Gerald Eisenblätter Adrien Nyakas Alexander Vogel	Gerald Eisenblätter Adrien Nyakas Alexander Vogel	Stefan Bergner Tobias Möller Alexander Vogel

	Semester	SS 2007	WS 2007/2008	SS 2008	WS 2008/2009
Fakultätsleitung	Dekan/in	Prof. Dr. Harald Krautscheid	Prof. Dr. Harald Krautscheid	Prof. Dr. Harald Krautscheid	Prof. Dr. Harald Krautscheid
	Prodekan/in	Prof. Dr. Christoph Schneider	Prof. Dr. Christoph Schneider	Prof. Dr. Christoph Schneider	Prof. Dr. Christoph Schneider
	Studiendekan/e	Prof. Dr. Stefan Berger	Prof. Dr. Stefan Berger	Prof. Dr. Stefan Berger	Prof. Dr. Stefan Berger
Fakultätsrat	Hochschullehrer	Prof. Dr. Klaus Bente Prof. Dr. Stefan Berger Prof. Dr. Athanassios Giannis Prof. Dr. Evamarie Hey-Hawkins Prof. Dr. Ralf Hoffmann Prof. Dr. Harald Krautscheid Prof. Dr. Harald Morgner Prof. Dr. Christoph Schneider	Prof. Dr. Klaus Bente Prof. Dr. Stefan Berger Prof. Dr. Athanassios Giannis Prof. Dr. Evamarie Hey-Hawkins Prof. Dr. Ralf Hoffmann Prof. Dr. Harald Krautscheid Prof. Dr. Harald Morgner Prof. Dr. Christoph Schneider	Prof. Dr. Klaus Bente Prof. Dr. Stefan Berger Prof. Dr. Athanassios Giannis Prof. Dr. Evamarie Hey-Hawkins Prof. Dr. Ralf Hoffmann Prof. Dr. Harald Krautscheid Prof. Dr. Harald Morgner Prof. Dr. Christoph Schneider	Prof. Dr. Stefan Berger Prof. Dr. Michael Buchmeiser Prof. Dr. Evamarie Hey-Hawkins Prof. Dr. Ralf Hoffmann Prof. Dr. Barbara Kirchner Prof. Dr. Gert Klöß Prof. Dr. Harald Krautscheid Prof. Dr. Christoph Schneider
	akadem. Mitarbeiter	Dr. Jürgen Böhm Dr. Matthias Findeisen apl. Prof. Dr. Dieter Sicker	Dr. Jürgen Böhm Dr. Matthias Findeisen apl. Prof. Dr. Dieter Sicker	Dr. Jürgen Böhm Dr. Matthias Findeisen apl. Prof. Dr. Dieter Sicker	Dr. Jürgen Böhm Dr. Matthias Findeisen Dr. Alexandra Franz
	sonst. Mitarb.	Elke Altmann	Elke Altmann	Elke Altmann	Sigrid Kling
	Studierende	Stefan Bergner Tobias Möller Alexander Vogel	Daniel Becker Anna Paula Petersen Martin Roatsch	Daniel Becker Anna Paula Petersen Martin Roatsch	Annabell Dittmar Mario Ficker Martin Roatsch

Ehrungen

– ohne Biochemie und Pharmazeutische Chemie –

Zusammengestellt von Lothar Beyer und Gerhard Werner

Ehrungen für Chemiker der Universität Leipzig

Mitgliedschaften in Akademien

Auswärtige Akademien:

Österreichische Akademie der Wissenschaften zu Wien
Wilhelm Ostwald 1904, Arthur Hantzsch 1928

Finnische Gesellschaft der Wissenschaften
Johannes Wislicenus

Königliche Akademie der Wissenschaften zu Turin
Johannes Wislicenus, Wilhelm Ostwald 1905

Königliche Gesellschaft der Wissenschaften zu Upsala
Johannes Wislicenus, Wilhelm Ostwald 1897

Schwedische Akademie der Wissenschaften Stockholm
Wilhelm Ostwald 1909

Rumänische Akademie der Wissenschaften
Wolfgang Ostwald 1938

Ungarische Akademie der Wissenschaften
Wilhelm Ostwald 1897, Wolfgang Ostwald 1940

Kaiserliche Akademie der Wissenschaften zu St. Petersburg
Wilhelm Ostwald 1897

Königliche Niederländische Akademie der Wissenschaften
Wilhelm Ostwald 1904

Nationale Akademie der Wissenschaften der USA
Wilhelm Ostwald AM 1906

Wissenschaftliche Akademie New York
Wilhelm Ostwald 1899

Königliche Akademie der Wissenschaften Kopenhagen
Wilhelm Ostwald 1906

Inländische Akademien:

Königlich-Preussische Akademie der Wissenschaften bzw. Preussische Akademie der Wissenschaften (ab 1918)
Hermann Kolbe (gewählt am 18.11.1875, er lehnte die Wahl am 20.12.1875 ab), Johannes Wislicenus 1896, Wilhelm Ostwald 1905, Ernst Beckmann 1912

Sächsische Akademie der Wissenschaften zu Leipzig
Otto Linné Erdmann 1846, Hermann Kolbe 1866, Gustav Wiedemann 1871, Johannes Wislicenus 1885, Edmund Drechsel a.o. 1885 (bis 1892), Wilhelm Ostwald 1887, Ernst Beckmann a.o. 1890/91, 1898, Friedrich Stohmann 1891, Arthur Hantzsch 1904, Max Le Blanc 1907, Hans Stobbe a.o. 1907, 1924, Carl Paal 1912, Peter Debye 1928, Burckhardt Helferich 1931, KM 1945, Karl-Friedrich Bonhoeffer 1935, Wolfgang Ostwald 1942, Herbert Staude 1956, Wilhelm Treibs 1956, KM 1961, Leopold Wolf 1960, Horst Hennig 1985, Cornelius Weiss 1996, Harald Krautscheid 2007, Ulrich Stottmeister 1996

Akademie der Naturforscher Leopoldina
Ernst Beckmann 1890, Johannes Wislicenus 1895, Hans Stobbe 1909, Wolfgang Ostwald 1922, Max Le Blanc 1925, Berthold Rassow 1925, Peter Debye 1932, Wilhelm Ostwald Ehrenmitglied 1932, Burckhardt Helferich 1933, Carl Friedrich Bonhoeffer 1938, Conrad Weygand 1940, Gerhard Geiseler 1969, Wilhelm Treibs

Bayerische Akademie der Wissenschaften
Anton Ridiger

Gesellschaft der Wissenschaften zu Göttingen
Johannes Wislicenus, Wilhelm Ostwald 1901, Arthur Hantzsch KM 1926

Physikalisch-medizinische Societät in Erlangen
Johannes Wislicenus, Wilhelm Ostwald 1897

Deutsche Akademie der Wissenschaften zu Berlin (1946 bis 1972) bzw. Akademie der Wissenschaften der DDR (1972 bis 1991) bzw. Leibniz-Societät e.V. (ab 1993)
Wilhelm Treibs 1953, Eberhard Leibnitz 1953, Leopold Wolf 1959, Gerhard Werner 1986, Horst Hennig 1988/1993, Rainer Herzschuh 1993

Ehrendoktorate

Von der Universität Leipzig an Chemiker verliehen:

Ferdinand Reich (Freiberg) 1846, Hieronymus Theodor Richter (Freiberg) 1867, Svante Arrhenius (Uppsala) 1909, Arthur Hantzsch (Leipzig) 1909, Jacobus H. vant Hoff, Walther Nernst, Victor Iwanowitsch Spitzin (Moskau) 1959, Erich Thilo (Berlin) 1959, Max Volmer (Berlin) 1959, Erich Strack (Leipzig) 1973, Michail Michailowitsch Dubinin (Moskau) 1981, Eberhard Leibnitz (Berlin) 1984, Wolfgang Schirmer (Berlin) 1985, Gert Wohllebe (Leipzig/Grimma) 1987, Siegfried Nowak (Wählitz) 1989, Kurt Dehnicke (Marburg) 1996, Hans-Joachim Scharf (Aachen) 1996, Nikolai Tyutyulkov (Sofia) 2000, Horst Kessler (München) 2002, Klaus Wandelt (Bonn) 2007

Von anderen Universitäten/Hochschulen an Chemiker der Universität Leipzig verliehen:

Hermann Kolbe (Univ. Tübingen), Wilhelm Ostwald (1894 Univ. Halle-Wittenberg, 1904 Univ. Cambridge, 1906 Univ. Toronto, 1906 Univ. Aberdeen, 1907 Univ. Liverpool, 1909 Univ. Genf, 1918 TH Karlsruhe), Arthur Hantzsch (1926 TH Dresden), Carl Paal (Univ. Erlangen), Wolfgang Ostwald (1939 Univ. Sofia), Wilhelm Treibs (Humboldt-Univ. Berlin), Eberhard Leibnitz (1960 TH Leuna-Merseburg); Lothar Beyer (2000 San Marcos Univ. Lima)

Ehrenprofessuren

Siegfried Hauptmann (1967 Univ. Potosi), Lothar Beyer (1982 Univ. Cusco, 1996 San Marcos Univ. Lima), Konrad Quitzsch (Univ. St. Petersburg), Bärbel Schulze (2006 Univ. St. Petersburg), Rüdiger Szargan (2006 Univ. St. Petersburg)

Ehrenmitgliedschaften

Hermann Kolbe (Edinburgh Royal Society, Univ. Kasan, Univ. Kiew), Arthur Hantzsch (1896 Naturforschende Gesellschaft Zürich, Royal Society of London), Johannes Wislicenus (1897 Deutsche Chemische Gesellschaft), Wilhelm Ostwald (Auswahl: 1899 Deutsche Elektrochemische Gesellschaft, 1900 Amerikanisch-chemische Gesellschaft New York, 1902 Pharmazeutisch-Naturwissenschaftlicher Verein Leipzig, 1910 Naturforschende Gesellschaft Basel, 1920 Verein Deutscher Chemiker), Julius Wagner (1922 Bunsen-Gesellschaft für Physikalische Chemie), Wolfgang Ostwald (1930 Amerikanisch-Pharmazeutische Vereinigung), Hugo Bauer (1942 Deutsche Pharmazeutische Gesellschaft), Wilhelm Treibs (1960 Chemische Gesellschaft der DDR), Robert Grießbach (1965 Chemische Gesellschaft der DDR), Leopold Wolf (1966 Chemische Gesellschaft der DDR), Gerhard Geiseler (1991 Deutsche Bunsengesellschaft für physikalische Chemie), Lothar Beyer (2003 Sociedad Química del Perú)

Medaillen und Preise

Davy-Medaille der Royal Society of London
Hermann Kolbe, Johannes Wislicenus 1898

August-Comte-Plakette (Paris)
Wilhelm Ostwald 1902

Faraday-Medaille der Royal Society London
Wilhelm Ostwald 1904

Friedrich-Wöhler-Preis der Chemischen Gesellschaft der DDR
Klaus Scherzer 1974, Werner Engewald 1979, Reinhard Kirmse 1982, Matthias Otto 1984, Günter Haufe 1985, Lothar Möhle 1988, Joachim Stach 1990

Wilhelm-Ostwald-Medaille der Sächsischen Akademie der Wissenschaften zu Leipzig
Gerhard Geiseler 1978, Konrad Quitzsch 1998, Horst Hennig 2002, Armin Meisel 2007

Anorganische Chemie:

Clemens-Winkler-Medaille der Chemischen Gesellschaft der DDR
Ehrenfried Butter 1989

Analytische Chemie:

Kurt-Grob-Preis
Thomas Welsch 1989

Fachgruppenpreis der Fachgruppe Analytische Chemie der GDCh
Gunter Wittstock 1997

Fresenius-Preis der Gesellschaft Deutscher Chemiker
Gerhard Werner 1998

Martin-Medaille der Chromatographic Society London
Werner Engewald 2002

Bunsen-Kirchhoff-Preis für Analytische Spektroskopie
Nicolas Bings 2005

Organische Chemie:

Wilhelm-Normann-Gedenkmünze der Deutschen Gesellschaft für Fettforschung
Hugo Bauer 1940

August-Kekulé-Medaille der Chemischen Gesellschaft der DDR
Wilhelm Treibs 1957

Otto-Wallach-Plakette der Gesellschaft Deutscher Chemiker
Peter Welzel 1999

Physikalische Chemie:

Großer Preis für Elektrochemie St. Louis
Wilhelm Ostwald 1904

Graham-Medaille der Kolloidchemischen-Gesellschaft
Wolfgang Ostwald 1932

Kurnakov-Medaille der Russischen Akademie der Wissenschaften
Rüdiger Szargan 2002

Staatliche Auszeichnungen:

Bayerischer Maximilian-Orden für Kunst und Wissenschaft
Hermann Kolbe (1872)

Roter-Adler-Orden dritter Klasse (Preußen)
Wilhelm Ostwald 1896

St. Olaf-Orden, Kommandeurkreuz II. Klasse (Schweden)
Wilhelm Ostwald 1901

St. Stanislaus-Orden II. Klasse (Russland)
Wilhelm Ostwald 1903

Königlich Sächsischer Albrechts-Orden (Sachsen)
Wilhelm Ostwald 1906

Königlicher Kronen-Orden II. Klasse (Preußen)
Wilhelm Ostwald 1907

Goethe-Medaille
Berthold Rassow

Hervorragender Wissenschaftler des Volkes (DDR)
Wilhelm Treibs

Nationalpreis der DDR
Robert Grießbach 1949, Wilhelm Treibs 1954, Leopold Wolf 1957, Eberhard Leibnitz 1959, Ehrenfried Butter 1972, Klaus Jacobs 1972, Brigitte Jacobs 1972

Verdienter Hochschullehrer der DDR
Ehrenfried Butter 1985

Officier dan l'Ordre des Palmes Académiques (Frankreich)
Cornelius Weiss

Verdienstkreuz der Bundesrepublik Deutschland
Cornelius Weiss

Auszeichnungen an der Universität Leipzig:

Ehrensenator
Carl Bosch 1939, Konrad Krause

Gottfried-Wilhelm-Leibniz-Preis
Lothar Beyer 1979, R. Klaus Müller 1979

Gustav-Hertz-Preis
Gerhard Werner 1981, Horst Hennig 1986

Universitätsmedaille
Peter Welzel 1997

Caspar-Borner-Medaille

Cornelius Weiss 1998, Horst Wilde 2001

Theodor-Litt-Preis

Joachim Reinhold 2006

Rektorate von Chemikern

Otto Linné Erdmann 1848, 1854, 1855, 1862 Univ. Leipzig; Johannes Wislicenus 1893–1894 Univ. Leipzig ; Max Le Blanc 1925 Univ. Leipzig; Horst Hennig 1987–1990 Karl-Marx-Univ. Leipzig ; Cornelius Weiss 1991–1997 Univ. Leipzig,

Ehrungen für Leipziger Absolventen (A) und Hochschullehrer vor und nach ihrer Leipziger Zeit

Nobelpreise für Chemie

Wilhelm Ostwald 1909, Walther Nernst (A) 1920, Friedrich Bergius (A) 1931, Carl Bosch (A) 1931, Peter Debye 1936

Mitgliedschaften in Akademien

Auswärtige Akademien:

Königliche Akademie der Wissenschaften zu Turin

Ernst von Meyer

Königliche Schwedische Akademie zu Stockholm

Ernst von Meyer

Kaiserliche Sankt Petersburger Akademie

Paul Walden (A) 1910

Akademie des Sciences et Lettres Montpellier

Friedrich Wilhelm Jost

Österreichische Akademie der Wissenschaften zu Wien

Friedrich Wilhelm Jost (KM)

Internationale Akademie für Astronautik

Friedrich Wilhelm Jost

Norwegische Akademie der Wissenschaften

Reiner Salzer (A) 1997

Inländische Akademien:

Königlich-Preussische Akademie der Wissenschaften bzw. Preussische Akademie der Wissenschaften (ab 1918)

Ludwig Boltzmann 1888, Walter Nernst (A) 1905, Peter Debye 1920, Max Bodenstein (A) 1925

Sächsische Akademie der Wissenschaften zu Leipzig

Ernst von Meyer a.o. 1889/93, 1898, Clemens Winkler (A) 1890, Robert Luther a.o. 1907, 1908, Franz Hein 1951, Helmut Müller (A) 1999

Akademie der Naturforscher Leopoldina

Arthur Hantzsch 1887, Ernst Beckmann 1890, Walther Nernst (A) 1911, Carl Bosch (A) 1931, Peter Debye 1932, Wilhelm Ostwald Ehrenmitglied 1932, Robert Luther 1938, Franz Hein 1955, Alfred Rieche 1959, Friedrich Wilhelm Jost, Roland Mayer (A) 1973, Werner Schroth (A) 1989

Bayerische Akademie der Wissenschaften

Karl-Friedrich Bonhoeffer 1950

Gesellschaft der Wissenschaften zu Göttingen

Friedrich Wilhelm Jost

Heidelberger Akademie der Wissenschaften

Franz Hein, Alfred Rieche

Rheinisch-Westfälische Akademie d. Wissenschaften Düsseldorf

Burckhardt Helferich

Deutsche Akademie der Wissenschaften zu Berlin (1946 bis 1972) bzw. Akademie der Wissenschaften der DDR (1972 bis 1991) bzw. Leibniz-Societät e.V. (ab 1993)

Karl-Friedrich Bonhoeffer 1947, Franz Hein 1953, Alfred Rieche 1956, Otto König (A) KM 1969, Karlheinz Lohs (A) 1970, Manfred Rätzsch (A) 1973, Manfred Ringpfeil (A) 1975, Egon Uhlig (A) 1978, Horst Frommelt (A) KM 1978, Rudolf Münze (A) 1979, Roland Mayer (A) 1980, Stephan Tanneberger (A) 1981; ab 1993: Klaus Jacobs (A), Helmut Müller (A), Bernd Ondruschka (A), Jürgen Schmelzer (A)

Ehrendoktorate

Hermann Kolbe (Univ. Tübingen), Theodor Curtius (A) (1908 Univ. Erlangen, 1925 TH Karlsruhe), Paul Walden (A) (1929 TH Stuttgart, 1932 Univ. Rostock, 1934 Univ. Madrid), Burckhardt Helferich (TH Stuttgart), Friedrich Bergius (A) (Univ. Heidelberg, TH Hannover, 1936 Harvard Univ.), Alfred Rieche (1961 TH Hannover, 1966 Universität Erlangen, 1991 TH Leuna-Merseburg), Friedrich Wilhelm Jost (1966 TU Darmstadt, 1966 TH Dresden, 1967 Univ. Caen, 1968 Univ. Cambridge, 1968 Univ. Montpellier, 1975 Univ. Creighton, 1978 TU Karlsruhe, 1979 Univ. Hannover), Hans-Joachim Bittrich (A) (1967 TH Leningrad), Richard Müller (A) (1992 TU Dresden), Adolf Zschunke (A) (1997 Univ. Rostov)

Ehrenmitgliedschaften

Max Bodenstein (A) (1941 Deutsche Bunsengesellschaft Phys. Chemie), Karl-Friedrich Bonhoeffer (New York Academy of Science), Max Vollmer (A) (1955 Chemische Gesellschaft der DDR) Burckhardt Helferich (1958 Chemische Gesellschaft der DDR), Franz Hein (1962 Chemische Gesellschaft der DDR), Peter Debye (1964 Deutsche Bunsengesellschaft für Physikalische Chemie), Robert Grießbach (1965 Chemische Gesellschaft der DDR), Friedrich Wilhelm Jost (1973 Deutsche Bunsen-Gesellschaft für Physikalische Chemie), Alfred Rieche (1972 Polnische Chemische Gesellschaft, Chemische Gesellschaft der DDR), Eberhard Leibnitz (1977 Chemische Gesellschaft der DDR)

Medaillen und Preise

Bunsen-Medaille der Deutschen Bunsen-Gesellschaft für Physikalische Chemie

Wilhelm Ostwald 1908

Mond-Medaille (London)

Wilhelm Ostwald 1909

Guldberg- Medaille (Christiania)

Wilhelm Ostwald 1909

Solvay-Medaille (Belgien)

Wilhelm Ostwald 1913

Liebig-Denkmünze des Vereins Deutscher Chemiker/der Gesellschaft Deutscher Chemiker

Carl Bosch (A) 1919, Friedrich Bergius (A) 1928

August-Wilhelm-von-Hofmann- Denkmünze der Deutschen Chemischen Gesellschaft

Max Bodenstein (A) 1936, Paul Walden (A) 1942

Priestley-Medaille der American Chemical Society
Peter Debye 1963

Friedrich-Wöhler-Preis der Chemischen Gesellschaft der DDR
Günther Bach (A) 1961, Hermann G. Hauthal (A) 1969, Gerhard Schwachula (A) 1976, Gerhard W. Fischer (A) 1977, Adolph Zschunke (A) 1979, Frank-Dieter Kopinke (A) 1989, Ulrich Abram (A) 1991

Preis der Gesellschaft Deutscher Chemiker für Journalisten und Schriftsteller
Hans Jürgen Bersch (A) 1981

Anorganische Chemie:

Clemens-Winkler-Medaille der Chemischen Gesellschaft der DDR
Franz Hein 1954, Robert Grießbach 1956, Richard Müller (A) 1962, Egon Uhlig (A) 1983, Rudolf Münze (A) 1987

Tschugaeff-Medaille der Akademie der Wissenschaften der UdSSR
Franz Hein 1955

Wilhelm-Klemm-Preis der Gesellschaft Deutscher Chemiker
Kurt Dehnicke (A) 1989

Hanus-Medaille der Tschechischen Chemischen Gesellschaft
Egon Uhlig (A) 1993

Carl-Hermann-Medaille der Deutschen Gesellschaft für Kristallographie
Hartmut Bärnighausen (A) 1997

Analytische Chemie:

Fritz-Feigl-Preis der Österreichischen Gesellschaft für Analytische Chemie
Matthias Otto (A) 1990

Emich-Plakette der Österreichischen Gesellschaft für Analytische Chemie
Reiner Salzer (A) 1997

Organische Chemie:

Emil-Fischer Medaille der Deutschen Chemischen Gesellschaft/ Gesellschaft Deutscher Chemiker
Alwin Mittasch (A) 1927, Kurt H. Meyer (A) 1930, Burckhardt Helferich 1951, Hellmut Bredereck 1966, Horst Kessler (A) 1997

Wilhelm-Normann-Gedenkmünze der Deutschen Gesellschaft für Fettforschung
Johannes Scheiber 1952

Adolf von Bayer-Gedenkmünze der Gesellschaft Deutscher Chemiker
Alfred Rieche 1957

August-Kekulé-Medaille der Chemischen Gesellschaft der DDR
Alfred Rieche 1962, Roland Mayer (A) 1978, Hans-Joachim Bittrich (A) 1979, Werner Schroth (A) 1980, Manfred Rätzsch (A) 1981, Karlheinz Lohs (A) 1984

Physikalische Chemie:

Bunsen-Denkmünze für Physikalische Chemie
Max Bodenstein (A) 1936, Karl-Friedrich Bonhoeffer 1955, Friedrich Wilhelm Jost 1967

Palladium-Medaille der Electrochemical Society (New York)
Karl Friedrich Bonhoeffer 1957 postum

Sir Alfred Edgerton Gold-Medaille des Internationalen Combustion Institutes
Friedrich Wilhelm Jost

Cothenius-Medaille
Friedrich Wilhelm Jost

Fritz-Straßmann-Preis der Fachgruppe Nuklearchemie der Gesellschaft Deutscher Chemiker
Tobias Reich (A) 2001

Technische Chemie:

Dechema-Medaille
Friedrich Wilhelm Jost

Chemiegeschichte:

Gmelin-Beilstein-Gedenkmünze der Gesellschaft Deutscher Chemiker
Paul Walden (A) 1954

Valentin-Medaille der Deutschen Gesellschaft für Geschichte der Pharmazie
Horst Remane (A) 2008

Staatliche Auszeichnungen:

Goethe-Medaille
Alwin Mittasch (A)

Officier dan l'Ordre des Palmes Académiques (Frankreich)
Friedrich Wilhelm Jost

Nationalpreis der DDR
Robert Grießbach 1949, Richard Müller (A) 1951, Franz Hein 1952, Alfred Rieche 1959, Gottfried Ostermay (A) 1960, Rudolf Münze (A) 1960, 1982, Heinrich Hübner (A) 1961, Klaus Wetzel (A) 1961, Rainer Klimke (A) 1963, Siegfried Queck (A) 1963, Helmut Wagner (A) 1963, Günter Bach (A) 1965, Gunter Seidel (A) 1966, Klaus Wehner (A) 1966, Manfred Rätzsch (A) 1970, Hans Lohmann (A) 1971, Karl-Hugo Strauß (A) 1971, Gerhard Schwachula (A) 1978, Dieter Bohlmann (A) 1982, Otto König (A) 1982, Manfred Ringpfeil (A) 1987, Roland Schelle (A), Herbert Weinelt (A)

Hervorragender Wissenschaftler des Volkes (DDR)
Franz Hein 1958, Eberhard Leibnitz 1980

Verdienter Hochschullehrer der DDR
Gerhard Kempter (A) 1987

Verdienstkreuz der Bundesrepublik Deutschland
Burckhardt Helferich 1957, Adolf Zschunke (A) 2000, R. Klaus Müller (A) 2003

Rektorate von Chemikern

Johannes Wislicenus 1882 Univ. Würzburg; Ernst von Meyer 1898 bis 1900, 1912/13 TH Dresden; Theodor Curtius (A) 1905/06 Univ. Heidelberg; Walter Nernst (A) 1921/22 Universität Berlin; Burckhardt Helferich 1954/55 Univ. Bonn; Eberhard Leibnitz 1955 bis 1957 Gründungsrektor TH Leuna-Merseburg; Hellmut Bredereck 1959 bis 1961 TH Stuttgart; Hans-Joachim Bittrich (A) 1964 bis 1968 TH Leuna-Merseburg; Heinz Zwanziger (A) ab 2000 Hochschule Merseburg (FH)

Lehrbücher und Monographien

Zusammengestellt von Lothar Beyer und Gerhard Werner

An den Chemischen Instituten, der Sektion Chemie und der Fakultät für Chemie und Mineralogie entstandene Bücher

Allgemeine Chemie

Erdmann, Otto Linné
De natura affinitatis chemicae
Leipzig, 1825

Erdmann, Otto Linné
Populäre Darstellung der neueren Chemie mit Berücksichtigung ihrer technischen Anwendungen
Barth Leipzig (2. Aufl. 1834)

Kühn, Otto Bernhard
Lehrbuch der Stöchiometrie
Leipzig, 1837

Erdmann, Otto Linné
Lehrbuch der Chemie
Leipzig (4. Aufl.1851)

Ostwald, Wilhelm
Lehrbuch der allgemeinen Chemie in zwei Bänden
Band 1: Stöchiometrie, 1885 (2. Aufl. 1910), Engl. 1891
Band 2: Verwandtschaftslehre, 1887 (2. Aufl. 1911)
Engelmann Leipzig, 1885–1887

Ostwald, Wilhelm
Grundriß der allgemeinen Chemie
Engelmann Leipzig, 1889 (7. Aufl. 1923), Engl. 1890, Russ. 1891, Franz. 1893, Span. 1924, Ung. 1924

Hantzsch, Arthur
Grundriß der Stereochemie
Barth Leipzig (2. Aufl. 1904)

Ostwald, Wilhelm
Leitlinien der Chemie
Akademische Verlagsgesellschaft Leipzig, 1906 (2. Aufl. 1908), Russ. 1908, Franz. 1909, Poln. 1910

Weygand, Conrad
Deutsche Chemie als Lehre vom Stoff
Die Gestalt 10. Niemeyer Halle/S., 1941

Spice, J. E
Chemische Bindung und Struktur
(Übersetzung aus dem Englischen: Hoyer, Eberhard)
Geest & Portig Leipzig, 1971

Borsdorf, Rolf; Dietz, Fritz; Leonhardt, Gunter; Reinhold, Joachim
Einführung in die Molekülsymmetrie
Geest & Portig Leipzig und Verlag Chemie Weinheim, 1973

Hoyer, Eberhard; Finster, Joachim (Hrsg.)
Lehrwerk Chemie
7 Lehr- und 7 Arbeitsbücher
Deutscher Verlag für Grundstoffindustrie Leipzig, 1976

Hennig, Horst; Weißenfels, Manfred; Franz, Hartmut
Grundlagen der Chemie für Mediziner
Barth Leipzig, 1976 (5. Aufl. 1990)

Heublein, Günther; Hallpap, Peter; Hauptmann, Siegfried; Mann, Gerhard
Einführung in die Reaktionstheorie
Deutscher Verlag für Grundstoffindustrie Leipzig, 1984

Dmitriev, I. S.
Symmetrie in der Welt der Moleküle
(Übersetzung aus dem Russischen: Hantschmann, Achim)
Deutscher Verlag für Grundstoffindustrie Leipzig, 1987

Hauptmann, Siegfried
Struktur und Reaktion in der Chemie
Deutscher Verlag für Grundstoffindustrie Leipzig, 1988, Thun 1989
(2. Aufl. 1992)

Hauptmann, Siegfried; Mann, Gerhard
Stereochemie
Spektrum Akademischer Verlag Heidelberg, 1996

Hennig, Horst; Sicker, Dieter; Franz, Juliane
Grundlagen der Chemie für Mediziner und Studierende anderer biologisch orientierter Naturwissenschaften
Barth Heidelberg (6. Aufl. 2000)

Hennig, Horst; Sicker, Dieter; Franz, Juliane
Grundlagen der Chemie für Mediziner systematisch
7. Aufl. bzw. 1. Aufl.; UNI-Med Bremen, 2002

Anorganische Chemie

Kühn, Otto Bernhard
De sulphate Zincio
Lipsiae, 1830

Kühn, Otto Bernhard
System der anorganischen Chemie als Leitfaden zum Studium der Theoretischen Chemie
Vandenhoek & Ruprecht Göttingen, 1848

Kolbe, Hermann
Kurzes Lehrbuch der Chemie. Anorganische Chemie
Vieweg, Braunschweig 1877, (2. Aufl. 1884)

Ostwald, Wilhelm
Grundlinien der anorganischen Chemie
Engelmann Leipzig, 1900 (5. Aufl. 1922), Engl. 1902, Russ. 1902, Franz. 1904, Jap. 1904, Ital. 1909, Span. 1917, Poln. 1932

Holzapfel, Heinz; Tischer, Werner
Einführung in das Praktikum der anorganischen Chemie
Akademische Verlagsgesellschaft Leipzig, 1963

Hoyer, Eberhard; Beyer, Lothar; Dietze, Frank; Seifert, Werner; Wagler, Dietrich
Säuren und Basen
Geest & Portig Leipzig 1971 (3. Aufl. 1987), Deutscher Verlag für Grundstoffindustrie Leipzig und Harry Deutsch Thun

Beyer, Lothar
Anorganische Chemie – Grundkurs
Deutscher Verlag der Wissenschaften Berlin, 1978 (6.Aufl. 1989)

Sieler, Joachim; Butter, Ehrenfried; Hallpap, Peter; Haucke, Günter; Kühn, Günther; Martin, Arno; Uhlig, Egon
Struktur und Bindung – Aggregierte Systeme und Stoffsystematik (LW Chemie 2)
Deutscher Verlag für Grundstoffindustrie Leipzig (6. Aufl. 1990)

Hennig, Horst; Rehorek, Detlev
Photochemische und photokatalytische Reaktionen von Koordinationsverbindungen.
Akademie-Verlag Berlin und Teubner Leipzig, 1987

Beyer, Lothar
Grundkurs Anorganische Chemie
Barth Leipzig-Heidelberg, 1993

Beyer, Lothar; Fernández Herrero, Vicente
Química Inorgánica
Ariel Barcelona, 2000

Analytische Chemie

Kühn, Otto Bernhard
Anleitung zu qualitativ chemischen Untersuchungen
Leipzig, 1830

Ostwald, Wilhelm
Die wissenschaftlichen Grundlagen der analytischen Chemie: elementar dargestellt
Engelmann Leipzig, 1894 (7. Aufl. 1920), Ung. 1895, Russ. 1896, Jap. 1899, Engl. 1900, Poln. 1902, Franz. 1903, Niederl. 1908, Ital. 1914, Rumän. 1921/22

Weygand, Conrad
Quantitative analytische Mikromethoden der organischen Chemie in vergleichender Darstellung
Akademische Verlagsgesellschaft Leipzig, 1931

Leibnitz, Eberhard; H.G. Struppe (Hrsg.)
Handbuch der Gaschromatographie
Geest & Portig Leipzig, 1966 (3. Aufl. 1984)

Riemer, Joachim
Quantitative organische Mikroanalyse
Akademie-Verlag Berlin, 1966

Borsdorf, Rolf; Scholz, Manfred
Spektroskopische Methoden in der organischen Chemie
Akademie-Verlag Berlin, 1968 (5. Aufl. 1989)

Ackermann, Gerhard; Jugelt, Werner; Möbius, Hans-Heinrich; Suschke, Hans Dieter; Werner, Gerhard
Elektrolytgleichgewichte und Elektrochemie (Lehrwerk Chemie, LB 5)
Deutscher Verlag für Grundstoffindustrie Leipzig, 1974 (4. Aufl. 1985) und Fachstudium Chemie Wiley-VCH, Weinheim, 1983

Krell, Erich; Frey, Hans-Peter; Gawalek, Gerhard; Werner, Gerhard
Einführung in die Trennverfahren
Deutscher Verlag für Grundstoffindustrie, Leipzig, 1975

Remane, Horst; Herzschuh, Rainer
Massenspektrometrie in der organischen Chemie
Akademie-Verlag Berlin, 1977

Jäger, Ernst Gottfried; Schöne, Karl; Werner, Gerhard
Elektrolytgleichgewichte und Elektrochemie (Lehrwerk Chemie, AB 5)
Deutscher Verlag für Grundstoffindustrie Leipzig, 1977 (4. Aufl. 1989) und Fachstudium Chemie Wiley-VCH Weinheim, 1984

Müller, Helmut; Otto, Matthias; Werner, Gerhard
Katalytische Methoden in der Spurenanalyse
Geest & Portig Leipzig, 1980, und Wiley-VCH Weinheim, 1982
Katalititscheskije metodi w analise sledow elementow
Mit einem Vorwort von K. B. Jazimirsky
Mir Moskau, 1983

Kleinpeter, Erich; Borsdorf, Rolf
13C-NMR-Spektroskopie in der organischen Chemie
Akademie-Verlag Berlin, 1981.

Borsdorf, Rolf (Mitherausgeber)
Analytiker-Taschenbuch
Springer Ort, ab Jahr

Dittrich, Klaus
Atomabsorptionsspektrometrie
Akademie-Verlag Berlin, 1982

Kirmse, Reinhard; Stach, Joachim
ESR-Spektroskopie: Anwendungen in der Chemie
Akademie-Verlag Berlin, 1985

Steger, Eberhard; Dathe Klaus; Herzschuh, Rainer; Mehlhorn, Achim; Müller, Bernd; Müller, Eberhard
Strukturanalytik
Deutscher Verlag für Grundstoffindustrie, Leipzig 1992

Salzer, Reiner; Kriegsmann, Heinrich; Werner, Gerhard (Hrsg)
Progress in Molecular Spectroscopy
Teubner Leipzig, 1988

Berger, Stefan; Braun, Siegmar; Kalinowski, Hans-Otto
NMR – Spectroscopy of the Non-Metallic Elements
Wiley & Sons Ort, 1997

Berger, Stefan; Braun, Siegmar
100 and more basic NMR experiments – a practical course
Wiley-VCH Weinheim, 1998

Harris, Daniel C.
(Übersetzung aus dem Englischen: Werner, Gerhard; Vogt, Carla; Zeller, Uta)
Lehrbuch der Quantitativen Analyse
Vieweg Braunschweig, 1998.

Broekaert, José A. C.
Analytical Atomic Spectrometry with Flames and Plasma
Wiley-VCH Weinheim, 2002

Organische Chemie

Wislicenus, Johannes
Über die räumliche Anordnung der Atome in organischen Molekülen und ihre Bestimmung in geometrisch-isomeren ungesättigten Verbindungen
Hirzel Leipzig, 1887

Weygand, Conrad
Organisch-chemische Experimentierkunst
Barth Leipzig, 1938

Weygand, Conrad
Chemische Morphologie der Flüssigkeiten und Kristalle
Akademische Verlagsgesellschaft Becker & Erler Leipzig, 1941

Treibs, Wilhelm; Merkel, Dieter
Gildemeister-Hoffmanns „Die ätherischen Öle"
Neubearbeitung, 7 Bände, Akademie-Verlag Berlin, ab 1956

Hauptmann, Siegfried
Über den Ablauf organisch-chemischer Reaktionen
Akademie-Verlag Berlin, 1963 (5. Aufl. 1986)

Schöllner, Rolf
Die Oxydation organischer Verbindungen mit Sauerstoff
Akademie-Verlag Berlin, 1964

Kempter, Gerhard
Struktur und Synthese von Vitaminen
Akademie-Verlag Berlin, 1964

Hauptmann, Siegfried; Gräfe, Jürgen; Remane, Horst
Lehrbuch der Organischen Chemie
Deutscher Verlag für Grundstoffindustrie Leipzig, 1976 (2. Aufl. 1980)
Organiceskaja chimija
Chimija Moskau, 1979

Hauptmann, Siegfried; Mann, Gerhard; Hantschmann, Achim
Aufgaben zur Organischen Chemie
Deutscher Verlag für Grundstoffindustrie Leipzig 1981 (4. Aufl. 1993)

Hauptmann, Siegfried
Einführung in die organische Chemie
Deutscher Verlag für Grundstoffindustrie Leipzig, 1982 (5. Aufl. 2001)

Hauptmann, Siegfried
Organische Chemie
Deutscher Verlag für Grundstoffindustrie Leipzig, 1985 (4. Aufl. 2001)
Organicna chimija
Nauka i Izkustvo, Sofia, 1985

Hauptmann, Siegfried
Reaktion und Mechanismus in der organischen Chemie.
Teubner Stuttgart, 1991

Eicher, Theophil; Hauptmann, Siegfried
Chemie der Heterocyclen: Struktur, Reaktionen und Synthesen
Thieme Stuttgart, 1994

Eicher, Theophil; Hauptmann, Siegfried
The Chemistry of Heterocycles. Structures, Reactions, Synthesis and Applications
Thieme Stuttgart, 1994 (2. Aufl. 2003, Wiley-VCH Weinheim)

Physikalische Chemie

Ostwald, Wilhelm
Hand- und Hilfsbuch zur Ausführung physiko-chemischer Messungen
Engelmann Leipzig, 1893 (4. Aufl. mit C. Drucker 1925, 5. Aufl. 1943), Engl. 1894, Franz. 1904, Ital. 1930, Russ. 1934

Ostwald, Wilhelm
Elektrochemie: ihre Geschichte und Lehre
Veit Leipzig, 1894–1896, Engl. 1980

Ostwald, Wolfgang
Grundriss der Kolloidchemie
Steinkopff Dresden, 1909

Ostwald, Wolfgang
Die neuere Entwicklung der Kolloidchemie
Steinkopf Dresden, 1912

Ostwald, Wolfgang
Die Welt der vernachlässigten Dimensionen
Steinkopf Dresden, 1915 (12. Aufl. 1944)

Ostwald, Wolfgang
Kleines Praktikum der Kolloidchemie
Steinkopf Dresden, 1920 (8. Aufl. 1935)

Köhler, Fritz
Apparate und Meß-Instrumente als wissenschaftliche Hilfsmittel für die Fortschritte der Physiko-Chemie-Forschung
Sammelwerk im Jahre 1927, mit der neuen Auflage X des Haupt-Kataloges 1927/28
72. Druckausgabe, Köhler Leipzig, 1928/29

Bonhoeffer, Karl Friedrich; Harteck, Paul
Grundlagen der Photochemie
Steinkopff Dresden, 1933

Staude, Herbert
Physikalisch-chemisches Taschenbuch
Akademische Verlagsgesellschaft Leipzig, Bd. 1 und Bd. 2, 1949

Staude, Herbert
Der Photographische Prozeß
Fachbuchverlag Leipzig, 1953

Langhammer, Günter
Versuche zur physikalischen Chemie
Volk und Wissen Berlin, 1956

Grießbach, Robert
Austauschadsorption in Theorie und Praxis
Akademie-Verlag Berlin, 1957

Geiseler, Gerhard (Hrsg., Autor); Fruwert, Johanna
Ausgewählte physikalische Methoden der organischen Chemie
Akademie-Verlag Berlin, 1963

Meisel, Armin (Hrsg)
Röntgenspektren und chemische Bindung
(Vorträge des Internationalen Symposiums am 23. u. 24. September 1965)
Leipzig, 1966

Geiseler, Gerhard; Seidel, Heinz
Die Wasserstoffbrückenbindung
Akademie-Verlag Berlin, 1977

Meisel, Armin; Leonhardt, Gunter; Szargan, Rüdiger
Röntgenspektren und chemische Bindung
Geest & Portig Leipzig, 1977

Meisel, Armin
International Conference on X-ray and Inner-Shell Processes in Atoms, Moleculs and Solids
Karl-Marx-Universität Leipzig, 1984

Böhlig, Heinz; Geiseler, Gerhard
Molekülschwingungen und Kraftkonstanten
Nova Acta Leopoldina, Supplementum 13, Halle, 1988

Szargan, Rüdiger
Physikalische Chemie – Grundkurs
Deutscher Verlag der Wissenschaften Berlin, 1988

Meisel, Armin; Leonhardt, Gunter; Szargan, Rüdiger
X-ray spectra and chemical binding
Springer Heidelberg, 1989

Theoretische Chemie

Golowanov, I. B.; Piskunov, A. K.; Sergejew, N. M.
Elementare Einführung in die Quantenchemie und Quantenbiochemie
(Übersetzung aus dem Russischen, Bearbeitung und Herausgabe: Dietz, Fritz; Reinhold, Joachim; Weiss, Cornelius)
Akademie-Verlag Berlin und Bertelsmann Düsseldorf, 1974

Birner, Peter; Hofmann, Hans-Jörg; Weiss, Cornelius
MO-theoretische Methoden in der organischen Chemie
Akademie-Verlag Berlin, 1979

Scholz, Manfred; Köhler, Hans-Joachim
Quantenchemie – Ein Lehrgang,Band 3, Quantenchemische Näherungsverfahren und ihre Anwendung in der organischen Chemie
Deutscher Verlag der Wissenschaften Berlin und Hüthig Heidelberg, 1981

Glaeske, Hans-Jürgen; Reinhold, Joachim; Volkmer, Peter
Quantenchemie – Ein Lehrgang,Band 5, Ausgewählte mathematische Methoden der Chemie
Deutscher Verlag der Wissenschaften Berlin und Hüthig Heidelberg, 1987

Tyutyulkov, Nikolai; Fabian, Jürgen; Mehlhorn, Achim; Dietz, Fritz; Tadjer, Alia
Polymethine Dyes – Structure and Properties
St. Kliment Ohridski Univ. Sofia, 1991

Heidrich, Dietmar; Kliesch, Wolfgang; Quapp, Wolfgang
Properties of Chemically Interesting Potential Energy Surfaces
Springer Berlin-Heidelberg, 1991

Reinhold, Joachim
Quantentheorie der Moleküle
Teubner Stuttgart, 1994 (3. Aufl. 2004)

Heidrich, Dietmar (Ed.)
The Reaction Path in Chemistry: Current Approaches and Perspectives
Kluwer Dordrecht, 1995

Technische Chemie

Erdmann, Otto Linné
Grundriss der Warenkunde
Leipzig (3. Aufl. 1857)

Ost, Hermann; Rassow, Berthold
Lehrbuch der chemischen Technologie
Barth Leipzig 1890 (Ost); (18.–25. Aufl. Rassow 1932–1953, 27. Aufl. 1965)

Bauer, Karl Hugo; Grafe, Victor (Hrsg.)
Warenkunde und Technologie des Kautschuks, der Tier-und Pflanzenfette
Poeschel Stuttgart, 1929

Scheiber, Johannes
Chemie und Technologie der künstlichen Harze
Wissenschaftliche Verlagsgesellschaft Stuttgart, 1943.

Grießbach, Robert
Austausch-Adsorbentien in der Lebensmittelindustrie
Barth Leipzig, 1949

Griessbach, Robert
Austausch-Adsorbentien in Theorie und Praxis – Allgemeiner Teil
Akademie-Verlag Berlin, 1957

Stottmeister, Ulrich
Biotechnologie zur Umweltentlastung
Teubner Stuttgart, 2003

Stottmeister, Ulrich; Wendlandt, Karin-Dagmar
Das technische Potenzial ungewöhnlicher Prokarioten methanoxidierender Bakterien
Hirzel Stuttgart-Leipzig, 2004

Chemiedidaktik

Erdmann, Otto Linné
Über das Studium der Chemie
Leipzig, 1861

Ostwald, Wilhelm
Die Schule der Chemie: erste Einführung in die Chemie für jedermann
Band I: Allgemeines,1903
Band 2: Die Chemie der wichtigsten Elemente und Verbindungen, 1904
Vieweg Braunschweig, 1903–1904 (4. Aufl. 1919), Russ. 1904, Finn. 1904/05, Niederl. 1904/06, Engl. 1905, Schwed. 1905, Tschech. 1905, Poln. 1906, Ital. 1908, Lett. 1909, Kroat. 1912, Span. 1920, Jidd. 1924, Jap. 1940

Renneberg, Werner u. a.
Lehrbuch der Chemie für die Grundschule
Volk und Wissen Berlin, 1952

Renneberg, Werner
Methodik des Chemieunterrichts 1–3 – (Für das Fernstudium)
Pädagogische Hochschule Potsdam, 1957

Renneberg, Werner; Möhle, Horst u. a.
Lehrbuch der Chemie, I und II
Volk und Wissen Berlin, 1957

Möhle, Horst,; Meyendorf, Gerhard u. a.
Chemie
Volk und Wissen Berlin, 1958/59, 1969/72

Renneberg, Werner, Möhle Horst u. a.
Anorganische Chemie I und II
Volk und Wissen Berlin, 1960, 1965

Arndt, Barbara; Lange, Peter; Obst, Heinz; Teichmann, Jochen
Unterrichtshilfen Chemie – (Lehrerbände)
8 Bücher, Volk und Wissen Berlin, ab 1969

Arndt, Barbara; Lange, Peter; Obst, Heinz; Teichmann, Jochen
Chemie, Klassen 7, 8, 9,10 .
Volk und Wissen Berlin, ab 1980

Arndt, Barbara; Lange, Peter; Obst, Heinz; Teichmann, Jochen u. a.
Chemie – Schülerexperimente I u .II
Volk und Wissen Berlin, 1980, 1984

Arndt, Barbara; Lange, Peter; Meyendorf, Gerhard (Hrsg); Teichmann, Jochen u. a.
Chemie – Stoffe, Reaktionen, Umwelt (Mittelschule bzw. Sekundarstufe I)
Volk und Wissen Berlin, ab 1993
(Einschließlich Länderausgaben neue Bundesländer, Klassen 7 –10;
Arbeitshefte zu neuen Lehrplänen der einzelnen Bundesländer, Berlin, ab 1995,
und Lehrerband Chemie, Volk und Wissen Berlin, 1995)

Hauptmann, Siegfried
Starthilfe Chemie
Teubner Stuttgart, 1996 (3. Aufl. 2004, Eagle)

Arndt, Barbara; Lange, Peter; Meyendorf, Gerhard (Hrsg.); Teichmann, Jochen u. a.
Chemie – Stoffe, Reaktionen, Umwelt (Gymnasium), Gesamttitel
(Einschließlich Arbeitshefte), Volk und Wissen Berlin, 1996

Arndt, Barbara (Hrsg.) u. a.
Sicher in Chemie I und II
Volk und Wissen Berlin, 1997, bzw. Cornelsen Berlin, 2001

Arndt, Barbara (Hrsg.) u. a.
Chemie, Praktikum zur Systematisierung
Volk und Wissen Berlin, 1999, bzw. Cornelsen Berlin, 2002

Arndt, Barbara; Arnold, Karin (Hrsg.); Dietrich, Volkmar (Hrsg.) u. a.
Chemie plus – Gymnasium (Sek. I)
Mit fächerverbindenden Themen und Projektangeboten.
Länderausgaben Sachsen, Sachsen-Anhalt, Thüringen, Mecklenburg-Vorpommern, Brandenburg, Berlin, Nordrhein-Westfalen und *Arbeitshefte* und *Handreichungen für den Lehrer mit Kopiervorlagen*
Cornelsen/Volk und Wissen Berlin, ab 2001

Arndt, Barbara (Hrsg.) u. a.
Chemie – Stoffe, Reaktionen, Umwelt (Mittelschule, Sachsen)
3 Bd. und *Arbeitshefte und Handreichungen für den Lehrer*
Cornelsen/Volk und Wissen Berlin, 2005, 2006, 2007

Arndt, Barbara; Arnold, Karin (Hrsg.); Dietrich, Volkmar (Hrsg.) u. a.
Fokus Chemie – Gymnasium (Gesamtband bzw. Einzeltitel)
Länderausgaben Baden-Württemberg, Niedersachsen, Nordrhein-Westfalen, Hessen und *Handreichungen für den Lehrer mit Kopiervorlagen* bzw. CD-Rom
Cornelsen Berlin, ab 2007

Biochemie

Jakubke, Hans-Dieter; Jeschkeit, Hans
Aminosäuren – Peptide – Proteine: Eine Einführung
Akademie-Verlag Berlin, 1969 (3. Aufl. 1982)

Lizenzausgaben:
1. englische Aufl.: Wiley and McMillan New York und London, 1977
1. polnische Aufl.: PWN Warszawa, 1982 (2. Aufl. 1989)
1. russische Aufl.: MIR Moskau, 1985
1. Aufl. für die BRD: VCH Weinheim, 1982

Jakubke, Hans-Dieter; Jeschkeit, Hans (Hrsg.)
abc Biochemie
Brockhaus Leipzig, 1976 (2. Aufl. 1981)
Lizenzausgaben:
1. Aufl. für die BRD: *Lexikon Biochemie,* VCH Weinheim, 1976 (2. Aufl. 1981)
1. englische Aufl.: *Concise Encyclopedia of Biochemistry* (M. Brewer, T. Scott, Eds.), de Gruyter Berlin und New York, 1983 (2. Aufl. 1988)

Kleber, Hans-Peter; Schlee, Dieter; Schöpp, Wulf-Dieter
Biochemisches Praktikum
Fischer Jena-Stuttgart, 1982 (5. Aufl. 1997)

Nuhn, Peter; Hofmann, Hans-Jörg
Molekulare Wirkungsmechanismen von Pharmaka. Eine Einführung in die Molekularpharmakologie
Akademie-Verlag Berlin, 1984

Kleber, Hans-Peter; Schlee, Dieter
Biochemie I
Fischer Jena-Stuttgart, 1987 (2. Aufl. 1991)

Kleber, Hans-Peter; Schlee, Dieter
Biochemie II
Fischer Jena-Stuttgart, 1988 (2. Aufl. 1992)

Schlee, Dieter; Kleber, Hans-Peter
Wörterbuch der Biotechnologie
Fischer Jena, 1991

Jakubke, Hans-Dieter; Jeschkeit, Hans (Hrsg.)
abc Chemie, 2 Bde.
Brockhaus Leipzig (5. Aufl. 1987)
Lizenzausgabe:
3. Aufl. für die BRD: Fachlexikon ABC Chemie, Harri Deutsch Frankfurt/M., 1987

Jakubke, Hans-Dieter
Peptide: Chemie und Biologie
Spektrum Heidelberg-Berlin-Oxford, 1996

Beck-Sickinger, Annette G.; Weber, Peter J. A.
Kombinatorische Methoden in Chemie und Biologie,
Spektrum Heidelberg, 1999

Beck-Sickinger, Annette G.; Weber, Peter J. A.
Combinatorial Strategies in Biology and Chemistry
Wiley-VCH Weinheim, 2001

Voet, D.; Voet, J. G.; Pratt, C. W.
Grundlagen der Biochemie
(Übersetzung aus dem Englischen: Beck-Sickinger, Annette G.; Hahn, Ulrich (Hrsg.))
Wiley-VCH Weinheim, 2002

Sewald, Norbert; Jakubke, Hans-Dieter
Peptides: Chemistry and Biology
Wiley-VCH Weinheim, 2002
Lizenzausgabe:
1. chinesische Aufl.: Science Press Beijing, 2005

Jakubke, Hans-Dieter; Sewald, Norbert
Peptides from A to Z
Wiley-VCH Weinheim, 2008

Pharmazeutische Chemie

Bauer, Hugo
Die organische Analyse.
Leipzig, 1945

Bauer, Karl Hugo (Begr.); Moll, Heinrich; Pouhloudek-Fabini, Roland (Hrsg.)
Die organische Analyse unter besonderer Berücksichtigung der Arzneistoffe
Geest & Portig Leipzig, 1954 (5. Aufl. 1967)

Wagner, Günther; Kühmstedt, Hans
Pharmazeutische Chemie.
Verlag Berlin, 1962 (5. Aufl. 1985)

Wagner, Günther, unter Mitarbeit von Kühmstedt, Hans; ab der 3. Aufl. zusätzlich unter Mitarbeit von Pischel, Helmut
Lehrbuch der Pharmazeutischen Chemie.
Verlag Berlin,1966 (4. Aufl. 1986)

Nuhn, Peter
Naturstoffchemie.
Verlag Berlin, 1981 (4. Aufl. unter Mitarbeit von Wessjohann, Ludger; Stuttgart 2006)

Nuhn, Peter; Hofmann, Hans-Jörg
Molekulare Wirkungsmechanismen von Pharmaka. Eine Einführung in die Molekularpharmakologie
Akademie-Verlag Berlin, 1984

Lorenz, Irmgard
Praktikum der Biochemie für Studierende der Medizin und Stomatologie
Johann Ambrosius Barth Leipzig, 1986

Eger, Kurt; Troschütz, Reinhard; Roth, Hermann J.
Arzneistoffanalyse. Reaktivität – Stabilität – Analytik.
Verlag Stuttgart (5. Aufl. 2006)

Chemiegeschichte

Beckmann, Ernst
Das Laboratorium für Angewandte Chemie der Universität Leipzig in seiner neuen Gestaltung
Leipzig, 1908

Rassow, Berthold
Geschichte des Vereins Deutscher Chemiker in den ersten fünfundzwanzig Jahren seines Bestehens
Spamer Leipzig, 1912

Abhandlungen aus dem Institut von E. Beckmann, Laboratorium für Angewandte Chemie der Universität Leipzig (1905–1912)
Quelle & Meyer Leipzig, 1912

Mühlstädt, Manfred; Schmidt, H. (Hrsg)
Wilhelm Treibs zum 70. Geburtstag
Akademie-Verlag Berlin, 1960

Hennig, Horst (Hrsg.)
Namhafte Hochschullehrer der Karl-Marx-Universität
Leipzig, 1983

Hennig, Horst (Hrsg.)
Berühmte Leipziger Studenten
Urania-Verlag Leipzig-Jena-Berlin, (2. Aufl. Berlin 1990)

Messow, Ulf; Krause, Konrad
Physikalische Chemie in Leipzig – Festschrift zum 100. Jahrestag der Einweihung des Physikalisch-chemischen Instituts an der Universität Leipzig
Leipziger Universitätsverlag, 1998

Beyer, Lothar
Wege zum Nobelpreis
Universität Leipzig, 1999 (2. Aufl. 2000)

Beyer, Lothar; Behrends, Rainer
De artes chemiae.
Chemiker und Chemie an der Alma mater Lipsiensis. Kunstschätze, Buchbestände und Archivdokumente der Universität Leipzig und anderer Sammlungen
Passage-Verlag Leipzig, 2003

Beyer, Lothar
Vom Doktoranden zum bedeutenden Chemiker
Passage-Verlag Leipzig, 2005

Beyer, Lothar; Hoyer, Eberhard
Chemische Wegzeichen
aus Leipzigs Universitätslaboratorien
Passage-Verlag Leipzig, 2008

Bücher von Absolventen (A) und Hochschullehrern vor bzw. nach ihrer Leipziger Zeit

Allgemeine Chemie

Ridiger, Anton
Systematische Anleitung zur reinen und überhaupt applicirten oder allgemeinen Chymie
Dyck Leipzig, 1756

Ostwald, Wilhelm
Prinzipien der Chemie: eine Einleitung in alle chemischen Lehrbücher
Akademische Verlagsgesellschaft Leipzig, 1907, Niederl. 1908, Russ. 1910, Jap. 1915, Engl. 1917, Chin. 1960

Ostwald, Wilhelm
Die Energie
Barth Leipzig, 1908 (2. Aufl. 1912), Franz. 1910, Schwed. 1910, Span. 1911, Jap. 1938

Benedix, Roland (A)
Bauchemie. Einführung in die Chemie für Bauingenieure
Vieweg + Teubner 1999 (4. Aufl. 2008)

Anorganische Chemie

Wislicenus, Johannes
Regnault-Streckers kurzes Lehrbuch der Anorganischen Chemie
Vieweg, Braunschweig (9. Aufl. 1877)

Schleede, Arthur; Schneider, E.
Röntgenspektroskopie und Kristallstrukturanalyse, Band 2
De Gruyter Berlin, 1929

Hein, Franz
Chemische Koordinationslehre
Hirzel Leipzig, 1957

Niese, Siegfried (A); Beer, Manfred (A); Köpsel, R.; Naumann, Dieter (A)
Extraktive Aufarbeitung bestrahlter Kernbrennstoffe
Akademie-Verlag Berlin, 1960

Hering, Rudolf (A)
Chelatbildende Ionenaustauscher
Akademie-Verlag Berlin, 1967

Hein, Franz
Chemie der Komplexverbindungen. Chemische Koordinationslehre
Hirzel Leipzig, 1971

Uhlemann, Erhard (A)
Praktikum zur allgemeinen und anorganischen Chemie
Deutscher Verlag der Wissenschaften Berlin, 1971

Uhlemann, Erhard (A)
Einführung in die Koordinationschemie
Deutscher Verlag der Wissenschaften Berlin, 1977

Hein, Franz; Heyn, Bodo
Chemie der Komplexverbindungen. Spezieller Teil
Hirzel Leipzig, 1978

Lorenz, Bernd (A)
Beiträge zur Koordinationschemie des Technetiums
ZFI-Mitteilungen 148, 1989

Analytische Chemie

Krumbiegel, Peter (A)
Isotopieeffekte
Akademie Verlag Berlin, 1970

Zschunke, Adolf (A)
Kernmagnetische Resonanzspektroskopie in der organischen Chemie
Akademie-Verlag Berlin, 1971

Hrapia, H.
Einführung in die Chromatographie
Akademie-Verlag Berlin (2. Aufl. 1977)

Berger, Stefan; Kalinowski, Hans-Otto
13C -NMR-Spektroskopie
Thieme Stuttgart, 1984.

Doerffel, Klaus; Müller, Helmut (A); Uhlmann, Manfred
Prozessanalytik
Deutscher Verlag für Grundstoffindustrie Leipzig, 1986

Weidlein, Johann; Müller, Ulrich; Dehnicke, Kurt (A)
Schwingungsspektroskopie
Thieme-Verlag Stuttgart–New York, 1988

Berger, Stefan; Braun, Siegmar; Kalinowski, Hans-Otto
NMR- Spektroskopie von Nichtmetallen
Thieme Stuttgart
Band 1: Grundlagen. 17 O-, 33 S-, 129 Xe-NMR-Spektroskopie, 1992
Band 2: 15 N-NMR-Spektroskopie, 1992
Band 3: 31 P-NMR-Spektroskopie, 1993
Band 4: 19 F-NMR-Spektroskopie, 1994

Doerffel, Klaus; Geyer, Rudolf; Müller, Helmut (A)
Analytikum, 9. Aufl.
Deutscher Verlag für Grundstoffindustrie Leipzig–Stuttgart, 1994

Otto, Matthias (A)
Analytische Chemie
VCH Weinheim, 1995

Otto, Matthias (A)
Chemometrie
VCH Weinheim, 1997

Einax, Jürgen, W.; Zwanziger, Heinz (A); Geiß, Sabine
Chemometrics in Environmental Analysis
Wiley-VCH Weinheim, 1997

Otto, Matthias (A)
Chemometrics
Wiley-VCH Weinheim, 1998

Kellner, Robert; Mermet, Jean-Michael; Otto, Matthias (A);
Valcarcel, Miguel; Widmer, H. Michael
Analytical Chemistry
Wiley-VCH Weinheim, 1998

Müller, Helmut (A)
Spuren- und Umweltanalytik
Trafo-Verlag Berlin, 1999

Gründler, Peter (A)
Chemische Sensoren
Springer Berlin-Heidelberg, 2004

Salzer, Reiner (A)
Biomedical Imaging
Wiley-VCH Weinheim 2008

Organische Chemie

Rieche, Alfred
Alkylperoxide und Ozonide
Steinkopff Dresden–Leipzig, 1931

Rieche, Alfred
Grundriss der technischen organischen Chemie
Hirzel Leipzig, 1965

Leibnitz, Eberhard (Hrsg.); Adler, Peter
Reaktive Zwischenstufen in der organischen Chemie
Akademie-Verlag Berlin, 1981

Physikalische Chemie

Stade, G.; Staude, Herbert
Mikrophotographie
Akademische Verlagsgesellschaft Leipzig, 1939

Stenger, E.; Staude, Herbert
Fortschritte der Photographie Bd. III
Akademische Verlagsgesellschaft Leipzig, 1944

Langhammer, Günter
Versuche zur physikalischen Chemie
Volk und Wissen Berlin, 1956

Staude, Herbert
Photochemie
Bibliografisches Institut Mannheim, 1962

Staude, Herbert
Versuche zur Natur des latenten Bildes und ihre Deutung
Akademie-Verlag Berlin, 1965

Barchet, H.-M. (A)
Chemie photographischer Prozesse
Akademie-Verlag Berlin, 1965

Barinski, E. L.; Nefedov, Wadim I. (A)
Röntgenspektroskopische Bestimmung der Atomladungen in Molekülen
Geest & Portig Leipzig, 1969

Bittrich, Hans-Joachim (A)
Leitfaden der Chemischen Thermodynamik
Verlag Chemie Weinheim, 1971

Bittrich, Hans-Joachim (A), Haberland, G.; Just, G.
Leitfaden der chemischen Kinetik
Deutscher Verlag der Wissenschaften Berlin, 1973

Theoretische Chemie

Nernst, Walter (A); Schönflies, A.
Einführung in die mathematische Behandlung der Naturwissenschaften
Oldenbourg München-Berlin, 3. Aufl. 1904

Technische Chemie

Bucherer, Hans Theodor (A)
Die Mineral-, Pflanzen- und Teerfarben, ihre Darstellung, Verwendung, Erkennung und Echtheitsprüfung
Veit Leipzig, 1911

Grießbach, Robert
Austausch-Adsorbentien in Theorie und Praxis – Allgemeiner Teil
Akademie-Verlag Berlin, 1957

Bayerl, Victor; Quarg, Martin (A)
Taschenbuch des Chemietechnologen
Deutscher Verlag für Grundstoffindustrie Leipzig, 1976

Mathes, Franz; Wehner, Günther (A)
Anorganisch-technische Verfahren
Deutscher Verlag für Grundstoffindustrie Leipzig, 1964

Quarg, Martin (A)
ABC Umweltschutz
Deutscher Verlag für Grundstoffindustrie Leipzig, 1976

Chemiedidaktik

Ostwald, Wilhelm
Einführung in die Chemie: ein Lehrbuch zum Selbstunterricht und für höhere Lehranstalten
Stuttgart, 1910 (6. Aufl. 1926/27), Russ. 1910, Engl. 1911, Span. 1917, Lett. 1922

Harsch, Günther; Heimann, Rebekka,
Didaktik der organischen Chemie nach dem PIN-Konzept. Vom Ordnen der Phänomene zum vernetzten Denken.
Vieweg Braunschweig, 1998

Chemiegeschichte

Ostwald, Wilhelm
Erfinder und Entdecker
Rütten & Loening Frankfurt/M., 1908, Russ. 1909, Schwed. 1911, Ung. 1911

Ostwald, Wilhelm
Große Männer
Akademische Verlagsgesellschaft Leipzig, 1909 (6. Aufl. 1927), Russ. 1910, Franz. 1912, Ung. 1912

Ostwald, Wilhelm
Entwicklung der Elektrochemie in gemeinverständlicher Darstellung
Barth Leipzig, 1910, Russ. 1911, Franz. 1912

Rassow, Berthold
Geschichte des Vereins Deutscher Chemiker in den ersten fünfundzwanzig Jahren seines Bestehens
Spamer Leipzig, 1912

Fischer, Emil; Beckmann, Ernst
Das Kaiser-Wilhelm-Institut für Chemie Berlin-Dahlem
Vieweg Braunschweig, 1913

Lockemann, Georg (A)
Ernst Beckmann (1853-1923) – Sein Leben und Wirken
Verlag Chemie G.m.b.H Berlin, 1927

Bittrich, Hans-Joachim (A); Duschek, Christian (A); Fuchs, Günter
Carl Schorlemmer
Deutscher Verlag für Grundstoffindustrie Leipzig, 1984

Remane, Horst (A)
Emil Fischer
Teubner Leipzig, 1984

Strube, Irene; Stolz, Rüdiger; Remane, Horst (A)
Geschichte der Chemie – ein Überblick von den Anfängen bis zur Gegenwart
Deutscher Verlag der Wissenschaften Berlin 1986 (2. Aufl. 1988)

Wußing, Hans; Remane, Horst (A)
Wissenschaftsgeschichte en miniature
Deutscher Verlag der Wissenschaften Berlin, 1989

Scharf, Hans-Dieter (A)
Von Leipzig nach Workuta und zurück
Sächsisches Druck- und Verlagshaus GmbH Dresden, 1996

Mayo, R.O.A. (Mayer, Roland) (A)
Schwefel-Mayer und das Prinzip von Optimum und Pessimum
Books on Demand G.m.b.H. Norderstedt, 2004

Remane, Horst (A); Tanjö, Levi
Briefwechsel von Emil Fischer mit Svante Arrhenius aus den Jahren 1902 bis 1919. Edition und Kommentierung
Barth Heidelberg, 2000

Remane, Horst (A)
Pharmazie in Halle. Historische und aktuelle Aspekte
Engel Halle, 2002

Tagungen ab 1953

– ohne Biochemie und Pharmazeutische Chemie –

Zusammengestellt von Lothar Beyer, Joachim Reinhold, Klaus Schulze und Gerhard Werner

In diesem tabellarischen Anhang sind Kongresse, Tagungen, Symposien, Schulentagungen, Arbeitstreffen, Diskussionstreffen, Rundtischgespräche, Workshops, Fest- und Ehrenkolloquien sowie Gedenkveranstaltungen chronologisch dokumentiert (siehe auch in den Abschnitten Wissenschaftsgebiete). Die jeweiligen Veranstalter bzw. Verantwortlichen sind in Klammern angegeben.

1953
- Gründungsversammlung der Chemischen Gesellschaft der DDR, 11. 5., Leipzig

1956
- Hauptjahrestagung der Chemischen Gesellschaft der DDR, 16.–19.10., Leipzig
- Internationales Symposium *Seltene Erden,* 8./9. 11., Leipzig (L. Wolf)

1957
- Jahreshauptversammlung der Chemischen Gesellschaft der DDR, 5.–6.11., Leipzig

1958
- Symposium „Ionenaustauscher als Hilfsmittel für die Chemische Technik", 24./25.4., Leipzig
- Hauptjahrestagung der Chemischen Gesellschaft der DDR, 28.10.–1.11., Leipzig

1959
- Symposium zur 550-Jahr-Feier der Karl-Marx-Universität Leipzig, *Über Lage und Perspektiven der Chemie,* 16./17.10., Leipzig (W. Treibs)
- Jahreshauptversammlung der Chemischen Gesellschaft der DDR und Tagung über Analytische Chemie 4.-7.11., Leipzig

1960
- Festkolloquium anlässlich des 70. Geburtstages von *W. Treibs,* 6. 11., Leipzig
- Hauptjahrestagung der Chemischen Gesellschaft der DDR, 23.–26.11., Leipzig

1961
- Hauptjahrestagung der Chemischen Gesellschaft der DDR, 22.–25.11., Leipzig
- Festkolloquium anlässlich des 65. Geburtstages von *L. Wolf,* 23. 11., Leipzig

1962
- Hauptjahrestagung der Chemischen Gesellschaft der DDR, 21.–24.11., Leipzig

1963
- Tagung *Grenzflächenaktive Stoffe,* Oktober, Leipzig
- Hauptjahrestagung der Chemischen Gesellschaft der DDR, 7.–9.11., Leipzig

1964
- Hauptjahrestagung der Chemischen Gesellschaft der DDR, *Probleme der organischen Zwischenproduktsynthese,* 11.–14.10., Leipzig
- Vortragstagung des Fachverbandes Analytische Chemie, 20.–22.10., Leipzig
- Vortragstagung *Chemiemethodik,* 21.–23.10., Leipzig

1965
- Tagung *Röntgenspektroskopie und chemische Bindung,* 24.–25.09., Leipzig (A. Meisel)
- Hauptjahrestagung der Chemischen Gesellschaft der DDR, 1.–4.12., Leipzig

1966
- Herbstschule *Instrumenteller Stand der NMR- und EPR-Techniken, Anwendungen in der Chemie,* 2.–16.10., Sellin (Sektionen Physik und Chemie)
- Vortragstagung *Adsorption und Verteilung in der Analytischen Chemie,* 31.10.–1.11., Leipzig (G. Werner, gemeinsam mit BA Freiberg)
- Hauptjahrestagung der Chemischen Gesellschaft der DDR, *Konstitution und Eigenschaften,* 2.–5.11., Leipzig

1969
- 4. Arbeitstagung *Probleme der Quantenchemie,* 20.–29.10., Heiligendamm (M. Scholz)

1970
- Chemiedozententagung 1970, 26.–28.5., Leipzig

1971 • 5. Arbeitstagung *Probleme der Quantenchemie,* 23.–26.2., Kühlungsborn (M. Scholz)
• Hauptjahrestagung der Chemischen Gesellschaft der DDR, 28–30.9., Leipzig
• Arbeitstreffen *Quantenchemie für Synthesechemiker,* 1.–7.11., Limbach (M. Scholz)

1972 • Arbeitstreffen *Quantenchemie für Synthesechemiker,* 4.–8.12., Limbach (M. Scholz)

1973 • Treffen mit Vorträgen prominenter Absolventen anlässlich des 20. Jahrestages der Namensgebung „Karl-Marx-Universität", 10.5., Leipzig
• Festveranstaltung zum 20-jährigen Bestehen der Chemischen Gesellschaft der DDR, 1. 6., Leipzig
• Hauptjahrestagung der Chemischen Gesellschaft der DDR, 13.–15.11., Leipzig
• Arbeitstreffen *Quantenchemie für Synthesechemiker,* 10.–14.12., Limbach (C. Weiss)

1974 • Hauptjahrestagung der Chemischen Gesellschaft der DDR, 11.–13.11., Leipzig
• Analytiktreffen 1974, *Komplexbildung in der analytischen Chemie,* 25.–27.11., Friedrichroda (G. Werner)
• Arbeitstreffen *Quantenchemie für Synthesechemiker,* 9.–13.12., Limbach (C. Weiss)

1975 • 7. Arbeitstagung Probleme der Quantenchemie, 3.–8.2., Heiligendamm (C. Weiss)
• Arbeitstreffen *Quantenchemie für Synthesechemiker,* 10.–14.11., Limbach (M. Scholz)
• Analytiktreffen 1975, *ESCA-Anwendungen auf analytische, Struktur- und Oberflächenprobleme,* 18.–22.11., Reinhardsbrunn (A. Meisel)
• 3. Arbeitstagung *Chemische Reaktionskinetik,* 9.–11.12., Leipzig (K. Scherzer)

1976 • Chemiedozententagung 1976, 24.–26.2., Leipzig
• Arbeitstagung *Photo- und Thermoreaktionen von Metallkoordinationsverbindungen,* 4.–8.5., Hohengrün (H. Hennig)
• II. Heterocyclentagung, 11.–15.10. Kühlungsborn (E. Lippmann)
• Analytiktreffen 1976, *Fortschritte in der Gas- und Flüssigkeitschromatographie,* 16.–19.11., Leipzig (W. Engewald)
• Arbeitstreffen *Quantenchemie für Synthesechemiker,* 6.–10.12., Limbach (M. Scholz)

1977 • Analytiktreffen 1977, *Experimentelle Methoden der Molekülphysik,* 21.–25.11., Reinhardsbrunn (G. Werner, H. Pfeifer)
• Petromass 1977, 24.–29.11., Almsfeld/Altenbrak (R. Herzschuh)
• Arbeitstreffen *Quantenchemie für Synthesechemiker,* 5.–9.12., Limbach (C. Weiss)

1978 • Diskussionstagung *Schwingungsanalyse und Kraftkonstanten,* 19.1., Leipzig (G. Geiseler)
• Rundtischgespräch *Katalymetrische Spurenanalyse,* 3.5., Leipzig (G. Werner)
• Festveranstaltung anlässlich des 125. Geburtstages von *Wilhelm Ostwald,* 12./13.9., Leipzig
• Hauptjahrestagung der Chemischen Gesellschaft der DDR, *25 Jahre Chemische Gesellschaft der DDR,* 14.–16.11., Leipzig (J. Fruwert, G. Geiseler, E. Hoyer, P. Kramer, K. Schulze, M. Weißenfels)
• Analytiktreffen 1978, *Atomspektroskopie – Fortschritte und Analytische Anwendungen,* 12.–15.12., Finsterbergen (K. Dittrich)

1979 • 9. Arbeitstagung *Probleme der Quantenchemie,* 5.–10.3., Kühlungsborn (C. Weiss)
• 5. Arbeitstagung *Chemische Reaktionskinetik,* 13.–15.10., Leipzig (K. Scherzer)
• Diskussionstreffen *Bandenparameter,* 15.10., Leipzig (R. Salzer)
• III. Heterocyclentagung, 21.–26.10., Kühlungsborn (E. Lippmann)
• Analytiktreffen 1979, *Fortschritte der elektrochemischen Analytik – Theorie und Anwendungen,* 20.–23.11., Neubrandenburg (G. Werner)

1980 • 2. Diskussionstagung *Molekülkraftkonstanten,* 17.1., Leipzig (B. Nagel)
• Arbeitstagung *Extraktion,* 27. 2., Leipzig (E. Hoyer)
• Analytiktreffen 1980, *Schwingungsspektroskopie,* 18.–21.11., Neubrandenburg (J. Fruwert)

1981 • *Tagung Bandenparameter – Hintergründe und Deutung",* 15.1., Leipzig (R. Salzer)
• Symposium *Photokinetik an Metall- und Halbleiteroberflächen,* 26.2., Leipzig (W. Lorenz)
• Tage der *Schulchemie,* 11.–13.5., Leipzig (H. Möhle)
• Arbeitstagung *Flammenlose Atomabsorptionsspektroskopie,* 19.6., Leipzig (K. Dittrich)
• 5. Rundtischgespräch *Anorganische Quantenchemie,* 15.9., Leipzig (J. Reinhold)
• Analytiktreffen 1981, *Strukturanalytische Methoden in der Stereochemie,* 22.–25.9., Leipzig (R. Borsdorf)
• Hauptjahrestagung der Chemischen Gesellschaft der DDR, 27.–29.10., Leipzig
• 2. Diskussionstreffen *Anwendung des induktiv gekoppelten Plasmas in der Analytik,* Leipzig (K. Dittrich)

1982 • 3. Arbeitstreffen *Kalorimetrie,* 16. 3., Leipzig (K. Quitzsch)
• Diskussionstreffen *IR-Spektroskopie,* 1.4., Leipzig (R. Salzer)
• Hauptjahrestagung der Chemischen Gesellschaft der DDR, 19.–21.10., Leipzig
• IV. Heterocyclentagung, 31.10.–4.11., Kühlungsborn (E. Lippmann)
• Schul- und Arbeitstagung *EPR-Spektroskopie – Anwendung in der Chemie,* 1.–5.11., Mühlhausen (R. Kirmse)
• Analytiktreffen 1982, *Atomspektroskopie – Fortschritte und analytische Anwendungen,* 8.–12.11., Neubrandenburg (K. Dittrich)

1983 • 6. Konferenz Junger Chemiker, 8./9.2., Leipzig (G. Werner)
• 3. Diskussionstreffen *Analytische Anwendungen des induktiv gekoppelten Plasmas,* 25.2., Leipzig (K. Dittrich)
• IV. Symposium *Photo- und Thermoreaktionen an Metallkoordinationsverbindungen,* 26.–30.4., Mühlhausen (H. Hennig)
• 6. Diskussionstreffen *Automatische Spektreninterpretation,* 17.–19.5., Leipzig (R. Salzer)
• 7. Arbeitstreffen *Reaktionskinetik,* 11.–13.10., Leipzig (W. Lorenz)
• Analytiktreffen 1983, *Fortschritte in der Gas- und Flüssigkeitschromatographie,* 17.–21.10., Neubrandenburg (W. Engewald)

1984 • 8. Arbeitstagung *Chemische Reaktionskinetik,* 24.–26.1., Reinhardsbrunn (K. Scherzer)
• 7. Diskussionstreffen *Molekülspektroskopie,* 12.4., Leipzig (R. Salzer)
• Diskussionstreffen *Atomspektroskopie – Flammenlose AAS,* 25.5., Leipzig (K. Dittrich)
• Internationale Konferenz *X-Ray and Inner Shell Processes in Atoms, Molecules and Solids,* X84, 20.–24.8., Leipzig (A. Meisel)
• Gedenksymposium anlässlich des 100. Todestages von Hermann Kolbe, 25.9, Leipzig (Organische Chemie)
• Analytiktreffen 1984, *Moderne Entwicklungsrichtungen der Molekülspektroskopie,* 1.–5.10., Eisenach (R. Borsdorf)
• Diskussionstreffen A*nwendung des induktiv gekoppelten Plasmas in der Analytik,* 23.11., Leipzig (K. Dittrich)

1985 • Symposium *Chemie, Biologie und klinische Anwendung von Peptiden,* 28.1.–1.2., Reinhardsbrunn (D. Jakubke)
• 8. Diskussionstreffen *IR-Spektroskopie – Kopplung mit chromatografischen Verfahren,* 18.4., Leipzig (R. Salzer)
• Kolloquium zur Ehrung von Arthur Hantzsch und Johannes Wislicenus, 7.5., Leipzig (E. Hoyer, A. Hantschmann)
• Arbeitstagung AAS und *elektrochemische Ionisierung,* 17.5., Leipzig (K. Dittrich)
• V. Heterocyclentagung, 27.10.–1.11., Kühlungsborn (E. Lippmann)
• 13. Arbeitstagung *Probleme der Quantenchemie,* 4.–9.11., Heiligendamm (C. Weiss)
• Analytiktreffen 1985, *Elektrochemische Analysenmethoden,* 10.–14.11., Neubrandenburg (G. Werner)
• Hauptjahrestagung der Chemischen Gesellschaft der DDR, 4.–6.12., Leipzig

1986 • Diskussionstreffen *Detektion in der Gaschromatographie,* 9.4., Leipzig (W. Engewald)
• Diskussionstreffen *IR-Spektroskopie,* 17. 4., Leipzig (R. Salzer)
• 10. Rundtischgespräch *Anorganische Quantenchemie,* 27.5., Leipzig (J. Reinhold)
• Analytiktreffen 1986, CANAS 1986, *Atomsspektroskopie – Fortschritte und Anwendungen,* 15.–19.9., Neubrandenburg (K. Dittrich)

1987 • Tagung *Fortschritte in der IR-Spektroskopie,* März, Leipzig (R. Salzer)
• Diskussionstreffen *Spurenanalyse durch elektrothermische Ionisierung,* AAS und FANES, 29.5., Leipzig (K.Dittrich)
• Hauptjahrestagung der Chemischen Gesellschaft der DDR, *100 Jahre Lehrstuhl für Physikalische Chemie,* 25.–27.8., Leipzig
• 10. Diskussionstreffen *IR-Spektroskopie,* 17.9., Leipzig (R. Salzer)
• Analytiktreffen 1987, *Massenspektrometrie* (gleichzeitig 7. Diskussionstagung Massenspektrometrie), 27.9.–2.10., Neubrandenburg (R. Herzschuh)
• Arbeitstagung *Phasendiagramme in der Festkörperchemie,* 18.–21.10., Leipzig (G. Kühn)

1988 • Chemiedozententagung 1988, 23.–25.3, Leipzig
• Analytiktreffen 1988, *Molekülspektroskopie – Theorie und Anwendung,* 11.–15.4., Neubrandenburg (R. Salzer)
• Tagung *Massenspektrometrie mit Dreifach-Analysator, 14.4., Leipzig (R. Herzschuh)*
• Arbeitstagung *Atomspektroskopische Spurenanalyse,* 15.6., Leipzig (K. Dittrich)
• Mikrosymposium Leningrad-Leipzig, *O-, N- und S-Funktionalisierung ungesättigter Verbindungen und die Synthese von Heterocyclen,* 20.–24.6, Leipzig (M. Mühlstädt, B. Schulze)
• VI. Symposium *Photochemie,* 26.–30.9., Eisenach (H. Hennig)
• Tagung *50 Jahre Kunstharz-Ionenaustauscher,* 4.–6.10., Leipzig (G. Werner)
• VI. Heterocyclentagung, 30.10.–4.11., Kühlungsborn (E. Lippmann)

1989 • Diskussionstreffen *NIR-Spektroskopie und automatisierte nasschemische Analysenmethodik,* 19./20.1., Leipzig (R. Salzer)
• Jahrestagung der Vereinigung für Kristallographie, *Züchtung, Charakterisierung und Bearbeitungstechnik von einkristallinen Materialien,* 1.–3.2., Leipzig (G. Kühn)
• 9. Arbeitstagung *Reaktionskinetik,* 27.2.–1.3., Leipzig, (K.-D. Schulze)
• Arbeitstagung *Atomspektroskopische Methoden,* 24.–26.4, Schwerin (K. Dittrich)
• 2nd Conference on *Spillover,* 12.–16.6., Leipzig (K.-H. Steinberg)
• Analytiktreffen 1989 und *7. Danube-Symposium on Chromatographie,* 21.–25.8., Leipzig (W. Engewald)

1990 • Tagung *Umweltanalytik – PCB*-Spurenanalyse, 17.5, Leipzig (R. Herzschuh)
• 14. Rundtischgespräch *Anorganische Quantenchemie,* 7.6., Leipzig (J. Reinhold)
• Analytiktreffen 1990, *Atomspektroskopie – Fortschritte und analytische Anwendungen,* 5.–9.11., Neubrandenburg (K. Dittrich)
• Gedenkveranstaltung anlässlich des 100. Geburtstages von *W. Treibs,* 6.11., Leipzig (G. Mann)
• 13. Diskussionstreffen *IR-Spektroskopie,* 13./14.11., Leipzig (R. Salzer)

1991
- Mikrosymposium Leningrad-Leipzig, *O-, N- und S-Funktionalisierung ungesättigter Verbindungen für die Synthese von Heterocyclen,* 11.–14.6., Leningrad (B. Schulze)
- Analytiktreffen 1991, *Elektrochemische Analytik,* 10.–13.9., Leipzig (H. Emons)

1992
- 1. Workshop des Graduiertenkollegs „Physikalische Chemie der Grenzflächen", 20./21.12., Wilhelm-Ostwald-Gedenkstätte Großbothen (K. Quitzsch, R. Szargan)
- 2. Workshop des Graduiertenkollegs „Physikalische Chemie der Grenzflächen", 1./2.9., Wilhelm-Ostwald-Gedenkstätte Großbothen (K. Quitzsch, R. Szargan)

1993
- Colloquium *Analytische Atomspektroskopie,* CANAS 93, 15.–19.3., Oberhof (K. Dittrich)
- 92. Hauptversammlung der Deutschen Bunsen-Gesellschaft für Physikalische Chemie, 20.–22.5., Leipzig (Physikalische Chemie, P. Bräuer)
- 29. Symposium *Theoretische Chemie,* 27.9.–1.10., Oberwiesenthal (J. Reinhold)
- Eröffnungkolloquium anlässlich der Inbetriebnahme des Oberflächenanalysesystems ESCALAB 220 iXL, 3.12., Leipzig (R. Szargan)

1994
- 3. Workshop des Graduiertenkollegs „Physikalische Chemie der Grenzflächen", 4./5.3., Kloster Nimbschen (K. Quitzsch, R. Szargan)
- Tag der *Tenside* 94, 30./31.5., Leipzig (Institut für Physikalische und Theoretische Chemie; H.G. Hauthal)
- SURFINFLOT-2, Projektmeeting *Surface Phenomena in Flotation,* 14./15.7., Leipzig (R. Szargan)
- Festkolloqium anlässlich des 65. Geburtstages von *M. Mühlstädt,* 18.7., Leipzig (Institut für Organische Chemie)
- 1. YSCOS, *Organic Synthesis: History and Development and Current Trends,* 6.–10.9., St. Petersburg (Department of Chemistry, St. Peterburg State University und Institut für Organische Chemie, B. Schulze)
- 14. European Conference on *Surface Science,* ECOSS, 19.–23.9., Leipzig (R. Szargan)
- Jahrestagung der Gesellschaft für Thermische Analyse, 21.–27.9., Leipzig (K. Quitzsch)
- 4. Workshop d. Graduiertenkollegs „Physikalische Chemie der Grenzflächen", 7./8.10., Großbothen (K.Quitzsch, R. Szargan)

1995
- XXIX. Colloquium *Spectroscopicum Internationale,* 27.8.–1.9., Leipzig (Institut für Analytische Chemie)
- 5. Workshop des Graduiertenkollegs „Physikalische Chemie der Grenzflächen", 20.–22.9., Leipzig (K. Quitzsch, R. Szargan)
- Jahrestagung des AK Chromatographie der GDCh, *Trennmethoden zur Analytik von Boden, Wasser und Luft,* 6.–8.11., Leipzig (W. Engewald)

1996
- Eröffnungskolloquium des Innovationskollegs „Chemisches Signal und biologische Antwort", 3.4., Leipzig (P. Welzel)
- Workshop *Herzaktive Steroide – Chemie, Pharmakologie, Biochemie,* 30.5., Leipzig (P. Welzel)
- Festveranstaltung *Ehrenpromotion von K. Dehnicke,*11.7., Leipzig (Institut für Anorganische Chemie)
- Festkolloqium anlässlich des 65. Geburtstages von E. Hoyer, 27.9., Leipzig (Institut für Anorganische Chemie)
- Strahlenchemikertreffen 96, 22.–25.9., Kloster Nimbschen (O. Brede)
- 6. Workshop des Graduiertenkollegs „Physikalische Chemie der Grenzflächen", 27./28.9., Großbothen (K. Quitzsch, R. Szargan)
- 1. Doktorandenworkshop des Innovationskollegs „Chemisches Signal und biologische Antwort", 30.9.–1.10., Großbothen (P. Welzel)
- 7. Workshop des Graduiertenkollegs „Physikalische Chemie der Grenzflächen", 5./6.11., Leipzig (K. Quitzsch, R. Szargan)
- Gedenkveranstaltung anlässlich des 100. Geburtstages von *L. Wolf,* 22.11., Leipzig (L. Beyer, E. Hoyer)
- Festveranstaltung *Ehrenpromotion von H.-D. Scharf,* 6.12., Leipzig (Institut für Organische Chemie)

1997
- Colloquium *Analytische Atomspektroskopie,* CANAS 97, 9.–14.3. Freiberg (G. Werner)
- Workshop des Innovationskollegs „Chemisches Signal und biologische Antwort" zusammen mit dem SFB „Moleküle in Wechselwirkung mit Grenzflächen" und dem Graduiertenkolleg „Physikalische Chemie der Grenzflächen", *Kohlenhydrat-Tenside,* 4./5.4., Großbothen (P. Welzel)
- 2. Doktorandenworkshop des Innovationskollegs „Chemisches Signal und Biologische Antwort", 15.–16.5., Machern (P. Welzel)
- Leipziger Treffen *Koordinationschemie,* 20./21.5. Leipzig (L. Beyer)
- Festkolloquium anlässlich des 60. Geburtstages von *P. Welzel,* 6.6., Leipzig (Institut für Organische Chemie)
- 3. European ESR Meeting, 24.–29.8. Leipzig
- 8. Workshop des Graduiertenkollegs „Physikalische Chemie der Grenzflächen", 26./27.9. Wilhelm-Ostwald-Gedenkstätte Großbothen (K. Quitzsch, R. Szargan)
- Festkolloquium zum 65. Geburtstag von G. Werner, 12.9. (Institut für Analytische Chemie)
- Workshop des Innovationskollegs „Chemisches Signal und Biologische Antwort", *Peptide Modification by Non-Natural Amino Acids,* 29./30.9., Leipzig (N. Sewald, B. Koksch)
- 3. Doktorandenworkshop des Innovationskollegs „Chemisches Signal und Biologische Antwort", 29.–30.9., Leipzig (P. Welzel)
- Eröffnungskolloquium zum Graduiertenkolleg „Mechanistische und Anwendungsaspekte nichtkonventioneller Oxidationsreaktionen", 24.11., Leipzig (E. Hey-Hawkins, P. Welzel)
- 1. Treffen *Mitteldeutsche Resonanz – MDR,* 8.12., Leipzig (S. Berger)

1998
- 1. Doktorandenseminar *Chromatographie,* 11.–13.1., Hohenroda (W. Engewald)
- 4. Doktorandenworkshop des Innovationskollegs „Chemisches Signal und biologische Antwort", 9.–10.2., Leipzig (P. Welzel)
- 5. Doktorandenworkshop des Innovationskollegs „Chemisches Signal und biologische Antwort", 12.–13.3., Leipzig (P. Welzel)
- XXXI. Jahrestreffen Deutscher Katalytiker, 18.–20.3., Leipzig (H. Papp)
- 9. Workshop des Graduiertenkollegs „Physikalische Chemie der Grenzflächen", 8–10.4., Großbothen (K. Quitzsch, R. Szargan)

- 2. Treffen *Mitteldeutsche Resonanz – MDR,* 29.6., Leipzig (S. Berger)
- Festkolloqium anlässlich des 60. Geburtstages von K. Burger, 17.7., Leipzig (Institut für Organische Chemie)
- 1. AED-Seminar *Atomemissionsdedektor in der Gaschromatographie,* 25./26.8., Leipzig (W. Engewald)
- Fachausschusssitzung *Thermodynamik,* 4.–7.10. Leipzig
- 6. Doktorandenworkshop des Innovationskollegs „Chemisches Signal und biologische Antwort", 7.–8.10., Dröschkau (P. Welzel)
- Kolloquium des Innovationskollegs „Chemisches Signal und biologische Antwort" *anlässlich der Aufnahme des Messbetriebes am 600-MHz-NMR-Spektrometer,* 9.11., Leipzig (P. Welzel, S. Berger)
- 1. Workshop des Graduiertenkollegs „Mechanistische und Anwendungsaspekte nichtkonventioneller Oxidationsreaktionen", 20./21.11., Bad Kösen (E. Hey-Hawkins)

1999
- 2. Doktorandenseminar *Chromatographie,* 10.–12.1., Hohenroda (W. Engewald)
- NMR-Diskussionstagung *Praktische Probleme,* 18./19.1., Bochum (S. Berger)
- 3. Treffen *Mitteldeutsche Resonanz – MDR,* 1.2., Leipzig (S. Berger)
- Workshop *Röntgenstrukturanalyse: Neue Wege der Profilanalyse, Elektronenmikroskopie, Strukturbestimmung,* 6.–12..3., Leipzig (J. Sieler)
- 7. Jahrestagung der Deutschen Gesellschaft für Kristallographie, 8.–10.3., Leipzig (K. Bente, J. Sieler)
- LC/MS-Workshop, 10./11.3., Leipzig (W. Engewald, R. Herzschuh)
- 4. Deutsches Peptidsymposium, 21.–24.3., Leipzig (K. Burger, B. Koksch, N. Sewald)
- 75. Bunsen-Kolloquium, 22./23.3. Leipzig
- 7. Doktorandenworkshop des Innovationskollegs „Chemisches Signal und biologische Antwort", 29.–30.3., Leipzig (P. Welzel)
- II. YSCOS, *Modern Trends in Organic Synthesis in the Eve of new Era,* 28.–30.6., St. Petersburg (Department of Chemistry, St. Petersburg State University und Institut für Organische Chemie, B. Schulze)
- 4. Treffen *Mitteldeutsche Resonanz – MDR,* 12.7., Leipzig (S. Berger)
- 30th International Symposium on *Essential Oils,* 5.–8.9., Leipzig und Miltitz (Institut für Organische Chemie und Bell Flavors & Fragrances – Duft und Aroma GmbH, K. Schulze, P. Welzel, W. Engewald)
- 2. Workshop des Graduiertenkollegs „Mechanistische und Anwendungsaspekte nichtkonventioneller Oxidationsreaktionen", 5./6.11., Leipzig (E. Hey-Hawkins)

2000
- 3. Doktorandenseminar *Chromatographie,* 9.–11.1., Hohenroda (W. Engewald)
- 5. Treffen *Mitteldeutsche Resonanz – MDR,* 31.1., Leipzig (S. Berger)
- 8. Doktorandenworkshop des Innovationskollegs „Chemisches Signal und biologische Antwort", 8./9.2., Leipzig (P. Welzel)
- Tagung *Elektrochemie in Sachsen,* 29.2., Leipzig (F.-M. Matysik)
- 10. Workshop des Graduiertenkollegs „Physikalische Chemie der Grenzflächen", 31.3./1.4., Großbothen (R. Szargan)
- 1. Fränkisch-Mitteldeutsches Naturstoffchemiker-Treffen, 5.5., Leipzig (P. Welzel)
- Symposium des Graduiertenkollegs „Mechanistische und Anwendungsaspekte nichtkonventioneller Oxidationsreaktionen", 16.6., Leipzig (E. Hey-Hawkins)
- Symposium dedicated to the Memory of Prof. Dr. I. K. Korobizina, *Modern Problems of Aliphatic Diazo Compounds Chemistry,* 26.–28.6., St. Petersburg (St. Petersburg State University und B. Schulze)
- 2. AED-Seminar, *Atomemissionsdetektor in der Gaschromatographie,* 29./30.8., Leipzig (W. Engewald)
- 11. Tagung *Angewandte Oberflächenanalytik, AOFA 11,* 24.–28.9., Leipzig (R. Szargan)
- 3. International Colloquium on *Process Related Environmental Analytical Chemistry,* 4.–7.10., Leipzig
- 9. Doktorandenworkshop des Innovationskollegs „Chemisches Signal und biologische Antwort", 4.–7.10., Machern (P. Welzel)
- Festveranstaltung *Ehrenpromotion von N. Tyutyulkov,* 2.11., Leipzig (Wilhelm-Ostwald-Institut für Physikalische und Theoretische Chemie)
- 10. Doktorandenworkshop des Innovationskollegs „Chemisches Signal und biologische Antwort", 10/11.11., Machern (P. Welzel)
- 6. Treffen Mitteldeutsche Resonanz – MDR, 4.12., Leipzig (S. Berger)

2001
- 4. Doktorandenseminar Chromatographie, 7.–9.1., Hohenroda (W. Engewald)
- Vortragsveranstaltung des Innovationskollegs „Chemisches Signal und biologische Antwort" und des Graduiertenkollegs „Mechanistische und Anwendungsaspekte nichtkonventioneller Oxidationsreaktionen", 2./3.2., Leipzig (P. Welzel, E. Hey-Hawkins)
- JungChemikerSymposium, 18.–20. 3., Leipzig
- Chemiedozententagung 2001, 18.–21.3., Leipzig (A. Beck-Sickinger, S. Berger, L. Beyer, J. Broekaert, K. Burger, E. Hey-Hawkins, P. Welzel)
- 11. Workshop des Graduiertenkollegs „Physikalische Chemie der Grenzflächen", 30./31.3., Großbothen (R. Szargan)
- 6. Tagung *Electrode Reaction Mechanism and Interfacial Structure,* 5.–8.4., Bad Kösen
- 7. Treffen *Mitteldeutsche Resonanz – MDR,* 20.6., Leipzig (S. Berger)
- 12. Workshop des Graduiertenkollegs „Physikalische Chemie der Grenzflächen", 26./27.9., Großbothen (R. Szargan)
- 3. Workshop des Graduiertenkollegs „Mechanistische und Anwendungsaspekte nichtkonventioneller Oxidationsreaktionen", 9./10.11., Leipzig (E. Hey-Hawkins)
- 8. Treffen *Mitteldeutsche Resonanz – MDR,* 30.11., Leipzig (S. Berger)

2002
- 5. Doktorandenseminar Chromatographie, 13.–15.1., Hohenroda (W. Engewald)
- 2. Fränkisch-Mitteldeutsches Naturstoffchemiker-Treffen, 12.4., Leipzig (P. Welzel)
- Festkolloquium anlässlich des 65. Geburtstages von *L. Beyer,* 30.4., Leipzig (Institut für Anorganische Chemie)

- III. YSCOS, *Organic Synthesis in the New Century,* 24.–27.6., St. Petersburg (Department of Chemistry, St. Petersburg State University und Institut für Organische Chemie, B. Schulze)
- 9. Treffen *Mitteldeutsche Resonanz – MDR,* 1.7., Leipzig (S. Berger)
- Festveranstaltung *Ehrenpromotion von H. Kessler,* 5.7., Leipzig (Institut für Organische Chemie, Institut für Analytische Chemie)
- 24. Internationales Symposium *Chromatographie,* ISC 02, 15.-20.9., Leipzig (W. Engewald)
- Festkolloquium anlässlich des 65. Geburtstages von *P. Welzel,* 20.9., Leipzig (Institut für Organische Chemie)
- Festkolloquium zum 70. Geburtstag von G. Werner, 27.9., Leipzig (Institut für Analytische Chemie)
- 10. Treffen *Mitteldeutsche Resonanz – MDR,* 9.12., Leipzig (S. Berger)

2003
- 4. Workshop des Graduiertenkollegs „Mechanistische und Anwendungsaspekte nichtkonventioneller Oxidationsreaktionen", 13./14.6., Leipzig (E. Hey-Hawkins)
- 11. Treffen *Mitteldeutsche Resonanz – MDR,* 7.7., Leipzig (S. Berger)
- INTAS-Workshop, 18.-20.8., Leipzig (E. Hey-Hawkins)
- Jahrestagung *Magnetische Resonanz,* 30.9.–2.10., Leipzig (S. Berger)
- Festkolloquium anlässlich des 65. Geburtstages von *K. Burger,* 17.10., Leipzig (Institut für Organische Chemie)
- 1. Trans-Departmental-Workshop, 20./21.11., Leipzig (E. Hey-Hawkins)
- 12. Treffen *Mitteldeutsche Resonanz – MDR,* 8.12., Leipzig (S. Berger)

2004
- 1. Leipziger Symposium *Advances in Chemistry, Biology and Medicine,* 6.2., Leipzig (A. Giannis)
- 5 .Workshop des Graduiertenkollegs „Mechanistische und Anwendungsaspekte nichtkonventioneller Oxidationsreaktionen", 30.4., Leipzig (E. Hey-Hawkins)
- Symposium des Graduiertenkollegs „Mechanistische und Anwendungsaspekte nichtkonventioneller Oxidationsreaktionen", 2.7., Leipzig (E. Hey-Hawkins)
- 13. Treffen *Mitteldeutsche Resonanz – MDR,* 12. 7., Leipzig (S. Berger)
- 2. Trans-Departmental-Workshop, 30.9./1.10., Leipzig (E. Hey-Hawkins)
- Festkolloquium anlässlich des 65. Geburtstages von *J. Sieler,* 29.10., Leipzig (Institut für Anorganische Chemie)
- 3. Fränkisch-Mitteldeutsches Naturstoffchemiker-Treffen, 8.10., Leipzig (A. Giannis)
- 14. Treffen *Mitteldeutsche Resonanz – MDR,* 29.11., Leipzig (S. Berger)
- 2. Leipziger Symposium *Advances in Chemistry, Biology and Medicine,* 19.12., Leipzig (A. Giannis)

2005
- IV. YSCOS, *Organic Synthesis,* 27.–30.6., St. Petersburg (Department of Chemistry, St. Peterburg State University und Institut für Organische Chemie, B. Schulze)
- 15. Treffen *Mitteldeutsche Resonanz – MDR,* 11.7., Leipzig (S. Berger)
- 1st Workshop of the Marie Curie Research Training Network, *Spindle Dynamics,* 5.–8.10., Santorini (A. Giannis)
- 3. Trans-Departmental-Workshop, 2.–4.11., Leipzig (E. Hey-Hawkins)
- 16. Treffen *Mitteldeutsche Resonanz – MDR,* 28.11., Leipzig (S. Berger)

2006
- 1. Workshop *Moderner Chemieunterricht mit neuen Medien,* 2/3.2., Leipzig (R. Heimann)
- 3. Internationales Doktorandenseminar *Phosphorchemie,* 13./14.3., Leipzig (E. Hey-Hawkins)
- Festkolloquium anlässlich des 65. Geburtstages von *J. Reinhold* und *F. Dietz,* 21.4., Leipzig (Wilhelm-Ostwald-Institut für Physikalische und Theoretische Chemie)
- 17. Treffen *Mitteldeutsche Resonanz – MDR,* 10.7., Leipzig (S. Berger)
- Festkolloquium *50 Jahre Röntgenspektroskopie in Leipzig sowie anlässlich des 80. Geburtstages von A. Meisel und des 65. Geburtstages von R. Szargan,* 29.9., Leipzig, (Wilhelm-Ostwald-Institut für Physikalische und Theoretische Chemie)
- 4. Trans-Departmental-Workshop, 2./3.11., Leipzig (E. Hey-Hawkins)
- 2. Workshop *Moderner Chemieunterricht mit neuen Medien,* 9./10.11., Leipzig (R. Heimann)
- 18. Treffen *Mitteldeutsche Resonanz – MDR,* 20.11., Leipzig (S. Berger)

2007
- 19. Deutsche Zeolith-Tagung, 7.–9.3, Leipzig (H. Papp)
- Eröffnung des Chemielehrer-Fortbildungszentrums, 23.3., Leipzig (R. Heimann)
- 33. Doktorandenworkshop *Naturstoffe: Chemie, Biologie und Ökologie,* 20.4., Leipzig (C. Schneider)
- Festveranstaltung *Ehrenpromotion von K. Wandelt,* 15.6., Leipzig (Wilhelm-Ostwald-Institut für Physikalische und Theoretische Chemie)
- 19. Treffen *Mitteldeutsche Resonanz – MDR,* 25.6., Leipzig (S. Berger)
- Festkolloquium anlässlich des 75. Geburtstages von *G. Werner* sowie des 70. Geburtstages von *W. Engewald* und *R. Herzschuh,* 5.10., Leipzig (Institut für Analytische Chemie)
- 20. Treffen *Mitteldeutsche Resonanz – MDR,* 26.11., Leipzig (S. Berger)
- Eröffnung der Graduiertenschule „Buildmona", 13.12., Leipzig (M. Grundmann, E. Hey-Hawkins)

Eigenbaugeräte der Werkstätten ab 1955

Zusammengestellt von Helmut Ehrhardt, Dieter Kießling, Alexander Kopczynski und Brigitta Wegener

Die Geräte sind zum überwiegenden Teil Eigenentwicklungen; die Jahresangaben beziehen sich auf den Zeitraum, in den der Bau von Erstgeräten fällt.

		Konstruiert für:
1955–1960	• Drehkristallkameras (Debye-Scherrer)	Phys. Chemie
	• Homogenisatoren	Phys. Chemie
	• Plattenosmometer	Phys. Chemie
	• Minizentrifugen	Phys. Chemie
	• Messapparatur für Feldlinienverlauf in einem elektrolytischen Trog	Phys. Chemie
	• Messbrücke für elektrochemische Messungen mit Hg-Elektroden	Phys. Chemie
	• Revolverschalter für Messdekaden (R und C) einer Doppel-Impedanzmessbrücke	Phys. Chemie
	• Impulsmessplatz-Messungen mit Hg-Elektroden	Phys. Chemie
1960–1965	• Hochvakuum-Röntgenspektrometer für den langwelligen Bereich mit automatischem Probenwechsel und Messwerterfassung	Phys. Chemie
	• Vollautomatische digitale Impedanzmessbrücke	Phys. Chemie
	• Schwingelektrodengehäuse für Doppelschichtuntersuchungen	Phys. Chemie
	• Automatische Milchwaagen für die zeitliche Erfassung des Milchflusses	Sektion TV
	• Hochtemperaturviskosimeter für hochviskose Substanzen	Phys. Chemie
	• Hochvakuum-Röntgenspektrometer für kurzwelligen Bereich mit automatischer Messwerterfassung	Phys. Chemie
	• Brückenabgleichgeräte mit Stromversorgung für elektrische Laboröfen	Anorg. Chemie
	• Salzschmelzbäder	Phys. Chemie
	• Optische Zusatzgeräte für Mikroskope	Min. Krist.
1965–1970	• Gaschromatographen	Org./Phys.Chem.
	• Kristallhalter für fokussierenden Röntgenspektrographen	Phys. Chemie
	• Hochspannungsversorgung für Guinier-Röntgenkamera	Phys. Chemie
	• Magnetwaage	Anorg. Chemie
	• Flussabhängige Schaltvorrichtung für Melkmaschinen (Patent)	Sektion TV
	• Probensammler	Techn. Chemie
	• Kühlanlage für Röntgengeräte (Wassereinsparung)	Min. Krist.
	• Lang-Guinier-Röntgenkamera	Min. Krist.
	• Atomabsorptionsspektrometer	Anorg. Chemie
	• Kristallzüchtungsanlage „Verneuil"	Min. Krist.
	• Kristallzüchtungsanlage mit Regeleinrichtung (AdW Berlin)	Min. Krist.
	• Filmteststrecke	Anorg. Chemie
	• Gasphasenepitaxieapparatur	Anorg. Chemie
	• Kristallzüchtungsöfen mit Ziehvorrichtung	Min. Krist.
	• Leiterplatten-Lochstanze	mehrere Nutzer
1970–1975	• Stromversorgungsbausteine für Gerätebau	mehrere Nutzer
	• Kleinreaktoren	mehrere Nutzer
	• Gasinjektionsspritzen mit Revolveranschlag (1–6 ml)	mehrere Nutzer
	• Einschmelzbare Nadelventile	mehrere Nutzer
	• Dosierschleifenventile mit variablem Volumen (1–8 ml) für GC (Patent)	mehrere Nutzer
	• Trockentürme	mehrere Nutzer
	• Hochdruckflüssigphasenreaktor	Techn.Chemie
	• Steuerbare Vortriebseinheit für Raman-Spektrometer	Phys. Chemie

	• Verstärker zur Erfassung von AAS-Signalen mit SEV-Detektoren	Analyt. Chemie
	• Verfahren und Vorrichtung zur künstlichen Besamung von Nutztieren (Patent)	Sektion TV
	• GC-MS Direktkopplung	Analyt. Chemie
	• Feststoffatomisator	Analyt. Chemie
	• Modulares digitales und analoges LeiterplattenMikroimpulsreaktor	Techn. Chemie
	• Hochstromgeneratoren zur Aufheizung von AAS-Graphitküvetten mit verschiedenen Temperaturprofilen	Analyt. Chemie
	• Ultramikrobürette	Analyt. Chemie
	• Messdatenerfassungssystem für Perkin-Elmer-Spektrometer	Phys. Chemie
	• Aufbau der Kossel-Anlage	Min. Krist.
	• Steuerung und Messwerterfassung für Röntgenfluoreszensspektrometer	Phys. Chemie
	• Spektralkohle-Reinigungsanlage mit HF-Sender und Boxenbau für gereinigte Luft am Arbeitsplatz	Min. Krist.
	• Prüfgeräte für Kompensationsband- und Punktschreiber	mehrere Nutzer
	• Modulares Bausteinsystem mit analogen und digitalen Funktionen	mehrere Nutzer
	• Hochdruckflüssigchromatograph	Analyt. Chemie
	• Hochdruck-Durchflussmikroreaktor für Alkylierung	Techn. Chemie
	• Einstichgoniometer	Anorg. Chemie
1975–1980	• Mikrodurchflussmesszellen für HPLC	Analyt. Chemie
	• Pulsationsfreie Mikroschlauchpumpen für Mikrokalorimetrie	Phys. Chemie
	• Adsorptionskalorimeter	Phys. Chemie
	• Frequenzgeneratoren mit Leistungsstufen für Vibrationsreaktoren	Phys. Chemie
	• Gesteuert aufheizbare Mikrotiefkühlküvette, IR- und UV-Geräte	Phys. Chemie
	• Adsorptionsanlage zur Butentrennung	Techn. Chemie
	• Pulsationsfreie Flüssigdosierpumpe	Techn. Chemie
	• Gasreinigungsanlage (Patent)	Min. Krist.
	• Umbau und Anpassung eines elektronischen GC-Integrators	Techn. Chemie
	• Dünndarmsonden für Schleimhautbiopsie bei Säuglingen	Kinderklinik
	• Hochdruck-Durchflussmikroreaktor für Butendimerisierung	Techn. Chemie
	• Mobile Druckwechseladsorptionsanlage	Techn. Chemie
	• Blutwärmeaustauscher für erste in der DDR entwickelte Herz-Lungen-Maschine (erstmals Kleinkinder am Herz operiert)	Herzklinik
	• Differentialventile f. regelbare Zumischung v. Sauerstoff in Atemluft z. postoperativen Versorgung	Herzklinik
	• Messdatenerfassungssystem für Raman-Spektren	Phys. Chemie
	• Ionenselektive Detektoren für die Flowanalyse (Patent)	Analyt. Chemie
	• Batchzellen für LKB-Kalorimeter	Phys. Chemie
	• Glaskapillaren-Ziehmaschine für GC	Analyt. Chemie
	• Vorrichtung zur intraoralen Registrierung von Unterkieferbewegungen (Patent)	Zahnklinik
	• Knochenbiopsiegeräte für Rinder	Sektion TV
	• Spezielles Röntgen-Spektrometer mit Fernsteuerung zum Anschluss an Elektronensynchrotron in Erevan (UdSSR)	Phys. Chemie
	• UHV-Röntgenmonochromator zum Anschluss an Elektronensynchrotron in Erevan (UdSSR)	Phys. Chemie
	• Kristall-Doppelfadensäge	Min. Krist.
	• Regelsystem für Luftthermostat mit hoher Temperaturkonstanz	Phys. Chemie
	• Steuergerät für rotierende Scheibenelektrode	Phys. Chemie
	• 10 kV Hochspannungs-Flashapparatur für Photochemie	Phys. Chemie
	• Vollautomatischer Färbeapparat für Gewebeschnitte zur Krebsuntersuchung	Pathologie
	• Prüfgerät für Thermostatsteuerteile und -temperaturregler	mehrere Nutzer
	• Ellipsometer	Min. Krist.
	• Pansensaftentnahmegeräte für Wiederkäuer	Sektion TV
1980–1985	• kontinuierliche Rührkesselreaktoren für Gasphasenreaktionen	mehrere Nutzer
	• Densimeter zur digitalen Messung der Dichte von Flüssigkeiten	Phys. Chemie
	• Vakuum-Dichtemessapparatur	Min. Krist.
	• Online-Referenzelektrode für elektrochemische Detektoren (Patent)	Analyt. Chemie
	• Amperometrischer Detektor für HPLC und Fließinjektionsanalyse	Analyt. Chemie
	• Elektrochemischer Detektor mit Dualelektrode (Patent)	Analyt. Chemie
	• Elektrochemischer Detektor für verschiedene Arbeitsweisen (Patent)	Analyt. Chemie
	• Voltametrischer Detektor für Fließinjektionsanalyse	Analyt. Chemie
	• Frequenzgenerator für Magnet-Gasdosierpumpen	Techn. Chemie
	• Programmierbare Temperaturregler	mehrere Nutzer
	• Impedanzmessgerät für mikrozirkulare Prozesse (Glaukomforschung)	Augenklinik
	• Netzgerät zur Getterung von Eigenbau Hohlkathodenlampen	Analyt. Chemie
	• Universelle Temperaturmessgeräte	mehrere Nutzer
	• Biegevorrichtungen, Hochtemperatur-Druckaufsatz und Ultraschalldämpfung für Mikroskopie	Min. Krist.
	• Kristallzüchtungsanlagen	Min. Krist.

	• Diffusionsanlage	Min. Krist.
	• Mehrkanalige Pegelwandler zur Anpassung von GC-Signalen	Analyt. Chemie
	• Messwerterfassungssystem für AAS-Spektren	Analyt. Chemie
	• Hochspannungsquelle, Steuerelektronik für Blitzlichtphotolyse	Phys. Chemie
1985–1990	• Weiterentwicklung der Kosselanlage	Min. Krist.
	• Automatisiertes Viskosimeter	Phys. Chemie
	• Kombinationsgerät (Potentiostat-Galvanostat) mit Ablaufsteuerung und variierbaren Parametern	Analyt. Chemie
	• Messverstärker für HPLC-Detektoren	Analyt. Chemie
	• Automatisierter Impulsreaktor	Techn. Chemie
	• Variabler Kondensator für π-Glied zur Plasmaerzeugung	Analyt. Chemie
	• Halbleiter-Testapparatur	Phys. Chemie
	• Kristall-Druckverformungsapparatur	Min. Krist.
	• Hochtemperaturöfen mit Regeleinrichtung	Min. Krist.
	• Automatisierung der Messungen mit UV-VIS-Spektrometer	Anorg. Chemie
1990–1995	• Geräteeinheiten zur Automatisierung von Versuchsapparaturen	Techn. Chemie
	• Elektromagnetische Rührsysteme mit variabler Drehzahl für Kleinstküvetten	Anorg. Chemie
	• Messapparatur zur Analysenentnahme aus Hausbrandrauch	Analyt. Chemie
	• Hochspannungs-Kapillarelektrophoreseapparatur für Mikroanalytik	Analyt. Chemie
	• Hochtemperatur-Kristalldeformationsgerät	Min. Krist.
	• Elektronische Übertemperatursicherungssysteme	mehrere Nutzer
	• Multifunktionsgenerator	mehrere Nutzer
	• Netzgeräte mit Zeitsteuerung zur Ätzung und Greifer zum Austausch von W-Spitzen ohne Unterbrechung des Vakuums für Scanning Tuning Microscopy	Phys. Chemie

Danach gab es keine Personalkapazität bzw. Notwendigkeit zum Bau von Eigengeräten mehr. Die Tätigkeit der Werkstätten konzentrierte sich seitdem auf die Wartung und die Reparatur von Geräten.

Direktoren der Institute ab 1993

– Fakultät für Chemie und Mineralogie –

Zusammengestellt von Eckhard Buß

Institut für Anorganische Chemie	Prof. Dr. Lothar Beyer	02.12.1993 bis 20.01.1997
	Prof. Dr. Evamarie Hey-Hawkins	21.01.1997 bis 20.01.1999
	Prof. Dr. Lothar Beyer	21.01.1999 bis 20.01.2001
	Prof. Dr. Joachim Sieler	21.01.2001 bis 20.01.2003
	Prof. Dr. Reinhard Kirmse	21.01.2003 bis 31.12.2006
	Prof. Dr. Berthold Kersting	seit 01.01.2007
Institut für Analytische Chemie	Prof. Dr. Gerhard Werner	02.12.1993 bis 30.09.1997
	Prof. Dr. Stefan Berger	01.10.1997 bis 30.09.1999
	Prof. Dr. Werner Engewald	01.10.1999 bis 30.09.2001
	Prof. Dr. José A.C. Broekaert	01.10.2001 bis 31.03.2002
	Prof. Dr. Stefan Berger	01.04.2002 bis 31.03.2008
	Prof. Dr. Detlev Belder	seit 01.04.2008
Institut für Mineralogie, Kristallographie und Materialwissenschaft	Prof. Dr. Klaus Bente	seit 02.12.1993
Institut für Organische Chemie	Prof. Dr. Klaus Schulze	02.12.1993 bis 31.12.1994
	Prof. Dr. Peter Welzel	01.01.1995 bis 31.12.1995
	Prof. Dr. Klaus Burger	01.01.1996 bis 31.12.1996
	Prof. Dr. Klaus Schulze	01.01.1997 bis 31.12.1998
	Prof. Dr. Peter Welzel	01.01.1999 bis 13.10.1999
	Prof. Dr. Klaus Burger	14.10.1999 bis 31.12.2001
	Prof. Dr. Peter Welzel	01.01.2002 bis 30.09.2002
	Prof. Dr. Athanassios Giannis	01.10.2002 bis 31.12.2004
	Prof. Dr. Christoph Schneider	01.01.2005 bis 31.12.2006
	Prof. Dr. Athanassios Giannis	01.01.2007 bis 31.12.2008
	Prof. Dr. Christian Stark	seit 01.01.2009
Wilhelm-Ostwald-Institut für Physikalische und Theoretische Chemie	Prof. Dr. Konrad Quitzsch	02.12.1993 bis 31.03.1998
	Prof. Dr. Joachim Reinhold	01.04.1998 bis 31.03.2002
	Prof. Dr. Harald Morgner	01.04.2002 bis 04.02.2003
	Prof. Dr. Rüdiger Szargan	05.02.2003 bis 17.09.2006
	Prof. Dr. Harald Morgner	seit 18.09.2006
Institut für Technische Chemie	Prof. Dr. Helmut Papp	02.12.1993 bis 30.09.1996
	Prof. Dr. Gerhard Wendt	01.10.1996 bis 30.09.1999
	Prof. Dr. Helmut Papp	01.10.1999 bis 14.11.2000
	Prof. Dr. Gerhard Wendt	15.11.2000 bis 31.12.2003
	Prof. Dr. Helmut Papp	01.01.2004 bis 31.03.2007
	PD Dr. Cornelia Breitkopf (kommissarisch)	01.04.2007 bis 01.08.2007
	Prof. Dr. Roger Gläser	seit 02.08.2007
Institut für Bioanalytische Chemie	Prof. Dr. Norbert Sträter	seit 01.09.2006

Literaturverzeichnis

Von den Anfängen bis 1830

1 L. Beyer: Wegbereiter der Chemie, in: Universität Leipzig, Jubiläen 2006, Personen /Ereignisse (Hrsg.: Der Rektor), Leipzig, 2006, S. 99.

2 C. Becker: Das Anatomische Theater. Zum 300. Jahrestag der Eröffnung, in: Universität Leipzig, Jubiläen 2004, Personen/Ereignisse (Hrsg.: Der Rektor), Leipzig, 2004, S. 75–78.

3 L. Beyer: Anton Ridiger. Zum 225. Geburtstag am 17. November 2008, in: Universität Leipzig, Jubiläen 2006, Personen/Ereignisse (Hrsg.: Der Rektor), Leipzig, 2008, S. 83–88.

4 C. Vetter: Professores Chemiae Publici Ordinarii, Vol. III, Universitätsarchiv Leipzig, Film Nr. 538, Aufn. 0082–0083.

5 J. F. Gmelin: Geschichte der Chemie II, Ausgabe Göttingen 1798, Reprint Olms Hildesheim, 1965.

6 A. Ridiger: Systematische Anleitung zur reinen und überhaupt applicirten oder allgemeinen Chymie, Dyck Leipzig, 1756, Universitätsbibliothek Leipzig, Phys. u. Chem. 136.

7 L. Beyer: 200 Jahre Erstes Chemisches Universitätslaboratorium. Zum 200. Jahrestag der Inbetriebnahme am 30. Juni 2005, in: Universität Leipzig, Jubiläen 2005. Personen/Ereignisse (Hrsg.: Der Rektor), Leipzig, 2005, S. 53–56.

Der Zeitraum von 1830 bis 1930

8 U. Messow, K. Krause: Physikalische Chemie in Leipzig, Festschrift zum 100. Jahrestag der Einweihung des Physikalisch-chemischen Instituts an der Universität Leipzig, Leipziger Universitätsverlag, 1998.

9 O. B. Kühn: Mineralanalysen, Ann. Chem. & Pharm. 49 (1846) S. 363.

10 Cornelia Becker/Eberhard Hofmann: Die Physiologische Chemie in Leipzig. Geschichte und Gegenwart, in: Leipziger Hefte 9, Sax-Verlag Beucha, 1996.

11 a) Otto Linné Erdmann: Universitätsarchiv Leipzig, PA 439; b) L. Beyer, Otto Linné Erdmann. Zum 200. Geburtstag am 11. April 2004, in: Universität Leipzig, Jubiläen 2004 Personen/Ereignisse (Hrsg.: Der Rektor), Leipzig, 2004, S. 29–33; c) H. Kolbe, Nekrolog, J. prakt. Chem. 108 (1869) S. 449; d) H. Kolbe, Otto Linné Erdmann, Ber. Dtsch. Chem. Ges. 3 (1870) S. 374.

12 L. Beyer, E. Hoyer: Chemische Wegzeichen, Passage-Verlag Leipzig, 2008.

13 a) E. von Meyer: Zur Erinnerung an Hermann Kolbe, J. prakt. Chem. 138 (1884) S. 417–466; b) H. Remane, A. Hantschmann, M. Weißenfels, Hermann Kolbe und sein Beitrag zur Chemie des 19. Jahrhunderts, Z. Chem. 24 (1984) S. 393–403.

14 H. Kolbe: Das chemische Laboratorium der Universität Leipzig und die seit 1866 darin ausgeführten chemischen Untersuchungen, Braunschweig, 1872.

15 U. Messow, K. Krause, W.-D. Einicke, G. Wendt: Von den Anfängen der Technischen Chemie an der Universität Leipzig bis zur Gründung des Instituts für technische Chemie im Jahre 1993, Chem. Techn. 53 (2002) S. 29– 35.

16 E. Beckmann, Johannes Wislicenus: Ber. Dtsch. Chem. Ges. XXXVII (1904) S. 4861–4946.

17 J. Wislicenus: Die räumliche Anordnung der Atome in organischen Molekülen und ihre Bestimmung in geometrisch-isomeren ungesättigten Verbindungen, Leipzig, 1887.

18 L. Beyer: Vom Doktoranden zum bedeutenden Chemiker, Passage-Verlag Leipzig, 2005.

19 F. Eulenberg: Die Entwicklung der Universität in den letzten hundert Jahren, Hirzel Stuttgart-Leipzig (Nachdruck), 1995.

20 F. Hein: Arthur Hantzsch 1857–1935, Ber. Dtsch. Chem. Ges. 74 (1941) S. 147–151.

21 Europe's favourite chemists, Chemistry in Britain (2000) S. 50.

22 A. Hantzsch: Grundriß der Stereochemie, 2.Aufl., Barth Leipzig, 1904.

23 Arthur Hantzsch: Universitätsarchiv Leipzig, PA 534.

24 A. Hantzsch: Das Chemische Laboratorium, in: Rektor und Senat (Hrsg), Festschrift zur Feier des 500-jährigen Bestehens der Universität Leipzig, 4. Bd., Die Institute und Seminare der Philosoph. Fak., 2. Teil, Mathemat.-Naturwiss. Sektion, Leipzig, 1909.

25 A. Hantzsch, G. Reddelien: Die Diazoverbindungen, Julius Springer Berlin, 1921.

26 M. Schale: Leben und Werk außerordentlicher Professoren für anorganische, physikalische und organische Chemie an der Universität Leipzig (Zeitraum 1900–1950), Staatsexamensarbeit Univ. Leipzig, 2003.

27 F. Hein: Notiz über Chromorganoverbindungen, Ber. Dtsch. Chem. Ges. 52 (1919) S. 195–196.

28 E. Uhlig: Die Ära Franz Hein (1942–1959), in: P. Hallpap (Hrsg): Geschichte der Universität Jena im 20. Jh. I, Univ. Jena, 2004, S. 87–95.

29 D. Seyferth: Bis(benzene)chromium. 1. Franz Hein at the University of Leipzig and Harold Zeiss and Minoru Tsutsui at Yale, Organometallics 21 (2002) S. 1520–1530.

30 W.-D. Einicke, H. Papp, R. Schöllner, G. Wendt: 175 Jahre Technische Chemie an der Universität Leipzig, Leipzig, 2005.

31 Illustrierte Leipziger Zeitung, 133. Band (1909) Nr. 3447.

32 L. Beyer, R. Behrends: De artes chemiae. Chemiker und Chemie an der Alma mater Lipsiensis, Passage-Verlag Leipzig, 2003.

33 S. Arrhenius: Aus meiner Jugend, Leipzig, 1913.

34 U. Messow, K. Krause, W.-D. Einicke: Zur 100. Wiederkehr der Gründung des „Physikalisch-chemischen Instituts" und des „Laboratori-

ums für angewandte Chemie" an der Universität Leipzig, Chem. Techn. 49 (1997) S. 267–274.
35 L. Dunsch, H. Müller: Wilhelm Ostwald – der Begründer, in: Ostwalds Klassiker der exakten Wissenschaften, Sonderband, Leipzig, 1989, S. 9–39.
36 J.-P. Domschke, K. Hansel: Wilhelm Ostwald. Eine Kurzbiographie, Mitt. d. Wilhelm-Ostwald-Gesellschaft zu Großbothen, Sonderheft 7/1999.
37 G. Lotz, L. Dunsch, U. Kring: Forschen und Nutzen. Wilhelm Ostwald zur wissenschaftlichen Arbeit, Akademie-Verlag Berlin, 1982.
38 M. Le Blanc: Das Physikalisch-Chemische Institut, in: Rektor und Senat (Hrsg), Festschrift zur Feier des 500-jährigen Bestehens der Universität Leipzig, 4. Bd., Die Institute und Seminare der Philosoph. Fak., 2. Teil, Mathemat.-Naturwiss. Sektion, Leipzig, 1909.
39 M. Volmer: Max Le Blanc als Forscher und Lehrer, Ztschr. Elektrochem. 41 (1935) S. 309–314.
40 E. Beckmann: Das Laboratorium für angewandte Chemie der Universität Leipzig in seiner neuen Gestaltung, Quelle & Meyer Leipzig, 1908.
41 G. Lockemann: Ernst Beckmann (1853–1923), Verlag Chemie Berlin, 1927.
42 K. H. Bauer: Carl Paal (Nachruf), Ber. Dtsch. Chem. Ges. 68 (1935) A, S. 43.
43 F. Wöhler: Grundriß der Chemie, Berlin, 1833.
44 R. Pfeifer, K. Häusler, B. Lutz (Ed): Konkrete Chemiedidaktik, Oldenbourg München, 1992.
45 W. Ostwald: Lebenslinien – Eine Selbstbiographie, Klasing Berlin, 1927.
46 G. Boeck: Julius Wagner – Deutschlands erster Professor für Didaktik der Chemie, Chemkon, Wiley-VCH Weinheim, 2006.
47 L. Beyer: Julius Wagner. Zum 150. Geburtstag am 03. Juli 1857, in: Universität Leipzig, Jubiläen 2007. Personen/Ereignisse (Hrsg. Der Rektor), Leipzig, 2007, S. 59–64.
48 L. Beyer: Die Begründung der Chemiedidaktik in Deutschland durch Rudolf Arendt, Wilhelm Ostwald und Julius Wagner, in: J. Blecher, D. Döring, M. Rudersdorf (Hrsg): Naturwissenschaft-Geschichtswissenschaft-Archivwissenschaft, Leipziger Universitätsverlag, 2007, S. 148 bis 168.
49 J. Wagner: Über den Anfangsunterricht in der Chemie – Nach der am 28. Februar 1903 in der Aula zu Leipzig gehaltenen Antrittsvorlesung, Barth Leipzig,1903.
50 R. Arendt: Didaktik und Methodik des Chemieunterrichts, München, 1895.
51 R. Arendt: Technik der Experimentalchemie, Leipzig, 1881.
52 J. Schiff: Didaktik an der Universität Leipzig, Zeitschrift für den physikalischen und chemischen Unterricht 16 (1903).

Der Zeitraum von 1930 bis 1945

53 Chemische Institute, Diplomprüfungsbuch 1938–1945, Historischer Archivbestand der Fakultät für Chemie und Mineralogie.
54 E. Fanghänel: Burckhardt Helferich, in: Jb. Sächs. Akad. d. Wiss. zu Leipzig, 1981–1982 (Berlin 1984), mit Verzeichnis der Publikationen.
55 TU Dresden, (Hrsg.): Festkolloquium anlässlich des 100. Geburtstages von Heinrich Wienhaus, 1982.
56 Wer ist's? Hellmut Bredereck, Nachr. Chem. Techn. Labor. 14 (1966) S. 412.
57 a) L. Beyer, E. Hoyer: Franz Hein, Arthur Schleede, Hans Kautsky und die Anorganische Chemie in Leipzig, Nachr. Chem. 48 (2000) S. 1493 bis 1497; b) A. Schleede, M. Wellmann: Über die Struktur der Einwirkungsprodukte von Alkalimetallen auf Graphit, Z. Phys. Chem. B 18 (1932) S. 1–28; c) A. Schleede, W. Schmidt, H. Kindt: Zur Kenntnis der Calciumphosphate und Apatite, Z. Elektrochem. A 38 (1932) S. 633–641; d) A. Schleede, M. Richter, W. Schmidt: Zinkoxyd als Katalysator, Z. anorg. allg. Chem. 223 (1935) S. 49–83.
58 K. Fredenhagen, G. Cadenbach: Die Bindung von Kalium durch Kohlenstoff, Z. anorg. allg. Chem. 158 (1926) S. 249–263; b) K.Fredenhagen, K. Suck: Über die Bindung der Alkalimetalle durch Kohlenstoff II., Z. anorg. allg. Chem. 178 (1929) S.353–365.
59 a) H. Hennig: Otto Linne Erdmann, Leopold Wolf und Franz Hein – auf dem Weg zur modernen Koordinationschemie, in: Jb Sächs. Akad. d. Wiss. zu Leipzig, 1996, S. 255–267.
60 Universitätsarchiv Leipzig, PA 788.
61 U. Messow: Wolfgang Ostwald und der „kolloid-disperse" Zustand, Mitt. d. Wilhelm-Ostwald-Gesellschaft zu Großbothen 2/2007, S. 9 bis 26.
62 H. Staude: Karl Friedrich Bonhoeffer, in: Jb. Sächs. Akad. d. Wiss. zu Leipzig, 1957–1959 (Berlin 1961), S. 338–345.
63 G. Geffarth: Porträt eines Wissenschaftlers. Der Physikochemiker Karl Friedrich Bonhoeffer (1899–1957) in Leipzig in den Jahren 1934 bis 1946. Wissenschaft und Widerstand?, Magisterarbeit Univ. Leipzig, 1999.
64 I. Berenblum, H. von Halban: Fritz Weigert, Nature (London) 159 (1947) S. 733.
65 H. G. Wagner: F. Wilhelm Jost, in: Jb. Akad.. d. Wiss. zu Göttingen, 1988, S. 79–85.

Der Zeitraum von 1945 bis 2008

66 Nachlass Heinrich Carlsohn, Historischer Archivbestand der Fakultät für Chemie und Mineralogie, Mappe 27.
67 H. Holzapfel: Trümmerbeseitigung 1945 (Filmrolle AK8), Historischer Archivbestand der Fakultät für Chemie und Mineralogie.
68 J. Holzapfel: Persönliche Mitteilungen an L. Beyer im August 2007.
69 Nachlass Hans Kautsky, Historischer Archivbestand der Fakultät für Chemie und Mineralogie, Mappe 63.
70 Nachlass Herbert Staude, Historischer Archivbestand der Fakultät für Chemie und Mineralogie, Mappe 128.
71 Nachlass Conrad Weygand, Historischer Archivbestand der Fakultät für Chemie und Mineralogie, Mappe 149.
72 Nachlass Leopold Wolf, Historischer Archivbestand der Fakultät für Chemie und Mineralogie, Mappe 155.
73 Herbert Staude, Universitätsarchiv Leipzig, PA 1678.
74 Wilhelm Treibs, Universitätsarchiv Leipzig, PA 1675, Film Nr. 1433.
75 Leopold Wolf, Universitätsarchiv Leipzig PA 1206.
76 a) G. Wiemers: Chemie an der Universität Leipzig, Zusammenstellung von Dokumenten im Universitätsarchiv Leipzig, Universitätsarchiv Leipzig, 1997; b) G. Wiemers: Die Amerikaner verlassen Leipzig, Mitt. u. Berichte f. d. Angeh. u. Freunde d. Univ. Leipzig 5/1995, S.19–21.
77 H. Kaluscha: Persönlicher Überblick über die Arbeit nach dem Ende des Krieges am Physikalisch-chemischen Institut (maschinenschriftlicher Bericht mit handschriftlichem Begleitschreiben an E. Hoyer vom 19.3.1986), Historischer Archivbestand der Fakultät für Chemie und Mineralogie, Mappe 205.
78 H. Ehrhardt: Wie ich zu meiner Meisterstelle am Physikalisch chemischen Institut kam" (handschriftlicher Bericht), Historischer Archivbestand der Fakultät für Chemie und Mineralogie, Mappe 205.

79 Reimann: Bericht vom 24.3.1950, Historischer Archivbestand der Fakultät für Chemie und Mineralogie, Mappe 201.
80 E. Uhlig: Erinnerungen, Jena 1994/95, gebunden (Privatbesitz).
81 H. Wagner, G. Opel: Notizen vom 11.7.2007, Historischer Archivbestand der Fakultät für Chemie und Mineralogie, Mappe 201.
82 Universität Leipzig, Personal- und Vorlesungs-Verzeichnis Wintersemester 1944/45, Leipzig, Alexander Edelmann, Universitätsbuchhändler, Historischer Archivbestand der Fakultät für Chemie und Mineralogie.
83 D. Lehmann, C. Kleint: Das Leipziger Uranmaschinenprojekt, Beiträge zur Geschichte von Technik und technischer Bildung, Folge 6 (1993) S. 3–140.
84 H. Kautsky jun.: Persönliche Mitteilung, Brief vom 16.2.2002 an L. Beyer und E. Hoyer, Historischer Archivbestand der Fakultät für Chemie und Mineralogie, Mappe 63.
85 Unterbringung der analytisch-anorganischen Abteilung in Staatlicher Versuchs- und Forschungsanstalt für Tierernährung Leipzig-Möckern, Universitätsarchiv Leipzig, Phil. Fak. B1/1422, Bd. 1 a, Bl. 14–15.
86 B. Schelhaas: Heinrich Schmitthenner, in: Universität Leipzig, Jubiläen 2007, Personen/Ereignisse (Hrsg.: Der Rektor), Leipzig, 2007, S. 15–20.
87 Universitätsarchiv Leipzig, Phil. Fak. B 1/11 Bd. 2, Film Nr. 1189, Bl. 57.
88 Rektor d. Univ. Leipzig, Schreiben an die Dekane vom 11.5.1945, (maschinenschriftliche Kopie, gez. Maschke i. V.), Historischer Archivbestand der Fakultät für Chemie und Mineralogie, Mappe 201.
89 R. R. Grabner: Exilierte Fachleute, Brief vom 21.3.1947 an Minister Selbmann, Dresden, (handschriftlicher Auszug von Achim Hantschmann vom 8.7.1983), Historischer Archivbestand der Fakultät für Chemie und Mineralogie, Mappe 201.
90 H. Ehrhardt: Persönliche Mitteilung an L. Beyer am 8.11.2006.
91 B. Helferich: Brief an den Dekan Prof. E. Hölder vom 16.1.1948, Universitätsarchiv Leipzig, PA 1206 (L. Wolf), Film Nr. 585, Bl. 125.
92 L. Wolf: Rede anlässlich der Wiedereröffnung der Chemischen Institute nach dem II. Weltkrieg, (3 Blatt maschinenschriftlich, mit handschriftlichen Randbemerkungen von L. Wolf), Historischer Archivbestand der Fakultät für Chemie und Mineralogie, Mappe 201.
93 L. Wolf: Bericht an den Dekan vom 10.1.1947 zwecks Eintrag in das Jahrbuch der Deutschen Hochschulen, die Situation des Chemischen Laboratoriums betreffend, Universitätsarchiv Leipzig, Phil. Fak. B1/11 Bd. 3, Film-Nr. 1189, Bl. 30.
94 L. Wolf: Brief an den Dekan, die Bibliothek des Chemischen Laboratoriums betreffend, Universitätsarchiv Leipzig, Phil. Fak. B 1/163, Film-Nr. 1217, Bl. 14.
95 Personalstatus der Naturwissenschaftlichen Institute am 27.6.1945, Universitätsarchiv Leipzig, Phil. Fak. B 1/11 Bd. 2;, Film Nr. 1189, Bl. 58 ff.
96 a) Chemiestudenten 1946, Universitätsarchiv Leipzig, Excel-Datei; b) Universitätsarchiv Leipzig, ZM 11013.
97 a) H.-D. Scharf: Zweimal Faschismus - und zurück. Ein Schicksalsbericht aus den frühen Jahren des ersten deutschen Arbeiter- und Bauernstaats auf deutschem Boden. 1950–1954, Manuskriptdruck, Aachen, 1992.
b) H.-D. Scharf: Von Leipzig nach Workuta und zurück, Sächsisches Druck- und Verlagshaus Dresden, 1996.
c) G. Wiemers, J. Blecher: Studentischer Widerstand an der Universität Leipzig, 1945–1955, Universität Leipzig, 1997.
98 Karl Friedrich Bonhoeffer, Universitätsarchiv Leipzig, PA 130.

Die Anorganische Chemie

99 G. Schott: Über die Einwirkung von seleniger Säure auf Kupfer, Wiss. Zeitschr. Univ. Leipzig 1951/52, H. 4, S. 39–44.
100 Diplom-Chemiker-Hauptexamina 1949–1951. Doktorpromotionen mit Hauptfach Chemie 1938–1951, Mitt. Nr. 5, Verband der Vorstände selbständiger Unterrichtsinstitute für Chemie an deutschen Universitäten und Technischen Hochschulen, vervielf. Kekulé-Bibliothek, Farbenfabriken Bayer, Leverkusen, Historischer Archivbestand der Fakultät für Chemie und Mineralogie.
101 L. Wolf: Zur Theorie des Periodischen Systems (Über ein Verfahren der Kern-Quantelung), Wiss. Zeitschr. Univ. Leipzig 1951/52, H. 4, S. 1–29.
102 L. Wolf, G. Schott: Über die Potentiale des Silbers in silberionenarmen und silberionenreichen Lösungen, Wiss. Zeitschr. Univ. Leipzig 1952/53, H. 1/2, S. 59–69.
103 H. Holzapfel: Beiträge zur Chemie des Hydroxylamins, Wiss. Zeitschr. Univ. Leipzig 1952/53, H. 1/2, S. 30–38.
104 a) E. Hoyer: L. Wolf zum 65. Geburtstag, Z. Chem. 1 (1961) S.321; E. Hoyer, H. Hennig: Leopold Wolf, in: Namhafte Hochschullehrer der Karl-Marx-Universität, Heft 4 (1983) S.82–88; b) L. Wolf, H. Holzapfel: Angew. Chem. 62 (1950) S. 88.
105 H. Biltz, W. Klemm, W. Fischer: Experimentelle Einführung in die anorganische Chemie, de Gruyter, Berlin, 33.–35. Aufl., 1944.
106 Tabellen von Wintersemester und Sommersemester 1900/1901. 1901. Gebundenes Heft, handgeschrieben, Historischer Archivbestand der Fakultät für Chemie und Mineralogie.
107 E. Fischer, H. Kelling, H.-U. Kibbel, K. Uhle: Die Entwicklung der Fachrichtung Chemie an der Universität Rostock nach deren Wiedereröffnung 1946 und die Gründung der Sektion Chemie, Wiss. Zeitschr. Univ. Rostock 18 (1969), Math.-Nat., H. 8, S. 1019 bis 1035.
108 a) H. Hennig: Celebration of Inorganic Lives: Interview with Egon Uhlig (University of Jena, Germany), Coord. Chem. Rev. 224 (2002) S.1–9; b) L. Beyer: Abschiedsvorlesung von Eberhard Hoyer, Mitt. u. Berichte f. d. Angeh. u. Freunde d. Universität Leipzig 8/1996, S. 15 bis 16.
109 U. Schilde: Trauer um Erhard Uhlemann, http://www.uni-potsdam.de/u/putz/jan98/31.htm.
110 Who's Who: Hochschullehrer der Friedrich-Schiller-Universität Jena: Ernst-Gottfried Jäger, Univ. Jena, 1998 und 2001.
111 W. Bronger, K. Dehnicke, W. Hanke: Professor Hartmut Bärnighausen zum 70. Geburtstag am 16. Februar 2003", Z. Anorg. Allg. Chem. 629 (2003) S. 363–364.
112 H. Hennig: 20 Jahre Photorunde. 1972–1992, Historischer Archivbestand der Fakultät für Chemie und Mineralogie.
113 Schreiben des Direktors des Instituts für Anorganische Chemie an Professoren und Mitarbeiter vom 22.4.1993, Historischer Archivbestand der Fakultät für Chemie und Mineralogie.
114 Vorläufige Ordnung des Instituts für Anorganische Chemie vom 6.4.1994, Historischer Archivbestand der Fakultät für Chemie und Mineralogie, Mappe 210.
115 Institut für Anorganische Chemie (Hrsg.): Das Institut für Anorganische Chemie 1993–1999, Leipzig, 1999, S. 11–12.
116 Fakultät für Chemie und Mineralogie der Universität Leipzig (Hrsg. Dekan, Prodekan, Studiendekan): Jahresberichte 2000–2007.
117 Institut für Anorganische Chemie: Großgeräte 1998, Historischer Archivbestand der Fakultät für Chemie und Mineralogie, Mappe 210j.

Die Analytische Chemie

118 B. Adams, S. Berger: 30 Jahre Aufbaustudium Analytik und Spektroskopie Pressemitteilung der Universität Leipzig, 6.3.2006, http://db.uni-leipzig.de/aktuell/index.php?pmnummer=2006067
119 H. Falk: Analysis of microamounts with furnaces: the contribution of Klaus Dittrich to trace analysis, Spectrochim Acta Part B 50 (1950) S. 907–915.
120 Wissenschaftsrat: Forschungsleistungen deutscher Universitäten und außeruniversitärer Einrichtungen in der Chemie, Ergebnisse der Pilotstudie Forschungsranking, Köln, 2007.
121 A. Zschunke: Professor Dr. Rolf Borsdorf on his 65th birthday, Fresenius J Anal. Chem. 357 (1997) S. 469.
122 W. Engewald: Gerhard Werner zum 65. Geburtstag, Journal Universität Leipzig, 1/1998, S. 17–18.
123 a) G. Gauglitz: Zum 70. Geburtstag von Professor Werner Engewald, Mitteilungsbl. Fachgruppe Analytische Chemie GDCh, 3/2008, S.28–29; b) K. Dettmer: On the occasion of Professor Werner Engewald's 70th birthday, Anal. Bioanal. Chem. 388 (2007), S. 1631–1632.
124 Biotechnologisch-Biomedizinisches Zentrum, Historischer Archivbestand der Fakultät, Mappe 211.

Die Organische Chemie

125 H. Stetter: Burckhardt Helferich, Chem. Ber. 118 (1985) S. I–XIX.
126 W. Treibs: Das Institut für Organische Chemie, in: Rektor und Senat (Hrsg), Festschrift zur Feier des 500-jährigen Bestehens der Universität Leipzig, 4. Bd., Die Institute und Seminare der Philosoph. Fak., 2. Teil, Mathemat.-Naturwiss. Sektion, Leipzig, 1909, S. 117 bis 122.
127 L. Gattermann, H. Wieland: Die Praxis des Organischen Chemikers, de Gruyter Berlin, 35. Aufl., 1953, Ausgabe für die DDR.
128 Personal- und Vorlesungsverzeichnis 1945–1968, Universitätsarchiv Leipzig.
129 K. Krause: Alma mater Lipsiensis, Universitätsverlag Leipzig, 2003, S. 327 ff.
130 W. Ziegenbein: Wilhelm Treibs, Chem. Ber. 115 (1982) S. XXVII–L.
131 M. Mühlstädt, H. Schmidt: Wilhelm Treibs 70 Jahre, in: Wilhelm Treibs zum 70. Geburtstag, Akademie-Verlag Berlin, 1960, S. 3–6.
132 W. Schroth: Wilhelm Treibs zum Gedächtnis, Mitteilungsbl. Chem. Ges. d. DDR 26 (1979) S. 91–93.
133 Autorenkollektiv: Arbeiten von W. Treibs, in: Wilhelm Treibs zum 70. Geburtstag, Akademie-Verlag Berlin, 1960, S. 9–125.
134 R. O. A. Mayo: Schwefel-Mayer und das Prinzip von Optimum und Pessimum, Books on Demand Norderstedt, 2004.
135 B. Schulze, K. Schulze: Manfred Mühlstädt 70 Jahre, Journal Universität Leipzig, 2/1999, S. 32.
136 H. Wilde, D. Sicker: Siegfried Hauptmann 70 Jahre, Journal Universität Leipzig, 4/2001, S. 35.
137 A. G. Morasewski, N. A. Smirnowa, M. V. Alekseeva, E. P. Sokolova, I. K. Korobizina, B. Schulze, K. Quitzsch, J. Schmelzer, K. Sühnel: 30 Jahre Freundschaftsvertrag – 20 Jahre wissenschaftliche Zusammenarbeit, Wiss. Z. Karl-Marx-Univ. Leipzig, Math.-Naturwiss. R., 39 (1990), S. 434–443.
138 A. Beck-Sickinger, H. Krautscheid: Peter Welzel (1937–2008), Nachr. Chem. 56 (2008) S. 1061.
139 B. Adams: Leipziger Chemiker in St. Petersburg geehrt, Mitteilungsblatt der GDCh – Fachgruppe Analyt. Chem,. 2006, Heft 4, S. 21.
140 P. Welzel: Editorial, J. Prakt. Chem. 342 (2000) S. V.
141 Burckhardt-Helferich-Preise an K. Sandhoff, H. Kessler, F. Diederich und K. C. Nicolaou, Angew. Chemie 118 (2006) S. 1370.

Die Physikalische Chemie

142 A. Meisel: Das Physikalisch-chemische Institut, in: Rektor und Senat (Hrsg), Festschrift zur Feier des 500-jährigen Bestehens der Universität Leipzig, 4. Bd., Die Institute und Seminare der Philosoph. Fak., 2. Teil, Mathemat.-Naturwiss. Sektion, Leipzig, 1909, S. 129–132.
143 Walther Jaenicke: Gefährdet und geschützt. Student in Leipzig 1939 bis 1943, in: Werner Heisenberg 1927–1942, Sächs. Akad. d. Wiss. zu Leipzig/Math.-Nat. Klasse, Bd 58, H 2, C. Kleint und G. Wiemers, Berlin 1993.
144 K. Scherzer: Herbert Staude – Anmerkungen zu Leben und Werk, Bunsen-Magazin 3 (2001) S. 163–165.
145 K. Quitzsch: Zum Tode von Günter Langhammer, Journal Universität Leipzig, 2/1995, S. 26.
146 Protokollbücher durchgeführter Vordiplom- und Diplomprüfungen, Historischer Archivbestand der Fakultät für Chemie und Mineralogie.
147 K. Quitzsch: Die Entwicklung der thermodynamischen Forschung im ehemaligen Ostwaldschen Leipziger Institut zwischen 1953 und 1978, Z. Chem. 18 (1978) S. 282–288.
148 P. Bräuer u. Mitarbeiter: Jahresbericht des Instituts für Physikalische Chemie des Fachbereiches Chemie der Universität Leipzig, 1991.
149 O. Brede: Jahresbericht des Instituts für Physikalische und Theoretische Chemie 1995, Max-Planck-Arbeitsgruppe „Zeitaufgelöste Spektroskopie".

Die Theoretische Chemie

150 M. Scholz, W. Treibs: Der Einfluß von Substituenten II. Art auf das sichtbare Absorptionsspektrum der Azulene, Z. Elektrochem. Ber. Bunsenges. physik. Chem. 65 (1961) S. 120.
151 Nachruf für Professor em. Wolfgang Lorenz, Journal Universität Leipzig, 5/2007, S. 40.
152 Wer ist's? Nachr. Chem. Tech. Lab. 39 (1991) S. 864.
153 a) Bulgarischer Wissenschaftler Nikolai Tyutyulkov erhielt Ehrendoktorwürde, Journal Universität Leipzig 6/2000, S. 19; b) Generationswechsel in der Theoretischen Chemie, Journal Universität Leipzig 2/2006, S. 39.

Die Technische Chemie

154 Vorlesungsverzeichnis der Universität Leipzig 1950.
155 E. Leibnitz: Das Institut für Technische Chemie, in: Rektor und Senat (Hrsg), Festschrift zur Feier des 500-jährigen Bestehens der Universität Leipzig, 4. Bd., Die Institute und Seminare der Philosoph. Fak., 2. Teil, Mathemat.-Naturwiss. Sektion, Leipzig, 1909, S. 133.
156 W. Treibs: Zur Geschichte der Entwicklung der Chemie an der Universität Leipzig, in: Karl-Marx-Universität Leipzig 1409–1959, Beiträge zur Universitätsgeschichte, Bd. 1, Leipzig, 1959, S. 464–480.
157 E. Leibnitz, H. G. Struppe: Handbuch der Gaschromatographie, Geest & Portig Leipzig, 1966.

158 R. Schöllner: Die Fachrichtung Verfahrenschemie, Mitteilungsbl. Chem. Ges. d. DDR 26 (1979) S. 204–208.
159 W. Pritzkow: Mitteilungsbl. Chem. Ges. d. DDR 19 (1972) S. 143.

Die Umweltchemie

160 Auszug aus dem Protokoll der Senatssitzung am 9.10.1990, Universitätsarchiv Leipzig, 7971, Bd. I.
161 Brief des Rektors der Universität Leipzig an das SMWK vom 8.5.1991, Universitätsarchiv Leipzig, 7971, Bd. I.
162 Studiengang B des Aufbaustudiums Umweltchemie, Universitätsarchiv Leipzig, 7971, Bd. II.
163 K. Kabisch: Informationen zur umweltrelevanten Forschung an der Universität Leipzig, Universitätsarchiv Leipzig, 7971, Bd. II.

Die Chemiedidaktik

164 G. Meyendorf, E. Rossa: Chemieunterricht heute – wo kommt er her? Fortführung: Ein Blick auf die chemiemethodische Forschung in der DDR, Chemie in der Schule 47 (2000) S. 172–175.
165 P. Lange: 30 Jahre wissenschaftliche Arbeit für den Chemieunterricht – Prof. (em.) Dr. habil Werner Renneberg 70 Jahre alt, Chemie in der Schule 6/1976, S. 227.
166 Zielbewusste wissenschaftliche Arbeit auf marxistisch-leninistischer weltanschaulicher Position – Prof. Dr. Werner Renneberg 65 Jahre alt, Chemie in der Schule 6/1971, S.251.
167 Nachruf auf Prof. em. Dr. habil. W. Renneberg, Chemie in der Schule, 8/9/1976, S.387.
168 R. Pfeifer, K. Häusler, B. Lutz (Ed.): Konkrete Chemiedidaktik, Oldenburg München, 1992.
169 K. Scheid: Methodik des chemischen Unterrichts, Leipzig, 1913.
170 H. Möhle: Über den als Exkursion durchgeführten Chemieunterricht der deutschen demokratischen Schule, Dissertation Univ. Leipzig, 1958.
171 W. Rosenkranz: Zur Einbeziehung einer modernen Säure-Base-Theorie in die Schulchemie: Unter besonderer Berücksichtigung von Untersuchungen zur Behandlung der Säure-Base-Theorie J. N. Brönsteds im Chemieunterricht der zwölfklassigen allgemeinbildenden polytechnischen Oberschule, Dissertation Univ. Leipzig, 1963.
172 P. Lange: Untersuchungen über die Behandlung von Ionentheorie und Elektrolyse im Chemieunterricht allgemeinbildender Schulen, Dissertation Univ. Leipzig, 1964.
173 W. Renneberg (Hrsg.): Methodik des Chemieunterrichts 1–3, Pädagogische Hochschule Potsdam, 1957.
174 H. Möhle: Unterwegs im Dienste der Wissenschaft – Eindrücke aus fünf Kontinenten, Leipziger Universitätsverlag, 2006.
175 H. Möhle: Die Entwicklung der Wissenschaft Chemie in ihrer Auswirkung auf den Chemieunterricht, Chemie in der Schule 6/1966.
176 H. Obst: Zur chemischen Zeichensprache im Anfangsunterricht im Fach Chemie: Ein Beitrag zur Entwicklung der Fähigkeit der Schüler, die chemische Zeichensprache aktiv zu gebrauchen. Untersucht unter besonderer Berücksichtigung der allgemeinbildenden polytechnischen Oberschule in der DDR, Dissertation Univ. Leipzig, 1966.
117 J. Teichmann: Zur Katalyse und ihrer Behandlung im Zusammenhang mit der anorganischen Chemie im Chemieunterricht der allgemeinbildenden polytechnischen Oberschule der DDR, Dissertation Univ. Leipzig, 1967.
178 B. Arndt: Zur systematischen Behandlung der chemischen Reaktion unter besonderer Berücksichtigung der Anwendung mathematischer Methoden und Verfahren im Chemieunterricht der allgemeinbildenden polytechnischen Oberschule der DDR, Dissertation Univ. Leipzig, 1974.
179 Autorenkollektiv (E. Rossa): Methodik Chemieunterricht, Akad. d. Pädagog. Wiss. der DDR (Ed.), Berlin, 1975.
180 H. Faust (Ed.): Entwicklung des Könnens im Fachunterricht, Volk und Wissen Berlin 1975, darin: P. Lange, H. Obst, J. Teichmann, Zur Interpretation der Könnensziele für den Chemieunterricht, S. 201; B. Arndt: Interpretation der Könnensziele zur quantitativen Betrachtung der chemischen Reaktion, S.207.
181 G. Harsch, R. Heimann: Didaktik der Organischen Chemie nach dem PIN-Konzept. Vom Ordnen der Phänomene zum vernetzten Denken. Springer Heidelberg, 2000.
182 GDCh (Hrsg.), Lehrerfortbildungszentren, Februar 2007.

Die Biochemie in den Naturwissenschaften

183 I. Lorenz: Die Entwicklung eines eigenständigen Faches und Instituts für Physiologische Chemie, Z. Ges. Inn. Med. 39 (1984) S. 585–590.
184 A. Vöckel: Die Anfänge der physiologischen Chemie: Ernst Felix Immanuel Hoppe-Seyler, Dissertation TU Berlin, 2003.
185 H. Löster: Carnitine and Cardiovascular Diseases, Ponte Press Bochum, 2003.
186 Universitätsarchiv Leipzig: a) R390, Bd. 2, Bl. 1–4; b) R390, Bd. 2, Bl. 47–51; c) R390, Bd. 2, Bl. 5; d) R390, Bd. 2, Bl. 15–18; e) R390, Bd. 2, Bl. 17, 29, 31, 36, 58; f) R390, Bd. 2., Bl. 89–103, 112–138; g) R390, Bd. 1, Bl. 5–24; h) R390, Bd. 2, Bl. 59, 64–68; i) R390, Bd. 2, Bl. 104–109; j) R214, Bd. 7, Bl. 16; k) R214, Bd. 7, Bl. 2: l) R663, Bl. 82–87.
187 H.-D. Jakubke, H.-P. Kleber: 20 Jahre Biochemieausbildung an der Sektion Biowissenschaften der Karl-Marx-Universität Leipzig, Wiss. Z. Karl-Marx-Univ. Leipzig, Math.-Naturwiss. R., 38 (1989) S. 357 bis 359.

Die Pharmazeutische Chemie

188 E. Mayr: Universität und Apotheker in Leipzig, in: Apotheker und Universität (Hrsg. Christoph Friedrich und Wolf-Dieter Müller-Jahncke), Wissenschaftliche Verlagsgesellschaft Stuttgart, 2002, S. 129–145.
189 P. Nuhn, H. Remane: Lehrbücher der Pharmazeutischen Chemie seit 1880. Deutsche Apothekerzeitung 148 (2008) S. 780–787.
190 C. Friedrich: Wissenschaftliche Schulen in der Pharmazie, Teil 6: Günther Wagner und sein Schülerkreis, Pharmazie 45 (1990) S. 777–796.

Promotions- und Habilitationsordnungen

191 J. Blecher: Vom Promotionsprivileg zum Promotionsrecht – Das Leipziger Promotionsrecht zwischen 1409 und 1945 als konstitutives und prägendes Element der akademischen Selbstverwaltung, Dissertation Univ. Halle-Wittenberg, 2006.
192 C. G. Ludovici: Ausführlicher Entwurf einer vollständigen Historie der Leibnizschen Philosophie, Leipzig, 1737, nach: L. Hiersemann: Leipziger Technikerportraits, Hochschule für Technik, Wirtschaft und Kultur Leipzig, 2007.

193 Universitätsarchiv Leipzig, Phil. Fak. C5/51, Bd. 1.
194 Universitätsarchiv Leipzig, Phil. Fak. C5/51, Bd. 2.
195 L. Beyer: Wege zum Nobelpreis, Universität Leipzig, 1999.
196 Universitätsarchiv Leipzig, 2576.
197 Universitätsarchiv Leipzig, Phil. Fak. C5/51, Bd. 3.
198 Universitätsarchiv Leipzig, Phil. Fak. C5/51, Bd. 4.
199 Universitätsarchiv Leipzig, 1328.
200 Universitätsarchiv Leipzig, Film 1310, Phil.Fak. 0019–0024.
201 Universitätsarchiv Leipzig, Phil. Fak. C5/51, Bd. 7.
202 Verordnung über die Verleihung akademischer Grade vom 6.9.1956.
203 Verordnung über die akademischen Grade vom 6.11.1968.
204 Anordnung zur Verleihung des akademischen Grades Doktor eines Wissenschaftszweiges – Promotionsordnung A – vom 21.1.1969.
205 Universitätsarchiv Leipzig, 6815.
206 Sächsisches Hochschulerneuerungsgesetz (SHEG) vom 25.7.1991.
207 Vorläufige Promotionsordnung der Universität Leipzig vom 14.7.1992.
208 Fakultät für Mathematik und Naturwissenschaften – Präzisierende Festlegungen zur Promotionsordnung der Universität Leipzig vom 14.7.1992.
209 Gesetz über die Hochschulen im Freistaat Sachsen (Sächsisches Hochschulgesetz – SHG) vom 4.8.1993.
210 Promotionsordnung der Fakultät für Chemie und Mineralogie vom 21.3.1996.
211 Gesetz über die Hochschulen im Freistaat Sachsen (Sächsisches Hochschulgesetz – SächsHG) vom 11.6.1999.
212 Promotionsordnung der Fakultät für Chemie und Mineralogie vom 11.6.2001.
213 Promotionsordnung der Fakultät für Chemie und Mineralogie vom 28.2.2003.
214 Promotionsordnung der Fakultät für Chemie und Mineralogie vom 19.6.2007.
215 Universitätsarchiv Leipzig, 4123.
216 Universitätsarchiv Leipzig, Phil. Fak. C5/59, Bd. 1.
217 Anordnung zur Verleihung des akademischen Grades Doktor der Wissenschaften – Promotionsordnung B – vom 21.01.1969.
218 Habilitationsordnung der Fakultät für Chemie und Mineralogie vom 28.11.1996.
219 Vorläufige Ordnung zur Verleihung der Lehrbefugnis an der Universität Leipzig vom 28.3.1995.
220 Habilitationsordnung der Fakultät für Chemie und Mineralogie vom 27.8.2001.

Technisch-Ökonomische Bereiche

221 Neuererpass von Hans Geisenhainer, 1964, Historischer Archivbestand der Fakultät für Chemie und Mineralogie, Mappe 205.
222 H. Ehrhardt: Zur Chronik der Werkstatt des Physikalisch-chemischen Instituts, (mit zahlreichen Abbildungen von Geräten), Historischer Archivbestand der Fakultät für Chemie und Mineralogie, Mappe 205.
223 a) H. Ehrhardt: Schreiben an das Personaldezernat der Universität Leipzig, 1991, Historischer Archivbestand der Fakultät für Chemie und Mineralogie; b) H. Ehrhardt: Universitätsmechaniker. Tradition, Dienstleistung oder Partner bei der Lösung apparativer Probleme, Mitt. u. Berichte f. d. Angeh. u. Freunde d. Univ. Leipzig, 1/1992, S. 24 bis 25.
224 A. Kopczynski: Bild-Dokumentation zu elektronischen Eigenbau-Modulen für diverse Geräte, Historischer Archivbestand der Fakultät für Chemie und Mineralogie, Mappe 205.
225 A. Meisel, H. Ehrhardt: Ein fokussierender Hochvakuum-Röntgenspektrograph mit großem Auflösungsvermögen, Exper. Technik, 9 (1961) S. 13–22.
226 a) E. S. Gluskin et al, W. Blau, A. Meisel, H. Ehrhardt: Grazing-incidence monochromator for the 15-800 Å wavelenght range at the storage ring VEPP-2M, Rev. Sci. Instrum. 60 (1989) S. 2076–2077; b) A. Meisel, J. Finster, A. Kopczynski: Eine neue automatische Zählrohrregistriereinrichtung für die hochauflösende Röntgenspektroskopie, Exp. Techn. Physik 16 (1968) H. 6, S. 396–403.
227 H. Ehrhardt: Werkstattaktivitäten; Die Röntgenkinokamera, handschriftliche Aufzeichnungen 2007, Historischer Archivbestand der Fakultät für Chemie und Mineralogie, Mappe 205.
228 Kernbauer, Alois: Die klinische Chemie im Jahre 1850, Steiner Stuttgart, 2002.

Gebäude und Laboratorien

229 Inventarverzeichnis Pleißenburg-Laboratorium, Universitätsarchiv Leipzig, Akten der Med. Fakultät A IIIc 01, Film-Nr. 952.
230 Universitätsarchiv Leipzig, RA 0248, Film-Nr. 262.
231 a) O. B. Kühn: System der Anorganischen Chemie (Vorwort), Leipzig-Göttingen, 1848.
b) B. Hartung: Albert Geutebrück – Baumeister des Klassizismus in Leipzig, Lehmstedt Leipzig, 2003.
232 H. Füßler: Leipziger Universitätsbauten, Bibliographisches Institut Leipzig, 1961.
233 Acta in Bausachen der Universität (Fridericianum), Stadtarchiv Leipzig, Bauakten 6995.
234 K. Krause, U. Messow: Zur Entwicklung der Chemie an der Universität Leipzig bis zur Berufung Ostwalds 1887, Mitt. d. Wilhelm-Ostwald-Gesellschaft zu Großbothen 3/1996, S. 20–32.
235 Universitätsarchiv Leipzig, RA 553, Film Nr. 592.
236 W. Schreier: Die Physik an der Leipziger Universität bis zum Ende des 19. Jahrhunderts, Wiss. Z. Kar-Marx-Univ. Leipzig, Math.-Naturwiss. R., 34 (1985) S. 5–19.
237 A. J. Rocke, E. Heuser: Justus von Liebig und Hermann Kolbe in ihren Briefen, 1846–1872, Bionomica-Verlag Mannheim, 1994.
238 H. Kolbe: Das neue chemische Laboratorium der Universität Leipzig, Brockhaus Leipzig, 1868.
239 Acta, den Aufbau eines zweiten Obergeschosses auf das Vordergebäude des I. chemischen Laboratoriums betr. 1888–1889, Universitätsarchiv Leipzig, RA 1058, Film-Nr. 868.
240 Bauliche Angelegenheiten beim Chemischen Laboratorium betreffend, 1914–1943, Universitätsarchiv Leipzig, RA 856, Bd. 4, Film-Nr. 708/709.
241 a) E. Schulze: Adolph Blomeyer, Universität Leipzig, Jubiläen. Personen/Ereignisse 2005, S. 19–23; b) Acta, die Errichtung eines Gebäudes für Zoologie und das Zoologische Museum sowie den Bau für die landwirtschaftliche Lehranstalt und ein neues Laboratorium für Agriculturchemie betreffend, Universitätsarchiv Leipzig, RA 893, Bd. 1, Film-Nr. 746.
242 U. Messow, K. Krause, W.-D. Einicke: Zur 100. Wiederkehr der Gründung des ‚Physikalisch-chemischen Instituts' und des ‚Laboratoriums für angewandte Chemie' an der Universität Leipzig, Chem. Techn. 49 (1997) S.267–274.
243 E. Beckmann, H. Paul: Das Laboratorium für angewandte Chemie an der Universität Leipzig, Julius Springer Berlin, 1899; Reprint: ZFB Leipzig, 2004.

244 L. Beyer: Zur Geschichte des chemischen Laboratoriums, in: Historischer Streifzug durch das chemische Labor, Katalog zur Sonderausstellung, Carl-Bosch-Museum Heidelberg, Heft 5/2005.
245 W. Ostwald: Das physikalisch-chemische Institut der Universität Leipzig und die Feier seiner Eröffnung am 3. Januar 1898, Engelmann Leipzig, 1898.
246 C. W. Foulk: The Ostwald-van't Hoff Photograph and other Memories of Ostwald's Laboratory, J. Chem. Educat. (1934) S. 355–359.
247 K. Hansel, U. Messow, K. Quitzsch: Robert Luther und Wilhelm Ostwald in ihren Briefen, Mitt. d. Wilhelm-Ostwald-Gesellschaft zu Großbothen, Sonderheft 5/1999.
248 K. Hansel, U. Messow. K. Quitzsch: Georg Bredig und Wilhelm Ostwald in ihren Briefen, Mitt. d. Wilhelm-Ostwald-Gesellschaft zu Großbothen, Sonderheft 4/1998.
249 Rede des Oberbürgermeisters Walter Kresse auf der 15. Tagung der Stadtverordnetenversammlung am 23.5.1968, www.wischer-leipzig.de/rede_kresse.htm
250 Sächsisches Staatsministerium der Finanzen, Staatshochbauamt Leipzig (Hrsg.), Institutsneubau der Fakultät für Chemie und Mineralogie, Universität Leipzig, Leipzig, 2000.
251 L. Beyer: Historische Bronzetafeln im neuen Chemiegebäude, Mitt. u. Berichte f. d. Angeh. u. Freunde d. Univ. Leipzig 5/2000, S. 42–45.
252 H. Wilde: Einzug in den Neubau Chemie in Sicht, Mitt. u. Berichte f. d. Angeh. u. Freunde d. Univ. Leipzig 2/1999, S. 27.
253 V. Schulte: Haus der Superlative für Leipziger Chemie, Mitt. u. Berichte f. d. Angeh. u. Freunde d. Univ. Leipzig 5/99, S. 13–14.
254 P. Welzel, L. Beyer: Akademische Einweihungsfeier für das neue Chemiegebäude, Mitt. u. Berichte f. d. Angeh. u. Freunde d. Univ. Leipzig 4/2000, S. 18–19.

Leipziger Chemikervereinigungen

255 A. Binz, F. Scharf: Zur Entwicklung der chemischen Technologie in Deutschland, zugleich ein Beitrag zur Geschichte des Vereins Deutscher Chemiker. Berthold Rassow zum 70. Geburtstag, Z. f. Angew. Chem. 49 (1936) S. 707–709.
256 H. Kolbe: Chemischer Rückblick auf das Jahr 1871, J. prakt. Chem. [2] 4 (1871) S. 464–468.
257 W. Ruske, 100 Jahre Deutsche Chemische Gesellschaft, Verlag Chemie Weinheim, 1967, S. 37–38.
258 Chemische Gesellschaft zu Leipzig, I. Bericht über die Thätigkeit der Chemischen Gesellschaft zu Leipzig. Erstes Vereinsjahr 1886/87, Reusche Leipzig, Historischer Archivbestand der Fakultät für Chemie und Mineralogie.
259 Deutsche Chemische Gesellschaft, Einweihung des Hofmann-Hauses, Friedländer & Sohn Berlin, 1901.
260 S. Unverricht, G. Beyer, S. Bender: Die Geschichte der chemischen Gesellschaften in Deutschland von 1867–1945 unter Berücksichtigung der Chemischen Gesellschaft zu Leipzig, Jahresarbeit Sektion Chemie Leipzig, 1989, Historischer Archivbestand der Fakultät für Chemie und Mineralogie.
261 Chemische Gesellschaft zu Leipzig, Fünfundzwanzigster Bericht über die Tätigkeit der Chemischen Gesellschaft zu Leipzig, 1911/12, Leiner Leipzig, Historischer Archivbestand der Fakultät für Chemie und Mineralogie, S. 27.
262 Chemische Gesellschaft zu Leipzig, Achtundzwanzigster Bericht über die Tätigkeit der Chemischen Gesellschaft zu Leipzig, 1913/14, Leiner Leipzig, Historischer Archivbestand der Fakultät für Chemie und Mineralogie, S. 27.
263 Chemische Gesellschaft zu Leipzig, Berichte über die Tätigkeit der Chemischen Gesellschaft zu Leipzig, I.–VIII. und XXI.–XXVIII., Historischer Archivbestand der Fakultät für Chemie und Mineralogie.
264 Cassabuch der Chemischen Gesellschaft zu Leipzig, Historischer Archivbestand der Fakultät für Chemie und Mineralogie.
265 Chemische Gesellschaft zu Leipzig, Dreiundzwanzigster Bericht über die Tätigkeit der Chemischen Gesellschaft zu Leipzig, 1908/09, Leiner Leipzig, Historischer Archivbestand der Fakultät für Chemie und Mineralogie, S. 16.
266 Chemische Gesellschaft zu Leipzig, Vierundzwanzigster Bericht über die Tätigkeit der Chemischen Gesellschaft zu Leipzig, 1909/10, Leiner Leipzig, Historischer Archivbestand der Fakultät für Chemie und Mineralogie, S. 19.
267 16 Postkarten der Chemischen Gesellschaft an Dr. Georg Lockemann, 1906–1908, Historischer Archivbestand der Fakultät für Chemie und Mineralogie.
268 Nachlass Hans Wislicenus, von H. Wienhaus und O. Wienhaus, Historischer Archivbestand der Fakultät für Chemie und Mineralogie, Mappe 209a.
269 Nachlass Hans Geisenhainer, Historischer Archivbestand der Fakultät für Chemie und Mineralogie, Mappe 209.
270 a) A. Hantzsch, handschriftlicher Brief vom 24.4.1918, Historischer Archivbestand der Fakultät für Chemie und Mineralogie; b) P. Walden: Aus den Erinnerungen eines alten chemischen Zeitgenossen, Die Naturwissenschaften 37 (1950) S. 73–81.
271 W. Mischon: Bezirksverein Leipzig. 1. Sitzung am 25.1. 1919 im Hotel Sachsenhof, Z. f. Angew. Chem. 32 (1919) Bd. II, S. 268.
272 B. Rassow: Geschichte des Vereins Deutscher Chemiker in den ersten fünfundzwanzig Jahren seines Bestehens, Otto Spamer Leipzig, 1912, S. 228.
273 A. Stock: Zusammenschluß der angestellten Chemiker und der Verein deutscher Chemiker, Z. f. Angew. Chem. 32 (1919) Bd. II, S. 185 bis 187.
274 VDCh, Satzungen des Vereins Deutscher Chemiker vom 5. 9.1919, Z. f. Angew. Chem. 32 (1919) Bd. II, S. 738–740.
275 R. Möhlau: Bezirksverein Sachsen-Thüringen. Außerordentliche Sitzung am 16.3. 1919, morgens 11 Uhr im Johanneshof, Johann-Georgen-Allee 1, Z. f. Angew. Chem. 32 (1919) Bd. II, S. 256.
276 Fürth: Bezirksverein Leipzig, Ordentliche Hauptversammlung am Mittwoch, 21.1. 1920, im großen Hörsaal des Laboratoriums für Angewandte Chemie, Z. f. Angew. Chem. 33 (1920), S.88.
277 W. Mischon: Bezirksverein Leipzig. 2. ordentliche Sitzung am 17.6.1919, Z. f. Angew. Chem. 32 (1919) Bd. II, S. 508.
278 VDCh, Fortbildungskurse in Leipzig, Z. f. Angew. Chem. 33 (1920), S. 484.
279 Bezirksverein Leipzig: Z. f. Angew. Chem. 38 (1925), S. 651–652.
280 a) Justus Volhardt: Bezirksverein Leipzig. Gemeinsame Sitzung des Verbandes technisch-wissenschaftlicher Vereine, Montag, den 22. November 1926, Z. f. Angew. Chem. 39 (1926) S.1608; b) B. Nagel: Die Welteislehre. Ihre Geschichte und ihre Rolle im ‚Dritten Reich', Stuttgart, 1991; c) H. Wienhaus: Zu meinem Geburtstag am 26.10.1952 in der „Mensa" zu Tharandt, handschriftliche Ausarbeitung (Kopie, übergeben von O. Wienhaus am 12.1.2009), Historischer Archivbestand der Fakultät für Chemie und Mineralogie, Mappe 151.
281 Chemikerschaft an der Universität Leipzig, Universitätsarchiv Leipzig, Rep II/XVI/III C1, Blatt 1–9, Film-Nr. 489.
282 W. Mischon: Aufruf zur Gründung von Chemikerschaften an sämtlichen deutschen Hochschulen, Z. f. Angew. Chem. 32 (1919) Bd. II, S. 693.

283 H. Heller: Gegen die Gründung von Chemikerschaften, Z. f. Angew. Chem. 32 (1919) Bd. II, S. 742–743.
284 Geschäftsstelle des VDCh, Mitteilung, Z. f. Angew. Chemie 32 (1919) Bd II, S. 96; Geschäftsstelle des VDCh, Der Generalstreik in Leipzig, Z. f. Angew. Chemie 32 (1919) Bd II, S. 153.
285 Unfallversicherung der Chemikerschaft an der Universität Leipzig, Universitätsarchiv Leipzig, Rep II/IV 64c, Bl. 1–35.
286 Vereinigung der Chemie studierenden Griechen, Universitätsarchiv Leipzig, Rep II/XVI/III G7, Film Nr. 493.
287 a) Mitteilungsbl. Chem. Ges. d. DDR 10 (1963) S. 105; b) Mitteilungsbl. Chem. Ges. d. DDR 1 (1954).
288 Rückschau auf die Gründung der Chemischen Gesellschaft Mitteilungsbl. Chem. Ges. d. DDR 25 (1978), S. 202–206.
289 a) Mitteilungsbl. Chem. Ges. d. DDR 20 (1973), S. 188; b) D. Anwand (GDCh), persönliche Mitteilung im Brief vom 9.9.2007 an L. Beyer.
290 Chemische Gesellschaft der Deutschen Demokratischen Republik, Statut vom 17.11.1988, S. 5.
291 Zur Aufnahme der DDR in die IUPAC, Mitteilungsbl. Chem. Ges. d. DDR 21 (1974) H. 7, S. 161.
292 H.-J. Kozyk, H.-J. Bittrich: Vereinbarung zwischen der Kammer der Technik und der Chemischen Gesellschaft der DDR, Mitteilungsbl. Chem. Ges. d. DDR 21 (1974) H.10, S. 16–18.
293 M. Rätzsch, W. Girnus, W. Göbel: Der Weg der Chemischen Gesellschaft der DDR und einige ihrer künftigen Aufgaben, Mitteilungsbl. Chem. Ges. d. DDR 25 (1978) H.10, S. 206 bis 210.
294 Mitteilungsbl. Chem. Ges. d. DDR 24 (1977) S. 171–172.
295 Mitteilungsbl. Chem. Ges. d. DDR 25 (1978) S. 20.
296 Jahresberichte der Fakultät für Chemie und Mineralogie Leipzig (Hrsg. Dekan, Prodekan, Studiendekan), 1993–2006.
297 Gesellschaft Deutscher Chemiker, Protokoll der internen GDCh-Tagung für die Vorsitzenden der GDCh-Ortsverbände und die Regional- und Bundessprecher der Jungchemikerforen am 24./25.10.2006, Archivbestand der Fakultät für Chemie und Mineralogie.
298. Mitteilungsbl. Chem. Ges. d. DDR 26 (1979) S. 85.
299 Ortsverband Leipzig der GDCh, Archivbestand der Fakultät für Chemie und Mineralogie.
300 http://www.uni-leipzig.de/~jcf/.
301 a) Dokumente zum Jungchemikerforum Leipzig in der GDCh-Zentrale Frankfurt, Persönliche Mitteilung im Brief von D. Anwand (GDCh) vom 9.9.2007 an L. Beyer; b) M. Finger, Persönliche Mitteilung an L. Beyer am 19.8.2007.
302 Freundeskreis der Fakultät für Chemie und Mineralogie der Universität Leipzig, Mitteilungen und Informationen, Historischer Archivbestand der Fakultät für Chemie und Mineralogie, Mappe 209.

Frauen in der Chemie

303 S. Berentjes, K.-H. Schlote: Zum Frauenstudium an der Universität Leipzig in der Zeit von 1870–1910, Jahrbuch für Regionalgeschichte und Landeskunde 1993–1994, Hermann Böhlaus Nachf. Weimar, Jahr, S. 57–78.
304 H. Gimmler: Die Pflanzenphysiologie Julius von Sachsen (??) (1832 bis 1897) und das Frauenstudium, WmM (was ist das?), 2005, S. 415 bis 423.
305 K. Reiche (Hrsg.): 90 Jahre studierende Frauen in Sachsen, Katalog der Ausstellung, Dresden, 1997.
306 E. Roussanova: J. Lermontova (1848–1919) – die erste promovierte Chemikerin, Diplomarbeit, Hamburg, 2003.
307 G. Boeck, M. Hertel, A. Kruse, S. Serbaty, S. M. Schwarze, W. Wunderlich (Hrsg): Chemikerinnen – es gab und gibt sie, Arbeitskreis Chancengleichheit der GDCh.
308 A. Franzke: 27 Studentinnen in der Männerbastion. Über die Anfänge des Frauenstudiums vor 100 Jahren, Journal Universität Leipzig Heft /2005, S. 20–22.
309 Matrikel der Universität Leipzig 1904–1942, Universitätsarchiv Leipzig,
310 B. Schulze: Frauen in den Naturwissenschaften – gestern und heute, in: 100 Jahre Frauenstudium an der Alma mater Lipsiensis, Leipziger Studien zur Frauen- und Geschlechterforschung, Reihe C, Bd. 5, Leipzig 2007, S. 215–238.
311 E. Boedecker: 25 Jahre Frauenstudium in Deutschland, Verzeichnis der Doktorarbeiten von Frauen 1908–1933, Heft 1, Hannover.
312 K. Schmitz: Frisches Blut für die Hochschulen, Nachr. Chem. 53 (2005) S. 404–406.
313 K. Schmitz: Habilitationen, weibliche Professoren und Juniorprofessoren, Nachr. Chem. 55 (2007) S. 457–459.
314 K. Hollricher: Frauen – mehr Mut zur Macht, Laborjournal 2008, S. 21–26.

Abbildungsverzeichnis

28 **Professoren und Mitarbeiter des Physikalisch-chemischen Instituts, 1933.**
Untere Reihe: Wolfgang Ostwald, C. Drucker, M. Le Blanc, F. Weigert, W. Böttger (v.l.). Obere Reihe: R. Schingnitz, A. Kühn, H. Sachs, E. Lehmann, R. Richter, K. Fischer (v.l.)
Historischer Archivbestand der Fakultät für Chemie und Mineralogie, Photosammlung.

29 **Ernst Beckmann (1853–1923)**
Historischer Archivbestand der Fakultät für Chemie und Mineralogie, Photosammlung.

30 **Carl Paal (1860–1935)**
Universitätsarchiv Leipzig, Photosammlung.

31 **Julius Wagner (1857–1924)**
Historischer Archivbestand der Fakultät für Chemie und Mineralogie, Photosammlung.

32 **Julius Wagner: Über den Anschauungsunterricht in der Chemie, 1903**
(Titelblatt der gedruckten Antrittsvorlesung), Leipzig. Universitätsbibliothek Leipzig, Bibliotheca Albertina.

33 **Burckhardt Helferich (1887–1982)**
Historischer Archivbestand der Fakultät für Chemie und Mineralogie, Photosammlung.

34 **Heinrich Wienhaus (1882–1959)**
Aus dem Privatbesitz von Otto Wienhaus, Tharandt.

35 **Conrad Weygand (1890–1945)**
Historischer Archivbestand der Fakultät für Chemie und Mineralogie, Photosammlung.
Aus dem Privatbesitz von Ulrich Weygand, Leipzig.

36 **Hellmut Bredereck (1904–1981)**
Historischer Archivbestand der Fakultät für Chemie und Mineralogie, Photosammlung.

37 **Arthur Schleede (1892–1977)**
Universitätsarchiv Leipzig, Photosammlung

38 **Hans Kautsky (1891–1966)**
Historischer Archivbestand der Fakultät für Chemie und Mineralogie, Photosammlung.
Photo: Hans Kautsky jun., Hamburg.

39 **Die Kautsky-Kurve.**
Änderung der Fluoreszenzhelligkeit von Blättern nach Einsetzen der Belichtung mit UV-Licht (I) bei 30 °C
H. Kautsky, A. Hirsch, Naturwissenschaften 19 (1931), S. 969.

40 **Franz Hein (1892–1976)**
Historischer Archivbestand der Fakultät für Chemie und Mineralogie, Photosammlung.

41 **Heinrich Carlsohn (1899–1958)**
Bleistiftzeichnung von S. Mahdihassan, 1936.
Aus dem Privatbesitz von Burckhardt Carlsohn, Pulheim.
Kopie im Historischen Archivbestand der Fakultät für Chemie und Mineralogie, Mappe 27.

42 **Johannes Scheiber (1879–1961)**
Universitätsarchiv Leipzig, Photosammlung.

43 **Wilhelm Carl Böttger (1871–1949)**
Historischer Archivbestand der Fakultät für Chemie und Mineralogie, Photosammlung.

44 **Karl Friedrich Bonhoeffer (1899–1957)**
Historischer Archivbestand der Fakultät für Chemie und Mineralogie, Photosammlung.
Aus dem Privatbesitz von Hans Kautsky jun., Hamburg.

45 **Friedrich Wilhelm Jost (1903–1988)**
Universitätsarchiv Leipzig, Photosammlung.

46 **Theodor Förster (1910–1974)**
Historischer Archivbestand der Fakultät für Chemie und Mineralogie, Photosammlung.

47 **Zerstörtes Chemisches Laboratorium Liebigstr. 18 im Jahre 1944**
Historischer Archivbestand der Fakultät für Chemie und Mineralogie, Photosammlung.

48 **Zerstörtes Physikalisch-chemisches Institut Linnéstraße 2**
Im Vordergrund das von Wolfgang Ostwald seit 1938 genutzte Wohnhaus.
Historischer Archivbestand der Fakultät für Chemie und Mineralogie, Photosammlung.

49 **Stempel-Abdruck der Weilburg-Gruppe**
umlaufend: Leipziger Universität u. Industrie-Gruppe Weilburg/L.
Historischer Archivbestand der Fakultät für Chemie und Mineralogie.

50 **Einteilung der deportierten Wissenschaftler in „Holzfällergruppen“, unter ihnen Erich Strack, Heinrich Carlsohn, Franz Hein, Kurt Mittag, Heinrich Schmitthenner, Hans Kautsky, Frl. Fretzdorf, Martin Kröger, Dr. Goerdeler.**
Original im Privatbesitz von Dr. Burckhard Carlsohn, Pulheim.
Kopie im Historischen Archivbestand der Fakultät für Chemie und Mineralogie.

51 **Antrag auf Schulgelderlass für die Kinder der Familien Carlsohn und Helferich in Weilburg/L.**
datiert vom 30.10.1946. Original im Privatbesitz von Dr. Burckhard Carlsohn, Puhlheim.
Kopie im Historischen Archivbestand der Fakultät für Chemie und Mineralogie.

52 **Die 1950 verhafteten und deportierten Chemiestudenten Otto Bachmann, Rolf Grünberger, Günther Herrmann, Karl Mirtschischk, Hans-Dieter Scharf (v. l.)**
Universitätsarchiv Leipzig, Photosammlung.

53 **Beauftragung von Leopold Wolf mit der kommissarischen Leitung des Chemischen Laboratoriums, 1946**
Historischer Archivbestand der Fakultät für Chemie und Mineralogie, Mappe 155.

54 **Leopold Wolf, Burckhardt Helferich, Wilhelm Treibs (v. l.)**
Historischer Archivbestand der Fakultät für Chemie und Mineralogie, Photosammlung.

55 **Herbert Staude und Mitarbeiter**
sitzend: Günther, Winkler, Nens, Dr. Haase, Brauer (v. l.)
Liebig, Plank, Junghans, Dr. Bosdorf, Prof. Staude, Bischoff, Dr. Langhammer, Peger, Sommerschuh (v. l.)
Historischer Archivbestand der Fakultät für Chemie und Mineralogie, Photosammlung.

56 **Wilhelm Treibs mit Assistent Wolfgang Forberg im Großen Chemischen Hörsaal, 1950**
Historischer Archivbestand der Fakultät für Chemie und Mineralogie, Photosammlung.

57 **Die Gründungsurkunde der Sektion Chemie, 1968**
Historischer Archivbestand der Fakultät für Chemie und Mineralogie, UL.

58 **Siegfried Hauptmann, erster Direktor der Sektion Chemie**
Universitätsarchiv Leipzig, Photosammlung.

59 **Gründungsveranstaltung der Sektion Chemie im großen Hörsaal Brüderstraße 34 am 15.6.1968**
Mittelblock: 1. Reihe v. l. Rektor Ernst Werner, 2.Reihe: Cornelius Weiss, 3. Reihe: v. l. Manfred Mühlstädt, Werner Schroth; 4. Reihe: v. l. Manfred Scholz, Ehrenfried Butter; 5. Reihe: v. l. Klaus Schulze, Rolf Borsdorf
Historischer Archivbestand der Fakultät für Chemie und Mineralogie, Photosammlung.

60 **Am Eingang zur Sektion Chemie", Liebigstraße 18. Bärbel Schulze, Horst Remane mit Doktorhut, Mai 1970**
Photo: Privat (Dr. Hans-Jürgen Meinhold).

61 **Die Direktoren der Sektion Chemie Siegfried Hauptmann, Rolf Schöllner, Prorektor Horst Hennig, Gerhard Werner, Manfred Weißenfels, Ehrenfried Butter (v. l.)**
Historischer Archivbestand der Fakultät für Chemie und Mineralogie, Photosammlung.

62 **Rektor Horst Hennig, anlässlich der Investitur am 2.12.1987**
Photo: Privatbesitz Horst Hennig, Leipzig.

63 **Rektor Cornelius Weiss, 1996**
Historischer Archivbestand der Fakultät für Chemie und Mineralogie, Photosammlung.
Photo: Armin Kühne, Leipzig

64 **Die Gründungsurkunde des Instituts für Anorganische Chemie, 1993**
Historischer Archivbestand der Fakultät für Chemie und Mineralogie, Photosammlung.

65 **Die Gründungsurkunde der Fakultät für Chemie und Mineralogie der Universität Leipzig, 1994**
Historischer Archivbestand der Fakultät für Chemie und Mineralogie, Photosammlung.

66 **Erste Leitung der neugegründeten Fakultät für Chemie und Mineralogie: Prodekan Lothar Beyer, Dekan Joachim Reinhold, Studiendekan Horst Wilde (v. l.), 1996**
Photo: Privat.

Anorganische Chemie

67 **Leopold Wolf (1896–1973)**
Historischer Archivbestand der Fakultät für Chemie und Mineralogie, Photosammlung.

68 **Roselinde Kühne, Ursula Pötschke, (v. l.) in der Analysenausgabe, 1961**
Historischer Archivbestand der Fakultät für Chemie und Mineralogie, Photosammlung.

69 **Abtestat von Leopold Wolf zu einer Prüfungsanalyse „K8", 1957**
Historischer Archivbestand der Fakultät für Chemie und Mineralogie.

70 **Antestat von Hartmut Bärnighausen für eine „Dreifache", 1957**
Historischer Archivbestand der Fakultät für Chemie und Mineralogie.

71 **Günter Schott, Heinz Holzapfel, Johanna Holzapfel geb. Kunze (v. l.)**
Historischer Archivbestand der Fakultät für Chemie und Mineralogie, Photosammlung.

72 **Professoren und Assistenten des Instituts für Anorganische Chemie anlässlich des 65. Geburtstages von Leopold Wolf, 1961**
E. Butter, E.-M. Kirmse, G. Werner, H. Weinelt, E. Uhlemann, R. Hering, R. Wagener, E. Fritzsche, H. Lüttge, L. Beyer, L. Wolf, R. Drechsel, H. Erhardt, H. Holzapfel, K. Lessing, H. Schreiber, W. Tischer, H. Schwab, W. Halang, W. Matzel, K.-H. Linke, H. Hennig. (v. l.)
Historischer Archivbestand der Fakultät für Chemie und Mineralogie, Photosammlung.

73 **Das Lehrwerk Chemie: Aggregierte Systeme und Stoffsystematik, Band 2**
Photo: Gerhild Wiedemann, Leipzig.

74 **Hochschullehrbücher aus der Anorganischen Chemie**
Photo: Gerhild Wiedemann, Leipzig.

75 **Eberhard Hoyer, 1995**
Historischer Archivbestand der Fakultät für Chemie und Mineralogie, Photosammlung.

76 **Joachim Sieler am Vierkreisdiffraktometer, 2008**
Historischer Archivbestand der Fakultät für Chemie und Mineralogie, Photosammlung.

77 **Reinhard Kirmse am EPR-Spektrometer, 2008**
Historischer Archivbestand der Fakultät für Chemie und Mineralogie, Photosammlung.
Photo: Karin Kirmse, Leipzig.

78 **Horst Hennig, 1971**
Universitätsarchiv Leipzig, Photosammlung.

79 **Ehrenfried Butter, 1977**
Universitätsarchiv Leipzig, Photosammlung.

80 **Lothar Beyer, 2000**
Universitätsarchiv Leipzig, Photosammlung.

81 **Evamarie Hey-Hawkins, 2000**
Universitätsarchiv Leipzig, Photosammlung.

82 **Ehrenpromotion Kurt Dehnicke, 1996 Dekan J. Reinhold, K. Dehnicke, Rektor C. Weiss (v. l.)**
Historischer Archivbestand der Fakultät für Chemie und Mineralogie, Photosammlung.
Photo: Armin Kühne, Leipzig.

83 **Harald Krautscheid, 2008**
Universitätsarchiv Leipzig, Photosammlung.

84 **Berthold Kersting, 2008**
Universitätsarchiv Leipzig, Photosammlung.

85 **Rainer Richter, 2000**
Universitätsarchiv Leipzig, Photosammlung.

86 **Teilnehmer am Symposium Koordinationschemie 1997 in Leipzig**
Untere Reihe: L. Beyer, T. Ristau, N.N., E. Hoyer, R. Richter, O. Seidelmann, F. Leßmann, T. Knoblauch (v. l.)
Mittelreihe: Klaus Koch (Kapstadt), N.N, L. Ihlo, N.N., Günter Heil (Aachen), N.N., N. N., L. Quas, U. Drutkowski, P. Prokop, B. Wenzel, M. Guttmann (v. l.)
Obere Reihe: N.N., K. Gloe (Dresden), R. Kirmse, U. Schröder, R.-M. Olk, B. Lorenz, K.-H. Lubert, N.N., N.N., N.N., Michael Schuster (München), N.N., R. Ruloff, N. N., B. Habermann, A.Voigt, D. Luppa. (v. l.)
Historischer Archivbestand der Fakultät für Chemie und Mineralogie, Photosammlung.

Analytische Chemie

87 **Heinz Holzapfel (1914–1986), 1962**
Universitätsarchiv Leipzig, Photosammlung.

88 **Rolf Borsdorf**
Universitätsarchiv Leipzig, Photosammlung.

89 **Gerhard Werner**
Photo: Privat.

90 **Klaus Dittrich (1938–1993)**
Historischer Archivbestand der Fakultät für Chemie und Mineralogie, Photosammlung.

91 **Werner Engewald**
Universitätsarchiv Leipzig, Photosammlung.

92 **Rainer Herzschuh**
Historischer Archivbestand der Fakultät für Chemie und Mineralogie, Photosammlung.

93 **Stefan Berger**
Universitätsarchiv Leipzig, Photosammlung.

94 **José Alfons Clement Broekaert**
Universitätsarchiv Leipzig, Photosammlung.
95 **Detlev Belder**
Universitätsarchiv Leipzig, Photosammlung.
96 **Ralf Hofmann**
Universitätsarchiv Leipzig, Photosammlung.
97 **Norbert Sträter**
Universitätsarchiv Leipzig, Photosammlung.

Organische Chemie

98 **Wilhelm Treibs, Burckhardt Helferich (v. l.)**
Universitätsarchiv Leipzig, Photosammlung.
99 **Chemie-Studenten beim Enttrümmern in der Liebigstraße 18, 1953**
Photo: Privat.
100 **Wilhelm Treibs (1890–1978)**
Universitätsarchiv Leipzig, Photosammlung.
101 **Wilhelm Treibs und Mitarbeiter, 1960**
W. Schroth, B. Streckenbach, W. Treibs, M. Weißenfels, S. Hauptmann (sitzend v. l.)
C. Weiss, R. Borsdorf, M. Wahren, G. Franke, M. Mühlstädt, J. Riemer, A. Hantschmann, J. Beger, M. Zeiler, G. Fischer, M. Scholz, R. Schöllner, G. Mann, K. Schulze, G. Wolniczak. (stehend v. l.)
Historischer Archivbestand der Fakultät für Chemie und Mineralogie, Photosammlung.
102 **Einladungskarte zum Organikerfasching, 1960**
Photo: Privat.
103 **Manfred Mühlstädt**
Photo: Privat.
104 **Siegfried Hauptmann, Manfred Weißenfels (v. l.)**
Photo: Privat.
105 **Horst Wilde, 2000**
Universitätsarchiv Leipzig, Photosammlung.
106 **Klaus Schulze, 2000**
Universitätsarchiv Leipzig, Photosammlung.
107 **Klaus Burger, 2000**
Universitätsarchiv Leipzig, Photosammlung.
108 **Peter Welzel (1937–2008), 2000**
Universitätsarchiv Leipzig, Photosammlung.
109 **Bärbel Schulze, 2000**
Universitätsarchiv Leipzig, Photosammlung.
110 **Dieter Sicker mit Studenten**
in einem Hermann-Kolbe-Laboratorium des Neubaus Chemie.
Photo: Privat.
111 **Wolfgang Steglich, Werner Schroth (v. l.)**
Historischer Archivbestand der Fakultät für Chemie und Mineralogie, Photosammlung.
112 **Ehrenpromotion Hans-Dieter Scharf (1930–1998) 1996**
Historischer Archivbestand der Fakultät für Chemie und Mineralogie, Photosammlung.
113 **Ehrenpromotion Horst Kessler 2002**
Historischer Archivbestand der Fakultät für Chemie und Mineralogie, Photosammlung.
114 **Athanassios Giannis, 2004**
Universitätsarchiv Leipzig, Photosammlung.
115 **Christoph Schneider, 2004**
Universitätsarchiv Leipzig, Photosammlung.
116 **Anlässlich eines Kolloquiumsvortrages von Francoise Diederich: A. Giannis, C. Schneider, F. Diederich, A. Beck-Sickinger, P. Welzel (v. l.),**
Historischer Archivbestand der Fakultät für Chemie und Mineralogie, Photosammlung.
117 **Rolf Breinbauer**
Photo: Privat.
118 **Christian Stark**
Photo: Privat.

Physikalische Chemie

119 **Herbert Staude (1901–1983)**
Universitätsarchiv Leipzig, Photosammlung.
120 **Wiederaufbau des Nordflügels des Physikalisch-chemischen Institutes, 1949**
Historischer Archivbestand der Fakultät für Chemie und Mineralogie, Photosammlung.
121 **Gerhard Geiseler (1915–1999)**
Photo: Gerhild Wiedemann, Leipzig.
122 **Armin Meisel**
Photo: Gerhild Wiedemann, Leipzig.
123 **Wadim I. Nefedov (1937–2008)**
Historischer Archivbestand der Fakultät für Chemie und Mineralogie, Photosammlung.
Photo: Gerhild Wiedemann, Leipzig.
124 **Gerhard Geiseler neben den neu berufenen Professoren Johanna Fruwert und Konrad Quitzsch (im Hintergrund R. Salzer), 1970**
Historischer Archivbestand der Fakultät für Chemie und Mineralogie, Photosammlung.
125 **Konrad Quitzsch , Ulf Messow mit Studenten, 1969**
Historischer Archivbestand der Fakultät für Chemie und Mineralogie, Photosammlung.
126 **Konrad Quitzsch**
Universitätsarchiv Leipzig, Photosammlung.
127 **Peter Bräuer**
Universitätsarchiv Leipzig, Photosammlung.
128 **Armin Meisel mit Nobelpreisträger Kai Siegbahn und Igor B. Borovski (v. l.), 1984**
Historischer Archivbestand der Fakultät für Chemie und Mineralogie, Photosammlung.
129 **Rüdiger Szargan , 2000**
Universitätsarchiv Leipzig, Photosammlung.
130 **Reinhard Denecke, Ronald Hesse (v. r.) am Photoelektronenspektrometer, 2008**
Historischer Archivbestand der Fakultät für Chemie und Mineralogie, Photosammlung.
131 **Doktorand Junji Liu am Blasendrucktensiometer, 1998**
Historischer Archivbestand der Fakultät für Chemie und Mineralogie, Photosammlung.
132 **Ortwin Brede, 2000**
Universitätsarchiv Leipzig, Photosammlung.
133 **Namensgebung: Wilhelm-Ostwald-Institut für Physikalische und Theoretische Chemie am 10.1.1998.**
a) Gerhard Ertl (Nobelpreis 2008)
b) Übergabe der Urkunde von Rektor V. Bigl an K. Quitzsch (v. l.)
Historischer Archivbestand der Fakultät für Chemie und Mineralogie, Photosammlung.

134 **Namenszug am Gebäude Linnéstraße 2**
Historischer Archivbestand der Fakultät für Chemie und Mineralogie, Photosammlung.

135 **Harald Morgner, 2000**
Universitätsarchiv Leipzig, Photosammlung.

136 **Wolfgang Lorenz, Helmut Knoll (v. l.)**
Historischer Archivbestand der Fakultät für Chemie und Mineralogie, Photosammlung.
Photo: Gerhild Wiedemann, Leipzig.

137 **Festkolloquium „50 Jahre Spektroskopie mit Röntgenstrahlung", 2006**
T. Chassé, J. Reinhold, R. Szargan, H. Morgner, A. Meisel (v. l.)
Historischer Archivbestand der Fakultät für Chemie und Mineralogie, Photosammlung.

138 **Ehrenpromotion Klaus Wandelt, 2007 mit Rektor Franz Häuser**
Historischer Archivbestand der Fakultät für Chemie und Mineralogie, Photosammlung.

139 **Bernd Abel**
Historischer Archivbestand der Fakultät für Chemie und Mineralogie, Photosammlung.

Theoretische Chemie

140 **Cornelius Weiss**
Universitätsarchiv Leipzig, Photosammlung.

141 **Wolfgang Lorenz (1925–2007)**
Historischer Archivbestand der Fakultät für Chemie und Mineralogie, Photosammlung.

142 **Joachim Reinhold, 2000**
Universitätsarchiv Leipzig, Photosammlung.

143 **Fritz Dietz, 2000**
Universitätsarchiv Leipzig, Photosammlung.

144 **Dietmar Heidrich**
Universitätsarchiv Leipzig, Photosammlung.

145 **Ehrenpromotion Nikolai Tyutjulkov, 2000**
N. Tyutyulkov, Dekan P. Welzel, Rektor V. Bigl (v. l).
Pressestelle der Universität Leipzig.

146 **Barbara Kirchner**
Photo: Privat.

Technische Chemie

147 **Wilhelm Treibs, Leopold Wolf, Eberhard Leibnitz (v. l.), 1957 vor der Bronzetafel von Arthur Hantzsch**
Historischer Archivbestand der Fakultät für Chemie und Mineralogie, Photosammlung.

148 a) **Eberhard Leibnitz (1910–1986), 1948**
Universitätsarchiv Leipzig, Photosammlung.
b) **Ex libris Leibnitz**
Historischer Archivbestand der Fakultät für Chemie und Mineralogie, überlassen von U. Stottmeister, Leipzig.

149 **Rolf Schöllner (1930–2007), 1977**
Universitätsarchiv Leipzig, Photosammlung.

150 **Apparatur zur adsorptiven Trennung der C4-Fraktion mit Rosemarie Richter und Erna Brettner (v. l.)**
Photo: Privat.

151 **Helmut Papp**
Universitätsarchiv Leipzig, Photosammlung.

152 **Gerhard Wendt**
Universitätsarchiv Leipzig, Photosammlung.

153 **Ulrich Stottmeister, 2000**
Universitätsarchiv Leipzig, Photosammlung.

154 **Roger Gläser**
Photo: Privat.

155 **Praktikumssaal mit Versuchsanlagen zur Extraktion und Rektifikation**
Photo: Privat.

156 **Apparatur zur Oberflächenanalytik**
Photo: Privat.

157 **Michael Buchmeiser**
Photo: Privat.

158 **Wolf-Dieter Einicke, Dieter Kießling, Jürgen Böhm (v. l.), 2008**
Historisches Archiv der Fakultät für Chemie und Mineralogie, Photosammlung.

159 **Gebäude des Instituts für Nichtklassische Chemie, Permoserstraße 15**
Photo: Privat.

Umweltchemie

160 **Klaus Kabisch**
Universitätsarchiv Leipzig, Photosammlung.

Chemiedidaktik

161 **Werner Renneberg (1906–1976)**
aus: Chemie in der Schule 6/1971.

162 **Chemiedidaktik-Laboratorium, Scharnhorststraße 20**
Historischer Archivbestand der Fakultät für Chemie und Mineralogie, Photosammlung.
Photo: Beate Petzold, Leipzig

163 **Horst Möhle, Barbara Arndt, Peter Lange (v. l.), 1967**
Photo: Privat.

164 **Chemiedidaktik-Lehrbücher von Leipziger Autoren**
Historischer Archivbestand der Fakultät für Chemie und Mineralogie, Photosammlung.

165 **Barbara Arndt**
Photo: Privat.

166 **Chemiedidaktik-Laboratorium, Johannisallee 29**
Historischer Archivbestand der Fakultät für Chemie und Mineralogie, Photosammlung..

167 **Rebekka Heimann, 2008**
Universitätsarchiv Leipzig, Photosammlung.

168 **Logo des Chemielehrerfortbildungszentrums Leipzig-Jena**
Historischer Archivbestand der Fakultät für Chemie und Mineralogie, Photosammlung.

Biochemie

169 a) **Wolfgang Kunz (1925–2007)**
b) **Harald Aurich (1931–2005)**
Photos: Privat.

170 **Hauptsitz des Instituts für Biochemie zwischen 1970 und 2003, Talstraße 33 (Ecke Brüderstraße)**
Photo: Hofmann.

171 **Hans-Peter Kleber**
Photo: Privat.
172 **Hans-Dieter Jakubke**
Photo: Privat.
173 **Wulf-Dieter Schöpp**
Photo: Privat.
174 **Hans-Jörg Hofmann**
Photo: Privat.
175 **Ulrich Hahn**
Photo: Privat.
176 **Annette Beck-Sickinger**
Photo: Privat.
177 **Mario Mörl**
Photo: Privat.
178 **Andrea Robitzky**
Photo:Privat.
179 **Matthias Boll**
Photo: Privat.
180 **Wolfgang Babel**
Universitätsarchiv Leipzig, Photosammlung.
181 **Hauke Harms**
Photo: Privat.
182 **Wolfgang Zimmermann**
Photo: Privat.
183 **Hauptsitz des Instituts für Biochemie seit 2003, Brüderstraße 34 (Ecke Stephanstraße)**
Photo: Hofmann.

Pharmazeutische Chemie

184 **Karl Hugo Bauer (1874–1944)**
Historischer Archivbestand der Fakultät für Chemie und Mineralogie, Photosammlung.
185 **Theodor Boehm (1892–1969)**
Universitätsarchiv Leipzig, Photosammlung.
186 **Günther Wagner (1925–1999)**
Photo: Privat.
187 **Kurt Eger**
Universitätsarchiv Leipzig, Photosammlung.

Technisch-ökonomische Bereiche

188 **Uwe Löser**
Historischer Archivbestand der Fakultät für Chemie und Mineralogie, Photosammlung.
189 **Dekanatsrat Christian Richter**
Historischer Archivbestand der Fakultät für Chemie und Mineralogie, Photosammlung.
190 **Die Mitarbeiter(innen) in den Dekanaten Frank Höppner, Heike Kießig, Sigrid Kling, Eckhardt Buß, Ursula Ueberschaer, Christa Baltz (v.l.),2009**
Historischer Archivbestand der Fakultät für Chemie und Mineralogie, Photosammlung.
Photo: C. Richter, Leipzig.
191 **Die Feinmechanikermeister Wolfgang Müller, Wolfgang Nägler (1938–1992), Hans Geisenhainer (1918–2003) (v. l.) in der Werkstatt Liebigstraße 18, 1973**
Historischer Archivbestand der Fakultät für Chemie und Mineralogie, Photosammlung.
192 **Der „Neuerer-Pass" von Hans Geisenhainer**
Historischer Archivbestand der Fakultät für Chemie und Mineralogie, Photosammlung.
193 **Feinmechanikerobermeister Helmut Ehrhardt in der Werkstatt Linnéstraße 2**
Historischer Archivbestand der Fakultät für Chemie und Mineralogie, Photosammlung.
194 **Elektronik-Ingenieur Alexander Kopczynski**
Historischer Archivbestand der Fakultät für Chemie und Mineralogie, Photosammlung.
195 **Die „Promoviermaschine". Am Gerät: Alexander Kopczynski, 1959**
aus: Festschrift zur 550-Jahr-Feier, Karl-Marx-Universität Leipzig, 1959, S. 131.
196 **Glasbläser Eugen Lützelberger in der Werkstatt Liebigstraße**
Historischer Archivbestand der Fakultät für Chemie und Mineralogie, Photosammlung.
197 a) **Die Glasbläsermeister Joachim Lux, Gerhard Hoffmann (1934 bis 2006) (v. l.) und**
b) **Glasbläser Horst Mühlner in der Werkstatt Liebigstraße 18**
Historischer Archivbestand der Fakultät für Chemie und Mineralogie, Photosammlung.
198 **Rudolph Martin (1913–1979) im Laboratorium Elementaranalyse Brüderstraße 34**
Historischer Archivbestand der Fakultät für Chemie und Mineralogie, Photosammlung.
199 **Günter Wünsche (Elementaranalyse), Joachim Färber (Glas- und Gerätelager), (v. l.), 2009**
Historischer Archivbestand der Fakultät für Chemie und Mineralogie, Photosammlung.
Photo: C. Richter, Leipzig.
200 **Eberhard Ahnert, Liane Fedke, Erika Vogler (v. l.) vor der Chemikalienausgabe**
Historischer Archivbestand der Fakultät für Chemie und Mineralogie, Photosammlung.
201 **Karl Heyde (1888–1979?) in der Bibliothek Liebigstraße 18**
Historischer Archivbestand der Fakultät für Chemie und Mineralogie, Photosammlung.
202 **Jürgen Posselt, Johanna Zander in der Bibliothek Johannisallee 29**
Historischer Archivbestand der Fakultät für Chemie und Mineralogie, Photosammlung.

Gebäude und Laboratorien

203 **Innenhof der Pleißenburg**
Historische Aufnahme. Stadtgeschichtliches Museum Leipzig.
204 **Plan für den Umbau des Chemischen Laboratoriums in der Pleißenburg, 1863**
Universitätsarchiv Leipzig.
205 **Das Fri(e)dericianum An der 1. Bürgerschule 3**
Stadtgeschichtliches Museum Leipzig.
Photo: Johannes Mühler, 1920.
206 **Chemischer Arbeitssaal im Fri(e)dericianum**
Holzstich 1844.
aus: B. Hartung, Albert Geutebrück. Baumeister des Klassizismus in Leipzig, Lehmstedt Leipzig, 2003.

im Hörsaal des Physikalisch-chemischen Instituts am 12.9.1978
Redner: Rektor Lothar Rathmann. Von unten: 1. Reihe v. l.: Joachim Bittrich (1.), Armin Meisel (5.), Gerhard Geiseler (8.), Manfred Weißenfels (9.); 2. Reihe: Harry Pfeifer (1. v. l.); 3. Reihe: Michael Handschuh (1. v. r.); 4. Reihe v. l.: Peter Gründler (1.), Gerhard Werner (2.)
Historischer Archivbestand der Fakultät für Chemie und Mineralogie, Photosammlung.

238 **Heiterkeit bei einer Institutsfeier im Hörsaal des Physikalisch-chemischen Instituts**
K. Krause, R. Pfestorf, U. Messow (v. l.)
Historischer Archivbestand der Fakultät für Chemie und Mineralogie, Photosammlung.

239 **Hauptgebäude der Universität am Karl-Marx-Platz/Augustusplatz 10/11**
Passage-Verlag Leipzig.

240 **Grundsteinlegung für das Technikum Analytikum am 2. April 1986**
Historischer Archivbestand der Fakultät für Chemie und Mineralogie, Photosammlung.

241 **Klaus Schulze und Frank Höppner (v. l.) beim Arbeitseinsatz am Technikum Analytikum**
Historischer Archivbestand der Fakultät für Chemie und Mineralogie, Photosammlung.

242 **Technikum Analytikum. Entwurfszeichnung BMK Süd.**
Historischer Archivbestand der Fakultät für Chemie und Mineralogie, Photosammlung.

243 **Das Technikum Analytikum Linnéstraße 2**
Historischer Archivbestand der Fakultät für Chemie und Mineralogie, Photosammlung.

244 **Das Wettbewerbsmodell der Architekten Koch + Partner für den Neubau Chemie an der Ecke Johannisallee/Philipp-Rosenthal-Straße, 1. und 2. Bauabschnitt**
Historischer Archivbestand der Fakultät für Chemie und Mineralogie, Photosammlung.

245 **Das freie Baufeld vor dem Studentenwohnheim**
Historischer Archivbestand der Fakultät für Chemie und Mineralogie, Photosammlung.

246 **Der Neubau Chemie im Juli 1997**
Historischer Archivbestand der Fakultät für Chemie und Mineralogie, Photosammlung.

247 **Das Richtfest am 7. November 1997**
Historischer Archivbestand der Fakultät für Chemie und Mineralogie, Photosammlung.

248 **Die Zahlenfolge an der Außenwand des Arthur-Hantzsch-Hörsaales**
Historischer Archivbestand der Fakultät für Chemie und Mineralogie, Photosammlung.
Photo: Armin Kühne, Leipzig.

249 **Zwischen Neubau und Studentenwohnheim mit Blick auf die beiden Abluftschornsteine**
Historischer Archivbestand der Fakultät für Chemie und Mineralogie, Photosammlung.

250 **Der Neubau Chemie im September 1999**
Links: Quergebäude Nordseite mit den Laboretagen des Institutes für Anorganische Chemie; Mitte: Haupteingang; rechts: Quergebäude Südseite mit den Laboretagen des Institutes für Organische Chemie
Historischer Archivbestand der Fakultät für Chemie und Mineralogie, Photosammlung.

251 **Blick auf das Gebäudeensemble von oben mit Hörsaalgebäude** (vorn rechts), Studentenwohnheim im Hintergrund mit den zwei Abluftschornsteinen, Verbindungsspange und den Gebäudetrakten der Institute für Organische Chemie (im Vordergrund) und Anorganische Chemie (links hinten). Im Hintergrund das Grünareal des Botanischen Gartens
Historischer Archivbestand der Fakultät für Chemie und Mineralogie, Photosammlung.

252 **Ein Praktikumssaal im Neubau Chemie**
Historischer Archivbestand der Fakultät für Chemie und Mineralogie, Photosammlung.

253 **Die Bibliothek im Neubau Chemie**
Historischer Archivbestand der Fakultät für Chemie und Mineralogie, Photosammlung.

254 **Der Arthur-Hantzsch-Hörsaal für Experimentalvorlesungen**
Historischer Archivbestand der Fakultät für Chemie und Mineralogie, Photosammlung.

255 **Der Durchgang im Studentenwohnheim mit Blick auf das Längsgebäude mit Haupteingangsbereich und Bibliothek**
Historischer Archivbestand der Fakultät für Chemie und Mineralogie, Photosammlung.

256 **Wassertechnische Anlagen im Kellergeschoss**
Historischer Archivbestand der Fakultät für Chemie und Mineralogie, Photosammlung.

257 **Die akademische Einweihungsfeier am 17. 2. 2000 im Arthur-Hantzsch-Hörsaal**
Historischer Archivbestand der Fakultät für Chemie und Mineralogie, Photosammlung.
Photo: Armin Kühne, Leipzig.

Chemikervereinigungen

258 **I. Jahresbericht der Chemischen Gesellschaft zu Leipzig, 1887** (Titelblatt)
Historischer Archivbestand der Fakultät für Chemie und Mineralogie, überlassen von Prof. Otto Wienhaus, Tharandt.

259 **Einladungskarte für ein Kolloquium der Chemischen Gesellschaft zu Leipzig, 1907**
Historischer Archivbestand der Fakultät für Chemie und Mineralogie.

260 **Ausgaben für Gemeinschafts-Exkursionen der Chemischen Gesellschaft zu Leipzig, dokumentiert im Cassa-Buch**
Historischer Archivbestand der Fakultät für Chemie und Mineralogie,

261 **Erinnerungskarte an ein Stiftungsfest der Chemischen Gesellschaft zu Leipzig**
Historischer Archivbestand der Fakultät für Chemie und Mineralogie, aus dem Nachlass von Hans Geisenhainer.

262 **Erinnerungskarte an ein heiteres Stiftungsfest der Chemischen Gesellschaft zu Leipzig**
Historischer Archivbestand der Fakultät für Chemie und Mineralogie, aus dem Nachlass von Hans Geisenhainer.

Frauen in der Chemie

263 **Absolventen des Studienjahrganges Chemie-Diplom 1970–1974 vor der „Kuba“, 2004**
Photo: Privat.

264 **Die Forschungsstudentin Eva-Maria Dietrich, 1968**
Photo:Privat.

265 Rebekka Heimann, Barbara Kirchner, Bärbel Schulze (v. l.), Gleichstellungsbeauftragte der Fakultät
Photo: Privat.
266 Monika Benedix, Gleichstellungsbeauftragte der Universität
Historischer Archivbestand der Fakultät für Chemie und Mineralogie, Photosammlung.
267 Eva-Maria Kirmse
Photo: Privat.
268 Johanna Fruwert (1931–1984)
Universitätsarchiv Leipzig, Photosammlung.
269 Beate Koksch mit Tochter Lilly Felicia
Photo: Privat.
270 Gastprofessorin Ludmila L. Rodina, 1994
Photo: Privat.
271 Evamarie Hey-Hawkins, Anika Kreienbrink, René Frank (v. l.), 2008
Photo: Privat.

„Die Chemie stimmte"

272 Maria Kramer in der Chemikalienausgabe Liebigstraße 18, 1961
Historischer Archivbestand der Fakultät für Chemie und Mineralogie, Photosammlung.
273 Experimentalvorlesung, 1996
Thomas Ristau, Eberhard Hoyer, Frank Dietze (v. l.)
Historischer Archivbestand der Fakultät für Chemie und Mineralogie, Photosammlung.
Photo: Armin Kühne, Leipzig.
274 Die „Hetero-Outsiders" in der „Kuba" mit Cornelius Weiss (Keyboard), Günter Wünsche (Schlagzeug), Jürgen Punkt (am Mikrophon), Peter Birner (Gitarre), Reiner Andrä (Saxophon), 1986
Photo: Manfred Pulst, Torgau.
275 Studentenleben in der „Destille", 1976
N.N., Bernd Schabrodt, Hartmut Platte, Evelyn Volkmann, Jörg Apel (v. l.)
Historischer Archivbestand der Fakultät für Chemie und Mineralogie, Photosammlung.
276 Der Eingang zur Studentenkneipe „Destille" im Souterrain des Studentenwohnheimes/Bürotraktes Philipp-Rosenthal-Straße 31, 2008
Historisches Archiv der Fakultät für Chemie und Mineralogie, Photosammlung.
Photo: Matthias Kudra, Leipzig.
277 Hans Meerwein (1879–1965) im Großen Kolloquium, 1959
Historischer Archivbestand der Fakultät für Chemie und Mineralogie, Photosammlung.
278 Jean-Marie Lehn im Großen Kolloquium, 1997
Historischer Archivbestand der Fakultät für Chemie und Mineralogie, Photosammlung.
Photo: Armin Kühne, Leipzig.
279 Botanisch-mineralogische Exkursion der Anorganiker
Historischer Archivbestand der Fakultät für Chemie und Mineralogie, Photosammlung.
280 Leopold Wolf mit den Assistenten Hans Schreiber und Hans-Joachim Störl (v. l.) in einem Diapositiv zur Weihnachtsvorlesung
Historischer Archivbestand der Fakultät für Chemie und Mineralogie.
281 Fritz Dietz alias Dr. Willibald Wüsterling in der Weihnachtsvorlesung
Historischer Archivbestand der Fakultät für Chemie und Mineralogie, Photosammlung.
Photo: Uwe Pullwitt, Leipzig.
282 a) Der Quacksalber, Anonymer Kupferstich 18. Jh.
b) Experimentalschau zum Universitätscampus 1999 (v. l. Frank Dietze, Elke Altmann, Stefan Berger, Annette Zacharias)
a) aus: Otto Krätz, 7000 Jahre Chemie, Nikol Verlagsgesellschaft mbH Hamburg, 1999, S.99.
b) Historischer Archivbestand der Fakultät für Chemie und Mineralogie, Photosammlung.
Photo: Lothar Beyer, Leipzig.
283 Einladung zu einer „historischen" Doktorfeier, 1970
Historischer Archivbestand der Fakultät für Chemie und Mineralogie, Photosammlung.
Photo: Wolfgang Dietzsch, Leipzig.

Personenverzeichnis

Personenverzeichnis

Dank

Für bereitwillige Unterstützung, wertvolle Hinweise und Diskussionen, Überlassung von Photos, Dokumenten und Kopien danken wir:

D. Anwand (GDCh, Frankfurt a. M.), Dipl.-Kunsthistoriker Rainer Behrends (Leipzig), Dr. Jens Blecher (Leipzig), Dr. Burghardt Carlsohn (Puhlheim), Dr. habil. Wolfgang Dietzsch (Leipzig), Dr. Ronald Dörre (Leipzig), Helmut Ehrhardt (Markkleeberg), Prof. Dr. Wolf-Dietrich Einicke (Leipzig), Priv.-Doz. Dr. Jonas Flöther (Leipzig), Dr. Peter Hallpap (Jena), Dr. Michael Handschuh (Leipzig), Prof. Dr. Rebekka Heimann (Leipzig), Dr. Lothar Hennig (Leipzig), Katrin Hengst (Leipzig), Petra Hesse (Leipzig), Dr. Johanna Holzapfel (Artern), Dr. Jens Hunger (Dresden), Jubiläumsgeschäftsstelle 2009 der Universität Leipzig (Ludwig Henne), Prof. Dr. Hans Kautsky jr. (Hamburg), Dipl.-Ing. Renate Kießling (GDCh, Frankfurt a. M.), Dipl.-Ing. Alexander Kopczynski (Leipzig), Prof. Dr. Konrad Krause (Leipzig), Armin Kühne (Leipzig), Dr. Hans-Jürgen Meinhold (Marktheidenfeld), Dr. Matthias Kudra (Leipzig), Dr. Joachim Liebig (Leipzig), Priv.-Doz. Dr. Reinhard Meusinger (Mainz), Sandy Muhl (Leipzig), Dipl.-Kunsthistorikerin Antje Neumann (Weimar), Dipl.-Bibliothekar Jürgen Posselt (Leipzig), Dr. habil. Manfred Pulst (Torgau), Prof. Dr. Horst Remane (Leipzig), Prof. Dr. Rainer Richter (Leipzig), Kerstin Schleinitz (Leipzig), Stadtmuseum Weimar (Dr. Rößler), Prof. Dr. Eberhard Staude (Schlangenbad), Prof. Dr. Ulrich Stottmeister (Leipzig), Prof. Dr. Sabine Tanz (Leipzig), Prof. Dr. Egon Uhlig (Jena), Dr. Helmut Wagner (Markkleeberg), Brigida Wegener (Merseburg), Dipl.-Ing. Ulrich Weygand (Leipzig), Gerhild Wiedemann (Leipzig), Prof. Dr. Gerald Wiemers (Leipzig), Prof. Dr. Otto Wienhaus (Tharandt), Dr. Hugo Wislicenus (Bernburg), Johanna Zander (Leipzig).

Die Autoren

Barbara Arndt. *29.1.1941, Lehrerstudium Mathematik und Chemie, Fachlehrerin in Leipzig, 1974 Prom., 1992–2003 komm. Leiterin des Bereichs Chemiedidaktik U Leipzig.

Stefan Berger. *9.9.1946, Chemiestudium, 1973 Prom. bei A. Rieker, Tübingen, 1973/74 postdoc Caltec, Habil. U Marburg 1981, seit 1997 C-4 Prof. Strukturanalytik U Leipzig.

Lothar Beyer. *30.12.1936, Chemiestudium,1965 Prom. und 1978 Habil. U Leipzig, 1982 Doz. und 1986 Prof. TH Leipzig, 1993–2002 C4-Prof. Anorganische Chemie U Leipzig.

Eckhard Buß. *25.1.1953, Chemiestudium, 1988 Prom. U Leipzig, Verwaltungsangestellter.

Werner Engewald.*29.8.1937, Chemiestudium, 1968 Prom., 1978 Habil., 1979 Dozent, 1993–2002 Prof. Analytische Chemie U Leipzig, seit 2003 Gastprofessor U Innsbruck.

Fritz Dietz. *23.1.1941, Chemiestudium, 1968 Prom. und 1977 Habil. U Leipzig, 1992–2006 apl. Prof. Theoretische organische Chemie U Leipzig.

Hans-Jörg Hofmann. *13.10.1944, Chemiestudium, 1971 Prom. und 1982 Habil. U Leipzig, 1985 Doz., seit 1992 Prof. Biophysikalische Chemie U Leipzig.

Eberhard Hoyer. *26.5.1931, Chemiestudium, 1956 Prom. und 1961 Habil. U Leipzig, 1967–1996 Prof. Anorganische Chemie U Leipzig.

Dieter Kießling. *14.11.1945, Chemiestudium, 1971 Prom., wissenschaftlicher Mitarbeiter Technische Chemie U Leipzig.

Ulf Messow.*4.10.1941, Chemiestudium, 1971 Prom. und 1978 Habil. U Leipzig, 1985 wiss. Oberassistent, 1995 Priv.-Doz., 1998–2005 apl. Prof. Physikalische Chemie U Leipzig.

Peter Nuhn.*9.2.1937, Pharmaziestudium, 1964 Prom., 1970 Habil., 1975 Doz. U Leipzig, 1980–2003 Prof. Pharmazeutische Chemie Martin-Luther-U Halle-Wittenberg.

Helmut Papp. *14.12.1941, Chemiestudium, 1971 Prom. und 1980 Habil. U. Erlangen-Nürnberg, 1985 apl. Prof. U. Bochum, 1993–2007 C4-Prof. Technische Chemie U Leipzig.

Joachim Reinhold. *2.12.1940, Physikstudium, 1969 Prom. und 1980 Habil. U Leipzig, 1983 Doz., 1992–2006 Prof. Theoretische Chemie U Leipzig.
Christian Richter. *13.12.1953, Chemiestudium, 1984 Prom. und wissenschaftlicher Mitarbeiter U Leipzig.

Bärbel Schulze. *22.2.1942, Chemiestudium, 1970 Prom. und 1984 Habil. U Leipzig, 1986 ao.Doz., 1990 Doz., 1993–2007 Prof. Organische Chemie U Leipzig.

Klaus Schulze. *10.4.1934, Chemiestudium, 1965 Prom. und 1971 Habil. U Leipzig, 1969 Doz., 1979–1999 Prof. Organische Chemie U Leipzig.

Rüdiger Szargan.*11.9.1941, Chemiestudium, 1970 Prom. und 1982 Habil. U Leipzig, 1989 Doz., 1992–2006 Prof. Physikalische Chemie U Leipzig.

Dietrich Wagler. *19.7.1941, Chemiestudium, 1969 Prom. U. Leipzig, 1970 AdW Leipzig, 1992–2006 Wissenschaftlicher Mitarbeiter U Leipzig.

Peter Welzel. *25.5.1937, † 22.7.2008, Chemiestudium, 1965 Prom. und 1971 Habil. U Bonn, 1973 Prof. U. Bochum, 1993-2002 C4-Prof. Organische Chemie U Leipzig.

Gerhard Wendt. *21.2.1939, Chemiestudium, 1968 Prom. TH Merseburg, 1968–1971 Industrietätigkeit, 1982 Habil., 1984 Dozent, 1992–2004 Prof. Technische Chemie U Leipzig.

Gerhard Werner.*12.9.1932, Chemiestudium, 1961 Prom. und 1971 Habil., 1969 Doz., 1976–1997 (ab 1992 C4-) Prof. Analytische Chemie U Leipzig.

Horst Wilde. *21.12.1938, Chemiestudium, 1969 Prom. und 1980 Habil. U Leipzig, 1985 Doz., 1992–2004 Prof. Organische Chemie U Leipzig.

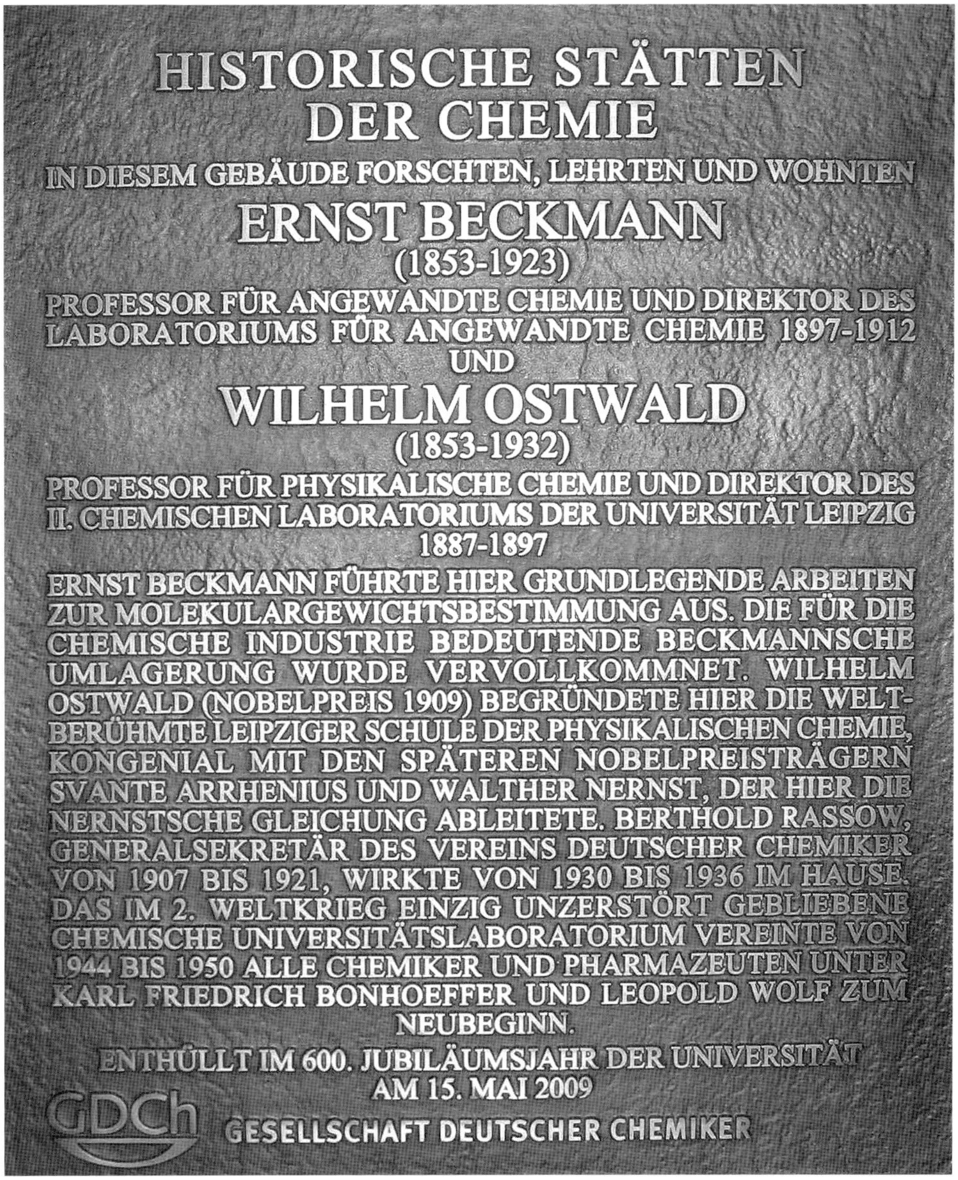

Bronzetafel am Eingangsportal des Gebäudes Brüderstraße 34

Redaktion: Lothar Beyer, Joachim Reinhold
Gestaltung: Thomas Liebscher
Herstellung: Passage-Verlag
Druck: PBtisk s.r.o.

Passage-Verlag Leipzig 2009
ISBN 978-3-938543-61-0